普通高等教育“十一五”国家级规划教材

建筑结构

下册

（砌体结构、钢结构、建筑抗震部分）

第 3 版

主　编　邢　英　宋　群　宗　兰
副主编　谷传德　王　娜
参　编　赵金龙　王国安　马迎松

机 械 工 业 出 版 社

本书参照高职高专和应用型本科土建类专业建筑结构的基本要求，打破了原混凝土结构、砌体结构、钢结构、多层高层建筑结构、建筑抗震设计的界限，对其内容进行了精选和整合，按照贯通型建筑结构的体系来编写。

全书分上下两册，下册为砌体结构、钢结构和建筑结构抗震部分。本书的内容在组织上按必需、够用的原则，取材注意反映基本概念、基本原理和基本方法，删去了一些繁琐的理论推导，尽可能做到理论与工程实际相联系，力求反映职业教育的特点。

本书是按照我国建筑结构相关最新规范编写的，适用于土建类高职高专和应用型本科，也可作为相关专业工程技术人员的参考用书。

为方便教学，本书配有电子课件，凡使用本书作为教材的教师可登录机械工业出版社教育服务网 www. cmpedu. com 注册下载。咨询邮箱：cmp-gaozhi@ sina. com。咨询电话：010-88379375。

图书在版编目（CIP）数据

建筑结构. 下册，砌体结构、钢结构、建筑抗震部分/邢英，宋群，宗兰主编. —3 版. —北京：机械工业出版社，2017. 5（2024. 8 重印）

普通高等教育“十一五”国家级规划教材

ISBN 978-7-111-57085-1

Ⅰ. ①建…　Ⅱ. ①邢…②宋…③宗…　Ⅲ. ①建筑结构-高等学校-教材　Ⅳ. ①TU3

中国版本图书馆 CIP 数据核字（2017）第 131226 号

机械工业出版社（北京市百万庄大街 22 号　邮政编码 100037）
策划编辑：覃密道　责任编辑：覃密道　责任校对：张晓蓉
封面设计：路恩中　责任印制：单爱军
北京虎彩文化传播有限公司印刷
2024 年 8 月第 3 版第 4 次印刷
184mm×260mm · 20. 5 印张 · 502 千字
标准书号：ISBN 978-7-111-57085-1
定价：58. 00 元

电话服务　　网络服务
客服电话：010-88361066　　机　工　官　网：www. cmpbook. com
010-88379833　　机　工　官　博：weibo. com/cmp1952
010-68326294　　金　书　网：www. golden-book. com
封底无防伪标均为盗版　　机工教育服务网：www. cmpedu. com

第3版前言

《建筑结构》（下册）第3版又与读者见面了。本书自出版以来得到了广大读者的欢迎，被教育部评为普通高等教育“十一五”国家级规划教材。为了与最新的国家规范标准保持一致，适应形势发展和满足读者需求，对教材进行第2次修订。这次修订基本保持原书的体系和结构不变，紧紧围绕应用型人才培养目标的要求，强化理论概念，淡化理论推导，突出应用性和岗位针对性。本次修订以相关现行规范标准为依据，对部分章节进行了必要的修改、补充和完善，主要修订内容有：

(1) 对砌体材料种类进行了调整，对砌体的基本性能进行了补充和修改，承重体系取消了内框架承重方案，墙柱高厚比限值增加了配筋砌体相关参数。

(2) 修改了中国地震烈度表中各项指标及中国地震烈度区划图相关内容。

(3) 更新了附录D。

本书由邢英、宋群、宗兰任主编，谷传德、王娜任副主编。参加编写的人员有：山西大同大学邢英（第十四章、第二十一章、附录），内蒙古建筑职业技术学院谷传德（第二十二章、第二十四章、第二十五章）、石家庄职业技术学院王娜（第十七章、第十八章），内蒙古建筑职业技术学院赵金龙（第十五章、第十六章），华北科技学院王国安（第二十三章），山西大同大学马迎松（第十九章、第二十章）。本次修订版由邢英负责统稿定稿。

限于编者的编写水平，书中错误和不妥之处在所难免，恳请读者批评指正。

编　者

目　录

第 3 版前言

第十四章　砌体结构 …… 1

第一节　砌体材料及砌体的力学性能 …… 1

第二节　砌体结构构件的承载力计算 …… 14

第三节　混合结构房屋墙体设计 …… 29

第四节　过梁、圈梁及墙体的构造措施 …… 48

本章小结 …… 54

思考题 …… 55

习题 …… 55

第十五章　钢结构的材料和计算方法 …… 57

第一节　钢材的力学性能 …… 57

第二节　钢材的选用及规格 …… 64

第三节　钢结构的计算及设计指标 …… 67

本章小结 …… 70

思考题 …… 71

第十六章　钢结构的连接 …… 72

第一节　钢结构的连接方法 …… 72

第二节　焊接方法、焊缝形式和质量级别 …… 73

第三节　焊缝连接 …… 76

第四节　螺栓连接 …… 91

本章小结 …… 102

思考题 …… 102

习题 …… 102

第十七章　轴心受力构件 …… 105

第一节　概述 …… 105

第二节　轴心受力构件的强度、刚度和稳定性 …… 106

第三节　实腹式轴心受压柱 …… 116

第四节　格构式轴心受压柱 …… 120

第五节　柱头和柱脚 …… 124

本章小结 …… 129

思考题 …… 129

习题 …… 130

第十八章　受弯构件 …… 131

第一节　概述 …… 131

第二节　梁的强度、刚度和整体稳定 …… 132

第三节　型钢梁设计 …… 142

第四节　组合梁设计 …… 144

第五节　梁的局部稳定 …… 149

第六节　梁的拼接和主、次梁连接 …… 154

本章小结 …… 156

思考题 …… 156

习题 …… 156

第十九章　拉弯构件和压弯构件 …… 158

第一节　概述 …… 158

第二节　拉弯构件和压弯构件的强度和刚度 …… 159

第三节　压弯构件的稳定性 …… 160

本章小结 …… 165

思考题 …… 165

习题 …… 166

第二十章　门式刚架轻型房屋钢结构 …… 167

第一节　门式刚架轻型房屋钢结构的特点与应用 …… 167

第二节　门式刚架轻型房屋钢结构的结构形式与布置 …… 168

第三节　门式刚架轻型房屋钢结构的计算特点 …… 170

第四节　门式刚架轻型房屋钢结构的节点构造 …… 171

本章小结 …… 174

思考题 …… 174

第二十一章　钢屋盖 …… 175

第一节　钢屋盖结构的组成 …… 175

第二节　普通钢屋架的杆件设计 …… 182

第三节　普通钢屋架的节点设计 …… 188

第四节　钢屋架施工图 …… 195

第五节　钢屋架设计实例 …… 196

第六节　轻型钢屋架 …… 208

第七节　网架结构 …… 214

本章小结 …… 218

思考题 …… 218

第二十二章　建筑结构抗震概述 …… 219

第一节　基本概念 …… 219

第二节　地震震害 …… 224
第三节　建筑物抗震设防 …… 227
第四节　场地、地基与基础 …… 229
第五节　建筑抗震设计的基本要求 …… 235
本章小结 …… 237
思考题 …… 237

第二十三章　结构地震反应分析与抗震验算 …… 238

第一节　概述 …… 238
第二节　单质点弹性体系的地震反应分析 …… 238
第三节　单质点弹性体系水平地震作用计算 …… 241
第四节　多质点弹性体系水平地震作用计算 …… 246
第五节　竖向地震作用 …… 251
第六节　结构抗震验算 …… 252
本章小结 …… 255
思考题 …… 256
习题 …… 256

第二十四章　多层砌体结构房屋的抗震设计 …… 258

第一节　震害及其分析 …… 258
第二节　结构布置的基本原则 …… 259
第三节　多层砌体结构房屋的抗震验算 …… 262
第四节　多层砌体结构房屋的抗震构造措施 …… 278
第五节　底层框架—抗震墙房屋抗震构造措施 …… 285
本章小结 …… 287
思考题 …… 287
习题 …… 287

第二十五章　多层框架结构抗震设计一般要求 …… 289

第一节　抗震设计的一般规定 …… 289
第二节　抗震构造措施 …… 293
本章小结 …… 297
思考题 …… 297

附录 …… 298

附录 A　影响系数 φ …… 298
附录 B　轴心受压构件稳定系数 …… 300
附录 C　各种截面回转半径的近似值 …… 303
附录 D　型钢规格 …… 305

参考文献 …… 320

第十四章　砌体结构

学习目标：了解砌体材料及砌体的力学性能；掌握砌体结构的受压、受拉、受弯和受剪构件的计算方法；掌握砌体结构房屋墙体的设计步骤和计算方法，熟悉圈梁及墙体的构造要求。

砌体结构是由块体和砂浆砌筑而成的墙、柱作为建筑物主要受力构件的结构。根据组成砌体结构的块体不同，砌体结构可分为砖砌体、石砌体、砌块砌体等。其受力特点是抗压能力较强而抗拉、抗弯、抗剪能力较差。因此，砌体结构常用作轴心和偏心受压构件，只在个别情况下才作为受弯、受剪和受拉构件。

第一节　砌体材料及砌体的力学性能

构成砌体结构的材料包括块体（砖、石、小砌块）与砂浆。各类砌体材料抗压强度设计值是以龄期为28d的毛截面、按施工质量等级为B级时标准试验方法所得到的材料抗压极限强度的平均值来表示的。块体强度等级符号为MU，砂浆强度等级符号为M，单位均为MPa。

一、块体和砂浆

（一）块体

1. 砖

（1）烧结普通砖　烧结普通砖是指以黏土、页岩、煤矸石或粉煤灰为主要原料，经过焙烧而成的实心或孔洞率δ不大于15%且外形尺寸符合规定的砖，可分为烧结黏土砖、烧结页岩砖、烧结煤矸石砖和烧结粉煤灰砖等。目前我国生产的烧结普通砖的统一尺寸规格为240mm×115mm×53mm。由于烧结普通砖取材容易，生产工艺简单，便于手工砌筑，保温、隔热及耐久性、耐火性良好，强度能满足一般要求，因此，烧结普通砖既可作为房屋的承重材料和围护材料，又可用于砌筑房屋条形基础、地下室墙及挡土墙、管沟、储液池和受高温作用的构筑物（如烟囱）等。但因实心黏土砖自重大、黏土用量及能量消耗多，已逐步淘汰。

（2）烧结多孔砖　烧结多孔砖是指以黏土、页岩、煤矸石或粉煤灰为主要原料，经焙烧而成的孔洞率δ不小于33%的砖。其孔的尺寸小而数量多，主要用于承重部位。烧结多孔砖的规格尺寸有多种，图14-1所示是按《烧结多孔砖和多孔砌块》（GB 13544—2011）生产的几种不同规格、不同孔洞率的多孔砖，孔形为矩形孔或矩形条孔。

烧结多孔砖自重轻，保温隔热性能好，并且厚度较烧结普通砖大，因此抗弯、抗剪强度高，砌筑时可节省砂浆，减少砌筑工作量，加快施工速度，降低工程造价。

用于承重的烧结多孔砖，孔洞竖向布置，为避免砖强度降低过多，孔洞率不宜超过35%；用于骨架填充墙及隔墙时，孔洞水平布置，以利砂浆铺砌，孔洞率可采用40%~60%

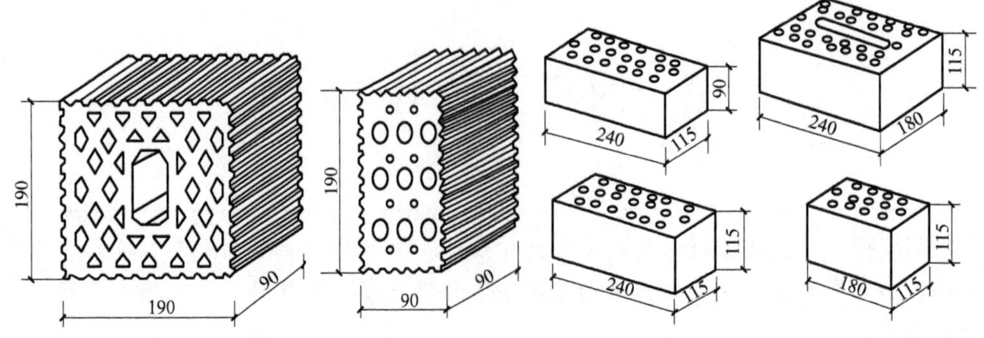

图 14-1 烧结多孔砖

或更大。

以上两类烧结砖，《砌体结构设计规范》(GB 50003—2011) 规定采用的强度等级有MU30、MU25、MU20、MU15 和 MU10 五级。

(3) 蒸压硅酸盐砖 蒸压硅酸盐砖是以硅酸盐材料经坯料制备、压制排气成型、高压蒸汽养护而成的实心砖。以石灰等钙质材料和砂等硅质材料为主要原料的，为蒸压灰砂普通砖。以石灰、消石灰（如电石渣）或水泥等钙质材料为主要原料，掺加适量石膏的，为蒸压粉煤灰普通砖。其强度等级分为 MU25、MU20、MU15 三级，其规格尺寸与烧结普通砖相同。近年来的工程实践经验表明，硅酸盐砖可以与烧结砖一样用于房屋墙体和处于潮湿环境下的墙体、基础。根据建材指标，蒸压灰砂普通砖、蒸压灰砂粉煤灰砖不得用于长期受热200℃以上、受冷受热和有酸性物质侵蚀的建筑部位。

(4) 混凝土砖 混凝土砖是以砂、石灰为主要集料，加水搅拌、成型、养护制成，有混凝土普通砖和混凝土多孔砖。其强度等级分为 MU30、MU25、MU20 和 MU15 四级。

2. 石材

在砌体结构中，常用的天然石材有花岗岩、砂岩和石灰岩等。天然石材具有抗压强度高及抗冻性强的优点，多用于房屋的基础和勒脚。天然石材常用于砌筑墙体和挡土墙，但由于石材的导热性较高，保温隔热性较差，故不适宜作寒冷地区房屋的墙体材料。

石材按其外形和加工程度的不同，可分为料石（细料石、粗料石、毛料石）和毛石两种。石材共分为 MU100、MU80、MU60、MU50、MU40、MU30 和 MU20 七个强度等级，是根据边长为 70mm 的立方体试块的抗压强度来划分的。试件也可采用表 14-1 所列边长尺寸的立方体，但应对其试验结果乘以相应的换算系数后方可作为石材的强度等级。

3. 砌块

砖和石材以外的块体都可称为砌块，常见的砌块是用普通混凝土或轻集料混凝土以及硅酸盐材料制作的实心、空心块体。高度为 115~380mm 的块体称为小型砌块。混凝土小型空心砌块的主要规格尺寸为 390mm×190mm×190mm（图 14-2）。《砌体结构设计规范》（GB 50003—2011）规定砌块的强度等级分为 MU20、MU15、MU10、MU7.5 和 MU5 五级。

表 14-1 石材强度等级的换算系数

立方体边长/mm	200	150	100	70	50
换算系数	1.43	1.28	1.14	1	0.86

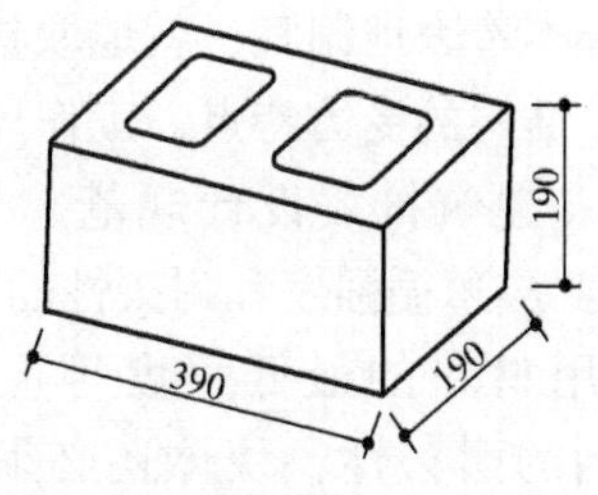

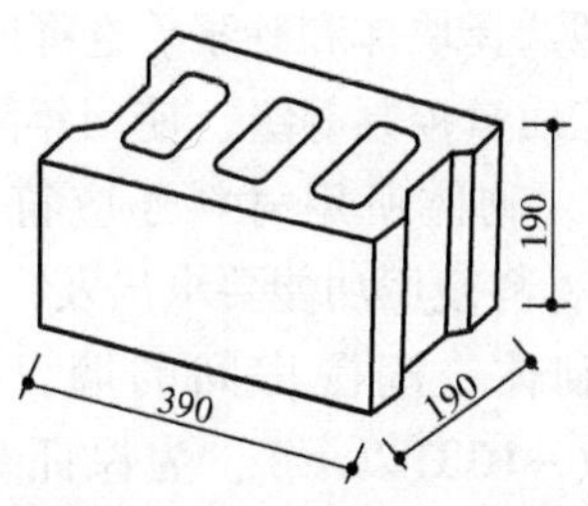

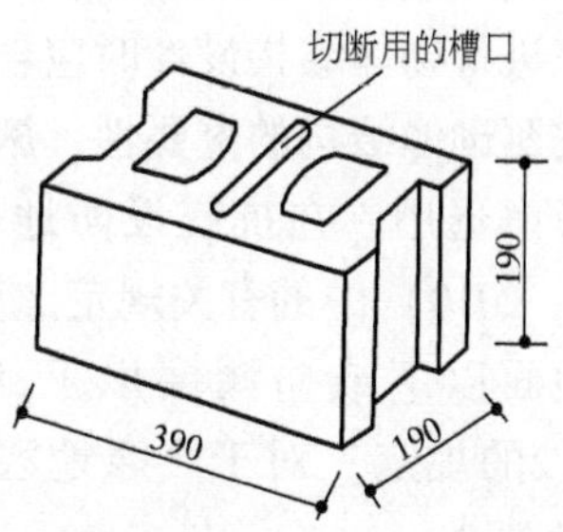

图 14-2　混凝土小型空心砌块

随着砌体建筑的发展，单排孔且对孔砌筑的混凝土砌块灌孔砌体得到更广泛的应用，而且孔洞率不大于35%的双排孔或多排孔轻骨料混凝土砌块应用也较多，特别是我国寒冷地区如吉林、黑龙江已开始推广应用这类砌块材料。多排孔砌块主要考虑节能要求，排数有二排、三排、四排，孔洞率较小，块体强度一般不超过 MU10。目前我国常用的砌块强度不高，故只限于在低层建筑中使用。

(二) 砂浆

砂浆是由胶凝材料（石灰、水泥）和细骨料（砂）加水搅拌而成的混合材料。

砂浆的作用是将块体连成整体并使应力均匀分布，同时因砂浆填满了块体间的缝隙，也减少了透气性，提高了砌体的隔热性以及抗冻性等。

砂浆按其配合成分可分为以下三种：

（1）水泥砂浆　水泥砂浆为不加塑性掺合料的纯水泥砂浆，这种砂浆可以具有较高的强度，但流动性（或称和易性、可塑性）和保水性较差。

（2）混合砂浆　混合砂浆为有塑性掺合料的水泥砂浆，如水泥石灰砂浆、水泥黏土砂浆等。混合砂浆具有一定的强度和较好的流动性、保水性。

（3）非水泥砂浆　非水泥砂浆为不含水泥的砂浆，如石灰砂浆、黏土砂浆等，这类砂浆的强度较低、耐久性差。

灰缝的质量主要与砂浆的流动性、保水性和强度三项指标有关。流动性好的砂浆便于施工操作，使灰缝平整、密实，从而提高砌筑工作效率，保证砌筑质量。保水性是指砂浆保持水分的性能。缺乏足够保水性的砂浆，在运输及施工过程中容易发生泌水、分层、离析现象，以致影响砌体的强度。因此，《砌体结构设计规范》中明确指出：各类砌体，当用水泥砂浆砌筑时，砌体的各种强度设计值均应乘以小于 1.0 的调整系数。

《砌体结构设计规范》规定，烧结普通砖、烧结多孔砖、蒸压灰砂普通砖和蒸压粉煤灰砖砌体采用的普通砂浆的强度等级为 M15、M10、M7.5、M5 和 M2.5 五级。蒸压灰砂普通砖和蒸压粉煤灰普通砖砌体采用的专用砌筑砂浆强度等级有 Ms15、Ms10、Ms7.5、Ms5。在验算施工阶段砂浆尚未硬化的新砌砌体强度和稳定性时，可按砂浆强度为零进行计算。

混凝土砖（砌块）砌体和蒸压硅酸盐砖砌体，应采用与块材相适应且能提高砌筑工作性能的专用砌筑砂浆，尤其是对块体高度较高的普通混凝土砖空心砌块，普通砂浆很能难保证竖向灰缝的砌筑质量。

混凝土普通砖、混凝土多孔砖、单排孔混凝土砌块和煤矸石混凝土砌块砌体采用的砂浆强度等级有 Mb20、Mb15、Mb10、Mb7.5、Mb5。

（三）块体及砂浆的选择

在进行砌体结构设计时应合理选择块体和砂浆。选择时应本着因地制宜、就地取材的原则，按照砌体结构的重要性、施工质量控制等级、使用年限、结构的受力特点、工作环境等因素考虑选用。在抗震设防地区，砌体所用材料还应符合《建筑抗震设计规范》（GB 50011—2010）中的有关规定。从材料使用功能要求出发，主要应遵循强度和耐久性的要求。

地面以下或防潮层以下的砌体、潮湿房间的墙，所用材料的最低强度等应符合表 14-2的规定。对于严寒地区（-10℃以下），为保证结构的耐久性，块体还必须满足抗冻性要求。

表 14-2 地面以下或防潮层以下、潮湿房间墙所用砌体材料的最低强度等级

潮湿程度	烧结普通砖	混凝土普通砖、蒸压普通砖	混凝土砌块	石　材	水泥砂浆
稍潮湿的	MU15	MU20	MU7.5	MU30	M5
很潮湿的	MU20	MU20	MU10	MU30	M7.5
含水饱和的	MU20	MU25	MU15	MU40	M10

注：1. 在冻胀地区，地面以下或防潮层以下的砌体，不宜采用多孔砖，如采用时，其孔洞应用不低于 M10 的水泥砂浆预先灌实。当采用混凝土砌块砌体时，其孔洞应采用强度等级不低于 Cb20 的混凝土预先灌实。

2. 对安全等级为一级或设计使用年限大于 50 年的房屋，表中材料强度应至少提高一级。

环境中有侵蚀介质的砌体材料，不得采用蒸压灰砂普通砖、蒸压粉煤灰普通砖，应采用实心砖。砖的强度等级不应低于 MU20，水泥砂浆的强度等级不应低于 M10。

二、砌体种类

根据块体种类的不同，砌体可分为砖砌体、砌块砌体、石砌体三大类。砖砌体包括烧结普通砖、烧结多孔砖、蒸压灰砂普通砖、蒸压粉煤灰普通砖、混凝土普通砖和混凝土多孔砖无筋和配筋砌体；砌块砌体包括混凝土砌块、轻集料混凝土砌块无筋和配筋砌体；石砌体包括各种料石和毛石砌体。

（一）无筋砌体

1. 砖砌体

砖砌体是由砖和砂浆砌筑而成的整体构件，在房屋建筑中，用作内外承重墙、围护墙及隔墙，包括实砌墙和空斗墙。

实砌墙的厚度有 240mm（1 砖）、370mm（1 砖半）、490mm（2 砖）、620mm（2 砖半）等，也可把一侧砖侧砌而构成 180mm、300mm、420mm 等厚度。按照砖的搭砌方式，有一顺一丁、梅花丁和三顺一丁等砌法（图 14-3）。

空斗墙是把部分或全部砖立砌，并留有空斗（洞），其厚度一般为 240mm，分为一眠一斗、一眠二斗、一眠多斗或无眠斗墙（图 14-4）。空斗墙较实砌墙节省砖和砂浆，还使造价降低，自重减轻。但其整体性和抗震性能较差，在非抗震设防区可用作 1~3 层的一般民用房屋墙体。

2. 石材砌体

石材砌体分为料石砌体、毛石砌体。料石砌体一般用于建造房屋以及石拱桥、石坝、涵洞等构筑物。毛石砌体主要用于基础工程。

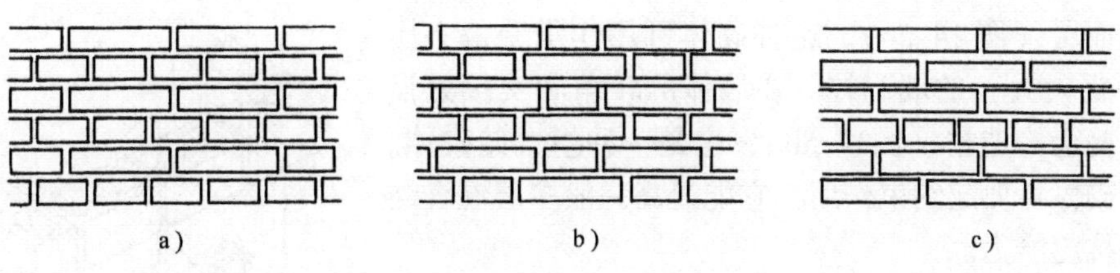

图 14-3　砖砌体的砌合方法

a）一顺一丁　b）梅花丁　c）三顺一丁

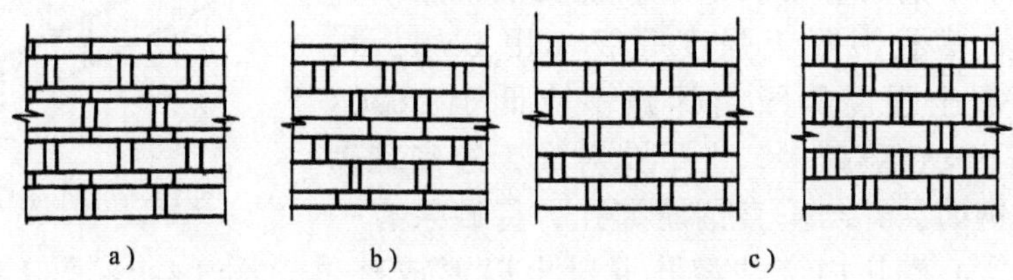

图 14-4　空斗墙

a）一眠一斗　b）一眠二斗　c）无眠斗墙

3. 砌块砌体

砌块砌体是由砌块和砂浆砌筑而成的整体构件。根据目前条件，我国多采用混凝土小型空心砌块砌体。砌块砌筑应采用专用砂浆（Mb），单排孔混凝土砌块和煤矸石混凝土砌块采用的砂浆强度等级有 Mb20、Mb15、Mb10、Mb7.5 和 Mb5 五级；双排孔或多排孔轻集料混凝土砌块，采用的砂浆强度等级有 Mb10、Mb7.5 和 Mb5。砌块砌体主要用于住宅、办公楼和学校等建筑，以及一般工业建筑的承重墙或围护墙。

（二）配筋砌体

为了提高砌体强度和减少构件截面尺寸，可在砌块内配置适量的钢筋，构成配筋砌体。常见的配筋砌体有配筋砖砌体和配筋混凝土小型空心砌块砌体。配筋砖砌体中以网状配筋砖砌体和组合砖砌体应用最广泛。

1. 网状配筋砖砌体（横向配筋砖砌体）

在砖砌体水平灰缝中，每隔几层砖配置横向钢筋网，就构成网状配筋砖砌体（图 14-5a）。钢筋网可以采用方格网，可用作承受轴心压力或偏心压力（偏心距较小）的墙和柱。

2. 组合砖砌体

由砖砌体和钢筋混凝土或钢筋砂浆构成的砌体称为组合砖砌体。通常将钢筋混凝土或钢

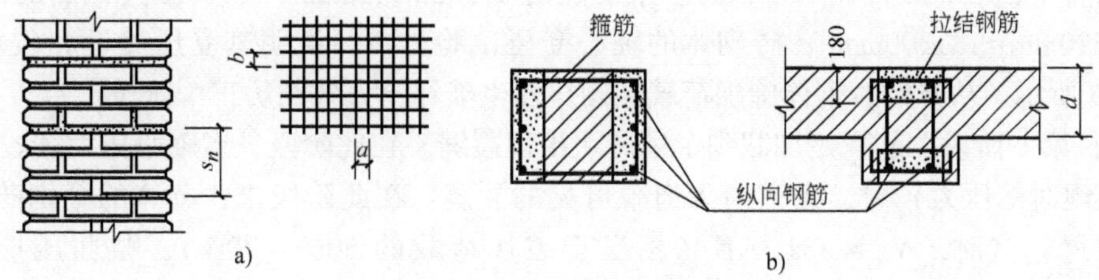

图 14-5　配筋砖砌体

a）网状配筋砌体　b）组合砖砌体

筋砂浆做面层（图 14-5b），这种砌体可用作承受偏心压力（偏心距较大）的墙和柱。在墙体的转角和交接处设置钢筋混凝土构造柱（图14-5b），也是一种组合砖砌体。构造柱对砌体主要起约束作用，它能提高一般多层混合结构房屋的抗震能力。

3. 配筋混凝土小型空心砌块砌体

配筋混凝土小型空心砌块砌体由混凝土小型空心砌块、竖向和水平钢筋、砌筑砂浆和灌孔混凝土四种基本材料组成。灌孔混凝土强度等级（用 Cb 表示，等同于对应混凝土强度等级指标）不应低于 Cb20。砌筑时要求上下皮错缝搭接，上下孔对准，边砌筑砌块边铺设水平钢筋，并与垂直钢筋绑扎，待砂浆有一定强度后再向空心砌块内浇注灌孔混凝土以形成整体。图 14-6～图 14-8 所示是配筋砌块砌体在建筑工程中的应用实例。欧美等国已采用配筋砌块砌体建造高层房屋，甚至在地震区建造多层或高层房屋，我国也正在推广配筋砌块砌体的设计和施工。

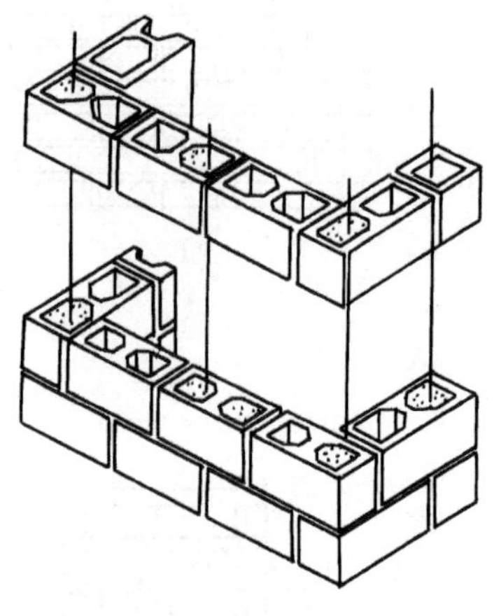

图 14-6　配筋砌块砌体墙

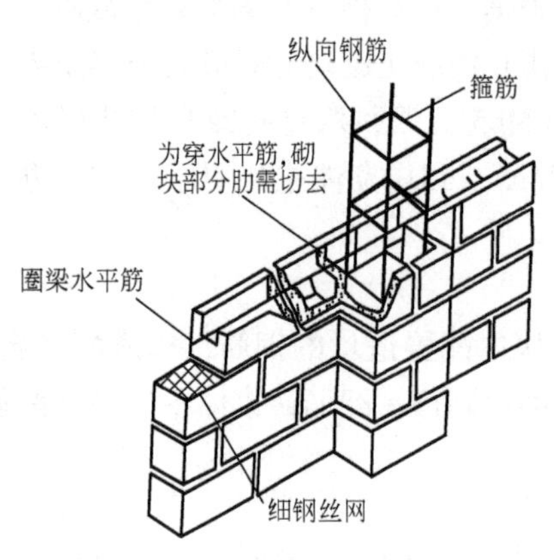

图 14-7　配筋砌块砌体壁柱

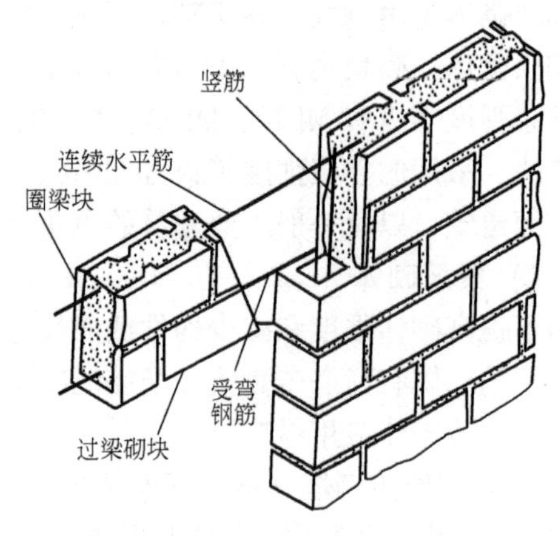

图 14-8　配筋砌块砌体过梁和圈梁

三、砌体抗压强度

（一）砌体轴心受压时的破坏特征

现以一个由 MU10 的砖和 M5 的砂浆砌成的 370mm×490mm×1000mm（截面的面积 $A=$ $370\text{mm}\times490\text{mm}=181300\text{mm}^2$）砖砌体的轴心受压试验为例，说明其受压过程和破坏特征。如图 14-9 所示，从开始对砌体施加荷载到砌体发生破坏，大致经历三个阶段：

（1）第一阶段　从开始加载到个别砖块出现裂缝。在此阶段，当轴心压力 $N<N_{cr}$（N_{cr} 为裂缝出现时的压力）时，砌体尚无肉眼可见的裂缝；在此阶段末，砌体的个别砖块出现第一批裂缝。这时，$N_{cr}=381.0\text{kN}$（相当于破坏荷载的 50%～70%），截面压应力 $\sigma=$ $(381.0/181300)\ \text{kN/mm}^2=2.1\text{N/mm}^2$。若此时荷载不继续增加，裂缝不会扩展（图 14-9a、b）。

（2）第二阶段　继续增加荷载，裂缝不断扩展并产生新的裂缝。单块砖上的个别裂缝

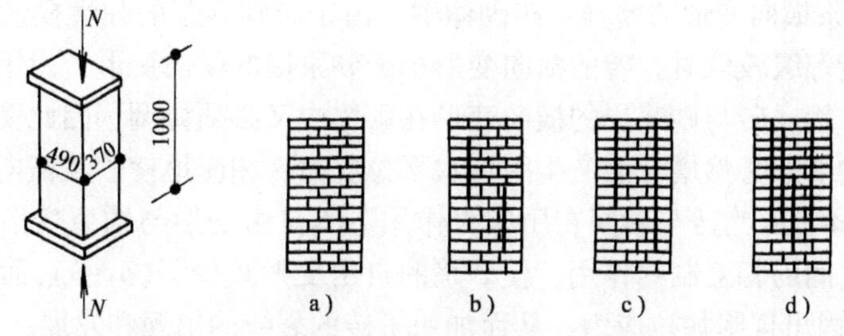

图 14-9　轴心受压砖砌体受压的三个阶段

a）第一阶段 $N<N_{cr}$　b）第一阶段末 $N=N_{cr}$

c）第二阶段形成贯通几皮砖的条缝　d）第三阶段 $N=N_u$

彼此连接且与竖向灰缝连成上下贯通几皮砖的垂直裂缝，并逐渐将砌体分成一个个单独的半砖小柱，使砌体全截面的整体工作受到破坏（图 14-9c）。此时压力 N 约为 500kN 左右，相当于破坏荷载的 80%~90%，即使荷载不再增加，裂缝也将继续缓慢扩展。

（3）第三阶段　荷载再略为增加，裂缝会迅速加长加宽，被裂缝分成的半砖小柱会侧向凸出，砌体发生明显的横向变形而处于松散状态，最后终因被压碎或失稳而破坏（图 14-9d）。此时，极限压力 $N_u=560.0\text{kN}$，砌体破坏时抗压强度 $f=N_u/A=(560.0/181300)\text{kN/mm}^2=3.09\text{N/mm}^2$。

从上面试验可知，砌体抗压强度（$f=3.09\text{MPa}$）远小于砖块的抗压强度（$f=10\text{MPa}$），即单块砖抗压强度在砌体中不能得到充分发挥。

（二）砌体受压的应力状态分析

轴心受压的砖砌体总体上虽然为均匀受压状态，若试验时仔细测量砌体中砖的变形，就会发现砖块在砌体内不仅受压，同时还受剪、受弯和受拉，处于复杂应力状态。产生这种现象的主要原因是：

（1）砂浆层的不均匀性　砖砌体中，由于砂浆层铺抹不匀，有厚有薄，致使砖块只能局部地支承在凹凸不平的砂浆垫层上（图 14-10a），从而使砖块不能均匀受压，处于受弯、受剪和局部受压的复杂应力状态。当弯曲时拉应力超过砖的抗拉强度，砖就会开裂。

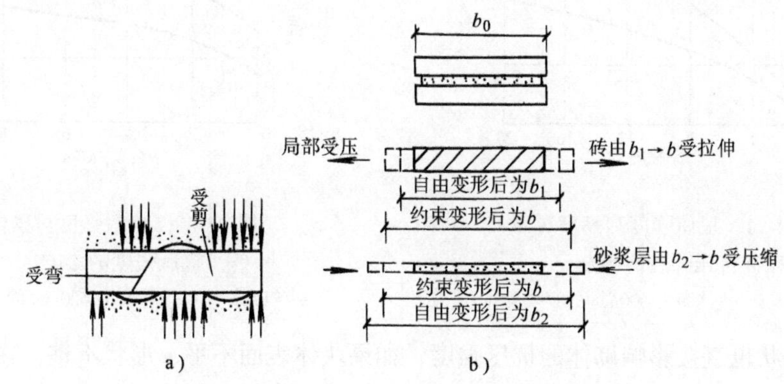

图 14-10　砖砌体中的应力分析

a）砌体中砖块的受力分析　b）砖和砂浆横向变形的差异

(2) 砖与砂浆横向变形的差异　砖砌体中，由于砖和砂浆的弹性模量及横向变形系数不同，当砂浆强度等级较低时，砖的横向变形小于砂浆层的横向变形，由于砖和砂浆之间存在黏结力和摩擦作用，砖与砂浆层的横向变形在砌体中又必须协调，因此受砂浆层横向变形的影响，砖的横向变形必然增大而产生附加水平拉应力，相应地使砂浆横向变形减小而产生附加压应力。图 14-10b 为砖与砂浆在压应力作用下其自由变形与约束变形之间的关系。由图可见由于二者之间的相互制约作用，使砂浆的自由变形减少了(b_2-b)，而砖的自由变形增加了$(b-b_1)$，使砖内出现附加拉应力，从而加快了砖的裂缝的出现和发展。

(3) 竖向灰缝处的应力集中　由于砌体中竖向灰缝不可能完全饱满以及砂浆收缩等原因，竖向灰缝影响了砌体的连续性，形成竖向灰缝处的应力集中，在竖向灰缝上、下端的砖内产生较大的横向拉应力和切应力，从而引起砖过早开裂，降低了砌体强度，使砖块的抗压强度不能充分发挥。

(三) 影响砌体抗压强度的主要因素

1. 块体和砂浆的强度

块体和砂浆的强度是影响砌体抗压强度的主要因素。从图 14-11 和图14-12可以看出，块体和砂浆的强度高，砌体的抗压强度亦高。试验表明，提高砖的强度等级比提高砂浆强度等级对增大砌体的抗压强度的效果好。一般情况下，当块体强度等级不变，砂浆等级提高一级，砌体抗压强度只提高 15%，而当砂浆强度等级不变，块体强度等级提高一级，砌体抗压强度可提高约 20%。因此在块体的强度等级一定时，过高地提高砂浆强度等级并不适宜。

2. 块体的尺寸和形状

砌体强度随块体高度增加而增加，块体高度越大，抵抗弯矩和剪力等不利内力的能力就越强，加之水平灰缝数量随之减少，砂浆层横向变形的不利影响也相应减弱，从而使砌体抗压强度得到相应提高。从图 14-11 中也可以看出，当砂浆强度相同时，块体高度大的砌体不但有较高的砌体强度，而且随块体强度提高，砌体强度提高也很快。

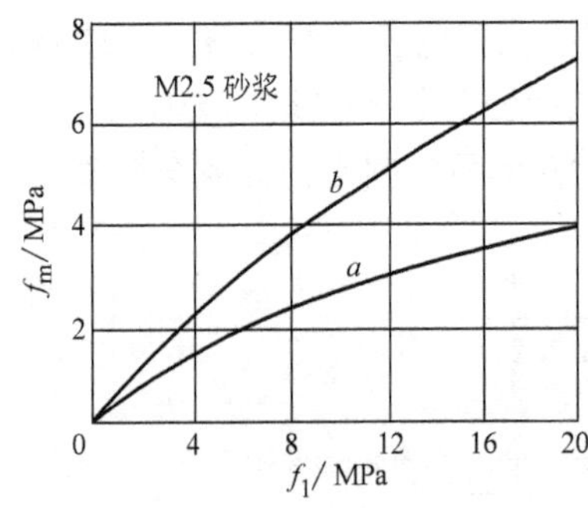

图 14-11　块体强度和高度对砌体抗压强度的影响

a—砖砌体　b—块体高为 400mm 的砌块砌体

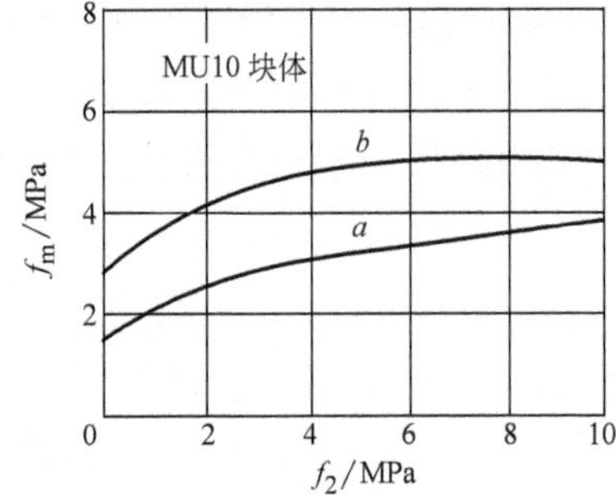

图 14-12　砂浆强度对砌体抗压强度的影响

a—砖砌体　b—块体高为 400mm 的砌块砌体

块体的形状也直接影响砌体的抗压强度，如果块体表面不平、形状不整，在压力作用下其弯曲应力和切应力都将增大，从而使砌体的抗压强度降低。

3. 砂浆的流动性和保水性

砂浆具有较明显的弹塑性性质，在砌体内采用流动性大的砂浆，容易铺砌成均匀、密实

的灰缝，这样可以减少块体的弯曲应力和切应力而提高砌体强度。但当砂浆流动性过大，其硬化受力后的横向变形也将随之增大，反而会降低砌体强度。另外，保水性差的砂浆，砂浆不能正常硬化，其强度和黏结能力都会下降，影响砌体抗压强度。

4. 砌筑质量

提高砌体施工质量等级是保证砌筑质量的根本，但灰缝质量也不容忽视，尤其是水平灰缝的均匀、饱满程度对砌体强度的影响较大。《砌体工程施工质量验收规范》（GB 50203—2011）规定：砌体灰缝的砂浆应密实饱满度，砖墙水平灰缝的砂浆饱满度不得低于 80%，小砌块砌体水平灰缝和竖向灰缝的砂浆饱满度，按净面积计算不得低于 90%，灰缝厚度宜为 10mm，但不应小于 8mm，也不应大于 12mm。除此之外，快速砌筑对砌体抗压强度是有利的，因为砂浆在结硬之前就受压，可以减轻灰缝中砂浆不密实、不均匀的影响。

（四）砌体的抗压强度

1. 砌体轴心抗压强度的平均值 f_m

根据近年来我国对各类砌体抗压强度所做的较为广泛的系统试验和对大量试验结果的分析，并考虑到影响砌体抗压强度的主要因素，参照国际标准，《砌体结构设计规范》给出了各类砌体都适用的抗压强度平均值 f_m 的通用公式：

$$f_m = k_1 f_1^{\alpha}(1+0.07f_2)k_2 \tag{14-1}$$

式中　f_1、f_2——块体和砂浆的抗压强度平均值（MPa）；

k_1——与块体类别及砌体砌筑方法有关的参数，见表 14-3；

α——与块体高度及砌体类别有关的参数，见表 14-3；

k_2——砂浆强度影响的修正系数，见表 14-3。

表 14-3　轴心抗压强度平均值 f_m　　（单位：MPa）

砌体种类	$f_m = k_1 f_1^{\alpha}(1+0.07f_2)k_2$		
	k_1	α	k_2
烧结普通砖、烧结多孔砖、蒸压灰砂砖、蒸压粉煤灰砖	0.78	0.5	当 $f_2<1$ 时，$k_2=0.6+0.4f_2$
混凝土砌块	0.46	0.9	当 $f_2=0$ 时，$k_2=0.8$
毛料石	0.79	0.5	当 $f_2<1$ 时，$k_2=0.6+0.4f_2$
毛石	0.22	0.5	当 $f_2<2.5$ 时，$k_2=0.4+0.24f_2$

注：1. k_2 在表列条件以外时均等于 1。

2. 式中 f_1 为块体（砖、石、砌块）的抗压强度等级值，f_2 为砂浆抗压强度平均值，单位均以 MPa 计。

3. 混凝土砌块砌体的轴心抗压强度平均值，当 $f_2>10$MPa 时，应乘系数 $1.1-0.01f_2$，MU20 的砌体应乘系数 0.95，且满足 $f_1 \geqslant f_2$，$f_1 \leqslant 20$MPa。

2. 砌体抗压强度标准值 f_k

各类砌体抗压强度标准值 f_k 与平均值 f_m 之间的关系为

$$f_k = f_m(1-1.645\delta_f) \tag{14-2}$$

式中　δ_f——砌体强度变异系数，见表 14-4。

表 14-4　砌体强度的变异系数 δ_f

砌 体 类 别	砌体抗压强度	砌体抗拉、弯、剪强度
各种砖、砌块、毛料石	0.17	0.20
毛石	0.24	0.26

3. 砌体抗压强度设计值 f

砌体抗压强度设计值是砌体结构计算中常用的计算指标，它等于砌体抗压强度标准值除以砌体结构材料性能分项系数 γ_f。

$$f=\frac{f_k}{\gamma_f} \tag{14-3}$$

当块体和砂浆的强度等级确定之后，龄期为 28d 的以毛截面计算的各类砌体抗压强度设计值，当施工质量控制等级为 B 级时，应根据块体和砂浆的强度等级分别按表 14-5~表14-10采用。

表 14-5　烧结普通砖和烧结多孔砖砌体的抗压强度设计值　（单位：MPa）

砖强度等级	砂浆强度等级					砂 浆 强 度
	M15	M10	M7.5	M5	M2.5	0
MU30	3.94	3.27	2.93	2.59	2.26	1.15
MU25	3.60	2.98	2.68	2.37	2.06	1.05
MU20	3.22	2.67	2.39	2.12	1.84	0.94
MU15	2.79	2.31	2.07	1.83	1.60	0.82
MU10	—	1.89	1.69	1.50	1.30	0.67

注：当烧结多孔砖的孔洞率大于 30%时，表中数值应乘以 0.9。

表 14-6　蒸压灰砂普通砖和蒸压粉煤灰普通砖砌体的抗压强度设计值（单位：MPa）

砖强度等级	砂浆强度等级				砂 浆 强 度
	M15	M10	M7.5	M5	0
MU25	3.60	2.98	2.68	2.37	1.05
MU20	3.22	2.67	2.39	2.12	0.94
MU15	2.79	2.31	2.07	1.83	0.82

注：当采用专用砂浆砌筑时，其抗压强度设计值按表中数值采用。

表 14-7　单排孔混凝土砌块和轻集料混凝土砌块对孔砌筑砌体的抗压强度设计值

（单位：MPa）

砌块强度等级	砂浆强度等级					砂 浆 强 度
	Mb20	Mb15	Mb10	Mb7.5	Mb5	0
MU20	6.30	5.68	4.95	4.44	3.94	2.33
MU15	—	4.61	4.02	3.61	3.20	1.89
MU10	—	—	2.79	2.50	2.22	1.31
MU7.5	—	—	—	1.93	1.71	1.01
MU5	—	—	—	—	1.19	0.70

注：1. 对独立柱或厚度为双排组砌的砌块砌体，应按表中数值乘以 0.7。
2. 对 T 形截面墙体、柱，应按表中数值乘以 0.85。

表 14-8　双排孔或多排孔轻集料混凝土砌块砌体的抗压强度设计值　（单位：MPa）

砌块强度等级	砂浆强度等级			砂浆强度
	Mb10	Mb7.5	Mb5	0
MU10	3.08	2.76	2.45	1.44
MU7.5	—	2.13	1.88	1.12
MU5	—	—	1.31	0.78
MU3.5	—	—	0.95	0.56

注：1. 表中的砌块为火山渣、浮石和陶粒轻集料混凝土砌块。

2. 对厚度方向为双排组砌的轻集料混凝土砌块砌体的抗压强度设计值，应按表中数值乘以 0.8。

表 14-9　毛料石砌体的抗压强度设计值　（单位：MPa）

毛料石强度等级	砂浆强度等级			砂浆强度
	M7.5	M5	M2.5	0
MU100	5.42	4.80	4.18	2.13
MU80	4.85	4.29	3.73	1.91
MU60	4.20	3.71	3.23	1.65
MU50	3.83	3.39	2.95	1.51
MU40	3.43	3.04	2.64	1.35
MU30	2.97	2.63	2.29	1.17
MU20	2.42	2.15	1.87	0.95

注：对下列各类料石砌体，应按表中数值分别乘以以下系数：细料石砌体取 1.4；粗料石砌体取 1.2；干砌勾缝石砌体取 0.8。

表 14-10　毛石砌体的抗压强度设计值　（单位：MPa）

毛石强度等级	砂浆强度等级			砂浆强度
	M7.5	M5	M2.5	0
MU100	1.27	1.12	0.98	0.34
MU80	1.13	1.00	0.87	0.30
MU60	0.98	0.87	0.76	0.26
MU50	0.90	0.80	0.69	0.23
MU40	0.80	0.71	0.62	0.21
MU30	0.69	0.61	0.53	0.18
MU20	0.56	0.51	0.44	0.15

四、砌体抗拉、抗弯和抗剪强度

砌体大多用来承受压力，但在实际工程中也存在受拉、受弯、受剪的情况。例如圆形水池壁上存在拉力，挡土墙体受土侧压力而形成弯矩作用，砌体过梁在自重和楼面荷载作用下承受弯矩和剪力作用，拱支座处承受剪力作用等。因此，必须研究砌体结构抗拉、抗弯、抗剪强度。

(一) 砌体受拉、受弯和受剪的破坏形式

砌体的轴心受拉破坏形式，视拉力作用于砌体的方向分为三种，如图 14-13 所示。当块体强度较高而砂浆强度较低时，砌体将沿齿缝破坏（图 14-13a）；当块体强度较低而砂浆强度较高时，砌体沿直缝破坏（图 14-13b）；当拉力垂直于水平灰缝作用时，由于砂浆和块体的黏结强度非常小，砌体很容易沿水平通缝破坏（图 14-13c）。

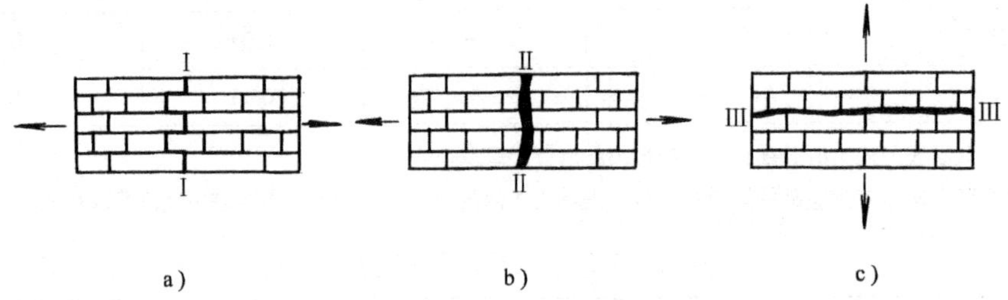

图 14-13　砌体轴心受拉破坏形式

a）沿齿缝破坏　b）沿直缝破坏　c）沿水平通缝破坏

砌体弯曲受拉时，与轴心受拉时的情况类似，也有三种破坏形式（图 14-14），前两种破坏形态也与块体和砂浆的强度等级有关。

砌体受剪破坏可分为沿通缝剪切破坏、沿齿缝剪切破坏和沿阶梯形缝剪切破坏，如图 14-15a、b、c 所示。

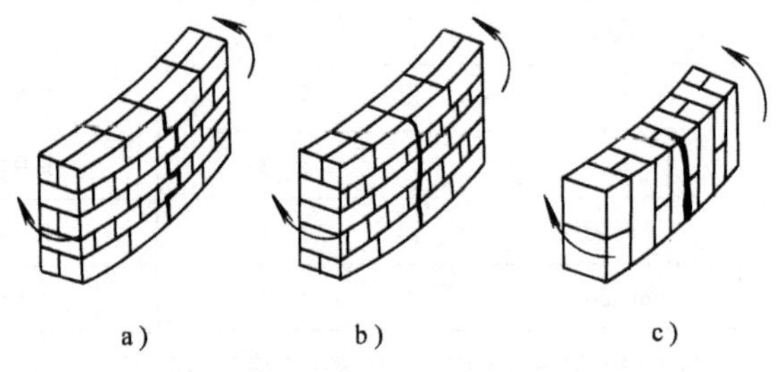

图 14-14　砌体弯曲受拉破坏形式

a）沿齿缝破坏　b）沿直缝破坏　c）沿直通缝破坏

(二) 影响砌体抗拉、抗弯和抗剪强度的因素

砌体受拉、受弯和受剪破坏，发生在砂浆和块体的连接面上。砌体在拉力、弯矩和剪力作用下的承载力，主要是依靠砂浆的黏结力。因此砌体抗拉、抗弯和抗剪强度取决于灰缝的强度。只有当砂浆强度等级较高，而块体强度等级又较低时，才和块体强度等级有关。砂浆的黏结强度不仅与砂浆的强度等级、龄期、力的作用方向等有关，而且与块体表面特征、清洁程度及块体本身含水率等多种因素有关。在正常情况下(指块体表面平整、清洁、潮湿)，黏结强度仅与砂浆的强度有关。

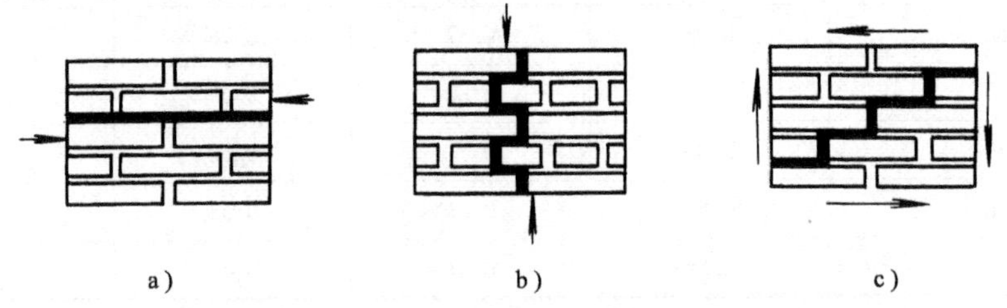

图 14-15　砌体受剪破坏形式

a）沿通缝剪切破坏　b）沿齿缝剪切破坏　c）沿阶梯形缝剪切破坏

由于砌体竖向灰缝内砂浆一般不饱满，同时由于砂浆硬化时收缩会削弱甚至破坏块体和砂浆的黏结，因而计算时不考虑竖向灰缝的黏结强度。

（三）砌体轴心抗拉、弯曲抗拉和抗剪强度

1. 砌体轴心抗拉、弯曲抗拉和抗剪强度的平均值

各类砌体轴心抗拉强度平均值$f_{t,m}$、弯曲抗拉强度平均值$f_{tm,m}$和抗剪强度平均值$f_{v,m}$的计算公式汇总于表 14-11 中。

表 14-11　轴心抗拉强度平均值$f_{t,m}$、弯曲抗拉强度平均值$f_{tm,m}$和抗剪强度平均值$f_{v,m}$　（单位：MPa）

砌体种类	$f_{t,m}=k_3\sqrt{f_2}$	$f_{tm,m}=k_4\sqrt{f_2}$		$f_{v,m}=k_5\sqrt{f_2}$
	k_3	k_4		k_5
		沿齿缝	沿通缝	
烧结普通砖、烧结多孔砖	0.141	0.250	0.125	0.125
蒸压灰砂砖、蒸压粉煤灰砖	0.090	0.180	0.090	0.090
混凝土砌块	0.069	0.081	0.056	0.069
毛石	0.075	0.113	—	0.188

2. 砌体轴心抗拉、弯曲抗拉和抗剪强度标准值

与砌体轴心抗压强度标准值计算方法相似，在按表 14-4 选择了相应的强度变异系数以后，参照式（14-2）便可求出各种砌体的轴心抗拉、弯曲抗拉和抗剪强度标准值。

3. 砌体轴心抗拉、弯曲抗拉和抗剪强度设计值

砌体轴心抗拉、弯曲抗拉和抗剪强度设计值可以按式（14-3）计算。龄期为 28d 的以毛截面计算的各类砌体的轴心抗拉强度设计值f_t、弯曲抗拉强度设计值f_{tm}和抗剪强度设计值f_v当施工质量控制等级为 B 级时应按表 14-12 采用。

表 14-12　沿砌体灰缝截面破坏时砌体的轴心抗拉强度设计值、弯曲抗拉强度设计值和抗剪强度设计值　（单位：MPa）

强度类别	破坏特征及砌体种类		砂浆强度等级			
			≥M10	M7.5	M5	M2.5
轴心抗拉	沿齿缝	烧结普通砖、烧结多孔砖	0.19	0.16	0.13	0.09
		混凝土普通砖、混凝土多孔砖	0.19	0.16	0.13	—
		蒸压灰砂普通砖、蒸压粉煤灰普通砖	0.12	0.10	0.08	—
		混凝土和轻集料混凝土砌块	0.09	0.08	0.07	—
		毛石	—	0.07	0.06	0.04
弯曲抗拉	沿齿缝	烧结普通砖、烧结多孔砖	0.33	0.29	0.23	0.17
		混凝土普通砖、混凝土多孔砖	0.33	0.29	0.23	—
		蒸压灰砂普通砖、蒸压粉煤灰普通砖	0.24	0.20	0.16	—
		混凝土和轻集料混凝土砌块	0.11	0.09	0.08	—
		毛石	—	0.11	0.09	0.07
	沿通缝	烧结普通砖、烧结多孔砖	0.17	0.14	0.11	0.08
		混凝土普通砖、混凝土多孔砖	0.17	0.14	0.11	—
		蒸压灰砂普通砖、蒸压粉煤灰普通砖	0.12	0.10	0.08	—
		混凝土和轻集料混凝土砌块	0.08	0.06	0.05	—

（续）

强度类别	破坏特征及砌体种类	砂浆强度等级			
		≥M10	M7.5	M5	M2.5
抗剪	烧结普通砖、烧结多孔砖	0.17	0.14	0.11	0.08
	混凝土普通砖、混凝土多孔砖	0.17	0.14	0.11	—
	蒸压灰砂普通砖、蒸压粉煤灰普通砖	0.12	0.10	0.08	—
	混凝土和轻集料混凝土砌块	0.09	0.08	0.06	—
	毛石	—	0.19	0.16	0.11

注：1. 对于用形状规则的块体砌筑的砌体，当搭接长度与块体高度的比值小于1时，其轴心抗拉强度设计值f_t和弯曲抗拉强度设计值f_{tm}应按表中数值乘以搭接长度与块体高度比值后采用。

2. 表中数值是依据普通砂浆砌筑的砌体确定，采用经研究性试验且通过技术鉴定的专用砂浆砌筑的蒸压灰砂普通砖、蒸压粉煤灰普通砖砌体，其抗剪强度设计值按相应普通砂浆强度等级砌筑的烧结普通砖砌体采用。

3. 对混凝土普通砖、混凝土多孔砖、混凝土和轻集料混凝土砌块砌体，表中的砂浆强度等级分别为：≥Mb10、Mb7.5及Mb5。

第二节　砌体结构构件的承载力计算

一、砌体结构的计算原理

砌体结构设计方法与建筑结构上册中所述混凝土结构设计方法是相同的，均采用以概率理论为基础的极限状态设计方法，以可靠指标度量结构的可靠度，采用分项系数的设计表达式进行计算。

1）砌体结构按承载能力极限状态设计时，应按下列公式中最不利组合进行计算：

$$\gamma_0\left(1.2S_{Gk}+1.4\gamma_L S_{Q1k}+\gamma_L\sum_{i=2}^{n}\gamma_{Qi}\psi_{ci}S_{Qik}\right)\leqslant R(\gamma_a,\ f,\ a_k\cdots) \tag{14-4}$$

以自重为主的结构构件

$$\gamma_0\left(1.35S_{Gk}+1.4\gamma_L\sum_{i=1}^{n}\psi_{ci}S_{Qik}\right)\leqslant R(\gamma_a,\ f,\ a_k\cdots) \tag{14-5}$$

式中　γ_0——结构重要性系数，对安全等级为一级或设计使用年限为50年以上的结构构件，不应小于1.1，对安全等级为二级或设计使用年限为50年的结构构件，不应小于1.0，对安全等级为三级或设计使用年限为1~5年的结构构件，不应小于0.9；

γ_L——结构构件的抗力模型不定性系数。对静力设计，考虑结构使用年限的荷载调整系数，设计使用年限为50年，取1.0；设计使用年限为100年，取1.1。

S_{Gk}——永久荷载标准值的效应；

S_{Q1k}——在基本组合中起控制作用的一个可变荷载标准值的效应；

S_{Qik}——第i个可变荷载标准值的效应；

$R(\cdot)$——结构构件的抗力函数；

γ_{Qi}——第i可变荷载的分项系数；

ψ_{ci}——第i个可变荷载的组合值系数。一般情况下应取0.7，对书库、档案库、储藏室或通风机房、电梯机房应取0.9；

f——砌体的强度设计值，$f=f_k/\gamma_f$；

f_k——砌体的强度标准值，$f_k = f_m - 1.645\sigma_f$；

γ_f——砌体结构的材料性能分项系数，一般情况下，宜按施工控制等级为 B 级考虑，取 $\gamma_f = 1.6$；当为 C 级时，取 $\gamma_f = 1.8$；当为 A 级时，取 $\gamma_f = 1.5$；

f_m——砌体的强度平均值；

σ_f——砌体强度的标准差；

a_k——几何参数标准值；

γ_a——砌体强度设计值的调整系数，按表 14-13 规定采用。

当工业建筑楼面活荷载标准值大于 $4kN/m^2$ 时，式中系数 1.4 应为 1.3。

表 14-13　砌体强度设计值的调整系数 γ_a

使用说明		γ_a
构件截面面积 A	无筋砌体 $A<0.3m^2$	$0.7+A$
	配筋砌体 $A<0.2m^2$	$0.8+A$
用小于 M5 水泥砂浆砌筑的各类砌体	抗压强度	0.9
	一般砌体的抗拉、弯曲抗拉和抗剪强度	0.8
验算施工中房屋的构件		1.1

2）当砌体结构作为一个刚体，需验算整体稳定性时，如倾覆、滑动、漂浮等，应按下列公式中最不利组合进行验算：

$$\gamma_0\left(1.2S_{G2k} + 1.4\gamma_L S_{Q1k} + \gamma_L \sum_{i=2}^{n} S_{Qik}\right) \leqslant 0.8S_{G1k} \tag{14-6a}$$

$$\gamma_0(1.35S_{G2k} + 1.4\gamma_L \sum_{i=1}^{n} \psi_{ci} S_{Qik}) \leqslant 0.8S_{G1k} \tag{14-6b}$$

式中　S_{G1k}——起有利作用的永久荷载标准值的效应；

S_{G2k}——起不利作用的永久荷载标准值的效应。

砌体结构除应按承载能力极限状态设计外，还应满足正常使用极限状态的要求。由于砌体结构自重大的特点，其正常使用极限状态的要求在一般情况下可由相应的构造措施加以保证。

二、受压构件的计算

（一）受压短柱承载力分析

根据国内试验研究资料分析，砌体受压短柱（$\beta \leqslant 3$，β 为构件的高厚比）的受力状态有以下几个特点：

1）当构件承受轴心压力时，砌体截面上产生均匀的压应力。构件破坏时，正截面所能承受的最大压力即为砌体的轴心抗压强度 f，如图 14-16a 所示。

2）当构件承受偏心压力时，砌体截面上产生的压应力是不均匀的。当偏心距不大时，由于砌体的弹塑性性能，应力图形呈曲线形，一侧应力较大，破坏时该侧压应变比轴心受压时均匀应变略高，而边缘压应力也比轴心抗压强度略大，如图 14-16b 所示。

3）随偏心距的增大，在远离荷载的截面边缘，由受压逐渐过渡到受拉，但只要在受压边压碎之前受拉的拉应力尚未达到通缝的抗拉强度，则截面的受拉边就不会开裂，直到破坏为止，仍为全截面受力，如图 14-16c 所示。

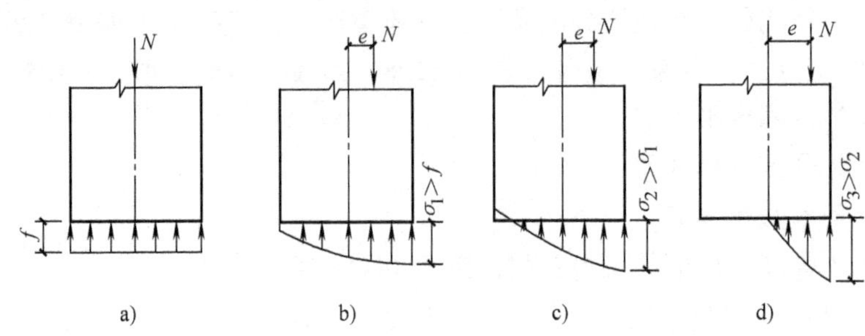

图 14-16　无筋砌体短柱受压

4）当偏心距再大时，砌体受拉区出现沿截面通缝的水平裂缝，已开裂的截面脱离工作，实际受压区面积减小，如图 14-16d 所示，剩余截面的压应力进一步加大，并出现竖向裂缝，最后由于受压区的承载力耗尽而破坏。破坏时，虽然砌体受压一侧的极限变形和极限强度都比轴心受压构件高，但由于压应力严重不均匀和受压面积的减少，构件的承载力将随偏心距的增大而降低。

（二）受压长柱承载力分析

细长柱（$\beta>3$）在承受轴心压力时，由于荷载作用位置的偏差、材料的不均匀、施工误差等原因使轴心受压构件产生附加弯矩和弯曲变形。尤其是在砌体结构中，水平砂浆缝数目较多，削弱了砌体的整体性，故纵向弯曲现象更加明显，从而产生纵向弯曲破坏。

如图 14-17 所示，在偏心压力下，细长柱在原有荷载偏心距 e 的基础上将产生附加偏心距 e_i，对破坏截面来说，实际偏心距已达 $e+e_i$，使构件承载力显著下降。当构件高厚比较大时，还可能产生失稳破坏。

图 14-17　长柱受压变形

（三）受压构件承载力计算

根据以上分析，高厚比和轴向力的偏心距对受压构件承载力有影响，其影响程度用系数 φ 表示，受压构件承载力应按下式计算：

$$N \leqslant \varphi f A \tag{14-7}$$

式中　N——轴向力设计值（N）；

φ——高厚比 β 和轴向力的偏心距 e 对受压构件承载力的影响系数；

f——砌体的抗压强度设计值（MPa）；

A——截面面积（mm^2），对各类砌体均应按毛截面计算。

对带壁柱墙，其翼缘宽度 b_f 按如下规定采用。

1）对多层房屋：当有门窗洞口时，可取窗间墙宽度；当无门窗洞口时，每侧翼墙宽度可取壁柱高度（层高）的 1/3，但不应大于相邻壁柱间的距离。

2）对单层房屋：可取壁柱宽加 2/3 墙高，但不大于窗间墙宽度和相邻壁柱间距离。

3）计算带壁柱墙的条形基础时，可取相邻壁柱间距离。

1. 承载力影响系数 φ

对无筋砌体矩形截面单向偏心受压构件（图 14-18），承载力影响系数 φ 可按附录 A 采用或按下列公式计算。

当$\beta\leqslant3$时
$$\varphi=\frac{1}{1+12\left(\frac{e}{h}\right)^2} \tag{14-8}$$

当$\beta>3$时
$$\varphi=\frac{1}{1+12\left[\frac{e}{h}+\sqrt{\frac{1}{12}\left(\frac{1}{\varphi_0}-1\right)}\right]^2} \tag{14-9}$$

$$\varphi_0=\frac{1}{1+\alpha\beta^2} \tag{14-10}$$

式中 e——轴向力的偏心距（mm），按荷载设计值计算；
h——矩形截面的轴向力偏心方向的边长（mm），当轴心受压时为截面较小边长；
φ_0——轴心受压构件的稳定系数；
α——与砂浆强度等级有关的系数，按表 14-14 采用；
β——构件的高厚比，按式（14-11）、式（14-12）确定。

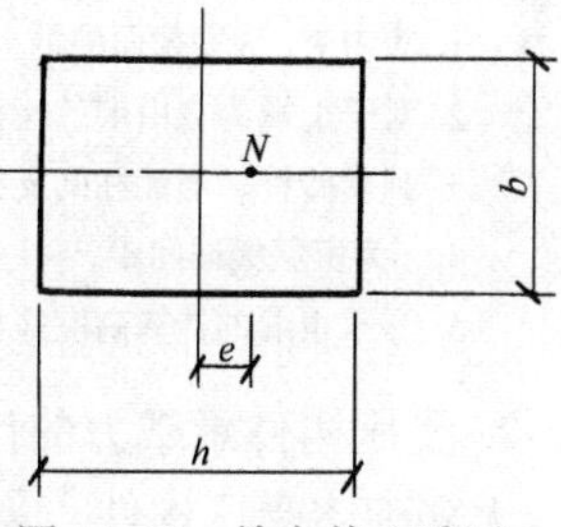

图 14-18 单向偏心受压

对矩形截面
$$\beta=\gamma_\beta\frac{H_0}{h_T} \tag{14-11}$$

对 T 形截面
$$\beta=\gamma_\beta\frac{H_0}{h_T} \tag{14-12}$$

式中 γ_β——不同砌体材料构件的高厚比修正系数，按表 14-15 采用；
H_0——受压构件的计算高度（mm），按表 14-16 确定；
h_T——T 形截面的折算厚度（mm），可近似取 $h_T=3.5i$，i 为截面回转半径（mm）。

表 14-14 与砂浆强度等级有关的系数 α

砂浆强度等级	≥M5	M2.5	0
α	0.0015	0.002	0.009

表 14-15 高厚比修正系数 γ_β

砌体材料类别	γ_β
烧结普通砖、烧结多孔砖	1.0
混凝土普通砖、混凝土多孔砖、混凝土及轻集料混凝土砌块	1.1
蒸压灰砂普通砖、蒸压粉煤灰普通砖、细料石	1.2
粗料石、毛石	1.5

注：对灌孔混凝土砌块砌体，γ_β 取 1.0。

表 14-16 受压构件的计算高度 H_0

<table>
<tr><th colspan="3" rowspan="2">房 层 类 别</th><th colspan="2">柱</th><th colspan="3">带壁柱墙或周边拉结的墙</th></tr>
<tr><th>排架方向</th><th>垂直排架方向</th><th>$s>2H$</th><th>$2H\geqslant s>H$</th><th>$s\leqslant H$</th></tr>
<tr><td rowspan="3">有桥式起重机的单层房屋</td><td rowspan="2">变截面柱上段</td><td>弹性方案</td><td>$2.5H_u$</td><td>$1.25H_u$</td><td colspan="3">$2.5H_u$</td></tr>
<tr><td>刚性、刚弹性方案</td><td>$2.0H_u$</td><td>$1.25H_u$</td><td colspan="3">$2.0H_u$</td></tr>
<tr><td colspan="2">变截面柱下段</td><td>$1.0H_l$</td><td>$0.8H_l$</td><td colspan="3">$1.0H_l$</td></tr>
</table>

(续)

房层类别			柱		带壁柱墙或周边拉结的墙		
			排架方向	垂直排架方向	$s>2H$	$2H\geqslant s>H$	$s\leqslant H$
无桥式起重机的单层和多层房屋	单跨	弹性方案	$1.5H$	$1.0H$	$1.5H$		
		刚弹性方案	$1.2H$	$1.0H$	$1.2H$		
	多跨	弹性方案	$1.25H$	$1.0H$	$1.25H$		
		刚弹性方案	$1.10H$	$1.0H$	$1.1H$		
	刚性方案		$1.0H$	$1.0H$	$1.0H$	$0.4s+0.2H$	$0.6s$

注：1. 表中 H_u 为变截面柱的上段高度，H_l 为变截面柱的下段高度。

2. 对于上端为自由端的构件，$H_0=2H$。

3. 独立砖柱，当无柱间支撑时，柱在垂直排架方向的 H_0 应按表中数值乘以 1.25 后采用。

4. s 为房屋横墙间距。

5. 自承重墙的计算高度应根据周边支承或拉结条件确定。

2. 受压构件承载力的计算

无筋砌体受压构件，承载力受承载力影响系数 φ 的制约，而承载力影响系数 φ 又取决于高厚比 β 和轴向力偏心距 e，并且随偏心距的增大，砌体的承载力明显下降，从经济性和合理性角度看都不宜采用偏心距过大的构件。此外，偏心距过大可能使截面受拉边出现过大的水平裂缝。《砌体结构设计规范》规定轴向力偏心距 e 不应超过 $0.6y$（y 为截面重心到轴向力所在偏心方向截面边缘的距离）。

对于无筋砌体单向偏心受压构件，其承载力按式（14-7）计算。

特别指出，对矩形截面构件，当轴向力偏心方向的截面边长大于另一方向的边长时，除按偏心受压计算外，还应对较小边长方向，按轴心受压进行验算。

例 14-1 已知：砖柱截面尺寸 $b\times h=490\text{mm}\times490\text{mm}$，计算高度 $H_0=4.8\text{m}$。采用强度等级为 MU10 的烧结普通砖和强度等级为 M2.5 的混合砂浆砌筑，柱顶荷载产生的轴心压力设计值 $N=200\text{kN}$，试验算该柱的承载力。

解： 已知砖砌体重力密度为 19kN/m^3，则柱底截面自重设计值为

$$1.2\times(0.49\times0.49\times4.8\times19)\text{kN}=26.28\text{kN}$$

柱底截面轴心压力设计值为

$$N=(200+26.28)\text{kN}=226.28\text{kN}$$

由表 14-15 查得 $\gamma_\beta=1.0$，柱的高厚比 $\beta=\gamma_\beta\dfrac{H_0}{h}=1.0\times\dfrac{4.8}{0.49}=9.8>3$

偏心距 $e=0$，由表 14-14 查得 $\alpha=0.002$，

由式（14-10）、式（14-9）可得

$$\varphi_0=\frac{1}{1+\alpha\beta^2}=\frac{1}{1+0.002\times(9.8)^2}\approx0.84$$

$$\varphi=\frac{1}{1+12\left[\dfrac{e}{h}+\sqrt{\dfrac{1}{12}\left(\dfrac{1}{\varphi_0}-1\right)}\right]^2}=\varphi_0=0.84$$

砖柱截面面积 $A=(0.49\times0.49)\text{m}^2=0.24\text{m}^2<0.3\text{m}^2$

由表 14-13 知
$$\gamma_a=0.7+A=0.94$$
查表 14-5 得，砌体抗压强度设计值 $f=1.3\text{MPa}$，柱的承载力为
$$\varphi\gamma_a fA=(0.84\times0.94\times1.3\times0.24\times10^6)\text{N}=246.36\text{kN}>226.28\text{kN}$$
承载力满足要求。

例 14-2　某单层单跨仓库外纵墙窗间壁柱高 $H=5.4\text{m}$，计算高度 $H_0=1.2H=1.2\times5.4\text{m}=6.48\text{m}$。采用 MU10 烧结普通砖及 M2.5 混合砂浆砌筑。承受轴向压力设计值 $N=250\text{kN}$，弯矩设计值 $M=34\text{kN}\cdot\text{m}$（弯矩方向是墙体外侧受拉，壁柱受压）。壁柱截面尺寸如图 14-19 所示，窗间墙宽度为 2000mm。试验算该墙体的承载力。

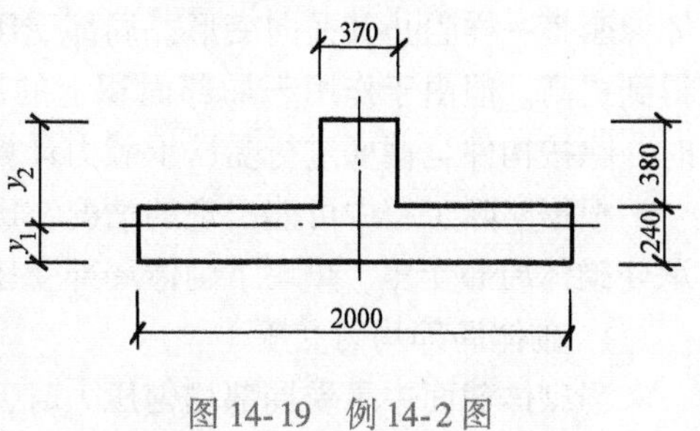

图 14-19　例 14-2 图

解：（1）计算壁柱截面几何特征及轴向力偏心距　壁柱截面翼缘宽度
$$b_f=\left(370+\frac{2}{3}\times5400\right)\text{mm}=3970\text{mm}>2000\text{mm}$$
取 $b_f=2000\text{mm}$

截面面积 $A=(2000\times240+380\times370)\ \text{mm}^2=620600\text{mm}^2>0.3\text{m}^2=300000\text{mm}^2$

$$截面重心位置y_1=\left[\frac{2000\times240\times\dfrac{240}{2}+370\times380\times\left(240+\dfrac{380}{2}\right)}{620600}\right]\text{mm}$$
$$=190.2\text{mm}$$
$$y_2=(240+380-190.2)\text{mm}=429.8\text{mm}$$
截面惯性矩
$$I=\left[\frac{1}{12}\times2000\times240^3+2000\times240\times(190.2-120)^2+\frac{1}{12}\times370\times380^3+370\times380\times(429.8-190)^2\right]\text{mm}^4=1.44\times10^{10}\text{mm}^4$$
回转半径
$$i=\sqrt{\frac{I}{A}}=\sqrt{\frac{1.44\times10^{10}}{620600}}\text{mm}=152.3\text{mm}$$
折算厚度
$$h_T=3.5i=3.5\times152.3\text{mm}=533.1\text{mm}$$
偏心距
$$e=\frac{M}{N}=\frac{34}{250}\text{m}=136\text{mm}$$
（2）承载力验算
$$e<0.6y_2=0.6\times429.8\text{mm}=257.9\text{mm}$$
$$e/h_T=136/533.1=0.255$$
高厚比
$$\beta=H_0/h_T=6.48/0.5331=12.16$$
查附录表 A-2，得影响系数 $\varphi=0.334$

查表 14-5 得，砌体抗压强度设计值 $f=1.3\text{MPa}$

由式（14-7）$N\leqslant\varphi fA$，得
$$N=(0.334\times1.3\times620600)\text{N}=269.5\times10^3\text{N}=269.5\text{kN}>250\text{kN}$$
截面承载力满足要求。

三、局部受压计算

压力仅作用在砌体的部分面积上的受力状态称为局部受压。试验和理论都证明，在局部压力作用下，局部受压区砌体在产生纵向变形时还会发生横向变形，而周围未直接受压的砌体像套箍一样阻止其横向变形，局部受压砌体处于双向或三向受压状态，因此局部抗压能力得到提高。但由于作用于局部面积上的压力很大，有可能造成局部压溃而破坏，因此设计时，除按构件全截面进行受压承载力计算外，还要验算梁支承处砌体局部受压承载力。

根据实际工程中可能出现的情况，砌体的局部受压可分为：砌体局部均匀受压、梁端支承处砌体局部受压、垫块下砌体局部受压及垫梁下砌体局部受压等几种。

1. 砌体局部均匀受压

当砌体截面中承受局部均匀压力时，其承载力应按下列公式计算：

$$N_l \leqslant \gamma A_l f \tag{14-13}$$

$$\gamma = 1+0.35\sqrt{\frac{A_0}{A_l}-1} \tag{14-14}$$

式中 N_l——局部受压面积上的轴向力设计值（N）；

γ——砌体局部抗压强度提高系数；

f——砌体的抗压强度设计值（MPa），局部受压面积小于 0.3m^2，可不考虑强度调整系数 γ_a 影响；

A_l——局部受压面积（mm^2）；

A_0——影响砌体局部抗压强度的计算面积（mm^2），按表 14-17 确定。

表 14-17 A_0 与 γ 最大值

示意图	A_0	γ 最大值	
		普通砖砌体	灌孔混凝土砌块砌体
a)	$h(a+c+h)$	≤2.5	≤1.5
b)	$h(b+2h)$	≤2.0	≤1.5
c)	$(a+h)h+(b+h_1-h)h_1$	≤1.5	≤1.5

（续）

示意图	A_0	γ 最大值	
		普通砖砌体	灌孔混凝土砌块砌体
a　b　h　A_1　A_0　d）	$h(a+h)$	≤1.25	≤1.25

注：1. a、b 为矩形局部受压面积 A_l 的边长。

2. h、h_1 为墙厚或柱的较小边长、墙厚。

3. c 为矩形局部受压面积的外边缘至构件边缘的较小距离，当大于 h 时，应取为 h。

4. 未灌孔混凝土砌块砌体，$\gamma=1.0$。

5. 多孔砖砌体孔洞难以灌实时，按 $\gamma=1.0$ 取用。

由式（14-13）不难看出，砌体的局部受压强度主要取决于砌体原有的轴心抗压强度和周围砌体对局部受压区的约束程度。当 A_0/A_l 不大时，随着压力的增大，砌体会由于纵向裂缝的发展而破坏；当 A_0/A_l 较大并且压力增大到一定数值时，砌体沿竖向突然发生劈裂破坏，这种破坏工程中应避免。当块体强度较低时，还会出现局部受压面积下砌体表面的压碎破坏，这种破坏一般很少发生。

2. 梁端支承处砌体局部受压

如图 14-20 所示，梁端支承处砌体局部受压与砌体局部均匀受压不同。梁的弯曲变形及梁端下砌体的压缩变形，使梁端产生转动，造成砌体承受的局部压应力为曲线分布，其最大压应力大于平均压应力，即局部受压面积上的应力是不均匀的。同时梁端下面传递压力的长度 a_0 可能小于梁伸入墙内实际支承长度 a。

梁端支承处砌体局部受压迫使支座下面的砌体产生压缩，而使梁端顶面与上部砌体脱开。此时上部砌体传给梁端支承面的压力 N_0 将传给梁端周围砌体，形成所谓“内拱卸荷作用”，如图 14-21 所示。因此，局部受压计算时要对上部传下的荷载作适当的折减。

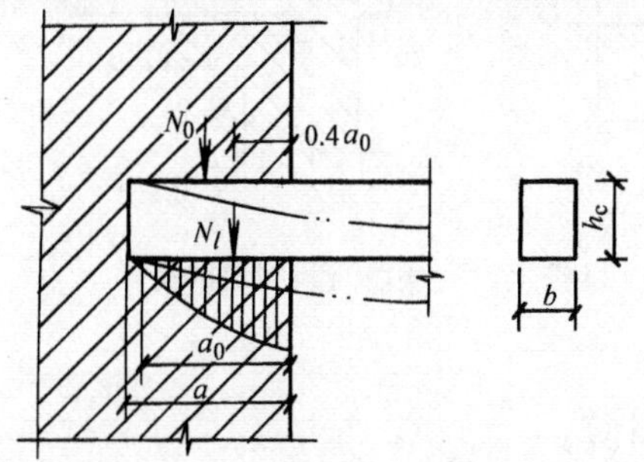

图 14-20　梁端支承处砌体局部受压

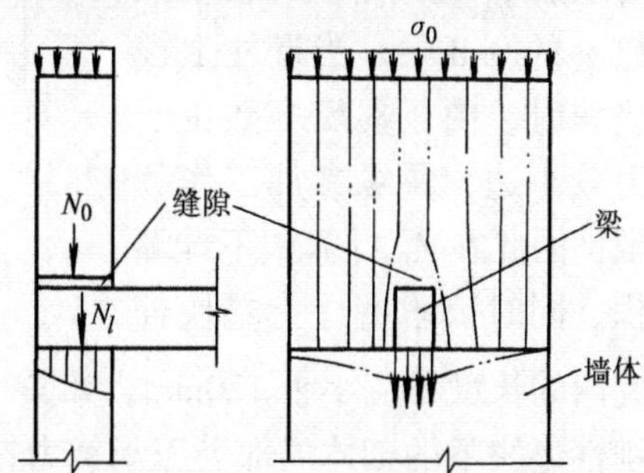

图 14-21　上部荷载对砌体局部受压的影响

梁端支承处砌体的局部受压承载力应按下列公式计算：

$$\psi N_0+N_l\leqslant\eta\gamma fA_l \tag{14-15}$$

$$\psi=1.5-0.5\frac{A_0}{A_l} \tag{14-16}$$

$$N_0=\sigma_0A_l \tag{14-17}$$

$$A_l=a_0b \tag{14-18}$$

$$a_0=10\sqrt{\frac{h_c}{f}} \tag{14-19}$$

式中 ψ——上部荷载的折减系数，当 $A_0/A_l\geqslant3$ 时，ψ 取 0；

N_0——局部受压面积内上部轴向力设计值（N）；

N_l——梁端支承压力设计值（N）；

σ_0——上部平均压应力设计值（N/mm^2）；

η——梁端底面压应力图形的完整系数，可取 0.7，对于过梁和墙梁可取 1.0；

a_0——梁端有效支承长度（mm），当 $a_0>a$ 时，应取 $a_0=a$；

a——梁端实际支承长度（mm）；

b——梁的截面宽度（mm）；

h_c——梁的截面高度（mm）；

f——砌体的抗压强度设计值（MPa）。

3. 梁端下设有垫块的砌体局部受压

梁端下设置垫块可使局部受压面积增大，是解决局部受压承载力不足的一个有效措施。通常采用预制刚性垫块，有时还将垫块与梁端现浇成整体。

（1）梁端下设置预制刚性垫块　当垫块的高度 $t_b\geqslant180$mm，且垫块挑出梁边的长度不大于垫块高度时，称为刚性垫块。它不但可增大局部受压面积，还能使梁端压力较好地传至砌体截面上。试验表明，垫块底面以外的砌体对垫块下的砌体抗压强度产生有利影响，但考虑到垫块底面压应力分布不均匀，为了安全，取垫块外砌体面积的有利影响系数 γ_1 为局部抗压强度提高系数 γ 的 0.8 倍。当壁柱上设刚性垫块时，由于翼墙多数位于压应力较小边，翼缘参加工作程度有限，因此在 A_0 计算中不计翼墙面积，同时要求壁柱上垫块伸入翼墙内的长度不应小于 120mm，如图 14-22 所示。

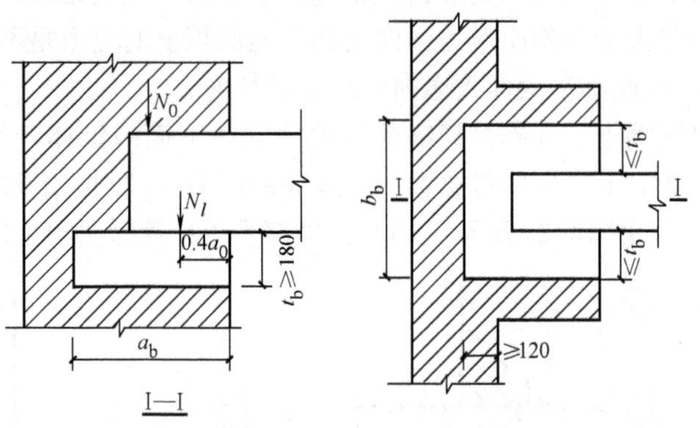

图 14-22　壁柱上设有垫块时梁端局部受压

刚性垫块下的砌体局部受压承载力按下列公式计算：

$$N_0+N_l\leqslant\varphi\gamma_1fA_b \tag{14-20}$$

$$N_0=\sigma_0A_b \tag{14-21}$$

$$A_b=a_bb_b \tag{14-22}$$

式中 N_0——垫块面积 A_b 内上部轴向力设计值（N）；

φ——垫块上 N_0 及 N_l 合力的影响系数，应采用附录 A-1 中 $\beta\leqslant3$ 时的 φ 值；

γ_1——垫块外砌体面积的有利影响系数，$\gamma_1=0.8\gamma$，但不小于 1.0，γ 为砌体局部抗

压强度提高系数，按式（14-14）计算，以 A_b 代替 A_l 计算得出；

A_b——垫块面积（mm^2）；

a_b——垫块伸入墙内的长度（mm）；

b_b——垫块的宽度（mm）。

梁端设有刚性垫块时，梁端有效支承长度 a_0 应按下式确定。

$$a_0=\delta_1\sqrt{\frac{h_c}{f}} \tag{14-23}$$

式中　δ_1——刚性垫块的影响系数，按表 14-18 采用。

垫块上 N_l 作用点的位置可取 $0.4a_0$ 处。

表 14-18　系数 δ_1 值表

σ_0/f	0	0.2	0.4	0.6	0.8
δ_1	5.4	5.7	6.0	6.9	7.8

注：表中其间的数值可采用内插法求得。

（2）与梁端浇筑成整体的垫块　当梁垫与梁端浇筑成整体时（图 14-23），梁受荷载发生挠曲变形，为了简化计算，梁端支承处砌体的局部受压也可按式（14-20）计算。

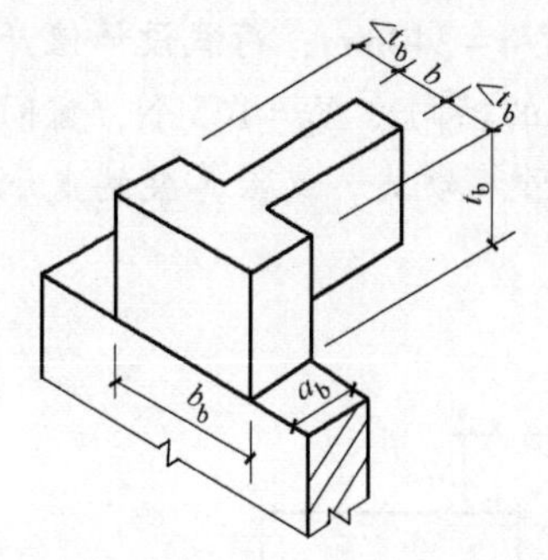

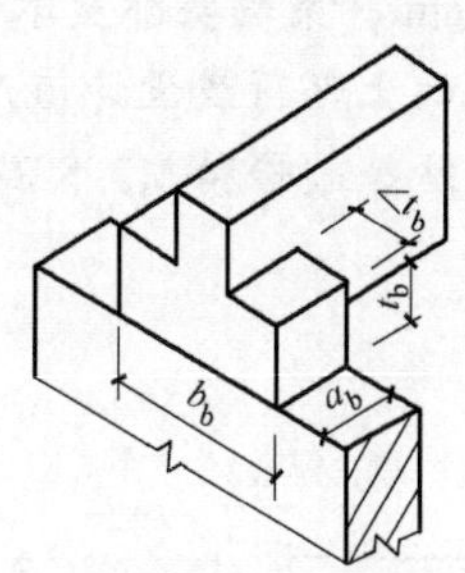

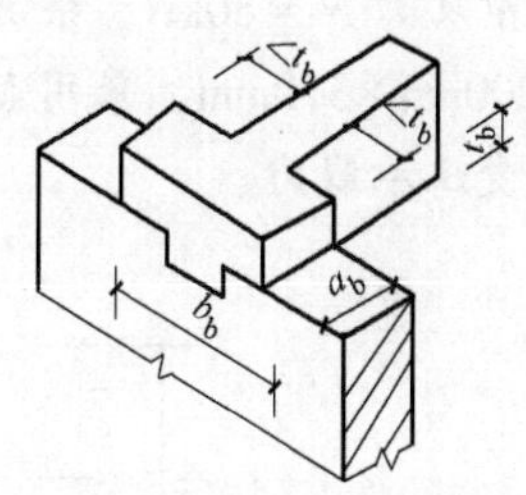

图 14-23　梁端整浇垫块形式

4. 梁端下设有垫梁的砌体局部受压

当梁或屋架支承在承重墙上，而梁或屋架下正好设置钢筋混凝土梁（如圈梁）时，可利用此梁把梁端支座压力（集中荷载）传到下面一定宽度的墙上，则称钢筋混凝土梁为垫梁。垫梁受力情况不同于垫块，可以把垫梁看作是一根承受集中荷载的弹性地基梁。试验结果表明，当垫梁在大于 πh_0（h_0 为垫梁的折算高度）长度的中部受有集中局部荷载时，垫梁下砌体竖向压应力的分布范围为 πh_0，如图 14-24 所示。垫梁下砌体局部受压承载力应按下列公式计算：

$$N_0+N_l\leqslant 2.4\delta_2 f b_b h_0 \tag{14-24}$$

$$N_0=\pi b_b h_0\sigma_0/2 \tag{14-25}$$

$$h_0=2\sqrt[3]{\frac{E_b I_b}{Eh}} \tag{14-26}$$

式中　N_0——垫梁上部轴向力设计值（N）；

b_b——垫梁在墙厚方向的宽度（mm）；

δ_2——当荷载沿墙厚方向均匀分布时 δ_2 取 1.0，不均匀时 δ_2 取 0.8；

h_0——垫梁折算高度（mm）；

E_b、I_b——分别为垫梁的混凝土弹性模量（MPa）和截面惯性矩（mm^4）；

E——砌体的弹性模量（MPa）；

h——墙厚（mm）。

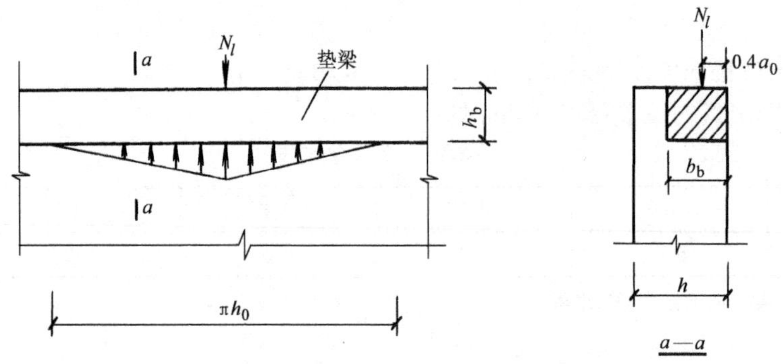

图 14-24　垫梁局部受压

例 14-3　如图 14-25 所示，某楼盖的钢筋混凝土梁的一端支承在房屋外纵墙的窗间墙上，梁截面尺寸为 $b\times h_c=200\text{mm}\times550\text{mm}$，梁端实际支承长度 $a=240\text{mm}$，荷载设计值产生的梁端支承反力 $N_l=80\text{kN}$，梁底墙体截面上部荷载设计值产生的轴向力 $N_0=165\text{kN}$，窗间墙截面为 1200mm×370mm，采用 MU10 烧结普通砖和 M2.5 混合砂浆砌筑。试验算梁端支承处砌体局部受压承载力。

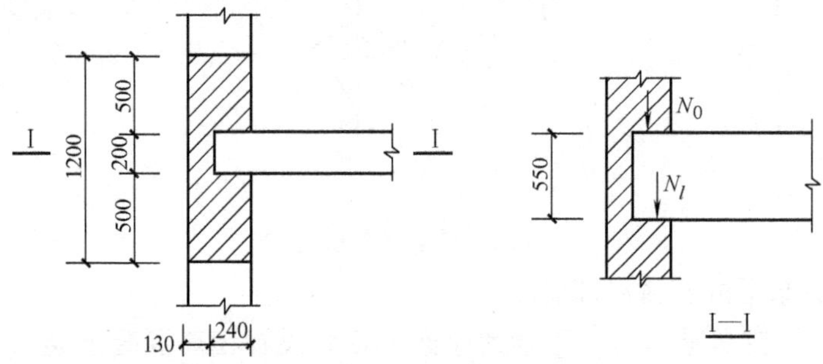

图 14-25　例 14-3 图

解：MU10 烧结普通砖、M2.5 混合砂浆，查表 14-5，$f=1.3\text{MPa}$。

（1）求梁端有效支承长度 a_0　由式（14-19）得

$$a_0=10\sqrt{\frac{h_c}{f}}=10\sqrt{\frac{550}{1.3}}\text{mm}=205.7\text{mm}$$

（2）验算梁下砌体局部受压承载力

局部受压面积 $A_l=a_0b=(205.7\times200)\text{mm}^2=41140\text{mm}^2$

由表 14-17 知 $A_0=(2h+b)h=[(2\times370+200)\times370]\text{mm}^2=347800\text{mm}^2$

$$A_0/A_l=347800/41140=8.45>3，故取\ \psi=0$$

局部抗压强度提高系数 $\gamma=1+0.35\sqrt{A_0/A_l-1}=1+0.35\sqrt{8.45-1}=1.96<2$

取 $\eta=0.7$

由于上部轴向力设计值 N_0 作用在整个窗间墙上，故上部平均压应力设计值为

$$\sigma_0=\left(\frac{165\times10^3}{370\times1200}\right)\text{N/mm}^2=0.37\text{N/mm}^2$$

由式（14-15）

$$\eta\gamma fA_l=(0.7\times1.96\times1.3\times41140)\text{N}=73.38\text{kN}$$

$$\psi N_0+N_l=0+80\text{kN}=80\text{kN}>\eta\gamma fA_l$$

经验算，不符合局部抗压强度的要求，不安全。

例 14-4　如上题，因不能满足砌体局部抗压强度的要求，试在梁端设置垫块并进行验算。

解：如图 14-26 所示，在梁下设预制钢筋混凝土垫块。取垫块尺寸为 $b_b\times a_b\times t_b=500\text{mm}\times240\text{mm}\times180\text{mm}$，垫块两边挑出长度为 $(500-200)\text{mm}/2=150\text{mm}<t_b=180\text{mm}$，满足刚性垫块的构造要求。

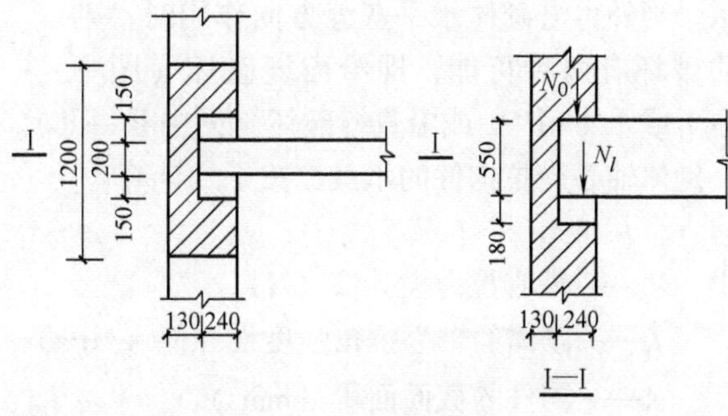

图 14-26　例 14-4 图

按式（14-20）即 $N_0+N_l\leqslant\varphi\gamma_1 fA_b$ 验算。

已查得 $f=1.3\text{MPa}$

垫块面积 $A_b=a_b\times b_b$

$=(240\times500)\text{mm}^2$

$=120000\text{mm}^2$

影响砌体局部抗压强度的计算面积

$$A_0=[(500+2\times350)\times370]\text{mm}^2=444000\text{mm}^2$$

上式因 $b_b+2h=(500+2\times370)\text{mm}=1240\text{mm}>1200\text{mm}$（窗间墙宽度），故取 $h=350\text{mm}$。

$$A_l=A_b=120000\text{mm}^2$$

砌体局部抗压强度提高系数

$$\gamma=1+0.35\sqrt{\frac{A_0}{A_b}-1}=1+0.35\sqrt{\frac{444000}{120000}-1}=1.58<2$$

则得垫块外砌体面积的有利影响系数：$\gamma_1=0.8\gamma=0.8\times1.58=1.26$

垫块面积 A_b 内上部轴力设计值：$N_0=\sigma_0A_b=(0.37\times120000)\text{N}=44.4\text{kN}$

由表 14-18 查得 $\delta_1=5.84$

$$a_0=\delta_1\sqrt{\frac{h}{f}}=5.84\sqrt{\frac{550}{1.3}}\text{mm}=120\text{mm}$$

求 N_0 和 N_l 合力对垫块形心的偏心距 e：

N_l 对垫块形心的偏心距为 $\left(\dfrac{240}{2}-0.4\times120\right)\text{mm}=72\text{mm}$

N_0 作用于垫块形心，则 $e=\dfrac{N_l\times72}{N_0+N_l}=\dfrac{80\times72}{44.4+80}\text{mm}=46.3\text{mm}$

由 $\dfrac{e}{h}=\dfrac{e}{a_b}=\dfrac{46.3}{240}=0.193$，取高厚比 $\beta<3$，查附录 A-2 得 $\varphi=0.68$

由式（14-20）得

$$\varphi\gamma_1 fA_b = (0.68\times1.26\times1.3\times120000)\text{N} = 133.7\text{kN} > N_0+N_l = (44.4+80)\text{kN} = 124.4\text{kN}$$

符合局部抗压强度的要求。

四、轴心受拉、受弯、受剪构件的计算

1. 轴心受拉构件

砌体轴心受拉能力很低，工程中很少采用砌体轴心受拉构件，只在容积较小的圆形水池或筒仓中应用。砌体在液体或松散物料的侧压力作用下，壁内只产生环向拉力，如图 14-27 所示。当外力沿砌体水平灰缝方向作用时，砌体的破坏有两种可能，即沿齿缝破坏（图中Ⅰ—Ⅰ或Ⅰ′—Ⅰ′）或沿直缝破坏（图中Ⅱ—Ⅱ）。

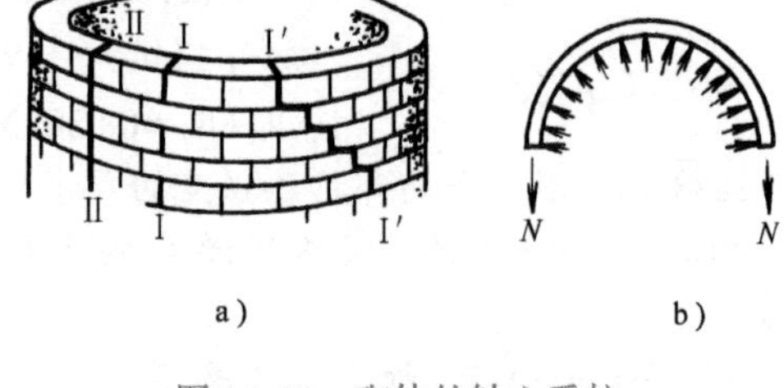

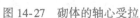

图 14-27　砌体的轴心受拉

砌体轴心受拉构件的承载力按下式计算：

$$N_t \leqslant f_t A \tag{14-27}$$

式中　N_t——轴心拉力设计值（N）；

f_t——砌体的轴心抗拉强度设计值（MPa），应按表 14-12 采用；

A——构件的截面面积（mm^2）。

2. 受弯构件

如图 14-28 所示，砖砌平拱过梁和挡土墙均属受弯构件。在弯矩作用下砌体可能因弯曲受拉沿齿缝截面（图中Ⅰ—Ⅰ）或沿砖和竖向灰缝截面（图中Ⅱ—Ⅱ）或沿通缝截面（图中Ⅲ—Ⅲ）破坏，或因支座处剪力较大而破坏，因此要进行受弯、受剪承载力计算。

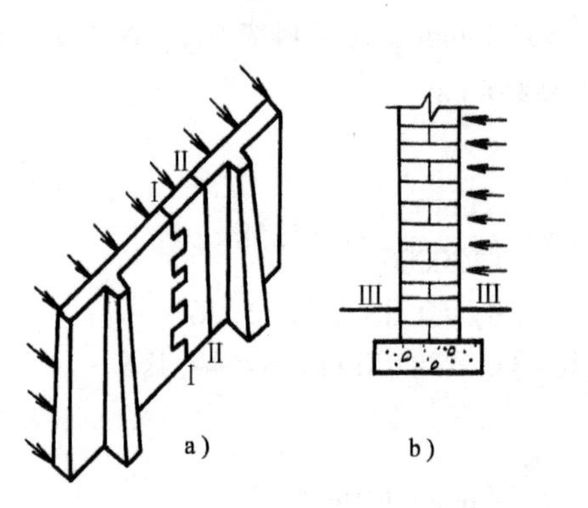

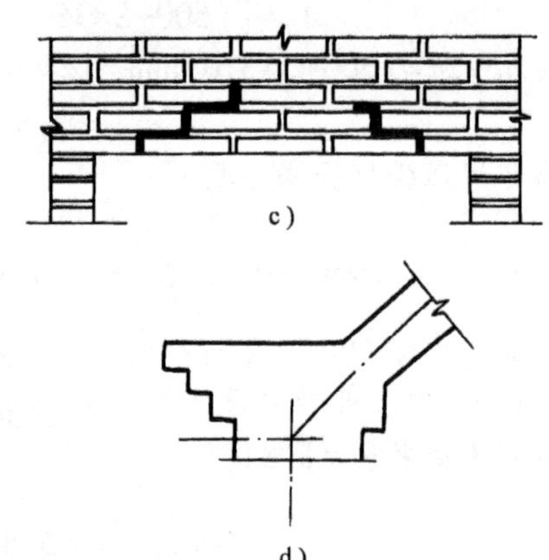

图 14-28　砌体构件受弯

受弯构件的承载力，应按下式计算：

$$M \leqslant f_{tm} W \tag{14-28}$$

式中　M——弯矩设计值（N·m）；

f_{tm}——砌体弯曲抗拉强度设计值（MPa），应按表 14-12 采用；

W——截面抵抗矩（mm^3）。

受弯构件的受剪承载力，应按下式计算：

$$V \leqslant f_v b z \tag{14-29}$$

$$z = \frac{I}{S} \tag{14-30}$$

式中　V——剪力设计值（N）；

f_v——砌体的抗剪强度设计值（MPa），应按表14-12采用；

b——截面宽度（mm）；

z——内力臂，当截面为矩形时取 $z=2h/3$；

I——截面惯性矩（mm^4）；

S——截面面积矩（mm^3）；

h——截面高度（mm）。

3. 受剪构件

在无拉杆拱的支座处（图14-29a），由于拱的水平推力将使支座沿水平方向受剪，再如承受水平作用力的低矮剪力墙（图14-29b），在墙体平面内受剪，这些都属于受剪构件。试验表明，砌体沿水平灰缝或阶梯形灰缝的受剪承载力，取决于砌体沿通缝的抗剪强度和竖向压力所产生的摩擦力。

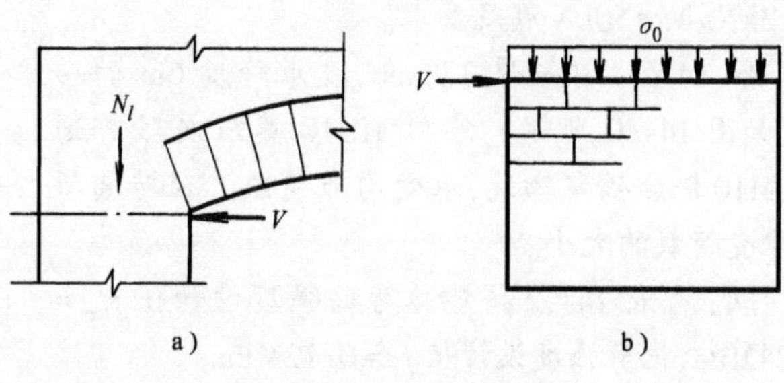

图14-29　受剪构件

沿通缝或沿阶梯形截面破坏时受剪构件的承载力应按下式计算：

$$V \leqslant (f_v + \alpha\mu\sigma_0) A \tag{14-31}$$

当 $\gamma_G=1.2$ 时

$$\mu = 0.26 - 0.082\frac{\sigma_0}{f} \tag{14-32}$$

当 $\gamma_G=1.35$ 时

$$\mu = 0.23 - 0.065\frac{\sigma_0}{f} \tag{14-33}$$

式中　V——截面剪力设计值（N）；

A——水平截面面积（mm^2），当有孔洞时，取净截面面积；

f_v——砌体抗剪强度设计值（MPa）；

γ_G——永久荷载分项系数；

α——修正系数，当 $\gamma_G=1.2$ 时，砖砌体取0.60，混凝土砌块砌体取0.64，当 $\gamma_G=1.35$ 时，砖砌体取0.64，混凝土砌块砌体取0.66；

μ——剪压复合受力影响系数，α 与 μ 的乘积可查表14-19；

σ_0——永久荷载设计值产生的水平截面平均压应力（N/mm^2）；

f——砌体的抗压强度设计值（MPa）；

σ_0/f——轴压比，不大于0.8。

表14-19　$\gamma_G=1.2$ 及 $\gamma_G=1.35$ 时的 $\alpha\mu$ 值

γ_G	σ_0/f	0.1	0.2	0.3	0.4	0.5	0.6	0.7	0.8
1.2	砖砌体	0.15	0.15	0.14	0.14	0.13	0.13	0.12	0.12
	砌块砌体	0.16	0.16	0.15	0.15	0.14	0.13	0.13	0.12

(续)

γ_G	σ_0/f	0.1	0.2	0.3	0.4	0.5	0.6	0.7	0.8
1.35	砖砌体	0.14	0.14	0.13	0.13	0.13	0.12	0.12	0.11
	砌块砌体	0.15	0.14	0.14	0.13	0.13	0.13	0.12	0.12

例 14-5 有一圆形砖砌水池，壁厚 370mm，采用 MU10 烧结普通砖、M10 混合砂浆砌筑，池壁承受环向拉力设计值 $N_t=50\text{kN}$，试验算池壁的受拉承载力。

解： 取圆形池壁的单位宽度 $b=1000\text{mm}$，截面面积 $A=(1000\times370)\text{mm}^2=370000\text{mm}^2$。

查表 14-12 得砌体抗拉强度设计值 $f_t=0.19\text{MPa}$

由式(14-27)得，$f_tA=(0.19\times370000)\text{N}=70.3\text{kN}>N_t=50\text{kN}$ 满足要求。

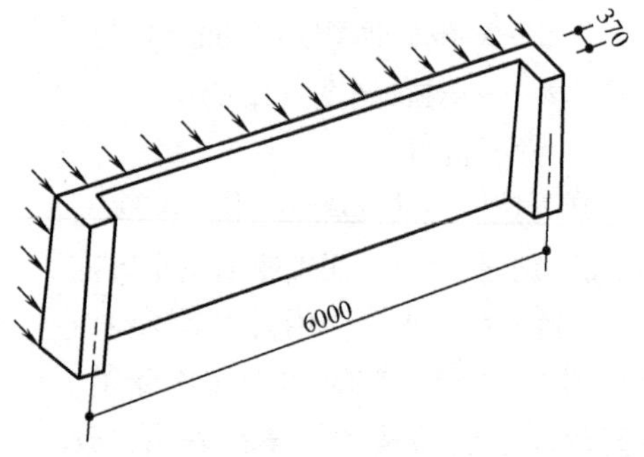

图 14-30 例 14-6 图

例 14-6 有一厚 370mm、支承跨度 6m 的砖墙，如图 14-30 所示。采用 MU10 蒸压灰砂普通砖、M10 混合砂浆砌筑，承受均布荷载。求砖墙所能承受荷载的大小。

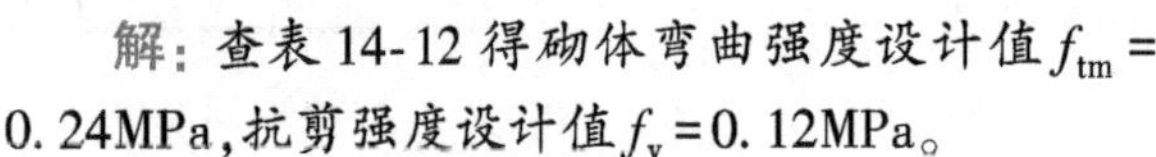

解： 查表 14-12 得砌体弯曲强度设计值 $f_{tm}=0.24\text{MPa}$，抗剪强度设计值 $f_v=0.12\text{MPa}$。

取单位宽度 $b=1000\text{mm}$。

截面系数 $W=\dfrac{bh^2}{6}=\left(\dfrac{1000\times370^2}{6}\right)\text{mm}^3=22.82\times10^6\text{mm}^3$

截面内力臂 $z=\dfrac{2}{3}h=\dfrac{2}{3}\times370\text{mm}=246.7\text{mm}$

由式(14-28)得受弯承载力

$$M=f_{tm}W=(0.24\times22.82\times10^6)\text{N}\cdot\text{mm}=5476800\text{N}\cdot\text{mm}$$

由式(14-29)得受剪承载力

$$V=f_vbz=(0.12\times1000\times246.7)\text{N}=29604\text{N}$$

由受弯承载力求墙体所能承受的均布荷载

$$q_1=\frac{8M}{l^2}=\left(\frac{8\times5476800}{6000^2}\right)\text{N/mm}=1.22\text{N/mm}$$

由受剪承载力求墙体所能承受的均布荷载

$$q_2=\frac{2V}{l}=\left(\frac{2\times29604}{6000}\right)\text{N/mm}=9.87\text{N/mm}$$

比较 q_1 与 q_2 得该砖墙所能承受的均布荷载为 1.22N/mm。

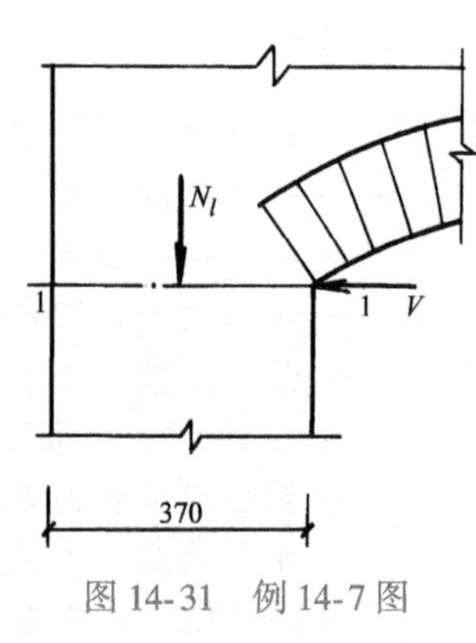

图 14-31 例 14-7 图

例 14-7 试验算如图 14-31 所示拱过梁支座截面的抗剪承载力。已知拱过梁支座处的水平推力为 20kN，作用在 1—1 截面上，由恒载设计值产生的竖向力为 30kN，受剪截面面积 $A=370\text{mm}\times490\text{mm}$，此过梁采用 MU15 烧结普通砖和 M10 的混合砂浆砌筑。

解： 由表 14-12 查得 $f_v=0.17\text{MPa}$，由表 14-5 查得 $f=2.31\text{MPa}$。

$$A=(370\times490)\,\text{mm}^2=181300\text{mm}^2$$

$$\sigma_0=\left(\frac{30\times10^3}{181300}\right)\text{N/mm}^2=0.166\text{MPa}$$

$$\sigma_0/f=0.166/2.31=0.1$$

查表 14-19 得 $\alpha\mu=0.15$

由式(14-31)得

$$(f_v+\alpha\mu\sigma_0)A=[(0.17+0.15\times0.166)\times181300]\text{N}$$
$$=35.34\text{kN}>V=20\text{kN}$$

故符合要求。

第三节　混合结构房屋墙体设计

一、房屋的结构布置及静力计算方案

在混合结构房屋的设计中，首先要选择合理的墙体承重结构方案。因为承重墙的布置既影响房屋平面的划分和空间的大小，又涉及荷载的传递及房屋的空间刚度。

（一）房屋的结构布置

混合结构房屋中的屋盖、楼盖、内外纵墙、横墙、柱和基础等是主要的承重构件。它们相互连接，共同构成承重体系。按承重体系可以把房屋的结构布置分为下列三种类型。

1. 纵墙承重方案

纵墙承重方案是指由纵墙直接承受屋盖、楼盖竖向荷载的结构布置方案。跨度较小的房屋，楼板直接支承在纵墙上，如图 14-32a 所示；跨度较大的房屋可采用预制屋面梁（或屋架）上铺大型屋面板，梁（或屋架）搁置在纵墙上，如图 14-32b 所示。

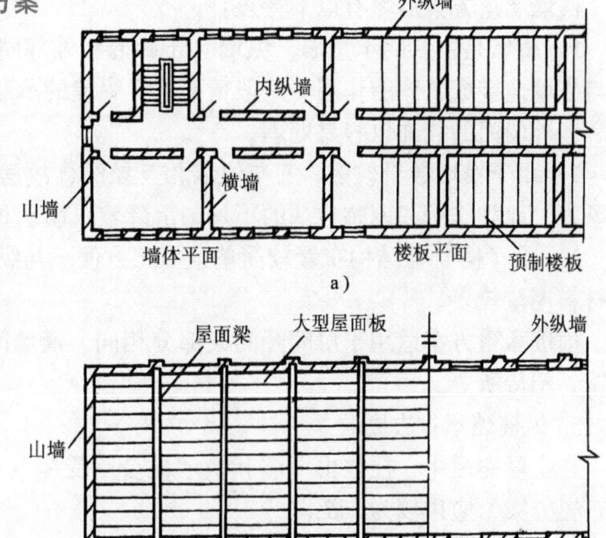

图 14-32　纵墙承重方案

a）楼板直接支承在纵墙上　b）预制屋面梁上铺屋面板

纵墙承重时屋面和楼面荷载的传递途径为：

对图 14-32a 所示平面，楼（屋）盖荷载⟶板⟶纵墙⟶基础⟶地基；对图 14-32b所示平面，屋盖荷载⟶屋面板⟶屋面梁（或屋架）⟶纵墙⟶基础⟶地基。

纵墙承重方案房屋有以下特点：

1）纵墙是主要的承重墙，室内空间较大，有利于在使用上灵活布置。

2）纵墙上承受的荷载较大，当纵墙上设置门窗洞口时，洞口宽度和位置受到限制。

3）横墙数量少，房屋横向刚度较差。

4）与横墙承重方案比较，屋盖、楼盖构件所用材料较多而墙体材料用量较少。

纵墙承重方案适用于在使用上要求有较大空间或隔墙位置有可能变化的工业与民用房屋，如教学楼、实验室、办公楼、厂房和仓库等。

2. 横墙承重方案

横墙承重方案是由横墙直接承受屋面、楼面荷载的结构布置方案。如图14-33所示，预制楼板沿房屋纵向搁置在横墙上，外纵墙主要起围护作用。

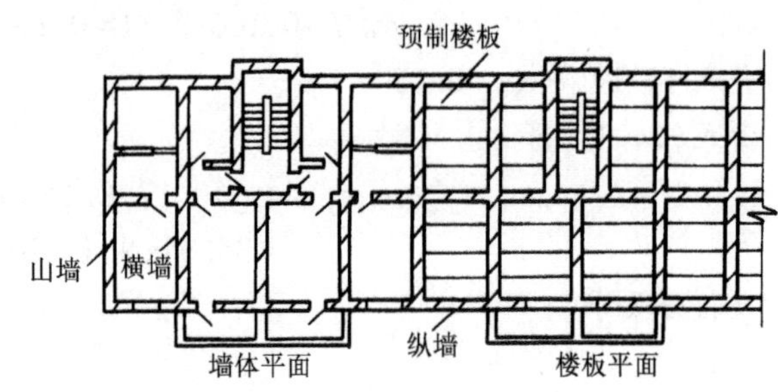

图 14-33　横墙承重方案

横墙承重方案屋面和楼面荷载的传递途径为：楼（屋）盖荷载⟶板⟶横墙⟶基础⟶地基。

横墙承重方案房屋有以下特点：

1）横墙是主要的承重墙，纵墙（走廊墙和外部周边墙）起承担墙体自重、围护和隔断及与横墙连接成整体的作用。一般情况下，纵墙的承载能力有富余，在其上开设门窗洞口较灵活，外墙面的装饰也容易处理。

2）由于横墙数量较多，又与纵墙相互拉结，故房屋的横向刚度较大，整体性好，对抵抗风力、地震作用和调整地基的不均匀沉降较纵墙承重方案有利。

3）屋（楼）盖结构布置较简单、施工方便。与纵墙承重房屋相比，楼面结构材料、墙体材料用量较多。

横墙承重方案适用于房间开间大部分相同、横墙间距较密的民用房屋，如住宅、宿舍、旅馆、招待所等。

3. 纵横墙承重方案

在实际房屋中，往往由纵墙和横墙混合承受屋（楼）面荷载，而形成纵横墙承重的结构布置方案，应用较为广泛。

纵横墙承重方案屋面和楼面荷载的传递途径为：屋(楼)盖荷载⟶梁板结构（⟶纵墙⟶ / ⟶横墙⟶）基础⟶地基。

如图 14-34 所示为一教学楼标准层平面，其屋（楼）面荷载一部分由纵墙承受，另一部分由横墙承受，属纵横墙承重方案房屋。

纵横墙承重方案房屋有以下特点：

1）适合于功能房间的大小变化较多时的建筑，所有的墙体都承受楼面传来的荷载，且房屋在两个相互垂直方向的刚度均较大，有较强的抗风能力。

2）在占地面积相同的条件下，内墙面积较少。

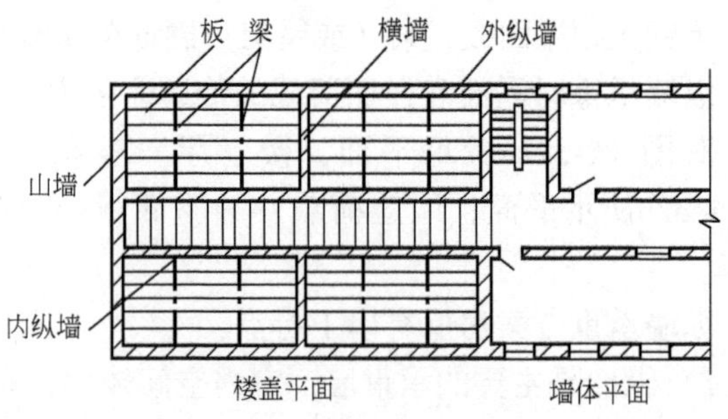

图 14-34　纵横墙承重方案

3）砌体应力分布较均匀，可以减少墙厚，或者在相同的墙厚时，房屋做

得较高，同时亦使得基底土层应力较小且均匀分布。

以上三种承重方案是从大量实践中总结出来的砌体结构的主要布置形式。设计时，应根据不同的使用要求、地质情况、抗震设计要求、材料和施工质量等级等条件，按安全、适用、耐久、经济合理的原则进行综合比较分析，选择比较合理的结构承重方案。

（二）静力计算方案

砌体房屋中，各种主要构件如屋盖、楼盖、墙、柱及基础等构成一个空间受力体系，共同承受作用在房屋上的各种竖向荷载和水平荷载。房屋中是否设置横墙（山墙）、横墙（山墙）的间距以及屋盖、楼盖的水平刚度，都对房屋的空间刚度及结构内力产生影响。根据房屋空间刚度的大小，静力计算时可划分为三种方案，即弹性方案、刚性方案和刚弹性方案。

1. 弹性方案

如图 14-35a 所示为单层无山墙房屋，外纵墙承重，装配式钢筋混凝土屋盖。因房屋结构均匀、荷载均匀，故可取一个开间作为计算单元，代替整个房屋来分析受力状态(图 14-35b)。将计算单元纵墙作为排架柱，屋盖看成横梁，基础视为固定端，屋盖与墙连接视为铰接。在水平荷载作用下，柱顶侧向水平位移为 u_p（图 14-35c）。具有这种受力与变形特点的房屋，空间刚度小，内力计算时按不考虑空间工作的可自由侧移的平面排架或框架进行分析，这种静力计算方案称为弹性方案。

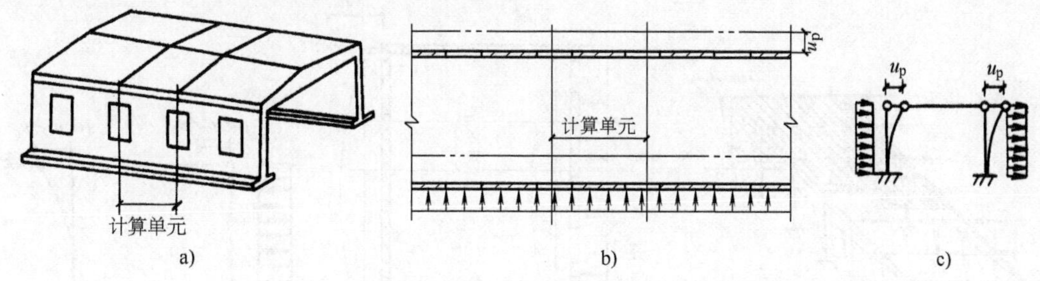

图 14-35　弹性方案静力计算简图

弹性方案中水平荷载的传递路线为：水平荷载⟶纵墙⟶纵墙基础。

2. 刚性方案

当房屋的横墙间距较小，屋（楼）盖的水平刚度较大时，房屋的空间刚度较大。在荷载作用下，房屋的侧向水平位移受到横墙的约束，墙顶的水平位移很小，可忽略不计。计算时，屋（楼）盖相当于一个水平放置的深梁，横墙作为一竖向放置的悬臂构件，嵌固于基础中，由横墙和楼（屋）盖所组成的抗侧向力体系可视为纵墙的水平不动铰支座(图 14-36)，按无侧移排架进行分析。这种静力计算方案称为刚性方案。

刚性方案中水平荷载传递路线为：

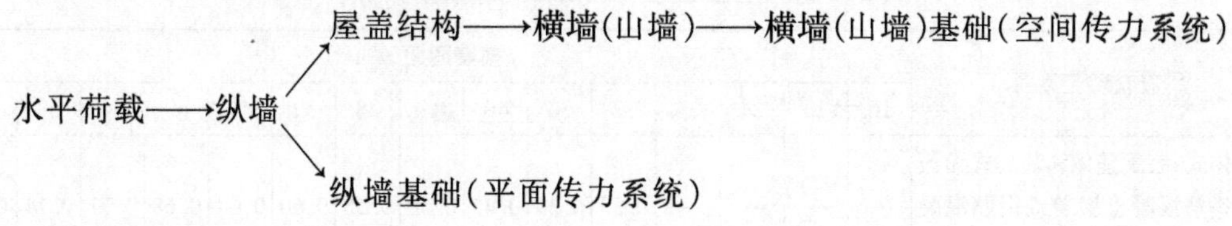

3. 刚弹性方案

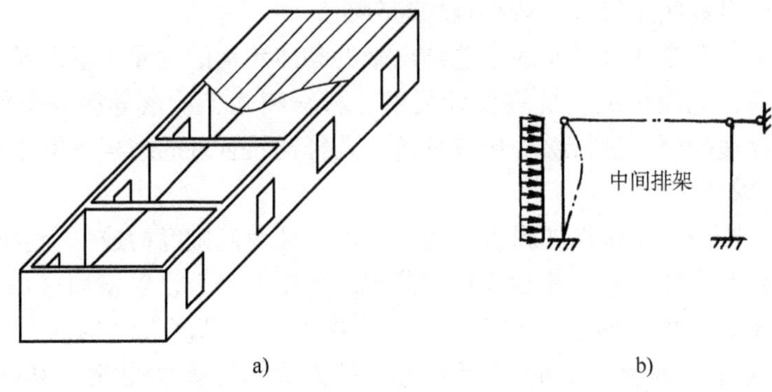

图 14-36　刚性方案计算简图

当横墙间距较大，屋（楼）盖在平面内的刚度较小时，房屋空间刚度较小。在荷载作用下，墙顶的侧向水平位移 u_s 由两部分组成，一部分为水平位移 Δ，另一部分为屋（楼）盖作为深梁产生的挠度 u，$u_s=\Delta+u$（图 14-37b）。u_s 值比弹性方案小，比刚性方案大，即 $0<u_s<u_p$。计算时，考虑房屋的空间工作性能，将抗侧向力体系视为墙、柱的水平弹性支座，按有弹性支座的平面排架进行分析，这种静力计算方案为刚弹性方案（图 14-37）。

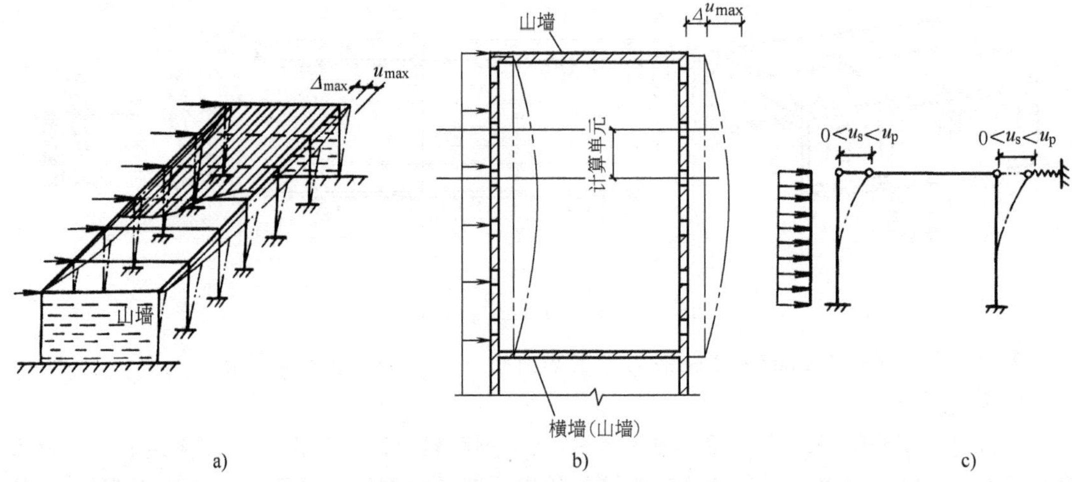

图 14-37　刚弹性方案计算简图

如果令 $\eta_i=u_s/u_p$，则称 η_i 为空间性能影响系数。η_i 值越大，房屋空间刚度越小；反之，η_i 值越小，房屋空间刚度越大，因此，也可以按 η_i 值来划分房屋的静力计算方案。表 14-20 是《砌体结构设计规范》给出的房屋各层的空间性能影响系数。

表 14-20　房屋各层的空间性能影响系数 η_i

屋盖或楼盖类别	横墙间距 s/m														
	16	20	24	28	32	36	40	44	48	52	56	60	64	68	72
整体式、装配整体和装配式无檩体系钢筋混凝土屋盖或钢筋混凝土楼盖	—	—	—	—	0.33	0.39	0.45	0.50	0.55	0.60	0.64	0.68	0.71	0.74	0.77

（续）

屋盖或楼盖类别	横墙间距 s/m														
	16	20	24	28	32	36	40	44	48	52	56	60	64	68	72
装配式有檩体系钢筋混凝土屋盖、轻钢屋盖和有密铺望板的木屋盖或木楼盖	—	0.35	0.45	0.54	0.61	0.68	0.73	0.78	0.82	—	—	—	—	—	—
瓦材屋面的木屋盖和轻钢屋盖	0.37	0.49	0.60	0.68	0.75	0.81	—	—	—	—	—	—	—	—	—

注：i 取 1~n，n 为房屋的层数。

为了方便设计，《砌体结构设计规范》将房屋按屋盖或楼盖刚度划分为三种类型，并按房屋的横墙间距 s 来确定其静力计算方案，见表 14-21。

表 14-21 房屋的静力计算方案

屋盖或楼盖类别	刚性方案	刚弹性方案	弹性方案
整体式、装配整体和装配式无檩体系钢筋混凝土屋盖或钢筋混凝土楼盖	$s<32$	$32\leqslant s\leqslant 72$	$s>72$
装配式有檩体系钢筋混凝土屋盖、轻钢屋盖和有密铺望板的木屋盖或木楼盖	$s<20$	$20\leqslant s\leqslant 48$	$s>48$
瓦材屋面的木屋盖和轻钢屋盖	$s<16$	$16\leqslant s\leqslant 36$	$s>36$

注：1. 表中 s 为房屋横墙间距，单位为 m。

2. 当屋盖、楼盖类别不同或横墙间距不同时，可根据空间性能影响系数确定房屋的静力计算方案。

3. 对无山墙或伸缩缝处无横墙的房屋，应按弹性房屋考虑。

另外，刚性和刚弹性方案房屋的横墙，应具备足够的刚度，以保证房屋的空间作用，故应符合下列要求。

1）横墙中开有洞口时，洞口的水平截面面积不应超过横墙截面面积的 50%。

2）横墙的厚度不宜小于 180mm。

3）单层房屋的横墙长度不宜小于其高度，多层房屋的横墙长度不宜小于 $H/2$（H 为横墙总高度）。

当横墙不能同时符合上述要求时，应对横墙刚度进行验算。如其最大水平位移值 $\Delta_{max}\leqslant H/4000$ 时，仍可视为刚性或刚弹性方案房屋的横墙。凡符合上述刚度要求的一段横墙或其他结构构件（如框架等），也可视作刚性或刚弹性方案房屋的横墙。

二、高厚比验算

在砌体房屋墙体设计中，除满足强度要求外，还必须保证其稳定性，高厚比的验算是保证墙体稳定和房屋空间刚度的重要措施。墙、柱高厚比是指墙、柱的计算高度 H_0 与墙厚或柱截面边长 h 的比值。墙、柱的高厚比越大则构件越细长，其稳定性就越差。

1. 墙、柱的高厚比验算

墙、柱的高厚比应按下式验算：

$$\beta=\frac{H_0}{h}\leqslant\mu_1\mu_2[\beta] \tag{14-34}$$

式中 H_0——墙、柱的计算高度（mm），应按表14-16采用；

h——墙厚或矩形柱与 H_0 相对应的边长（mm）；

μ_1——自承重墙允许高厚比的修正系数；

$[\beta]$——墙、柱的允许高厚比，应按表14-22采用。

μ_2——有门窗洞口墙允许高厚比的修正系数，按式（14-35）确定。

$$\mu_2 = 1 - 0.4\frac{b_s}{s} \tag{14-35}$$

式中 b_s——在宽度 s 范围内的门窗洞口总宽度（mm），如图14-38所示；

s——相邻窗间墙或壁柱之间的距离。

表14-22 墙、柱的允许高厚比[β]值

砌体类型	砂浆强度等级	墙	柱
无筋砌体	M2.5	22	15
	M5.0 或 Mb5.0、Ms5.0	24	16
	≥M7.5 或 Mb7.5、Ms7.5	26	17
配筋砌块砌体	—	30	21

注：1. 毛石墙、柱的允许高厚比应按表中数值降低20%。

2. 带有混凝土或砂浆面层的组合砖砌体构件的允许高厚比，可按表中数值提高20%，但不得大于28。

3. 验算施工阶段砂浆尚未硬化的新砌砌体构件高厚比时，允许高厚比对墙取14，对柱取11。

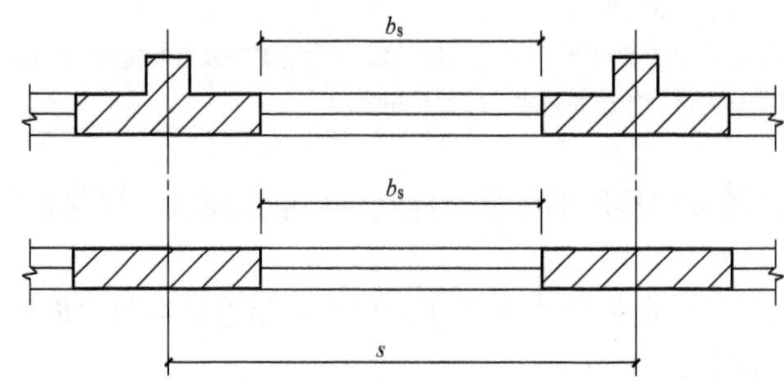

图14-38 门窗洞口平面

厚度 $h \leq 240$mm 的自承重墙，允许高厚比修正系数 μ_1 应按下列规定采用：

1）$h=240$mm 时，$\mu_1=1.2$。$h=90$mm 时，$\mu_1=1.5$。240mm>h>90mm 时，μ 可按内插法取值。

2）上端为自由端墙的允许高厚比，除按上述规定提高外，尚可提高30%。

3）对厚度小于90mm的墙，当双面采用不低于M10的水泥砂浆抹面，包括抹面层的墙厚不小于90mm时，可按墙厚等于90mm验算高厚比。

当 $\mu_2<0.7$ 时，取0.7；当洞口高度等于或小于墙高的1/5时，可取 μ_2 等于1.0。

当与墙连接的相邻两横墙间的距离 $s \leq \mu_1\mu_2[\beta]h$ 时，相邻两横墙之间的墙体因受到了横墙较大的约束，而沿竖向不会丧失稳定，故此时墙的高度可不受式（14-34）的限制。

2. 带壁柱墙和带构造柱墙高厚比验算

带壁柱墙和带构造柱墙的高厚比验算比矩形墙、柱的高厚比验算复杂些，除要验算带壁

柱墙和带构造柱墙的高厚比（即整片墙的高厚比）外，还要验算壁柱间墙或构造柱间墙的高厚比。

（1）带壁柱墙的高厚比验算

$$\beta=H_0/h_T\leqslant\mu_1\mu_2[\beta] \tag{14-36}$$

式中　h_T——带壁柱墙截面的折算厚度（mm），折算厚度的计算及带壁柱墙翼缘宽度等详见本章第二节。

当确定墙的计算高度 H_0 时，s 取与之相交相邻横墙间的距离。

（2）带构造柱墙的高厚比验算　当构造柱截面宽度不小于墙厚时可按式（14-34）验算带构造柱墙的高厚比，此时公式中 h 取墙厚；当确定墙的计算高度 H_0 时，s 应取相邻横墙间的距离。墙的允许高厚 H_0 比$[\beta]$可以乘以提高系数 μ_c。

$$\mu_c=1+\gamma\frac{b_c}{l} \tag{14-37}$$

式中　γ——系数，对细料石砌体，$\gamma=0$，对混凝土砌块、混凝土多孔砖、粗料石、毛料石及毛石砌体，$\gamma=1.0$，其他砌体，$\gamma=1.5$；

b_c——构造柱沿墙长方向的宽度（mm）；

l——构造柱的间距（mm）。

当 $b_c/l>0.25$ 时，取 $b_c/l=0.25$；当 $b_c/l<0.05$ 时，取 $b_c/l=0$。

（3）壁柱间墙或构造柱间墙的高厚比验算　按式（14-34）验算壁柱间墙或构造柱间墙的高厚比，s 应取相邻壁柱间或相邻构造柱间的距离。当壁柱（构造柱）间墙的高厚比不满足要求时，可设圈梁。对设有钢筋混凝土圈梁的带壁柱墙或带构造柱墙，当 $b/s\geqslant1/30$ 时（b 为圈梁宽度），圈梁可视作壁柱间墙或构造柱间墙的不动铰支点。如不允许增加圈梁宽度，可按墙体平面外等刚度原则增加圈梁高度，以满足壁柱间墙或构造柱间墙不动铰支点的要求。

例 14-8　某办公楼平面布置如图 14-39 所示，采用装配式钢筋混凝土楼盖，砖墙承重。纵横墙厚度均为 240mm，砂浆强度等级为 M5，底层墙高 4.5m（从基础顶面算起）。隔墙厚 120mm，砂浆强度等级为 M2.5，墙高 3.5m。要求验算各类墙的高厚比。

解：（1）确定房屋静力计算方案　由横墙最大间距 $s=12$m 和楼盖类型，查表 14-21 判定为刚性方案房屋。

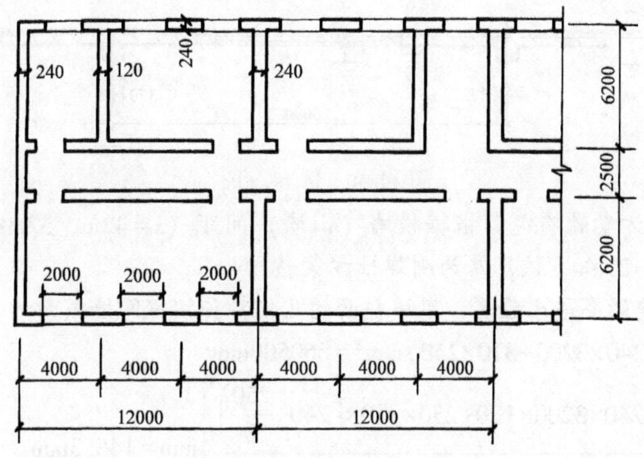

图 14-39　例 14-8 图

(2) 纵墙高厚比验算　根据 $s=12m>2H=9m$，由表 14-16 得 $H_0=1.0$，$H=4.5m$

承重墙 $\mu_1=1.0$

由表 14-22 查得 $[\beta]=24$

相邻窗间墙之间的距离 $s=4.0m$

$$\mu_2=1-0.4\frac{b_s}{s}=1-0.4\times\frac{2}{4}=0.8$$

按式 (14-34) 验算，则 $\beta=\frac{H_0}{h}=\frac{4500}{240}=18.75<\mu_1\mu_2[\beta]=19.2$，满足要求。

(3) 横墙高厚比验算　纵墙最大间距 $s=6.2m$，$H<s<2H$，查表 14-16 得知

$$H_0=0.4s+0.2H=3.38m$$

横墙上无门窗洞口，$\mu_2=1.0$。由表 14-22 查得 $[\beta]=24$

$$\beta=\frac{H_0}{h}=\frac{3380}{240}=14.08<\mu_1\mu_2[\beta]=24\text{，满足要求。}$$

(4) 隔墙高厚比验算　因隔墙上端在砌筑时，一般用斜放立砖顶住梁底面，故可按顶端为不动铰支考虑。设隔墙与纵墙可靠拉接，则 $s=6.2m$，$(2H=7m)>(s=6.2m)>(H=3.5m)$。

由表 14-16 查得 $H_0=0.4s+0.2H=3.18m$，由表 14-22 查得 $[\beta]=22$

隔墙为非承重墙，厚 $h=120mm$，则

$$\mu_1=1.2+(1.5-1.2)\times\frac{240-120}{240-90}=1.44$$

$$\beta=\frac{H_0}{h}=\frac{3180}{120}=26.5<\mu_1\mu_2[\beta]=31.68\text{，满足要求。}$$

例 14-9　某单层单跨无桥式起重机厂房，屋盖为装配式钢筋混凝土无檩体系屋盖。厂房长 42m，两端有山墙，纵墙带壁柱，壁柱间距 6m，相邻壁柱间开有宽 2.8m 窗洞，如图 14-40 所示，屋架下弦标高为 5.000m，墙厚 240mm，壁柱截面为 370mm×250mm，采用 M5 混合砂浆砌筑。试验算纵墙高厚比。

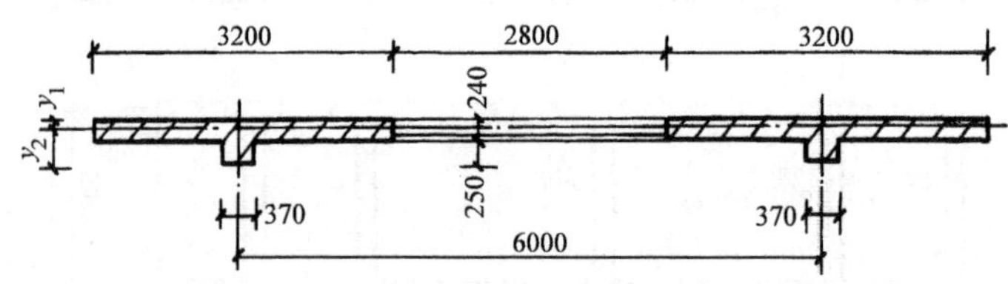

图 14-40　例 14-9 图

解：(1) 验算方案的确定　根据横墙（山墙）间距（$s=42m$，$32m<s=42m<72m$）及屋盖类别，由表 14-21 知，该厂房为刚弹性方案。

(2) 带壁柱墙的高厚比验算　纵墙截面的几何特征按窗间墙截面计算。

截面面积 $A=(240\times3200+370\times250)mm^2=860500mm^2$

$$\text{重心位置}\ y_1=\left(\frac{240\times3200\times120+250\times370\times\left(240+\frac{250}{2}\right)}{860500}\right)mm=146.3mm$$

$y_2=(240+250-146.3)\text{mm}=343.7\text{mm}$

惯性矩

$$I=\left[\frac{1}{12}\times3200\times240^3+3200\times240\times(146.3-120)^2+\frac{1}{12}\times370\times250^3+370\times250\times(240+125-146.3)^2\right]\text{mm}^4=9.12\times10^9\text{mm}^4$$

回转半径 $i=\sqrt{I/A}=\sqrt{9.12\times10^9/860500}\text{mm}=103\text{mm}$

折算厚度 $h_T=3.5i=360.5\text{mm}$

壁柱高度 $H=(5+0.5)\text{m}=5.5\text{m}$(其中 0.5m 为室内地坪±0.000 至基础顶面高度),查表 14-16 得 $H_0=1.2H=1.2\times5.5\text{m}=6.6\text{m}$。

砂浆强度等级为 M5,查表 14-22 得$[\beta]=24$

相邻壁柱间距 $s=6.0\text{m}$

纵墙为承重墙,$\mu_1=1.0$,$\mu_2=1-0.4\frac{b_s}{s}=1-0.4\frac{2.8}{6.0}=0.813$

$$\beta=H_0/h_T=\frac{6600}{360.5}=18.31<\mu_1\mu_2[\beta]=1.0\times0.813\times24=19.5$$

满足要求。

(3) 壁柱间墙的高厚比验算 相邻壁柱间距离 $s=6\text{m}<32\text{m}$,由表 14-21 知为刚性方案。

$H=5.5\text{m}$,则 $H<s<2H$。由表 14-16 得,$H_0=0.4s+0.2H$

$$H_0=(0.4\times6+0.2\times5.5)\text{m}=3.5\text{m}$$

$$\beta=H_0/h=3500/240=14.58<\mu_1\mu_2[\beta]=19.5$$

满足要求。

三、刚性方案房屋

(一) 承重纵墙的计算

1. 单层房屋承重纵墙的计算

(1) 计算单元 单层房屋承重纵墙的计算,对有门窗洞口的外纵墙,取一个开间作为计算单元;对无门窗洞口的纵墙,取 1m 长墙体作为计算单元。

(2) 计算简图 单层房屋刚性方案墙体计算简图可按下列假定确定:

1) 墙、柱下端在基础顶面的连接为固定端,上端与屋盖结构的连接为铰接。

2) 屋盖结构可视为墙、柱上端的不动铰支座。

3) 屋盖结构可视为刚度无限大的杆件,受力后轴向变形很小,故可忽略不计。

依据假定,可绘制如图 14-41 所示的计算简图,因无侧向位移,两墙也可以独立进行计算。

(3) 计算荷载 单层房屋纵墙承受的荷载一般包括竖向荷载和水平荷载。

1) 竖向荷载。竖向荷载包括屋盖恒荷载、屋面活荷载或雪荷载,它们以集中力 N_l 的形式通过屋架或屋面梁作用于墙体顶部。该集中力 N_l 的作用点一般对墙体中心线有一定偏心距 e。对屋架,轴向力 N_l 的作用点一般距离墙体定位轴线 150mm

(图 14-42a)；对于屋面梁，N_l 至墙内边缘的距离取 $0.4a_0$（a_0 为梁端有效支承长度），则 $e=h/2-0.4a_0$（h 为墙厚），如图 14-42b 所示。故墙体顶部作用有轴向力 N_l和弯矩 $M=N_le$。除此之外，竖向荷载还有墙体自重、墙面粉刷层重及门窗重等竖向荷载，单层厂房还可能有桥式起重机荷载。

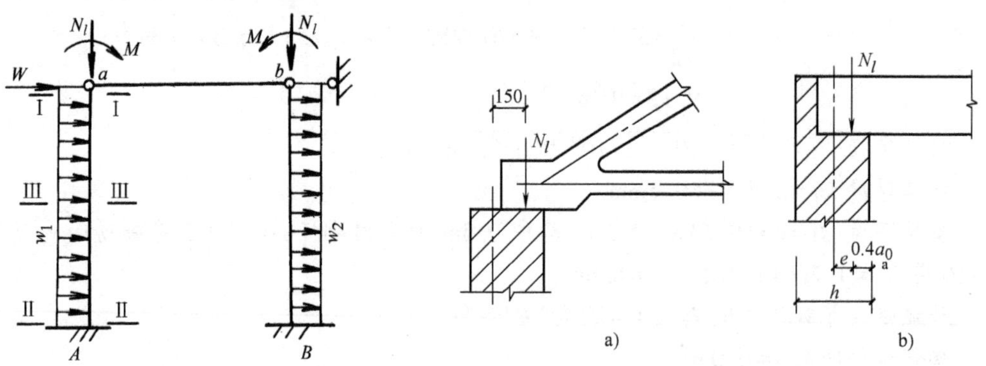

图 14-41 纵墙计算简图　　图 14-42 轴向力作用位置

2）水平荷载。对不考虑抗震设防的结构，水平荷载为风荷载，风荷载由作用于屋面和墙面的两部分荷载组成。如图14-41所示，屋面风荷载（包括女儿墙、天窗等风荷载在内）常简化为作用于墙、柱顶端的集中力 W，它直接通过屋盖传至横墙，再传给基础和地基，在纵墙内不产生内力，迎风面水平力（对墙面为压力）w_1，背风面水平力（对墙面为吸力）w_2，沿墙高以均布线荷载作用于墙面。对单层厂房还可能有桥式起重机水平制动荷载等。

（4）内力计算　如图 14-41 所示，墙、柱可以按一次超静定结构分别求出在竖向荷载和水平荷载作用下的内力。

1）在竖向荷载作用下的内力（图 14-43）：

$$\left.\begin{aligned}&R_a=-R_A=-\frac{3M}{2H}\\&M_{aA}=M,\ M_{Aa}=-\frac{M}{2}\\&M_y=\frac{M}{2}\left(2-3\frac{y}{H}\right)\\&R_{Av}=N_l\end{aligned}\right\}\tag{14-38}$$

2）在水平荷载作用下的内力（图 14-44）：

$$\left.\begin{aligned}&R_a=\frac{3}{8}wH\\&R_A=\frac{5}{8}wH\\&M_{Aa}=\frac{1}{8}wH^2\\&M_y=-\frac{1}{8}wHy\left(3-4\frac{y}{H}\right)\end{aligned}\right\}\tag{14-39}$$

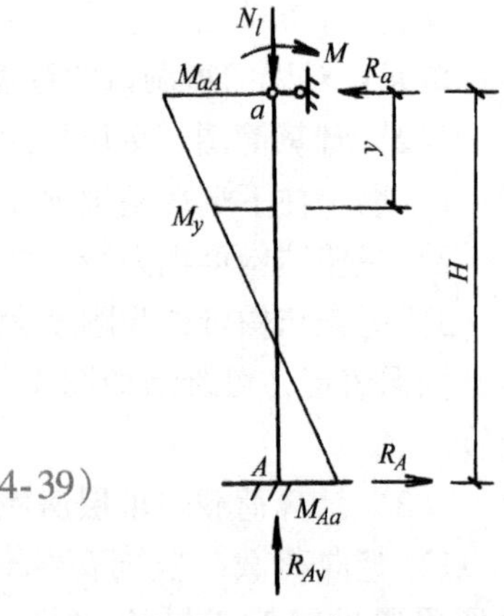

图 14-43 竖向荷载作用下的内力图

当 $y=\frac{3}{8}H$ 时，$M_{\max}=-\frac{9}{128}wH^2$。

式中，风荷载 w 对迎风面为 w_1，对背风面为 w_2。

（5）控制截面与内力组合　在验算承重纵墙的承载力时，取计算单元内墙体顶端Ⅰ—Ⅰ截面、底端Ⅱ—Ⅱ截面以及在水平均布荷载作用下的最大弯矩截面Ⅲ—Ⅲ截面（见图14-41）。截面Ⅰ—Ⅰ除受竖向力外，还有弯矩作用，故既要验算偏心受压承载力，还要验算梁下砌体的局部受压承载力。截面Ⅱ—Ⅱ，受最大轴向力和相应的弯矩作用，按偏心受压进行承载力验算。截面Ⅲ—Ⅲ也需根据相应的 M 和 N 按偏心受压进行承载力验算。通常以Ⅰ—Ⅰ和Ⅱ—Ⅱ截面作为控制截面。

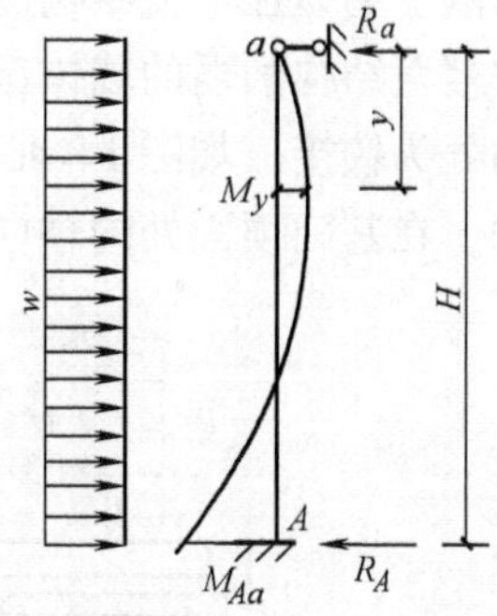

图 14-44　水平荷载作用下的内力图

设计时，应先求出各种荷载单独作用下的内力，然后按照可能同时作用的荷载产生的内力进行组合，求出上述控制截面中的最大内力，作为选择墙体截面尺寸、进行承载力验算的依据。

根据荷载规范，在一般砌体结构单层房屋中，采用下列三种荷载组合：

1）恒荷载+风荷载。

2）恒荷载+活荷载（风荷载除外）。

3）恒荷载+0.9（活荷载+风荷载）。

考虑风荷载时还应分左风和右风，分别组合。

2. 多层房屋承重纵墙的计算

（1）选择计算单元　多层房屋的承重纵墙一般较长，由于立面的要求，门、窗洞口有规律地等间距布置，可取有代表性的、宽度等于一个开间的门间墙或窗间墙作为计算单元，如图 14-45 中的 m—m 和 n—n 之间的窗间墙。当开间尺寸不一致时，计算单元常取荷载较大、墙截面较小的开间，此时计算单元的宽为（s_1+s_2）/2，s_1、s_2 分别为相邻的两开间的距离。当墙上无门窗洞口时，计算截面宽度可取等于计算单元受荷载范围的宽度。

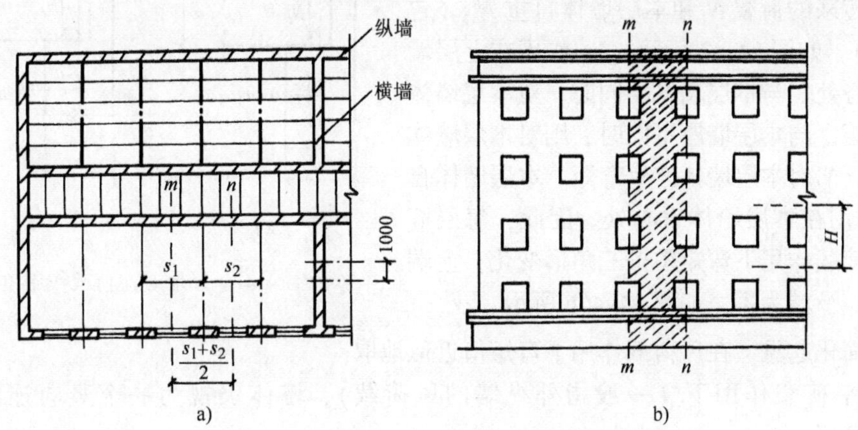

图 14-45　多层房屋计算单元

a）平面图　b）立面图

（2）确定计算简图　在竖向荷载作用下，多层房屋的墙体如同竖向连续梁一样，连续梁以各层楼盖为支点，底部以基础为支点（图 14-46a）。由于楼盖结构的梁或板是嵌砌在墙体内的，墙体在楼盖结构嵌入部位的截面被削弱，使上下墙体在楼盖处的连续性被削弱，因此被楼盖结构削弱的墙体截面所能传递的弯矩是不大的。为简化计算，可以假定墙体在楼盖结构处为铰接，如图 14-46b 所示，墙柱在每层高度范围内，可近似地视作两端铰支的竖向构件。在基础顶面处的轴向力很大，弯矩很小，也假定为铰接。

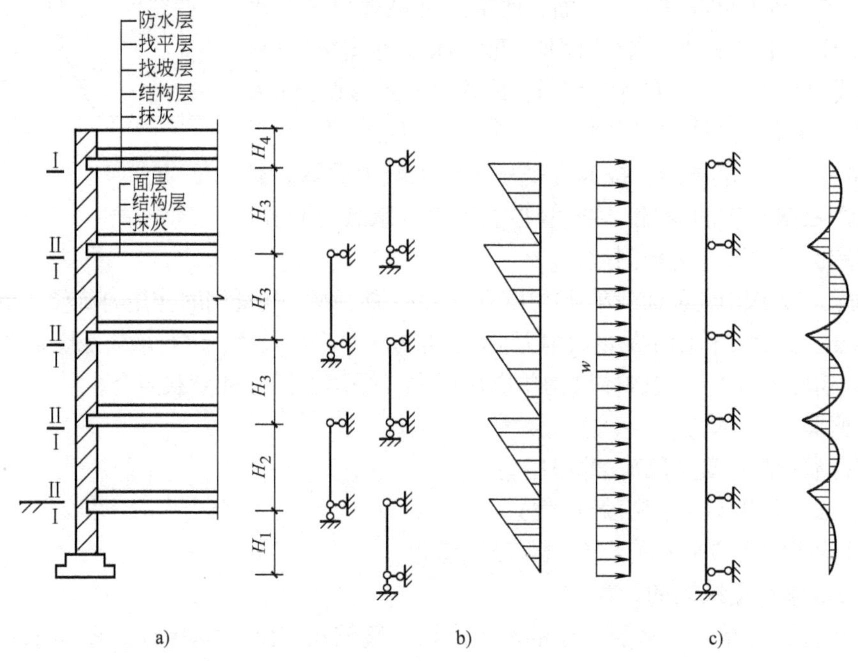

图 14-46　多层刚性方案房屋计算简图

（3）荷载和内力计算　纵墙要承受上面各层楼盖、屋盖传来的荷载和墙体自重 N_u，以及本层楼盖传来的荷载 N_l 和本层墙体自重 N_G（包括窗自重）。如图 14-47 所示，N_u 作用在上层墙体截面重心处，与本层墙厚相同时，对本层墙体不产生弯矩，与本层墙厚不同时，则对本层墙体产生弯矩。N_l 对本层墙体产生弯矩。本层墙体自重 N_G，作用在本层墙体重心处。因此，每层墙体在竖向荷载作用下弯矩图按三角形变化，上端弯矩最大，下端为零，如图 14-46b 所示。

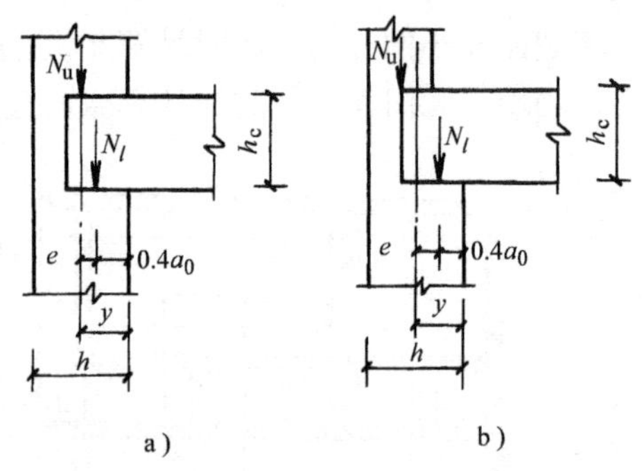

图 14-47　纵墙竖向荷载作用位置

为了简化起见，在风荷载作用下弯矩值近似地取

在水平荷载作用下（一般指外纵墙的风荷载），墙体仍视为一个竖向连续梁，如图 14-46c所示。

$$M = wH_i^2/12 \tag{14-40}$$

式中　w——计算单元沿墙高度的水平均布风荷载（kN/m）；

H_i——第 i 层层高（m）。

《砌体结构设计规范》规定，刚性方案多层房屋满足以下要求时，可不考虑风荷载对

外墙内力影响：

1）洞口水平截面面积不超过全截面面积的2/3。

2）层高和总高不超过表14-23所规定的数值。

3）层面自重不小于0.8kN/m²。

表14-23　外墙不考虑风荷载影响时的最大高度

基本风压值/(kN/m²)	层高/m	总高/m	基本风压值/(kN/m²)	层高/m	总高/m
0.4	4.0	28	0.6	4.0	18
0.5	4.0	24	0.7	3.5	18

注：对于多层混凝土砌块房屋当外墙厚度不小于190mm、层高不大于2.8m，总高不大于19.6m，基本风压不大于0.7kN/m² 时可不考虑风荷载的影响。

（4）控制截面的选择和承载力验算　墙体承载力验算必须确定所需验算的截面。一般选择内力较大、截面尺寸较小的截面作为控制截面。根据弯矩大小，应取每层墙体的顶部截面；根据轴力，应取每层墙体的底部截面；根据墙体截面面积，应取窗门间墙处的截面。通常每层墙体的控制截面为Ⅰ—Ⅰ和Ⅱ—Ⅱ截面，如图14-46a所示。Ⅰ—Ⅰ截面位于墙体顶部梁（或板）底面，承受梁（屋架）传来的支座反力，此截面弯矩最大，应按偏心受压验算，并验算梁底砌体的局部受压承载力。截面Ⅱ—Ⅱ位于墙体底面，其$M=0$，但轴向力最大，应按轴心受压验算承载力。

若多层房屋各层墙体的截面、块体和砂浆强度等级相同，则只验算最底层墙体相应截面承载力即可，若有变化，则应对变化层墙体相应截面进行验算。

墙体承载力验算发现承载力不足时，可采用下述方法提高承载力：

1）提高砂浆强度等级。

2）加大墙体厚度或加壁柱。

3）采用网状配筋砌体或组合砌体。

（二）多层房屋承重横墙的计算

1. 选取计算单元和计算简图

刚性方案房屋中，横墙一般承受屋盖、楼盖直接传来的均布荷载，且很少开设洞口，因此，通常可沿墙轴线取1.0m宽的横墙作为计算单元，每层横墙视为两端铰接的竖向构件，如图14-48所示。构件高度等于层高，但是，当顶层为坡屋顶时，顶层高度取层高加山墙尖高的1/2，而底层应算至基础顶面，当埋置较深且有刚性地坪时可取至室外地面下500mm。

2. 横墙上的荷载

横墙计算单元（宽度取1.0m，长度取相邻两侧各1/2开间）上的荷载，如图14-49所示，包括：

N_0——上层传来的轴向力，作用在上层横墙截面重心处；

N_{ll}、N_{lr}——本层墙体左右相邻楼盖传来的轴向力，作用在距横墙外边缘$0.4a_0$处；

N_G——本层墙体自重，作用在本层墙体截面重心处。

3. 控制截面和承载力验算

对于中间横墙，承受两边楼盖或屋盖传来的竖向荷载，当两边的竖向荷载相同时，则沿横墙整个高度都承受轴向压力，这时墙体底部截面的轴向力最大，控制截面应取Ⅱ—Ⅱ截

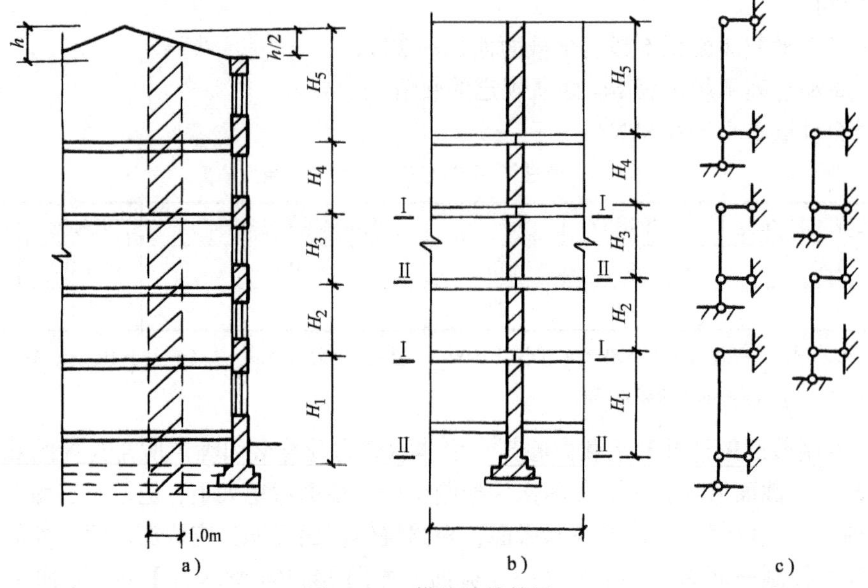

图 14-48 横墙计算简图

面，如图 14-48 所示。若横墙两边的楼板构造不同或开间不等、楼面荷载不相等，则作用在墙顶上的荷载为偏心荷载，应按偏心受压来验算横墙顶部截面Ⅰ—Ⅰ的承载力（图 14-48）。当为支承梁时，还需验算砌体的局部受压承载力。对直接承受风荷载的山墙，其计算方法与纵墙相同。

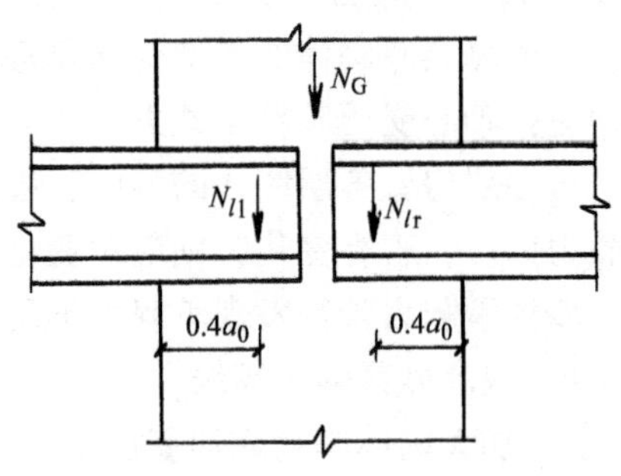

图 14-49 横墙上的荷载

在多层房屋中，当横墙的砌体材料和墙厚相同时，只验算底层墙体承载力，当横墙的砌体材料或墙厚改变时，应对改变处墙体截面进行验算。

例 14-10 某四层教学楼（设计使用年限为 50 年）部分平面如图 14-50 所示，采用钢筋混凝土装配式楼盖、屋盖。屋面和楼面构造如图 14-51a 所示，梁截面尺寸为 250mm×600mm，伸入墙内 240mm，外纵墙 370mm 厚，内纵墙、横墙均为 240mm 厚，采用双面粉刷。层高 3.6m，采用 MU10 烧结普通砖和 M5 混合砂浆砌筑，采用 1800mm 宽、2100mm 高的钢窗。试验算该教学楼墙体。

解：（1）计算单元的选择　在外纵墙选上取一开间作为计算单元，受荷范围为 $3.6\text{m}\times3.3\text{m}=11.88\text{m}^2$，如图 14-50 中斜线部分所示。比较Ⓒ、Ⓓ轴线墙体受力情况可知，纵墙承载力由Ⓓ轴线控制，故选Ⓓ轴线进行计算。由于横墙厚度与内纵墙相同，荷载低于内纵墙，故不需验算。

（2）高厚比验算　由砂浆强度等级 M5 查表 14-22 得$[\beta]=24$，选底层西北角横墙间距较大的两道纵墙验算。

外纵墙

$H=(3.6+0.5)\text{m}=4.1\text{m}, s=3.6\text{m}\times3=10.8\text{m}>2H=8.2\text{m}$，查表 14-16 得 $H_0=H$。

承重墙 $\mu_1=1.0$，考虑门窗洞口后，$\mu_2=1-0.4\dfrac{b_s}{s}=1-0.4\times\dfrac{1.8}{3.6}=0.8$，

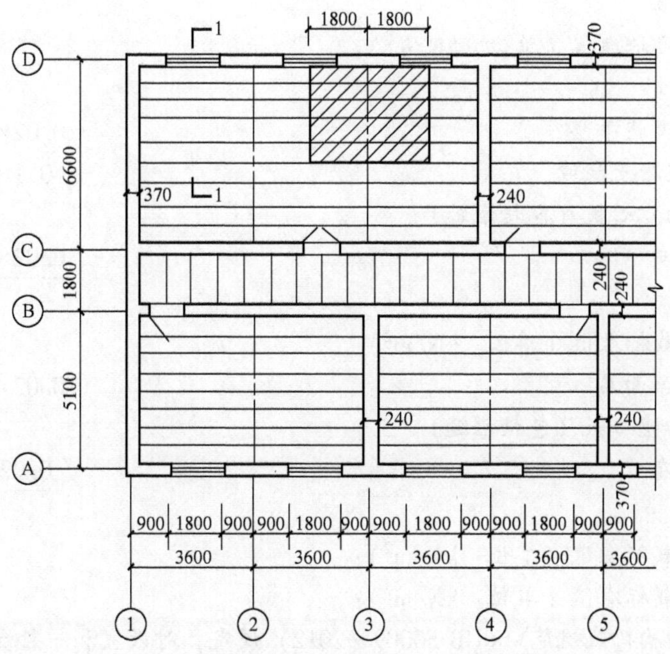

图 14-50　教学楼平面图

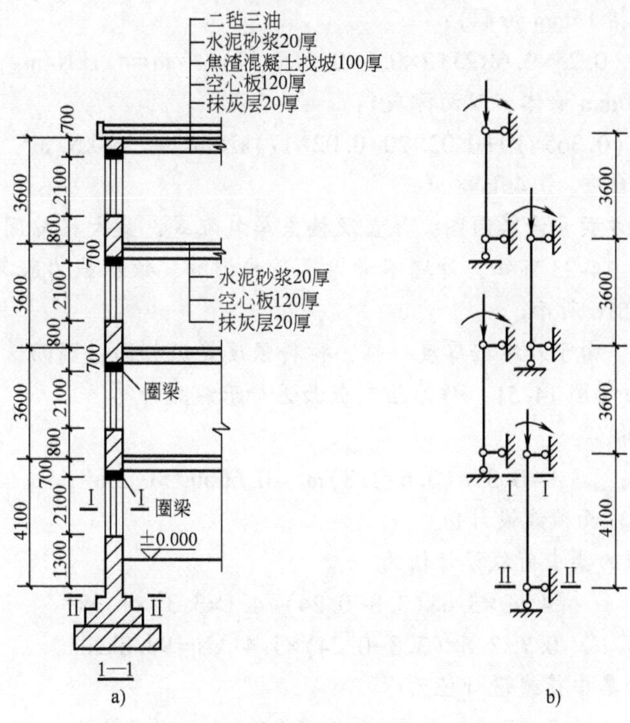

图 14-51　教学楼 1—1 剖面及计算简图

$$\beta=\frac{H_0}{h}=\frac{4.1}{0.37}=11.1<\mu_1\mu_2[\beta]=1\times0.8\times24=19.2$$

满足要求。

(3) 荷载计算

1) 屋面恒荷载标准值 (单位: kN/m^2):

二毡三油绿豆砂	0.35
20mm 水泥砂浆找平层	$0.02\times20=0.4$
100mm 焦渣混凝土找坡	$0.1\times14=1.4$
120mm 预应力空心板 (包括灌缝)	2.2
20mm 板底抹灰	$0.02\times17=0.34$
	$=4.69$

2) 楼面恒荷载标准值 (单位: kN/m^2):

20mm 水泥砂浆面层	$0.02\times20=0.4$
120mm 预应力空心板 (包括灌缝)	2.2
20mm 板底抹灰	$0.02\times17=0.34$
	$=2.94$

3) 屋面活荷载标准值 (单位: kN/m^2): 0.7

4) 楼面活荷载标准值 (单位: kN/m^2): 2

根据《建筑结构荷载规范》(GB 50009—2012) 规定，对教室和一般资料档案室，当楼面梁的负荷面积小于 $50m^2$ 时，设计楼面梁、墙、柱和基础时不考虑活荷载的折减。

5) 梁自重 (包括 15mm 粉刷):

$$(0.25\times0.6\times25+2\times0.6\times0.015\times17)kN/m=4.1kN/m$$

6) 墙自重 (370mm 墙体，双面抹灰):

$$(0.365\times19+0.02\times20+0.02\times17)kN/m^2=7.68kN/m^2$$

7) 钢框玻璃窗自重: $0.45kN/m^2$。

(4) 静力计算方案和计算简图　屋盖及楼盖属装配式，最大横墙间距 $s=10.8m<32m$，故为刚性方案。由表 14-23 可知，外墙不考虑风荷载影响，故承载力验算只考虑竖向荷载，其计算简图如图 14-51b 所示。

(5) 内力计算　由于外纵墙厚度一样，材料强度等级相同，因而选取荷载最大的底层Ⅰ—Ⅰ和Ⅱ—Ⅱ截面 (图 14-51) 作为控制截面进行承载力计算。

1) 计算截面面积。

$$A=0.37\times(3.6-1.8)m^2=0.666m^2>0.3m^2$$

2) 计算屋 (楼) 面荷载设计值。

由屋面大梁传来的集中荷载设计值为

$$\{[4.69\times3.6\times(3.3-0.24)+4.1\times3.3]\times1.35+0.7\times3.6\times(3.3-0.24)\times1.4\}kN=98.8kN$$

由楼面梁传来的集中荷载设计值为

$$1.2\times[2.94\times3.6\times(3.3-0.24)+4.1\times3.3]kN+1.4\times[2\times3.6\times(3.3-0.24)]kN=86.0kN$$

3) 计算每层墙自重 (包含钢框玻璃窗自重)。

$$1.2\times[(3.6\times3.6-1.8\times2.1)\times7.68+1.8\times2.1\times0.45]kN=86.6kN$$

对于顶层上女儿墙按 540mm 计，其荷载设计值为 $1.2\times(3.6\times0.54\times7.68)kN=17.9kN$

4）楼面、屋面梁荷载产生的偏心距计算。

由表14-5可知$f=1.5\text{MPa}$，则梁端支承有效长度a_0为$a_0=10\sqrt{\frac{h_c}{f}}$，即

$$a_0=10\sqrt{600/1.5}\text{mm}=200\text{mm}$$

对楼面梁$e_0=\frac{h}{2}-0.4a_0=\left(\frac{370}{2}-0.4\times200\right)\text{mm}=105\text{mm}$

5）控制截面内力计算。

截面Ⅰ—Ⅰ：

轴向力设计值　　$N_{\text{I}-\text{I}}=(86.0\times3+98.8+17.9+86.6\times3)\text{kN}=634.5\text{kN}$

弯矩设计值　　$M_{\text{I}-\text{I}}=(86.0\times0.105)\text{kN}\cdot\text{m}=9.0\text{kN}\cdot\text{m}$

截面Ⅱ—Ⅱ：

轴向力设计值　　$N_{\text{II}-\text{II}}=(634.5+86.6+1.2\times3.6\times0.5\times7.68)\text{kN}=737.7\text{kN}$

弯矩设计值　　$M_{\text{II}-\text{II}}=0$

（6）截面承载力验算

1）纵墙承载力验算详见表14-24。

表14-24　纵墙承载力验算表

截面＼项目		M /kN·m	N /kN	$e=\frac{M}{N}$ /mm	$\frac{e}{h}$	Y /mm	$\frac{e}{y}$	$\beta=\frac{H_0}{h}$	φ	A /mm²	φfA /kN	是否满足要求
底层墙体	Ⅰ—Ⅰ	9.0	634.5	14.2	0.038	185	0.08<0.6	11.1	0.8	0.666×10^5	799.2	$\varphi fA>N=$634.5，满足要求
	Ⅱ—Ⅱ	0	737.7	0	0	185	0	11.1	0.85	1.332×10^5	1698.3	$\varphi fA>N=$737.7，满足要求

2）梁端支承处砌体局部受压承载力验算。

按表14-17有

$$A_0=h(2h+b)=370\text{mm}\times(2\times370+250)\text{mm}=3.66\times10^5\text{mm}^2$$

$$A_l=a_0b=(200\times250)\text{mm}^2=5\times10^4\text{mm}^2$$

$$\frac{A_0}{A_l}=\frac{3.66\times10^5}{5\times10^4}=7.32>3\text{，取}\psi=0$$

$$\gamma=1+0.35\sqrt{\frac{A_0}{A_l}-1}=1+0.35\sqrt{7.32-1}=1.88<2.0$$

满足要求。

取$\eta=0.7$，则

$$\eta\gamma fA_l=(0.7\times1.88\times1.5\times5\times10^4)\text{kN}=98.7\text{kN}>N=86.0\text{kN}$$

故梁端支承处砌体局部受压承载力满足要求。

四、弹性和刚弹性方案房屋

单层工业厂房及民用房屋中的仓库、食堂、俱乐部等，由于使用功能的要求，横墙设置较少且间距超过刚性方案房屋规定的数据，房屋空间刚度较小，在荷载作用下产生不可忽略的水平位移，这类房屋属于弹性或刚弹性方案房屋。由于多层弹性方案房屋的刚度极差，一般不满足使用要求，故设计时应避免。

下面以弹性和刚弹性方案单层房屋为例介绍其计算要点。

1. 弹性方案房屋

对于弹性方案房屋，可取一个开间作为计算单元，其计算简图可视为一可侧移的铰接平面排架，即按不考虑空间作用的平面排架进行墙体内力分析（图 14-52a）。

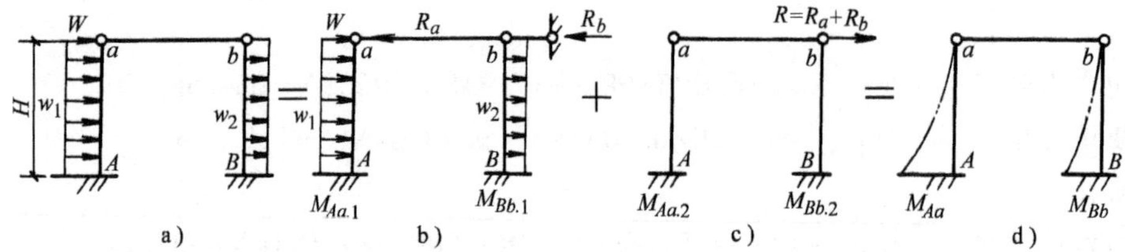

图 14-52　水平荷载作用下弹性方案房屋的内力分析

在水平荷载作用下其内力计算步骤为：

1）先在排架横梁水平处（右端）加上一个不动铰支座，形成无侧移排架（图 14-52b），同刚性方案一样求出墙体内力和该不动铰支座的反力 R，即

$$\left.\begin{aligned}&R=R_a+R_b\\&R_a=W+\frac{3}{8}w_1H\\&R_b=\frac{3}{8}w_2H\end{aligned}\right\}\qquad(14\text{-}41)$$

$$\left.\begin{aligned}&M_{Aa.1}=\frac{1}{8}w_1H^2\\&M_{Bb.1}=-\frac{1}{8}w_2H^2\ \text{（内侧受拉）}\end{aligned}\right\}\qquad(14\text{-}42)$$

2）求出 R 后，把 R 反作用在排架顶端，如图 14-52c 所示。按力矩分配法，求出这种情况下的内力，其结果如下：

$$\left.\begin{aligned}M_{Aa.2}&=\frac{1}{2}HR=\frac{H}{2}\left[W+\frac{3}{8}(w_1+w_2)H\right]\\&=\frac{1}{2}HW+\frac{3}{16}(w_1+w_2)H^2\\M_{Bb.2}&=-\frac{1}{2}WH-\frac{3}{16}(w_1+w_2)H^2\end{aligned}\right\}\qquad(14\text{-}43)$$

3）将上述两种内力叠加，即可得弹性方案的计算结果（图 14-52d），其弯矩值为

$$\left.\begin{aligned}&M_{aA}=M_{bB}=0\\&M_{Aa}=M_{Aa.1}+M_{Aa.2}=\frac{1}{2}WH+\frac{5}{16}w_1H^2+\frac{3}{16}w_2H^2\\&M_{Bb}=M_{Bb.1}+M_{Bb.2}=-\frac{1}{2}WH-\frac{3}{16}w_1H^2-\frac{5}{16}w_2H^2\end{aligned}\right\}\qquad(14\text{-}44)$$

上述方法，同样适用于单层多跨弹性方案房屋的内力分析。对于竖向对称荷载作用下，其计算简图和内力分析按无侧移的平面排架对待，可参阅式（14-41）。

单层单跨弹性方案墙体的控制截面同刚性方案房屋，即取墙体顶端和底部截面，然后按偏心受压计算承载力。墙体顶部还要进行局部受压承载力验算，变截面处也应验算其承载力。

2. 刚弹性方案房屋

刚弹性方案房屋介于弹性方案房屋和刚性方案房屋之间。其计算简图与弹性方案相似，不同之处是在排架柱顶加了一个弹性支座，如图 14-53 所示，以此考虑结构的空间作用。

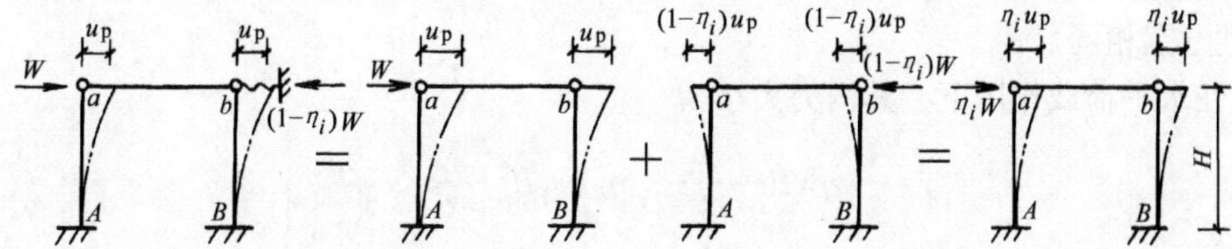

图 14-53　刚弹性方案房屋内力分析

当水平力 W 集中于排架顶端时，由于刚弹性方案房屋空间工作性能的影响，减少了侧移，墙体顶端水平位移变为 $\eta_i u_p$，其值较弹性方案平面排架的侧移小，即

$$u_p - u_s = u_p - \eta_i u_p = (1-\eta_i) u_p \tag{14-45}$$

依据位移与力成正比的关系，可求得弹性支座的水平反力 R：

$$\frac{u_p}{(1-\eta_i) u_p} = \frac{W}{R}$$

$$R = (1-\eta_i) W \tag{14-46}$$

由式（14-46）可见，反力 R 与水平力大小及房屋空间工作性能影响系数 η_i 有关，η_i 可由表 14-20 查得。

刚弹性方案房屋墙体内力计算步骤如下：

1）先在排架的顶端加上一个假想的不动铰支座，如图 14-54b 所示，计算该支座的反力 R，并作出相应的内力图，如图 14-54d 所示。

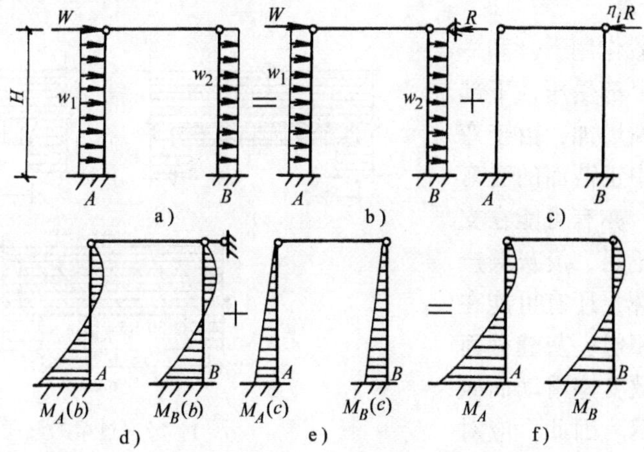

图 14-54　刚弹性方案房屋内力分析图

2）把假想的支座反力 R 反向作用于排架顶端，与柱顶弹性支座反力（$1-\eta_i$）R 相叠加，然后计算相应的排架内力。由于 $R-(1-\eta_i)R=\eta_i R$，因此计算时可将 R 直接乘以空间性能影响系数 η_i，然后将 $\eta_i R$ 反向作用于排架顶端，如图 14-54c 所示，再计算出相应内力，并作内力图（图 14-54e）。

3）将上述两种情况的内力图叠加，即得刚弹性方案房屋墙体的最后内力（图 14-54f）。

当墙体为等截面，且墙高、截面尺寸、材料都相同时，单层单跨刚弹性方案房屋的内力计算如下：

1）在竖向荷载作用下，因荷载对称作用，排架柱顶将不产生侧移，内力计算结果与相应的刚性方案相同。

2）在水平荷载作用下，其内力大小为

$$\left.\begin{aligned} M_A &= \frac{1}{2}\eta_i WH+\left(\frac{1}{8}+\frac{3}{16}\eta_i\right)w_1H^2+\frac{3}{16}\eta_i w_2H^2 \\ M_B &= -\frac{1}{2}\eta_i WH-\left(\frac{1}{8}+\frac{3}{16}\eta_i\right)w_2H^2-\frac{3}{16}\eta_i w_1H^2 \end{aligned}\right\} \tag{14-47}$$

对于多跨等高单层刚弹性方案房屋，由于其空间刚度比单跨的刚弹性方案房屋好，η_i 值仍可按单跨房屋选用。

第四节　过梁、圈梁及墙体的构造措施

一、过梁

（一）过梁的分类与应用

过梁是砌体结构房屋门窗洞口上用以承受上部墙体和楼盖传来的荷载的常用构件。常用的过梁分为砖砌过梁和钢筋混凝土过梁两大类。砖砌过梁又可根据构造的不同，分为钢筋砖过梁、砖砌平拱过梁。过梁的形式如图 14-55 所示。

钢筋砖过梁的跨度不应超过 1.5m，砖砌平拱过梁的跨度不应超过 1.2m；对有较大振动荷载或可能产生不均匀沉降的房屋，应采用钢筋混凝土过梁。

（二）过梁的计算

砌体过梁在荷载作用下，和一般受弯构件一样，上部受压，下部受拉。随荷载的不断增加，由于弯曲可能引起过梁跨中正截面的受弯承载力不足而破坏，亦有可能在支座附近因抗剪能力不足，沿灰缝产生阶梯形裂缝而破坏，还有可能在墙端部因墙体宽度不够，灰缝截面的抗剪能力不足导致支座滑动而破坏，如图 14-56 所示。因此，应对过梁进行受弯、受剪承载力验算，对砖砌平拱还应按水平推力验算端

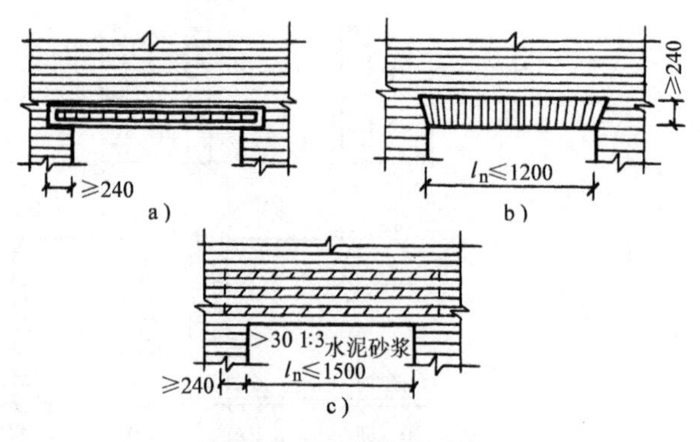

图 14-55　过梁的形式
a）钢筋混凝土过梁　b）砖砌平拱过梁
c）钢筋砖过梁

部墙体的水平受剪承载力。

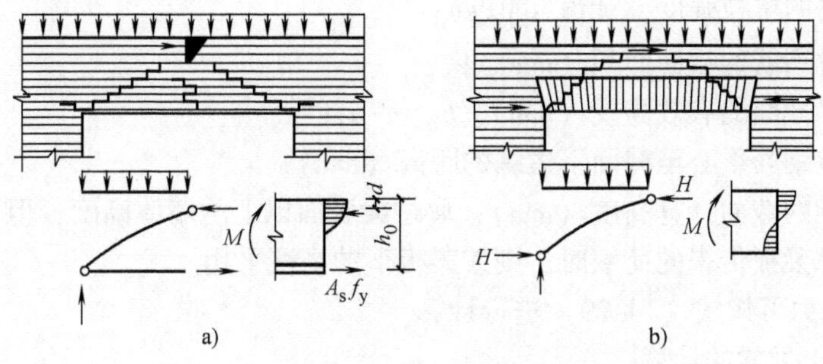

图 14-56　过梁的破坏特征

a）钢筋砖过梁　b）砖砌平拱过梁

1. 过梁上的荷载

过梁上的荷载包括梁、板荷载和墙体荷载。试验表明，当过梁上砌体达到某一高度后，增加的荷载对过梁的影响将大大减弱或消失。这是由于砌体和过梁共同构成组合体，施加在过梁上的竖向荷载将通过墙体内拱作用传于支座。

为了简化计算并偏于安全考虑，过梁上的荷载可按表 14-25 采用。

表 14-25　过梁上的荷载取值表

荷载类型	简图	砌体种类	荷载取值	
梁板荷载	F q 过梁 h_w l_n	砖砌体 砌块砌体	$h_w<l_n$	按梁板传来的荷载采用
			$h_w \geqslant l_n$	梁板荷载不予考虑
墙体荷载	过梁 h_w l_n	砖砌体	$h_w<l_n/3$	按墙体的均布自重采用
			$h_w \geqslant l_n/3$	按高为 $l_n/3$ 墙体的均布自重采用
		砌块砌体	$h_w<l_n/2$	按墙体的均布自重采用
			$h_w \geqslant l_n/2$	按高度为 $l_n/2$ 墙体的均布自重采用

注：1. 表中 l_n 为过梁的净跨。

2. h_w 为墙体高度。

2. 砖砌平拱过梁的计算

1）受弯承载力　按式（14-28）进行过梁的受弯承载力验算。过梁的截面计算高度取过梁底面以上的墙体高度，但不大于 $l_n/3$；当考虑梁、板传来的荷载时，按梁、板下的墙体高度采用。

2）受剪承载力　按式（14-29）进行过梁的受剪承载力验算。

3. 钢筋砖过梁的计算

1）受弯承载力可按下式计算：

$$M \leqslant 0.85 h_0 f_y A_s \tag{14-48}$$

式中 M——按简支梁计算的跨中弯矩设计值（N·m）；

f_y——钢筋的抗拉强度设计值（MPa）；

A_s——受拉钢筋的截面面积（mm^2）；

h_0——过梁截面的有效高度（mm），$h_0=h-a_s$；

a_s——受拉钢筋重心至截面下边缘的距离（mm）；

h——过梁的截面计算高度（mm），取过梁底面以上的墙体高度，但不大于 $l_n/3$；当考虑梁板传来的荷载时，则按梁板下的高度采用。

2）受剪承载力可按式（14-29）进行计算。

4. 钢筋混凝土过梁的计算

钢筋混凝土过梁按钢筋混凝土受弯构件计算。验算过梁下砌体局部受压承载力，可不考虑上部荷载 N_0 的影响。由于过梁与其上砌体共同作用，构成刚度极大的组合结构，变形很微小，故其有效长度可取过梁的实际支承长度，但不应大于墙厚，并取应力图形完整系数$\eta=1$。

（三）过梁的构造要求

1）砖砌过梁截面计算高度内的砂浆等级不宜低于 M5（Mb5、Ms5）。

2）砖砌平拱用竖砖砌筑部分的高度不应小于 240mm。

3）钢筋砖过梁底面砂浆层处的钢筋直径不应小于 5mm，间距不宜大于 120mm，钢筋伸入支座砌体的长度不宜小于 240mm，砂浆层的厚度不宜小于 30mm。

例 14-11 已知钢筋砖过梁净跨 $l_n=1.5$m，采用 MU7.5 烧结普通砖、M5 混合砂浆砌筑，在离窗口上皮 600mm 高度处作用板传来的荷载标准值 10kN/m（其中活荷载 4kN/m），墙厚 240mm。试设计该钢筋砖过梁。

解：（1）荷载计算

1）梁、板荷载：由于 $h_w=600\text{mm}<l_n=1.5\text{m}$，故必须考虑板传来的荷载。荷载设计值为

$$(1.2\times6+1.4\times4)\text{kN/m}=12.8\text{kN/m}$$

2）自重设计值（墙体采用双面粉刷白灰砂浆）：

$$1.2\times\left[\frac{1.5}{3}\times0.24\times19+2\times0.02\times\frac{1.5}{3}\times17\right]\text{kN/m}=3.14\text{kN/m}$$

3）总荷载设计值：

$$q=(12.8+3.14)\text{kN/m}=15.94\text{kN/m}$$

（2）内力计算

1）跨中最大弯矩 $M=\frac{1}{8}ql_n^2=\frac{1}{8}\times(15.94\times1.5^2)\text{kN}\cdot\text{m}=4.48\text{kN}\cdot\text{m}$

2）支座边缘剪力 $V=\frac{1}{2}ql_n=\frac{1}{2}\times(15.94\times1.5)\text{kN}=11.96\text{kN}$

（3）配筋计算

$$h_0=h-a_s=(600-15)\text{mm}=585\text{mm}$$

采用 HPB235 级钢筋 $f_y=210$MPa，由式（14-48）得

$$A_s=\frac{M}{0.85h_0f_y}=\left(\frac{4480000}{0.85\times585\times210}\right)\text{mm}^2=42.9\text{mm}^2$$

选用 3 ф 5，$A_s=59\text{mm}^2$。

（4）承载力验算 砂浆强度等级 M7.5，查表 14-12，$f_v=0.14\text{MPa}$，由式（14-29）得

$$V=f_v bz=\frac{2}{3}f_v bh=\frac{2}{3}\times(0.14\times240\times600)\text{N}=13.44\text{kN}>11.96\text{kN}$$

满足要求。

二、圈梁

（一）圈梁的作用和布置

砌体结构房屋中，在墙体内连续设置并形成水平封闭状的钢筋混凝土梁，称为圈梁。为了增强砌体房屋的整体刚度，防止由于地基不均匀沉降或较大振动荷载等对房屋引起的不利影响，应根据地基情况、房屋的类型、层数以及所受的振动荷载等情况决定圈梁的布置。具体规定如下：

1）厂房、仓库、食堂等空旷的单层房屋应按下列规定设置现浇钢筋混凝土圈梁。

① 砖砌体房屋，檐口标高为 5~8m 时，应在檐口标高处设置圈梁一道，檐口标高大于 8m 时，应增加圈梁设置数量。

② 砌块及料石砌体房屋，檐口标高为 4~5m 时，应在檐口标高处设置圈梁一道，檐口标高大于 5m 时，应增加圈梁设置数量。

③ 对于有桥式起重机或较大振动设备的单层工业房屋，当未采取有效的隔振措施时，除在檐口或窗顶标高处设置圈梁外，尚应增加圈梁设置数量。

2）宿舍、办公楼等多层砌体民用房屋，且层数为 3~4 层时，应在底层和檐口标高处各设置圈梁一道；当层数超过 4 层时，除应在底层和檐口标高处各设一道圈梁外，还应在所有纵横墙上隔层设置。多层砌体工业房屋，应每层设置现浇钢筋混凝土圈梁。设置墙梁的多层砌体房屋应在托梁、墙梁顶面和檐口标高处设置现浇钢筋混凝土圈梁。

3）采用现浇钢筋混凝土楼（屋）盖的多层砌体结构房屋，当层数超过 5 层时，除应在檐口标高处设置一道圈梁外，可隔层设置圈梁，并应与楼（屋）面板一起现浇。未设置圈梁的楼面板嵌入墙内的长度不应小于 120mm，并沿墙长配置不少于 2 ф 10 的纵向钢筋。

4）建筑在软弱地基或不均匀地基上的砌体房屋，除按以上规定设置圈梁外，尚应符合现行国家标准《建筑地基基础设计规范》（GB 50007—2011）的有关规定。

（二）圈梁的构造要求

1）圈梁宜连续地设在同一水平线上，并形成封闭状；当圈梁被门窗洞口截断时，应在洞口上部增设相同截面的附加圈梁。附加圈梁与圈梁的搭接长度不应小于其中到中垂直间距的 2 倍，且不得小于 1m，如图 14-57 所示。

2）纵横墙交接处的圈梁应有可靠的连接，如图 14-58 所示。刚弹性和弹性方案房屋，圈梁应与屋架、大梁等构件可靠连接。

3）钢筋混凝土圈梁的宽度宜与墙厚相同，当墙厚 $h\geqslant240\text{mm}$ 时，其宽度不宜小于 $2h/3$。圈梁高度不宜小于 120mm。纵向钢筋不应小于 4 根，直径不应小于 10mm，绑扎接头的搭接长度按受拉钢筋考虑，箍筋间距不应大于 300mm。

4）圈梁兼做过梁时，过梁部分的钢筋应按计算用量另行增配。

三、墙体的构造措施

砌体结构房屋中，除应进行承载力和高厚比验算外，尚应满足砌体结构的构造要求，同时要保证房屋的整体性和空间刚度，采取防止或减少墙体开裂的措施。

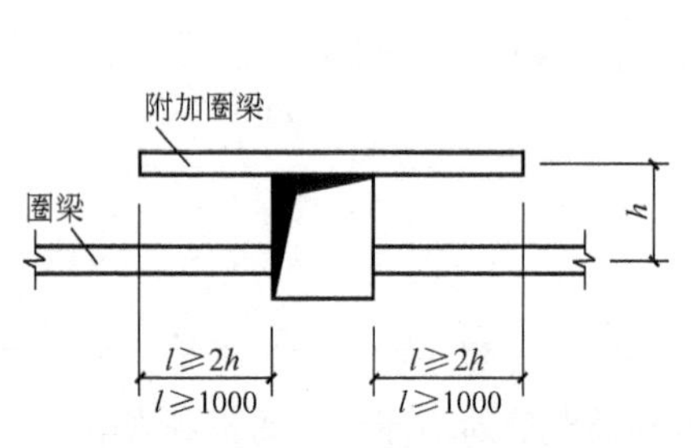

图 14-57　圈梁的搭接

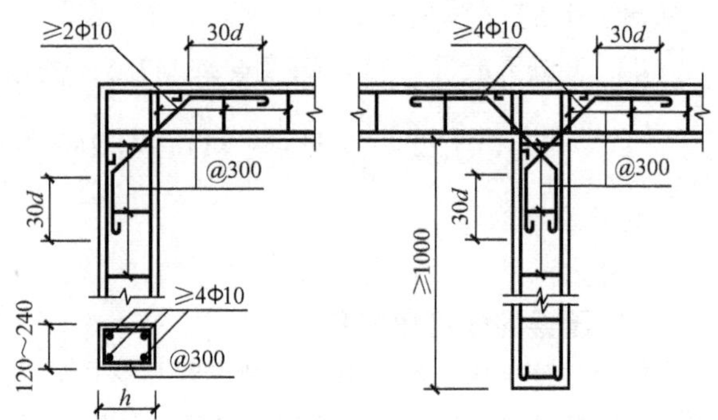

图 14-58　纵横墙交接处圈梁连接构造

(一) 墙体的一般构造措施

1) 预制钢筋混凝土板在混凝土圈梁上的支承长度不应小于 80mm，板端伸出的钢筋应与圈梁可靠连接，且同时浇筑；预制钢筋混凝土板在墙上的支承长度不应小于 100mm。

2) 墙体转角处和纵横墙交接处应沿竖向每隔 400~500mm 设拉结钢筋，其数量为每 120mm 墙厚不少于 1 根直径 6mm 的钢筋。

3) 支承在墙、柱上的吊车梁、屋架及跨度大于等于 9m（对砖砌体）或跨度大于等于 7.2m（对砌块和料石砌体）的预制梁，端部应采用锚固件与墙、柱上的垫块锚固。

4) 跨度大于 6m 的屋架和跨度大于 4.8m（对砖砌体）或跨度大于 4.2m（对砌块和料石砌体）的梁，应在支承处砌体上设置混凝土或钢筋混凝土垫块；当墙中设有圈梁时，垫块与圈梁宜浇成整体。

5) 填充墙、隔墙应分别采取措施与周边主体结构构件可靠连接。

6) 砌块砌体应分皮错缝搭砌，上下皮搭砌长度不应小于 90mm。当搭砌长度不满足上述要求时，应在水平灰缝内设置不小于 2 根直径不小于 4mm 的焊接钢筋网片。网片横向钢筋的间距不应大于 200mm，每端应伸出该垂直缝不小于 300mm。

(二) 防止或减轻墙体开裂的主要措施

砌体结构房屋常由于地基不均匀沉降、温度变化和干缩作用在墙体中引起拉应力，造成墙体开裂。

1) 减少由地基不均匀沉降造成的墙体开裂可通过设置必要的沉降缝和合理地布置墙体解决。例如在建筑平面的转折处、房屋高差较大处、长高比过大的砌体承重结构的适当部位设置沉降缝；增大基础圈梁的刚度；设置足够面积的纵墙，每道纵墙尽可能拉通，避免中间断开或形成过大的曲折；横墙间距不宜过大，纵、横墙上不宜开设过大的洞口等。

2) 当外界温度变化时，由于房屋不同部位、不同材料的温度变形差异，会在墙体和屋盖中形成温度应力。当房屋长度过大时，常使纵墙在门窗洞口附近或楼梯间等薄弱部位出现贯通全高的竖向裂缝（图 14-59）。同时，屋盖和墙体的温度变形差异可能在屋盖下面的墙体中形成包角缝、水平裂缝和窗洞拐角处的八字裂缝（图 14-60a、b、c）。设有女儿墙的房屋，屋盖温度变化常引起纵向女儿墙产生竖向裂缝（图 14-60d）。为了防止这些现象的出现，应根据墙体的材料、建筑体型和屋面构造，选择适当的温度区段长度设置伸缩缝，且伸缩缝应设在因温度和收缩变形可能引起应力集中而使砌体产生裂缝的地方。伸缩缝的间距可

按表 14-26 采用。

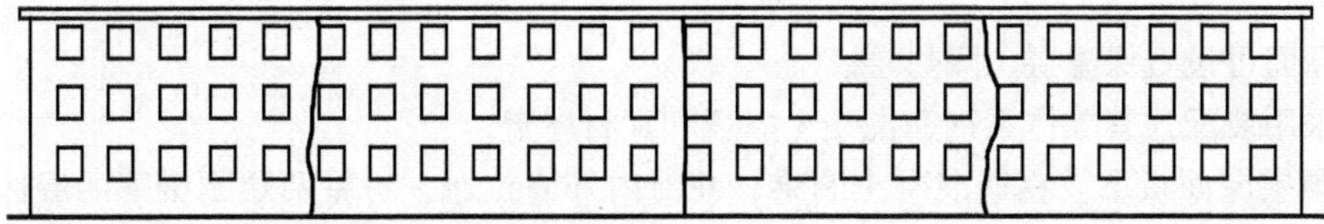

图 14-59　纵墙的竖向裂缝

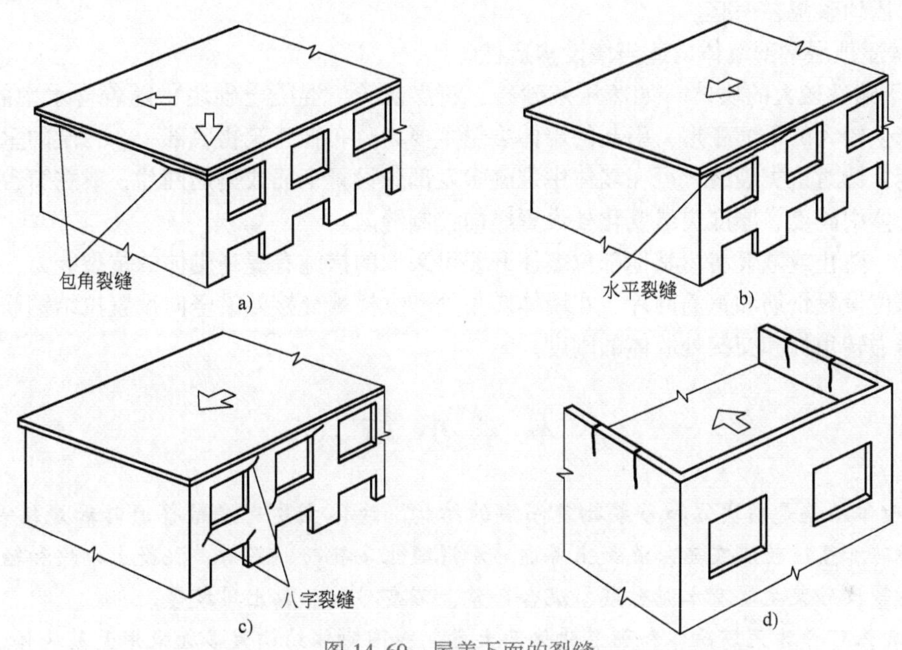

图 14-60　屋盖下面的裂缝

a）包角裂缝　b）水平裂缝　c）八字裂缝　d）女儿墙竖向裂缝

表 14-26　砌体房屋伸缩缝最大间距

屋盖或楼盖		间距/m
整体式或装配整体式混凝土结构	有保温层或隔热层的屋盖、楼盖	50
	无保温层或隔热层的屋盖	40
装配式无檩体系混凝土结构	有保温层或隔热层的屋盖、楼盖	60
	无保温层或隔热层的屋盖	50
装配式有檩体系混凝土结构	有保温层或隔热层的屋盖	75
	无保温层或隔热层的屋盖	60
瓦材屋盖、木屋盖或楼盖、轻钢屋盖		100

注：1. 对烧结普通砖、烧结多孔砖、配筋砌块砌体房屋取表中数值；对石砌体、蒸压灰砂普通砖、蒸压粉煤灰普通砖、混凝土砌块、混凝土普通砖和混凝土多孔砖房屋取表中数值乘以 0.8 的系数。当墙体有可靠外保温措施时，其间距可取表中数据。

2. 在钢筋混凝土屋面上挂瓦的屋盖应按钢筋混凝土屋盖采用。

3. 层高大于 5m 的烧结普通砖、烧结多孔砖、配筋砌块砌体结构单层房屋，其伸缩缝间距可按表中数值乘以 1.3。

4. 温差较大且变化频繁地区和严寒地区不采暖房屋及构筑物墙体的伸缩缝的最大间距，应按表中数值予以适当减小。

5. 墙体的伸缩缝应与结构的其他变形缝相重合，在进行立面处理时，必须保证缝隙的伸缩作用。

防止或减轻房屋顶层由于温度变化以及其他原因造成的墙体开裂，可根据情况采取下列措施：

① 屋面可设置保温层、隔热层。

② 采用装配式有檩体系钢筋混凝土屋盖和瓦材屋盖。

③ 顶层屋面板下设钢筋混凝土圈梁，并沿内外墙拉通，房屋两端圈梁下的墙体内宜适当设置水平钢筋。

④ 女儿墙应设置构造柱，构造柱间距不宜大于4m，构造柱应伸至女儿墙顶并与现浇钢筋混凝土压顶整浇在一起。

⑤ 房屋顶层端部墙体内适当增设构造柱。

3）干缩性较大的块体（如蒸压灰砂砖、粉煤灰砖、混凝土砌块）随着含水率的降低，材料会产生较大的干缩变形，引起的墙体裂缝主要为分布在建筑物底部一、二层的垂直裂缝或斜裂缝，针对这类裂缝，可在墙体中裂缝多发部位设置钢筋或钢筋网片，或在窗台下或窗台角处墙体中高度、厚度突然变化处设置竖向控制缝。

此外，防止或减轻房屋其他部位墙体开裂可采取的措施有提高砌体的抗裂能力，在砌体中某些部位设置钢筋和钢筋网片，在墙体转角处和纵横墙交接处沿竖向设置拉结钢筋，设置圈梁或增强转角处和交接处墙体的刚度。

本章小结

1）砌体结构是用块体和砂浆砌筑而成的结构。块体主要有烧结普通砖和烧结多孔砖、蒸压灰砂砖和蒸压粉煤灰砖、混凝土普通砖和混凝土多孔砖、石材、混凝土砌块和轻集料混凝土砌块等；砂浆主要有水泥砂浆、混合砂浆、石灰砂浆和黏土砂浆等。

2）砌体可分为无筋砌体和配筋砌体两大类，我国砌体结构大多数采用无筋砌体。

3）砌体主要用于抗压，影响砌体抗压强度的主要因素有：块体和砂浆的强度、块体的尺寸和形状、砂浆的流动性和保水性及砌筑质量等。砌体的抗拉强度和抗剪强度远低于其抗压强度。

4）砌体结构构件均应按承载能力极限状态设计，同时要满足正常使用状态的要求，但在一般情况下，后者由相应的构造措施来保证。

5）受压构件承载力计算公式为$N \leqslant \varphi fA$，其中，φ为高厚比β和轴向力的偏心距e对受压构件承载力的影响系数，e越大，砌体的承载力越小。《砌体结构设计规范》规定，$e \leqslant 0.6y$（y为截面重心到轴向力所在偏心方向截面边缘的距离）。

6）砌体的局部受压取决于其受压的具体情况，其承载力计算可分为：砌体局部均匀受压、梁端支承处砌体局部受压、垫块下砌体局部受压及垫梁下砌体局部受压。

7）砌体轴心受拉、受弯和受剪承载力远低于其受压承载力，其承载力取决于块体强度等级和砂浆强度等级。

8）砌体结构按承重体系分为：纵墙承重、横墙承重、纵横墙承重体系等方案；其静力计算按房屋空间工作性能分为：弹性、刚性和刚弹性等方案。

9）高厚比验算是保证墙体稳定和房屋空间刚度的重要措施，是墙体设计中不可缺少的计算内容。

10）多层刚性方案房屋承重墙的计算是本章的重点，其计算步骤为：合理选择计算单元、确定计算简图、计算荷载和内力、确定控制截面、验算控制截面的承载能力。

11）过梁和圈梁是砌体结构中的重要构件。过梁的计算重点是过梁上的荷载，圈梁的作用主要是加强砌体结构的整体刚度，防止地基不均匀沉降对墙体引起的不利影响。

12）墙体的构造措施是工程实践的总结。砌体结构除按规定计算其承载力外，还应满足《砌体结构设计规范》规定的构造要求。

思考题

14-1 砌体材料中的块体和砂浆都有哪些种类？它们的强度等级如何确定？

14-2 影响砌体抗压强度的主要因素有哪些？

14-3 砖砌体的抗压强度为什么比单块砖的抗压强度低？

14-4 为什么在砌筑墙体时设计人员和瓦工都宁愿采用混合砂浆，而不愿采用强度等级相同的纯水泥砂浆？

14-5 简述砌体受力全过程及破坏特征。

14-6 构件的稳定系数 φ_0、承载力影响系数 φ 与哪些因素有关？

14-7 无筋砌体受压构件对偏心距 e 有何限制？

14-8 什么是砌体局部抗压强度提高系数 γ？它与哪些因素有关？

14-9 怎样验算局部受压承载力？梁端局部受压分哪几种情况？分别怎样验算？

14-10 砌体在局部压力作用下，承载力为什么会提高？

14-11 当梁端支承砌体局部受压承载力不足时，可采取哪些措施？

14-12 简述配筋砌体的种类及应用。

14-13 混合结构房屋的承重体系有哪几种？它们各有何特点？

14-14 混合结构房屋的静力计算方案有哪几种？确定静力计算方案的依据是什么？

14-15 什么是墙、柱高厚比？为什么混合结构房屋的墙体必须进行高厚比验算？

14-16 画出在竖向荷载作用下多层及单层刚性方案房屋的计算简图，并加以解释。

14-17 在砌体房屋墙、柱的承载力验算时，选择哪些部位和截面既能减少计算工作量又能保证安全可靠？

14-18 试述弹性方案、刚弹性方案房屋墙内力分析的主要步骤。

14-19 常用过梁的种类及其适用范围有哪些？

14-20 如何确定过梁上的荷载？

14-21 简述混合结构房屋中圈梁的作用、布置和构造要求。

14-22 沉降缝和伸缩缝的作用是什么？两者有何区别？

习题

14-1 经抽测某工地的砖强度为 12.5MPa，砂浆的强度为 4.6MPa，计算其砌体的抗压强度平均值。

14-2 某带壁柱窗间墙，截面如图 14-61 所示，采用 MU10 烧结普通砖、M5 混合砂浆砌筑，墙的计算高度为 5.2m。计算当轴向压力作用在该墙截面重心（O 点）、A 点及 B 点时的承载力，并对计算结果加以分析。

14-3 砖柱截面尺寸为 370mm×490mm，计算高度 $H_0=6.8\text{m}$，采用 MU10 烧结普通砖及 M2.5 混合砂浆砌筑。柱顶承受的轴心压力设计值 $N=100\text{kN}$（砖砌体自重标准值为 18kN/m^3，恒载分项系数 $\gamma_G=1.2$）。问柱底截面承载力是否足够？

14-4 已知窗间墙，截面尺寸为 800mm×240mm，采用 MU10 烧结普通砖、M5 混合砂浆砌筑，墙上支

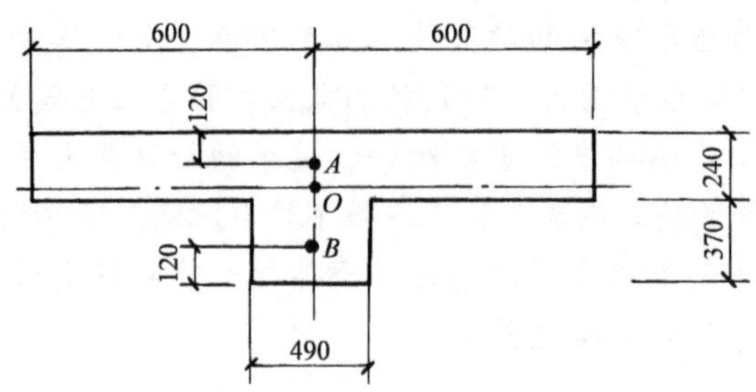

图 14-61 习题 14-2 图

承混凝土梁，梁端支承长度 240mm，梁截面尺寸 200mm×500mm，梁端荷载设计值产生的支承反力为 50kN，上部荷载设计值产生的轴向力为 120kN。试验算梁端支承砌体的局部受压承载力。

14-5 某单层单跨无桥式起重机厂房，柱距 4.5m，每开间有 2.0m 的窗洞，车间长 45m，如图 14-62 所示。自基础顶面算起墙高 6m，壁柱截面尺寸为 370mm×250mm，墙厚 240mm，砂浆的强度等级为 M5。根据车间屋盖类型和横墙间距，确定为刚弹性方案。试验算纵墙的高厚比。

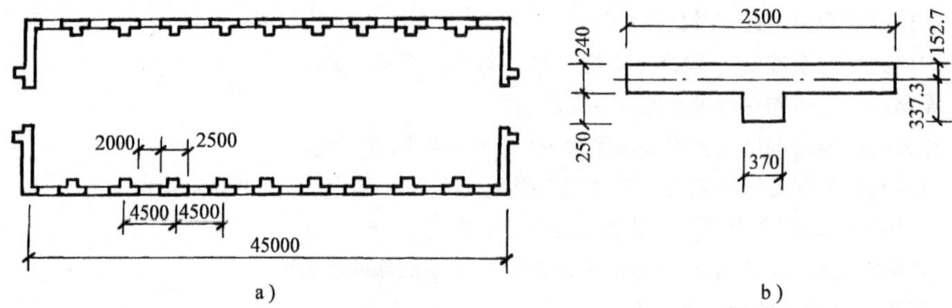

图 14-62 习题 14-5 图

14-6 某五层办公楼，设计使用年限为 50 年，采用装配式梁板结构，如图 14-63 所示。大梁截面尺寸为 200mm×500mm，梁端伸入墙内 240mm，大梁间距为 3.6m，一层墙厚为 370mm，2～5 层墙厚为 240mm。均为双面粉刷。采用 MU7.5 烧结普通砖。试确定各层砂浆强度等级，并验算承重墙的承载力。

14-7 已知钢筋砖过梁净跨 $l_n = 1.8\text{m}$，采用 MU10 烧结普通砖、M5 混合砂浆砌筑，墙厚 240mm。在距洞口顶面 600mm 处承受楼板传来的荷载设计值为 6.05kN/m。设计该钢筋砖过梁。

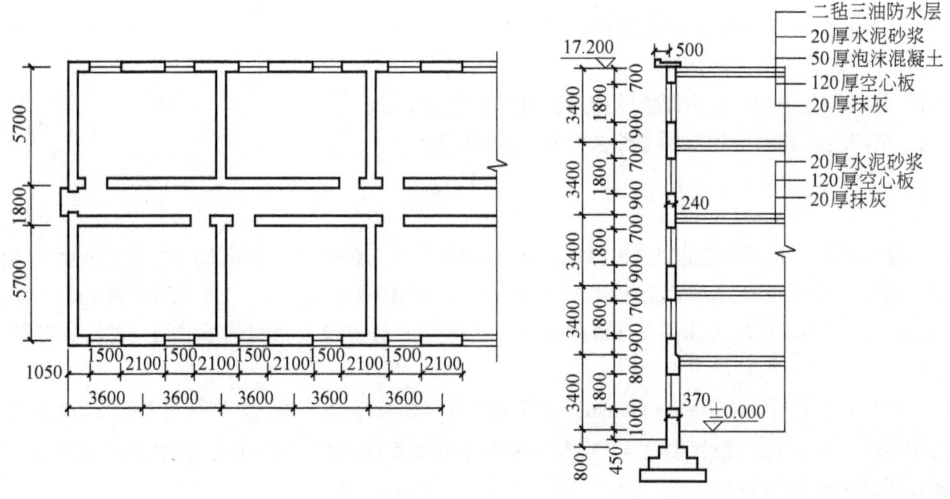

图 14-63 习题 14-6 图

第十五章　钢结构的材料和计算方法

学习目标：了解建筑用钢材的力学性能及钢结构对材料的要求；熟悉影响钢材力学性能的主要因素；掌握钢材的选用及规格；熟悉钢结构的计算方法及设计指标。

第一节　钢材的力学性能

一、钢材的力学性能

钢材的力学性能是钢材在各种荷载作用下反应的各种特征，它包括强度、塑性和韧性等方面，须由试验测定。

钢材标准试件在常温静载情况下，单向均匀受拉试验时的应力—应变（σ-ε）曲线（如图 15-1 所示），由此曲线可获得许多有关钢材性能的信息。

1. 强度性能

图 15-1 中 σ-ε 曲线的 OP 段为直线，表示钢材具有完全弹性的性质，这时应力可由弹性模量 E 定义，即 $\sigma=E\varepsilon$，而 $E=\tan\alpha$，P 点应力 f_p 称为比例极限。

曲线 PE 段仍具有弹性，但非线性，即为非线性弹性阶段，这时的模量叫做切线模量 $E_t=\mathrm{d}\sigma/\mathrm{d}\varepsilon$。此段上限 E 点的应力 f_e 称为弹性极限。

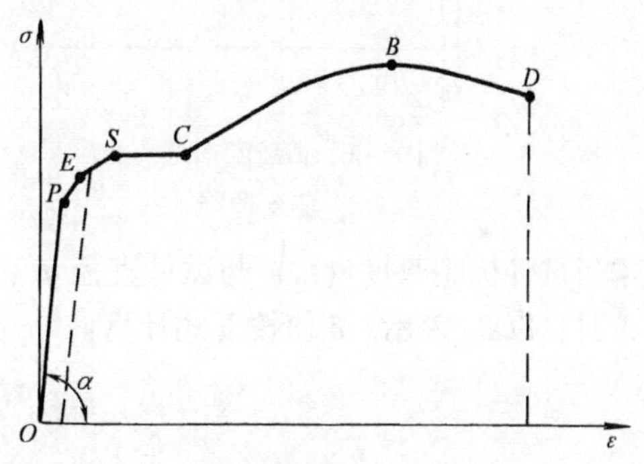

图 15-1　碳素结构钢材的应力—应变曲线

随着荷载的增加，曲线出现 ES 段，这时表现为非弹性性质，即卸荷曲线成为与 OP 平行的直线（图 15-1 中的虚线），留下永久性的残余变形。此段上限点的应力称为屈服点。对于低碳钢，出现明显的屈服平台 SC 段，即在应力保持不变的情况下，应变继续增加。

在开始进入塑性流动范围时，曲线波动较大，以后逐渐趋于平稳，其最高点和最低点分别称为上屈服点和下屈服点。设计中则以下屈服点为依据。

对于无缺陷和残余应力影响的试件，比例极限和屈服点比较接近，且屈服点前的应变很小（对低碳钢约为 0.15%）。为了简化计算，通常假定屈服点以前钢材为完全弹性体，屈服点以后则为完全塑性体，这样就可把钢材视为理想的弹—塑性体，其应力—应变曲线表现为双直线（图 15-2）。

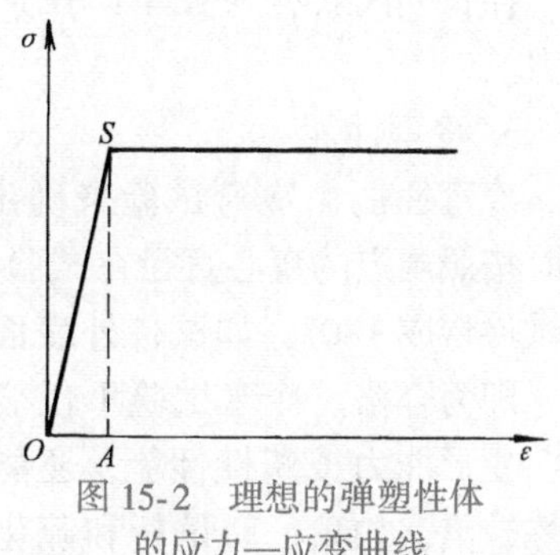

图 15-2　理想的弹塑性体的应力—应变曲线

当应力达到屈服点后，将使结构产生很大的在使用上不允许的残余变形（对低碳钢

$\varepsilon_c=2.5\%$)，表明钢材的承载力达到了最大限度。因此，在设计时取屈服点时应力为钢材可以达到的最大应力。超过屈服平台，材料出现应变硬化，曲线上升，直至曲线最高处的 B 点，这点的应力 f_u 称为抗拉强度或极限强度。当应力达到 B 点时，试件发生缩颈现象，至 D 点而断裂。当以屈服点的应力 f_y 作为强度限值时，抗拉强度 f_u 成为材料的强度储备。

高强度钢没有明显的屈服点和屈服平台，这类钢的屈服条件是根据试验分析结果而人为规定的，故称为条件屈服点（或条件屈服强度），条件屈服点是以卸荷后试件中残余应变为 0.2%所对应的应力点定义的（用 $\sigma_{0.2}$表示），如图 15-3 所示。由于这类钢材不具有明显的塑性平台，设计中不宜利用它的塑性。

2. 塑性性能

试件（图 15-4）被拉断时的绝对变形值与试件原标距之比的百分数，称为伸长率。

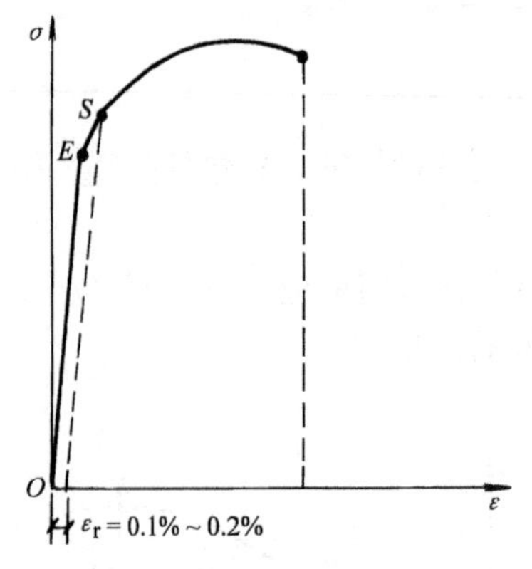

图 15-3 高强度钢的应力—应变曲线

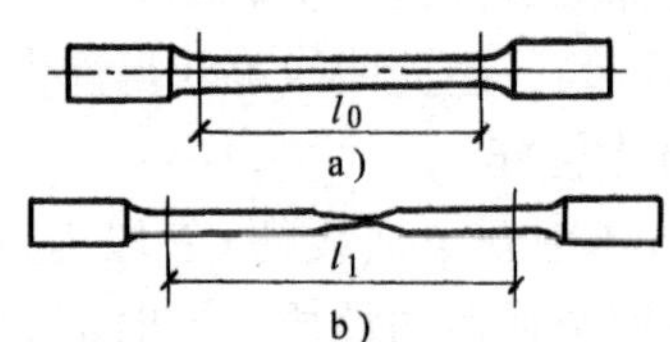

图 15-4 标准拉伸试件

当试件标距长度（l_0）与试件直径 d（圆形试件）之比为 10 时，以 δ_{10}表示；当该比值为 5 时，以 δ_5 表示。δ 值按下式计算：

$$\delta=\frac{l_1-l_0}{l_0}\times100\% \qquad (15\text{-}1)$$

式中 δ——伸长率；

l_0——试件原标距长度（mm）；

l_1——试件拉断后标距间长度（mm）。

伸长率代表材料在单向拉伸时的塑性应变的能力。

3. 冷弯性能

冷弯性能由冷弯试验来确定（图 15-5）。试验时按照规定的弯心直径在试验机上用冲头加压，使试件弯成 180°，如试件外表面不出现裂纹和分层，即为合格。冷弯试验不仅能直接检验钢材的弯曲变形能力或塑性性能，还能暴露钢材内部的冶炼缺陷，如硫、磷偏析和硫化物与氧化物的掺杂情况，这些都将降低钢材的冷弯性能。因此，

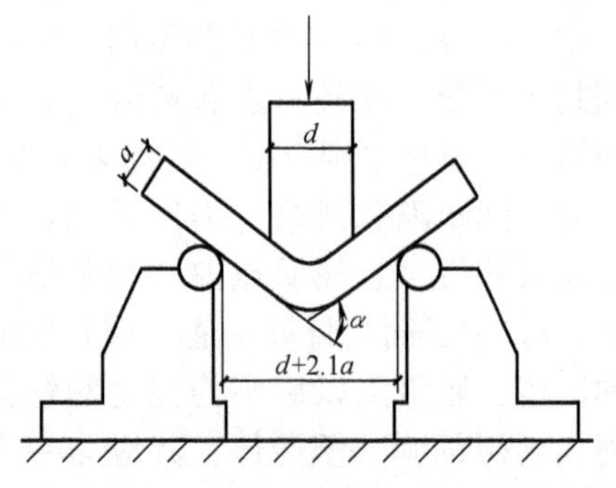

图 15-5 钢材冷弯试验示意图

冷弯性能是鉴定钢材冷加工性能和钢材质量的综合指标。

4. 冲击韧度

钢材性能中的强度和塑性是静力性能，而冲击韧性试验则可获得钢材的一种动力性能。冲击韧度是衡量钢材在动力荷载作用下，抵抗脆性破坏的能力。它用材料在断裂时所吸收的总能量（包括弹性和非弹性）来度量，其值为图15-1中σ-ε曲线与横坐标所包围的总面积，总面积愈大韧性愈高，故冲击韧性是钢材强度和塑性的综合指标，通常钢材强度越高，冲击韧度越低，则表示钢材趋于脆性。

《碳素结构钢》(GB/T 700—2006)，规定冲击韧性试验采用夏比V形缺口试件（图15-6）或U形缺口试件，在夏比试验机上进行，所得结果以所消耗的功C_V表示，单位为J，试验结果不除以缺口处的截面面积。由于夏比试件具有更为尖锐的缺口，更接近构件中可能出现的严重缺陷，《钢结构设计规范》(GB 50017—2003)规定用C_V能量来表示材料的冲击韧度。

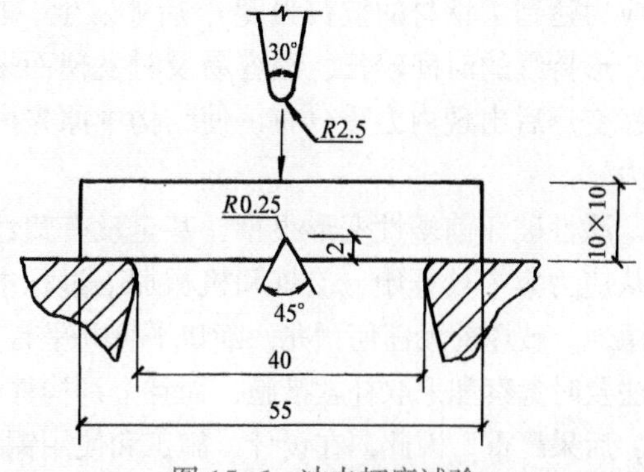

图15-6　冲击韧度试验

满足冲击韧度的要求是个比较严格的指标。实际上只有经常承受较大动力荷载的结构，特别是焊接结构，才需要有冲击韧性的保证。因为经常承受较大动力荷载的结构发生脆断的可能性大，而对于焊接结构，由于刚性较大，焊接残余应力也较大，焊缝附近的材质较差，所以更易在动力荷载下脆断。

由于低温对钢材的脆性破坏有显著影响，在寒冷地区建造的结构不但要求钢材具有常温（20℃）冲击韧度指标，还要求具有零温和负温（0℃、-20℃或-40℃）冲击韧度指标，以保证结构具有足够的抗脆性破坏能力。

钢材在单向受压（粗而短的试件）时，受力性能基本上和单向受拉相同，受剪的情况也相似，但屈服点及抗剪强度均较受拉时低，剪切模量G也低于弹性模量E。

二、钢材的塑性破坏和脆性破坏

1. 钢结构对材料的要求

钢结构的原材料是钢，钢的种类繁多，性能差别很大，适用于钢结构的钢只是其中的一小部分，用作钢结构的钢必须符合下列要求：

（1）较高的抗拉强度f_u和屈服点f_y　f_y是衡量结构承载能力的指标，f_y高则可减轻结构自重，节约钢材和降低造价。f_u是衡量钢材经过较大变形后的抗拉能力，这直接反映钢材内部组织的优劣，同时f_u高可以增加结构的安全储备。

（2）较好的塑性和韧性　塑性和韧性好，结构在静载和动载作用下有足够的应变能力，既可减轻结构脆性破坏的倾向，又能通过较大的塑性变形调整局部应力，同时又具有较好的抵抗重复荷载作用的能力。

（3）良好的工艺性能（包括冷加工、热加工和可焊性能）　良好的工艺性能不但要易于加工成各种形式的结构，而且不致因加工而对结构的强度、塑性、韧性等造成较大的不利影响。

此外，根据结构的具体工作条件，有时还要求钢材具有适应低温、高温和腐蚀性环境的能力。

按以上要求,《钢结构设计规范》(GB 50017—2003)具体规定:承重结构采用的钢材应具有抗拉强度、伸长率、屈服强度和硫、磷含量的合格保证,对焊接结构尚应具有碳含量的合格保证。焊接承重结构以及重要的非焊接承重结构采用的钢材还应具有冷弯试验的合格保证。

2. 钢材的破坏形式

钢材有两种性质完全不同的破坏形式,即塑性破坏和脆性破坏。钢结构所用的材料虽然有较好的塑性和韧性,一般为塑性破坏,但在一定条件下,仍然有脆性破坏的可能。

塑性破坏是由于变形过大,超过了材料或构件可能的应变能力而产生的,而且仅在构件的应力达到了钢材的抗拉强度 f_u 后才发生。在塑性破坏前,由于总有较大的塑性变形发生,而变形持续的时间较长,很容易及时发现而采取措施予以补救,不致引起严重后果。另外,塑性变形后出现内力重分布,使结构中原先内力不均匀部分趋于均匀,从而提高结构的承载能力。

脆性破坏前塑性变形很小,甚至没有塑性变形,计算应力可能小于钢材的屈服点 f_y,断裂从应力集中处开始,冶炼和机械加工过程中产生的缺陷,特别是缺口和裂纹,常是断裂的发源地。破坏前无任何预兆,断口平直并呈有光泽的晶粒状。由于脆性破坏前无明显的预兆,无法及时觉察和采取补救措施,而且个别构件的断裂常引起整个结构塌毁,危及生命财产的安全,后果严重。因此,在设计、施工和使用钢结构时,要特别注意防止出现脆性破坏。

三、影响钢材力学性能的因素

1. 化学成分的影响

钢材是由各种化学成分组成的,化学成分及其含量对钢材的性能特别是力学性能的影响极大。铁(Fe)是钢材的基本元素,纯铁质软,在碳素结构钢中约占99%;碳和其他元素,仅占1%,但对钢材的力学性能却有着决定性的影响。其他元素包括硅(Si)、锰(Mn)、硫(S)、磷(P)、氮(N)、氧(O)等。低合金钢中还有少量(低于5%)合金元素,如铜(Cu)、钒(V)、钛(Ti)、铌(Nb)、铬(Cr)等。

在碳素结构钢中,碳是仅次于铁的主要元素,它直接影响钢材的强度、塑性、韧性和可焊性等。碳含量增加,钢材的强度提高,而塑性、韧性和疲劳强度下降,同时恶化钢材的可焊性和抗腐蚀性。因此,尽管碳是使钢材获得足够强度的主要元素,但在钢结构中采用的碳素结构钢,对含碳量要加以限制,一般其质量分数不应超过0.22%,在焊接结构中还应低于0.20%。

硫和磷是钢材中的有害成分,它们降低钢材的塑性、韧性、可焊性和疲劳强度。在高温时,硫使钢变脆,称之热脆;在低温时磷使钢变脆,称之冷脆。一般硫的质量分数应不超过0.045%,磷的质量分数不超过0.045%。但是,磷可提高钢材的强度和抗锈性。可使用的高磷钢,其质量分数可达0.12%,这时应减少钢材中的含碳量,以保持一定的塑性和韧性。

氧和氮都是钢中的有害杂质,氧的作用和硫类似,使钢产生热脆现象;氮的作用和磷类似,使钢产生冷脆现象。由于氧、氮容易在熔炼过程中逸出,一般不会超过极限含量,故通常不要求作质量分数分析。

硅和锰是钢材中的有益元素,它们都是炼钢的脱氧剂。硅和锰可使钢材的强度提高,且当含量不过高时,对钢材的塑性和韧性无显著的不良影响。在碳素结构钢中,硅的质量分数应不大于0.3%,锰的质量分数为0.3%~0.8%。对于低合金高强度结构钢,锰的质量分数可达1.0%~1.6%,硅的质量分数可达0.55%。

钒和钛是钢材中的合金元素，能提高钢材的强度和抗腐蚀性能，又不显著降低钢材的塑性。

铜在碳素结构钢中属于杂质成分。它可以显著地提高钢材的抗腐蚀性能，也可以提高钢材的强度，但对可焊性有不利影响。

2. 冶炼与轧制缺陷的影响

常见的冶炼与轧制缺陷有偏析、非金属夹杂、气孔、裂纹及分层等。偏析是钢中化学成分不一致和不均匀性，特别是硫、磷偏析严重将恶化钢的性能。非金属夹杂是钢中含有硫化物和氧化物等杂质。气孔是浇注钢锭时，由氧化铁与碳作用所生成的一氧化碳气体不能充分逸出而形成的。这些缺陷都将影响钢材的力学性能。浇注时的非金属夹杂物在轧制后能造成钢材的分层，会严重降低钢材的冷弯性能。

冶炼与轧制缺陷对钢材性能的影响，不仅在结构或构件受力工作时表现出来，有时在加工制作过程中也可表现出来。

3. 钢材硬化的影响

冷拉、冷弯、冲孔、机械剪切等冷加工使钢材产生很大塑性变形，从而提高了钢材的屈服点，同时降低了钢材的塑性和韧性，这种现象称为冷作硬化（或应变硬化）。

在高温时熔化于铁中的少量氮和碳，随着时间的增长逐渐从纯铁中析出，形成自由碳化物和氮化物，对钢材的塑性变形起遏制作用，使钢材的强度提高，塑性、韧性下降，这种现象称为时效硬化，俗称老化。时效硬化的过程一般很长，但如在材料塑性变形后加热，可使时效硬化发展特别迅速，这种方法称之为人工时效。另外，还有应变时效，是指应变硬化后又加时效硬化。

在钢结构中，一般不利用硬化来提高钢材的强度，有些重要结构要求对钢材进行人工时效后检验其冲击韧度，以保证结构具有足够的抗脆性破坏能力。

4. 温度的影响

钢材的力学性能随温度不同而变化（图 15-7），温度升高，约 200℃以内钢材性能没有很大变化，温度在 430~540℃之间强度急剧下降，600℃时强度很低不能承担荷载。但在 250℃左右，钢材的强度反而略有提高，同时塑性和韧性均下降，材料有转脆的倾向，钢材表面氧化膜呈现蓝色，称为蓝脆现象。钢材应避免在蓝脆温度范围内进行热加工。当温度在 260~320℃时，在应力持续不变的情况下，钢材以很缓慢的速度继续变形，此种现象称为徐变现象。

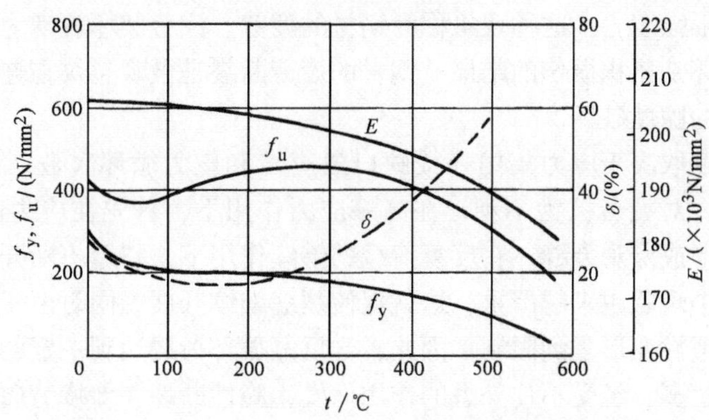

图 15-7　温度对钢材力学性能的影响

当温度从常温开始下降，特别是在负温度范围内时，钢材强度虽有提高，但其塑性和韧性降低，材料逐渐变脆，这种性质称为低温冷脆。如图 15-8 所示，随着温度的降低，C_V 值迅速下降，材料将由塑性破坏转变为脆性破坏，且这一转变是在一个温度区间 T_1T_2 内完成的，此温度区 T_1T_2 称为钢材的脆性转变温度区，在此区段内曲线的反弯点所对应的温度 T_0 称为转变温度。如果把低于完全脆性破坏的最高温度 T_1 作为钢材的脆断设计温度，即可保证钢结构低温工作的安全。每种钢材的脆性转变温度区及脆断设计温度需要由大量破坏或不破坏的使用经验和实验资料经统计分析确定。

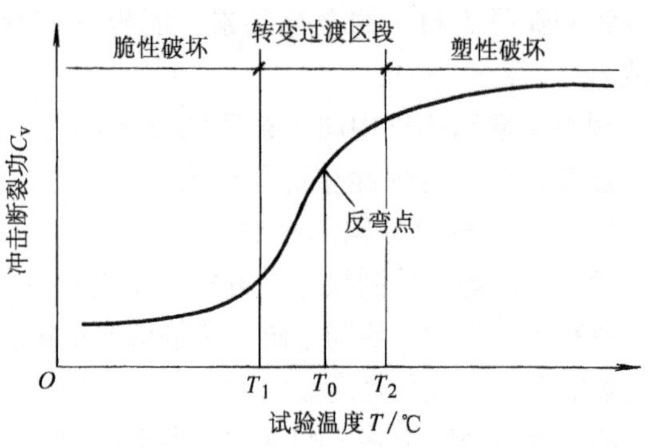

图 15-8 冲击韧度与温度的关系曲线

5. 应力集中的影响

计算中认为，在受轴向力作用的杆件中，应力是沿截面均匀分布的。但实际上，在钢结构的构件中有时存在着孔洞、槽口、凹角、截面突变以及钢材内部缺陷等。此时，构件中的应力分布将不再保持均匀，而是在某些区域产生局部高峰应力，在另外一些区域则应力降低，形成所谓应力集中现象。高峰区的最大应力与净截面的平均应力之比称为应力集中系数。研究表明，在应力高峰区域总是存在着同号的二向或三向应力，这是因为由高峰拉应力引起的截面横向收缩受到附近低应力区的阻碍而引起垂直于内力方向的拉应力 σ_y，在较厚的构件里还产生 σ_z，使材料处于复杂受力状态。由能量强度理论可知，这种同号的二向或三向应力场有使钢材变脆的趋势。应力集中系数越大，变脆的倾向越严重。但由于建筑钢材塑性好，在一定程度上能促使应力进行重分配，使应力分布严重不均匀的现象趋于平缓。故受静荷载作用的构件在常温下工作时，可不考虑应力集中的影响。但在负温下或动力荷载作用下工作的结构，应力集中的不利影响将十分突出，往往是引起脆性破坏的根源，故在设计时应采取措施避免或减小应力集中，并选用优质钢材。

6. 反复荷载作用的影响

钢材在反复荷载作用下，结构的抗力及性能都会发生显著变化，甚至发生疲劳破坏。在直接的连续反复的动力荷载作用下，根据实验，钢材的强度降低，即低于一次静力荷载作用下的拉伸试验的极限强度 f_u，这种现象称为钢材的疲劳。疲劳破坏表现为突然发生的脆性断裂。实际上疲劳破坏是累积损伤的结果。钢材的疲劳断裂是微观裂纹在连续重复荷载作用下不断扩展直至断裂的脆性破坏。

钢材的疲劳强度取决于应力集中（或缺口效应）和应力循环次数。截面几何形状突然改变处的应力集中，对疲劳极为不利。在高峰应力作用下，首先在应力高峰区出现微观裂纹，然后逐渐开展形成宏观裂缝。在反复荷载的继续作用下，裂缝不断开展，有效截面面积相应减小，应力集中现象越来越严重，这就促使裂缝继续开展。同时由于是二向或三向同号拉应力场，材料的塑性变形受到限制。因此，当反复循环荷载达到一定的循环次数时，裂缝的开展使截面削弱过多，经受不住外力的作用而发生脆性断裂，即疲劳破坏。如果钢材中存在着残余应力，在交变荷载作用下将更加剧疲劳破坏的倾向。

观察钢材疲劳破坏的截面断口可发现，断口一般具有光滑的和粗糙的两个区域，光滑部

分表现出裂缝的扩张和闭合过程是由裂缝逐渐发展引起的，说明疲劳破坏也经历一个缓慢的转变过程，而粗糙部分表明钢材最终断裂瞬间的脆性破坏性质和拉伸试验的断口颇为相似，破坏是突然的，几乎以2000m/s的速度断裂，因而比较危险。

以上介绍了各种因素对建筑钢材基本性能的影响，研究和分析这些影响因素的最终目的是了解建筑钢材在什么条件下可能发生脆性破坏，从而可以采取措施予以防止。钢材的脆性破坏往往是多种因素影响的结果。例如当温度降低，荷载速度增大，使用应力较高，特别是这些因素同时存在时，材料或构件就有可能发生脆性断裂。根据现阶段研究情况来看，在建筑钢材中的脆性破坏还不是一个单纯由设计计算或者加工制造某一方面来控制的问题，而是一个必须由设计、制造及使用等多方面来共同加以防止的问题。

为了防止脆性破坏的发生，一般需要在设计、制造及使用中注意下列各点：

（1）合理的设计　构造应力求合理，使构件能均匀、连续地传递应力，避免构件截面剧烈变化。对于焊接结构，应满足焊接连接的构造要求，避免产生过大的应力集中和焊接应力。低温下工作受动力作用的钢结构应选择合适的钢材，使所用钢材的脆性转变温度低于结构的工作温度，并尽量使用较薄的材料。

（2）正确的制造　应严格遵守设计对制造所提出的技术要求，尽量避免使材料出现应变硬化，或因剪切、冲孔而造成的局部硬化。要正确地选择焊接工艺，保证焊接质量，不在构件上任意起弧、打火和锤击，必要时可用热处理的方法消除重要构件中的焊接残余应力；重要部位的焊接，要由经过考试挑选的有经验的焊工进行施焊。

（3）正确的使用　例如不在主要结构上任意焊接附加的零件，不任意悬挂重物，不任意超负荷使用结构；要注意检查维护，及时油漆防锈，避免任何撞击和机械损伤；原设计在常温工作的结构，在冬季停产检修时要注意保温。

四、复杂应力作用下钢材的屈服条件

在单向拉力试验中，单向应力达到屈服点时，钢材即进入塑性状态。在复杂应力（二向或三向应力，如图15-9所示）作用下，钢材由弹性状态转入塑性状态的条件是按能量强度理论（或第四强度理论）计算的折算应力σ_{red}与单向应力下的屈服点相比较来判断的。

$$\sigma_{\mathrm{red}}=\sqrt{\sigma_x^2+\sigma_y^2+\sigma_z^2-(\sigma_x\sigma_y+\sigma_y\sigma_z+\sigma_z\sigma_x)+3(\tau_{xy}^2+\tau_{yz}^2+\tau_{zx}^2)} \tag{15-2}$$

当　　$\sigma_{\mathrm{red}}<f_{\mathrm{y}}$ 时，为弹性状态；

　　　$\sigma_{\mathrm{red}}\geqslant f_{\mathrm{y}}$ 时，为塑性状态。

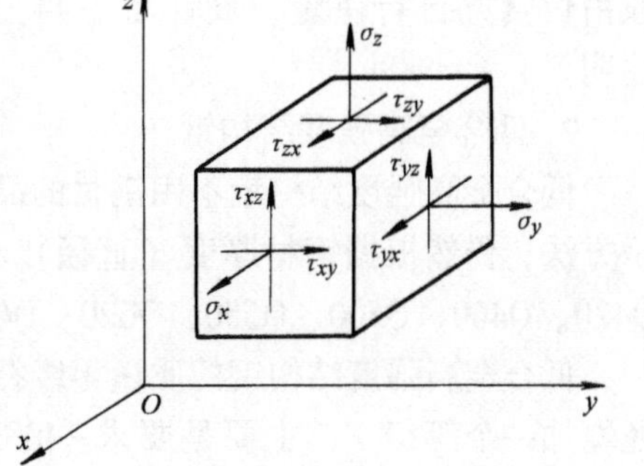

图15-9　复杂应力

如三向应力有一向应力很小（如厚度较小，厚度方向的应力可忽略不计）或为零时，则属于平面应力状态，式（15-2）成为

$$\sigma_{\mathrm{red}}=\sqrt{\sigma_x^2+\sigma_y^2-\sigma_x\sigma_y+3\tau_{xy}^2} \tag{15-3}$$

在一般的梁中，只存在正应力σ和切应力τ，则：

$$\sigma_{\mathrm{red}}=\sqrt{\sigma^2+3\tau^2} \tag{15-4}$$

当只有切应力时，$\sigma=0$，则：

$$\sigma_{\mathrm{red}}=\sqrt{3\tau^2}=\sqrt{3}\tau=f_{\mathrm{y}} \tag{15-5}$$

由此得：

$$\tau = f_y/\sqrt{3} = 0.58 f_y \tag{15-6}$$

因此,《钢结构设计规范》确定钢材抗剪设计强度为抗拉设计强度的 0.58 倍。

当二向或三向应力皆为拉应力时,材料破坏时没有明显的塑性变形产生,即材料处于脆性状态。

第二节　钢材的选用及规格

一、钢材的种类

钢材按用途可分为结构钢、工具钢和特殊钢。结构钢又分建筑用钢和机械用钢。按冶炼方法分,钢材可分为转炉钢和平炉钢。按脱氧方法分,钢材又分为沸腾钢(代号为 F)、半镇静钢(代号为 b)、镇静钢(代号为 Z)和特殊镇静钢(代号为 TZ),镇静钢和特殊镇静钢的代号可以省去。镇静钢脱氧充分,但成本较高;沸腾钢脱氧较差,但成本较低;半镇静钢介于镇静钢和沸腾钢之间。按成型方法分,钢材又分为轧制钢(热轧、冷轧)、锻钢和铸钢。按化学成份分,钢材又分为碳素钢和合金钢。在建筑工程中采用的是碳素结构钢、低合金高强度结构钢和优质碳素结构钢。

1. 碳素结构钢

碳素结构钢按质量等级分为 A、B、C、D 四级。A 级钢材只保证抗拉强度、屈服点、伸长率,必要时尚可附加冷弯试验的要求,化学成分对碳、锰的极限含量要求可以不作为交货条件。B、C、D 级钢材均保证抗拉强度、屈服点、伸长率、冷弯和冲击韧度(分别为 +20℃,0℃,-20℃)等力学性能。化学成分对碳、硫、磷的极限含量比旧标准要求更加严格。

钢材的牌号由代表屈服点的字母 Q、屈服点数值、质量等级符号(A、B、C、D)、脱氧方法符号等四个部分按顺序组成。

根据钢材厚度(直径)小于等于 16mm 时的屈服点数值,分为 Q195、Q215、Q235、Q275,它们分别相当于旧标准中的 1 号、2 号、3 号、4 号和 5 号钢。钢结构一般仅用 Q235,因此钢材的牌号根据需要可为 Q235—BF、Q235—C 和 Q235—D 等。冶炼方法一般由供货方自行决定,设计者不再另行提出,如需货方有特殊要求时可在合同中加以注明。

2. 低合金高强度结构钢

低合金高强度结构钢不用钢材的品种表示其牌号,采用与碳素结构钢相同的钢材牌号表示方法,仍然根据钢材厚度(直径)小于等于 16mm 时的屈服点大小,分为 Q345、Q390、Q420、Q460、Q500、Q550、Q620、Q690。

低合金高强度结构钢的质量等级符号,除与碳素结构钢 A、B、C、D 四个等级相同外,还增加一个等级 E,主要是要求 -40℃ 的冲击韧度。钢材的牌号如:Q345—B、Q390—C。低合金高强度结构钢一般为镇静钢,因此钢材的牌号中不注明脱氧方法。冶炼方法也由供货方自行选择。

焊接承重结构以及重要的非焊接承重结构采用的钢材还应具有冷弯试验的合格保证。

3. 优质碳素结构钢

优质碳素结构钢以不热处理或热处理（退火、正火或高温回火）状态交货。要求热处理状态交货的应在合同中注明（未注明者，按不热处理交货），如用于高强度螺栓的 45 号优质碳素结构钢需经热处理，强度较高，对塑性和韧性又无显著影响。

二、钢材的规格

钢结构采用的钢材有热轧成型的钢板、钢带、型钢以及冷弯（或冷压）成型的薄壁型钢。

1. 热轧钢板和钢带

钢板分为单轧钢板和连轧钢板。其规格如下：

单轧钢板　厚度 3~400mm，宽度 600~4800mm，长度 2000~20000mm。

钢带（包括连轧钢板）　厚度 0. 8~25. 4mm，宽度 600~2200mm。

钢板的表示方法为，在符号“—”后加“宽度×厚度×长度”，如—500×10×10000，单位为 mm。

厚钢板可用来做梁、柱等构件的腹板和翼缘以及屋架的节点板等。薄钢板主要用来制造冷弯薄壁型钢。扁钢可用来做各种构件的连接板、组合梁的翼缘板，以及用来制造螺旋焊接钢管等。

2. 热轧型钢

型钢可以直接用作构件，以减少加工制造工作量，因此，在设计中应优先采用。钢结构常用的热轧型钢有角钢、工字钢、槽钢和钢管（图 15-10）。

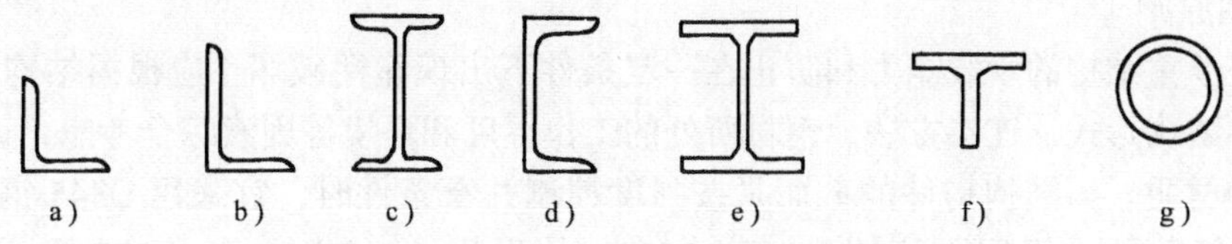

图 15-10　热轧型钢截面

（1）角钢　有等边的和不等边的两种。等边角钢以边宽和厚度表示，如∟110×10为肢宽 110mm、厚度为 10mm 的等边角钢。不等边角钢则以两边宽度和厚度表示，如∟100×80×10 为长肢宽 100mm、短肢宽 80mm、厚度为 10mm 的角钢。角钢长度一般为 4~19m。

（2）工字钢　有普通工字钢、轻型工字钢。普通工字钢和轻型工字钢用号数表示，号数即为其截面高度的厘米数。30 号以上的工字钢，同一号数有三种腹板厚度分别为 a、b、c 三类，如 I32a、I32b、I32c，a 类腹板较薄，用作受弯构件较为经济。轻型工字钢的腹板和翼缘均较普通工字钢薄，因而在相同重量下其截面模量和回转半径均较大。工字钢长度一般为 5~19m。

（3）H 型钢　H 型钢是世界各国使用很广泛的热轧型钢，与普通工字钢相比，其翼缘内外两侧平行，便于与其他构件相连。它可分为宽翼缘 H 型钢（代号 HW，翼缘宽度 B 与截面高度 H 相等）、中翼缘 H 型钢[代号 HM, $B=(1/2\sim2/3)H$]、窄翼缘 H 型钢[代号 HN, $B=(1/3\sim1/2)H$]。各种 H 型钢均可剖分为 T 型钢供应，代号分别为 TW、TM 和 TN。H 型钢和剖分 T 型钢的规格标记均采用：高度 H×宽度 B×腹板厚度 t_1×翼缘厚度 t_2 表示。例如 HM340×250×9×14，其剖分 T 型钢为 TM170×250×9×14，单位均为 mm。H 型钢长度一般为 5~19m。

（4）槽钢　有普通槽钢和轻型槽钢两种，也以其截面高度的厘米数编号，如[32a 即高度为 320mm、腹板较薄的槽钢。号码相同的轻型槽钢，其翼缘较普通槽钢宽而薄，腹板也较薄，回转半径较大，重量较轻。槽钢长度一般为 5~19m。

（5）钢管　有无缝钢管和焊接钢管两种，用符合“ϕ”后面加“外径×厚度”表示，如 $\phi50\times5$，单位为 mm。

3. 薄壁型钢

薄壁型钢（图 15-11）是用薄钢板（一般采用 Q235 钢或 Q345 钢），经模压或弯曲而制成，其壁厚一般为 1.5~5mm，常用于承受荷载较小的轻型结构中。对于防锈涂层的彩色压型钢板，所用钢板厚度为 0.4~1.6mm，常用作轻型屋面及墙面。

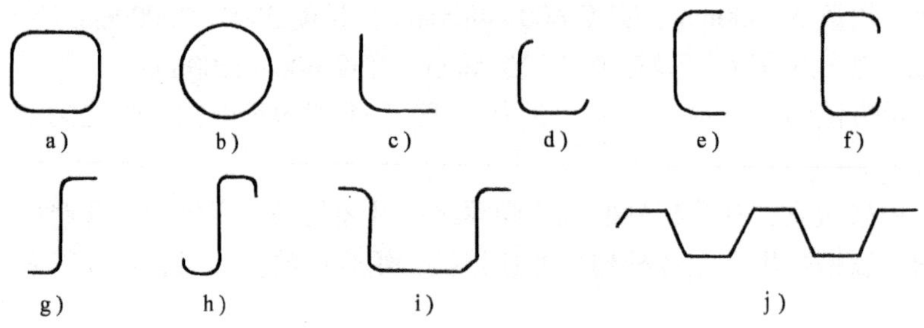

图 15-11　薄壁型钢截面

三、钢材的选用

1. 选用原则

为保证承重结构的承载能力和防止在一定条件下出现脆性破坏，应根据结构的重要性、荷载情况、结构形式、连接方法、钢材所处的工作温度和环境等因素综合考虑，选用合适的钢材牌号和材质。当结构构件的截面是按强度控制并有条件时，宜采用 Q345 钢。因 Q345 钢和 Q235 钢相比，屈服强度提高 45%左右，故采用 Q345 钢可比 Q235 钢可节约材料 15%~25%。

选择钢材时考虑的因素有：

（1）结构的重要性　对重型工业建筑结构、大跨度结构、高层或超高层的民用建筑结构或构筑物等重要结构，应考虑选用质量好的钢材；对一般工业与民用建筑结构，可按工作性质分别选用普通质量的钢材。另外，安全等级不同，要求的钢材质量也应不同。

（2）荷载情况　荷载分为静力荷载和动力荷载两种。直接承受动力荷载的结构和强烈地震区的结构，应选用综合性能好的钢材；一般承受静力荷载的结构则可选用价格较低的 Q235 钢。

（3）连接方法　钢结构的连接方法有焊接和非焊接两种。由于在焊接过程中，会产生焊接变形、焊接应力以及其他焊接缺陷，有导致结构产生裂缝或脆性断裂的危险。因此，焊接结构对材质的要求应严格一些。例如在化学成分方面，焊接结构必须严格控制碳、硫、磷的极限含量，而非焊接结构对含碳量可降低要求。

（4）结构所处的温度和环境　钢材处于低温时容易冷脆，因此在低温条件下工作的结构，尤其是焊接结构，应选用具有良好抵抗低温脆断性能的镇静钢。此外，露天结构的钢材容易产生时效硬化，有害介质作用的钢材容易腐蚀，对直接承受动力荷载的构件易产生疲劳和断裂，因此对不同工作环境的构件应加以区别地选择不同材质。

（5）钢材厚度　薄钢材辊轧次数多，内部缺陷少，厚度大的钢材辊轧次数少，内部缺陷多；厚度大的钢材不但强度较小，而且塑性、冲击韧度和可焊性也较差。因此，厚度大的焊接结构应采用材质较好的钢材。

2. 选用要求

对钢材质量的要求，一般来说，承重结构的钢材应保证抗拉强度、屈服点、伸长率和硫、磷的极限含量，对焊接结构尚应保证碳的极限含量。

焊接承重结构以及重要的非焊接承重结构的钢材应具有冷弯试验的合格保证。

对于需要验算疲劳的以及主要的受拉或受弯的焊接结构的钢材，应具有常温冲击韧度的合格保证。当结构工作温度不高于0℃但高于-20℃时，Q235钢和Q345钢应具有0℃冲击韧度的合格证；对Q390钢和Q420钢应具有-20℃冲击韧度的合格保证。当结构工作温度等于或低于-20℃时，对Q235钢和Q345钢应具有-20℃冲击韧度的合格保证，对Q390钢和Q420钢应具有-40℃冲击韧度的合格保证。

第三节　钢结构的计算及设计指标

一、钢结构的计算方法

钢结构的计算（疲劳计算除外），采用以概率理论为基础的极限状态设计方法，用分项系数的设计表达式进行计算。按《钢结构设计规范》的规定，设计钢结构时，应根据结构破坏可能产生的后果，采用不同的安全等级，一般工业与民用建筑钢结构的安全等级可取二级（特殊建筑钢结构的安全等级可根据具体情况另行确定）。

承载能力极限状态荷载效应的基本组合按下列设计表达式中最不利值确定：

可变荷载效应控制的组合

$$\gamma_0\left(\gamma_G\sigma_{GK}+\gamma_{Q1}\sigma_{Q1K}+\sum_{i=2}^{n}\gamma_{Qi}\psi_{ci}\sigma_{QiK}\right)\leqslant f \tag{15-7}$$

永久荷载效应控制的组合

$$\gamma_0\left(\gamma_G\sigma_{GK}+\sum_{i=1}^{n}\gamma_{Qi}\psi_{ci}\sigma_{QiK}\right)\leqslant f \tag{15-8}$$

式中　γ_0——结构重要性系数。对安全等级为一级或设计使用年限为100年及以上的结构构件，不应小于1.1；对安全等级为二级或设计使用年限为50年的结构构件，不应小于1.0；对安全等级为三级或设计使用年限为5年的结构构件，不应小于0.9；

σ_{GK}——永久荷载标准值在结构构件截面或连接中产生的应力（N/mm^2）；

σ_{Q1K}——起控制作用的第一个可变荷载标准值在结构构件截面或连接中产生的应力（该值使计算结果为最大）（N/mm^2）；

σ_{QiK}——其他第i个可变荷载标准值在结构构件截面或连接中产生的应力（N/mm^2）；

ψ_{ci}——可变荷载Q_i的组合值系数；

γ_G——永久荷载分项系数，当永久荷载效应对结构构件的承载能力不利时取1.2，但对式（15-8）则取1.35。当永久荷载效应对结构构件的承载能力有利时，取为1.0；验算结构倾覆、滑移或漂浮时取0.9；

γ_{Q1}、γ_{Qi}——第 1 个和其他第 i 个可变荷载分项系数，当可变荷载效应对结构构件的承载能力不利时，取 1.4（当楼面活荷载大于 4.0kN/m^2 时，取 1.3）有利时，取为 0。

对于一般排架、框架结构，可采用简化式计算。

由可变荷载效应控制的组合

$$\gamma_0\left(\gamma_G\sigma_{GK} + \psi\sum_{i=1}^{n}\gamma_{Qi}\sigma_{QiK}\right) \leqslant f \tag{15-9}$$

由永久荷载效应控制的组合，仍按式（15-8）进行计算。

式中　ψ——简化式中采用的荷载组合值系数，一般情况下可采用 0.9；当只有一个可变荷载时，取为 1.0。

对于偶然组合，极限状态设计表达式宜按下列原则确定：偶然作用的代表值不乘分项系数；与偶然作用同时出现的可变荷载，应根据观测资料和工程经验采用适当的代表值，具体的设计表达式及各种系数，应符合专门规范的规定。

对于正常使用极限状态，按建筑结构可靠度设计统一标准的规定要求分别采用荷载的标准组合、频遇组合和准永久组合进行设计，并使变形等设计不超过相应的规定限值。钢结构只考虑荷载的标准组合，其设计式为

$$v_{GK} + v_{Q1K} + \sum_{i=2}^{n}\psi_{ci}v_{QiK} \leqslant [v] \tag{15-10}$$

式中　v_{GK}——永久荷载的标准值在结构或结构构件中产生的变形值；

v_{Q1K}——起控制作用的第一个可变荷载的标准值在结构或结构构件中产生的变形值（该值使计算结果为最大）；

v_{QiK}——其他第 i 个可变荷载标准值在结构或结构构件中产生的变形值；

$[v]$——结构或结构构件的允许变形值。

二、钢结构设计指标

钢材和连接的强度设计值，应根据钢材厚度或直径按表 15-1～表 15-4 采用。

表 15-1　钢材的强度设计值　　（单位：MPa）

钢材		抗拉、抗压和抗弯 f	抗剪 f_v	端面承压（刨平顶紧）f_{ce}
牌号	厚度或直径/mm			
Q235 钢	≤16	215	125	325
	>16～40	205	120	
	>40～60	200	115	
	>60～100	190	110	
Q345 钢	≤16	310	180	400
	>16～35	295	170	
	>35～50	265	155	
	>50～100	250	145	
Q390 钢	≤16	350	205	415
	>16～35	335	190	
	>35～50	315	180	
	>50～100	295	170	

（续）

钢材		抗拉、抗压和抗弯 f	抗剪 f_v	端面承压（刨平顶紧） f_{ce}
牌号	厚度或直径/mm			
Q420 钢	≤16	380	220	440
	>16~35	360	210	
	>35~50	340	195	
	>50~100	325	185	

注：表中厚度系指计算点的钢材厚度，对轴心受拉和轴心受压构件系指截面中较厚板件的厚度。

表 15-2　焊缝的强度设计值　（单位：MPa）

焊接方法和焊条型号	构件钢材		对接焊缝				角焊缝
	牌号	厚度或直径/mm	抗压 f_c^w	焊缝质量为下列等级时，抗拉 f_t^w		抗剪 f_v^w	抗拉、抗压和抗剪 f_f^w
				一级、二级	三级		
自动焊、半自动焊和 E43 型焊条的手工焊	Q235 钢	≤16	215	215	185	125	160
		>16~40	205	205	175	120	
		>40~60	200	200	170	115	
		>60~100	190	190	160	110	
自动焊、半自动焊和 E50 型焊条的手工焊	Q345 钢	≤16	310	310	265	180	200
		>16~35	295	295	250	170	
		>35~50	265	265	225	155	
		>50~100	250	250	210	145	
自动焊、半自动焊和 E55 型焊条的手工焊	Q390 钢	≤16	350	350	300	205	220
		>16~35	335	335	285	190	
		>35~50	315	315	270	180	
		>50~100	295	295	250	170	
自动焊、半自动焊和 E55 型焊条的手工焊	Q420 钢	≤16	380	380	320	220	220
		>16~35	360	360	305	210	
		>35~50	340	340	290	195	
		>50~100	325	325	275	185	

注：1. 自动焊和半自动焊所采用的焊丝和焊剂，应保证其熔敷金属的力学性能不低于现行国家标准《埋弧焊用碳钢焊丝和焊剂》（GB/T 5293）和《低合金钢埋弧焊用焊剂》（GB/T 12470）中相关的规定。

2. 焊缝质量等级应符合现行国家标准《钢结构工程施工质量验收规范》（GB 50205）的规定。其中厚度小于 8mm 钢材的对接焊缝，不应采用超声波探伤确定焊缝质量等级。

3. 对接焊缝在受压区的抗弯强度设计值取 f_c^w，在受拉区的抗弯强度设计值取 f_t^w。

4. 表中厚度系指计算点的钢材厚度，对轴心受拉和轴心受压构件系指截面中较厚板件的厚度。

表 15-3　螺栓连接的强度设计值　　(单位：MPa)

螺栓的性能等级、锚栓和构件钢材的牌号		普通螺栓						锚栓	承压型连接高强度螺栓		
		C 级螺栓			A、B 级螺栓						
		抗拉 f_t^b	抗剪 f_v^b	承压 f_c^b	抗拉 f_t^b	抗剪 f_v^b	承压 f_c^b	抗拉 f_t^a	抗拉 f_t^b	抗剪 f_v^b	承压 f_c^b
普通螺栓	4.6、4.8 级	170	140	—	—	—	—	—	—	—	—
	5.6 级	—	—	—	210	190	—	—	—	—	—
	8.8 级	—	—	—	400	320	—	—	—	—	—
锚栓	Q235 钢	—	—	—	—	—	—	140	—	—	—
	Q345 钢	—	—	—	—	—	—	180	—	—	—
承压型连接高强度螺栓	8.8 级	—	—	—	—	—	—	—	400	250	—
	10.9 级	—	—	—	—	—	—	—	500	310	—
构件	Q235 钢	—	—	305	—	—	405	—	—	—	470
	Q345 钢	—	—	385	—	—	510	—	—	—	590
	Q390 钢	—	—	400	—	—	530	—	—	—	615
	Q420 钢	—	—	425	—	—	560	—	—	—	655

注：1. A 级螺栓用于 $d \leqslant 24$mm 和 $l \leqslant 10d$ 或 $l \leqslant 150$mm（按较小值）的螺栓；B 级螺栓用于 $d > 24$mm 或 $l > 10d$ 或 $l > 150$mm（按较小值）的螺栓。d 为公称直径，l 为螺杆公称长度。

2. A、B 级螺栓孔的精度和孔壁表面粗糙度、C 级螺栓孔的允许偏差和孔壁表面粗糙度，均应符合现行国家标准《钢结构工程施工质量验收规范》(GB 50205)的要求。

表 15-4　结构构件或连接设计强度的折减系数

项次	情况	折减系数
1	单面连接的单角钢 (1) 按轴心受力计算强度和连接 (2) 按轴心受压计算稳定性 等边角钢 短边相连的不等边角钢 长边相连的不等边角钢	 0.85 $0.6+0.0015\lambda$，但不大于 1.0 $0.5+0.0025\lambda$，但不大于 1.0 0.70
2	无垫板的单面施焊对接焊缝	0.85
3	施工条件较差的高空安装焊缝和铆钉连接	0.90
4	沉头和半沉头铆钉连接	0.80

注：1. λ—长细比，对中间无联系的单角钢压杆，应按最小回转半径计算，当 $\lambda<20$ 时，取 $\lambda=20$。

2. 当几种情况同时存在时，其折减系数应连乘。

本章小结

1) 钢材的力学性能是衡量质量的重要指标，力学性能指标包括屈服点、抗拉强度、伸长率、冷弯性能和冲击韧性等五项。

2）钢材的化学成分及其含量对钢材的力学性能、可焊性和加工性能影响很大。碳素结构钢中除铁以外，还有碳、锰、硅、硫、磷、氮、氧等。低合金钢中含有少量的合金元素，如钒、钛、铜、铌、铬等。

3）影响钢材力学性能的主要因素除化学成分外，还有成材过程、钢材硬化、温度、应力集中和反复荷载作用等的影响。

4）我国目前建筑用钢主要为碳素结构钢和低合金高强度结构钢。《钢结构设计规范》推荐用钢材为 Q235、Q345、Q390、Q420 等。

思　考　题

15-1　影响钢材强度和脆性破坏的因素有哪些？

15-2　在钢材的化学成分中，应严格控制哪些有害成分的含量，为什么？

15-3　钢材在复杂应力作用下，采用什么理论核算其折算强度？钢材的抗剪强度与抗拉强度之间存在什么关系？

15-4　为什么说应力集中是影响钢材性能的重要因素？哪些原因使钢材产生应力集中？

15-5　钢材有哪几种规格？型钢用什么符号表示？选择钢材时应考虑哪些主要因素？

第十六章　钢结构的连接

学习目标： 了解钢结构的连接方法；掌握焊缝连接、螺栓连接的特点、构造要求和计算方法；掌握常见接头的设计与计算。

第一节　钢结构的连接方法

钢结构是由各种型钢或板材通过一定的连接方法组成的。因此，连接方法及其质量优劣直接影响到钢结构的工作性能。钢结构的连接必须符合安全可靠、传力明确、构造简单、制造方便和节约钢材的原则。钢结构的连接方法有焊缝连接、铆钉连接和螺栓连接三种（图 16-1）。

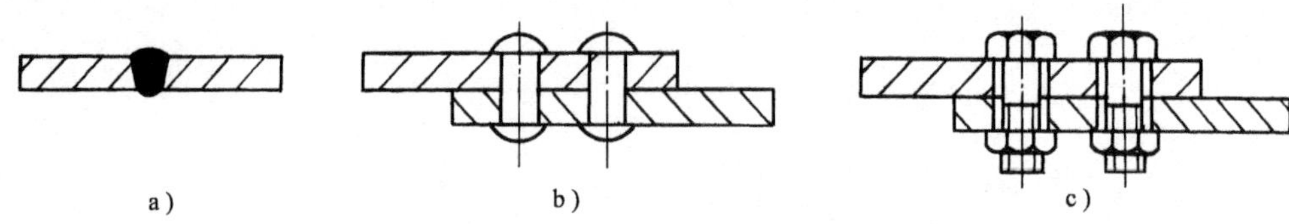

图 16-1　钢结构的连接方法

a）焊缝连接　b）铆钉连接　c）螺栓连接

一、焊缝连接

焊缝连接是钢结构最主要的连接方法。其优点是：构造简单，任何形式的构件都可直接相连；用料经济、不削弱截面；制作加工方便，可实现自动化操作；连接的密闭性好，结构刚度大。其缺点是：在焊缝附近的热影响区内，钢材的金相组织发生改变，导致局部材质变脆；焊接残余应力和残余变形使受压构件承载力降低；焊接结构对裂纹很敏感，局部裂纹一旦发生，就容易扩展到整体，低温冷脆现象较为突出。

二、铆钉连接

铆钉连接由于构造复杂、费钢费工，现已很少采用。但铆钉连接的塑性和韧性较好，传力可靠，质量易于检查，在一些重型和直接承受动力荷载的结构中，有时仍然采用。

三、螺栓连接

螺栓连接分普通螺栓连接和高强度螺栓连接两种。

1. 普通螺栓连接

普通螺栓分为 A、B、C 三级。C 级为粗制螺栓，由未经加工的圆钢压制而成，制作精度差，螺栓孔的直径比螺栓杆的直径大 1.5~3mm（见表 16-1）。对于采用 C 级螺栓的连接，由于螺栓杆与螺栓孔之间有较大的间隙，受剪力作用时，将会产生较大的剪切滑移，连接的变形大，但安装方便，且能有效地传递拉力，故可用于沿螺栓杆轴心受拉的连接，以及次要结构的抗剪连接或安装时的临时固定中。

表 16-1　C 级螺栓孔径

螺杆公称直径/mm	12	16	20	(22)	24	(27)	30
螺栓孔公称直径/mm	13.5	17.5	22	(24)	26	(30)	33

A、B 级精制螺栓是由毛坯在车床上经过切削加工精制而成，表面光滑，尺寸准确，螺栓直径与螺栓孔径之间的缝隙只有 0.3~0.5mm。由于有较高的精度，因而受剪性能好，但制作和安装复杂，价格较高，已很少在钢结构中采用。

2. 高强度螺栓连接

高强度螺栓连接有两种类型：一种是只依靠摩擦阻力传力，并以剪力不超过接触面摩擦力作为设计准则的，称为摩擦型连接；另一种是允许接触面滑移，以连接达到破坏的极限承载力作为设计准则的，称为承压型连接。

摩擦型连接的剪切变形小，弹性性能好，施工较简单，可拆卸，耐疲劳，特别适用于承受动力荷载的结构。承压型连接的承载力高于摩擦型，连接紧凑，但剪切变形大，故不得用于承受动力荷载的结构中。

第二节　焊接方法、焊缝形式和质量级别

一、焊接方法

焊接方法很多，但在钢结构中通常采用电弧焊。电弧焊有焊条电弧焊、埋弧焊（自动或半自动埋弧焊）以及气体保护焊等。

1. 焊条电弧焊

焊条电弧焊是最常用的一种焊接方法（图 16-2）。通电后，在涂有药皮的焊条与焊件之间产生电弧，电弧的温度可高达 3000℃。在高温作用下，电弧周围的金属熔化，形成熔池，同时焊条中的焊丝很快熔化，滴入熔池中，与焊件的熔融金属相互结合，冷却后即形成焊缝。焊条药皮则在焊接过程中产生气体，保护电弧和熔化金属，并形成熔渣覆盖着焊缝，防止空气中氧、氮等有害气体与熔化金属接触而形成易脆的化合物。

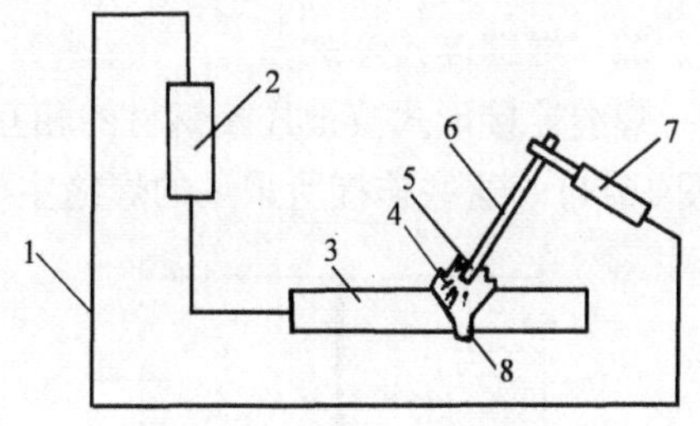

图 16-2　焊条电弧焊
1—导线　2—焊机　3—焊件　4—电弧
5—保护气体　6—焊条　7—焊钳　8—熔池

焊条电弧焊的设备简单、操作灵活方便，适于任意空间位置的焊接，特别适于焊接短焊缝，但生产效率低、劳动强度大，焊接质量取决于焊工的技术水平。

焊条电弧焊所用焊条应与焊接钢材（或称主体金属）相适应：对 Q235 钢材采用 E43 型焊条（E4300~E4328）；对 Q345 钢材采用 E50 型焊条（E5000~E5048）；对 Q390 钢材和 Q420 钢材采用 E55 型焊条（E5500~E5518）。不同钢种的钢材相焊接时，例如 Q235 钢材与 Q345 钢材相焊接，宜采用与低强度钢材相适应的焊条 E43 型。

2. 埋弧焊（自动或半自动埋弧焊）

埋弧焊是电弧在焊剂层下燃烧的一种电弧焊方法。焊丝送进和电弧按焊接方向的移动有专门机构控制完成的称“自动埋弧焊”（图 16-3）；焊丝送进有专门机构，而电弧按焊接方

向的移动靠人手工操作完成的称“半自动埋弧焊”。通电后，由于电弧的作用，使埋于焊剂下的焊丝和附近的焊剂熔化，熔渣浮在熔化的焊缝金属上面，使熔化金属不与空气接触，并供给焊缝金属以必要的合金元素。随着焊机的自由移动，颗粒状的焊剂不断地由料斗漏下，电弧完全被埋在焊剂之内，同时焊丝也自动地随熔化随下降，这就是自动埋弧焊的原理。埋弧焊电弧热量集中、熔深大，适于厚钢板的焊接，具有较高的生产效率。采用自动或半自动操作，焊接时的工艺条件稳定，焊缝的化学成分均匀，故形成的焊缝质量好，焊件变形小。同时，较高的焊速也减少了热影响区的范围。但埋弧焊对焊件边缘的装配精度（如间隙）要求比焊条电弧焊高。

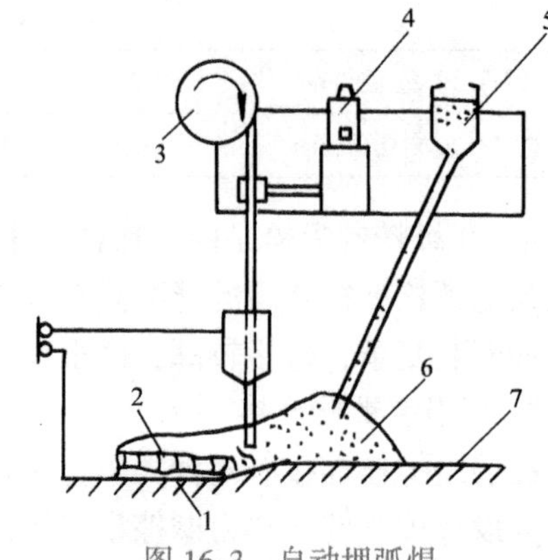

图 16-3　自动埋弧焊
1—焊缝金属　2—熔渣　3—焊丝转盘
4—送丝器　5—焊剂漏斗　6—焊剂　7—焊件

埋弧焊所用焊丝和焊剂应与母材金属强度相适应，即要求焊缝与母材金属等强度。

3. 气体保护焊

气体保护焊是利用二氧化碳气体或其他惰性气体作为保护介质的一种电弧熔焊方法。它直接依靠保护气体在电焊周围造成局部的保护层，以防止有害气体的侵入并保证焊接过程的稳定。

气体保护焊的焊缝熔化区没有熔渣，焊工能够清楚地看到焊缝成形的过程。由于保护气体是喷射的，有助于熔滴的过渡，又由于热量集中，焊接速度快，焊件熔深大，故所形成的焊缝强度比焊条电弧焊高，塑性和抗腐蚀性好，适用于全位置的焊接，但不适用于野外或有风的地方施焊。

二、焊缝连接形式

焊缝连接形式按被连接钢材的相互位置可分为对接、搭接、T 形连接和角焊缝连接四种（图 16-4）。这些连接所采用的焊缝主要有对接焊缝和角焊缝。

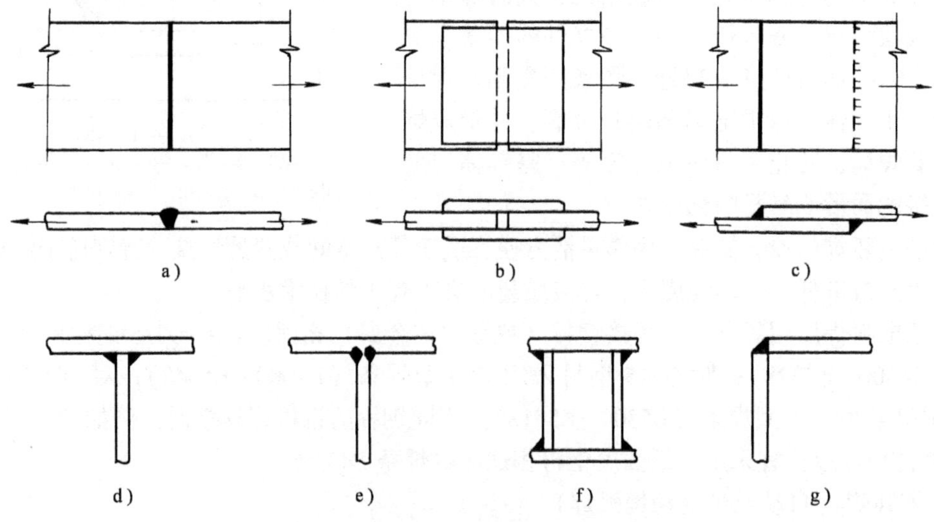

图 16-4　焊缝连接的形式
a）对接连接　b）拼接盖板的对接连接　c）搭接连接　d）、e）T 形连接　f）、g）角焊缝连接

对接连接主要用于厚度相同或接近相同的两构件的相互连接。图 16-4a 为采用对接焊缝的对接连接，由于相互连接的两构件在同一平面内，因而传力均匀平缓，没有明显的应力集中，且用料经济，但焊件边缘需要加工，被连接两板的间隙有严格的要求。

图 16-4b 所示为用双层盖板和角焊缝的对接连接，这种连接传力不均匀、费料，但施工简便，所连接两板的间隙大小无需严格控制。

图 16-4c 所示为用角焊缝的搭接连接，适用于不同厚度构件的连接。这种连接作用力不在同一直线上，材料较费，但构造简单、施工方便。

T 形连接省工省料，常用于制作组合截面。当采用角焊缝连接时（图 16-4d），焊件间存在缝隙，截面突变，应力集中现象严重，疲劳强度较低，可用于不直接承受动力荷载的结构中。对于直接承受动力荷载的结构，如重级工作制吊车梁，其上翼缘与腹板的连接，应采用图 16-4e 所示的 K 形坡口焊缝进行连接。

角焊缝连接见图 16-4f、g 主要用于制作箱形截面。

三、焊缝质量级别及检验

1. 焊缝缺陷

焊缝缺陷指焊接过程中产生于焊缝金属附近热影响区钢材表面或内部的缺陷。常见的缺陷有裂纹、焊瘤、烧穿、弧坑、气孔、夹渣、咬边、未熔合、未焊透（图 16-5），以及焊缝尺寸不符合要求、焊缝成形不良等。裂纹是焊缝连接中最危险的缺陷。产生裂纹的原因很多，如钢材的化学成分不当、焊接工艺条件（如电流、电压、焊速、施焊次序等）选择不合适、焊件表面油污未清除干净等。

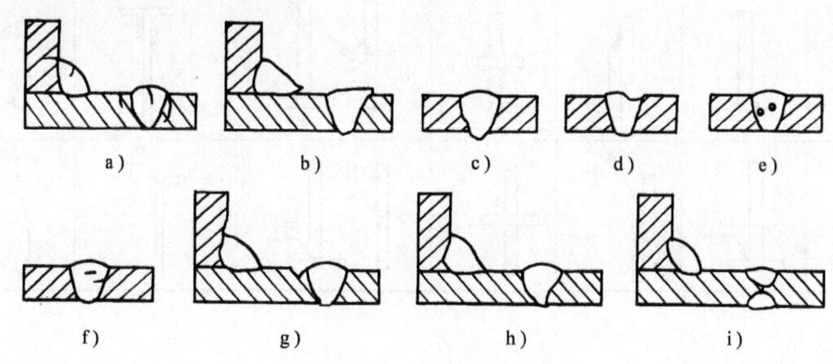

图 16-5　焊缝缺陷

a）裂纹　b）焊瘤　c）烧穿　d）弧坑
e）气孔　f）夹渣　g）咬边　h）未熔合　i）未焊透

2. 焊缝质量检验

焊缝缺陷的存在将削弱焊缝的受力面积，在缺陷处引起应力集中，故对连接的强度、冲击韧度及冷弯性能等均有不利影响。因此，焊缝质量检验极为重要。

焊缝质量检验一般可用外观检查及内部无损检验，前者检查外观缺陷和几何尺寸，后者检查内部缺陷。内部无损检验目前广泛采用超声波检验，它使用灵活、经济、对内部缺陷反应灵敏，但不易识别缺陷性质，有时还用磁粉检验、荧光检验等较简单的方法作为辅助检验。当前采用的检验方法为 X 射线或 γ 射线透照或拍片，其中 X 射线应用较广。

《钢结构工程施工质量验收规范》(GB 50205—2001) 规定焊缝按其检验方法和质量要求分为一级、二级和三级。三级焊缝只要求对全部焊缝作外观检查且符合三级质量标准。一级、二级焊缝则除外观检查外，还应采用超声波探伤进行内部缺陷的检验。超声波探伤不能对缺陷作出判断时，应采用射线探伤，其内部缺陷分级及探伤方法应符合现行国家标准《焊缝无损检测　超声检测　技术、检测等级和评定》（GB/T 11345—2013）和《金属熔化焊焊接接头射线照相》（GB/T 3323—2005）的规定。

钢结构中一般采用三级焊缝，便可满足通常的强度要求，但对接焊缝的抗拉强度有较大的变异性，《钢结构设计规范》规定其设计值只为母材的85%左右。因而对有较大拉应力的对接焊缝以及直接承受动力荷载构件的较重要的对接焊缝，宜采用二级焊缝，对直接承受动力荷载和疲劳性能有较高要求处可采用一级焊缝。

四、焊缝代号及标注方法

《建筑结构制图标准》（GB/T 50105—2010）规定：焊缝代号由引出线、图形符号和补充符号三部分组成。引出线由横线和带箭头的斜线组成。箭头指到图形上的相应焊缝处，横线的上面和下面用来标注图形符号和焊缝尺寸。当引出线的箭头指向焊缝所在的一面时，应将图形符号和焊缝尺寸等标注在水平横线的上面；当箭头指向对应焊缝所在的另一面时，则应将图形符号和焊缝尺寸等标注在水平横线的下面。必要时，可在水平横线的末端加一尾部作为其他说明之用。图形符号表示焊缝的基本形式，如用⊿表示角焊缝，用V表示V形的对接焊缝。补充符号表示焊缝的辅助要求，如用▶表示现场安装焊缝等（表16-2）。

表16-2　焊缝代号

	角焊缝				对接焊缝	塞焊缝	三面围焊
	单面焊缝	双面焊缝	安装焊缝	相同焊缝			
形式					c α α c p		
标注方法	h_f	h_f	h_f	h_f	α c p α c	h_f	⊏h_f

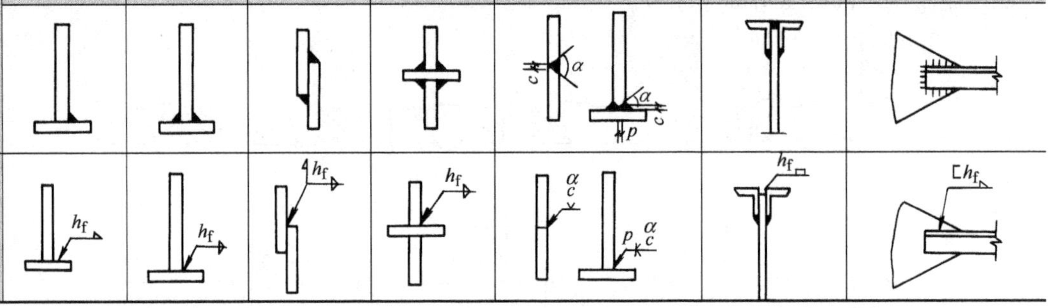

当焊缝分布比较复杂或上述标注方法不能表达清楚时，在标注焊缝代号的同时，可在图形上加栅线表示（图16-6）。

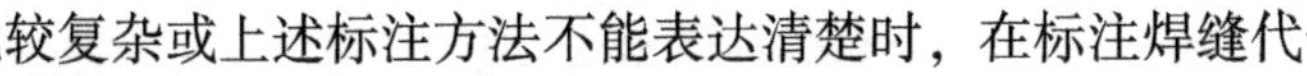

a）　　b）　　c）

图16-6　用栅线表示焊缝

a）正面焊缝　b）背面焊缝　c）安装焊缝

第三节　焊缝连接

一、对接焊缝连接的构造和计算

（一）对接焊缝的形式和构造

对接焊缝按所受力的方向分为正对接焊缝（图16-7a）和斜对接焊缝（图16-7b）。

对接焊缝的坡口形式按单面焊接和双面焊接划分，如图 16-8 所示。坡口形式取决于焊件厚度 t。当焊件厚度 $t\leqslant10$mm 时，可用直边缝（I 形坡口）；当焊件厚度 $t=10\sim20$mm 时，可用斜坡口的单边 V 形或 V 形焊缝；当焊件厚度 $t>20$mm 时，则采用 U 形、K 形、X 形、J 形和窄间隙坡口焊缝。对于 U 形焊缝和 V 形焊缝需对焊缝根部进行补焊。埋弧焊的熔深较大，同样坡口形式的适用板厚 t 可适当加大，对接间隙 c 可稍小些，钝边高度 p 可稍大。对接焊缝坡口形式的选用，应根据板厚和施工条件按现行标准《气焊、焊条电弧焊、气体保护焊和高能束焊的推荐坡口》（GB/T 985.1—2008）和《埋弧焊的推荐坡口》（GB/T 985.2—2008）的要求确定。

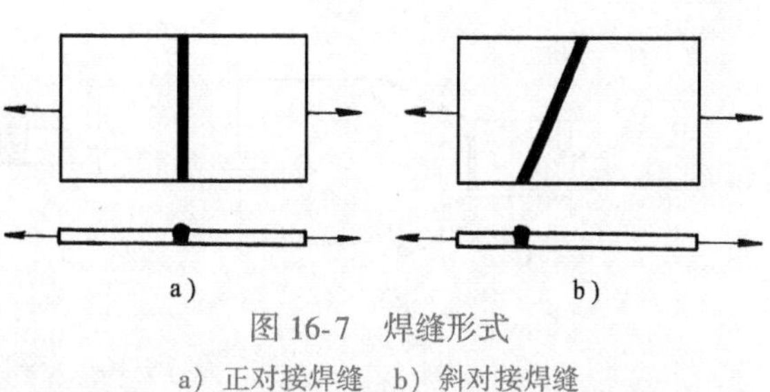

图 16-7　焊缝形式

a）正对接焊缝　b）斜对接焊缝

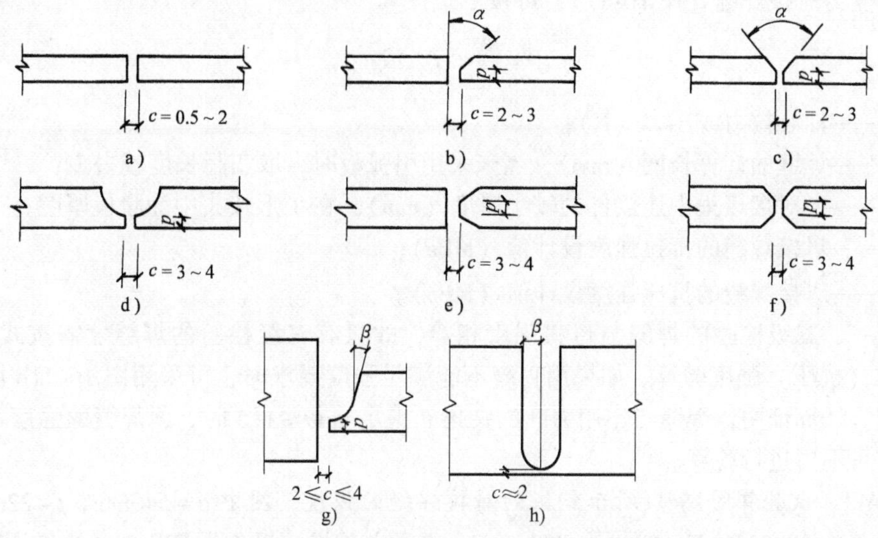

图 16-8　对接焊缝的坡口形式

a）I 形坡口　b）单边 V 形坡口　c）V 形坡口　d）U 形坡口

e）K 形坡口　f）X 形坡口　g）J 形坡口　h）窄间隙坡口

在焊缝的起灭弧处，常会出现弧坑等缺陷。此处极易产生应力集中和裂纹，对承受动力荷载尤为不利，故焊接时对直接承受动力荷载的焊缝，必须采用引弧板（图 16-9），焊后将它割除。对受静力荷载的结构设置引弧板有困难时，允许不设置引弧板，但每条焊缝的起弧及灭弧端应各减去 t（t 为焊件的较小厚度）后作为焊缝的计算长度。

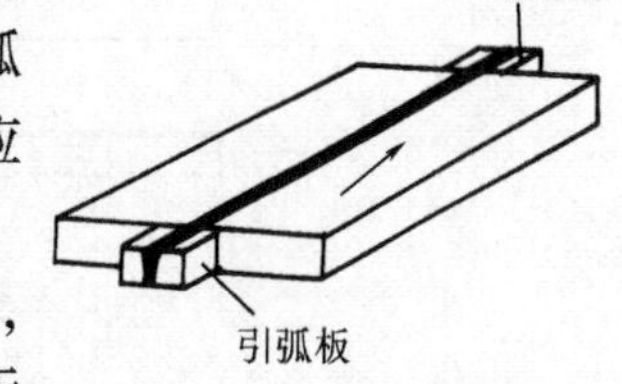

图 16-9　用引弧板焊接

当对接焊缝拼接处的焊件宽度不同或厚度相差 4mm 以上时，应分别在宽度方向或厚度方向从一侧或两侧做成坡度不大于 1∶2.5的斜坡（图 16-10）以使截面过渡缓和，减小应力集中。但对直接承受动力荷载且需进行疲劳计算的结构，应使斜角坡度不大于 1∶4。如果两钢板厚度相差小于 4mm 时，也可不做斜坡，直接用焊缝表面斜坡来找坡（图 16-10c），焊缝的计算厚度等于较薄板的厚度。

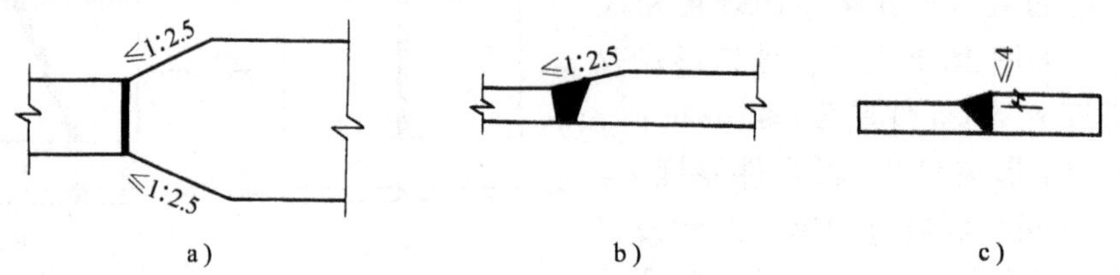

图 16-10　变截面钢板拼接

a）改变宽度　b）、c）改变厚度

（二）对接焊缝连接的计算

对接焊缝的截面与被焊构件截面相同，焊缝中的应力情况与被焊件原来的情况基本相同，故对接焊缝连接的计算方法与构件的强度计算相似。

1. 轴心受力对接焊缝的计算

轴心受力对接焊缝（图 16-11），可按下式计算

$$\sigma=\frac{N}{l_w t}\leqslant f_t^w \text{ 或 } f_c^w \tag{16-1}$$

式中　N——轴心拉力或压力（N）；

l_w——焊缝的计算长度（mm），当未采用引弧板时，取实际长度减去 $2t$；

t——在对接接头中连接件的较小厚度（mm），在 T 形接头中为腹板厚度；

f_t^w——对接焊缝的抗拉强度设计值（MPa）；

f_c^w——对接焊缝的抗压强度设计值（MPa）。

由于一、二级检验的焊缝与母材强度相等，故只有三级检验的焊缝才需按式（16-1）进行抗拉（抗压）强度验算。如果用直缝不能满足强度要求时，可采用图 16-11b 所示的斜对接焊缝。计算证明，焊缝与作用力间的夹角 θ 满足 $\tan\theta\leqslant1.5$ 时，斜焊缝的强度不低于母材强度，可不再进行验算。

例 16-1　试验算图16-11所示钢板的对接焊缝的强度，图中 $a=540\text{mm}$，$t=22\text{mm}$，轴心力的设计值为 $N=2150\text{kN}$。钢材为 Q235—B，焊条电弧焊，焊条为 E43 型，三级检验标准的焊缝，施焊时加引弧板。

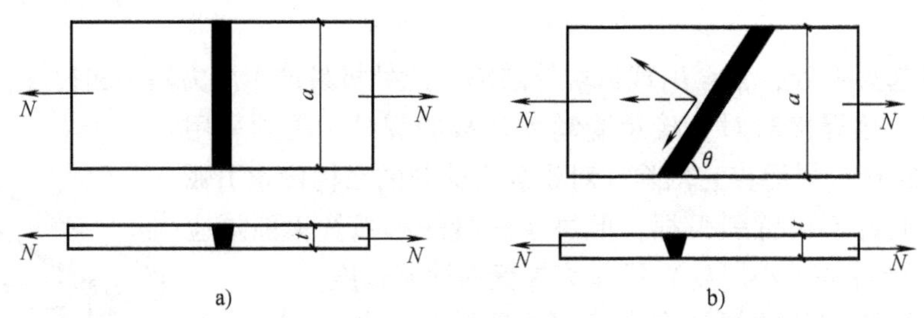

图 16-11　轴心受力的对接焊缝

解：直缝连接其计算长度 $l_w=54\text{cm}$。焊缝正应力为

$$\sigma=\frac{N}{l_w t}=\frac{2150\times10^3}{540\times22}\text{N/mm}^2=181\text{N/mm}^2>f_t^w=175\text{MPa}$$

不满足要求，改用斜对接焊缝，取截割斜度为 1.5∶1，即 $\theta=56°$。焊缝长度

$$l_w = \frac{a}{\sin\theta} = \frac{54}{\sin 56°} = 65\text{cm}$$

故此时焊缝的正应力为

$$\sigma = \frac{N\sin\theta}{l_w t} = \frac{2150\times10^3\times\sin 56°}{650\times22}\text{N/mm}^2 = 124.6\text{N/mm}^2 < f_t^w = 175\text{MPa}$$

切应力为

$$\tau = \frac{N\cos\theta}{l_w t} = \frac{2150\times10^3\times\cos 56°}{650\times22}\text{N/mm}^2 = 84\text{N/mm}^2 < f_v^w = 120\text{MPa}$$

这就说明当 $\tan\theta \leqslant 1.5$ 时，焊缝强度能够满足，可不必计算。

2. 对接焊缝在弯矩和剪力共同作用下的计算

图 16-12a 所示为对接接头受到弯矩和剪力的共同作用，由于焊缝截面是矩形，正应力与切应力图形分别为三角形与抛物线形，其最大值应分别满足下列强度条件

$$\sigma_{\max} = \frac{M}{W_w} = \frac{6M}{l_w^2 t} \leqslant f_t^w \tag{16-2}$$

$$\tau_{\max} = \frac{VS_w}{I_w t} = \frac{3V}{2l_w t} \leqslant f_v^w \tag{16-3}$$

式中　W_w——焊缝截面系数（mm^3）；

S_w——受拉部分截面到中和轴的面积矩（mm^3）；

I_w——焊缝截面惯性矩（mm^4）；

f_v^w——对接焊缝的抗剪强度设计值（MPa）。

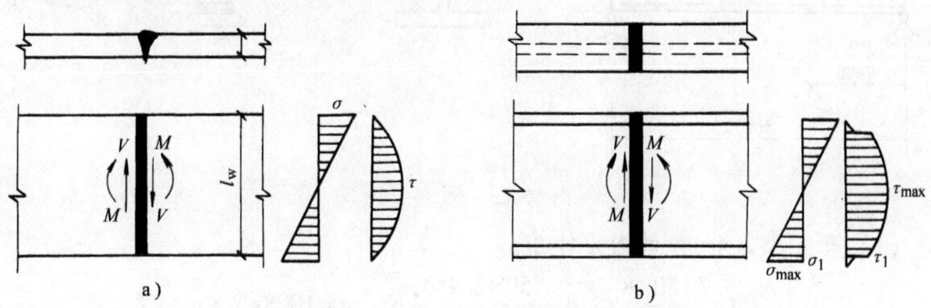

图 16-12　对接焊缝受弯矩和剪力共同作用

图 16-12b 所示为工字形截面梁的接头，采用对接焊缝，除应分别验算最大正应力和切应力外，对于同时受有较大正应力和较大切应力处，例如腹板与翼缘的交接点，还应按下式验算折算应力：

$$\sqrt{\sigma_1^2 + 3\tau_1^2} \leqslant 1.1 f_t^w \tag{16-4}$$

式中　σ_1、τ_1——验算点处的焊缝正应力和切应力（N/mm^2）；

1.1——考虑到最大折算应力只在局部出现，而将强度设计值适当提高的系数。

其中

$$\sigma_1 = \sigma_{\max}\frac{h_0}{h} = \frac{M}{W_w}\frac{h_0}{h} \tag{16-5}$$

$$\tau_1 = \frac{VS_{w1}}{I_w t_w} \tag{16-6}$$

式中 I_w——工字形截面惯性矩（mm^4）；

W_w——工字形截面系数（mm^3）；

S_{w1}——工字形截面受拉翼缘对中和轴的面积矩（mm^3）；

t_w——腹板厚度（mm）。

3. 对接焊缝在弯矩、剪力和轴心力共同作用下的计算

当轴心力与弯矩、剪力共同作用时，焊缝的最大正应力，按下式计算：

$$\sigma_{max}=\frac{N}{\sum l_w t}+\frac{M}{W_w}\leqslant f_t^w \tag{16-7}$$

切应力按下式验算：

$$\tau_{max}=\frac{VS_w}{I_w t_w}\leqslant f_v^w \tag{16-8}$$

折算应力仍按式（16-4）验算

$$\sqrt{\sigma_1^2+3\tau_1^2}\leqslant 1.1f_t^w$$

例 16-2 某8m跨简支梁截面和荷载（含梁自重）设计值如图 16-13 所示。在距支座 2.4m 处有翼缘和腹板的拼接连接，试验算其拼接的对接焊缝。已知钢材 Q235—BF，采用 E43 型焊条，焊条电弧焊。焊缝为三级检验标准，施焊时采用引弧板。

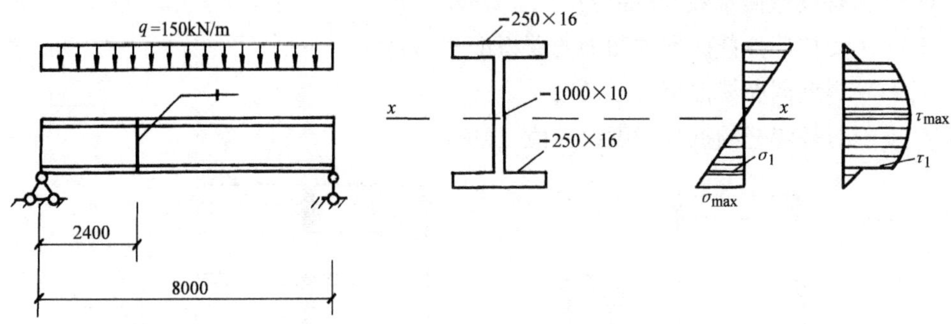

图 16-13 例 16-2 图

解：（1）距支座 2.4m 处的内力计算

$$M=\left(\frac{150\times8}{2}\times2.4-\frac{150\times2.4^2}{2}\right)\text{kN}\cdot\text{m}=1008\text{kN}\cdot\text{m}$$

$$V=\left(\frac{150\times8}{2}-150\times2.4\right)\text{kN}=240\text{kN}$$

（2）焊缝计算截面的几何特征值计算

$$I_w=\left(\frac{250\times1032^3}{12}-\frac{250\times1000^3}{12}+\frac{10\times1000^3}{12}\right)\text{mm}^4=2898\times10^6\text{mm}^4$$

$$W_w=\frac{2898\times10^6}{1032/2}\text{mm}^3=5.6163\times10^6\text{mm}^3$$

$$S_{w1}=250\times16\times\left(\frac{1000}{2}+\frac{16}{2}\right)\text{mm}^3=2.032\times10^6\text{mm}^3$$

$$S_w=\left(2.032\times10^6+500\times10\times\frac{500}{2}\right)\text{mm}^3=3.282\times10^6\text{mm}^3$$

（3）焊缝强度计算　由表 15-2 查得 $f_t^w = 185\text{N/mm}^2$，$f_v^w = 125\text{MPa}$。

$$\sigma_{max} = \frac{M}{W_w} = \frac{1008 \times 10^6}{5.6163 \times 10^6}\text{N/mm}^2 = 179.5\text{N/mm}^2 < f_t^w = 185\text{MPa}$$

$$\tau_{max} = \frac{VS_w}{I_w t_w} = \frac{240 \times 10^3 \times 3.282 \times 10^6}{2898 \times 10^6 \times 10}\text{N/mm}^2 = 27.2\text{N/mm}^2 < f = 125\text{MPa}$$

$$\sigma_1 = \sigma_{max}\frac{h_0}{h} = 179.5 \times \frac{1000}{1032}\text{N/mm}^2 = 173.9\text{N/mm}^2$$

$$\tau_1 = \frac{VS_{w1}}{I_w t_w} = \frac{240 \times 10^3 \times 2.032 \times 10^6}{2898 \times 10^6 \times 10}\text{N/mm}^2 = 16.8\text{N/mm}^2$$

$$\sqrt{\sigma_1^2 + 3\tau_1^2} = \sqrt{173.9^2 + 3 \times 16.8^2} = 176.3\text{N/mm}^2$$

$$< 1.1 f_t^w = 1.1 \times 185\text{MPa} = 203.5\text{MPa}$$

满足要求。

二、角焊缝连接的构造和计算

（一）角焊缝的形式

角焊缝是最常用的焊缝。角焊缝按其与作用力的关系可分为：焊缝长度方向与作用力垂直的正面角焊缝；焊缝长度方向与作用力平行的侧面角焊缝以及斜焊缝（图 16-14）。

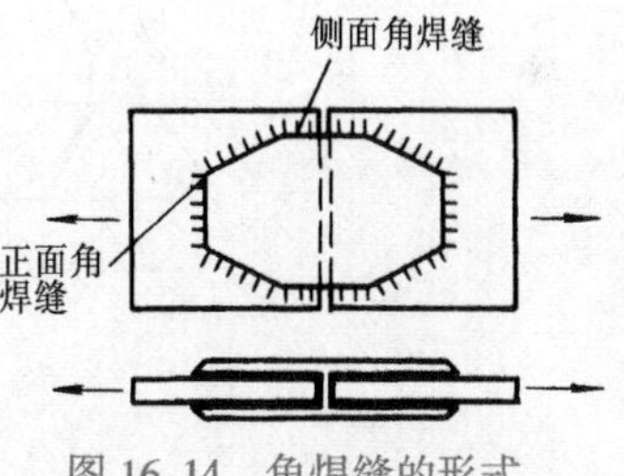

图 16-14　角焊缝的形式

焊缝沿长度方向的布置分为连续角焊缝和间断角焊缝两种（图 16-15）。连续角焊缝的受力性能较好，为主要的角焊缝形式。间断角焊缝的起、灭弧处容易引起应力集中，只能用于一些次要构件的连接或受力很小的连接中，重要结构应避免采用。间断角焊缝的间断距离 l 不宜过长，以免连接不紧密，潮气侵入引起构件锈蚀。一般在受压构件中应满足 $l \leqslant 15t$，在受拉构件中 $l \leqslant 30t$，t 为较薄焊件的厚度。

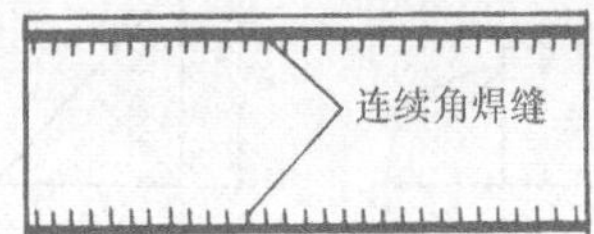

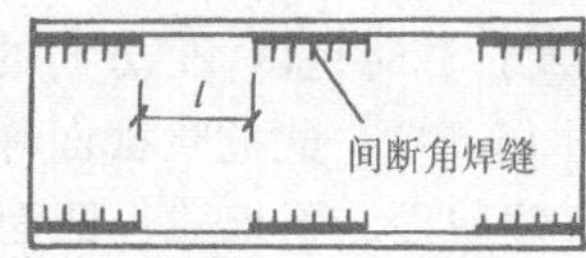

图 16-15　连续角焊缝和间断角焊缝

焊接按施焊位置分为平焊、横焊、立焊及仰焊（图 16-16）。平焊（又称俯焊）施焊方便，质量最好，横焊和立焊的质量及生产效率比平焊差，仰焊的操作条件最差，焊缝质量不易保证，因此应尽量避免采用仰焊。

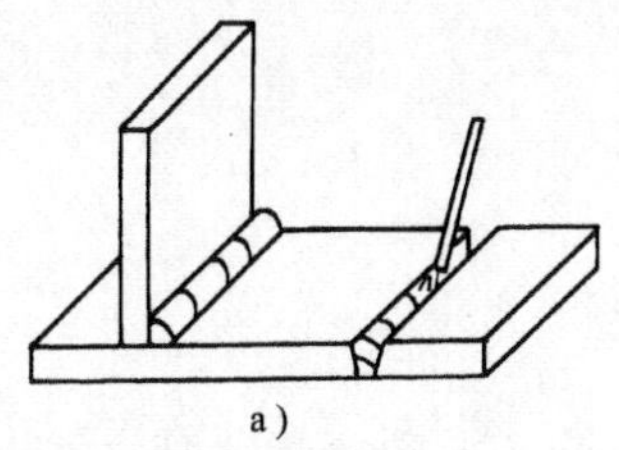

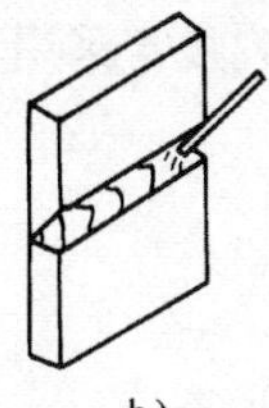

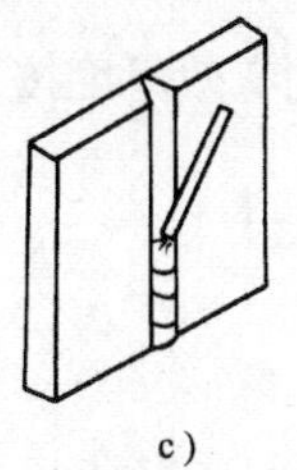

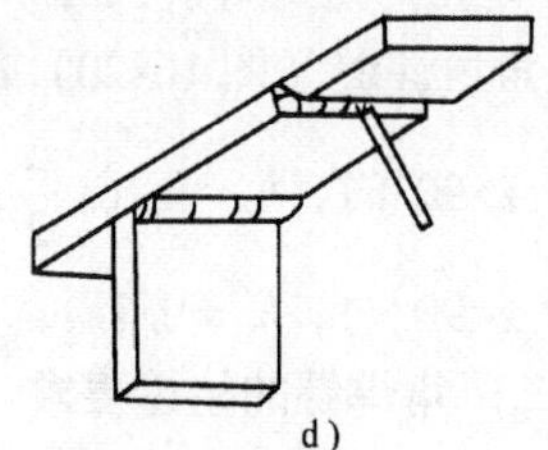

图 16-16　焊缝施焊位置

a）平焊　b）横焊　c）立焊　d）仰焊

角焊缝按截面形式可分为直角角焊缝（图 16-17）和斜角角焊缝（图 16-18）。

直角角焊缝通常做成表面微凸的等腰直角三角形截面（图 16-17a）。在直接承受动力荷载的结构中，为了减小应力集中，正面角焊缝的截面常采用图 16-17b 所示的平坦式截面，侧面角焊缝的截面则作成凹面式截面（图 16-17c）。

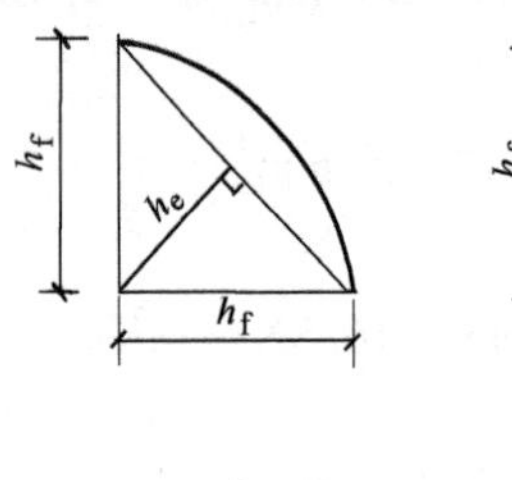

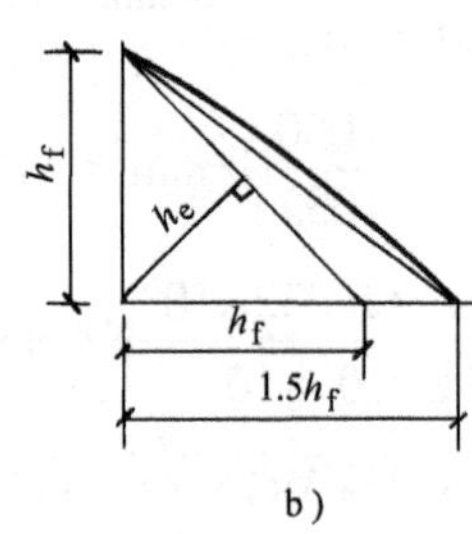

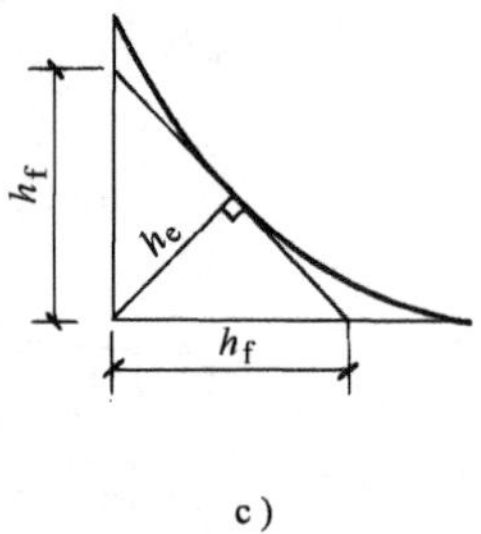

a)　　b)　　c)

图 16-17　直角角焊缝截面

a）等腰直角三角形截面　b）平坦式直角三角形截面　c）凹面式直角三角形截面

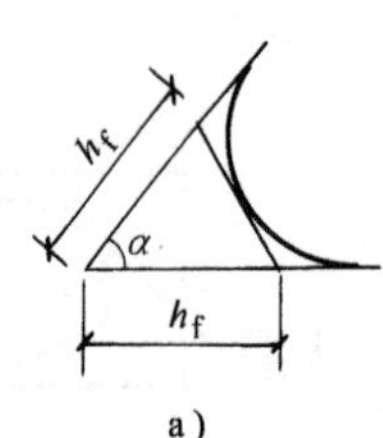

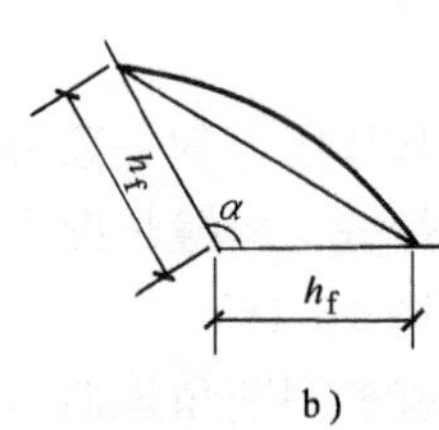

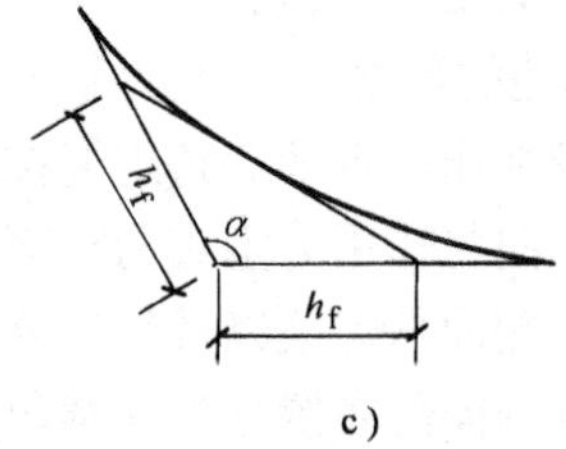

a)　　b)　　c)

图 16-18　斜角角焊缝截面

两焊脚边的夹角 $\alpha>90°$ 或 $\alpha<90°$ 的焊缝称为斜角角焊缝（图 16-18）。斜角角焊缝常用于钢漏斗和钢管结构中，对于夹角 $\alpha>120°$ 或 $\alpha<60°$ 的斜角角焊缝，除钢管结构外，不宜用作受力焊缝。

试验表明，等腰直角角焊缝常在沿 45°左右方向的截面破坏，因此计算时是以 45°方向的最小截面为危险截面（图 16-19），此危险截面称为角焊缝的计算截面或有效截面。平坦式、凹面式角焊缝的有效截面如图 16-17b、c 所示。

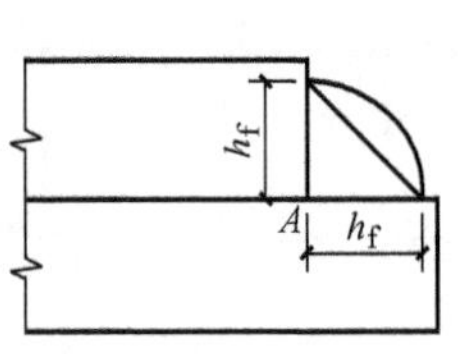

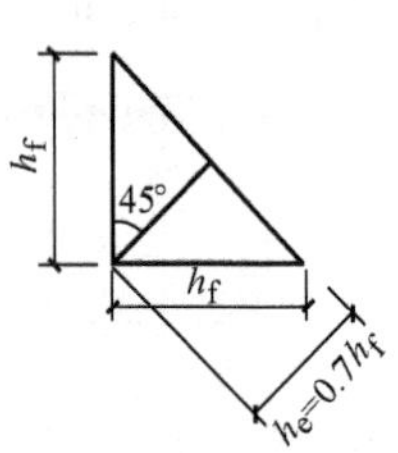

图 16-19　角焊缝的有效厚度

直角角焊缝的有效厚度 h_e 为

$$h_e = h_f\cos45° = 0.7h_f$$

上式中略去了焊缝截面的圆弧形加高部分，式中 h_f 是角焊缝的焊脚尺寸。

斜角角焊缝（图 16-20）的有效厚度按下列规定采用：

当 $\alpha>90°$ 时，$h_e = h_f\cos\dfrac{\alpha}{2}$；

当 $\alpha<90°$ 时，$h_e = 0.7h_f$。

（二）角焊缝的构造要求

（1）最大焊脚尺寸　角焊缝的 h_f 过大，焊接时热量输入过大，焊缝收缩时将产生较大的焊接残余应力和残余变形，且热影响区扩大易产生脆裂，较薄焊件易烧穿。板件边缘的角

焊缝与板件边缘等厚时，施焊时易产生咬边现象。因此，角焊缝的 h_{fmax} 应符合以下规定

$$h_{fmax} \leqslant 1.2t_{min}$$

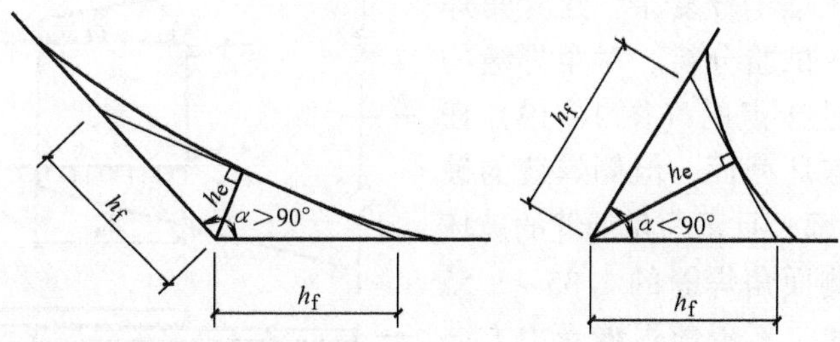

图 16-20　斜角角焊缝的有效厚度

t_{min} 为较薄焊件厚度。对板件边缘（厚度为 t_1）的角焊缝尚应符合下列要求：

当 $t_1>6$mm 时，$h_{fmax}=t_1-(1\sim2)$mm；

当 $t_1\leqslant6$mm 时，$h_{fmax}\leqslant t_1$。

（2）最小焊脚尺寸　如果板件厚度较大而焊缝焊脚尺寸过小，则施焊时焊缝冷却速度过快，可能产生淬硬组织，易使焊缝附近主体金属产生裂纹。因此，《钢结构设计规范》规定角焊缝的最小焊脚尺寸 h_{fmin} 应满足下式要求

$$h_{fmin} \geqslant 1.5\sqrt{t_{max}}$$

此处 t_{max} 为较厚焊件的厚度。自动焊的热量集中，因而熔深较大，故最小焊脚尺寸 h_{fmin} 可较上式减小 1mm。T 形连接单面角焊缝可靠性较差，应增加 1mm。当焊件厚度等于或小于 4mm 时，h_{fmin} 应与焊件同厚。

（3）最小焊缝长度　角焊缝的焊缝长度过短，焊件局部受热严重，且施焊时起落弧坑相距过近，再加上一些可能产生的缺陷使焊缝不够可靠。因此，规定角焊缝的计算长度 $l_w\geqslant 8h_f$，且≥40mm。

（4）侧面角焊缝的最大计算长度　侧缝沿长度方向的切应力分布很不均匀，两端大而中间小，且随焊缝长度与其焊脚尺寸之比的增大而更为严重。当焊缝过长时，其两端应力可能达到极限，而中间焊缝却未充分发挥承载力。因此，侧面角焊缝的计算长度应满足 $l_w\leqslant 60h_f$。当侧缝的实际长度超过上述规定数值时，超过部分在计算中不予考虑。若内力沿侧缝全长分布时则不受此限，例如工字形截面柱或梁的翼缘与腹板的角焊缝连接。

（5）搭接长度　在搭接连接中，为减小因焊缝收缩产生过大的焊接残余应力及因偏心产生的附加弯矩，要求搭接长度 $l\geqslant5t_1$（t_1 为较薄构件的厚度），且≥25mm（图 16-21）。

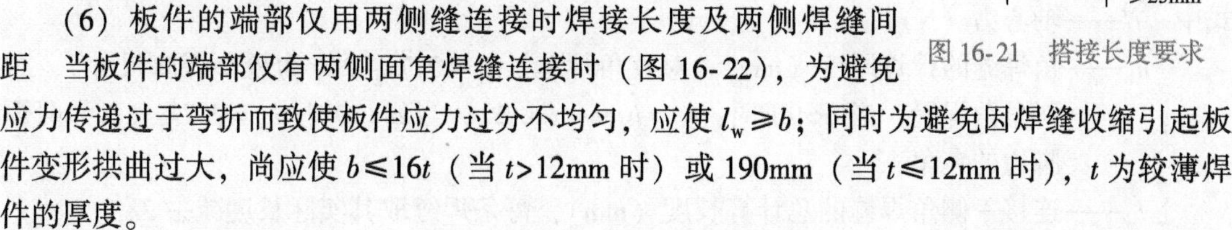

图 16-21　搭接长度要求

（6）板件的端部仅用两侧缝连接时焊接长度及两侧焊缝间距　当板件的端部仅有两侧面角焊缝连接时（图 16-22），为避免应力传递过于弯折而致使板件应力过分不均匀，应使 $l_w\geqslant b$；同时为避免因焊缝收缩引起板件变形拱曲过大，尚应使 $b\leqslant16t$（当 $t>12$mm 时）或 190mm（当 $t\leqslant12$mm 时），t 为较薄焊件的厚度。

（7）转角处绕角焊长度　当角焊缝的端部在构件的转角处时，为避免起落弧缺陷发生在应力集中较严重的转角处，宜作长度为 $2h_f$ 的绕角焊（图 16-22），且转角处必须连续施

焊，以改善连接的受力性能。

（三）角焊缝连接计算

角焊缝的应力状态十分复杂，建立角焊缝的计算公式主要靠试验分析。对角焊缝的大量试验表明，通过 A 点的（图 16-19）任一辐射面都可能是破坏截面，但侧焊缝的破坏大多在45°线的喉部，且正面角焊缝的破坏强度较高，一般是侧面角焊缝的1.35～1.55倍。因此设计计算时，不论角焊缝受力方向如何，均假定其破坏截面在45°线的喉部截面处，并略去了焊缝截面的圆弧形加高部分。角焊缝的强度设计值就是根据对该截面的试验研究结果确定的。

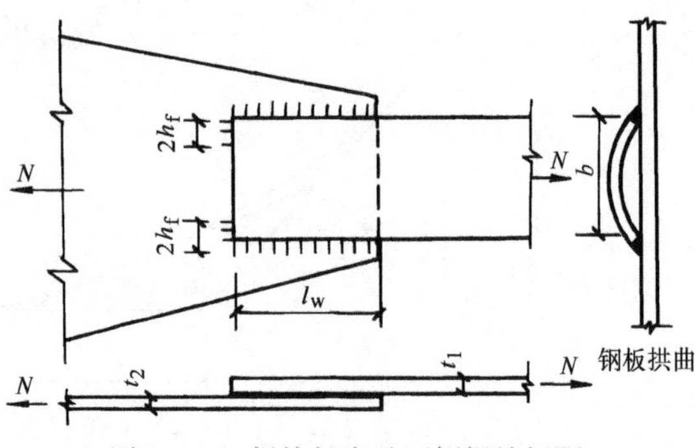

图 16-22　焊接长度及两侧焊缝间距

计算角焊缝强度时，假定有效截面上的应力均匀分布，并且不分抗拉、抗压或抗剪，都用同一强度设计值f_f^w。

1. 角焊缝受轴心力作用时的计算

当作用力通过角焊缝群形心时，认为焊缝沿长度方向的应力均匀分布，则角焊缝的强度按下列表达式计算：

（1）侧面角焊缝或作用力平行丁焊缝长度方向的角焊缝

$$\tau_f=\frac{N}{h_e\sum l_w}\leqslant f_f^w \tag{16-9}$$

（2）正面角焊缝或作用力垂直于焊缝长度方向的角焊缝

$$\sigma_f=\frac{N}{h_e\sum l_w}\leqslant \beta_f f_f^w \tag{16-10}$$

（3）两方向力综合作用的角焊缝　分别计算各焊缝在两方向力作用下的σ_f和τ_f，然后按下式计算其强度

$$\sqrt{\left(\frac{\sigma_f}{\beta_f}\right)^2+\tau_f^2}\leqslant f_f^w \tag{16-11}$$

（4）由侧面、正面和斜向各种角焊缝组成的周围角焊缝　假设破坏时各部分角焊缝都达到各自的极限强度，则

$$\frac{N}{\sum \beta_f h_e l_w}\leqslant f_f^w \tag{16-12}$$

式中　N——轴心力（N）；

h_e——角焊缝的计算厚度（mm），对直角焊缝，$h_e=0.7h_f$（h_f为较小焊脚尺寸），对斜角角焊缝，当$\alpha>90°$时，$h_e=h_f\cos(\alpha/2)$，当$\alpha<90°$时$h_e=0.7h_f$（α为两焊脚边的夹角）；

$\sum l_w$——连接一侧角焊缝的总计算长度（mm），每条焊缝取其实际长度减去$2h_f$；

σ_f——按焊缝有效截面计算，垂直于焊缝长度方向的应力（N/mm^2）；

τ_f——按焊缝有效截面计算，平行于焊缝长度方向的切应力（N/mm^2）；

β_f——正面角焊缝的强度设计值增高系数，对承受静力或间接承受动力荷载的结构取 $\beta_f=1.22$，对直接承受动力荷载的结构取 $\beta_f=1.0$；

f_f^w——角焊缝的强度设计值（MPa），按表 15-2 采用。

例 16-3　试设计如图16-23a所示一双盖板的对接接头。已知钢板截面为—250×14，盖板截面为 2—200×10，承受轴心力设计值为 690kN（静力荷载），钢材为 Q235，焊条 E43 型，焊条电弧焊。

解： 根据角焊缝的最大、最小焊脚尺寸要求，确定焊脚尺寸 h_f

$$取\ h_f=8\text{mm}\quad \begin{cases}\leqslant h_{fmax}=t-(1\sim2)\text{mm}=[10-(1\sim2)]\text{mm}=8\sim9\text{mm}\\ \leqslant 1.2t_{min}=1.2\times10\text{mm}=12\text{mm}\\ >1.5\sqrt{t_{max}}=1.5\sqrt{14}\text{mm}=5.6\text{mm}\end{cases}$$

由表 15-2 查得角焊缝强度设计值 $f_f^w=160\text{N/mm}^2$

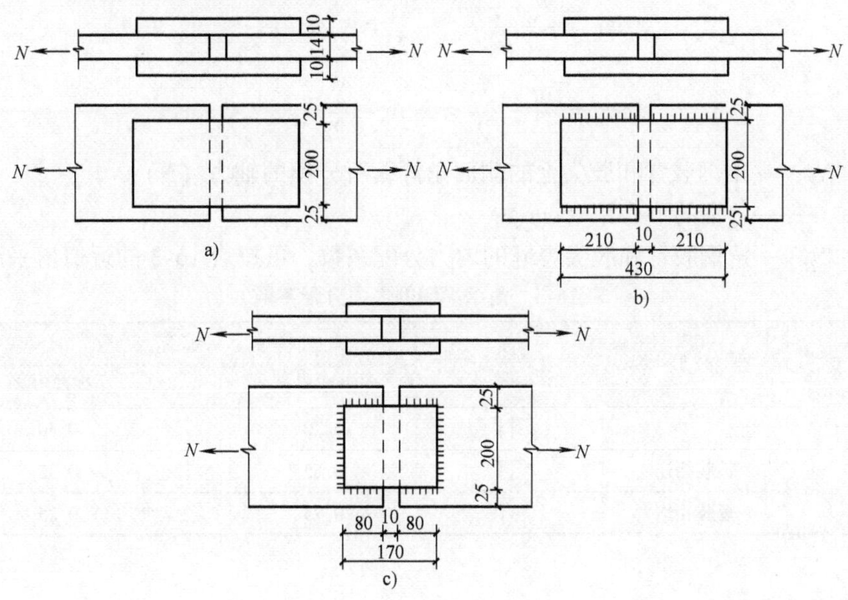

图 16-23　例 16-3 图

（1）采用侧面角焊缝（图 16-23b）　因采用双盖板，接头一侧共有 4 条焊缝，每条焊缝所需的计算长度为

$$l_w=\frac{N}{4h_e f_f^w}=\frac{690\times10^3}{4\times0.7\times8\times160}\text{mm}=192.5\text{mm}，取\ l_w=210\text{mm}$$

盖板总长　　　$l=(210\times2+10)\text{mm}=430\text{mm}$

$$l_w=210\text{mm}\begin{cases}<60h_f=60\times8\text{mm}=480\text{mm}\\ >8h_f=8\times8\text{mm}=64\text{mm}\end{cases}$$

$$l_w=210\text{mm}\quad >b=200\text{mm}$$

$t=10\text{mm}<12\text{mm}$ 且 $b=200>190\text{mm}$，不满足构造要求。

（2）改采用三面围焊（图 16-23c）　由式（16-10）得正面角焊缝所能承受的内力 N' 为

$$N'=2\times0.7h_f l'_w \beta_f f_f^w=(2\times0.7\times8\times200\times1.22\times160)\text{N}=437284\text{N}$$

接头一侧所需侧缝的计算长度为

$$l_w=\frac{N-N'}{4h_e f_f^w}=\frac{690000-437284}{4\times0.7\times8\times160}\text{mm}=70.5\text{mm}$$

盖板总长 $l=(70.5+8)\times2\text{mm}+10\text{mm}=167.0\text{mm}$，取 170mm。

2. 角钢连接的角焊缝计算

角钢与连接板用角焊缝连接可以采用三种形式，即采用两侧缝、三面围焊和 L 形围焊。为避免偏心受力，应使焊缝传递的合力作用线与角钢杆件的轴线相重合。

对于三面围焊（图 16-24b），可先假定正面角焊缝的焊脚尺寸 h_{f3}，求出正面角焊缝所分担的轴心力 N_3。当腹杆为双角钢组成的 T 形截面，且肢宽为 b 时

$$N_3=2\times0.7h_{f3}b\beta_f f_f^w \tag{16-13}$$

由平衡条件（$\sum M=0$）可得

$$N_1=\frac{N(b-e)}{b}-\frac{N_3}{2}=K_1N-\frac{N_3}{2} \tag{16-14}$$

$$N_2=\frac{Ne}{b}-\frac{N_3}{2}=K_2N-\frac{N_3}{2} \tag{16-15}$$

式中 N_1、N_2——角钢肢背和肢尖上的侧面角焊缝所分担的轴力（N）；

e——角钢的形心距（mm）；

K_1、K_2——角钢肢背和肢尖焊缝的内力分配系数，可按表 16-3 的近似值采用。

表 16-3 角钢焊缝的内力分配系数

角钢类型	连接形式	图形	分配系数	
			角钢肢背 K_1	角钢肢尖 K_2
等肢		┐┌	0.70	0.30
不等肢	长肢相连	┐┌	0.65	0.35
	短肢相连	┐┌	0.75	0.25

对于两面侧焊（图 16-24a），因 $N_3=0$，得

$$N_1=K_1N \tag{16-16}$$

$$N_2=K_2N \tag{16-17}$$

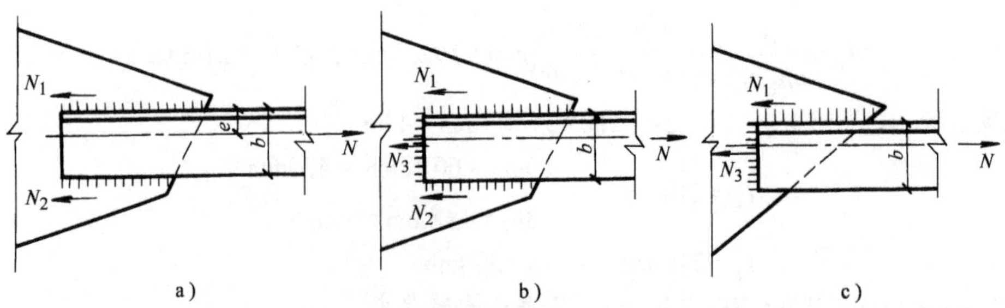

图 16-24 桁架腹杆与节点板的连接

求得各条焊缝所受的内力后，按构造要求假定肢背和肢尖焊缝的焊脚尺寸，即可求出焊

缝的计算长度。例如对双角钢组成的T形截面：

$$l_{w1}=\frac{N_1}{2\times 0.7h_{f1}f_f^w} \tag{16-18}$$

$$l_{w2}=\frac{N_2}{2\times 0.7h_{f2}f_f^w} \tag{16-19}$$

式中 h_{f1}、l_{w1}——一个角钢肢背上的侧面角焊缝的焊脚尺寸及计算长度（mm）；

h_{f2}、l_{w2}——一个角钢肢尖上的侧面角焊缝的焊脚尺寸及计算长度（mm）。

考虑到每条焊缝两端的起灭弧缺陷，实际焊缝长度为计算长度加 $2h_f$；对于三面围焊，由于在杆件端部转角处必须连续施焊，每条侧面角焊缝只有一端可能起灭弧，故焊缝实际长度为计算长度加 h_f；对于采用绕角焊的侧面角焊缝实际长度等于计算长度（绕角焊缝长度 $2h_f$，不进入计算）。

当杆件受力很小时，可采用L形围焊（图16-24c）。由于只有正面角焊缝和角钢肢背上的侧面角焊缝，令式（16-15）中的 $N_2=0$，得

$$N_3=2K_2N \tag{16-20}$$

$$N_1=N-N_3 \tag{16-21}$$

角钢肢背上的角焊缝计算长度可按式（16-18）计算，角钢端部的正面角焊缝的长度已知，可按下式计算其焊脚尺寸

$$h_{f3}=\frac{N_3}{2\times 0.7l_{w3}\beta_f f_f^w} \tag{16-22}$$

式中 $l_{w3}=b-h_{f3}$

例16-4 试确定图16-25所示承受轴心力（静荷）的三面围焊连接的承载力及肢尖焊缝的长度。已知角钢为2 ∟125mm×10mm，其肢与厚度为8mm的节点板连接，搭接长度为300mm，焊脚尺寸 $h_f=8$mm，钢材为Q235-BF，焊条电弧焊，焊条为E43型。

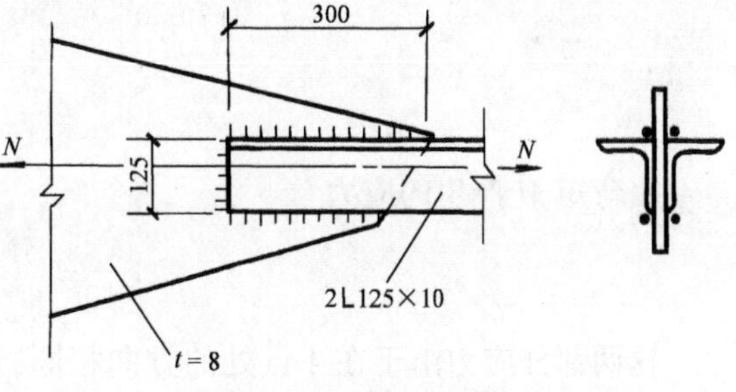

图16-25 例16-4图

解：角焊缝强度设计值 $f_f^w=160$MPa。焊接内力分配系数为 $K_1=0.7$，$K_2=0.3$。正面角焊缝的长度等于相连角钢肢的宽度，即 $l_{w3}=b=125$mm，则正面角焊缝所承受的内力 N_3 为

$$N_3=h_e l_{w3}\beta_f f_f^w=(2\times0.7\times8\times125\times1.22\times160)\text{N}=273.3\text{kN}$$

肢背角焊缝所能承受的内力 N_1 为

$$N_1=2h_e l_w f_f^w=2\times0.7\times8\times(300-8)\times160\text{N}=523.3\text{kN}$$

由式（16-14）知

$$N_1=K_1N-\frac{N_3}{2}=\left(0.7N-\frac{273.3}{2}\right)\text{kN}=523.3\text{kN}$$

则
$$N=\frac{523.3+136.6}{0.7}\text{kN}=955.6\text{kN}$$

由式（16-15）计算肢尖焊缝承受的内力 N_2 为

$$N_2 = K_2 N - \frac{N_3}{2} = (0.3 \times 955.6 - 136.6)\text{kN} = 150.1\text{kN}$$

由此可算出肢尖焊缝的长度为

$$l_{w2}' = \frac{N_2}{2h_e f_f^w} + 8 = \left(\frac{150.1 \times 10^3}{2 \times 0.7 \times 8 \times 160} + 8\right)\text{mm} = 92\text{mm}$$

该构件采用三面围焊的承载力为955.6kN，肢尖焊缝长度取100mm。

3. 承受弯矩、轴心力和剪力作用的角焊缝连接计算

图16-26所示的双面角焊缝连接承受偏心斜拉力 N 作用，计算时，可将作用力 N 分解为 N_x 和 N_y 两个分力。角焊缝同时承受轴心力 N_x、剪力 N_y 和弯矩 $M=N_x e$ 的共同作用。焊缝计算截面上的应力分布如图16-26b所示。图中 A 点应力最大为控制设计点。此处垂直于焊缝长度方向的应力由两部分组成，即由轴心拉力 N_x 产生的应力

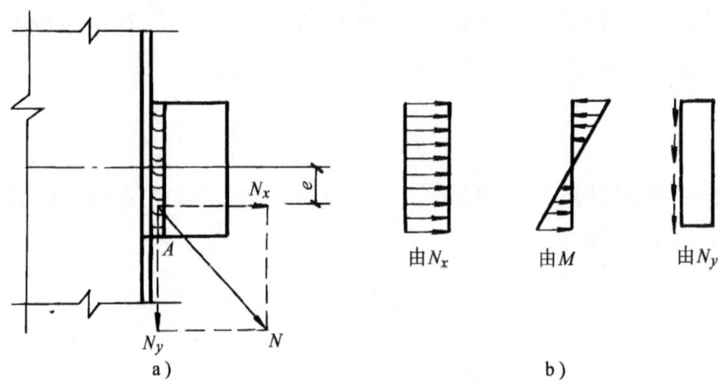

图16-26　承受偏心斜拉力的角焊缝

$$\sigma_f^N = \frac{N_x}{A_w} = \frac{N_x}{2h_e l_w} \tag{16-23}$$

由弯矩 M 产生的应力

$$\sigma_f^M = \frac{M}{W_w} = \frac{6M}{2h_e l_w^2} \tag{16-24}$$

这两部分应力由于在 A 点处的方向相同，可直接叠加，故 A 点垂直于焊缝长度方向的应力为

$$\sigma_f = \sigma_f^N + \sigma_f^M = \frac{N_x}{2h_e l_w} + \frac{6M}{2h_e l_w^2} \tag{16-25}$$

剪力 N_y 在 A 点处产生平行于焊缝长度方向的应力

$$\tau_f^v = \frac{N_y}{A_w} = \frac{N_y}{2h_e l_w} \tag{16-26}$$

式中　l_w——焊缝的计算长度（mm），为实际长度减 $2h_f$。

则焊缝的强度计算式为

$$\sqrt{\left(\frac{\sigma_f^N + \sigma_f^M}{\beta_f}\right)^2 + (\tau_f^v)^2} \leqslant f_f^w \tag{16-27}$$

当连接直接承受动力荷载时，取 $\beta_f=1.0$。

例 16-5　图16-27所示角钢与柱用角焊缝连接，焊脚尺寸 $h_f=10\text{mm}$，钢材为 Q345，焊条 E50 型，手工焊。试计算焊缝所能承受的最大静力荷载设计值 F。

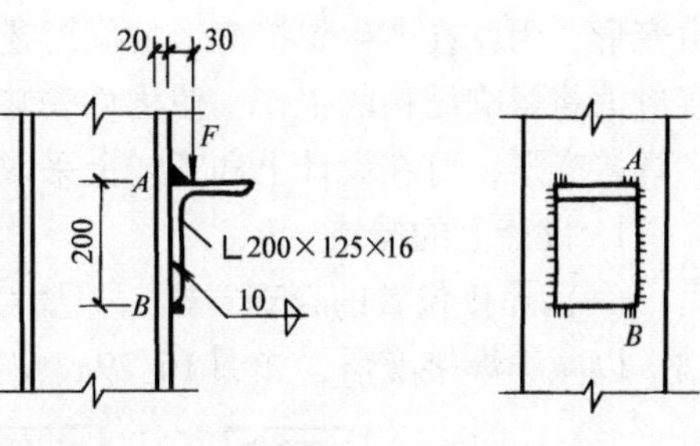

图 16-27　例 16-5 图

解：将偏心力 F 向焊缝群形心简化，则焊缝同时承受弯矩 $M=30F\text{kN}\cdot\text{mm}$ 及剪力 $V=F\text{kN}$，因转角处有绕角焊 $2h_f$，故焊缝计算长度不考虑起弧灭弧的影响，取 $l_w=200\text{mm}$。

（1）焊缝计算截面的几何参数

$$A_w=(2\times0.7\times10\times200)\text{mm}^2=2800\text{mm}^2$$

$$W_w=\frac{2\times0.7h_f l_w^2}{6}=\left(\frac{2\times0.7\times10\times200^2}{6}\right)\text{mm}^3=93333\text{mm}^3$$

（2）求应力分量

$$\sigma_f^w=\frac{M}{W_w}=\frac{30F\times10^3}{93333}\text{N/mm}^2=0.3214F\text{N/mm}^2$$

$$\tau_f^w=\frac{V}{A_w}=\frac{F\times10^3}{2800}\text{N/mm}^2=0.3571F\text{N/mm}^2$$

（3）求 F　由表 15-2 查得角焊缝强度设计值 $f_f^w=200\text{MPa}$。

$$\sqrt{\left(\frac{\sigma_f^M}{\beta_f}\right)^2+(\tau_f^v)^2}=\sqrt{\left(\frac{0.3214F}{1.22}\right)^2+(0.3571F)^2}\leqslant f_f^w=200\text{MPa}$$

$$F\leqslant450.7\text{kN}$$

该连接所能承受的最大静力荷载设计值 F 为 450.7kN。

三、焊接应力和焊接变形

钢结构在焊接过程中，由于不均匀的加热和冷却，焊区在纵向和横向收缩时，将导致构

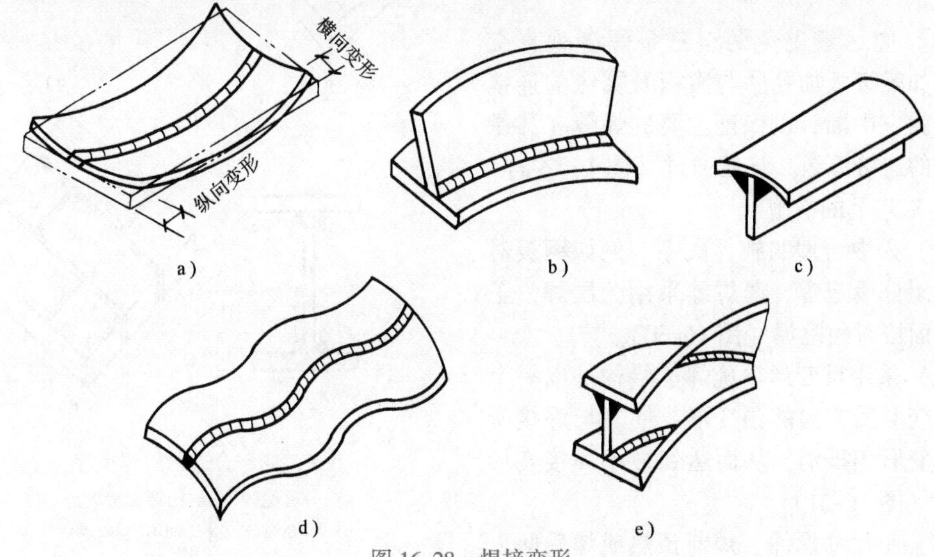

图 16-28　焊接变形

a）纵、横收缩　b）弯曲变形　c）角变形　d）波浪变形　e）扭曲变形

件产生变形（图16-28），这种变形称为焊接变形。由于各焊件间的约束，整个构件不能自由变形，因此在产生焊接变形的同时还将产生焊接残余应力，简称焊接应力。焊接变形和焊接应力将影响结构的工作，使构件安装困难，严重时甚至无法使用。为减少和限制焊接应力和焊接变形，可在设计上和工艺上采取必要措施。

1. 设计上的措施

（1）焊接位置的合理安排　只要结构上允许，就尽可能使焊缝对称于构件截面的中性轴，以减小焊接变形，如图16-29a、c所示。

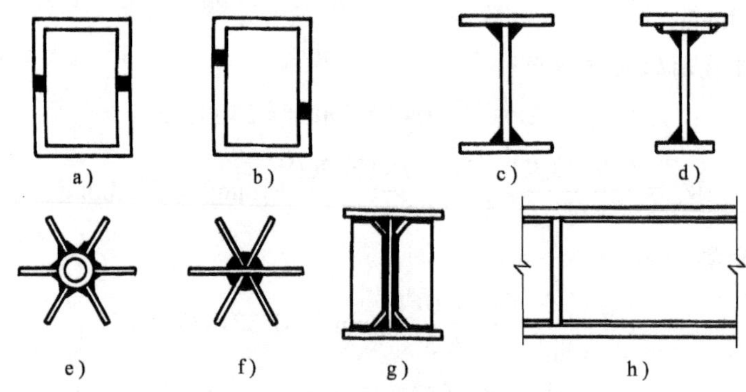

图16-29　减小焊接应力和变形影响的设计措施

（2）焊缝尺寸要适当　在保证安全的前提下，不得随意加大焊缝厚度。焊缝尺寸过大容易引起过大的焊接残余应力，且在施焊时有焊穿、过热等缺点，使连接强度降低。

（3）焊缝的数量宜少，不宜集中　当几块钢板交汇一处进行焊接时，应采用如图16-29e所示的方式。若采用图16-29f的方式，则热量高度集中，会引起过大的焊接变形，同时焊缝及基本金属也会发生组织改变。

（4）应尽量避免两至三条焊缝垂直交叉　比如梁腹板加劲肋与腹板及翼缘的连接焊接，就应中断，以保证主要的焊缝（翼缘与腹板的连接焊缘）连续通过（图16-29g）。

2. 工艺上的措施

（1）采取合理的施焊次序　例如钢板对接时采用分段退焊，厚焊缝采用分层焊，工字形截面按对角跳焊（图16-30）。

（2）采用反变形　施焊前给构件以一个与焊接变形反方向的预变形，使之与焊接所引起的变形相抵消，从而达到减小焊接变形的目的（图16-31）。

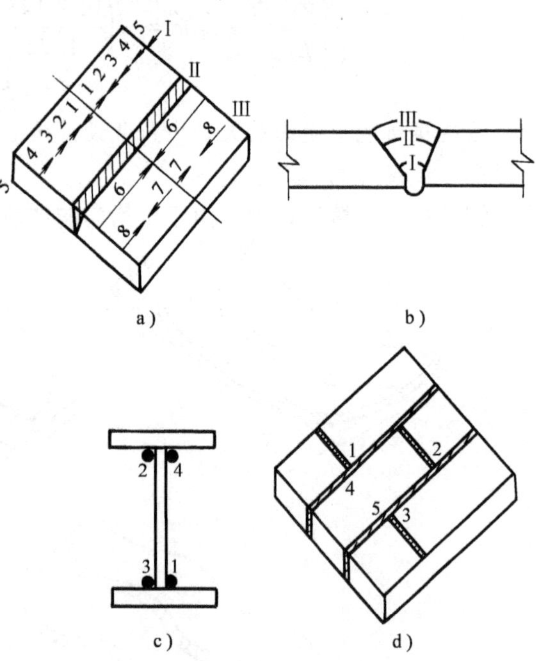

图16-30　合理的施焊次序
a）分段退焊　b）沿厚度分层焊
c）对角跳焊　d）钢板分块拼接

（3）小尺寸焊件　焊前预热或焊后回火加热至600℃左右，然后缓慢冷却，可以消除焊接应力和焊接变形。

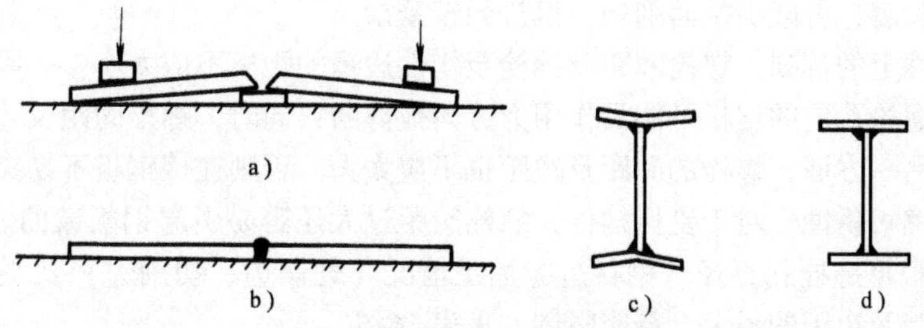

图 16-31 减少焊接变形的措施

a)、c) 焊前反变形 b)、d) 焊后正常

第四节 螺栓连接

一、普通螺栓连接的构造和计算

(一) 普通螺栓连接的构造

1. 螺栓的规格

钢结构采用的普通螺栓形式为大六角头型，其代号用字母 M 和公称直径的毫米数表示。为制造方便，一般情况下，同一结构中宜尽可能采用一种螺栓直径和孔径的螺栓，需要时也可采用 2 至 3 种螺栓直径。

螺栓直径 d 根据整个结构及其主要连接的尺寸和受力情况选定，受力螺栓一般采用 M16 以上，建筑工程中常用 M16、M20、M24 等。

钢结构施工图的螺栓和孔的制图应符合表 16-4。其中细“+”线表示定位线，同时应标注或统一说明螺栓的直径和孔径。

表 16-4 螺栓及孔图示例

名 称	永久螺栓	高强度螺栓	安装螺栓	圆形螺栓孔	长圆形螺栓孔
图例				ϕ	b ϕ

2. 螺栓的排列

螺栓的排列有并列和错列两种基本形式（图 16-32）。并列较简单，但栓孔对截面削弱

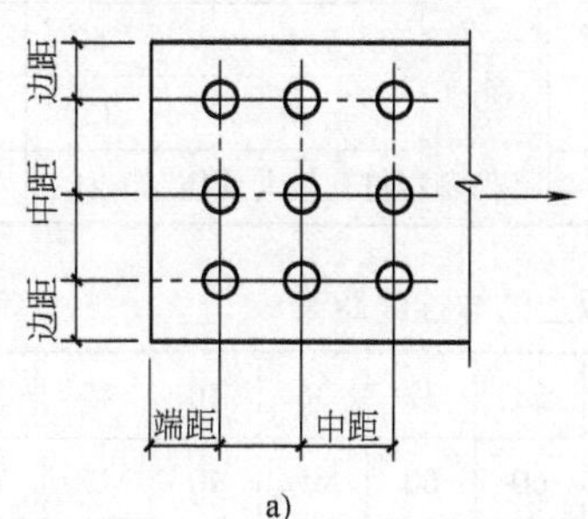

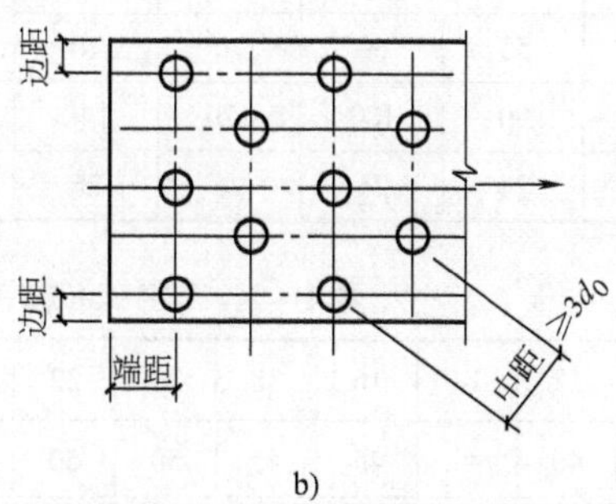

图 16-32 螺栓的排列

a) 并列布置 b) 错列布置

较多；错列较紧凑，可减少截面削弱，但排列较繁杂。

螺栓在构件上的排列，螺栓间距及螺栓至构件边缘的距离不应太小，否则螺栓之间的钢板以及边缘处螺栓孔前的钢板可能沿作用力方向被剪断；同时，螺栓间距及边距太小，也不利扳手操作。另一方面，螺栓的间距及边距也不应太大，否则连接钢板不易夹紧，潮气容易侵入缝隙引起钢板锈蚀。对于受压构件，螺栓间距过大还容易引起钢板鼓曲。因此，《钢结构设计规范》根据螺栓孔直径、钢材边缘加工情况（轧制边、切割边）及受力方向，规定了螺栓中心间距及边距的最大、最小限制，见表16-5。

表16-5　螺栓的最大、最小允许距离

名　称	位置和方向			最大允许距离（取两者的较小值）	最小容许距离
中心间距	外排（垂直内力方向或顺内力方向）			$8d_0$ 或 $12t$	$3d_0$
	中间排	垂直内力方向		$16d_0$ 或 $24t$	
		顺内力方向	压　力	$12d_0$ 或 $18t$	
			拉　力	$16d_0$ 或 $24t$	
	沿对角线方向			—	
中心至构件边缘距离	顺内力方向			$4d_0$ 或 $8t$	$2d_0$
	垂直内力方向	剪切边或手工气割边			$1.5d_0$
		轧制边自动精密气割或锯割边	高强度螺栓		$1.5d_0$
			其他螺栓或铆钉		$1.2d_0$

注：1. d_0 为螺栓或铆钉孔直径，t 为外层较薄板件的厚度。

2. 板边缘与刚性构件（如角钢、槽钢等）相连的螺栓的最大间距，可按中间排的数值采用。

对于角钢、工字钢和槽钢上的螺栓排列，除应满足表16-5要求外，还应注意不要在靠近截面倒角和圆角处打孔，因此，还应分别符合表16-6、表16-7和表16-8的要求（图16-33）。

表16-6　角钢上螺栓或铆钉线距表　（单位：mm）

单行排列	角钢肢宽	40	45	50	56	63	70	75	80	90	100	110	125
	线距 e	25	25	30	30	35	40	40	45	50	55	60	70
	钉孔最大直径	11.5	13.5	13.5	15.5	17.5	20	22	22	24	24	26	26

双行错排	角钢肢宽	125	140	160	180	200
	e_1	55	60	70	70	80
	e_2	90	100	120	140	160
	钉孔最大直径	24	24	26	26	26

双行并列	角钢肢宽	160	180	200
	e_1	60	70	80
	e_2	130	140	160
	钉孔最大直径	24	24	26

表16-7　工字钢和槽钢腹板上的螺栓线距表　（单位：mm）

工字钢型号	12	14	16	18	20	22	25	28	32	36	40	45	50	56	63
线距 c_{min}	40	45	45	45	50	50	55	60	60	65	70	75	75	75	75
槽钢型号	12	14	16	18	20	22	25	28	32	36	40	—	—	—	—
线距 c_{min}	40	45	50	50	55	55	55	60	65	70	75	—	—	—	—

表 16-8　工字钢和槽钢翼缘上的螺栓线距表　　（单位：mm）

工字钢型号	12	14	16	18	20	22	25	28	32	36	40	45	50	56	63
线距 a_{min}	40	40	50	55	60	65	65	70	75	80	80	85	90	95	95
槽钢型号	12	14	16	18	20	22	25	28	32	36	40	—	—	—	—
线距 a_{min}	30	35	35	40	40	45	45	45	50	56	60	—	—	—	—

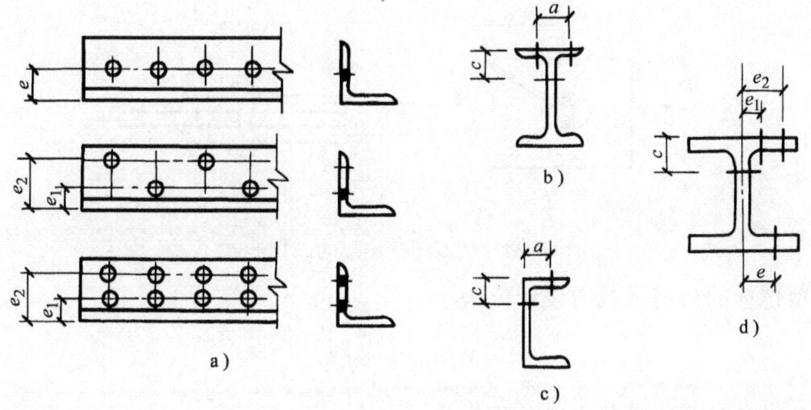

图 16-33　型钢的螺栓排列

3. 螺栓连接的构造要求

螺栓连接除了满足上述螺栓排列的允许距离外，根据不同情况尚应满足下列构造要求：

1）为了使连接可靠，每一杆件在节点上以及拼接接头的一端，永久性螺栓数不宜少于两个，但根据实践经验，对于组合构件的缀条，其端部连接可采用一个螺栓。

2）对直接承受动力荷载的普通螺栓连接应采用双螺母或其他防止螺母松动的有效措施。例如采用弹簧垫圈，或将螺母和螺杆焊死等方法。

3）由于 C 级螺栓与孔壁有较大间隙，只宜用于沿其杆轴方向受拉连接。在承受静力荷载结构的次要连接、可拆卸结构的连接和临时固定构件用的安装连接中，也可用 C 级螺栓受剪。但在重要的连接中，例如制动梁或吊车梁上翼缘与柱的连接，由于传递制动梁的水平支承反力，同时受到反复动力荷载作用，不得采用 C 级螺栓。

（二）普通螺栓连接的受力性能和计算

1. 普通螺栓的抗剪承载力计算

抗剪螺栓连接达到极限承载力时，可能的破坏形式有：①当栓杆直径较小，板件较厚时，栓杆可能先被剪断（图 16-34a）。②当栓杆直径较大，板件可能先被挤压破坏（图 16-34b）。③板件可能因螺栓孔削弱太多而被拉断（图 16-34c）。④端距太小，端距范围内的板件有可能被栓杆冲剪破坏（图 16-34d）。⑤当板件太厚，栓杆较长时，可能发生栓杆受弯破坏（图 16-34e）。

上述五种可破坏形式的前三种通过相应的强度计算来防止，后两种破坏可采取相应的构造措施来保证。当构件上螺栓孔的端距大于 $2d_0$ 时，可避免端部冲剪破坏；当螺栓连接的板叠总厚度 $\sum t \leqslant 5d$（d 为栓杆直径）时，可避免栓杆受弯破坏。

普通螺栓连接的抗剪承载力，应考虑螺栓杆受剪和孔壁承压两种情况。假定螺栓受剪面上的剪力是均匀分布的，孔壁承压应力换算为沿栓杆直径投影宽度内板件面上均匀分布的应

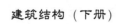

力，则

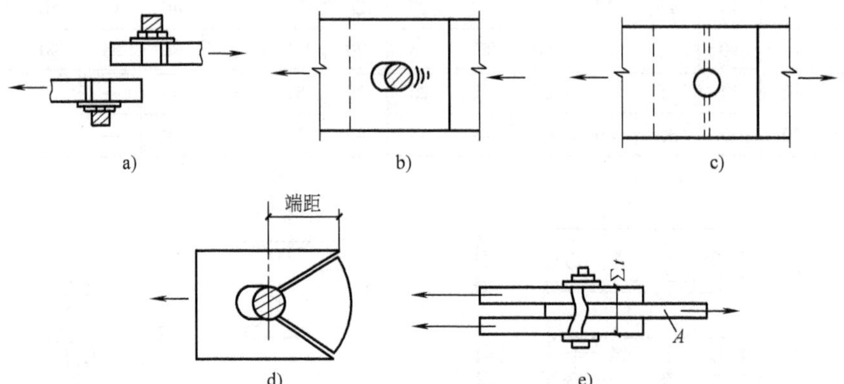

图 16-34　抗剪螺栓连接的破坏形式

单个抗剪螺栓的抗剪承载力设计值为

$$N_v^b = n_v \frac{\pi d^2}{4} f_v^b \tag{16-28}$$

单个抗剪螺栓的承压承载力设计值为

$$N_c^b = d \sum t f_c^b \tag{16-29}$$

式中　n_v——受剪面数目，单剪 $n_v=1$，双剪 $n_v=2$，四剪 $n_v=4$；

d——螺栓杆直径（mm）；

f_v^b——螺栓抗剪强度设计值（MPa）；

$\sum t$——同一受力方向的承压构件的较小总厚度（mm）；

f_c^b——螺栓承压强度设计值（MPa）。

2. 普通螺栓的抗拉承载力

抗拉螺栓连接在外力作用下，构件的接触面有脱开趋势。此时螺栓受到沿杆轴方向的拉力作用，故抗拉螺栓连接的破坏形式为栓杆被拉断。

单个抗拉螺栓的承载力设计值为

$$N_t^b = A_e f_t^b = \frac{\pi d_e^2}{4} f_t^b \tag{16-30}$$

式中　d_e——螺栓在螺纹处的有效直径（mm）；

A_e——螺栓在螺纹处的有效面积（mm^2），见表 16-9；

f_t^b——螺栓抗拉强度设计值（MPa），见表 15-3。

表 16-9　螺栓螺纹处的有效截面面积

公称直径/mm	12	14	16	18	20	22	24	27	30
螺栓有效截面积 A_e/cm^2	0.84	1.15	1.57	1.92	2.45	3.03	3.53	4.59	5.61
公称直径/mm	33	36	39	42	45	48	52	56	60
螺栓有效截面积 A_e/cm^2	6.94	8.17	9.76	11.2	13.1	14.7	17.6	20.3	23.6
公称直径/mm	64	68	72	76	80	85	90	95	100
螺栓有效截面积 A_e/cm^2	26.8	30.6	34.6	38.9	43.4	49.5	55.9	62.7	70.0

3. 普通螺栓群连接计算

(1) 普通螺栓群受剪　试验证明，螺栓群的抗剪连接承受轴心力时，螺栓群在长度方向受力不均匀（图 16-35），两端受力大，而中间受力小。当连接长度 $l \leqslant 15d_0$（d_0 为螺孔直径）时，由于连接工作进入弹塑性阶段后，内力发生重分布，螺栓群中各螺栓受力逐渐接近，故可认为轴心力 N 由每个螺栓平均承担，则连接一侧所需螺栓数为

$$n=\frac{N}{N_{\min}^{\mathrm{b}}} \tag{16-31}$$

式中　$N_{\min}^{\mathrm{b}}$——单个螺栓抗剪承载力设计值与承压承载力设计值的较小值。

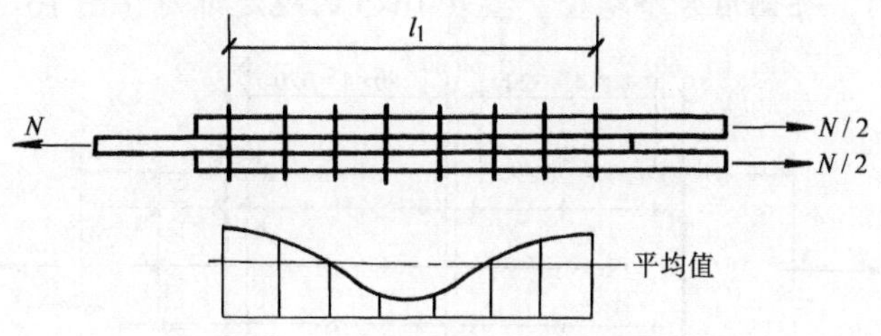

图 16-35　长接头螺栓的内力分布

由于螺栓孔削弱了构件的截面，为防止构件在净截面上被拉断，因此尚应按下式验算构件的强度

$$\sigma=\frac{N}{A_{\mathrm{n}}} \leqslant f \tag{16-32}$$

式中　A_{n}——构件的净截面面积（mm^2）；

f——钢材的抗拉强度设计值（MPa）。

当 $l>15d_0$ 时，连接工作进入弹塑性阶段后，各螺杆所受内力也不易均匀，端部螺栓首先达到极限强度而破坏，随后由外向里依次破坏。图 16-36 的曲线给出根据试验资料整理成的连接抗剪强度与 l_1/d_0 的关系曲线。图中纵坐标为长连接抗剪螺栓的强度折减系数 η，横坐标为连接长度与螺栓孔直径的比值 l_1/d_0。当 $l_1/d_0>15$ 时，连接强度明显下降，开始下降较快，以后逐渐缓和，并趋于常值。欧洲钢结构协会的建议和欧洲规范草案采用图 16-36 中的虚线，实线为我国现行《钢结构设计规范》所采用的曲线。由此曲线可知折减系数为

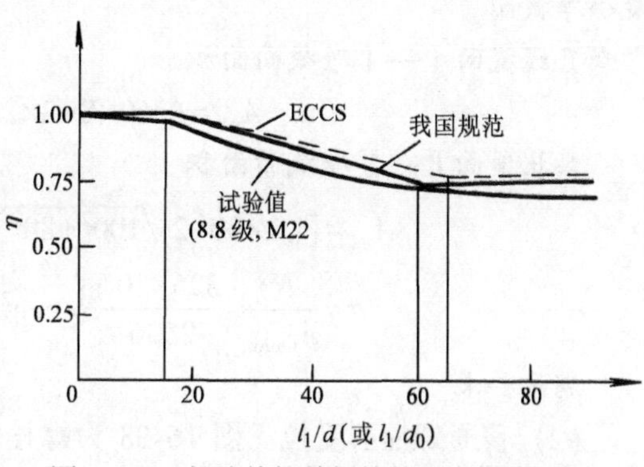

图 16-36　长连接抗剪螺栓的强度折减系数

$$\eta=1.1-\frac{l_1}{150d_0} \geqslant 0.7 \tag{16-33}$$

则对长连接，所需抗剪螺栓数为

$$n=\frac{N}{\eta N_{\min}^{\mathrm{b}}} \tag{16-34}$$

例 16-6　两截面为—360×8的钢板，采用双盖板，C 级普通螺栓拼接，螺栓采用 M20，钢板为 Q235，承受轴心拉力设计值 $N=325\mathrm{kN}$，试设计此连接。

解：1）螺栓连接的计算　一个螺栓抗剪承载力设计值

$$N_v^b=n_v\frac{\pi d^2}{4}f_v^b=\left(2\times\frac{3.14\times20^2}{4}\times140\right)\text{N}=87.9\text{kN}$$

一个螺栓承压承载力设计值

$$N_c^b=d\sum tf_c^b=(20\times8\times305)\ \text{N}=48800\text{N}=48.8\text{kN}$$

连接一侧所需螺栓数

$$n=\frac{325}{48.8}=6.7$$

采用错列式排列，每侧用 8 个螺栓，按表 16-5 的规定排列（图 16-37）。

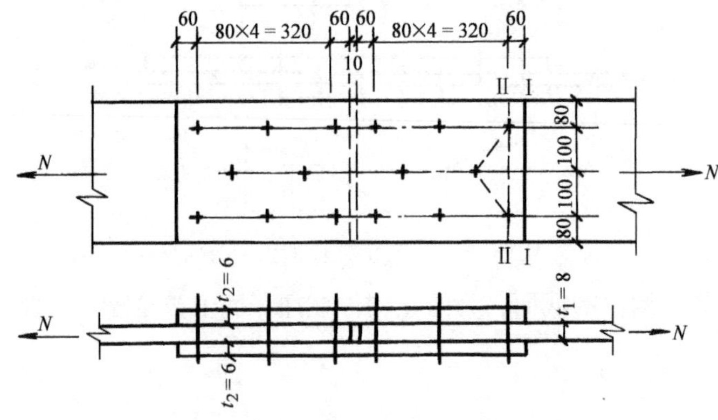

图 16-37　例 16-6 图

2）构件强度验算　取螺栓孔径 $d_0=21.5$mm。由于是错列式排列，构件强度验算应验算最小净截面。

直线截面Ⅰ—Ⅰ净截面面积

$$A_{n1}=(360\times8-2\times21.5\times8)\text{mm}=2536\text{mm}$$

齿状截面Ⅱ—Ⅱ净截面面积

$$A_{n2}=[(2\times80+2\sqrt{100^2+80^2})\times8-3\times21.5\times8]\text{mm}=2813\text{mm}$$

$$\sigma=\frac{N}{A_{nmin}}=\frac{325\times10^3}{2536}\text{N/mm}^2=128\text{N/mm}^2<f=215\text{MPa}$$

满足要求。

（2）普通螺栓群受拉　图 16-38 为螺栓群在轴心力作用下的抗拉连接，通常假定每个螺栓平均受力，则连接所需螺栓数为

$$n=\frac{N}{N_t^b} \tag{16-35}$$

式中　N_t^b——一个螺栓的抗拉承载力设计值，按式（16-30）计算。

（3）普通螺栓群在弯矩作用下受拉　图 16-39 所示为螺栓群在弯矩作用下的抗拉连接（图中的剪力 V 通过承托板传递）。在弯矩作用下，离中和轴越远的螺栓所受拉力越大，而压应力则由弯矩指向一侧的部分端板承受，设中和轴至端板受压边缘的距离为 c（图 16-39c）。实际计算时可近似地取中和轴位于最下排螺栓 O 点处

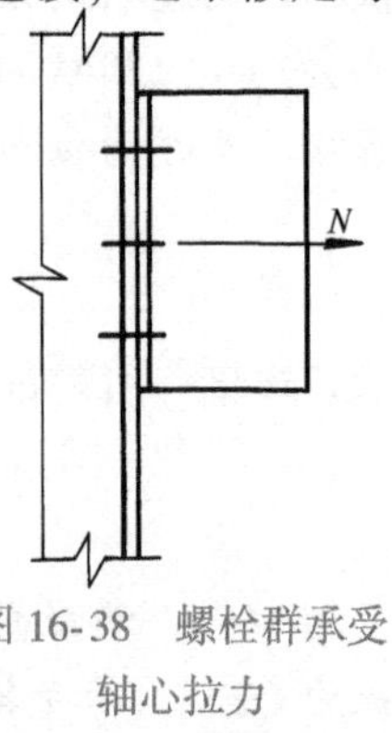

图 16-38　螺栓群承受轴心拉力

（弯矩作用方向如图 16-39a 所示），即认为连接变形为绕 O 点处水平轴转动，螺栓拉力与 O 点算起的纵坐标 y 成正比。对 O 点处取平衡方程时，偏于安全地忽略端板受压区部分的力矩，而只考虑受拉螺栓的力矩，则（各 y 均自 O 点算起）

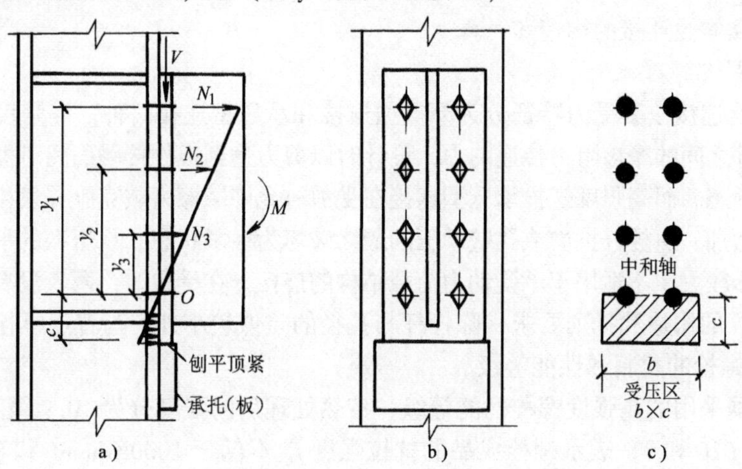

图 16-39　普通螺栓群弯矩受拉

$$N_1/y_1 = N_2/y_2 = \cdots N_i/y_i = N_n/y_n$$

$$\begin{aligned}\frac{M}{m} &= N_1y_1 + N_2y_2 + \cdots + N_iy_i + \cdots + N_ny_n \\ &= (N_1/y_1)y_1^2 + (N_2/y_2)y_2^2 + \cdots + (N_i/y_i)y_i^2 + \cdots + (N_n/y_n)y_n^2 \\ &= (N_i/y_i)\sum y_i^2\end{aligned}$$

故螺栓 i 的拉力为

$$N_i = \frac{My_i}{m\sum y_i^2} \tag{16-36}$$

设计时要求受力最大的是外排螺栓 1 的拉力不超过一个螺栓的抗拉承载力设计值，则

$$N_1 = \frac{My_1}{m\sum y_i^2} \leqslant N_t^b \tag{16-37}$$

式中　m——螺栓纵向列数，图 16-39 中，$m=2$。

例 16-7　牛腿与柱用 C 级普通螺栓和承托连接，如图 16-40 所示，承受竖向荷载（设计值）$F=220\text{kN}$，偏心距 $e=200\text{mm}$。试设计其螺栓连接。已知构件和螺栓均用 Q235 钢，螺栓为 M20，孔径 21.5mm。

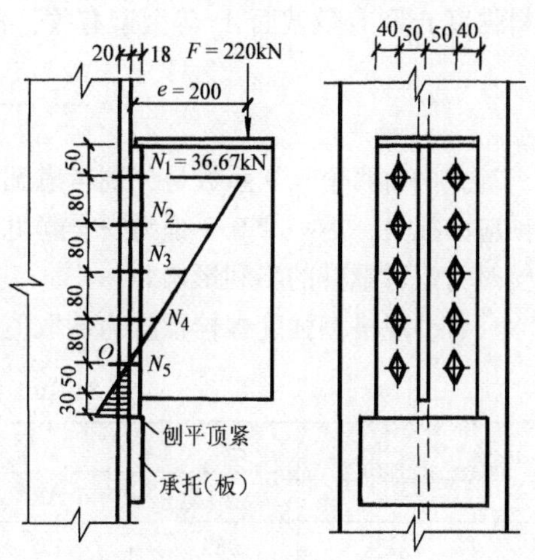

图 16-40　例 16-7 图

解：牛腿的剪力 $V=F=220\text{kN}$ 由端板刨平顶紧于承托来传递，弯矩 $M=Fe=220\times200\text{kN}\cdot\text{mm}=44\times10^3\text{kN}\cdot\text{mm}$ 由螺栓连接传递，使螺栓受拉。初步假定螺栓布置如图 16-40 所示。对最下排螺栓 O 轴取矩，最大受力螺栓（最上排 1）的拉力为

$$N_1 = \frac{My_1}{m\sum y_i^2} = \frac{44\times10^3\times320}{2\times(80^2+160^2+240^2+320^2)}\text{kN} = 36.67\text{kN}$$

一个螺栓的抗拉承载力设计值为

$$N_t^b = A_e f_t^b = 245 \times 170\text{N} = 41650\text{N} = 41.65\text{kN} > N_1 = 36.67\text{kN}$$

即假定螺栓连接满足设计要求，确定采用。

二、高强度螺栓连接的构造和计算

（一）概述

高强度螺栓连接按其受力特征分为摩擦型连接和承压型连接两种。高强度螺栓摩擦型连接是依靠连接件之间的摩擦阻力传递内力，设计时以剪力达到板件接触面间可能发生的最大摩擦阻力为极限状态。而高强度螺栓承压型连接在受剪时允许摩擦力被克服并发生相对滑移，之后外力可继续增加，由栓杆抗剪或孔壁承压的最终破坏为极限状态。承压型的承载力比摩擦型高得多，但变形较大，不适用于承受动力荷载结构的连接，在受拉时，两者没有区别。

高强度螺栓的构造和排列要求，除栓杆与孔径的差值较小外，与普通螺栓相同。

1. 高强度螺栓的材料和性能等级

目前，我国采用的高强度螺栓性能等级，按热处理后的强度分为10.9级和8.8级两种。其中整数部分（10和8）表示螺栓成品的抗拉强度f_u不低于1000N/mm^2和800N/mm^2，小数部分（0.9和0.8）则表示其屈强比为f_y/f_u为0.9和0.8。

10.9级的高强度螺栓材料可用20MnTiB（20锰钛硼）、40B（40硼）和35VB（35钒硼）钢；8.8级的高强度螺栓材料则常用45钢和35钢。螺母常用45钢、35钢和15MnVTi（15锰钒钛）钢；垫圈常用45钢和35钢。螺栓、螺母、垫圈制成品均应经过热处理以达到规定的指标要求。

摩擦型连接的高强度螺栓因受力时不产生滑移，其孔径比螺栓公称直径可稍大些，一般采用1.5mm（≤M16）或2mm（≥M20）；承压型连接的高强度螺栓则应比摩擦型减少0.5mm，一般为1.0mm（≤M16）或1.5mm（≥M20）。

2. 高强度螺栓的预拉力

高强度螺栓是通过拧紧螺母，使螺杆受到拉伸，产生预拉力，而被连接板件之间则产生很大的预压力。高强度螺栓的预拉力值应尽可能高些，但需保证螺栓在拧紧过程中不会发生屈服或断裂，因此控制预拉力是保证连接质量的一个关键性因素。预拉力值P与螺栓的材料强度f_y和有效截面A_e等因素有关，按下式计算：

$$P = \frac{0.9 \times 0.9 \times 0.9 f_u A_e}{1.2} = 0.6075 f_u A_e \tag{16-38}$$

式中前两个0.9系数是分别考虑到材料的不均匀性和为补偿螺栓紧固后有一定松弛引起预应力损失，后一个0.9是为安全起见而引入的一个附加安全系数，系数1.2是考虑拧紧螺栓时力矩对螺杆的不利影响。

各种规格高强度螺栓预应力的取值见表16-10。

表16-10　高强度螺栓的设计预拉力值　（单位：kN）

螺栓的性能等级	螺栓公称直径/mm					
	M16	M20	M22	M24	M27	M30
8.8级	80	125	150	175	230	280
10.9级	100	155	190	225	290	355

3. 高强度螺栓的紧固法

我国现有大六角头型（图 16-41a）和扭剪型（图 16-41b）两种形式的高强度螺栓。它们的预拉力是安装螺栓时通过紧固螺母来实现的，为确保其数值准确，施工时应严格控制螺母的紧固程度。通常有转角法、力矩法和扭掉螺栓尾部的梅花卡头三种紧固方法。大六角头型用前两种，扭剪型用后者。

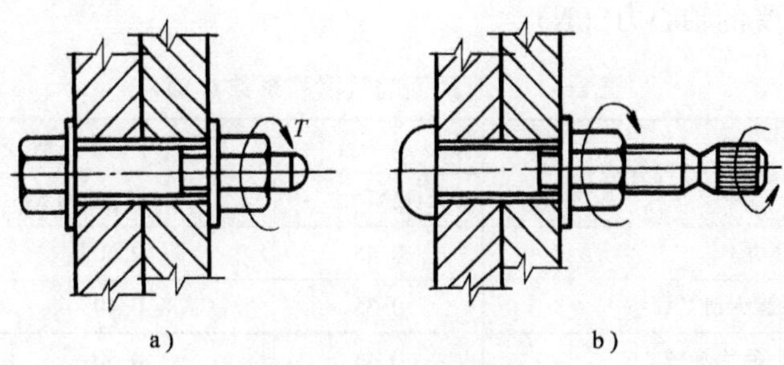

图 16-41　高强度螺栓

（1）转角法　先用普通扳手进行初拧，使被连接板件相互紧密贴合，再以初拧位置为起点，按终拧角度，用长扳手或风动扳手旋转螺母，拧至该角度值时，螺栓的拉力即达到施工控制预拉力。此法实际上是通过螺栓的应变来控制预拉力，不须专用扳手，工具简单但不够精确。

（2）力矩法　先用普通扳手初拧（不小于终拧力矩值的 50%），使连接件紧贴，然后按 100%拧紧力矩用电动力矩扳手终拧。拧紧力矩可由试验确定，务必使施工时控制的预拉力为设计预拉力的 1.1 倍。此法简单，易实施、费用少，但由于连接件和被连接件的表面质量和拧紧速度的差异，测得的预拉力值误差大且分散，一般误差为±25%。

（3）扭掉螺栓尾部梅花卡头法　利用特制电动扳手的内外套，分别套住螺杆尾部的卡头和螺母，通过内外套的相对旋转，对螺母施加力矩，最后螺杆尾部的梅花卡头被剪断扭掉。由于螺栓尾部连接一个截面较小的带槽沟的梅花卡头，而槽沟的深度是按终拧力矩和预拉力之间的关系确定的，故当这带槽沟的梅花卡头被扭掉时，即达到规定的预拉力值。此法安装简便、强度高、质量易于保证，可单面拧，对操作人员无特殊要求。

（二）高强度螺栓抗剪连接计算

1. 摩擦型连接的高强度螺栓抗剪连接计算

摩擦型高强度螺栓主要用于抗剪连接中（图 16-42）。它是通过拧紧螺栓使栓杆产生预拉力，在预拉力的作用下，使被连接构件的接触面上产生强大的摩擦阻力，来传递剪力的。高强度螺栓摩擦型连接承受剪力的设计准则是外力不超过极限摩擦力。而每个螺栓产生的摩擦力大小与摩擦面的抗滑移系数 μ、螺栓杆中的预拉力 P 及摩擦面数 n_f 成正比，再考虑材料抗力分项系数 $\gamma_R = 1.111$，则一个摩擦型连接高强度螺栓的抗剪承载力为

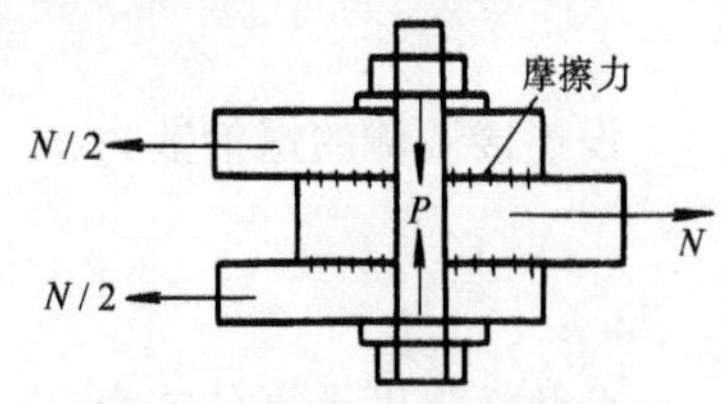

图 16-42　高强度螺栓连接内力传递示意图

$$N_v^b = \frac{1}{1.111} n_f \mu P = 0.9 n_f \mu P \tag{16-39}$$

式中　n_f——传力摩擦面数目，单剪时 $n_f = 1$，双剪时 $n_f = 2$；

P——高强度螺栓的设计预拉力（N），按表 16-10 采用；

μ——摩擦面的抗滑移系数，按表 16-11 采用。

0.9——螺栓抗拉力分项系数 γ_R 的倒数，即取 $\gamma_R=\frac{1}{0.9}=1.111$。

一个摩擦型连接高强度螺栓的承载力求得后，则连接一侧所需螺栓数可按下式计算

$$n \geqslant \frac{N}{N_v^b} \tag{16-40}$$

式中　N——连接承受的轴心力（N）。

表 16-11　摩擦面的抗滑移系数 μ 值

在连接处构件接触面的处理方法	构件的钢号		
	Q235 钢	Q345 钢、Q390 钢	Q420 钢
喷砂(丸)	0.45	0.50	0.50
喷砂（丸）后涂无机富锌漆	0.35	0.40	0.40
喷砂（丸）后生赤锈	0.45	0.50	0.50
钢丝刷清除浮锈或未经处理的干净轧制表面	0.30	0.35	0.40

高强度螺栓连接的净截面强度计算与普通螺栓连接不同。如图 16-43 所示，被连接钢板最危险截面在第一列螺栓孔处，但在这个截面上，每个螺栓所传递的一部分已由摩擦作用在孔前传走（称为孔前传力）。试验结果表明，每个高强度螺栓孔前传力为 50%，即孔前传力系数为 0.5。

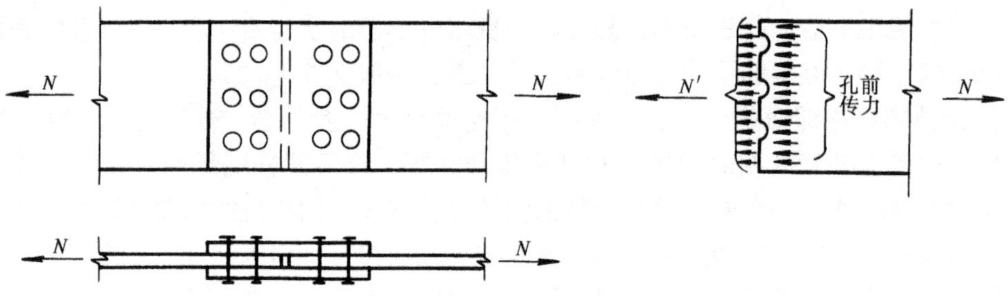

图 16-43　孔前传力示意图

设连接一侧的螺栓数为 n，计算截面处的螺栓数为 n_1，则构件净截面受力为

$$N' = N - 0.5\frac{n_1}{n}N = \left(1 - 0.5\frac{n_1}{n}\right)N \tag{16-41}$$

净截面强度计算公式为

$$\sigma = \frac{N'}{A_n} = \left(1 - 0.5\frac{n_1}{n}\right)\frac{N}{A_n} \leqslant f \tag{16-42}$$

通过以上分析可以看出：采用高强度螺栓摩擦型连接时，开孔对截面的削弱影响较普通螺栓连接小，有时可能无影响。

2. 承压型连接的高强度螺栓抗剪连接计算

高强度螺栓承压型连接受剪时，极限承载力由螺栓杆抗剪和孔壁承压决定，摩擦力仅起延缓滑移的作用，因此计算和普通螺栓相同。一个受剪承压型连接高强度螺栓的承载力设计值按式（16-28）和式（16-29）计算，即

$$N_v^b = n_v \frac{\pi d^2}{4} f_v^b$$

$$N_c^b = d \sum t f_c^b$$

取二者的较小值。式中 f_v^b 和 f_c^b 分别是承压型连接高强度螺栓的抗剪和承压强度设计值。

则连接一侧所需高强度螺栓数为

$$n \geqslant \frac{N}{N_{min}^b}$$

式中　N——连接承受的轴心力（N）。

N_{min}^b 为 N_v^b 和 N_c^b 表达式算得的较小值，即分别按式（16-28）与式（16-29）计算。当剪切面在螺纹处时，式（16-28）中应将 d 改为 d_e。

例 16-8　试设计一双盖板拼接的钢板连接（图 16-44）。钢材 Q235，高强度螺栓为 8.8 级的 M20，连接处构件接触面用喷砂处理，作用在螺栓群形心处的轴心拉力设计值 N=800kN，试设计此连接。

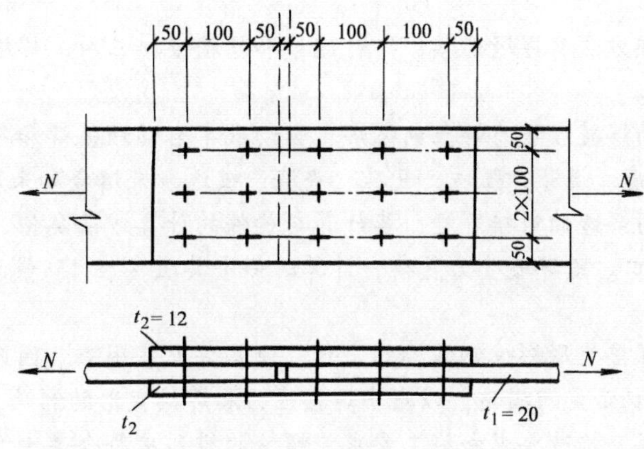

图 16-44　例 16-8 图

解：(1) 采用摩擦型连接　由表 16-10 查得每个 8.8 级的 M20 高强度螺栓的预拉力 P=125kN，由表 16-11 查得对于 Q235 钢材接触面作喷砂处理时，μ=0.45。

一个螺栓的承载力设计值为

$$N_v^b = 0.9 n_f \mu P = (0.9 \times 2 \times 0.45 \times 125)\text{kN} = 101.3\text{kN}$$

所需螺栓数

$$n = \frac{800}{101.3} = 7.9$$

取 9 个，螺栓排列如图 16-44 右边所示。

净截面面积　$A_n = (300 \times 20 - 3 \times 22 \times 20)\text{mm}^2 = 4680\text{mm}^2$ 则

$$\sigma = \left(1 - 0.5\frac{n_1}{n}\right)\frac{N}{A_n} = \left(1 - 0.5 \times \frac{3}{9}\right)\frac{800 \times 10^3}{4680}\text{N/mm}^2$$

$$= 143\text{N/mm}^2 < f = 205\text{MPa}$$

满足要求。

(2) 采用承压型连接时　一个螺栓的承载力设计值

$$N_v^b=n_v\frac{\pi d^2}{4}f_v^b=\left(1\times\frac{3.14\times20^2}{4}\times250\right)N=157kN$$

$$N_v^b=d\sum tf_c^b=(20\times20\times470)N=188kN$$

则所需螺栓数

$$n=\frac{N}{N_{min}^b}=\frac{800}{157}=5.1$$

取6个，螺栓排列如图16-44左边所示。

净截面强度

$$\sigma=\frac{N}{A_n}=\frac{800\times10^3}{4680}N/mm^2=171N/mm^2<f=205MPa$$

满足要求。

本章小结

1）钢结构的连接方法有焊缝连接、铆钉连接和螺栓连接三种。焊缝连接是钢结构连接中最主要的连接方式。

2）钢结构常用的焊接方法有焊条电弧焊、自动或半自动埋弧焊和气体保护焊三种。焊缝缺陷包括裂纹、焊瘤、烧穿、弧坑、气孔、夹渣、咬边、未熔合和未焊透等。

3）对接焊缝常用焊透的对接焊缝，其计算与构件的计算方法类似。对接焊缝的板边应根据板的厚度加工坡口。角焊缝受力复杂，计算时假定其破坏在45°截面处，即焊缝的有效厚度为$0.7h_f$。

4）焊接应力和焊接变形影响钢结构的工作，使构件安装困难。因此，应在焊缝设计上和焊缝施工工艺上采取必要的措施，以减小焊接应力和焊接变形的影响。

5）根据受力要求、构造要求和施工要求，螺栓的排列应符合最大、最小距离要求。常用的普通螺栓为C级螺栓，其抗剪连接承载力是以螺栓杆不被剪坏或板件不被压坏为准则；其抗拉连接承载力是以螺栓杆不被拉坏为准则。

6）高强度螺栓连接分为摩擦型连接和承压型连接。高强度螺栓摩擦型连接设计时，是以剪力达到板件接触面间可能产生的最大摩擦阻力为极限状态的；高强度螺栓承压型连接与普通螺栓连接传力机理相同，因此计算也相同。

思考题

16-1　钢结构的连接方式有几种？各有何特点？

16-2　焊条牌号应根据什么选择？Q235钢材和Q345钢材需用什么牌号焊条焊接？

16-3　角焊缝的形式和尺寸都有哪些构造要求？

16-4　螺栓在钢板和型钢上的允许距离都有哪些规定？它们是根据什么原因规定的？

16-5　在受剪连接中使用普通螺栓或摩擦型连接高强度螺栓，验算开孔对构件截面削弱的影响时，哪一种较大？

16-6　普通螺栓与高强度螺栓有哪些不同之处？

习题

16-1　计算如图16-45所示的两块钢板的对接焊缝连接，钢板宽度$B=430mm$，厚度$t=10mm$，计算轴

心拉力 $N=926\text{kN}$，钢材为 Q235，焊条 E43 型，采用焊条电弧焊，施焊时不用引弧板，焊缝的检验质量标准为三级。

16-2　计算如图 16-46 所示的由三块钢板焊成的工字形截面的对接焊缝连接，截面尺寸为：翼缘宽度 $b=100\text{mm}$，厚度 $t_1=12\text{mm}$，腹板高度 $h_0=200\text{mm}$，厚度 $t_2=8\text{mm}$。计算轴心拉力 $N=200\text{kN}$，作用在焊缝上的计算弯矩 $M=36\text{kN}\cdot\text{m}$。计算剪力 $V=250\text{kN}$，钢材为 Q235，焊条 E43 型，采用焊条电弧焊，施焊时采用引弧板，焊缝检验质量标准为三级。

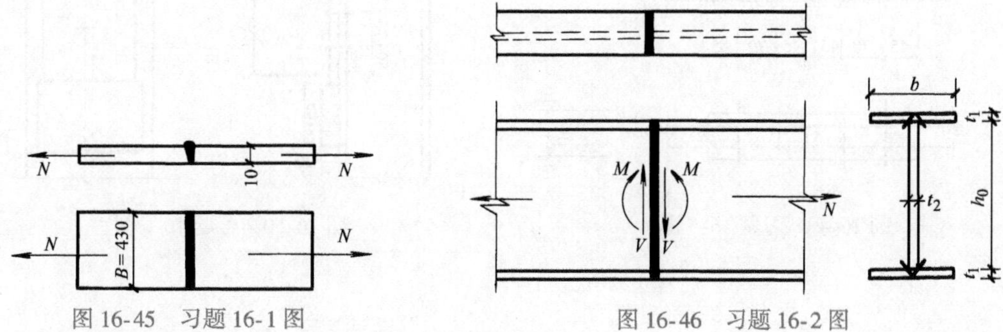

图 16-45　习题 16-1 图　　图 16-46　习题 16-2 图

16-3　设计如图 16-47 所示牛腿与柱连接的角焊缝。钢材为 Q235，焊条 E43 型，焊条电弧焊，$F=250\text{N}$（静力荷载设计值），$e=200\text{mm}$。

16-4　如图 16-48 所示的两角钢（2 └100×80×10）通过 14mm 厚的连接钢板和 20mm 厚的翼缘板连接于柱的翼缘，钢材用 Q235，焊条 E43 型，焊条电弧焊，承受计算的静力荷载设计值 $N=700\text{kN}$，试确定角钢和连接钢板间的焊缝尺寸：

1）采用两边侧焊。

2）采用三边围焊。

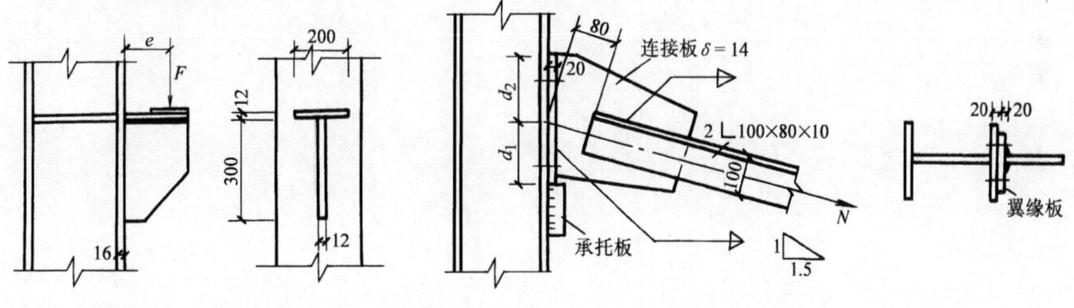

图 16-47　习题 16-3 图　　图 16-48　习题 16-4 图

16-5　求如图 16-49 所示双盖板拼接的普通粗制螺栓连接所能承受的轴心拉力 N。被拼接钢板的截面尺寸为 370mm×16mm，钢材 Q235，螺栓直径 $d=20\text{mm}$，孔径 $d_0=20.5\text{mm}$。

16-6　一牛腿用普通粗制螺栓与柱连接，如图 16-50 所示。牛腿下端设有承托板以承受剪力，螺栓直径 $d=20\text{mm}$，螺距为 70mm，钢材为 Q235。计算剪力 $V=110\text{kN}$，$e=180\text{mm}$，计算轴心拉力 $N=180\text{kN}$，采用 E43 型焊条。试验算螺栓强度及承托与柱的连接焊缝。

16-7　试设计摩擦型连接高强度螺栓的钢板拼接连接。连接采用双盖板，钢板截面为—360×16，双盖板为 2 块—360×8。钢材为 Q235，螺栓为 8.8 级、M22，接触面采用喷砂处理，承受轴心拉力设计值 $N=1400\text{kN}$。

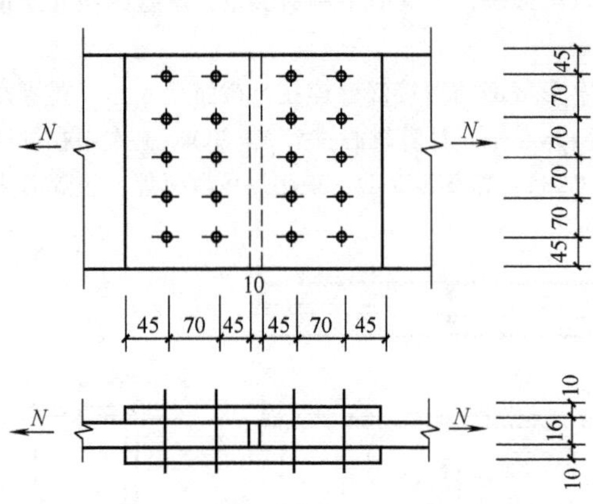

图 16-49　习题 16-5 图

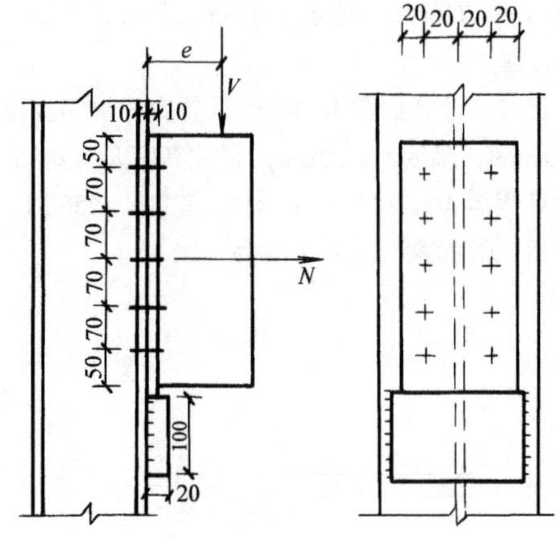

图 16-50　习题 16-6 图

第十七章　轴心受力构件

学习目标：了解轴心受力构件的截面形式及其在工程中的应用；掌握轴心受力构件的强度、刚度和稳定性计算方法；熟悉轴心受压柱截面设计和柱头、柱脚的设计计算。

第一节　概　　述

轴心受力构件是指作用力通过构件截面形心沿轴向作用的构件。可分为轴心受拉构件和轴心受压构件。轴心受力构件是一种基本结构构件，在建筑钢结构中应用相当广泛。桁架、网架等平面或空间铰接杆件体系仅受节点荷载作用时，所有杆件均可视为轴心拉杆或轴心压杆；支撑体系中许多杆件也是轴心拉杆或轴心压杆；框架柱、工作平台柱是用于支承上部结构的受压构件，若只受有轴心压力作用时，习惯上称为轴心受压柱。轴心受力构件示例如图 17-1 所示。

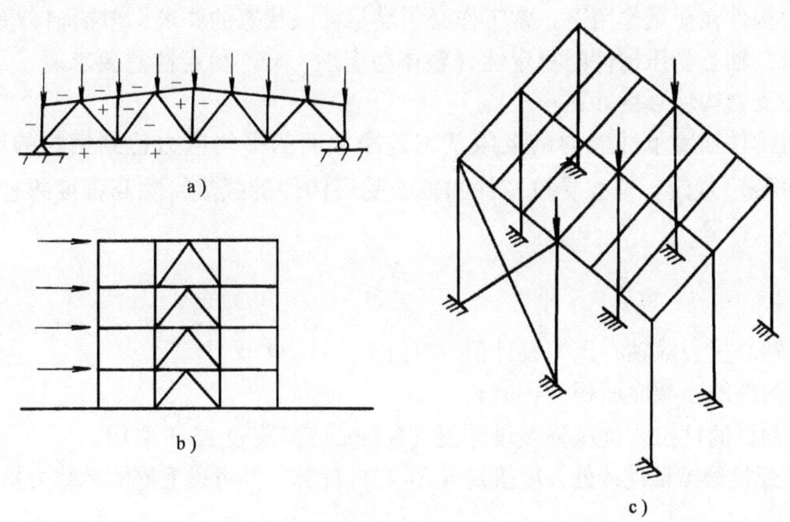

图 17-1　建筑钢结构中的一些轴心受力构件

轴心受力构件的截面形式分为型钢截面和组合截面。型钢截面有圆钢、钢管、角钢、槽钢、工字型钢、H 型钢、剖分 T 型钢等。型钢截面制造简单、省时省工，适用于受力较小的构件。组合截面又可分为实腹式组合截面和格构式组合截面。组合截面形状、尺寸不受限制，可以节约用钢，但费工费时，适用于受力较大的构件。轴心受力构件常用截面形式如图 17-2 所示。

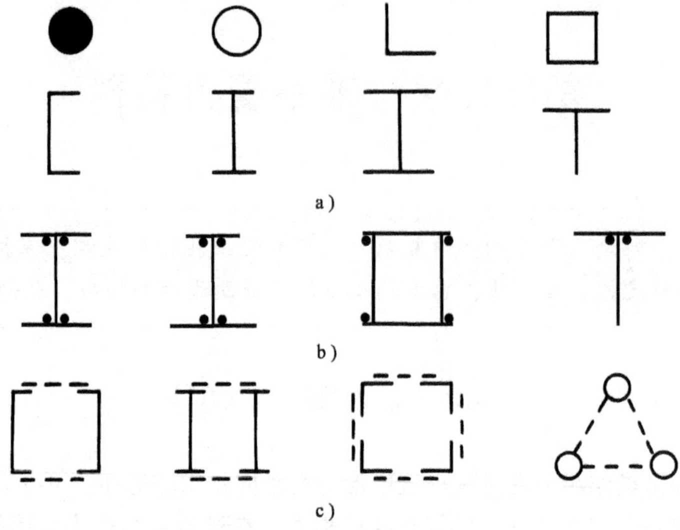

图 17-2　轴心受力构件截面形式

a）型钢截面　b）实腹式组合截面　c）格构式组合截面

第二节　轴心受力构件的强度、刚度和稳定性

轴心受力构件在荷载作用下正常工作必须满足极限状态的要求，包括轴心受力构件的强度、刚度要求，轴心受压构件的稳定性（整体稳定性、局部稳定性）要求。

一、轴心受力构件强度计算

轴心受力构件强度承载能力的极限状态是净截面的平均应力达到钢材的屈服强度 f_y。《钢结构设计规范》规定：轴心受拉构件和轴心受压构件的强度，除高强度螺栓摩擦型连接处外，应按下式计算

$$\sigma=\frac{N}{A_n}\leqslant f \qquad (17\text{-}1)$$

式中　N——轴心拉力或轴心压力设计值（N）；

A_n——构件的净截面面积（mm^2）；

f——钢材的抗拉、抗压强度设计值（N/mm^2），按表 15-1 取用。

对高强度螺栓摩擦型连接处，应按式（16-42）计算，并考虑毛截面承载力是否满足要求。

二、轴心受力构件的刚度

按正常使用极限状态的要求，轴心受力构件必须具有足够的刚度。当构件过于细长而刚度不足时，在运输安装过程中会产生过度的弯曲变形，从而改变构件的受力状态，在承受动力荷载的结构中还会引起较大振动。规范通过限制构件的长细比不超过容许长细比来保证轴心受力构件的刚度，计算公式为

$$\lambda\leqslant[\lambda] \qquad (17\text{-}2)$$

式中　λ——构件最不利方向的长细比，一般取两主轴方向长细比的较大值，$\lambda=l_0/i$，其中 l_0 为相应方向的构件计算长度，i 为相应方向的截面回转半径；

$[\lambda]$——受压构件或受拉构件的容许长细比，按表17-1或表17-2取用。

表17-1　受压构件的容许长细比

项　次	构件名称	容许长细比
1	柱、桁架和天窗架中的杆件	150
	柱的缀条、吊车梁或吊车桁架以下的柱间支撑	
2	支撑（吊车梁或吊车桁架以下的柱间支撑除外）	200
	用以减少受压构件长细比的杆件	

注：1. 桁架（包括空间桁架）的受压腹杆，当其内力等于或小于承载能力的50%时，容许长细比值可取为200。
2. 计算单角钢受压构件的长细比时，应采用角钢的最小回转半径，但在计算交叉杆件平面外的长细比时，可采用与角钢肢边平行轴的回转半径。
3. 跨度等于或大于60m的桁架，其受压弦杆和端压杆的容许长细比值宜取为100，其他受压腹杆可取为150（承受静力荷载或间接承受动力荷载）或120（直接承受动力荷载）。
4. 由容许长细比控制截面的杆件，在计算其长细比时，可不考虑扭转效应。

表17-2　受拉构件的容许长细比

项　次	构件名称	承受静力荷载或间接承受动力荷载的结构		直接承受动力荷载的结构
		一般建筑结构	有重级工作制桥式起重机的厂房	
1	桁架的杆件	350	250	250
2	吊车梁或吊车桁架以下的柱间支撑	300	200	—
3	其他拉杆、支撑、系杆等（张紧的圆钢除外）	400	350	—

注：1. 承受静力荷载的结构中，可仅计算受拉构件在竖向平面内的长细比。
2. 在直接或间接承受动力荷载的结构中，计算单角钢构件长细比的方法同表17-1注2。
3. 中、重级工作制桥式起重机桁架下弦杆的容许长细比不宜超过200。
4. 在设有夹钳桥式起重机或刚性料耙桥式起重机的厂房中，支撑（表中第2项除外）的容许长细比不宜超过300。
5. 受拉构件在永久荷载与风荷载组合作用下受压时，其容许长细比不宜超过250。
6. 跨度等于或大于60m的桁架，其受拉弦杆和腹杆的容许长细比不宜超过300（承受静力荷载或间接承受动力荷载）或250（直接承受动力荷载）。

三、轴心受压构件整体稳定性计算

对于轴心受压构件，除了粗短杆或截面有较大削弱的杆可能因强度承载力不足而破坏外，一般情况下轴心受压构件的承载力受稳定性控制。理想轴心受压构件丧失整体稳定是以屈曲形式表现的。屈曲变形分为弯曲屈曲、扭转屈曲和弯扭屈曲三种形式，如图17-3所示。一般双轴对称截面的轴心受压构件多发生弯曲屈曲，薄壁十字形等某些特殊截面可能发生扭转屈曲，而单轴对称或无对称轴的截面可能发生弯扭屈曲。

（一）理想轴心受压构件的弯曲屈曲

理想轴心受压构件的条件是指杆件本身是绝对直杆，材料为均质、各向同性的线弹性体，压力作用线与杆件形心轴重合，荷载作用前内部不存在初始应力。理想轴心受压构件弯曲屈曲时的临界承载力即为大家熟悉的欧拉临界力N_{cr}

$$N_{cr}=\frac{\pi^2EI}{l^2}=\frac{\pi^2EA}{\lambda^2} \tag{17-3}$$

式中 E——钢材的弹性模量（N/mm^2）；

I——构件截面绕屈曲方向主轴的惯性矩（mm^4）；

l——构件的长度（mm）；

A——构件的毛截面面积（mm^2）；

λ——构件对屈曲方向的长细比。

相应的欧拉临界应力 σ_{cr} 为

$$\sigma_{cr}=\frac{N_{cr}}{A}=\frac{\pi^2 E}{\lambda^2} \tag{17-4}$$

式（17-3）、式（17-4）只适用于钢材在弹性阶段发生整体失稳的情况，此时 $\sigma_{cr} \leqslant f_p$，则

$$\lambda \geqslant \lambda_p=\sqrt{\frac{\pi^2 E}{f_p}} \tag{17-5}$$

对于细长杆，一般长细比能满足式（17-5）要求，但对中长杆或短粗杆可能 $\lambda \leqslant \lambda_p$，此时截面应力在屈曲前已超过比例极限 f_p 进入弹塑性阶段。这种情况下的屈曲问题可以采用切线模量理论解决。

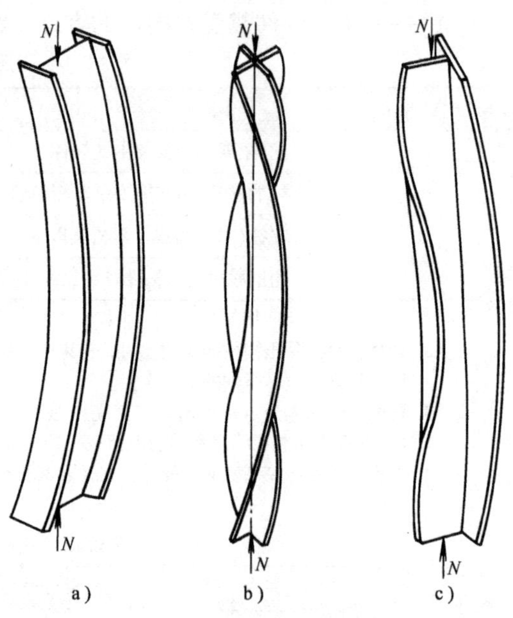

图 17-3 轴心受压构件失稳后的屈曲形式

a）弯曲屈曲 b）扭转屈曲 c）弯扭屈曲

切线模量理论假定杆件进入弹塑性阶段后，应力应变将遵循切线模量 E_t 变化。E_t 是个变量，如图 17-4 所示，则弯曲屈曲临界应力为

$$\sigma_{crt}=\frac{\pi^2 E_t}{\lambda^2} \tag{17-6}$$

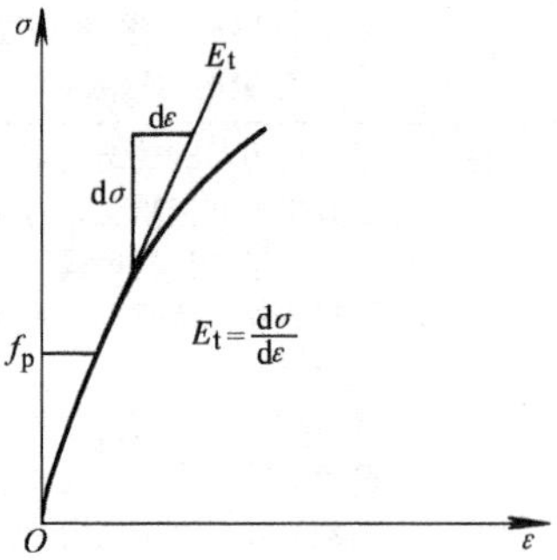

理论分析和试验研究表明，切线模量理论确定的弯曲屈曲临界力能较好地反映轴心受压构件在弹塑性阶段屈曲时的承载能力，并偏于安全。

图 17-4 切线模量 E_t 曲线

通过以上理论公式可知，理想轴心受压构件在弹性阶段 E 为一常量，各类钢材的 E 值基本相同，故其临界应力 σ_{cr} 只是长细比 λ 的函数，与材料强度无关。因此，细长杆采用高强度钢材并不能提高稳定承载力。而在弹塑性阶段，临界应力 σ_{crt} 是长细比 λ 和切线模量 E_t 的函数，E_t 与材料强度有关。材料强度不同时，长细比 λ 越小，临界应力 σ_{crt} 差别越大，直至 λ 趋近于 0 时，临界应力 σ_{crt} 达到各自的抗压屈服强度 f_y 而发生强度破坏。

（二）理想轴心受压构件的弹性扭转屈曲和弯扭屈曲

1. 截面的剪切中心

在横向荷载作用下的构件会产生弯曲切应力，可以认为开口薄壁截面构件的切应力 τ 沿壁厚 t 是均匀分布的，沿薄壁的中心线方向单位长度的剪力是 τt，其方向与各板长边方向平行，称为剪力流。两种常见截面的剪力流分布如图 17-5 所示。截面上剪力流的合力作用点（即剪力流在两个形心主轴方向分力的交点）称为剪切中心，如图 17-5 中 A 点。

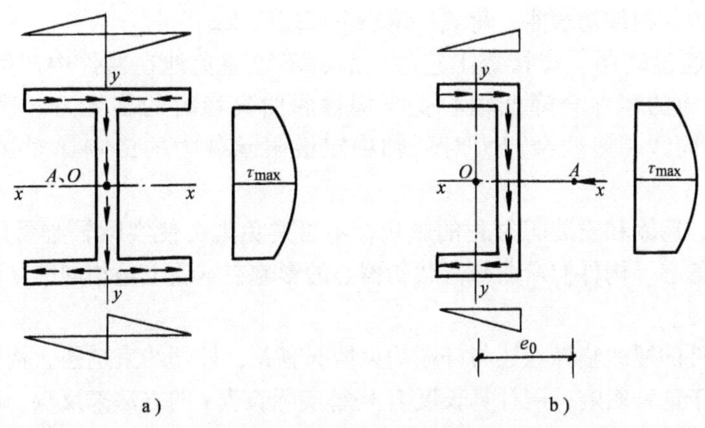

图 17-5　剪力流分布图
a）工字形截面　b）槽形截面

当构件所受横向荷载通过剪切中心时，构件只发生弯曲而无扭转，因此剪切中心又称为弯曲中心。反之，当构件所受横向荷载不通过剪切中心时，构件在弯曲的同时伴随有扭转。例如图 17-5b 所示截面的构件受通过形心 O 的 x 方向的横向外荷载作用，外荷载同时穿过了剪切中心 A 点，构件将绕非对称轴（y 轴）弯曲而不会发生扭转；当构件受通过形心 O 的 y 方向的横向外荷载作用时，外荷载不能穿过剪切中心 A 点，构件在绕对称轴（x 轴）弯曲的同时会发生扭转。

剪切中心的位置只与构件截面的几何特征有关。根据剪切中心的定义和剪力流的概念，可得出剪切中心位置的一般规则如下：

1）双轴对称截面及 Z 形截面的剪切中心与形心重合。

2）截面由两狭长矩形组成，且只有一个交点时，则矩形中线的交点就是剪切中心。

3）单轴对称工字形截面剪切中心的位置在截面的对称轴上并偏近较大翼缘一侧。

4）槽形截面剪切中心的位置在腹板外侧的对称轴上。

工程中一些常用截面的剪切中心位置，如图 17-6 所示。

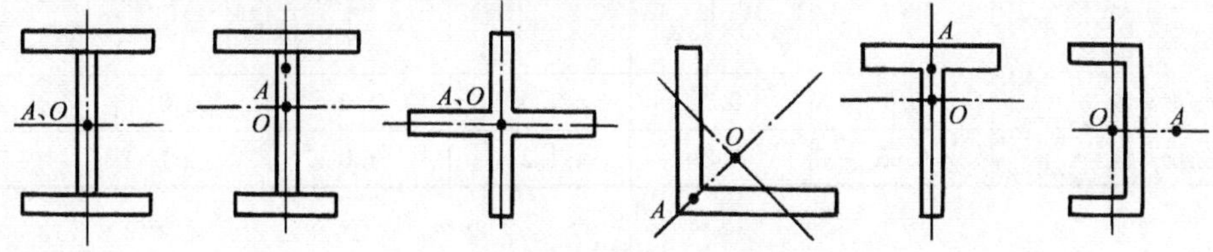

图 17-6　一些常用截面的剪切中心位置

2. 理想轴心受压构件的弹性扭转屈曲和弹性弯扭屈曲临界力

当构件在弹性阶段以扭转屈曲和弯扭屈曲的形式丧失整体稳定性时，因为扭转变形的存在，使构件的临界荷载比弯曲屈曲的临界荷载要低。但是通过理论分析可知，对弹性扭转屈曲和弯扭屈曲，只要用换算长细比 λ_z、λ_{yz} 代替欧拉公式中的长细比 λ，仍可以利用式（17-3）计算弹性扭转屈曲和弯扭屈曲构件的临界力。

（三）实际轴心受压构件的屈曲性能

实际轴心受压构件与理想轴心受压构件相比，其屈曲性能受许多因素影响。主要影响因素有截面残余应力、构件初弯曲、荷载初偏心及杆端约束。

钢结构构件经过轧制、焊接等工艺加工后，不可避免地在构件中产生自相平衡的残余应力，残余应力的存在会降低轴心受压构件屈曲失稳时的临界力。残余应力的分布不同，影响也不同，一般残余应力对弱轴稳定极限承载力的影响比对强轴的影响严重得多。

受加工制造、运输和安装等过程的影响，不可避免地会使实际轴心受压构件产生初弯曲，荷载产生初偏心。构件初弯曲与荷载初偏心的影响在本质上是相同的，都会降低构件的稳定极限承载能力。

轴心受压构件的屈曲临界力还与杆端约束情况有关，杆端约束越强，构件的稳定极限承载能力越高。对于这种影响，用计算长度 l_0 代替实际长度 l 的方法来反映，即

$$l_0=\mu l \tag{17-7}$$

式中 μ——构件的计算长度系数，由构件的支承条件确定，对于常见支承条件，可按表 17-3 取用；

l——构件的长度或侧向支撑点间的距离（mm）。

表 17-3　轴心受压构件计算长度系数 μ

端部支承示意	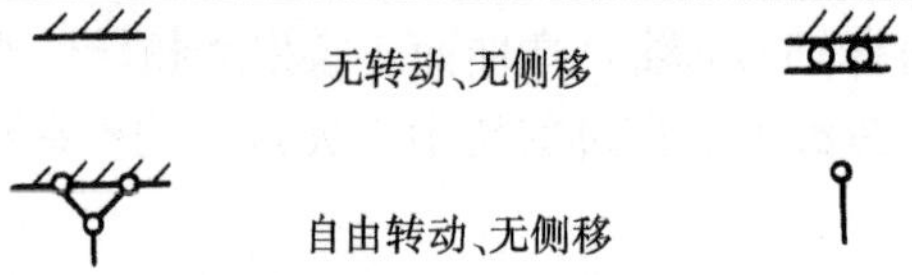 无转动、无侧移；自由转动、无侧移；无转动、自由侧移；自由转动、自由侧移					
构件屈曲时挠曲线形状	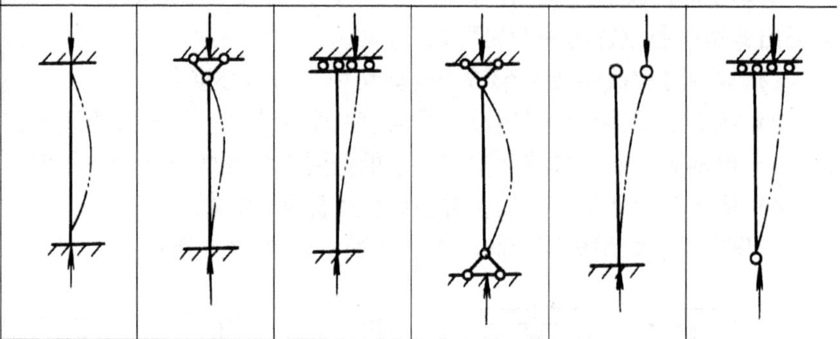					
理论 μ 值	0.5	0.7	1.0	1.0	2.0	2.0
建议 μ 值	0.65	0.8	1.2	1.0	2.1	2.0

理论值是按理想条件推导而得的，在实际工程中无论是固定端还是铰支端都很难达到理想状态，因此规范给出了实际应用建议值。

（四）实际轴心受压构件的稳定性计算

1. 稳定性计算公式

对实际轴心受压构件，只要能够合理确定其稳定极限承载力 N_u。就可得到轴心受压构件整体稳定性的计算公式

$$\sigma=\frac{N}{A}\leqslant\frac{N_u}{A\gamma_R}\cdot\frac{f_y}{f_y}=\frac{N_u}{Af_y}\cdot\frac{f_y}{\gamma_R}=\varphi f$$

即
$$\frac{N}{\varphi A} \leqslant f \tag{17-8}$$

式中　N——轴心压力设计值（N）；

A——构件的毛截面面积（mm^2）；

γ_R——钢材的抗力分项系数；

φ——轴心受压构件的整体稳定系数；

f_y——钢材的屈服强度（MPa）；

f——钢材的抗压强度设计值（MPa）。

2. 整体稳定系数 φ

整体稳定系数 $\varphi = N_u / Af_y$。通过对理想和实际轴心受压构件屈曲临界力的讨论可知，N_u 除与杆件的长细比 λ 有关外，构件的初始缺陷对其影响也不容忽视。现行钢结构设计规范取各种截面形式、不同加工方法及各种典型残余应力分布的实际轴心受压构件，考虑了杆件具有 $v_0 = l/1000$ 呈正弦曲线分布的初弯曲，忽略初偏心，以大量试验实测数据为基础，并对原始条件作出了合理计算假定，共计算出 200 多种杆件的 N_u 及 φ 值，绘出了 200 多条 φ-$\lambda\sqrt{f_y/235}$ 关系曲线，俗称柱子曲线。最后以满足可靠度为前提，将 200 多条曲线中数值相近的进行归并，给出了 a、b、c、d 四条曲线（图 17-7）。其中每条曲线代表一类截面，截面分类按表 17-4 采用。

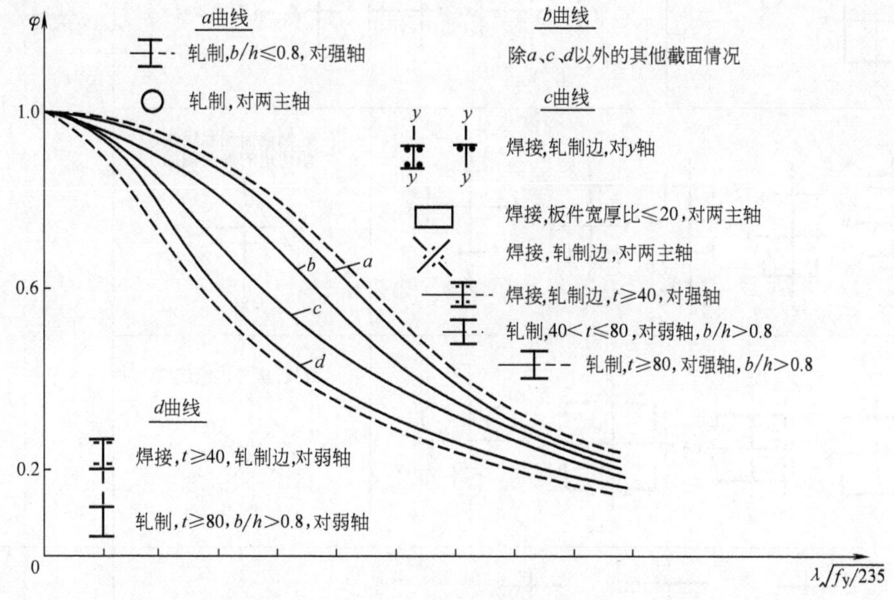

图 17-7　柱子曲线

表 17-4a　轴心受压构件的截面分类（板厚 t<40mm）

截面形式		对 x 轴	对 y 轴
（圆形截面，x、y 轴）	轧制	a 类	a 类

（续）

截面形式	对 x 轴	对 y 轴
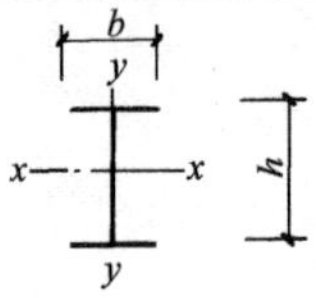 轧制，$b/h \leq 0.8$	a 类	b 类
轧制 $b/h > 0.8$ 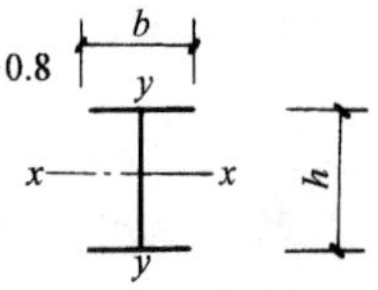	b 类	b 类
焊接，翼缘为焰切边 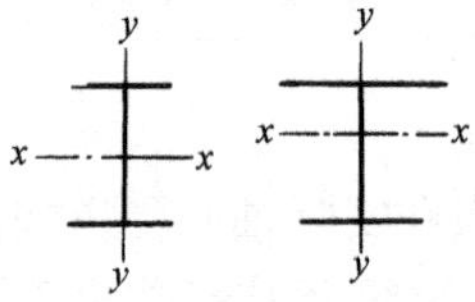		
焊接 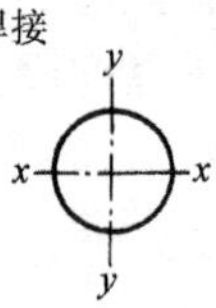		
轧制 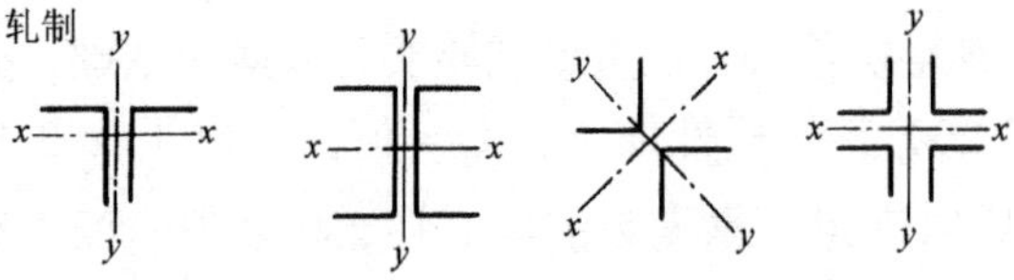		
轧制，等边角钢 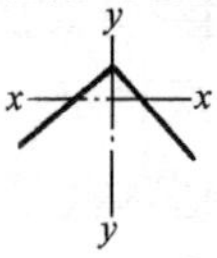		
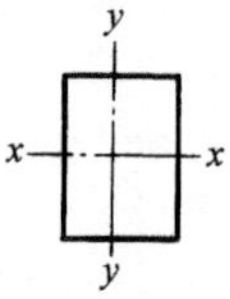 轧制，焊接（板件宽厚比大于20）		
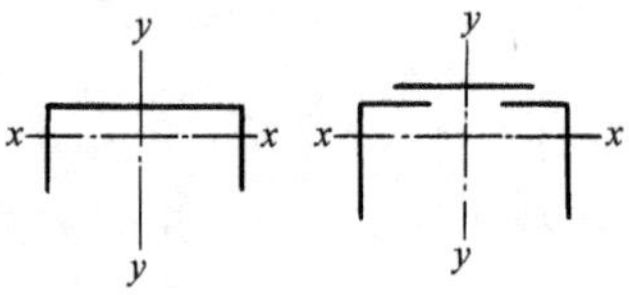 轧制或焊接		
焊接 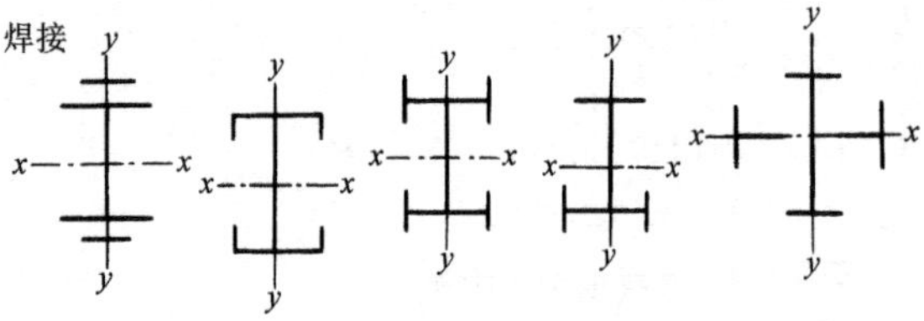		
轧制截面和翼缘为焰切边的焊接截面 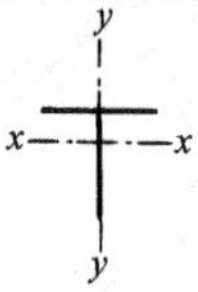		
格构式 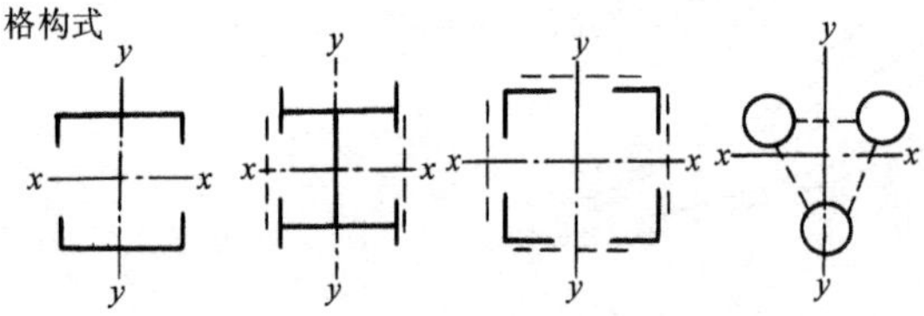		
焊接，板件边缘焰切 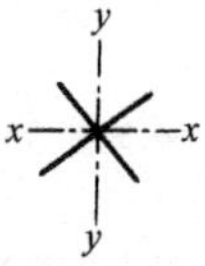		
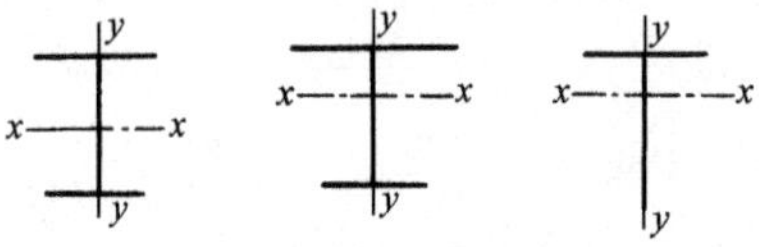 焊接，翼缘为轧制或剪切边	b 类	c 类
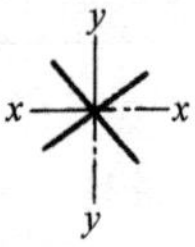 焊接，板件边缘轧制或剪切	c 类	c 类
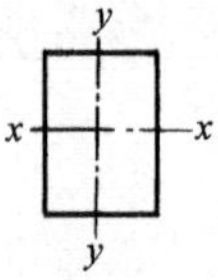 焊接，板件宽厚比≤20		

表 17-4b　轴心受压构件的截面分类（板厚 $t \geqslant 40\text{mm}$）

截面形式		对 x 轴	对 y 轴
轧制工字形或H形截面	$t<80\text{mm}$	b 类	c 类
	$t \geqslant 80\text{mm}$	c 类	d 类
焊接工字形截面	翼缘为焰切边	b 类	b 类
	翼缘为轧制或剪切边	c 类	d 类
焊接箱形截面	板件宽厚比大于 20	b 类	b 类
	板件宽厚比小于等于 20	c 类	c 类

$\lambda\sqrt{f_y/235}$一定时，a 类截面残余应力影响最小，φ 值最大，d 类截面残余应力影响最严重，φ 值最小。这样，只要知道构件长细比 λ、构件截面种类、钢材牌号就可由图 17-7 确定出整体稳定系数 φ。为便于应用，《钢结构设计规范》将 a、b、c、d 四条曲线分别编制成四个表格，见书后附录 B，可根据截面种类及$\lambda\sqrt{f_y/235}$的数值直接查表确定整体稳定系数 φ。考虑扭转屈曲及弯扭屈曲的影响，规范对构件长细比 λ 的计算作了如下规定：

（1）双轴对称或极对称截面的构件

$$\lambda_x=\frac{l_{0x}}{i_x},\qquad \lambda_y=\frac{l_{0y}}{i_y} \tag{17-9}$$

式中　l_{0x}、l_{0y}——构件对主轴 x、y 轴的计算长度（mm）；

i_x、i_y——构件截面对主轴 x、y 轴的回转半径（mm）。

对双轴对称十字形截面构件，λ_x 或 λ_y 取值不得小于 $5.07b/t$（其中 b/t 为悬伸板件宽厚比）。

（2）单轴对称截面的构件　绕非对称主轴的长细比 λ_x 仍按式（17-9）计算。但绕对称轴的长细比应考虑构件扭转效应的不利影响，采用换算长细比 λ_{yz}代替 λ_y。换算长细比 λ_{yz}的计算可参阅《钢结构设计规范》。对图 17-8 所示截面的换算长细比 λ_{yz}可按下列简化方法计算

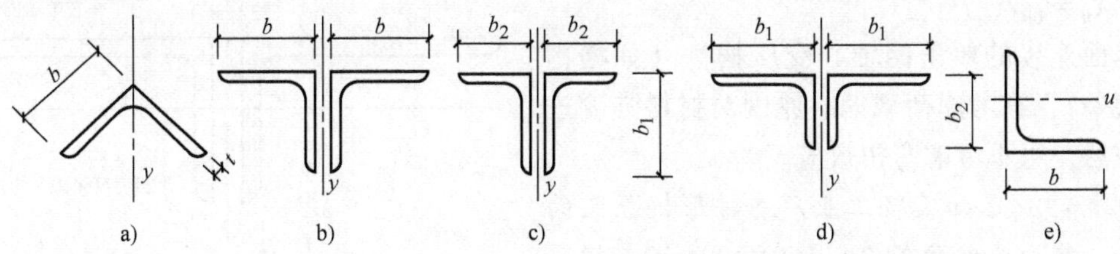

图 17-8　单角钢和双角钢组成的 T 形截面

等边单角钢截面

当 $b/t \leqslant 0.54 l_{0y}/b$ 时 $$\lambda_{yz}=\lambda_y\left(1+\frac{0.85b^4}{l_{0y}^2 t^2}\right) \tag{17-10a}$$

当 $b/t > 0.54 l_{0y}/b$ 时 $$\lambda_{yz}=4.78\frac{b}{t}\left(1+\frac{l_{0y}^2 t^2}{13.5b^4}\right) \tag{17-10b}$$

式中 b——等边角钢肢宽（mm）；

t——角钢肢厚度（mm）。

等边双角钢截面

当 $b/t \leqslant 0.58 l_{0y}/b$ 时 $$\lambda_{yz}=\lambda_y\left(1+\frac{0.475b^4}{l_{0y}^2 t^2}\right) \tag{17-11a}$$

当 $b/t > 0.58 l_{0y}/b$ 时 $$\lambda_{yz}=3.9\frac{b}{t}\left(1+\frac{l_{0y}^2 t^2}{18.6b^4}\right) \tag{17-11b}$$

长肢相连的不等边双角钢截面

当 $b_2/t \leqslant 0.48 l_{0y}/b_2$ 时 $$\lambda_{yz}=\lambda_y\left(1+\frac{1.09b_2^4}{l_{0y}^2 t^2}\right) \tag{17-12a}$$

当 $b_2/t > 0.48 l_{0y}/b_2$ 时 $$\lambda_{yz}=5.1\frac{b_2}{t}\left(1+\frac{l_{0y}^2 t^2}{17.4b_2^4}\right) \tag{17-12b}$$

式中 b_2——不等边角钢短肢宽度（mm）。

短肢相连的不等边双角钢截面

当 $b_1/t \leqslant 0.56 l_{0y}/b_1$ 时，可近似取 $\lambda_{yz}=\lambda y$。否则应取

$$\lambda_{yz}=3.7\frac{b_1}{t}\left(1+\frac{l_{0y}^2 t^2}{52.7b_1^4}\right)$$

式中 b_1——不等边角钢长肢宽度（mm）。

（3）单轴对称截面的轴心压杆在绕非对称主轴以外的任何一轴失稳时，应按弯扭屈曲计算其稳定性。当计算图 17-8e 所示等边单角钢绕轴 u 轴的稳定时，可按下式计算其换算长细比 λ_{uz}，并按 b 类截面查表得出 φ 值，

当 $b/t \leqslant 0.69 l_{0u}/b$ 时 $$\lambda_{uz}=\lambda_u\left(1+\frac{0.25b^4}{l_{0u}^2 t^2}\right) \tag{17-13a}$$

当 $b/t > 0.69 l_{0u}/b$ 时 $$\lambda_{uz}=5.4\frac{b}{t} \tag{17-13b}$$

式中 $\lambda_u = l_{0u}/i_u$。

单面连接的单角钢轴心受压构件（如格构柱的缀条），在考虑荷载偏心原因对材料强度进行折减后，可不考虑弯扭效应。

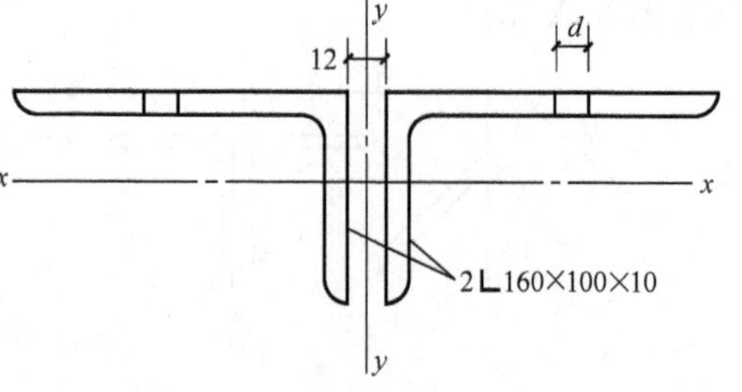

图 17-9 例 17-1 图

例 17-1 已知某轻工业厂房梯形钢屋架的下弦杆，截面为双角钢 2∟160×100×10，短肢相连，如图 17-9 所示。承受的轴心拉力设计值

$N=970\text{kN}$，两主轴方向计算长度分别为$l_{0x}=6\text{m}$和$l_{0y}=15\text{m}$，构件在同一截面上开有两个直径$d=21.5\text{mm}$的螺栓孔，试验算此截面是否安全。钢材为Q235。

解：由表15-1查得$f=215\text{N/mm}^2$，由表17-2查得$[\lambda]=350$，由附表D-4查表并算得截面几何特征$A=50.63\text{cm}^2$，$i_x=2.85\text{cm}$，$i_y=7.78\text{cm}$。

强度验算

$$A_n=A-2dt=(50.63-2\times2.15\times1)\text{cm}^2=46.33\text{cm}^2$$

$$\sigma=\frac{N}{A_n}=\frac{970\times10^3}{46.33\times10^2}\text{N/mm}^2=209.36\text{N/mm}^2<f=215\text{MPa}\quad 满足$$

刚度验算

$$\lambda_x=\frac{l_{0x}}{i_x}=\frac{6\times10^2}{2.85}=210.5<[\lambda]=350\quad 满足$$

$$\lambda_y=\frac{l_{0y}}{i_y}=\frac{15\times10^2}{7.78}=192.8<[\lambda]=350\quad 满足$$

此截面是安全的。

例17-2　已知某钢屋架的端斜杆，截面为双角钢2∟140×90×10，长肢相连，如图17-10所示。承受的轴心压力设计值$N=655\text{kN}$，计算长度$l_{0x}=l_{0y}=254\text{cm}$，试验算此截面的整体稳定性。钢材为Q235。

解：由表15-1查得$f=215\text{MPa}$，由附表D-4查表并算得截面几何特征：$A=44.52\text{cm}^2$，$i_x=4.47\text{cm}$，$i_y=3.80\text{cm}$。

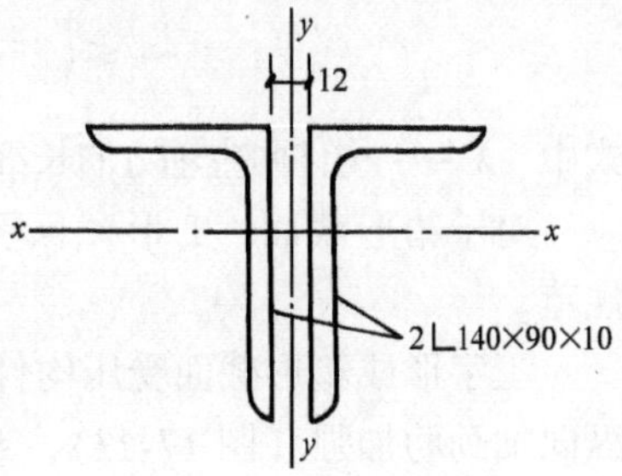

长细比为　$\lambda_x=\frac{l_{0x}}{i_x}=\frac{254}{4.47}=56.82$

$$\lambda_y=\frac{l_{0y}}{i_y}=\frac{254}{3.80}=66.84$$

图17-10　例17-2图

绕y轴的长细比采用换算长细比λ_{yz}代替λ_y，由式(17-12)可得

$$\frac{b_2}{t}=\frac{9}{1}=9<0.48\frac{l_{0y}}{b_2}=0.48\times\frac{254}{9}=13.55$$

$$\lambda_{yz}=\lambda_y\left(1+\frac{1.09b_2^4}{l_{0y}^2t^2}\right)=67.91\times\left(1+\frac{1.09\times9^4}{254^2\times1^2}\right)=75.44$$

查表17-4可知，对x、y轴均属b类截面，且$\lambda_{yz}>\lambda_x$，由$\lambda_{yz}\sqrt{f_y/235}$查附表B-2得$\varphi_{yz}=0.717$

验算整体稳定性

$$\frac{N}{\varphi_{yz}A}=\frac{655\times10^3}{0.717\times44.52\times10^2}\text{N/mm}^2=205.2\text{N/mm}^2<215\text{N/mm}^2$$

满足整体稳定性要求。

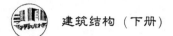

第三节　实腹式轴心受压柱

一、实腹式轴心受压柱的局部稳定

（一）局部失稳现象

为了节约钢材，提高构件整体稳定承载能力，在钢板焊接组成的截面中，我们往往选择宽而薄的钢板来增加截面的惯性矩。但这些板件如果过宽过薄，就有可能在构件丧失整体稳定前产生局部凹凸鼓曲现象（图 17-11），把这种现象称为局部失稳（局部屈曲）。局部失稳不像整体失稳那样危险，但由于部分材料提前进入塑性而退出工作，降低了构件的承载能力。因此，轴心受压构件应该保证其局部稳定性。

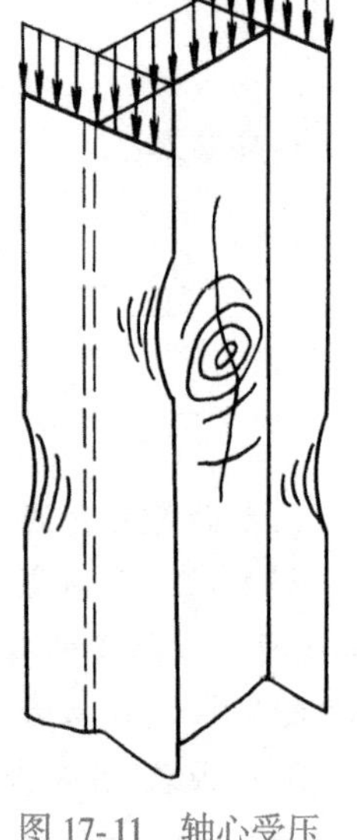
图 17-11　轴心受压构件的局部失稳

（二）板件宽厚比（高厚比）的限值

板件屈曲时的临界应力 σ_{cr} 与板的周边支承情况和板件宽厚比有关。按照板局部失稳不先于构件整体失稳的原则（$\sigma_{cr} \geqslant \varphi_{min} f$），规范以限制板件的宽厚比（高厚比）不能过大来保证轴心受压柱的局部稳定。工字形及 H 形截面构件的具体规定如下：

翼缘板自由外伸宽度 b_1 与其厚度 t（图 17-12）之比，应符合

$$\frac{b_1}{t} \leqslant (10+0.1\lambda)\sqrt{\frac{235}{f_y}} \tag{17-14}$$

腹板计算高度 h_0 与其厚度 t_w（图 17-12）之比，应符合

$$\frac{h_0}{t_w} \leqslant (25+0.5\lambda)\sqrt{\frac{235}{f_y}} \tag{17-15}$$

式中　λ——构件两主轴方向长细比的较大值，当 $\lambda<30$ 时，取 $\lambda=30$，当 $\lambda>100$ 时取 $\lambda=100$。

对于箱形截面、T 形截面受压构件翼缘、腹板的宽厚比或高厚比的限值可查阅相关规范。

工字形或箱形截面受压构件的腹板，其高厚比不符合要求时，可用纵向加劲肋加强（图 17-13），或在计算构件的强度和稳定性时，腹板的截面仅考虑计算高度边缘范围内两侧宽度各 $20t_w\sqrt{235/f_y}$ 的部分（计算构件的稳定系数时，仍用全部截面），此截面称为有效截面，如图 17-14 所示。

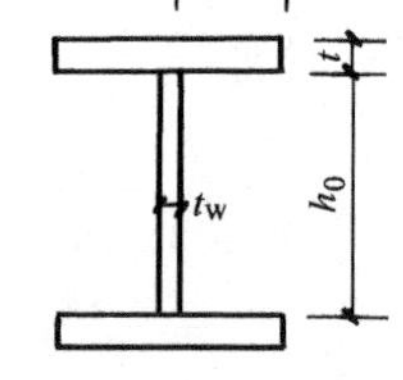

图 17-12　工字形截面尺寸

二、实腹式轴心受压柱截面设计

实腹式轴心受压柱截面设计包括截面形式、截面尺寸的确定及截面验算。

（一）轴心受压柱截面形式的确定

在确定截面形式时要考虑以下几个基本原则。

（1）宽肢薄壁原则　在满足板件局部稳定的前提下截面尽量开展，以增大截面惯性矩和回转半径、减小长细比，提高构件的整体稳定承载力和构件刚度，达到节约钢材的目的。

（2）等稳定性原则　使构件在两主轴方向的整体稳定承载力接近，以充分发挥其承载能力，因此尽可能使两主轴方向的长细比或稳定系数接近，即 $\lambda_x \approx \lambda_y$。

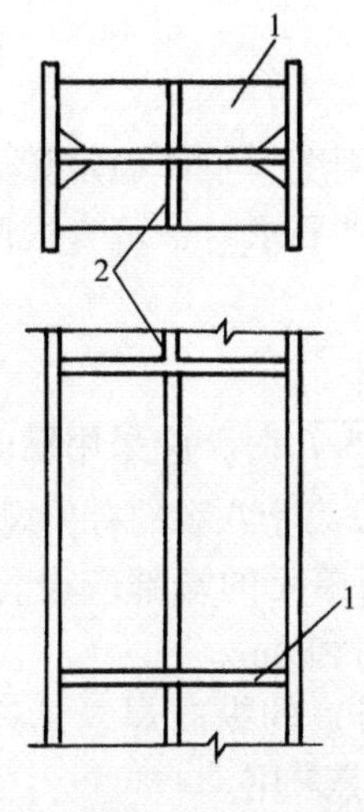

图　17-13

1—横向加劲肋　2—纵向加劲肋

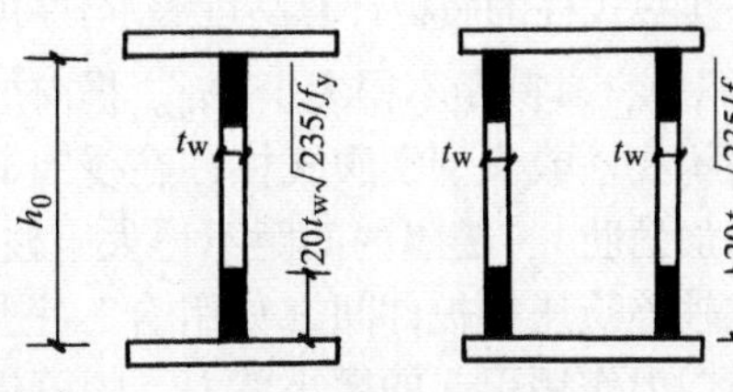

图 17-14　有效截面

(3) 制造省工、连接方便的原则　制造省工，宜优先选用型钢截面；对于组合截面的选择，要便于采用现代化的制造方法和减少工作量，杆件应便于与其他构件连接。

实腹式轴心受压柱的截面形式一般按图 17-2 选择双轴对称截面，其中工字型钢、H 型钢、钢板组合工字形截面较为常见。型钢截面制造省时省工，但两主轴方向的回转半径相差较大、腹板相对较厚，多用于两主轴方向计算长度不等的小型构件。组合工字形截面能较好的做到等稳定性、宽肢薄壁，节约钢材，但制造费工，多用于受力较大的大、中型构件。

(二) 轴心受压柱截面尺寸的确定

1. 确定截面所需几何特征值

假定长细比 λ：长细比 λ 凭经验假定，一般在 60~100 之间取值。轴力大而计算长度小时取小值，反之取大值。假定的长细比 λ 不能超过允许长细比。由 $\lambda\sqrt{f_y/235}$ 查附录 B 得出整体稳定系数 φ，按稳定性要求确定截面需要的面积 A

$$A=\frac{N}{\varphi f} \tag{17-16}$$

按下列公式确定截面所需回转半径

$$i_x=\frac{l_{0x}}{\lambda} \qquad i_y=\frac{l_{0y}}{\lambda} \tag{17-17}$$

2. 确定型钢型号或组合截面各板件尺寸

型钢截面：由 A、i_x、i_y 查附录 D 直接选择合适的型钢型号即可。

组合截面：首先借助截面回转半径近似值，确定所需截面高度 h 和宽度 b

$$h\approx\frac{i_x}{\alpha_1} \qquad b\approx\frac{i_y}{\alpha_2} \tag{17-18}$$

式中　α_1、α_2——系数，按附录 C 取用。

然后，根据 A、h、b，并考虑制造省工、连接方便的原则，结合钢板规格确定板件尺寸。为便于采用自动焊，h 与 b 宜大致相等。腹板厚度 t_w 及翼缘厚度 t 均不小于 6mm，一般

符合 $t_w=(0.4\sim0.7)t$。

（三）截面验算

计算初选截面的几何特征，然后按相应公式进行强度、刚度、整体稳定和局部稳定的验算。验算过程中出现某方面不满足要求或截面尺寸不符合经济要求时，可直接调整截面后再验算，直至合理为止。

（四）构造规定

当实腹式柱的腹板计算高度 h_0 与厚度 t_w 之比大于 $80\sqrt{235/f_y}$ 时，应采用横向加劲肋加强（图 17-13），其间距不得大于 $3h_0$。横向加劲肋的尺寸和构造按第十八章的有关规定采用。

格构式柱或大型实腹式柱，在受有较大水平力处和运送单元的端部应设置横隔（加宽的横向加劲肋），横隔的间距不得大于柱截面长边尺寸的 9 倍和 8m。

在轴心受压柱板件间（如组合工字形截面翼缘与腹板间）的纵向焊缝，只承受偶然弯曲和横向力作用引起的微小剪力，焊缝焊脚尺寸可按构造要求采用。

例 17-3 设计一两端铰接轴心受压柱。已知柱长 $l=7\text{m}$，在侧向（即 x 轴方向）有一支承点，如图 17-15 所示，承受的轴心压力设计值 $N=720\text{kN}$（包括柱自重），钢材为 Q235，焊条为 E43 系列。

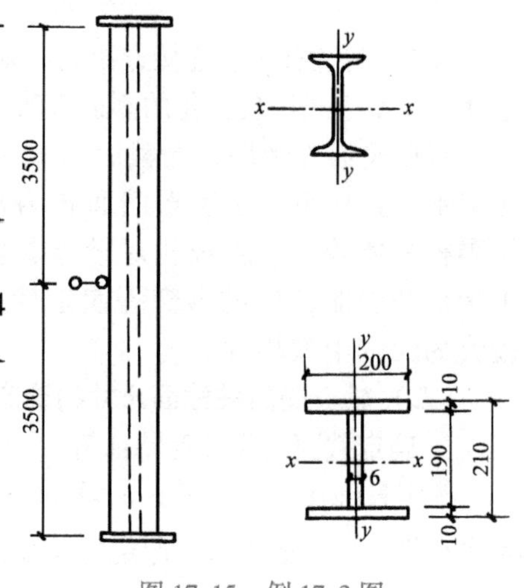

图 17-15　例 17-3 图

解：1. 按轧制工字型钢进行设计

（1）初选截面。由表 15-1 查得 $f=215\text{MPa}$；由表 17-1 查得容许长细比 $[\lambda]=150$。

假定长细比 $\lambda=125$，初步确定 $b/h\leqslant0.8$，查表 17-4 知对 x 轴属于 a 类截面，对 y 轴属于 b 类截面，查附表 B-1 和附表 B-2 得 $\varphi_x=0.463$，$\varphi_y=0.411$，则

$$A'=\frac{N}{\varphi_{\min}f}=\frac{720\times10^3}{0.411\times215}\text{mm}^2=8148\text{mm}^2=81.48\text{cm}^2$$

$$i'_x=\frac{l_{0x}}{\lambda}=\frac{7000}{125}\text{mm}=56\text{mm}=5.6\text{cm}$$

$$i'_y=\frac{l_{0y}}{\lambda}=\frac{3500}{125}\text{mm}=28\text{mm}=2.8\text{cm}$$

查附表 D-1 选择 I 40a，$A=86.11\text{cm}^2$，$i_x=15.90\text{cm}$，$i_y=2.77\text{cm}$。

（2）截面验算

截面无削弱，可不进行强度验算。

刚度验算　$$\lambda_x=\frac{l_{0x}}{i_x}=\frac{700}{15.90}=44.03<[\lambda]=150\quad\text{满足}$$

$$\lambda_y=\frac{l_{0y}}{i_y}=\frac{350}{2.77}=126.4<[\lambda]=150\quad\text{满足}$$

整体稳定验算　$b/h\leqslant0.8$，由 λ_y 查附表 B-2 得 $\varphi_y=0.404$

$$\frac{N}{\varphi_y A}=\frac{720\times10^3}{0.404\times86.11\times10^2}\text{N/mm}^2=207.06\text{N/mm}^2<f=215\text{MPa}\quad\text{满足}$$

型钢构件可不验算局部稳定。

所选截面满足要求。

2. 按焊接工字形组合截面（翼缘为轧制边）进行设计

（1）初选截面　假定长细比 $\lambda=70$，查表 17-4 知对 x 轴属于 b 类截面，对 y 轴属于 c 类截面，查附表 B-2 和附表 B-3 得：$\varphi_x=0.751$，$\varphi_y=0.643$，则

$$A'=\frac{N}{\varphi_{\min}f}=\frac{720\times10^3}{0.643\times215}\text{mm}^2=5208\text{mm}^2=52.08\text{cm}^2$$

$$i_x'=\frac{l_{0x}}{\lambda}=\frac{7000}{70}\text{mm}=100\text{mm}=10\text{cm}$$

$$i_y'=\frac{l_{0y}}{\lambda}=\frac{3500}{70}\text{mm}=50\text{mm}=5\text{cm}$$

由附录 C 查出 $\alpha_1=0.43$，$\alpha_2=0.24$

$$h'=\frac{i_x'}{\alpha_1}=\frac{100}{0.43}\text{mm}=233\text{mm},\qquad b'=\frac{i_y'}{\alpha_2}=\frac{50}{0.24}\text{mm}=208\text{mm}$$

取 $b=200\text{mm}$，$h=190\text{mm}$，$t=10\text{mm}$

$$t_w'=\frac{A'-2bt}{h_0}=\frac{5208-2\times200\times10}{190}\text{mm}=6.36\text{mm}，取\ t_w=6\text{mm}$$

截面如图 17-15 所示。

（2）截面验算

几何特征

$$A=(2\times20\times1+19\times0.6)\text{cm}^2=51.4\text{cm}^2$$

$$I_x=\left(\frac{0.6\times19^3}{12}+2\times20\times1\times10^2\right)\text{cm}^4=4343\text{cm}^4$$

$$I_y=\left(2\times\frac{1\times20^3}{12}\right)\text{cm}^4=1333\text{cm}^4$$

$$i_x=\sqrt{\frac{I_x}{A}}=\sqrt{\frac{4343}{51.4}}\text{cm}=9.19\text{cm}$$

$$i_y=\sqrt{\frac{I_y}{A}}=\sqrt{\frac{1333}{51.4}}\text{cm}=5.09\text{cm}$$

截面无削弱，可不进行强度验算。

刚度验算

$$\lambda_x=\frac{l_{0x}}{i_x}=\frac{700}{9.19}=76.2<[\lambda]=150\qquad 满足$$

$$\lambda_y=\frac{l_{0y}}{i_y}=\frac{350}{5.09}=68.8<[\lambda]=150\qquad 满足$$

整体稳定验算　查附录 B-2 和 B-3 得出 $\varphi_x=0.713$　$\varphi_y=0.650$

$$\frac{N}{\varphi_y A}=\frac{720\times10^3}{0.650\times51.4\times10^2}\text{N/mm}^2=215.5\text{N/mm}^2\approx f=215\text{N/mm}^2\qquad 满足$$

局部稳定验算　$\dfrac{b_1}{t}=\dfrac{97}{10}=9.7<(10+0.1\lambda)=10+0.1\times76.2=17.62$　满足

$$\frac{h_0}{t_w}=\frac{190}{6}=31.7<(25+0.5\lambda)=25+0.5\times76.2=63.1 \quad 满足$$

所选截面满足要求。

3. 设计结果分析

工字形组合截面较轧制工字钢截面用钢量节省了33%$\left(\frac{86.07-51.4}{86.07}\times100\%=33\%\right)$，且很容易做到等稳定性；而轧制工字钢除非侧向支撑设置十分合理，否则很难做到等稳定性。

第四节　格构式轴心受压柱

一、格构式轴心受压柱的截面形式

格构式构件由肢件通过缀材连接成整体，如图17-16所示。缀材分为缀条和缀板，所以格构式构件又分为缀条式和缀板式。缀条常采用单角钢，一般只放置与构件轴线成 $\alpha=40°\sim70°$夹角的斜缀条，但为了减小分肢的计算长度也可同时设置横缀条。缀板常采用钢板等距离垂直于构件轴线横放。

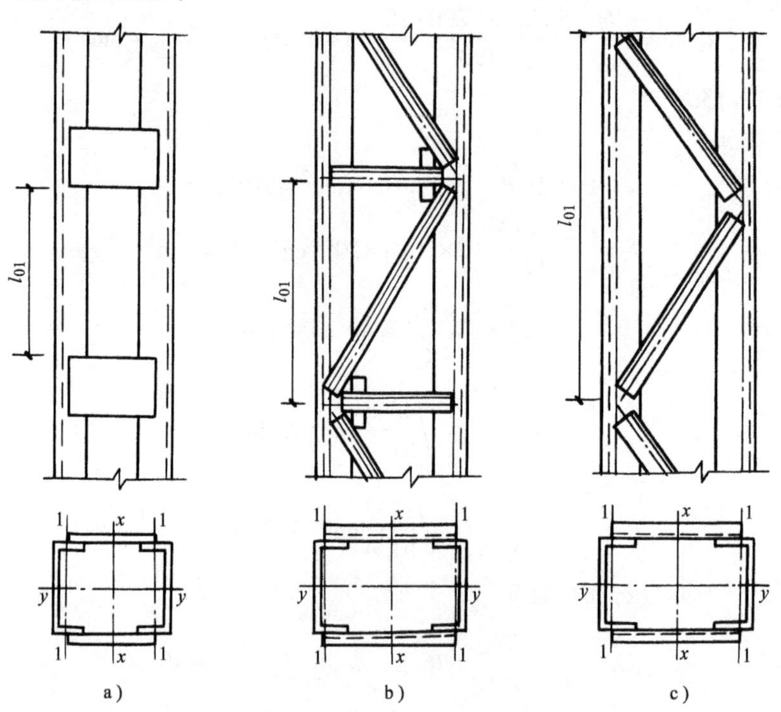

图17-16　格构式构件的组成

格构式轴心受压柱的截面形式（图17-2c）有双肢柱、三肢柱和四肢柱等。一般翼缘朝内放置，既可增加截面惯性矩，又可以使柱外表面平整。

在格构式构件截面上，穿过肢件腹板的轴线称为实轴（y—y轴），穿过缀材平面的轴线称为虚轴（x—x轴）。

二、换算长细比

格构式轴心受压柱的整体稳定性分为对实轴的稳定和对虚轴的稳定。对实轴的整体稳定

计算与实腹式轴心受压柱相同。格构式轴心受压柱绕虚轴发生弯曲屈曲（丧失稳定）时，因为缀材比较柔细，构件初弯曲或偶然横向干扰等因素下产生的横向剪力对构件的影响不容忽视。在这种横向剪力作用下构件会产生较大的附加剪切变形，从而降低稳定承载力。经分析研究，采用加大的换算长细比 λ_{0x} 代替整个构件对虚轴的长细比 λ_x，既能考虑缀材剪切变形对稳定承载力的降低，又可利用轴心受压构件的整体稳定计算公式（17-8），在计算中只要用换算长细比 λ_{0x} 按 b 类截面查表求 φ 值即可。《钢结构设计规范》规定，双肢组合构件换算长细比应按下列公式计算

当缀件为缀板时
$$\lambda_{0x}=\sqrt{\lambda_x^2+\lambda_1^2} \tag{17-19a}$$

当缀件为缀条时
$$\lambda_{0x}=\sqrt{\lambda_x^2+27\frac{A}{A_{1x}}} \tag{17-19b}$$

式中 λ_x——整个构件对虚轴（x 轴）的长细比；

λ_1——单个分肢对最小刚度轴 1—1 轴的长细比，其计算长度的取值方法：焊接时为相邻两缀板间的净距离，螺栓连接时为相邻两缀板边缘螺栓的距离，1—1 轴如图 17-16 所示；

A——构件的毛截面面积（mm^2）；

A_{1x}——构件截面中垂直于虚轴（x 轴）的各斜缀条毛截面面积之和（mm^2）。

三肢、四肢组合构件，其换算长细比见规范规定。

三、格构式轴心受压柱的设计步骤

格构式轴心受压柱可按照下述步骤进行设计。

（一）选择构件形式和钢材牌号

根据所受轴心压力大小、构件使用要求、材料供应情况、构件计算长度等条件决定采用缀条柱或缀板柱，并确定钢材牌号。大型构件宜采用缀条柱，中小型构件宜采用缀板柱。构件截面形式多采用双肢双轴对称截面。

（二）按实轴的稳定性确定肢件截面

假定长细比 λ，查附录 B 得到 φ_y，求构件所需截面面积 A 及回转半径 i_y

$$A=\frac{N}{\varphi_y f} \tag{17-20}$$

$$i_y=\frac{l_{0y}}{\lambda} \tag{17-21}$$

由 A、i_y 查附录 D 选分肢型号，然后用所选分肢的截面几何特征求 λ_y，再用实腹式轴心受压构件的稳定性公式验算构件对实轴的整体稳定性。

（三）按对虚轴的稳定性确定肢件间距

1. 计算虚轴方向所需的长细比 λ_x

按等稳定性原则取 $\lambda_{0x}=\lambda_y$，根据实际情况代入式（17-19a）或（17-19b）可得虚轴方向所需的长细比如下

缀条柱
$$\lambda_x=\sqrt{\lambda_{0x}^2-27\frac{A}{A_{1x}}} \tag{17-22a}$$

缀板柱
$$\lambda_x=\sqrt{\lambda_{0x}^2-\lambda_1^2} \tag{17-22b}$$

按上式计算时，应先假定 A_{1x} 或 λ_1。A_{1x} 可近似按 $A_{1x}/2 \approx 0.05A$ 及构造要求预选斜缀条角钢型号来确定。构造要求缀条的最小型号为∟45×4 或∟56×36×4。λ_1 按 $\lambda_1 \leqslant 0.5\lambda_y$ 且不大于 40 的要求取定一个数值。

2. 确定肢间间距

对虚轴所需的回转半径 $i_x = l_{0x}/\lambda_x$。按附录 C 截面尺寸与回转半径的近似关系计算两肢间的距离为

$$b = \frac{i_x}{\alpha_2} \tag{17-23}$$

根据 b 确定两肢间距，b 一般为 10mm 的倍数。

（四）截面验算

（1）截面验算　对试选截面按实腹式轴心受压构件的公式进行强度、刚度及对虚轴整体稳定的验算。验算中注意对虚轴应采用换算长细比 λ_{0x}。

（2）分肢的稳定性验算　格构式轴心受压构件的分肢可视为在缀件相邻节点间的单独轴心受压构件，为了保证单肢的稳定性不低于构件的整体稳定性，规范规定

缀条柱
$$\lambda_1 \leqslant 0.7\lambda_{max} \tag{17-24a}$$

缀板柱
$$\lambda_1 \leqslant 0.5\lambda_{max} \text{且} \leqslant 40 \tag{17-24b}$$

式中　λ_{max}——构件的最大长细比，取 λ_{0x} 和 λ_y 的较大值，在缀板柱中当 $\lambda_{max}<50$ 时，取 $\lambda_{max}=50$。

（五）缀材设计

1. 缀材的剪力

轴心受压构件屈曲时，因挠度存在使柱轴力在水平方向产生分力，柱身受横向剪力作用，如图 17-17a、b 所示。《钢结构设计规范》规定：剪力 V 可认为如图 17-17c 所示，沿构件全长不变，按下式计算

$$V = \frac{Af}{85}\sqrt{\frac{f_y}{235}} \tag{17-25}$$

格构式轴心受压构件绕虚轴屈曲时的剪力 V 应由承受该剪力的缀材承担。

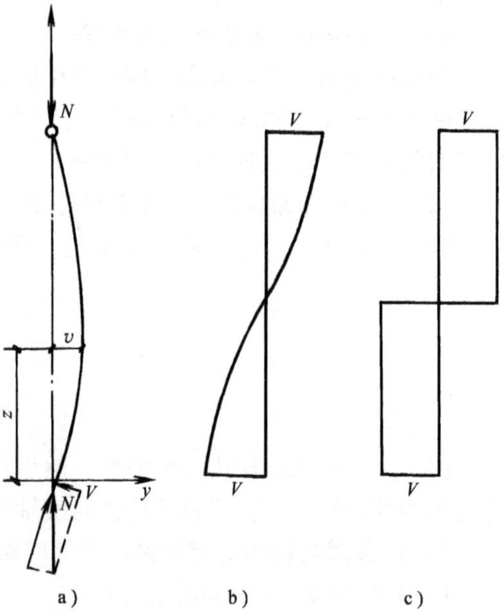

图 17-17　轴心受力构件的挠度及剪力

2. 缀条的计算

计算缀条内力时，格构式柱可视为图 17-18 所示的平行弦桁架。斜缀条为桁架的腹杆，剪力 V 由前后两侧斜缀条承受，每侧斜缀条所受剪力 $V_1=V/2$，每根斜缀条的内力 N_t

$$N_t = \frac{V_1}{n\cos\alpha} = \frac{V}{2n\cos\alpha} \tag{17-26}$$

式中　n——承受剪力 V_1 的斜缀条数，单缀条时 $n=1$，双缀条时 $n=2$；

α——缀条的倾角（°）。

缀条内力可能受拉也可能受压，一般按不利情况即轴心受压构件来考虑。求出缀条内力后可按轴心受压构件进行强度、刚度、稳定性及连接节点的验算。缀条一般采用单面连接的

单角钢形式，考虑偏心受力的影响，在计算时应将材料强度设计值和焊缝强度设计值乘以相应的折减系数 γ_f（见表 15-4）予以降低。

横缀条的作用是减小分肢的计算长度，其截面可和斜缀条相同，不用计算。

3. 缀板设计

将缀板柱视为多层刚架，假定反弯点在缀板及单肢两节点的中点（图17-19a），取图17-19b所示隔离体，可得每一缀板的内力为

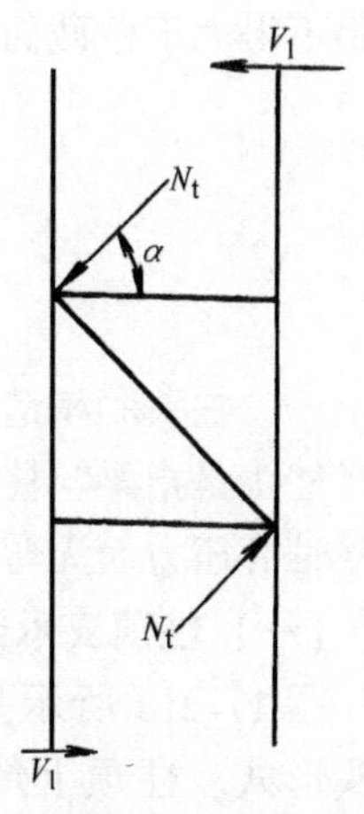

图 17-18 格构式柱缀条的计算简图

竖向剪力
$$T=\frac{V_1 l_1}{a} \tag{17-27}$$

缀板与分肢连接处的弯矩
$$M=T\frac{a}{2}=\frac{V_1 l_1}{2} \tag{17-28}$$

式中 l_1——相邻两缀板轴线间的距离（mm）；

a——分肢轴线间的距离（mm）。

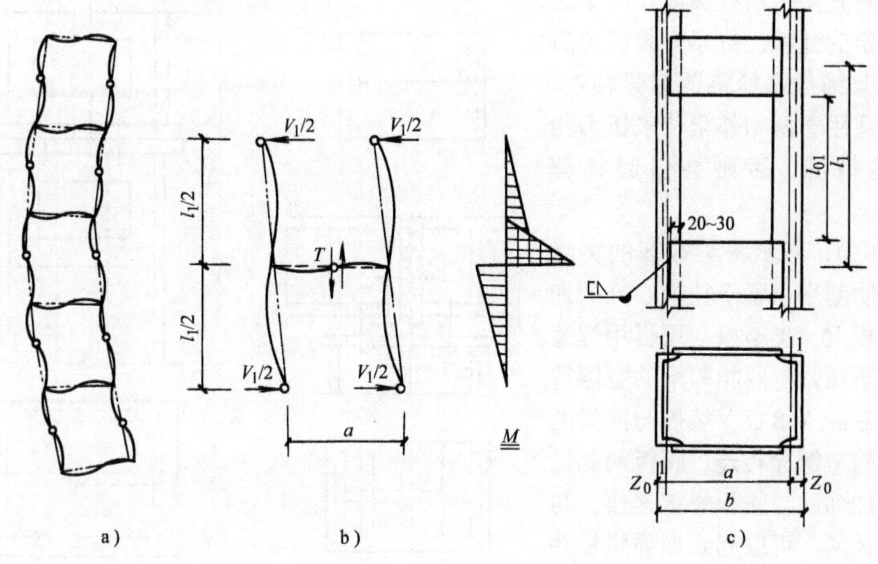

图 17-19 格构式柱缀板的计算简图

缀板除满足上述计算外，还应满足构造要求，即同一截面处缀板的线刚度之和(I_b/a)不得小于柱较大分肢线刚度（I_1/l_1）的 6 倍。缀板截面一般取宽度 $b\geqslant 2a/3$，厚度 $t\geqslant a/40$ 及 6mm。缀板与分肢的连接角焊缝应进行相应计算。

（六）构造要求

格构式柱在受有较大水平力处和运输单元的端部应设置横隔，如图17-20所示。横隔的

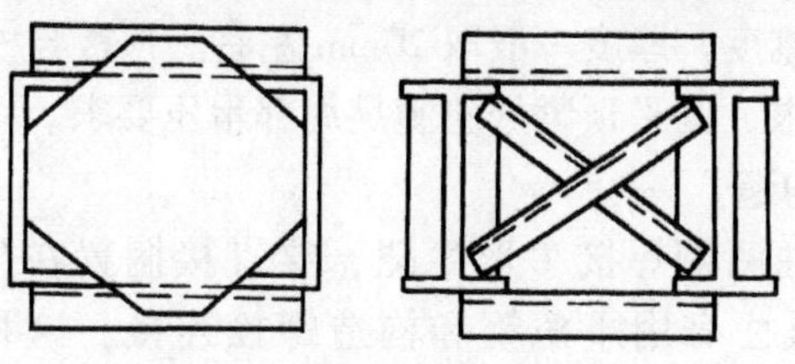

图 17-20 横隔的构造

间距不得大于柱截面长边尺寸的 9 倍和 8m。

第五节　柱头和柱脚

一、柱头的构造

柱头是指梁与柱的连接部分，承受梁传来的荷载并将其传给柱身。轴心受压柱的柱头只承受轴心压力而无弯矩作用，因此梁与柱采用铰接连接。下面介绍几种常见的柱头构造。

（一）柱顶支承梁的构造

图 17-21a 所示是一种最简单的柱头形式。柱顶上焊接一矩形顶板，顶板上直接搁置梁。应注意使梁端的支承加劲肋对准柱翼缘，这样梁的大部分反力将直接传给柱翼缘。两梁之间留有一定的缝隙，待梁安装就位后用连接板与构造螺栓将两侧梁相连。这种连接适用于两相邻梁传来压力相差不大的情况，否则会引起柱偏心受压。

图 17-21b 所示将梁端部的突缘支承加劲肋刨平顶紧于柱中心处的加劲肋支座板上，支座板与顶板用焊缝连接或刨平顶紧。两相邻梁的空隙待梁调整好后嵌入填板，填板与两梁的加劲肋用构造螺栓相连。腹板两侧设加劲肋，加劲肋与腹板焊接连接，与顶板刨平顶紧，可以起到加强腹板并防止柱顶板弯曲的作用。这种连接形式即使两相邻梁传来的压力相差较大时，柱也能接近于轴心受压。

图 17-21c 所示适用于格构式轴心受压柱，柱顶必须设置缀板，同时分肢间的顶板下面也应设置加劲肋。

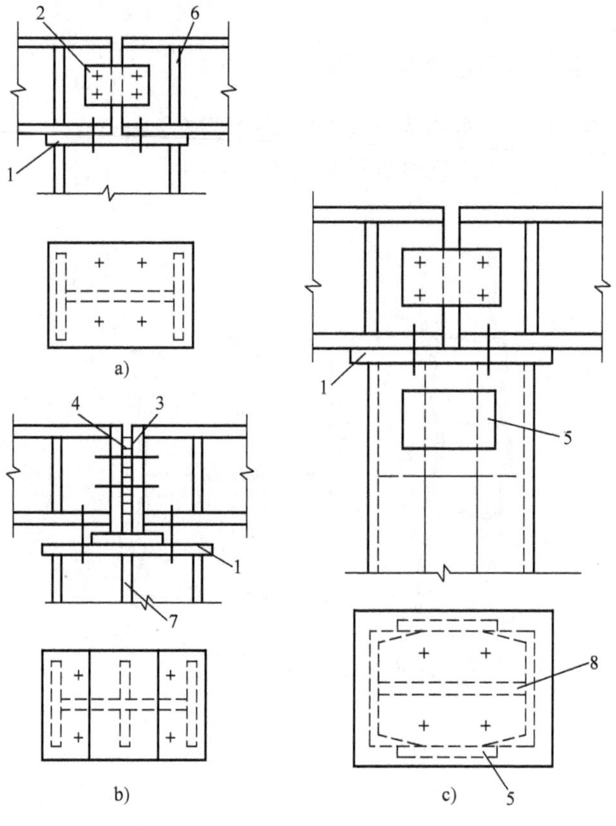

图 17-21　柱顶支承梁的构造

1—顶板　2—连接板　3—突缘支承加劲肋　4—填板　5—缀板　6、7、8—梁端、柱腹板、分肢间的支承加劲肋

柱的顶板应具有足够刚度，厚度一般取 20mm 左右。顶板与柱身、加劲肋与柱身的连接焊缝应满足计算与构造要求，刨平顶紧处应满足局部承压要求。

（二）柱侧支承梁的构造

如图 17-22a 所示，柱两侧焊接 T 形牛腿，梁直接搁置在牛腿上并与柱身保留一定间隙，调整就位后，梁与柱身用小角钢和构造螺栓连接，这种连接方式构造简单，适用于梁反力较小的情况。图 17-22b 所示柱两侧焊接厚钢板做承托，梁的突缘支承加劲

肋刨平顶紧于承托上，梁与柱身间缝隙嵌入填板，并用构造螺栓连接柱身与梁，适用于梁反力较大的情况。

两梁反力相差较大时必须采用图 17-22c 所示的形式，以保证柱轴心受压。

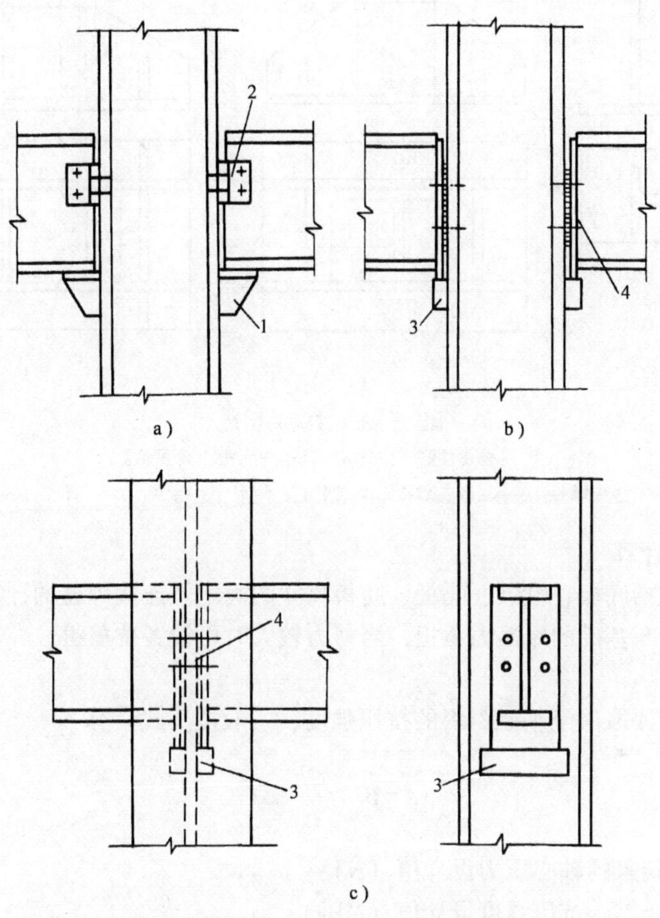

图 17-22 柱侧支承梁的构造

1—T 形牛腿 2—小角钢 3—承托 4—填板

二、柱脚的计算与构造

（一）柱脚的形式及构造

柱脚的作用是将柱身的压力传给基础，并和基础牢固连接。轴心受压柱的柱脚主要采用铰接形式，如图 17-23 所示。图 17-23a 称为平板式柱脚，是一种最简单的构造形式，适用于柱轴力很小时。柱身的压力经过焊缝传给底板，底板将其传给基础。图 17-23b、c除底板外，又增加了靴梁、隔板和肋板等构件，适用于柱轴力较大的时候。柱身的压力经过竖向焊缝传给靴梁后，再经过靴梁与底板的水平焊缝传给底板，最后底板将其传给基础。隔板和肋板起着将底板划分为较小区格减小底板弯矩的作用。一般按构造要求设置两个柱脚锚栓，将柱脚固定于基础。为便于安装，柱脚锚栓孔径取为锚栓直径的 1.5~2 倍或做 U 形缺口，待柱调整就位后再用孔径比锚栓直径大 1~2mm 的垫板套住锚栓并与底板焊牢。

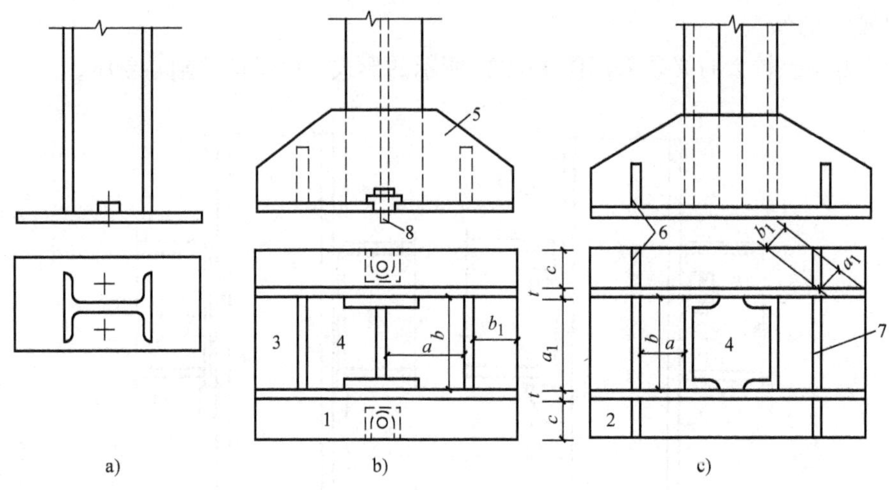

图 17-23　柱脚的构造

a）平板式柱脚　b）、c）靴梁与底板组合式柱脚

1—悬臂板　2—二边支承板　3—三边支承板　4—四边支承板　5—靴梁　6—肋板　7—隔板　8—锚栓

（二）柱脚的计算

柱脚的计算包括底板、靴梁、隔板、肋板尺寸的确定及连接焊缝的计算。铰接柱脚一般剪力很小，由底板与基础的摩擦力承担，当剪力较大时可设置抗剪键。

1. 底板计算

底板平面面积 A 取决于基础材料的抗压强度，一般按下式计算

$$A=BL\geqslant\frac{N}{f_c}+\Delta A \tag{17-29}$$

式中　N——柱身传来的轴心压力设计值（N）；

f_c——混凝土轴心抗压强度设计值（MPa）；

ΔA——锚栓孔面积（mm^2）；

B——底板宽度（mm），对于图 17-23 所示有靴梁的柱脚可按下列近似公式估算 $B=b+2t+2c$。式中 b 为柱子截面的宽度或高度，t 为靴梁厚度，c 为悬臂部分的长度（一般取 3~4 倍的锚栓直径）；

L——底板长度（mm），$L\geqslant A/B$。

B、L 应取为 10mm 的整数倍。

底板厚度取决于其抗弯强度和刚度。将底板视为支承在靴梁、隔板、肋板及柱身上的平板，承受均匀分布的基础反力 q 作用。这样底板被划分成了若干个四边支承板、三边支承板、二边支承板及悬臂板（图 17-23）。分别计算各区格板的弯矩值：

四边支承板

$$M_4=\alpha qa^2 \tag{17-30}$$

式中　α——系数，根据四边支承板长边 b 与短边 a 之比，按表 17-5 取用；

a——四边支承板短边长度（mm）；

q——基础传来的均匀反力（N/mm^2），$q=N/(BL-\Delta A)$。

表 17-5　系数 α 值

b/a	1.0	1.1	1.2	1.3	1.4	1.5	1.6	1.7	1.8	1.9	2.0	3.0	≥4.0
α	0.048	0.055	0.063	0.069	0.075	0.081	0.086	0.091	0.095	0.099	0.101	0.119	0.125

三边支承板

$$M_3=\beta q a_1^2 \tag{17-31}$$

式中　a_1——自由边长度（mm）；

β——系数，根据垂直于自由边的宽度 b_1 与自由边长度 a_1 之比，按表 17-6 查得。

表 17-6　系数 β 值

b_1/a_1	0.3	0.4	0.5	0.6	0.7	0.8	0.9	1.0	1.2	≥1.4
β	0.026	0.042	0.058	0.072	0.085	0.092	0.104	0.111	0.120	0.125

二邻边支承板仍可用式（17-31）计算，a_1 取对角线长度，b_1 取支承边交点至对角线的距离。

悬臂板

$$M_1=\frac{qc^2}{2} \tag{17-32}$$

各区格的弯矩计算出来后，取其中最大的弯矩 $M_{\max}$，按下式确定底板厚度

$$t\geqslant\sqrt{\frac{6M_{\max}}{f}} \tag{17-33}$$

式中　f——钢材的抗弯强度设计值（MPa）。

若按上式计算的厚度 t 较小时，可按刚度要求取 $t\geqslant 14$mm。

2. 靴梁计算

靴梁的厚度宜取与连接的柱子翼缘厚度大致相等，靴梁的高度取决于柱身荷载传递给靴梁所需的焊缝长度。每条焊缝长度不宜超过 $60h_{\mathrm{f}}$。

靴梁截面尺寸确定后，可将靴梁视为支承于底板上的两端悬挑梁进行受力验算，如图 17-24 所示。计算证明，跨中截面弯矩不起控制作用，每个靴梁上所受最大弯矩值和剪力值位于悬挑梁支座处，按下式计算

$$M=\frac{1}{4}qBl_1^2 \tag{17-34}$$

$$V=\frac{qB}{2}l_1 \tag{17-35}$$

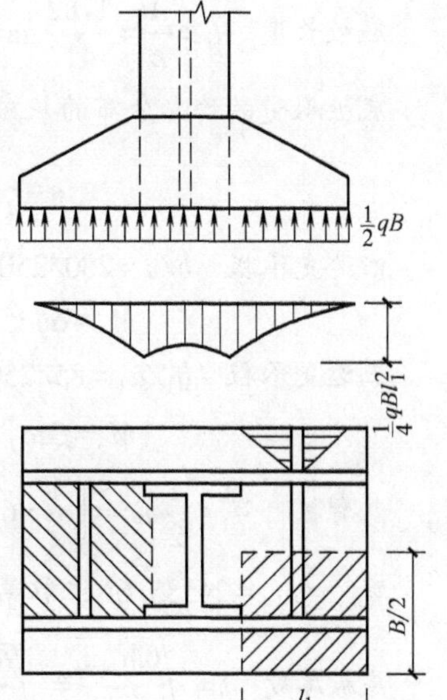

图 17-24　靴梁的受力及隔板、肋板的受力范围

3. 隔板、肋板计算

隔板可视为简支梁，肋板可视为悬臂梁，其传递的力为图 17-24 所示阴影部分的基础反力。在满足局部稳定的前提下先假定隔板、肋板的截面尺寸，然后验算隔板、肋板的强度，并用支反力对其与靴梁的连接焊缝进行计算，按基础反力对其与底板的连接焊缝进行计算。

例 17-4 试设计一轴心受压格构柱的柱脚。格构柱的分肢为［25a，截面形式如图17-25所示，受轴心压力设计值N=1260kN。钢材Q235，焊条E43系列，手工焊，质量等级三级。素混凝土基础，混凝土强度等级C15。

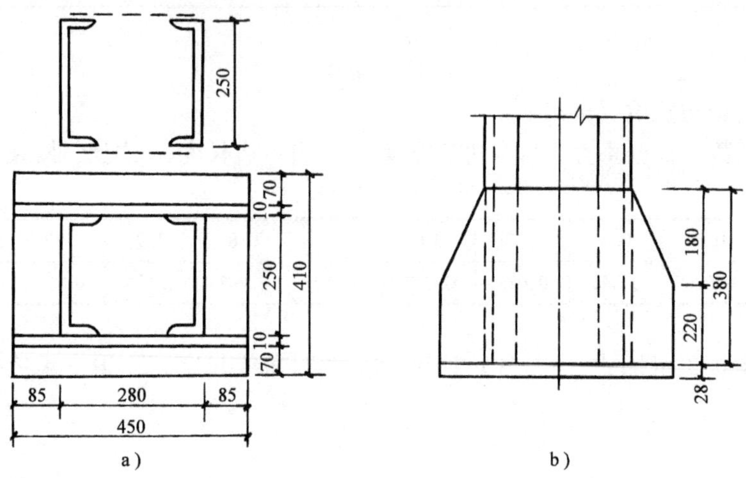

图17-25 例17-4图

解：（1）底板尺寸确定 C15混凝土的轴心抗压强度设计值$f_c=7.2\text{N/mm}^2$，锚栓孔直径取40mm，简化计算锚栓孔面积$\Delta A=(2\times40\times40)\text{mm}^2=3200\text{mm}^2=32\text{cm}^2$

底板需要面积

$$A=\frac{N}{f_c}+\Delta A=\left(\frac{1260\times10^3}{7.2}+3200\right)\text{mm}^2=178200\text{mm}^2=1782\text{cm}^2$$

取底板宽度 $B=b+2t+2c=(25+2\times1+2\times7)\text{cm}=41\text{cm}$，取$B=41\text{cm}$

底板长度 $L\geqslant\frac{A}{B}=\frac{1782}{41}\text{cm}=43.46\text{cm}$，取$L=45\text{cm}$

底板承受的均匀分布的基础反力

$$q=\frac{1260\times10^3}{410\times450-3200}\text{N/mm}^2=6.95\text{N/mm}^2$$

四边支承板 $b/a=280/250=1.12$，查表17-5得$\alpha=0.0566$，则

$$M_4=\alpha qa^2=(0.0566\times6.95\times250^2)\text{ N}=24585.6\text{N}$$

三边支承板 $b_1/a_1=85/250=0.34$，查表17-6得$\beta=0.0324$，则

$$M_3=\beta qa_1^2=(0.0324\times6.95\times250^2)\text{ N}=14073.8\text{N}$$

悬臂板 $M_1=\frac{1}{2}qc^2=\left(\frac{1}{2}\times6.95\times70^2\right)\text{N}=17027.5\text{N}$

$M_{max}=M_4=24585.6\text{N}$，取第二组钢材$f=205\text{N/mm}^2$，$f_v=120\text{MPa}$

底板厚度 $t=\sqrt{\frac{6M_{max}}{f}}=\sqrt{\frac{6\times24585.6}{205}}\text{mm}=26.8\text{mm}$，取$t=28\text{mm}=2.8\text{cm}$

（2）靴梁计算 靴梁与柱身的连接角焊缝共4条，按构造要求确定焊脚尺寸$h_f=8\text{mm}$，查表15-2得角焊缝的强度设计值$f_f^w=160\text{N/mm}^2$，每条焊缝计算长度

$$l_w=\frac{N}{4\times0.7h_f f_f^w}=\frac{1260\times10^3}{4\times0.7\times8\times160}\text{mm}=351.6\text{mm}<60h_f=480\text{mm}$$

靴梁高度取 38cm，厚度取 1.0cm。

每块靴梁承受的最大弯矩

$$M=\frac{1}{4}qBl_1^2=\left(\frac{1}{4}\times6.95\times410\times85^2\right)\text{N}\cdot\text{mm}=5146909.4\text{N}\cdot\text{mm}$$

抗弯强度　$\sigma=\frac{M}{W}=\frac{5146909.4\times6}{10\times380^2}\text{N/mm}^2=21.4\text{N/mm}^2<f=215\text{MPa}$

每块靴梁承受的最大剪力　$V=\frac{qB}{2}l_1=\left(\frac{6.95\times410\times85}{2}\right)\text{N}=121103.8\text{N}$

抗剪强度

$$\tau=1.5\frac{V}{A}=\left(1.5\times\frac{121103.8}{10\times380}\right)\text{N/mm}^2=47.8\text{N/mm}^2<f_v=120\text{MPa}$$

设靴梁与底板连接焊缝的焊脚尺寸 $h_f=8\text{mm}$，则焊缝长度

$$\Sigma l_w=[2\times(450-2\times8)+4\times(85-2\times8)]\text{mm}=1144\text{mm}$$

所需焊角尺寸　$h_f=\frac{N}{0.7\Sigma l_w\beta_f f_f^w}=\frac{1260\times10^3}{0.7\times1144\times1.22\times160}\text{mm}=8.1\text{mm}$

取 $h_f=9\text{mm}$，满足构造要求。

本章小结

1）轴心受拉构件需计算其强度和刚度，轴心受压构件除计算其强度和刚度外，尚应计算其稳定性。大多数情况下，轴心受拉构件的截面受强度和刚度控制，轴心受压构件截面受稳定性控制。

2）轴心受压整体失稳形式分为弯曲屈曲、扭转屈曲和弯扭屈曲三种。整体稳定系数 φ 由长细比 λ 确定，计算单轴对称截面绕对称轴和格构式柱绕虚轴的长细比时，应采用换算长细比代替实际长细比。

3）实腹式轴心受压柱常采用工字形截面，设计焊接组合工字形柱时，除考虑整体稳定外，还应考虑翼缘和腹板的局部稳定。格构式轴心受压柱常采用双槽钢组成的、在两个主轴方向具有等稳定性的截面，设计时应进行缀材的计算和单肢稳定性的计算。

4）轴心受压柱采用铰接柱头，柱头的设计主要是构造设计和连接焊缝的计算。轴心受压柱一般采用铰接平板柱脚，柱脚的设计包括底板面积与厚度的确定，靴梁、加劲肋、隔板及连接焊缝的计算。

思考题

17-1　轴心受力构件的承载能力极限状态和正常使用极限状态包含哪些内容？

17-2　提高轴心受压柱的钢材强度能否提高其稳定承载能力？为什么？

17-3　轴心受压构件整体失稳的形式是怎样的？与哪些因素有关？

17-4　构件的残余应力、初弯曲、初偏心及杆端约束对构件的稳定承载力有何影响？

17-5　本章计算中，换算长细比 λ_{yz}、λ_{0x} 替代 λ 的原因是什么？

17-6　轴心受压构件整体稳定系数的影响因素有哪些？

17-7　轴心受压构件翼缘与腹板的局部稳定，板件宽厚比限值是根据什么原则确定的？

17-8　轴心受压构件设计中的等稳定性原则指什么？

17-9　简述格构式轴心受压柱的设计步骤。

17-10　什么是单肢稳定？应怎样保证单肢的稳定性？

17-11　轴心受压构件的剪力是怎样产生的？如何计算？

习　题

17-1　计算图 17-26 所示截面轴心受拉杆的最大承载能力设计值和最大容许计算长度。钢材为 Q345，容许长细比为 350。

17-2　某屋架上弦杆，承受的轴心压力设计值为 $N=800\text{kN}$，截面形式如图 17-27 所示。截面无削弱，计算长度 $l_{0x}=150.8\text{cm}$，$l_{0y}=301.6\text{cm}$，试对其进行整体稳定性验算。

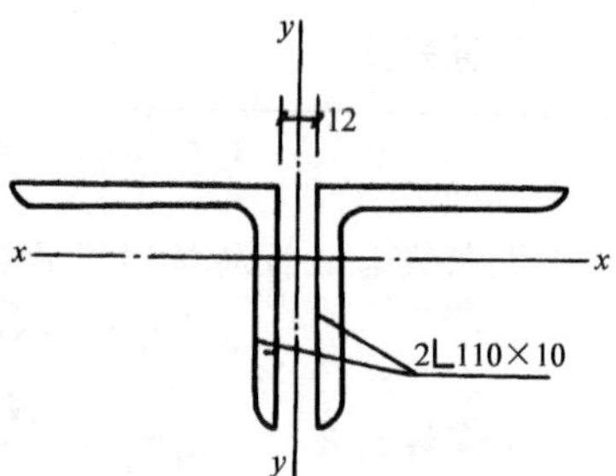

图 17-26　习题 17-1 图

17-3　如图 17-28 所示，两个轴心受压柱，截面面积相等，两端铰接，柱高 5m，钢材为 Q235，翼缘火焰切割边，分别计算两个柱的承载能力并验算截面的局部稳定。

17-4　将例题 17-3 的轴心受压柱改用 H 型钢进行设计，并将计算结果与例题 17-3 进行分析比较。

17-5　一端铰接一端固定的轴心受压柱，轴心压力设计值 $N=500\text{kN}$，柱长 $l=5\text{m}$，采用 Q235 钢材、E43 型焊条，试进行焊接工字形组合截面的设计。

17-6　设计例题17-3组合截面轴心受压柱的柱脚，采用 Q235 钢材，基础混凝土 C20。

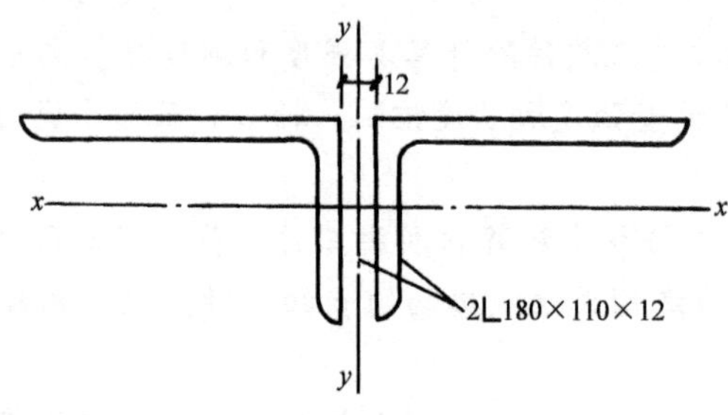

图 17-27　习题 17-2 图

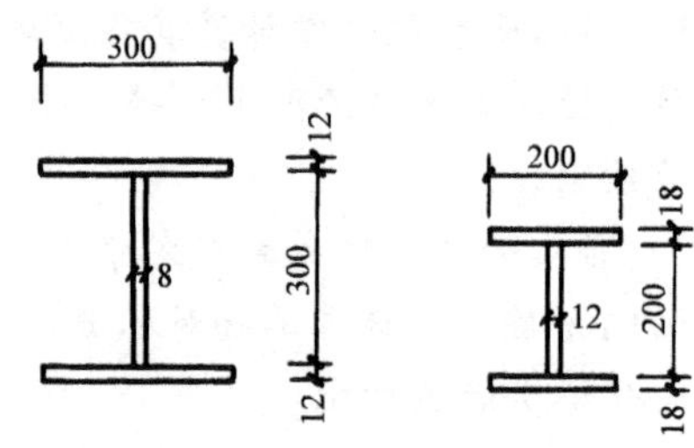

图 17-28　习题 17-3 图

第十八章 受 弯 构 件

学习目标：了解受弯构件的截面形式；掌握梁的强度、刚度、整体稳定性计算，掌握型钢梁的设计计算；熟悉三块钢板焊接组合梁的截面设计；掌握保证梁局部稳定的措施和加劲肋的设计，熟悉梁的拼接和主、次梁的连接构造。

第一节 概 述

梁是典型的受弯构件，承受横向荷载作用。例如建筑中的楼盖梁、屋盖梁、工作平台梁、檩条、吊车梁、墙梁等。

梁的截面可分为型钢截面和组合截面两大类，如图 18-1 所示。型钢梁制造简单、成本较低，应优先采用。工字型钢、H 型钢常用于单向受弯构件，而槽钢、Z 型钢常用于墙梁、檩条等双向受弯构件。当梁的跨度或荷载过大时，现有的型钢规格将不能满足梁强度、刚度的要求，必须采用组合截面梁。大跨度的楼盖主梁、重型吊车梁等常采用钢板焊接组合成的工字形或封闭的箱形截面形式。

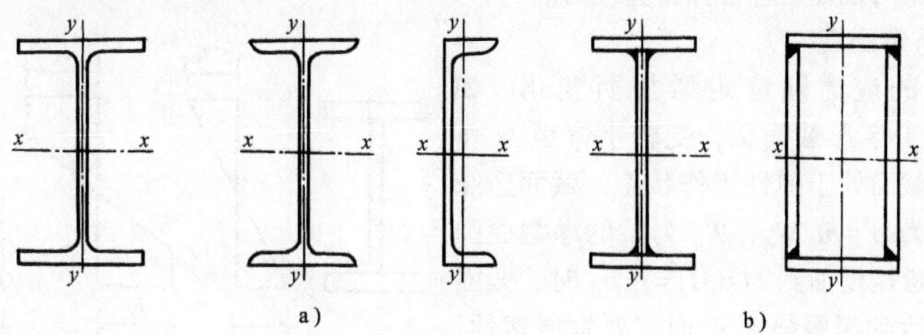

图 18-1 梁的截面形式

a）型钢截面 b）组合截面

钢结构中常常采用纵横交叉的主、次梁组成梁格，再在梁格上铺设面板，形成承重结构体系，如屋盖、楼盖等。在这种结构中荷载的传递方式是由面板传到次梁，次梁再传给主梁，主梁传给柱或墙，最后传给基础。梁格按主、次梁的排列方式不同分为三种类型（图 18-2）：

（1）简单梁格 仅有主梁，适用于小跨度的楼盖或平台结构。

（2）普通梁格 主梁间距较大时，在主梁之间设置若干次梁，将板划分成较小区格，以减小面板的跨度和厚度，使梁格更经济。

（3）复杂梁格 在普通梁格的基础上再设置与主梁平行的次梁，或称小梁，使板的区格尺寸与厚度保持在经济合理的范围内。这种梁构造复杂，传力层次较多，只在必需时才采用。

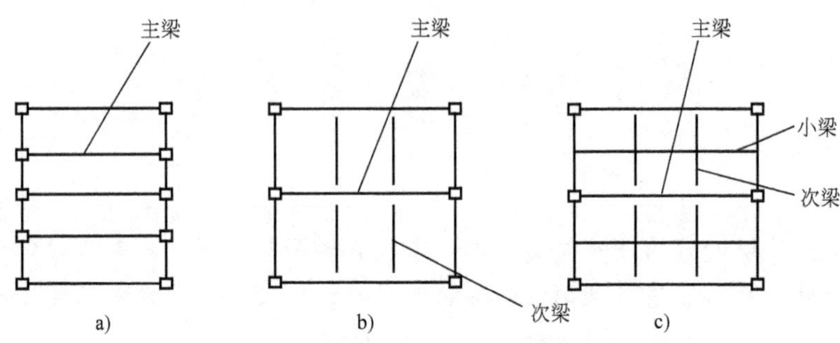

图 18-2　梁格的类型

a）简单梁格　b）普通梁格　c）复杂梁格

第二节　梁的强度、刚度和整体稳定

梁的承载能力极限状态包括强度和稳定两方面。稳定又包括整体稳定和局部稳定。梁的正常使用极限状态是控制梁在横向荷载作用下的最大挠度。

一、梁的强度

梁的截面上有弯矩、剪力存在，因此应对梁进行抗弯强度和抗剪强度的计算。当梁受有集中荷载作用时还应考虑进行局部承压的计算。此外，对梁内有弯曲应力、切应力和局部压应力共同作用的位置还应验算折算应力。

（一）抗弯强度

梁截面的应力随弯矩增加而变化。如图 18-3所示工字形截面梁，受较小弯矩 M 作用时，整个截面处于弹性工作状态，截面边缘处应力最大为 $\sigma = M/W_n$，W_n 为梁的净截面弹性系数；当弯矩增加到 $M = M_e = f_y W_n$ 时，截面边缘处应力达到屈服强度 f_y 而将要发展塑性；之后，弯矩 M 再增加，塑性区域逐渐向梁内扩展，梁处于弹塑性工作阶段；最后直至整个截面完全发展为塑性，截面出现塑性铰，荷载不再增加，变形持续发展，梁处于塑性工作阶段，此时弯矩值为塑性弯矩 $M_p = f_y W_{pn}$，W_{pn}为梁的净截面塑性系数。

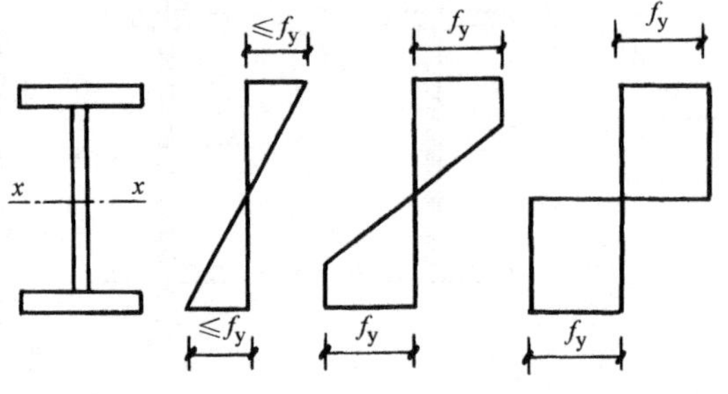

图 18-3　工字形截面梁的弯曲性能

梁截面塑性系数与截面弹性系数之比 $W_{pn}/W_n = \gamma$ 称为截面形状系数。它的大小反映了利用塑性发展的承载力比弹性承载力提高的比例。如圆形截面 $\gamma = 1.7$，矩形截面 $\gamma = 1.5$，工字形截面 $\gamma = 1.1 \sim 1.2$。

虽然塑性状态是梁强度承载能力的极限状态，但此时梁变形太大。因此规范规定：一般情况下，考虑截面部分发展塑性，对于直接承受动力荷载且需计算疲劳的梁，塑性发展对疲劳不利，以弹性极限弯矩作为梁可以承担的最大弯矩。在主平面内受弯的实腹构件，其抗弯强度的计算公式可写为：

双向受弯时

$$\frac{M_x}{\gamma_x W_{nx}}+\frac{M_y}{\gamma_y W_{ny}}\leqslant f \tag{18-1}$$

式中　M_x、M_y——同一截面处绕 x 轴、y 轴的弯矩设计值（N · mm），对工字形截面，x 轴为强轴，y 轴为弱轴；

γ_x、γ_y——截面塑性发展系数，对于直接承受动力荷载且需计算疲劳的梁，宜取 $\gamma_x=\gamma_y=1.0$，其他情况按表 18-1 取用；

W_{nx}、W_{ny}——对 x 轴、y 轴的净截面系数（mm^3）；

f——钢材的抗弯强度设计值（MPa）。

表 18-1　截面塑性发展系数 γ_x、γ_y

<table>
<tr><th>项　次</th><th>截 面 形 式</th><th>γ_x</th><th>γ_y</th></tr>
<tr><td>1</td><td> 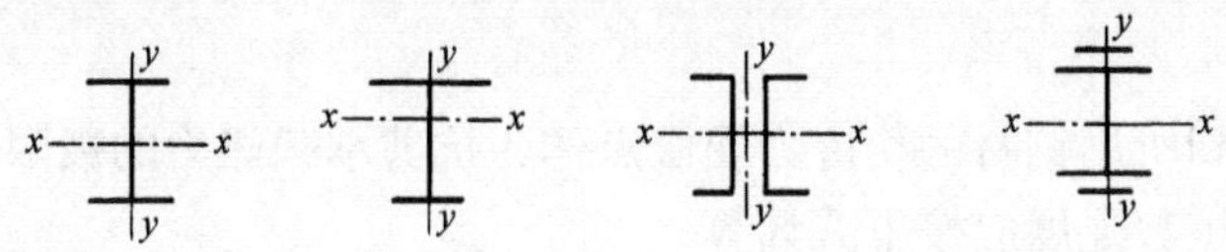</td><td rowspan="2">1.05</td><td>1.2</td></tr>
<tr><td>2</td><td> 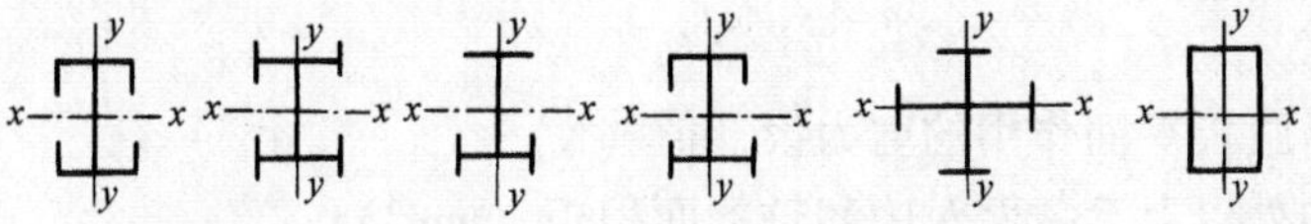</td><td>1.05</td></tr>
<tr><td>3</td><td> 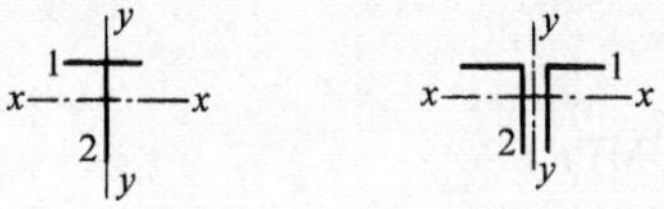</td><td rowspan="2">$\gamma_{x1}=1.05$
$\gamma_{x2}=1.2$</td><td>1.2</td></tr>
<tr><td>4</td><td> 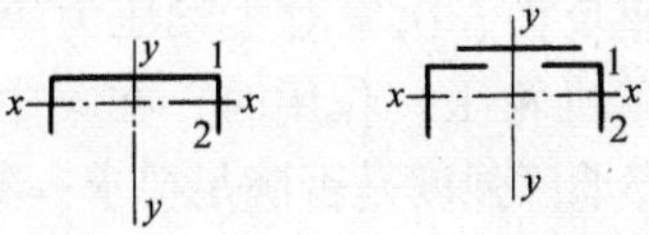</td><td>1.05</td></tr>
<tr><td>5</td><td> 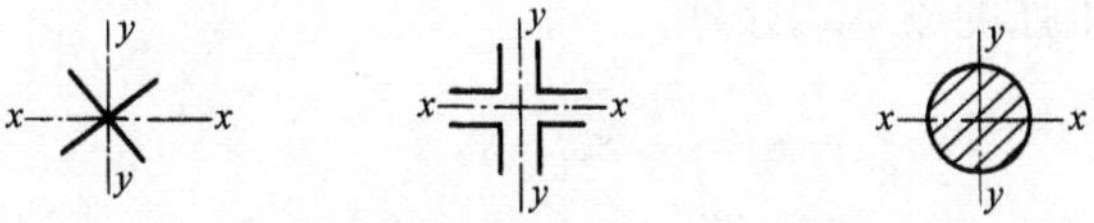</td><td>1.2</td><td>1.2</td></tr>
<tr><td>6</td><td> 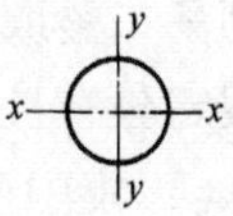</td><td>1.15</td><td>1.15</td></tr>
<tr><td>7</td><td> 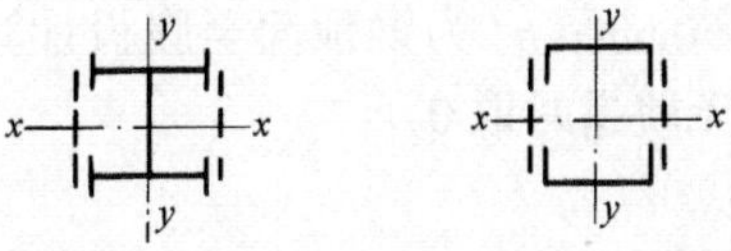</td><td>1.0</td><td>1.05</td></tr>
</table>

（续）

项次	截面形式	γ_x	γ_y
8		1.0	1.0

对于梁的受压翼缘自由外伸宽度 b_1 与其厚度 t 之比大于 $13\sqrt{235/f_y}$ 但不超过 $15\sqrt{235/f_y}$ 的情况，考虑塑性发展对翼缘局部稳定不利，应取 $\gamma_x=1.0$。

单向受弯时

$$\frac{M}{\gamma W_n}\leqslant f \tag{18-2}$$

（二）抗剪强度

以截面最大切应力达到所用钢材的切应力屈服点作为抗剪承载能力的极限状态。在主平面内受弯的实腹构件，其抗剪强度应按下式计算

$$\tau=\frac{VS}{It_w}\leqslant f_v \tag{18-3}$$

式中 V——计算截面沿腹板平面作用的剪力设计值（N）；

S——计算切应力处以上毛截面对中和轴的面积矩（mm^3）；

I——毛截面惯性矩（mm^4）；

t_w——腹板厚度（mm）；

f_v——钢材的抗剪强度设计值（MPa）。

（三）局部承压强度

当梁翼缘受有固定集中荷载（支座反力、次梁对主梁压力等）作用且该处未设置支承加劲肋或受有移动集中荷载（桥式起重机轮压）作用时，在集中荷载作用点处腹板边缘存在很大的压应力，应验算该位置的局部承压强度是否满足要求。集中荷载从作用点开始到腹板计算高度边缘可扩散至一定长度范围，假定压应力在该长度范围均匀分布（图 18-4），则腹板计算高度边缘的局部承压强度按下式计算

$$\sigma_c=\frac{\psi F}{t_w l_z}\leqslant f \tag{18-4}$$

式中 F——集中荷载设计值（N），对动力荷载应考虑动力系数；

ψ——集中荷载增大系数，对重级工作制吊车梁取 $\psi=1.35$；对其他梁取 $\psi=1.0$；

l_z——集中荷载在腹板计算高度边缘的假定分布长度（mm）。集中荷载作用点位于梁中部时（图 18-4a），$l_z=a+5h_y+2h_R$；集中荷载作用点距离梁外边缘的尺寸 $a_1<2.5h_y$ 时（图 18-4b），$l_z=a+a_1+2.5h_y$。其中 a 为集中荷载沿梁跨度方向的支承长度，对吊车梁可取 50mm；h_y 为梁顶面至腹板计算高度边缘处的距离；h_R 为轨道的高度，计算处无轨道时取 0；

t_w——腹板厚度（mm）；

f——钢材的抗压强度设计值（MPa）。

腹板计算高度 h_0 的确定：对轧制型钢梁，为腹板与上、下翼缘相接处两内弧起点间的距离；对焊接组合梁，为腹板高度，如图 18-4 所示。

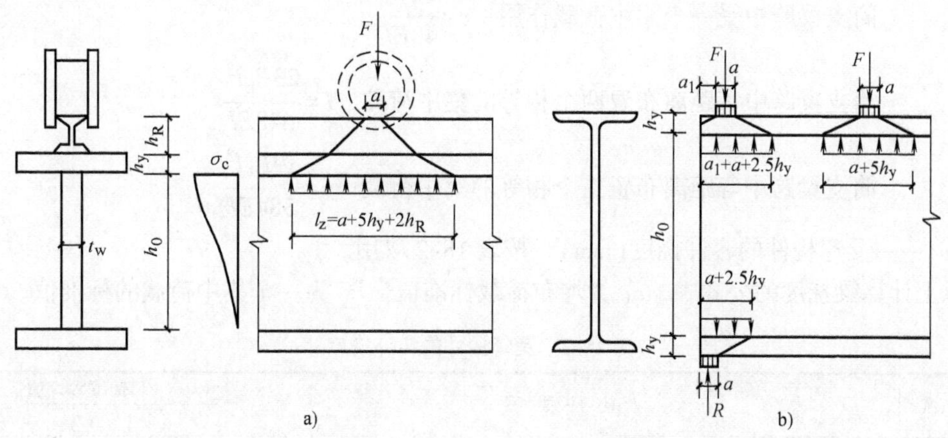

图 18-4　梁腹板局部压应力

若固定集中荷载处设有支承加劲肋，则认为集中荷载全部由加劲肋传递，可不进行局部承压强度验算。

（四）折算应力

在梁腹板计算高度边缘处，若同时受有较大的正应力、切应力和局部压应力，如图 18-5 所示，或同时受有较大的正应力和切应力（如连续梁支座处或梁的翼缘截面改变处等），其折算应力应按下式计算

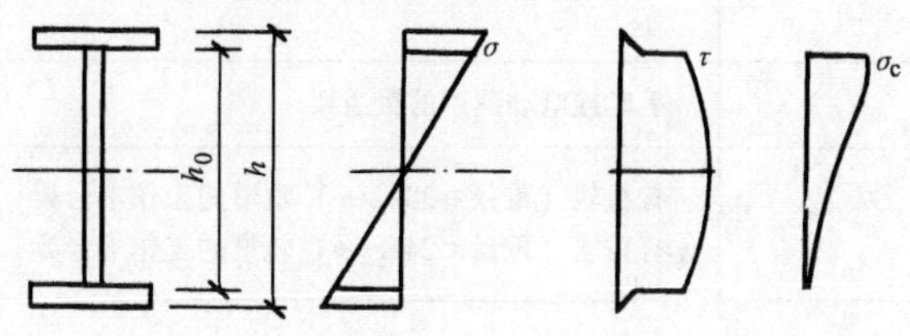

图 18-5　工字形截面的 σ、τ 及 σ_c 图形

$$\sqrt{\sigma^2+\sigma_c^2-\sigma\sigma_c+3\tau^2}\leqslant\beta_1 f \quad (18\text{-}5)$$

式中　σ、τ、σ_c——腹板计算高度边缘同一点上同时产生的正应力、切应力和局部压应力（N/mm^2），τ、σ_c 应按式（18-3）和式（18-4）计算，σ 应按式 $\sigma=M\cdot y_1/I_n$ 计算；σ、σ_c 以拉应力为正值，压应力为负值；

I_n——梁净截面惯性矩（mm^4）；

y_1——所计算点至梁中和轴的距离（mm）；

β_1——计算折算应力的强度设计值增大系数，当 σ 与 σ_c 异号时取 $\beta_1=1.2$，当 σ 与 σ_c 同号或 $\sigma_c=0$ 时，取 $\beta_1=1.1$。

二、梁的刚度

梁的刚度不足时，在横向荷载作用下会产生较大的挠度。一方面给人们不舒服和不安全的感觉，另一方面可能导致顶棚抹灰脱落，吊车梁挠度过大还会使桥式起重机运行时产生剧烈振动，这些都影响到了建筑的正常使用。规范规定梁的刚度通过限制最大挠度值来保证，按下式计算

$$v\leqslant[v] \quad (18\text{-}6)$$

式中　v——由荷载标准值产生的最大挠度（mm），简支梁最大挠度常用计算公式如下：

简支梁受均布荷载作用 $v=\dfrac{5q_k l^4}{384EI}$

简支梁跨中受一个集中荷载作用 $v=\dfrac{P_k l^3}{48EI}$

简支梁跨中等距离布置两个相等的集中荷载 $v=\dfrac{23P_k l^3}{648EI}$

简支梁跨中等距离布置三个相等的集中荷载 $v=\dfrac{19P_k l^3}{384EI}$

$[v]$——受弯构件的容许挠度(mm)，按表 18-2 取用。

以上计算梁挠度的公式中，q_k 为均布荷载标准值，P_k 为一个集中荷载的标准值。

表 18-2 受弯构件的容许挠度

项次	构件类型	挠度容许值	
		$[v_T]$	$[v_Q]$
1	吊车梁和吊车桁架(按自重和起重量最大的一台桥式起重机计算挠度) (1) 手动起重机和单梁起重机（含悬挂起重机） (2) 轻级工作制桥式起重机 (3) 中级工作制桥式起重机 (4) 重级工作制桥式起重机	 l/500 l/800 l/1000 l/1200	
2	手动或电动葫芦的轨道梁	l/400	—
3	有重轨（重量≥38kg/m）轨道的工作平台梁 有重轨（重量≤24kg/m）轨道的工作平台梁	l/600 l/400	—
4	楼（屋）盖或桁架，工作平台梁（第 3 项除外）和平台板： (1) 主梁和桁架（包括设有悬挂起重设备的梁和桁架） (2) 抹灰顶棚的次梁 (3) 除（1）、(2) 外的其他梁（包括楼梯梁） (4) 屋盖檩条： 支承无积灰的瓦楞铁和石棉瓦者 支承压型金属板、有积灰的瓦楞铁和石棉瓦等屋面者 支承其他屋面材料者 (5) 平台板	 l/400 l/250 l/250 l/150 l/200 l/200 l/150	 l/500 l/350 l/300 — — — —
5	墙架构件（风荷载不考虑阵风系数） (1) 支柱 (2) 抗风桁架（作为连续支柱的支承时） (3) 砌体墙的横梁（水平方向） (4) 支承压型金属板、瓦楞铁和石棉瓦墙面的横梁（水平方向） (5) 带有玻璃窗的横梁（竖直和水平方向）	 — — — — l/200	 l/400 l/1000 l/300 l/200 l/200

注：1. l 为受弯构件的跨度（对悬臂梁和伸臂梁为悬伸长度的 2 倍）。

2. $[v_T]$为永久和可变荷载标准值产生的挠度（如有起拱应减去拱度）的容许值。

3. $[v_Q]$ 为可变荷载标准值产生的挠度的容许值。

三、梁的整体稳定

（一）梁的临界弯矩

为了提高梁在强轴方向的抗弯强度和刚度，往往把梁截面设计的高而窄。但对于高而窄的梁，如果在其侧向没有足够的支撑，当外荷载达到某一值时，构件的侧向弯曲和扭转就会急剧增加（图 18-6），使梁丧失承载能力，这种现象称为梁丧失整体稳定性。弯扭破坏时梁的外荷载称为临界弯矩或临界荷载。

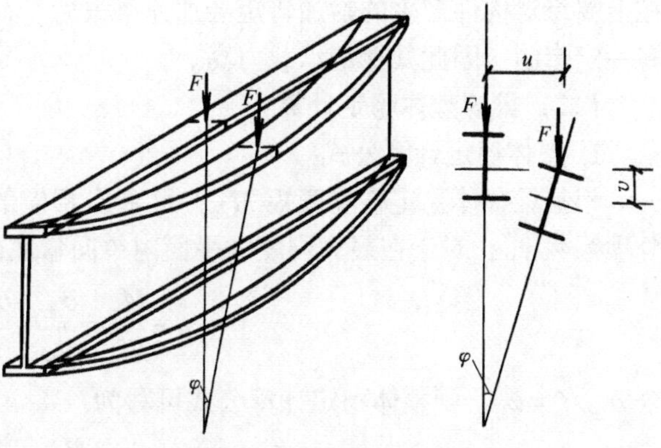

图 18-6　梁丧失整体稳定

临界弯矩是梁整体稳定的极限承载力。只有求解出临界弯矩，才可能解决梁的整体稳定问题。按弹性理论建立梁的平衡微分方程可解出双轴对称两端简支梁的临界弯矩 M_{cr}

$$M_{cr}=k\frac{\sqrt{EI_yGI_t}}{l_1} \tag{18-7}$$

式中　k——梁的整体稳定屈曲系数。随荷载种类及作用点位置变化，按表 18-3 取用；

E——钢材的弹性模量（N/mm^2）；

I_y——梁毛截面对弱轴（y 轴）的惯性矩（mm^4）；

G——钢材的剪变模量（N/mm^2）；

I_t——毛截面的抗扭惯性矩（mm^4）；

l_1——梁受压翼缘侧向支承点间的距离（mm）。

表 18-3　梁的整体稳定屈曲系数 k

荷载种类	纯　弯　曲	均 布 荷 载	跨中一个集中荷载
弯矩图形状			
荷载作用在截面形心上	$\pi\sqrt{1+\pi^2\psi}$	$3.54\sqrt{1+11.9\psi}$	$4.23\sqrt{1+12.9\psi}$
荷载作用在上/下翼缘上		$3.54(\sqrt{1+11.9\psi}\mp1.44\sqrt{\psi})$	$4.23(\sqrt{1+12.9^2\psi}\mp1.74\sqrt{\psi})$

注：$\psi=\left(\frac{h}{2l_1}\right)^2\frac{EI_y}{GI_t}$。

对式（18-7）及 k 值分析可知：提高梁的侧向抗弯刚度 EI_y 和抗扭刚度 GI_t 可增强梁抵抗弯扭变形的能力，减小梁受压翼缘自由长度 l_1 可减小弯扭变形，这些措施都能提高梁的整体稳定承载能力。此外，系数 k 反映了荷载分布及作用点位置对临界弯矩 M_{cr} 的影响。从表 18-3 的弯矩图形状可看出梁最大弯矩相同时，纯弯曲沿梁全长均匀分布，弯矩图面积最大，M_{cr}最低，均布荷载次之，而一个集中荷载作用下弯矩图面积最小，M_{cr}最高。荷载作用在上翼缘对构件产生的附加转矩会加速梁失稳，荷载作用在下翼缘可减小转矩作用，对失稳有一定牵制，因此其稳定承载力高。

（二）梁的整体稳定计算

1. 整体稳定计算公式

根据梁整体稳定临界弯矩 M_{cr}，可求出相应的临界应力 $\sigma_{cr}=M_{cr}/W_x$，并考虑钢材抗力分项系数 γ_R，对于在最大刚度主平面内单向弯曲的构件，其整体稳定的条件为

$$\sigma=\frac{M_x}{W_x}\leqslant\frac{\sigma_{cr}}{\gamma_R}=\frac{\sigma_{cr}}{f_y}\cdot\frac{f_y}{\gamma_R}$$

令 $\sigma_{cr}/f_y=\varphi_b$，则整体稳定计算公式可写为

$$\frac{M_x}{\varphi_b W_x}\leqslant f \tag{18-8}$$

式中 M_x——绕强轴（x 轴）作用的最大弯矩设计值（N·mm）；

φ_b——梁的整体稳定系数；

W_x——按受压纤维确定的梁毛截面系数（mm^3）。

2. 整体稳定系数 φ_b

（1）等截面焊接工字形和轧制 H 型钢简支梁　按公式 $\varphi_b=\sigma_{cr}/f_y=M_{cr}/W_xf_y$ 计算，并考虑钢材牌号、初始缺陷及截面单轴对称等因素影响，规范给出了整体稳定系数 φ_b 的计算公式

$$\varphi_b=\beta_b\frac{4320}{\lambda_y^2}\cdot\frac{Ah}{W_x}\left[\sqrt{1+\left(\frac{\lambda_y t_1}{4.4h}\right)^2}+\eta_b\right]\frac{235}{f_y} \tag{18-9}$$

式中 β_b——梁整体稳定的等效临界弯矩系数，按表 18-4 取用；

λ_y——梁在侧向支承点间对截面弱轴 y—y 轴的长细比。$\lambda_y=l_1/i_y$，l_1 为受压翼缘的自由长度，对跨中无侧向支承点的梁，l_1 为其跨度，对跨中有侧向支承点的梁，l_1 为受压翼缘侧向支承点之间的距离（梁的支座处视为侧向支承）；i_y 为梁毛截面对 y 轴的回转半径；

A——梁的毛截面面积（mm^2）；

h、t_1——梁截面的全高和受压翼缘厚度（mm）；

η_b——截面不对称影响系数。双轴对称截面，取 $\eta_b=0$，加强受压翼缘的单轴对称工字形截面，$\eta_b=0.8(2\alpha_b-1)$，加强受拉翼缘的单轴对称工字形截面，$\eta_b=2\alpha_b-1$，截面形式如图 18-7 所示。$\alpha_b=\dfrac{I_1}{I_1+I_2}$，式中，$I_1$ 和 I_2 分别为受压翼缘和受拉翼缘对 y 轴的惯性矩。

表 18-4　H 型钢和等截面工字形简支梁的系数 β_b

项　次	侧向支承	荷　载		$\xi\leqslant2.0$	$\xi>2.0$	适用范围
1	跨中无侧向支承	均布荷载作用在	上翼缘	$0.69+0.13\xi$	0.95	图 18-7a、b、d 的截面
2			下翼缘	$1.73-0.20\xi$	1.33	

（续）

项次	侧向支承	荷载		$\xi\leqslant2.0$	$\xi>2.0$	适用范围
3	跨中无侧向支承	集中荷载作用在	上翼缘	$0.73+0.18\xi$	1.09	图 18-7a、b、d 的截面
4			下翼缘	$2.23-0.28\xi$	1.67	
5	跨度中点有一个侧向支承点	均布荷载作用在	上翼缘	1.15		图 18-7 中的所有截面
6			下翼缘	1.40		
7		集中荷载作用在截面高度上任意位置		1.75		
8	跨中有不少于两个等距离侧向支承点	任意荷载作用在	上翼缘	1.20		
9			下翼缘	1.40		
10	梁端有弯矩，但跨中无荷载作用			$1.75-1.05\left(\frac{M_2}{M_1}\right)+0.3\left(\frac{M_2}{M_1}\right)^2$，但小于等于 2.3		

注：1. $\xi=l_1t_1/b_1h$——参数，其中 b_1 和 t_1 如图 18-7 所示，l_1 同式（18-9）。

2. M_1、M_2 为梁的端弯矩，使梁产生同向曲率时 M_1 和 M_2 取同号，产生反向曲率时取异号，$|M_1|\geqslant|M_2|$。

3. 表中项次 3、4 和 7 的集中荷载是指一个或少数几个集中荷载位于跨中央附近的情况，对其他情况的集中荷载，应按表中项次 1、2、5、6 内的数值采用。

4. 表中项次 8、9 的 β_b，当集中荷载作用在侧向支承点处时，取 $\beta_b=1.20$。

5. 荷载作用在上翼缘系指荷载作用点在翼缘表面，方向指向截面形心；荷载作用在下翼缘系指荷载作用点在翼缘表面，方向背向截面形心。

6. 对 $\alpha_b>0.8$ 的加强受压翼缘工字形截面，下列情况的 β_b 值应乘以相应的系数。

项次 1　当 $\xi\leqslant1.0$ 时乘以 0.95

项次 3　当 $\xi\leqslant0.5$ 时乘以 0.90

当 $0.5<\xi\leqslant1.0$ 时乘以 0.95

因为残余应力等影响，按以上方法计算的 φ_b 大于 0.6 时，梁的截面部分进入塑性工作状态，对整体稳定不利，为了考虑这一影响，规范规定用 φ_b' 代替 φ_b，φ_b' 可按下式计算

$$\varphi_b'=1.07-\frac{0.282}{\varphi_b}\leqslant1.0 \tag{18-10}$$

（2）轧制普通工字钢简支梁　轧制普通工字钢简支梁整体稳定系数 φ_b 应按表 18-5 取用。当所得的 φ_b 值大于 0.6 时，也应按式（18-10）计算出相应的 φ_b' 代替 φ_b。

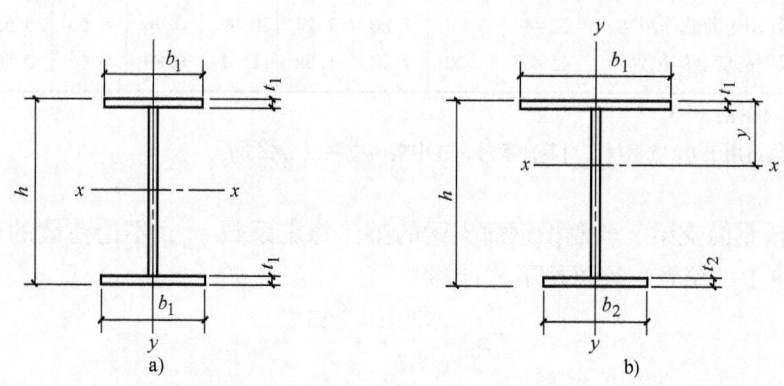

图 18-7　焊接工字形和轧制 H 型钢截面

a）双轴对称焊接工字形截面　b）加强受压翼缘的单轴对称焊接工字形截面

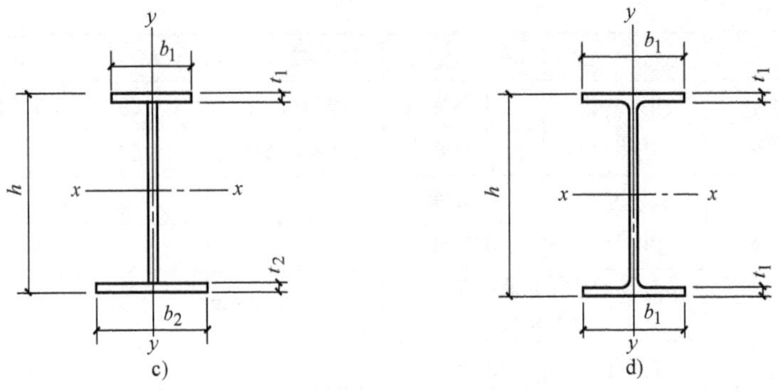

图 18-7 焊接工字形和轧制 H 型钢截面（续）

c）加强受拉翼缘的单轴对称焊接工字形截面 d）轧制 H 型钢截面

表 18-5 轧制普通工字钢简支梁的 φ_b

项次	荷载情况			工字钢型号	自由长度 l_1/m								
					2	3	4	5	6	7	8	9	10
1	跨中无侧向支承点的梁	集中荷载作用于	上翼缘	10~20	2.00	1.30	0.99	0.80	0.68	0.58	0.53	0.48	0.43
				22~32	2.40	1.48	1.09	0.86	0.72	0.62	0.54	0.49	0.45
				36~63	2.80	1.60	1.07	0.83	0.68	0.56	0.50	0.45	0.40
2			下翼缘	10~20	3.10	1.95	1.34	1.01	0.82	0.69	0.63	0.57	0.52
				22~40	5.50	2.80	1.84	1.37	1.07	0.86	0.73	0.64	0.56
				45~63	7.30	3.60	2.30	1.62	1.20	0.96	0.80	0.69	0.60
3		均布荷载作用于	上翼缘	10~20	1.70	1.12	0.84	0.68	0.57	0.50	0.45	0.41	0.37
				22~40	2.10	1.30	0.93	0.73	0.60	0.51	0.45	0.40	0.36
				45~63	2.60	1.45	0.97	0.73	0.59	0.50	0.44	0.38	0.35
4			下翼缘	10~20	2.50	1.55	1.08	0.83	0.68	0.56	0.52	0.47	0.42
				22~40	4.00	2.20	1.45	1.10	0.85	0.70	0.60	0.52	0.46
				45~63	5.60	2.80	1.80	1.25	0.95	0.78	0.65	0.55	0.49
5	跨中有侧向支承点的梁(不论荷载作用在截面高度上的位置)			10~20	2.20	1.39	1.01	0.79	0.66	0.57	0.52	0.47	0.42
				22~40	3.00	1.80	1.24	0.96	0.76	0.65	0.56	0.49	0.43
				45~63	4.00	2.20	1.38	1.01	0.80	0.66	0.56	0.49	0.43

注：1. 同表 18-4 的注 3、5。

2. 表中数值适用于 Q235 钢材，对其他牌号，表中数值应乘以 $\sqrt{235/f_y}$。

（3）轧制槽钢简支梁 轧制槽钢简支梁的整体稳定系数 φ_b，不论荷载的形式和荷载作用点在截面高度上的位置，均可按下式计算

$$\varphi_b=\frac{570bt}{l_1h}\cdot\frac{235}{f_y} \tag{18-11}$$

式中 h、b、t——分别为槽钢截面的高度、翼缘宽度和翼缘平均厚度（mm）。

按式（18-11）计算的 φ_b 值大于 0.6 时，也应按式（18-10）计算出相应的 φ_b' 代替 φ_b。

（三）保证整体稳定性的措施

《钢结构设计规范》规定，符合下列情况之一者，可不计算梁的整体稳定性：

1）有铺板（各种钢筋混凝土板和钢板）密铺在梁的受压翼缘上并与其牢固相连、能阻止梁受压翼缘的侧向位移时。

2）H 型钢或等截面工字形简支梁受压翼缘的自由长度 l_1 与其宽度 b_1 之比不超过表18-6所规定的数值。

表 18-6　H 型钢或等截面工字形简支梁不需计算整体稳定性的最大 l_1/b_1

钢　号	跨中无侧向支承点的梁		跨中有侧向支承点的梁不论荷载作用于何处
	荷载作用在上翼缘	荷载作用在下翼缘	
Q235	13.0	20.0	16.0
Q345	10.5	16.5	13.0
Q390	10.0	15.5	12.5
Q420	9.5	15.0	12.0

注：其他钢号的梁不需计算整体稳定性的最大 l_1/b_1 值，应取 Q235 钢的数值乘以 $\sqrt{235/f_y}$。

当不符合上列情况之一时，在最大刚度主平面内受弯的构件，其整体稳定性应按式(18-8) 计算。

在两个主平面内受弯的工字形截面构件或 H 型钢截面构件，其整体稳定性应按下式计算

$$\frac{M_x}{\varphi_b W_x}+\frac{M_y}{\gamma_y W_y}\leqslant f \tag{18-12}$$

式中　W_x、W_y——按受压纤维确定的对 x 轴、y 轴毛截面系数（mm^3）；

φ_b——绕强轴（x 轴）弯曲所确定的梁整体稳定系数。

例 18-1　某焊接工字形等截面简支梁，跨度 $l=15m$，在支座及跨中三分点处各有一水平侧向支承，截面如图 18-8 所示。钢材为 Q345，承受均布恒荷载标准值为 12.5kN/m，均布活荷载标准值为 27.5kN/m，均作用在梁的上翼缘板。试验算梁的整体稳定性。

解：(1) 梁截面几何特征

$$A=(2\times30\times1.4+110\times0.8)cm^2=172cm^2$$

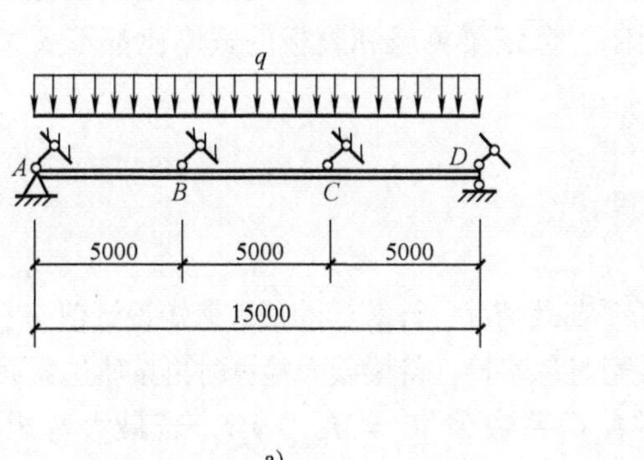

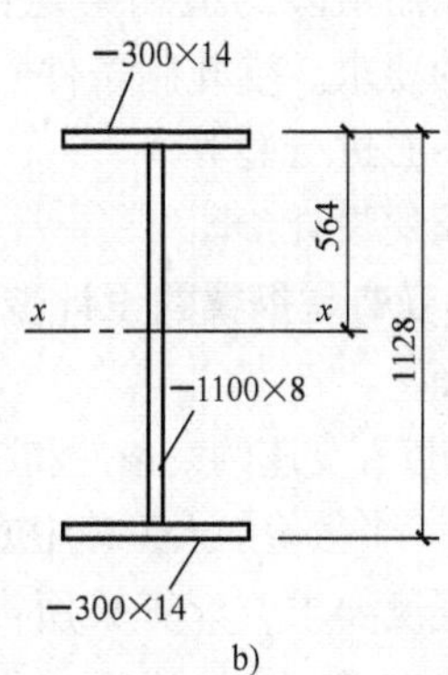

图 18-8　例 18-1 图

$$I_x=\frac{1}{12}\times(30\times112.8^3-29.2\times110^3)\ \text{cm}^4=349356\text{cm}^4$$

$$I_y=\left(2\times\frac{1}{12}\times1.4\times30^3\right)\text{cm}^4=6300\text{cm}^4$$

$$W_x=\frac{2I_x}{h}=\frac{2\times349356}{112.8}\text{cm}^3=6194\text{cm}^3$$

$$i_y=\sqrt{\frac{I_y}{A}}=\sqrt{\frac{6300}{172}}\text{cm}=6.05\text{cm}$$

$$\lambda_y=\frac{l_1}{i_y}=\frac{5\times10^2}{6.05}=82.6$$

$$\frac{l_1}{b_1}=\frac{500}{30}=16.7>13.0\qquad \text{需验算梁的整体稳定性。}$$

（2）验算　查表 18-4 得 $\beta_b=1.20$，双轴对称截面 $\eta_b=0$

$$\varphi_b=\beta_b\frac{4320}{\lambda_y^2}\cdot\frac{Ah}{W_x}\left[\sqrt{1+\left(\frac{\lambda_y t_1}{4.4h}\right)^2}+\eta_b\right]\frac{235}{f_y}$$

$$=1.20\times\frac{4320}{82.6^2}\times\frac{172\times10^2\times1128}{6194\times10^3}\times\left[\sqrt{1+\left(\frac{82.6\times14}{4.4\times1128}\right)^2}+0\right]\times\frac{235}{345}$$

$$=1.665$$

$$\varphi_b'=1.07-0.282/\varphi_b=0.9$$

$$M_x=\left[\frac{1}{8}\times(1.2\times12.5+1.4\times27.5)\times15^2\right]\text{kN}\cdot\text{m}=1504.7\text{kN}\cdot\text{m}$$

$$\frac{M_x}{\varphi_b'W_x}=\frac{1504.7\times10^6}{0.9\times6194\times10^3}\text{N/mm}^2=269.9\text{N/mm}^2<f=310\text{MPa}$$

整体稳定性满足要求。

第三节　型钢梁设计

在工程中应用最多的型钢梁是普通热轧工字钢和 H 型钢。型钢梁的设计应满足强度、刚度和稳定性的要求。受轧制条件限制，型钢梁翼缘和腹板的宽厚比都不太大，局部稳定一般都可满足，不必进行验算。

一、型钢梁的设计步骤

（一）单向受弯型钢梁的设计步骤

1. 选择截面

根据梁的跨度、支座约束条件和所受荷载情况，计算梁的最大弯矩设计值 M_{max}。对梁自重的处理，可以预估一个数值加入恒载中或暂且忽略掉，待梁截面验算时再按所选截面准确计算。

根据抗弯强度要求，计算梁所需截面系数为 $W_x=M_{max}/\gamma_x f$，若最大弯矩截面处开有孔洞，则应将算得的 W_x 增大 10%～15%。然后，从附录 D 中选择与 W_x 值相适应的型钢。

2. 截面验算

根据选择的型钢，考虑其自重，重新计算梁的最大弯矩设计值 $M_{\max}$ 和最大剪力设计值 $V_{\max}$，然后按相应公式进行强度、刚度和整体稳定性的验算。验算不满足或截面有较大富余，都应重新选择截面。

（二）双向受弯型钢梁的设计步骤

双向受弯型钢梁的设计步骤与单向受弯型钢梁基本相同。只是在选择截面时先按 $M_{x\max}$（或 $M_{y\max}$）计算所需 W_x（或 W_y），然后考虑另一方向弯矩的影响，适当加大 W 选定型钢，最后，用双向受弯构件的相应公式进行验算。

二、设计实例

例 18-2　一工作平台梁格，如图 18-9 所示。平台无动力荷载，永久荷载标准值为 2.5kN/m²，可变荷载标准值为 6kN/m²，钢材为 Q235，假定平台板刚性连接于次梁上，试选择中间次梁 A 的型号。若平台铺板不能保证次梁的整体稳定，试重新选择型钢型号。

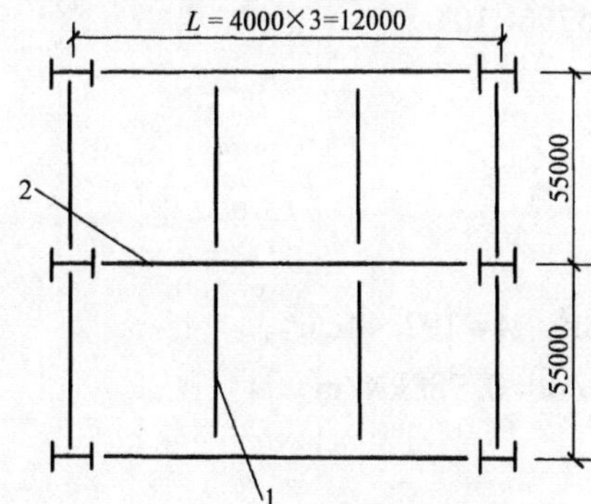

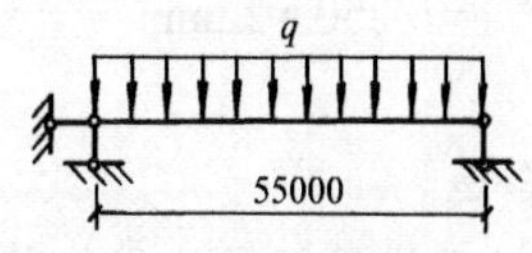

图 18-9　例 18-2 图

1—次梁 A　2—主梁 B

解：1. 平台板刚性连接于次梁上，可保证梁的整体稳定

（1）截面选择　次梁计算简图，如图 18-9 所示，所受均布荷载标准值、设计值分别为

$$q_k = [(2.5+6)\times 4]\text{kN/m} = 34\text{kN/m}$$

$$q = [(1.2\times 2.5+1.4\times 6)\times 4]\text{kN/m} = 45.6\text{kN/m}$$

最大弯矩设计值　$M_{\max} = \left(\dfrac{1}{8}\times 45.6\times 5.5^2\right)\text{kN}\cdot\text{m} = 172.4\text{kN}\cdot\text{m}$

型钢所需截面系数

$$W' = \frac{M_{\max}}{\gamma_x f} = \frac{172.4\times 10^6}{1.05\times 215}\text{mm}^3 = 763787\text{mm}^3 = 763.8\text{cm}^3$$

选用 I 36a，$W_x = 875\text{cm}^3$　$A = 76.48\text{cm}^2$　$I_x = 15800\text{cm}^4$　$S_x = 514.66\text{cm}^3$

自重　$g_k = (60.0\times 9.8)\ \text{N/m} = 588\text{N/m} = 0.588\text{kN/m}$　$t_w = 10\text{mm}$

（2）截面验算　考虑自重后的最大弯矩

$$M_{\max} = \left(172.4+\frac{1}{8}\times 1.2\times 0.588\times 5.5^2\right)\text{kN}\cdot\text{m} = 175.1\text{kN}\cdot\text{m}$$

最大剪力值　$V_{\max} = \dfrac{ql}{2} = \dfrac{(45.6+1.2\times 0.588)\times 5.5}{2}\text{kN} = 127\text{kN}$

抗弯强度

$$\frac{M_{max}}{\gamma_x W_x}=\frac{175.1\times10^6}{1.05\times875\times10^3}\text{N/mm}^2=190.59\text{N/mm}^2<f=215\text{MPa}$$ 满足

抗剪强度

$$\tau=\frac{VS_x}{I_x t_w}=\frac{127\times10^3\times514.66\times10^3}{15800\times10^4\times10}\text{N/mm}^2$$
$$=41.37\text{N/mm}^2<f_v=125\text{MPa}$$

满足

型钢梁腹板较厚，抗剪强度一般不起控制作用。

刚度验算

$$v=\frac{5q_k l^4}{384EI}=\frac{5\times(34+0.588)\times10^3\times5.5\times5500^3}{384\times206000\times15796\times10^4}\text{mm}=12.7\text{mm}<[v_T]$$
$$=l/250=22\text{mm}$$

满足

所选截面合适。

2. 平台铺板不能保证梁的整体稳定

(1) 截面选择　选用 I 45a　$W_x=1430\text{cm}^3$　$A=102.44\text{cm}^2$。

自重　$g_k=(80.38\times9.8)\ \text{N/m}=787.7\text{N/m}=0.788\text{kN/m}$

(2) 截面验算　考虑自重后的最大弯矩

$$M_{max}=\left(172.4+\frac{1}{8}\times1.2\times0.788\times5.5^2\right)\text{kN}\cdot\text{m}=176.0\text{kN}\cdot\text{m}$$

抗弯强度、抗剪强度、刚度必定满足。

(3) 整体稳定验算　查表 18-5 得 $\varphi_b=0.66$，则

$$\varphi_b'=1.07-0.282/\varphi_b=0.643$$

$$\frac{M_x}{\varphi_b' W_x}=\frac{176.0\times10^6}{0.643\times1430\times10^3}\text{N/mm}^2=191.41\text{N/mm}^2<f=215\text{MPa}$$ 满足

所选截面合适。

通过对第一种情况和第二种情况比较可知，第一种情况通过构造措施保证了梁的整体稳定性，因此用钢量比第二种情况小。

第四节　组合梁设计

一、组合梁设计步骤

用钢板焊接组成的工字形截面梁是一种最常见的组合梁形式。组合梁的截面设计要同时考虑安全和经济两个因素。在满足安全可靠的前提下，一般截面系数与截面面积的比值 W/A 越大，则越合理越经济。具体设计步骤如下：

（一）确定组合梁的截面尺寸

组合梁的截面尺寸包括截面高度 h、腹板厚度 t_w、翼缘宽度 b 和翼缘厚度 t。

1. 梁的截面高度 h

梁的截面高度应由建筑高度、刚度条件和经济条件确定。

建筑高度是根据建筑要求和梁格结构布置方案所确定的梁的最大允许高度 h_{max}。

刚度条件决定梁的最小高度 h_{min}，以保证梁的挠度不超过允许挠度。最小高度 h_{min} 可按下式估算

$$h_{min}=0.16\frac{fl^2}{E[v_T]} \tag{18-13}$$

式（18-13）是以受均布荷载作用的简支梁导出的，但对集中荷载作用、非简支梁、变截面梁等情况一般也可按此式估算最小梁高。

梁的经济高度 h_e 取决于梁用钢量最少这一经济条件。经分析计算，梁的经济高度可按下式估算

$$h_e=2W_x^{0.4} \text{ 或 } h_e=(7\sqrt[3]{W_x}-300)\text{mm} \tag{18-14}$$

式中　W_x——梁抗弯强度确定的所需截面系数（mm^3）。

梁的高度取值应在满足最大、最小梁高的基础上接近经济梁高。考虑钢板规格因素的影响，一般先选择腹板高度 h_0，h_0 取值宜略小于截面高度 h 并取为 50mm 的倍数。

2. 腹板厚度 t_w

腹板的计算厚度主要根据梁的抗剪能力确定。假定剪力只由腹板承担，且最大切应力为腹板平均切应力的 1.5 倍，则腹板厚度应满足

$$t_w\geqslant\frac{1.5V}{h_0f_v} \tag{18-15}$$

考虑腹板局部稳定要求，腹板厚度 t_w 可按下列经验公式估算

$$t_w=\frac{\sqrt{h_0}}{3.5} \tag{18-16}$$

腹板厚度应符合钢板现有规格，除轻型钢结构外，一般不小于 6mm。

3. 翼缘尺寸

翼缘尺寸的确定，应根据所选截面系数不小于按抗弯强度确定的截面系数的原则而定。经计算整理后可得翼缘面积 A_f 为

$$A_f=bt\geqslant\frac{W_x}{h_0}-\frac{t_wh_0}{6} \tag{18-17}$$

根据翼缘面积 A_f，考虑钢板的规格即可确定 b、t。一般 b 值在 $(1/5\sim1/3)h$ 之间取值。b 取 10mm 的倍数，t 不宜小于 8mm。考虑翼缘局部稳定的要求，应满足 $b/t\leqslant30\sqrt{235/f_y}$；若 $b/t\leqslant26\sqrt{235/f_y}$，则允许部分截面发展塑性。

（二）截面验算

计算初选截面的几何特征，然后按相应公式验算梁的强度、刚度、整体稳定和翼缘的局部稳定。

（三）翼缘与腹板的连接焊缝

翼缘与腹板所受弯曲应力不同使两者有相对滑移的趋势而产生剪力，如图 18-10 所示，这一剪力由翼缘与腹板的连接焊缝承担。

由材料力学可知翼缘与腹板之间的切应力为 $\tau_1=VS_1/I_x t_w$，则沿梁长度方向单位长度的剪力 V_h

$$V_h=\tau_1 t_w\times1=\frac{VS_1}{I_x t_w}t_w\times1=\frac{VS_1}{I_x} \tag{18-18}$$

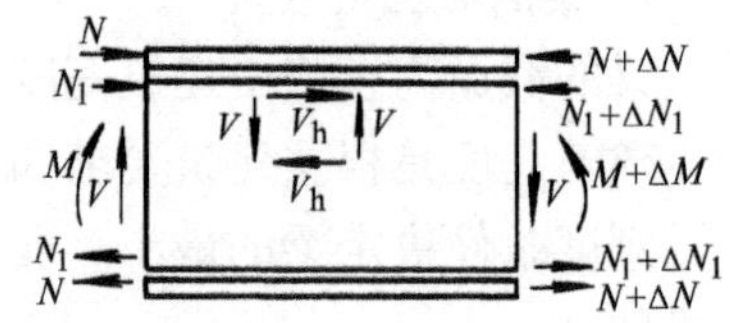

图 18-10　翼缘与腹板连接焊缝的受力

式中　S_1——一个翼缘对中和轴的面积矩（mm^3）；

V——截面上的最大剪力设计值（N）；

I_x——梁截面对中和轴的毛截面惯性矩（mm^4）。

一般采用双面角焊缝形式，焊缝强度按下式验算

$$\tau_f=\frac{V_h}{2\times0.7h_f\times1}=\frac{V_h}{1.4h_f}\leqslant f_f^w \tag{18-19}$$

式中　τ_f——剪力 V_h 产生的平行于焊缝长度方向的应力（N/mm^2）。

当梁上同时受有固定集中荷载而未设加劲肋或受有移动集中荷载作用时，翼缘与腹板的连接焊缝还应承担集中荷载的作用。竖向集中荷载在焊缝上产生垂直于焊缝长度方向的应力为

$$\sigma_f=\frac{\psi F}{2\times0.7h_f l_z}=\frac{\psi F}{1.4h_f l_z} \tag{18-20}$$

式中　l_z——集中荷载在焊缝处的假定分布长度（mm），按式（18-4）中方法计算。

此时焊缝强度应满足下式要求

$$\sqrt{\left(\frac{\psi F}{1.4h_f\beta_f l_z}\right)^2+\left(\frac{V_h}{1.4h_f}\right)^2}\leqslant f_f^w \tag{18-21}$$

（四）梁截面沿长度的改变

一般梁的弯矩沿长度方向是变化的，按梁的最大弯矩设计值确定截面尺寸，必然会使钢材存在浪费。为了节约钢材，考虑随弯矩图的变化对梁的截面进行改变。截面改变会增加制造工作量，因此对跨度较小的梁经济效益并不明显，一般仅对跨度较大的梁每半跨改变一次截面，这种做法一般可节约钢材 10%~20%，效果显著。常见的截面改变有改变翼缘宽度、改变翼缘厚度（或层数）和改变腹板高度三种形式，如图 18-11 所示。梁截面沿长度的改变应满足计算与构造要求，具体做法可查阅相关规范。

二、设计实例

例 18-3　设计图18-9所示工作平台中的主梁 B，次梁按 Ⅰ36a 考虑，钢材为 Q235。采用 E43 焊条系列。

解：（1）主梁计算简图及集中力的确定　主梁的计算简图，如图 18-12 所示。

主梁按简支梁设计，承受两侧次梁传来的集中力作用，集中力标准值 F_k 和设计值F_q 为

$$F_k=2\times\left[\frac{1}{2}\times(2.5+6)\times4\times5.5+\frac{1}{2}\times0.588\times5.5\right]\text{kN}=190.2\text{kN}$$

$$F_q=2\times\left[\frac{1}{2}\times(1.2\times2.5+1.4\times6)\times4\times5.5+\frac{1}{2}\times1.2\times0.588\times5.5\right]\text{kN}=254.7\text{kN}$$

（2）截面尺寸确定　最大弯矩设计值（不考虑主梁自重）

$$M_{max}=F_q(l/3)=(254.7\times4)\ \text{kN}\cdot\text{m}=1018.8\text{kN}\cdot\text{m}$$

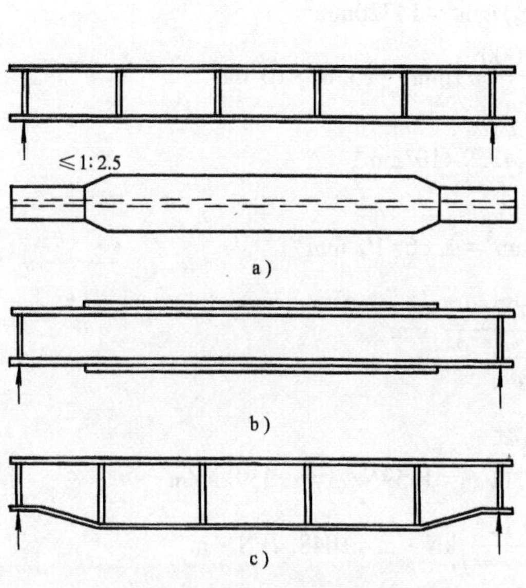

图 18-11　梁截面沿长度的改变

a）改变翼缘宽度　b）改变翼缘层数　c）改变腹板高度

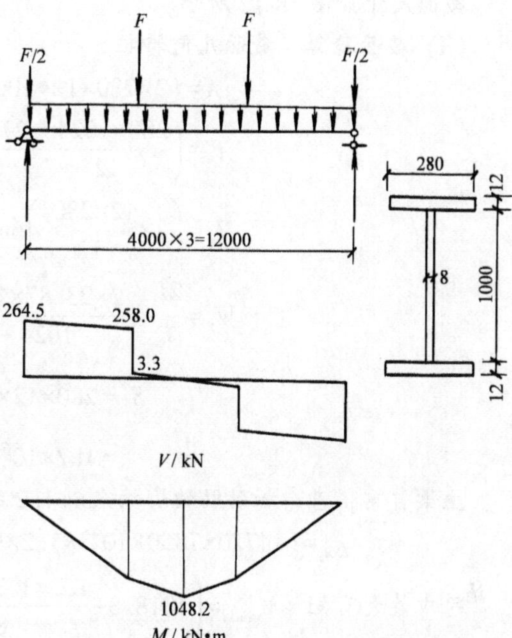

图 18-12　主梁的计算简图及内力图

最大剪力设计值　$V_{\max}=F_q=254.7\text{kN}$

所需截面系数　$W'_x=\dfrac{M_{\max}}{\gamma_x f}=\dfrac{1018.8\times10^6}{1.05\times215}\text{mm}^3=4.51\times10^6\text{mm}^3$

查表 18-2 知主梁的允许挠度$[v_T]=l/400$

梁的最小梁高为　$h_{\min}=0.16\dfrac{fl^2}{E_T[v_T]}=\left(0.16\times\dfrac{215\times12000^2\times400}{206000\times12000}\right)\text{mm}$

$=801.6\text{mm}$

经济梁高　$h_e=7\sqrt[3]{W'_x}-300=\left(7\times\sqrt[3]{4.51\times10^6}-300\right)\text{mm}=856.6\text{mm}$

取 $h_0=1000\text{mm}$。

腹板厚度 t'_w　$t'_w\geqslant\dfrac{1.5V}{h_0f_v}=\left(\dfrac{1.5\times254.7\times10^3}{1000\times125}\right)\text{mm}=3.1\text{mm}$

$t'_w=\dfrac{\sqrt{h_0}}{3.5}=\dfrac{\sqrt{1000}}{3.5}\text{mm}=9\text{mm}$

取 $t_w=8\text{mm}$。

翼缘面积 A_f　$A_f=\dfrac{W'_x}{h_0}-\dfrac{t_wh_0}{6}=\left(\dfrac{4.51\times10^6}{1000}-\dfrac{8\times1000}{6}\right)\text{mm}=3176.7\text{mm}^2$

$b=\left(\dfrac{1}{3}\sim\dfrac{1}{5}\right)h=(333.3\sim200)\text{mm}$，取 $b=280\text{mm}$。

$t=\dfrac{3176.7}{280}\text{mm}=11.3\text{mm}$，取 $t=12\text{mm}$。

截面尺寸如图 18-12 所示。

(3) 截面验算　截面几何特征

$$A=(2\times280\times12+1000\times8)\,\text{mm}^2=14720\text{mm}^2$$

$$I_x=\left(\frac{280\times1024^3}{12}-\frac{272\times1000^3}{12}\right)\text{mm}^4=23.87\times10^8\text{mm}^4$$

$$I_y=\left(2\times\frac{12\times280^3}{12}\right)\text{mm}^4=43.9\times10^6\text{mm}^4$$

$$W_x=\frac{2I_x}{h}=\frac{2\times23.87\times10^8}{1024}\text{mm}^3=4.66\times10^6\text{mm}^3$$

$$S_1=280\times12\times\left(\frac{1000}{2}+\frac{12}{2}\right)\text{mm}^3$$

$$=1.7\times10^6\text{mm}^3$$

主梁自重，考虑加劲肋的影响乘以 1.2 的系数

$$g_k=(14720\times7850\times10^{-6}\times1.2\times9.8)\,\text{N/m}=1359\text{N/m}=1.359\text{kN/m}$$

跨中最大弯矩　$M_{max}=\left(1018.8+\frac{1.2\times1.359\times12^2}{8}\right)\text{kN}\cdot\text{m}=1048.2\text{kN}\cdot\text{m}$

梁的抗弯强度

$$\frac{M_{xmax}}{\gamma_x W_x}=\frac{1048.2\times10^6}{1.05\times4.66\times10^6}\text{N/mm}^2=214.2\text{N/mm}^2<f=215\text{N/mm}^2$$　满足

支座处最大剪力　$V_{max}=\left(254.7+\frac{1.2\times1.359\times12}{2}\right)\text{kN}=264.5\text{kN}$

抗剪强度

$$\tau=\frac{V_{max}S_x}{I_x t_w}$$

$$=\frac{264.5\times10^3\times(500\times8\times250+280\times12\times506)}{23.87\times10^8\times8}\text{N/mm}^2=37.4\text{N/mm}^2<f_v$$

$$=125\text{N/mm}^2$$

满足

次梁传给主梁集中力处设置支承加劲肋，不考虑局部承压强度验算。

整体稳定　次梁视为主梁的侧向支承，$l_1=4\text{m}$

$$\frac{l_1}{b}=\frac{4000}{280}=14.3<16$$

由表 18-6 知，主梁整体稳定能够满足，不用计算。

刚度验算　由表 18-2 知，$[v_T]=\frac{l}{400}$，$[v_Q]=\frac{l}{500}$

$$v_T=\frac{23F_k l^3}{648EI}+\frac{5g_k l^4}{384EI}$$

$$=\left[\frac{23\times190.2\times10^3\times12000^3}{648\times206000\times23.87\times10^8}+\frac{5\times1.359\times12000^4}{384\times20600\times23.87\times10^8}\right]\text{mm}$$

$$=24.47\text{mm}<[v_T]=\frac{l}{400}=30\text{mm}$$

满足。另外，可变荷载标准值产生的挠度也满足要求，读者可自己验算。

翼缘与腹板连接焊缝的验算　取焊脚尺寸 $h_f=6\text{mm}$

$$\tau_f=\frac{V_h}{1.4h_f}=\frac{V_{max}S_1}{1.4h_fI_x}=\frac{264.5\times10^3\times1.7\times10^6}{1.4\times6\times23.87\times10^8}\text{N/mm}^2=22.4\text{N/mm}^2<f_f^w=160\text{N/mm}^2$$

所设计主梁符合要求。

第五节　梁的局部稳定

一、梁的局部失稳现象

薄板在压应力、切应力作用下会产生出平面的波形鼓曲，这种现象称为板的屈曲。图 18-13列出了几种不同应力作用下四边简支板的屈曲形式。

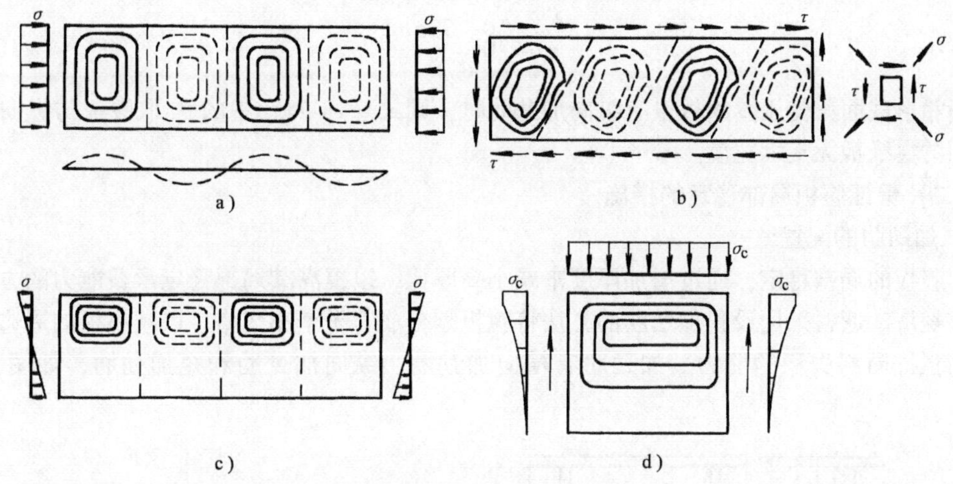

图 18-13　板的屈曲

在组合梁设计中以安全经济为原则，为了提高梁的强度和刚度，把腹板设计得尽可能高而薄；为了提高梁的整体稳定性，把翼缘设计得尽可能宽而薄。这样一来，组成梁的都是宽而薄的钢板，在梁发生强度破坏或丧失整体稳定性之前，组成梁的板件可能首先屈曲，称为梁丧失局部稳定，如图 18-14所示。

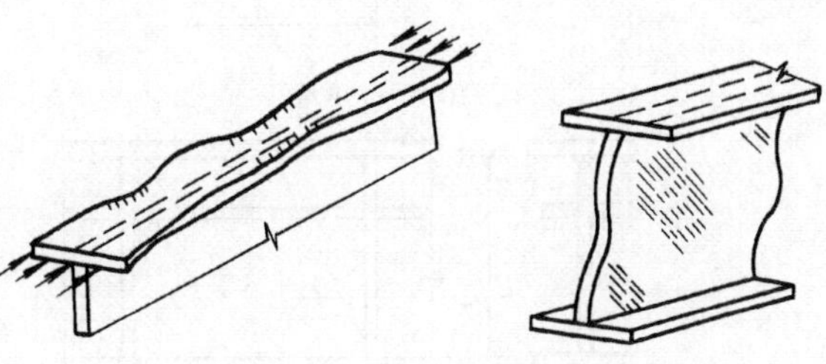

图 18-14　梁的局部失稳

梁中板件的屈曲是弯曲应力和切应力共同作用的结果。一般受压翼缘在弯曲压应力作用下发生图 18-13a 的屈曲现象；梁支座附近的腹板在切应力作用下发生图 18-13b 的屈曲现象；梁跨中腹板在弯曲压应力作用之下发生图 18-13c 的屈曲现象。当梁上作用有很大的固定集中荷载而未设加劲肋或作用有移动集中荷载时，腹板在局部压应力作用之下发生

图 18-13d 的屈曲现象。

二、保证梁局部稳定的措施

当板件边界支承条件一定时，提高板件局部稳定承载能力的关键是减小其宽厚比值，该值可以通过增大板的厚度或减小板的平面尺寸实现。

（一）保证翼缘局部稳定的措施

翼缘的局部稳定通过限制板件宽厚比来保证。规范对翼缘的宽厚比作了如下规定：

梁弹性工作（$\gamma_x=1.0$）

$$\frac{b_1}{t}\leqslant 15\sqrt{\frac{235}{f_y}} \tag{18-22}$$

式中 b_1——梁受压翼缘自由外伸宽度（mm）；

t——翼缘厚度（mm）。

考虑梁塑性发展（$\gamma_x>1.0$）

$$\frac{b_1}{t}\leqslant 13\sqrt{\frac{235}{f_y}} \tag{18-23}$$

箱形截面梁受压翼缘板在两腹板之间的宽度 b_0 与其厚度 t 之比，应符合下式要求

$$\frac{b_0}{t}\leqslant 40\sqrt{\frac{235}{f_y}} \tag{18-24}$$

当箱形截面梁受压翼缘板设有纵向加劲肋时，则式（18-24）中的 b_0 取腹板与纵向加劲肋之间的翼缘板无支承宽度。

（二）保证腹板局部稳定的措施

1. 加劲肋的配置

对腹板的局部稳定，通过增加厚度来减小高厚比，以提高其局部稳定承载能力的方法显然不够经济。通常采用设置加劲肋的方法将腹板划分成若干个小区格，以减小板的周边尺寸来提高抵抗局部失稳的能力。加劲肋有横向加劲肋、纵向加劲肋和短加劲肋，如图18-15所示。

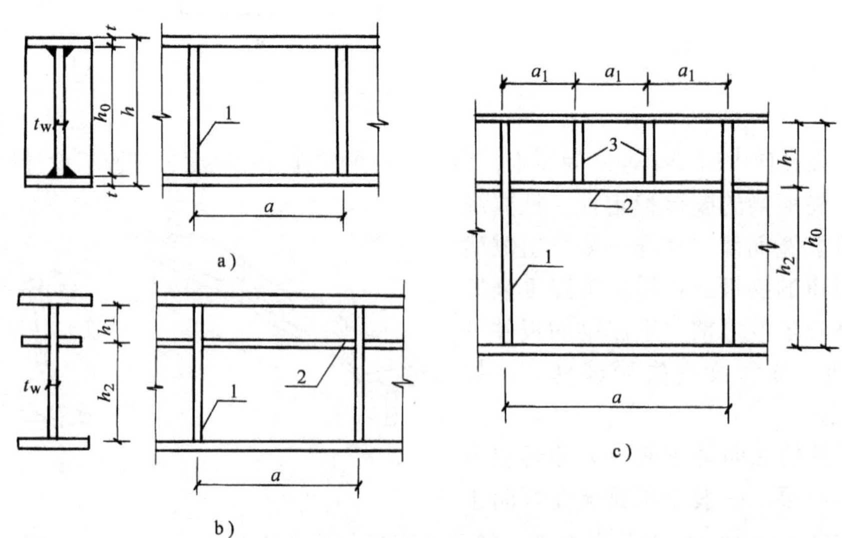

图 18-15 腹板的加劲肋

1—横向加劲肋 2—纵向加劲肋 3—短加劲肋

横向加劲肋垂直梁跨度方向每隔一定距离设置。横向加劲肋对防止切应力和局部压应力引起的屈曲最有效。纵向加劲肋在腹板受压区沿梁跨度方向布置。纵向加劲肋的设置对弯曲压应力引起的屈曲最有效。短加劲肋在上翼缘受有的局部压应力很大时才需设置，作用是防止局部压应力引起较大范围屈曲。

前面提到，腹板在弯矩、剪力及局部压力作用下都可能失稳，理论分析和试验研究表明，腹板究竟发生何种失稳形式与其高厚比 h_0/t_w 有关。一般认为 $h_0/t_w \geqslant 80\sqrt{235/f_y}$ 时，构件可能发生局部压应力或切应力作用下的屈曲。梁受压翼缘扭转受到约束 $h_0/t_w \geqslant 170\sqrt{235/f_y}$ 时或受压翼缘扭转不受约束 $h_0/t_w \geqslant 150\sqrt{235/f_y}$ 时，腹板才可能发生弯曲压应力作用下的失稳。结合以上因素，规范对加劲肋的设置做出了规定，见表 18-7。

表 18-7　组合梁腹板加劲肋布置规定

项　次	腹板情况		加劲肋布置规定
1	$\frac{h_0}{t_w} \leqslant 80\sqrt{\frac{235}{f_y}}$	$\sigma_c=0$	可不设加劲肋
2		$\sigma_c \neq 0$	应按构造要求设置横向加劲肋
3	$\frac{h_0}{t_w}>80\sqrt{\frac{235}{f_y}}$		应设置横向加劲肋，并满足构造要求和计算要求
4	$\frac{h_0}{t_w}>170\sqrt{\frac{235}{f_y}}$，受压翼缘扭转受约束		应在设置横向加劲肋的同时，在弯曲应力较大区格的受压区增加配置纵向加劲肋。局部压应力很大的梁，必要时宜在受压区配置短加劲肋。加劲肋设置应满足构造要求和计算要求
5	$\frac{h_0}{t_w}>150\sqrt{\frac{235}{f_y}}$，受压翼缘扭转无约束		
6	按计算需要时		
7	支座及上翼缘有较大固定集中荷载处		宜设置支承加劲肋，并满足构造要求和计算要求
8	任何情况下		$\frac{h_0}{t_w}$不应超过 250

注：1. 横向加劲肋间距 a 应满足 $0.5h_0 \leqslant a \leqslant 2h_0$，但对于 $\sigma_c=0$ 并且 $h_0/t_w \leqslant 100\sqrt{235/f_y}$ 的梁，允许 $a \leqslant 2.5h_0$

2. 纵向加劲肋至腹板计算高度受压边缘的距离 h_1 应在 $h_c/2 \sim h_c/2.5$ 的范围内。

3. h_c 为腹板受压区高度，h_0 为腹板计算高度（对于截面单轴对称的梁，当确定是否要配置纵向加劲肋时，h_0 应取腹板受压区高度 h_c 的 2 倍），t_w 为腹板的厚度。

4. 表格中的计算指按要求设置加劲肋后，对各区格的稳定进行相应计算，详细方法参阅规范。

规范规定，梁的支座处和上翼缘受有较大固定集中荷载处，宜设置支承加劲肋，并要按规定进行相应计算。支承加劲肋可兼起保证腹板稳定的作用。

2. 加劲肋的一般构造要求

加劲肋一般用钢板制成，对于大型梁也可用角钢做成。加劲肋宜在钢板两侧成对配置，也可单面配置，截面形式如图 18-16 所示。但支承加劲肋和重级工作制桥式起重机梁的加劲肋不应单侧配置。

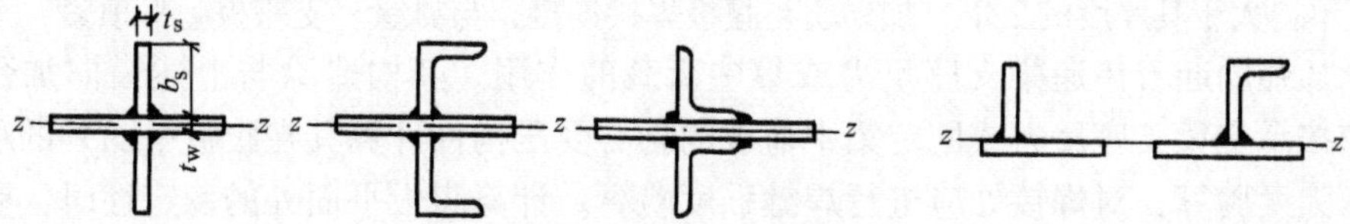

图 18-16　加劲肋的截面形式

在腹板两侧成对配置的钢板横向加劲肋，其截面尺寸应符合下列公式要求

外伸宽度 $$b_s \geqslant \left(\frac{h_0}{30}+40\right)\text{mm} \tag{18-25}$$

厚度 $$t_s \geqslant \frac{b_s}{15} \tag{18-26}$$

在腹板一侧配置的钢板横向加劲肋，其外伸宽度应大于按式（18-25）算得的 1.2 倍，厚度不应小于其外伸宽度的 1/15。

在同时用横向加劲肋和纵向加劲肋加强的腹板中，横向加劲肋的截面尺寸除应符合上述规定外，其截面惯性矩 I_z 尚应符合下式要求

$$I_z \geqslant 3h_0 t_w^3 \tag{18-27}$$

纵向加劲肋的截面惯性矩 I_y，应符合下列公式要求

当 $\frac{a}{h_0} \leqslant 0.85$ 时， $$I_y \geqslant 1.5h_0 t_w^3 \tag{18-28}$$

当 $\frac{a}{h_0} > 0.85$ 时， $$I_y \geqslant \left(2.5-0.45\frac{a}{h_0}\right)\left(\frac{a}{h_0}\right)^2 h_0 t_w^3 \tag{18-29}$$

在腹板两侧成对配置的加劲肋，其截面惯性矩应按梁腹板中心线为轴线进行计算。在腹板一侧配置的加劲肋，其截面惯性矩应按与加劲肋相连的腹板边缘为轴线进行计算，如图 18-16 所示 z 轴。

短加劲肋的最小间距为 $0.75h_1$。h_1 为纵向加劲肋中心线至上翼缘下边线的距离。短加劲肋外伸宽度应取为横向加劲肋外伸宽度的 0.7~1.0 倍，厚度不应小于短加劲肋外伸宽度的 1/15。

焊接梁的横向加劲肋与翼缘板相接处应切宽约 $b_s/3$（但不大于 40mm）、高约 $b_s/2$（但不大于 60mm）的斜角，如图 18-17 所示，以方便翼缘焊缝通过，b_s 为加劲肋的宽度。在纵、横肋相交时，为保证横向加劲肋与腹板的连接焊缝通过，应将纵向加劲肋相应切斜角。

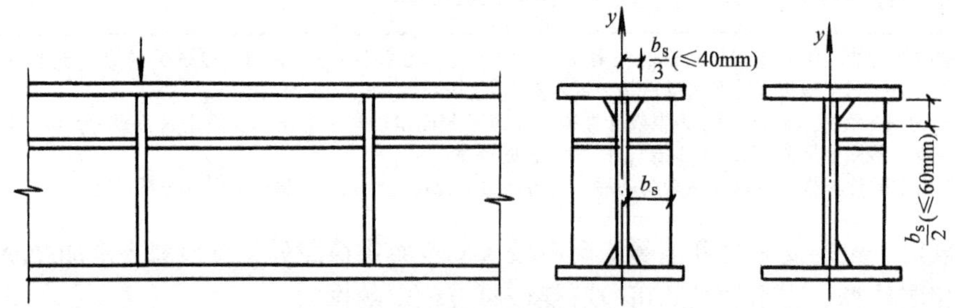

图 18-17　加劲肋的构造

3. 支承加劲肋的构造和计算

梁跨中的支承加劲肋应用成对两侧布置的钢板做成普通加劲肋的形式，梁端的支承加劲肋可以做成普通加劲肋的形式，也可以做成突缘加劲肋的形式，如图 18-18 所示。其中突缘加劲板的伸出长度不得大于其厚度的 2 倍。加劲肋与腹板焊接连接，与翼缘、支座板刨平顶紧。

支承加劲肋起着传递梁支座反力或集中荷载的作用。其构造除与上述横向加劲肋相同外，还应按承受梁支座反力或固定集中荷载的轴心受压构件计算其在腹板平面外的稳定性和端面承压强度验算，对焊接处应进行焊缝强度验算。计算腹板平面外的稳定性时，受压构件的截面面积 A 应包括加劲肋及加劲肋两侧 $15t_w\sqrt{235/f_y}$ 范围内的腹板面积，梁端部腹板长度

不足时，按实际情况取值，如图 18-18 所示阴影部分面积。计算长度取腹板高度 h_0。

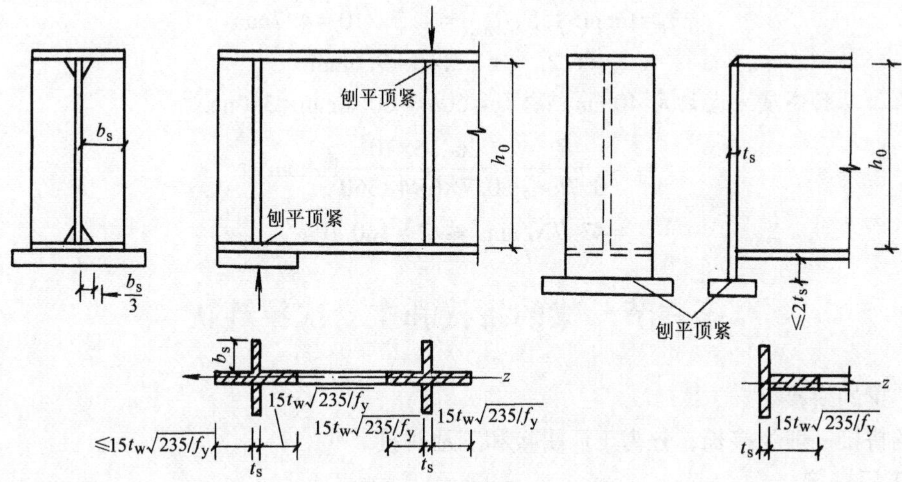

图 18-18 支承加劲肋的设置

例 18-4 试设计例18-3中主梁的端部支座加劲肋。材料为 Q235，采用 E43 焊条系列。

解：（1）确定加劲肋截面尺寸 梁端支座加劲肋采用钢板成对布置于腹板两侧，取每侧宽 $b_s=80\text{mm}>\dfrac{h_0}{30}+40=73.3\text{mm}$，宽度方向切角 30mm，每侧净宽 50mm，取 $t_s=10\text{mm}>\dfrac{b_s}{15}=5.3\text{mm}$。加劲肋与下翼缘刨平顶紧，如图 18-19 所示。

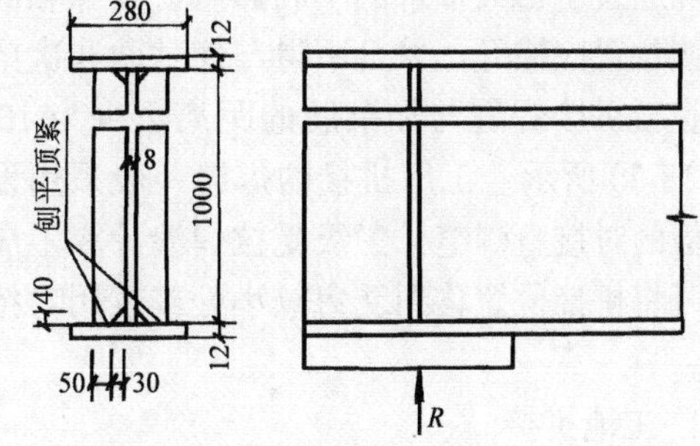

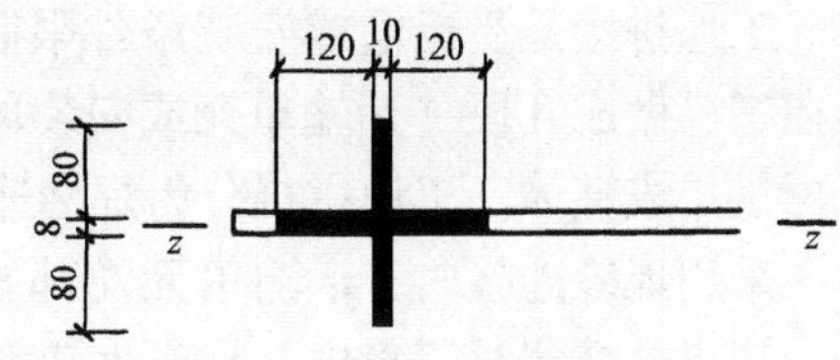

图 18-19 例 18-4 的加劲肋

（2）稳定性计算

支反力 $R=264.5\text{kN}$

计算截面

$$A=[(2\times80+8)\times10+2\times15\times8\times8]\text{mm}^2=3600\text{mm}^2$$

绕 z 轴的惯性矩 $I_z=\dfrac{10\times(2\times80+8)^3}{12}\text{mm}^4=3.95\times10^6\text{mm}^4$

回转半径 $i_z=\sqrt{I_z/A}=\sqrt{3.95\times10^6/3600}\text{mm}=33.1\text{mm}$

长细比 $\lambda_z=h_0/i_z=1000/33.1=30.2<5.07b_s/t_s=40.6$，取 $\lambda_z=40.6$

按 b 类截面查附表得 $\varphi=0.897$

$$\frac{R}{\varphi A}=\frac{264.5\times10^3}{0.897\times3600}\text{N/mm}^2=81.9\text{N/mm}^2<f=215\text{MPa}$$

（3）端面承压验算

$$\sigma_{ce}=\frac{R}{A_{ce}}=\frac{264.5\times10^3}{2\times50\times10}\text{N/mm}^2=264.5\text{N/mm}^2<f_{ce}=325\text{MPa}$$

（4）支承加劲肋与腹板的焊缝连接　按构造要求取

$$h_f = 6\text{mm} > 1.5\sqrt{t_{max}} = 1.5\sqrt{10} = 4.7\text{mm}$$
$$< 1.2t_{min} = 1.2\times8 = 9.6\text{mm}$$

支承加劲肋高度方向切角 40mm，取 $l_w = 60h_f = 60\times6\text{mm} = 360\text{mm}$

$$\tau_f = \frac{R}{0.7h_f l_w} = \frac{264.5\times10^3}{0.7\times6\times4\times360}\text{N/mm}^2$$
$$= 43.7\text{N/mm}^2 \leqslant f_f^w = 160\text{MPa}$$

第六节　梁的拼接和主、次梁连接

一、梁的拼接

梁的拼接一般为接长，分为工厂拼接和工地拼接。

1. 工厂拼接

受钢板规格限制，需将钢板接宽、接长，这些工作一般在工厂完成，因此称为工厂拼接。为避免焊缝过于密集带来的不利影响，翼缘和腹板的拼接位置应错开，并且不得与加劲肋和次梁重合。腹板拼接焊缝与加劲肋的距离至少为 $10t_w$，如图 18-20 所示。工厂拼接的焊缝一般采用设置引弧板的对接直焊缝，三级受拉焊缝计算不满足时，可将拼接位置移到受力较小处或改用对接斜焊缝。

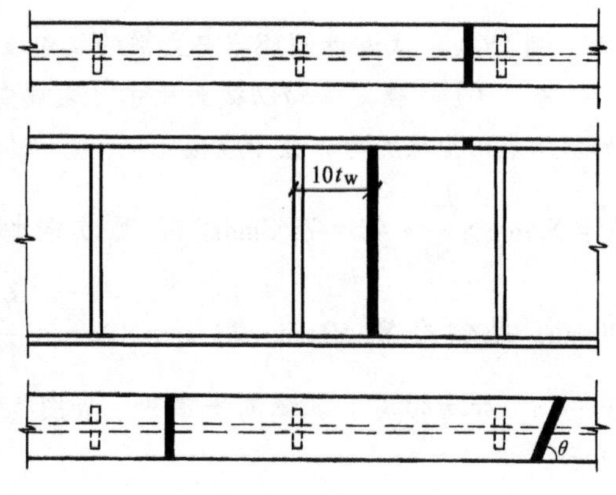

图 18-20　工厂拼接

2. 工地拼接

工地拼接是受运输或安装条件限制，将大型梁在工厂做成几段（运输单元或安装单元）在工地再拼接成整体。工地拼接分为焊缝连接和高强度螺栓连接。

采用焊缝连接时，运输单元端部常做成图 18-21 所示的形式。图 18-21a 的形式便于运输，缺点是焊缝过于集中，易产生较大的应力集中。施焊时可采用跳跃施焊的顺序以缓解应力集中。图 18-21b 所示形式，翼缘与腹板不在同一截面上，受力较好，但运输时端头突出部位易损坏，须加以保护。两种拼接的上、下翼缘对接焊缝应开坡口。运输单元端部翼缘与腹板间的焊缝留出约 500mm，待对接焊缝完成以后再焊。

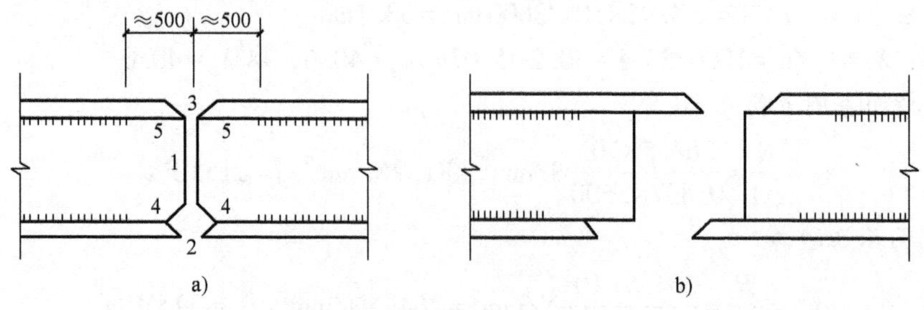

图 18-21　工地拼接中的焊接连接

焊缝连接受工地施焊条件限制，质量不宜保证。因此，对较重要的或直接承受动力荷载的梁易采用高强度螺栓连接（图 18-22）。

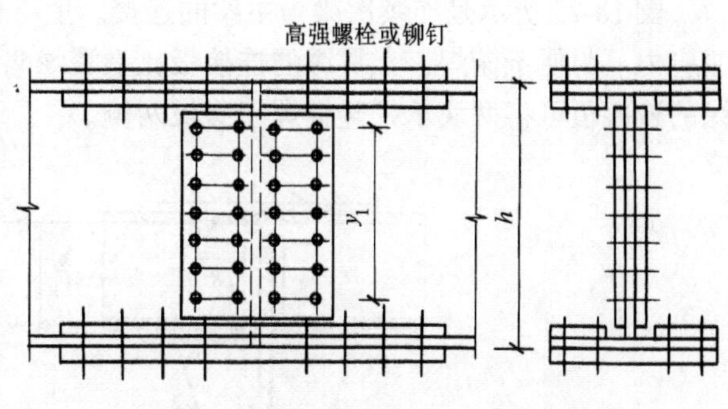

图 18-22　工地拼接中的高强度螺栓连接

二、梁的连接

梁的连接必须遵循安全可靠、传力明确、制造简单、安装方便的原则。从受力角度区分，梁的连接分为铰接和刚接。按梁的相对位置可分为叠接和平接。

1. 次梁与主梁叠接

次梁与主梁叠接，是将次梁直接安放在主梁上，用焊缝或者螺栓相连。图18-23所示是常见的叠接形式。这种连接构造简单，施工方便，次梁可以简支，也可以连续。但结构所占空间较大。

2. 次梁与主梁平接

平接是将次梁从侧面连接于主梁上，可节约建筑空间。图 18-24 所示是简支次梁与主梁平接的形式。图 18-24a 为直接连接于加劲肋上，适用于次梁反力较小时。图 18-24b 适用于次梁反力较大时，次梁放在焊于主梁的承托上。

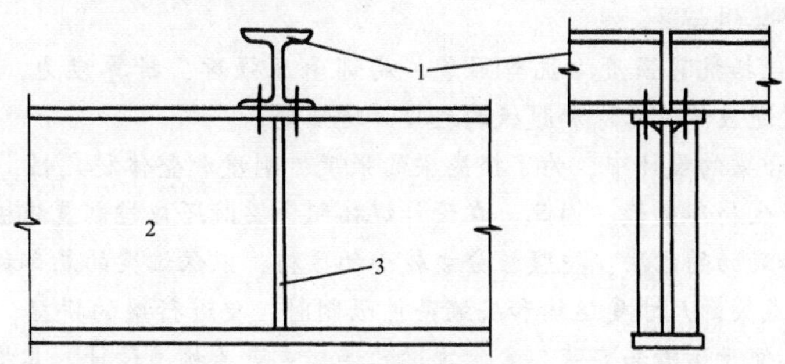

图 18-23　次梁与主梁叠接

1—次梁　2—主梁　3—加劲肋

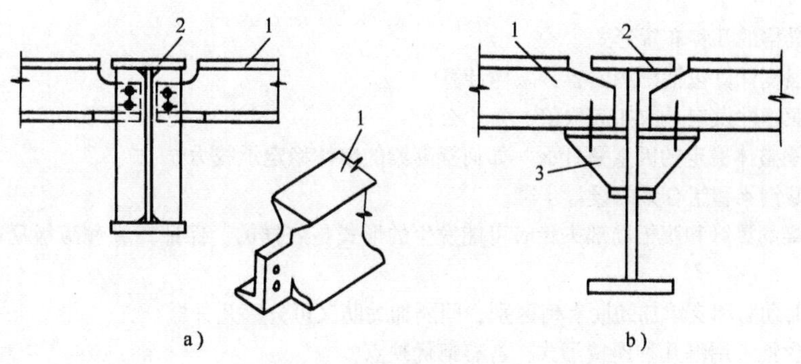

图 18-24　主梁与简支次梁平接

1—次梁　2—主梁　3—承托

图 18-25 所示是连续次梁与主梁的连接。上下翼缘板通过连接板来传递弯矩 M 引起的弯曲应力。为便于俯焊，上翼缘的连接板比上翼缘略窄，下翼缘的连接板比下翼缘略宽。下翼缘的连接板可将两块承托竖板焊于腹板两侧。

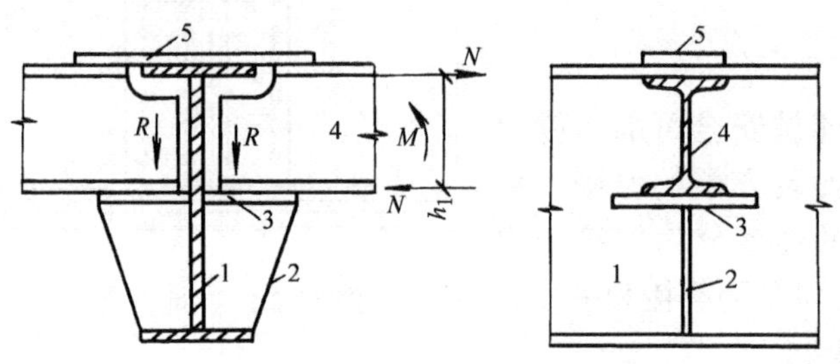

图 18-25　主梁与连续次梁平接

1—主梁　2—承托竖板　3—承托顶板（下翼缘连接板）

4—次梁　5—次梁上翼缘连接板

本章小结

1）受弯构件(梁)分型钢梁和焊接组合梁。跨度和荷载较小时宜采用型钢梁，跨度和荷载较大时宜采用焊接组合梁。

2）梁的计算包括抗弯强度、抗剪强度、局部承压强度、折算应力、刚度和整体稳定等。对焊接组合梁还应计算翼缘和腹板的连接焊缝强度。

3）在焊接组合梁的设计中，为了提高梁的强度、刚度和整体稳定性，常将翼缘和腹板设计得很薄，而产生局部失稳。因此，在设计焊接组合梁时还应控制翼缘板的宽厚比；对于腹板则采用设置加劲肋的方法，把腹板分成较小的区格，以保证梁的局部稳定。

4）当梁较长或梁的尺寸受运输和安装条件限制时，要进行梁的拼接，拼接节点应构造简单、传力明确、便于运输和安装。主、次梁的连接重点为构造设计，其构造应满足传力明确、施工方便的要求。

思考题

18-1　简述梁格的几种布置形式。

18-2　梁的强度计算包括哪些内容，怎样计算？

18-3　梁截面塑性发展系数如何取值，为什么？

18-4　影响梁整体稳定的因素是什么？如何提高梁的整体稳定承载力？

18-5　简述型钢梁和组合梁的设计步骤。

18-6　组合梁的翼缘和腹板局部失稳时可能发生的形式是怎样的，保证翼缘和腹板局部稳定的方法是什么？

18-7　间隔加劲肋和支承加劲肋有何区别，间隔加劲肋又可分哪几种？

18-8　主、次梁常用哪几种连接形式，各有何优缺点？

习题

18-1　轧制普通工字型钢简支梁，型号 I 32b，跨长 4m，梁上翼缘作用有均布永久荷载 10kN/m（标准

值，包括自重）和可变荷载 40kN/m（标准值），跨中无侧向支承。试验算此梁的整体稳定性。钢材为 Q345。

18-2　例 18-2 中的次梁 A，已知条件不变，改用窄翼缘 H 型钢进行设计。并与例题进行比较。

18-3　例 18-2 中的次梁 A，已知条件不变，改用 Q345 钢材进行设计，并与 Q235 钢材的设计结果进行比较。

18-4　将例 18-2 的梁格布置改为图 18-26 所示的形式。试设计主梁 A，钢材为 Q235，焊接组合工字截面。最后对两种梁格的用钢量进行比较。

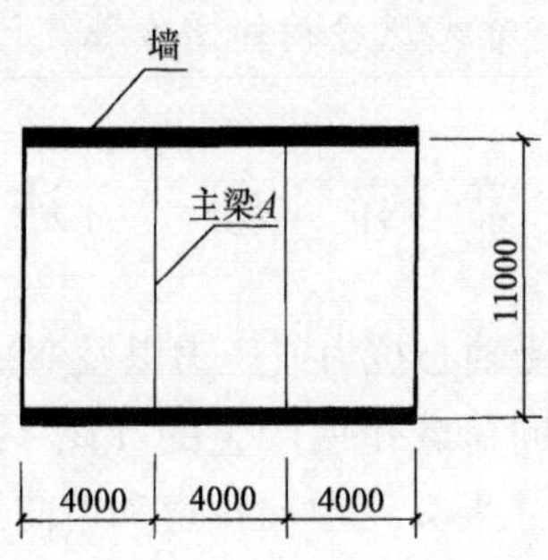

图 18-26　习题 18-4 图

18-5　设计上题主梁的梁支座支承加劲肋。

第十九章　拉弯构件和压弯构件

学习目标：了解拉弯构件和压弯构件的截面形式以及工程中的应用；掌握拉弯构件和压弯构件的强度、刚度计算；熟悉压弯构件整体稳定计算和防止局部失稳的方法。

第一节　概　　述

拉弯和压弯构件是指同时承受轴心拉力或压力以及弯矩作用的构件，也称偏心受拉和偏心受压构件。其弯矩可能是由横向荷载作用产生的（图 19-1a），也可能是由纵向荷载的偏心作用产生的（图 19-1b）。本章主要介绍单向拉弯和单向压弯构件。

拉弯构件在钢结构中应用较少，钢屋架下弦节间有吊挂荷载时即属于拉弯构件（图19-2）。拉弯构件，当承受的弯矩不大时，主要受轴心拉力作用，其截面形式可采用轴心受拉构件的截面形式；当承受的弯矩较大时，应采用在弯矩作用平面内高度较大的截面。

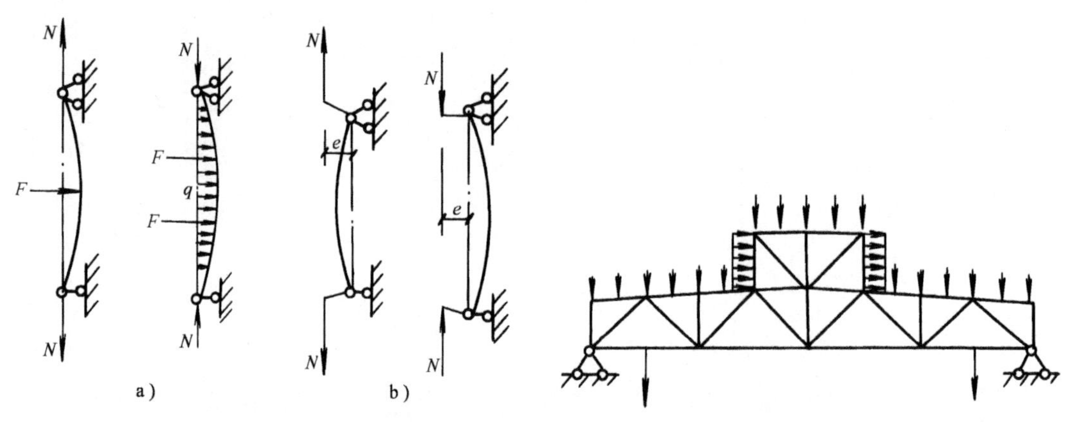

图 19-1　拉弯构件和压弯构件

图 19-2　钢屋架中的拉弯和压弯构件

压弯构件在钢结构中应用很广，如有节间荷载的屋架上弦，天窗架侧竖杆，有桥式起重机的单层厂房柱，多层和高层房屋的框架柱以及塔架、桅杆等都是压弯构件。压弯构件，当承受的弯矩较小时，可采用轴心受压构件的截面形式；当承受的弯矩较大时，除采用高度较大的双轴对称截面外，还可采用单轴对称的截面形式。图 19-3 为常用的压弯构件的截面形式。

在拉弯构件和压弯构件设计中，对拉弯构件应计算其强度和刚度，一般不考虑稳定性问题，除非弯矩很大而拉力很小时，才应计算其稳定性。对压弯构件则应计算其强度、刚度和稳定性。

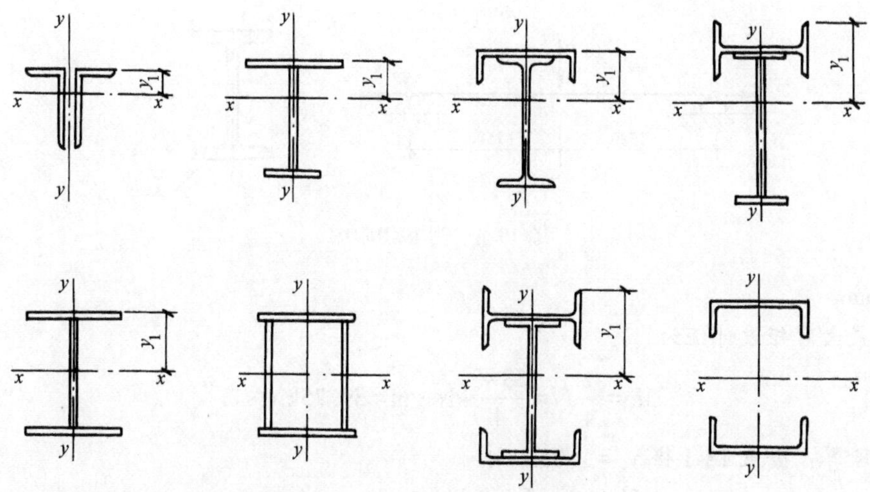

图 19-3　压弯构件的常用截面形式

第二节　拉弯构件和压弯构件的强度和刚度

一、拉弯构件和压弯构件的强度

拉弯构件和压弯构件的截面上，除有轴向力产生的拉应力或压应力外，还有弯矩产生的弯曲应力。截面上任意一点的正应力是轴向力和弯矩产生的应力叠加，因此在截面设计时应按叠加后的最大正应力来计算。

弯矩作用在主平面内的单向拉弯或单向压弯构件，其强度应按下式计算：

$$\frac{N}{A_{\mathrm{n}}}\pm\frac{M_x}{\gamma_x W_{\mathrm{n}x}}\leqslant f \tag{19-1}$$

式中　N——轴心拉力或轴心压力（N）；

A_{n}——构件的净截面面积（mm^2）；

M_x——绕 x 轴的弯矩（N·mm）；

$W_{\mathrm{n}x}$——对 x 轴的净截面系数（mm^3）；

γ_x——截面塑性发展系数，按表 18-1 选用。

当压弯构件受压翼缘的自由外伸宽度与其厚度之比大于 $13\sqrt{235/f_y}$ 而不超过 $15\sqrt{235/f_y}$ 时应取 $\gamma_x=1.0$。当需要进行疲劳计算时，宜取 $\gamma_x=1.0$。

二、拉弯构件和压弯构件的刚度

拉弯构件和压弯构件的刚度仍然采用容许长细比条件控制，即

$$\lambda_{\max}\leqslant[\lambda] \tag{19-2}$$

式中　$[\lambda]$——构件的容许长细比，按表 17-1 和表 17-2 采用。

例 19-1　某悬臂三角形撑架上弦杆采用Ⅰ20a普通热轧工字钢（图 19-4），承受静力荷载轴心拉力设计值 $N=180\mathrm{kN}$，竖向集中荷载设计值 $F=53\mathrm{kN}$，杆长 $l=3\mathrm{m}$，两端铰接设计，截面无削弱，钢材为 Q235，试验算该杆件的强度和刚度。

解：由型钢表查得Ⅰ20a 的截面几何特征 $A=3558\mathrm{mm}^2$，$W_x=237\times10^3\mathrm{mm}^3$，$i_x=81.5\mathrm{mm}$，

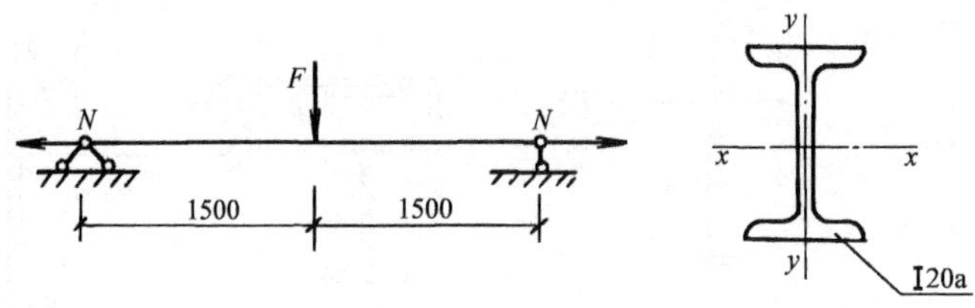

图 19-4　例 19-1 附图

$i_y = 21.2\text{mm}$。

构件最大弯矩设计值为

$$M_x = \frac{1}{4}Fl = \frac{53\times3}{4}\text{kN}\cdot\text{m} = 39.75\text{kN}\cdot\text{m}$$

强度验算：查表 18-1 得 $\gamma_x = 1.05$，则

$$\frac{N}{A_n}+\frac{M_x}{\gamma_x W_{nx}} = \left(\frac{180\times10^3}{3558}+\frac{39.75\times10^6}{1.05\times237\times10^3}\right)\text{N/mm}^2$$

$$=210.32\text{N/mm}^2 < f = 215\text{MPa}$$

刚度验算：最大长细比在 y 轴方向，则

$$\lambda_y = \frac{l_{0y}}{i_y} = \frac{3000}{21.2} = 141.51 < [\lambda] = 350$$

截面满足要求。

第三节　压弯构件的稳定性

一、压弯构件的整体稳定性

压弯构件的承载能力一般由稳定性条件决定。对于弯矩作用于一个主平面内的单向压弯构件，可能出现两种失稳形式：一种为弯矩作用平面内的弯曲失稳；另一种为弯矩作用平面外的弯扭失稳。失稳的可能形式与构件的侧向抗弯刚度和抗扭刚度有关。当构件截面绕长细比较大的轴受弯时，压弯构件不可能产生弯矩作用平面外的弯扭屈曲，此时只需验算弯矩作用平面内的稳定性。但一般压弯构件的设计都是使构件截面绕长细比较小的轴受弯，因此应分别验算弯矩作用平面内和弯矩作用平面外的稳定性。

1. 弯矩作用平面内的稳定

压弯构件在弯矩作用平面内的稳定承载能力与其截面形状、截面尺寸、初始缺陷、残余应力等因素有关。根据理论推导和试验研究，弯矩作用在对称轴平面内（绕 x 轴）的实腹式压弯构件，其稳定性按下式计算：

$$\frac{N}{\varphi_x A}+\frac{\beta_{mx}M_x}{\gamma_x W_{1x}\left(1-0.8\frac{N}{N'_{Ex}}\right)} \leqslant f \tag{19-3}$$

式中　N——所计算构件段范围内的轴心压力（N）；

φ_x——弯矩作用平面内的轴心受压构件稳定系数；

M_x——所计算构件段内的最大弯矩（N·mm）；

N'_{Ex}——参数（N），按下式计算：$N'_{Ex}=\dfrac{\pi^2EA}{1.1\lambda_x^2}$；

λ_x——对 x 轴的长细比；

W_{1x}——弯矩作用平面内截面的最大受压纤维的毛截面系数（mm^3）；

γ_x——截面塑性发展系数；

β_{mx}——等效弯矩系数，按下列规定采用。

1）框架柱和两端支承的构件：

① 无横向荷载作用时，$\beta_{mx}=0.65+0.35\dfrac{M_2}{M_1}$，$M_1$ 和 M_2 为端弯矩，使构件产生同向曲率（无反弯点）时取同号，使构件产生反向曲率（有反弯点）时取异号，$|M_1|\geqslant|M_2|$。

② 有端弯矩和横向荷载同时作用时，使构件产生同向曲率时，$\beta_{mx}=1.0$，使构件产生反向曲率时，$\beta_{mx}=0.85$。

③ 无端矩但有横向荷载作用时，$\beta_{mx}=1.0$。

2）悬臂构件和分析内力未考虑二阶效应的无支撑纯框架和弱支撑框架柱，$\beta_{mx}=1.0$。

对于单轴对称的T形、槽形截面压弯构件，由于其翼面积相差较大，当弯矩作用在对称平面内且使较大翼缘受压时，有可能在较小翼缘一侧因受拉区塑性发展过大而导致构件破坏，因此规范规定，对这类构件除按式（19-3）计算外，尚应对较小翼缘一侧按下式补充计算：

$$\left|\frac{N}{A}-\frac{\beta_{mx}M_x}{\gamma_x W_{2x}\left(1-1.25\dfrac{N}{N'_{Ex}}\right)}\right|\leqslant f \tag{19-4}$$

式中　W_{2x}——对较小翼缘的毛截面系数（mm^3）。

2. 弯矩作用平面外的稳定

当压弯构件的抗扭刚度较小，且在弯矩作用平面外长细比较大时，构件就可能首先在弯矩作用平面外失稳（图19-5）。这种失稳破坏的形式和理论与梁的弯扭屈曲类似，只是另计入轴心压力的影响。

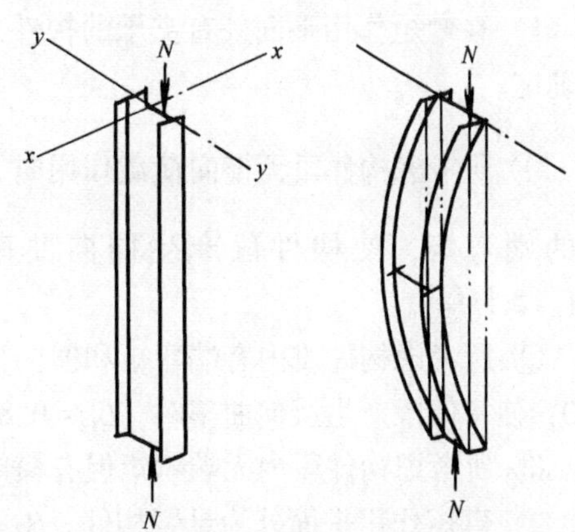

图19-5　压弯构件在弯矩作用平面外失稳

规范规定，对实腹式压弯构件在弯矩作用平面外的稳定性按下式计算：

$$\frac{N}{\varphi_y A}+\eta\frac{\beta_{tx}M_x}{\varphi_b W_{1x}}\leqslant f \tag{19-5}$$

式中　φ_y——弯矩作用平面外的轴心受压构件稳定系数，对轧制和双板焊接的T形截面应考虑扭转效应的影响，采用换算长细比 λ_{yz} 代替 λ_y，对其他截面可直接用 λ_y；

φ_b——均匀弯曲的受弯构件整体稳定系数，对闭口截面 $\varphi_b=1.0$，其余情况按第十八章所述确定，但对非悬臂的工字形（含H型钢）和T形截面构件，当 $\lambda_y\leqslant120\sqrt{235/f_y}$ 时，可按下列近似公式计算：

（1）工字形截面（含H型钢）

双轴对称时
$$\varphi_b = 1.07 - \frac{\lambda_y^2}{44000} \times \frac{f_y}{235} \leqslant 1 \tag{19-6}$$

单轴对称时
$$\varphi_b = 1.07 - \frac{W_x}{(2\alpha_b + 0.1)Ah} \times \frac{\lambda_y^2}{14000} \times \frac{f_y}{235} \leqslant 1 \tag{19-7}$$

(2) T形截面(弯矩作用在对称轴平面,绕 x 轴)

1) 弯矩使翼缘受压时:

双角钢T形截面
$$\varphi_b = 1 - 0.0017\lambda_y \sqrt{\frac{f_y}{235}} \tag{19-8}$$

剖分T型钢和两板组合T形截面
$$\varphi_b = 1 - 0.0022\lambda_y \sqrt{\frac{f_y}{235}} \tag{19-9}$$

2) 弯矩使翼缘受拉且腹板宽厚比不大于 $18\sqrt{235/f_y}$ 时:
$$\varphi_b = 1 - 0.0005\lambda_y \sqrt{f_y/235} \tag{19-10}$$

上述近似公式中的 φ_b 值已经考虑了非弹性屈曲问题,因此按式(19-6)~式(19-10)算得的 φ_b 值大于0.6时,不需换算成 φ_b' 值;

M_x——所计算构件段范围内的最大弯矩(N·mm);

η——截面影响系数,闭口截面 $\eta=0.7$,其他截面 $\eta=1.0$;

β_{tx}——等效弯矩系数,应按下列规定采用:

1) 在弯矩作用平面外有支承的构件,应根据两相邻支承点间构件段内的荷载和内力情况确定。

① 所考虑构件段无横向荷载作用时,$\beta_{tx}=0.65+0.35\dfrac{M_2}{M_1}$,$M_1$ 和 M_2 是在弯矩作用平面内的端弯矩,使构件段产生同向曲率时取同号,使构件产生反向曲率时取异号,$|M_1| \geqslant |M_2|$。

② 所考虑构件段内有端弯矩和横向荷载同时作用时,使构件段产生同向曲率时,$\beta_{tx}=1.0$;使构件段产生反向曲率时,$\beta_{tx}=0.85$。

③ 所考虑构件段内无端弯矩但有横向荷载时,$\beta_{tx}=1.0$。

2) 弯矩作用平面外为悬臂构件,$\beta_{tx}=1.0$。

二、压弯构件的局部稳定

与轴心受压构件和受弯构件类似,实腹式压弯构件除可能因强度不足或丧失整体稳定而破坏外,还可能因丧失局部稳定而降低其承载能力。因此设计时应保证其局部稳定。

1. 翼缘的局部稳定

压弯构件的翼缘与轴心受压构件的翼缘类似,可近似视为承受均匀压应力作用,其局部稳定采用限制翼缘的宽厚比来保证。规范规定压弯构件翼缘板自由外伸宽度 b_1 与其厚度 t 之比应满足下列要求:

$$\frac{b_1}{t}\leqslant 13\sqrt{\frac{235}{f_y}} \tag{19-11}$$

当强度和稳定计算取 $\gamma_x=1.0$ 时，可放宽至 $\frac{b_1}{t}\leqslant 15\sqrt{\frac{235}{f_y}}$。

2. 腹板的局部稳定

实腹式压弯构件为工字形截面时，其腹板为四边支承的不均匀受压板，同时板件四边还受均布切应力作用（图 19-6），其受力情况和支承条件与工字形截面梁腹板类似。因此对实腹式压弯构件腹板的局部稳定，可采用限制其宽厚比或采用加劲肋加强的方法来保证。

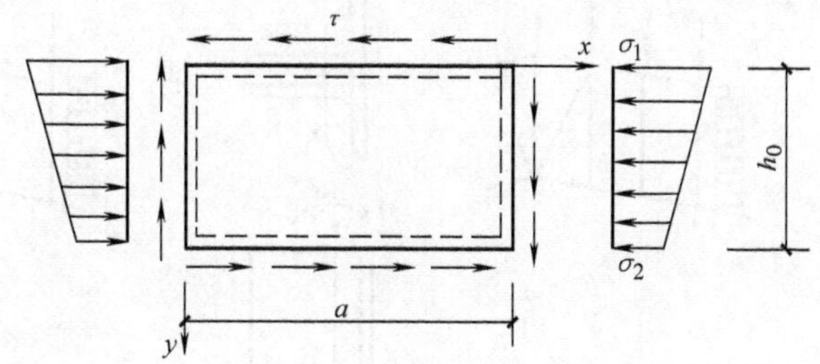

图 19-6　压弯构件腹板弹性受力状态

规范规定，对工字形及 H 形截面的压弯构件，腹板计算高度 h_0 与其厚度 t_w 之比应符合下列要求：

当 $0\leqslant\alpha_0\leqslant 1.6$ 时

$$\frac{h_0}{t_w}\leqslant(16\alpha_0+0.5\lambda+25)\sqrt{\frac{235}{f_y}} \tag{19-12}$$

当 $1.6\leqslant\alpha_0\leqslant 2.0$ 时

$$\frac{h_0}{t_w}\leqslant(48\alpha_0+0.5\lambda-26.2)\sqrt{\frac{235}{f_y}} \tag{19-13}$$

式中　α_0——应力梯度，$\alpha_0=\frac{\sigma_{max}-\sigma_{min}}{\sigma_{max}}$；

σ_{max}——腹板计算高度边缘的最大应力（N/mm^2）（即图 19-6 中 σ_1），计算时不考虑构件的稳定系数和截面塑性发展系数；

σ_{min}——腹板计算高度另一边缘相应的应力（N/mm^2）（即图 19-6 中 σ_2），压应力取正值，拉应力取负值；

λ——构件在弯矩作用平面内的细长比，当 $\lambda<30$ 时，取 $\lambda=30$，当 $\lambda>100$ 时，取 $\lambda=100$。

当腹板的高厚比不满足式（19-12）或式（19-13）要求时，可设纵向加劲肋加强。用纵向加劲肋加强的腹板，其在受压较大翼缘与纵向加劲肋之间的高厚比应满足式（19-12）或式（19-13）的要求。

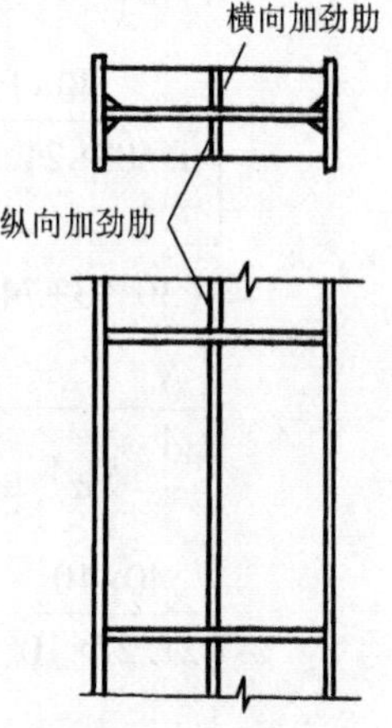

图 19-7　腹板的纵向加劲肋

纵向加劲肋宜在腹板两侧成对配置（图 19-7），其一侧外伸宽度不应小于 $10t_w$，厚度不应小于 $0.75t_w$。

例 19-2　某天窗架侧竖杆（图 19-8），由 2∟110×70×6 组成，长肢相连，节点板厚为 10mm，截面无削弱。杆件承受静力荷载，轴向压力设计值 $N=40kN$，由压风荷载及吸风荷载引起杆件中部的最大弯矩设计值 $M=5.5kN\cdot m$。杆件的计算长度 $l_{0x}=l_{0y}=$

325cm，钢材为 Q235，试验算该侧竖杆的承载能力。

解：因截面无削弱，可不必验算强度。

查附表 D-4 得 $A=21.27\text{cm}^2$，$i_x=3.54\text{cm}$，$i_y=2.88\text{cm}$，$W_{1x}=75.56\text{cm}^3$，$W_{2x}=35.71\text{cm}^3$。

1. 压风荷载作用下的稳定性验算（图 19-8a）

（1）弯矩作用平面内的稳定性验算

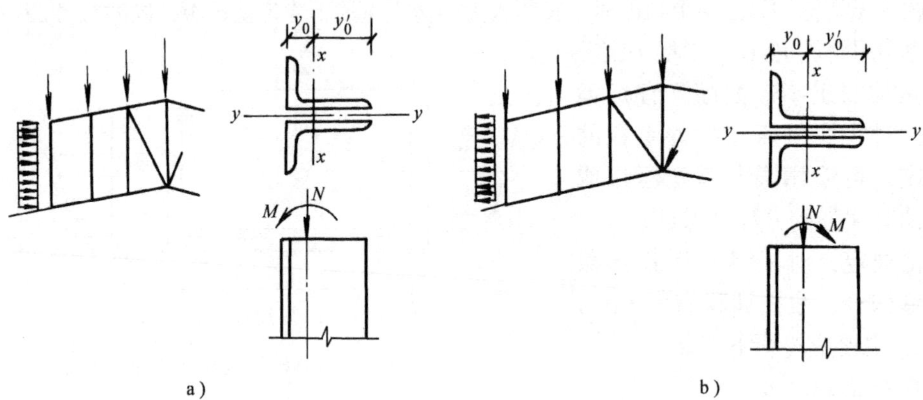

图 19-8　例 19-2 图

$$\lambda_x=\frac{l_{0x}}{i_x}=\frac{325}{3.54}=92<[\lambda]=150$$

属 b 类截面，查附表 B-2 得 $\varphi_x=0.608$，则

$$N'_{\text{Ex}}=\frac{\pi^2EA}{1.1\lambda_x^2}=\left(\frac{3.14^2\times2.06\times10^5\times21.27\times10^2}{1.1\times92^2}\right)\text{N}=464479\text{N}$$

$\beta_{mx}=1.0$，$\gamma_{x1}=1.05$，$\gamma_{x2}=1.2$，则

$$\frac{N}{\varphi_xA}+\frac{\beta_{mx}M_x}{\gamma_{x1}W_{1x}\left(1-0.8\frac{N}{N'_{\text{Ex}}}\right)}$$

$$=\left[\frac{40\times10^3}{0.608\times21.27\times10^2}+\frac{1.0\times5.5\times10^6}{1.05\times75.56\times10^3\left(1-0.8\frac{40\times10^3}{464479}\right)}\right]\text{N/mm}^2$$

$$=(30.93+74.45)\ \text{N/mm}^2=105.38\text{N/mm}^2<215\text{N/mm}^2$$

$$\left|\frac{N}{A}-\frac{\beta_{mx}M_x}{\gamma_{x2}W_{2x}\left(1-1.25\frac{N}{N'_{\text{Ex}}}\right)}\right|$$

$$=\left|\frac{40\times10^3}{21.27\times10^2}-\frac{1.0\times5.5\times10^6}{1.2\times35.71\times10^3\left(1-1.25\frac{40\times10^3}{464479}\right)}\right|\text{N/mm}^2$$

$$=|18.8-143.83|\text{N/mm}^2=125.03\text{N/mm}^2<215\text{N/mm}^2$$

（2）弯矩作用平面外的稳定性验算

$$\lambda_y=\frac{l_{0y}}{i_y}=\frac{325}{2.88}=112.9<[\lambda]=150$$

由于
$$\frac{b_2}{t}=\frac{70}{6}=11.7<0.48\frac{l_{0y}}{b_2}=0.48\times\frac{3250}{70}=22.3$$

则
$$\lambda_{yz}=\lambda_y\left(1+\frac{1.09b_2^4}{l_{0y}^2t^2}\right)=112.9\times\left(1+\frac{1.09\times70^4}{3250^2\times6^2}\right)=120.7$$

属 b 类截面，查附表 B-2 得　$\varphi_y=0.434$

$$\varphi_b=1-0.0017\lambda_y\sqrt{\frac{f_y}{235}}=1-0.0017\times112.9\times\sqrt{\frac{235}{235}}=0.81$$

由于　$\beta_{tx}=1.0$，$\eta=1.0$，则

$$\frac{N}{\varphi_yA}+\eta\frac{\beta_{tx}M_x}{\varphi_bW_{1x}}=\left(\frac{40\times10^3}{0.434\times21.27\times10^2}+1\times\frac{1\times5.5\times10^6}{0.81\times75.56\times10^3}\right)\text{N/mm}^2$$
$$=(43.33+89.86)\text{N/mm}^2=133.19\text{N/mm}^2<215\text{N/mm}^2$$

2. 吸风荷载作用下的稳定性验算（图 19-8b）

（1）弯矩作用平面内的稳定性验算

$$\frac{N}{\varphi_xA}+\frac{\beta_{mx}M_x}{\gamma_{x2}W_{2x}\left(1-0.8\dfrac{N}{N'_{Ex}}\right)}$$
$$=\left[\frac{40\times10^3}{0.608\times21.27\times10^2}+\frac{1.0\times5.5\times10^6}{1.2\times35.71\times10^3\times\left(1-0.8\dfrac{40\times10^3}{464479}\right)}\right]\text{N/mm}^2$$
$$=(30.93+137.85)\text{N/mm}^2=168.78\text{N/mm}^2<215\text{N/mm}^2$$

（2）弯矩作用平面外的稳定性验算

$$\varphi_b=1-0.0005\lambda_y\sqrt{f_y/235}=1-0.0005\times112.9=0.944$$
$$\frac{N}{\varphi_yA}+\eta\frac{\beta_{tx}M_x}{\varphi_bW_{2x}}=\left(\frac{40\times10^3}{0.434\times21.27\times10^2}+1.0\times\frac{1.0\times5.5\times10^6}{0.944\times35.71\times10^3}\right)\text{N/mm}^2$$
$$=(43.33+163.16)\text{N/mm}^2=206.5\text{N/mm}^2<215\text{N/mm}^2$$

对轧制普通角钢，局部稳定不必计算。该侧竖杆满足承载能力要求。

本章小结

1）拉弯构件和压弯构件在工程中应用非常广泛，其常见的受力形式为单向偏心受力，因此其截面形式常为单轴对称截面。

2）对拉弯构件应计算其强度和刚度，一般不考虑稳定性问题，除非弯矩很大而拉力很小时（此时构件相当于梁），才应计算其稳定性。对压弯构件应计算其强度、刚度和稳定性，其整体稳定性计算包括弯矩作用平面内和弯矩作用平面外的稳定性计算。

思考题

19-1　拉弯构件和压弯构件的截面形式与轴心受力构件的截面形式有何不同？设计时应如何考虑？

19-2　压弯构件的计算都包括哪些内容？

19-3　实腹式压弯构件的局部稳定应如何保证？

习　题

19-1　一两端铰接支撑杆，杆长 $l=6$m，采用 I 25a 热轧普通 I 字钢，钢材为 Q235，杆件截面无削弱，承受静力荷载，轴心拉力设计值 $N=150$kN，弯矩设计 $M=75$kN·m，试验算该杆件是否安全可用。

19-2　某天窗架侧柱，承受轴心压力设计值 $N=36$kN，风荷载设计值 $M=\pm 2.87$N·m，计算长度 $l_{0x}=l=3.5$m，$l_{0y}=3$m，试选择其双角钢截面（钢材为 Q235）。

第二十章 门式刚架轻型房屋钢结构

学习目标： 了解门式刚架轻型房屋钢结构的特点、结构组成和结构布置；了解门式刚架轻型房屋刚结构的计算特点；掌握门式刚架轻型房屋钢结构的常见节点构造。

在一些国家，门式刚架轻型房屋钢结构经过数十年的发展，已广泛地应用于各种房屋建筑中。近年来，我国也开始越来越多地采用这种结构。门式刚架轻型房屋钢结构主要由门式刚架、支撑系统、檩条、墙梁、压型钢板屋面板和墙面板组成（图 20-1）。

本章仅就门式刚架轻型房屋钢结构的结构形式、结构布置、计算特点以及节点构造作一简单介绍。

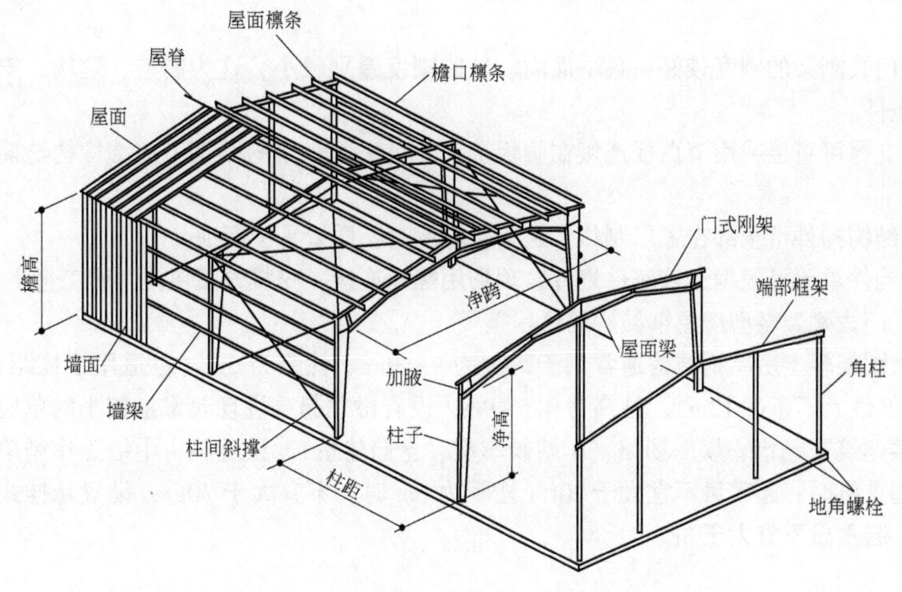

图 20-1 门式刚架轻型房屋钢结构的组成

第一节 门式刚架轻型房屋钢结构的特点与应用

一、门式刚架轻型房屋钢结构的特点

门式刚架轻型房屋钢结构是由梁、柱通过刚接组成的结构，其形式种类繁多，但在单层工业与民用房屋中，应用较多的为单跨、双跨或多跨的单、双坡门式刚架（根据需要可带挑檐或毗屋），如图 20-2 所示。门式刚架轻型房屋钢结构厂房可根据通风、采光的需要设置通风口、采光带和天窗架等。

目前，门式刚架轻型房屋钢结构大多采用实腹式焊接工字形截面或轧制 H 形截面。门式刚架结构与其他房屋结构相比具有以下特点：

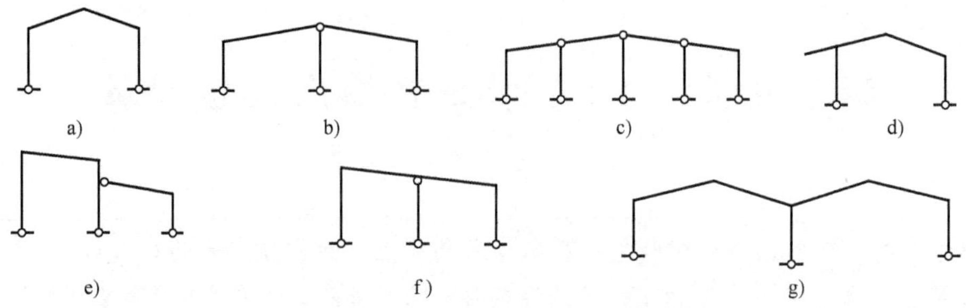

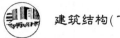

图 20-2 门式刚架的形式

a) 单跨双坡 b) 双跨双坡 c) 四跨双坡 d) 单跨双坡带挑檐

e) 双跨单坡带毗屋 f) 双跨单坡 g) 双跨四坡

1) 屋面采用压型钢板，可减小梁、柱截面尺寸和建筑体积，增大使用空间。

2) 在多跨建筑中可做成一个屋脊的双坡屋面，有利于排水组织。

3) 门式刚架可采用变截面形式，并可根据需要改变腹板高度或翼缘宽度，做到材尽其用。

4) 门式刚架的刚度较好，且平面内、外的刚度差别较小，这为制造、运输、安装提供了有利条件。

5) 支撑可直接或用节点板连接在腹板上，并可采用张紧的圆钢，使结构构造简单、用钢量小。

6) 结构构件可全部在工厂制作，工业化程度高，质量易于保证。

7) 构件单元可根据运输条件划分，现场用螺栓连接，安装方便快捷，施工量小。

二、门式刚架轻型房屋钢结构的适用范围

门式刚架轻型房屋钢结构通常用于跨度为 9~36m、柱距为 6m（也适用于柱距为 7.5m 或 9m，但最大不超过 12m)、柱高为 4.5~9m，设有桥式起重机且起重量较小的单层工业厂房或公共建筑（超市、娱乐场馆、车站候车室、仓储建筑)。设置轻、中级工作制单梁或双梁桥式起重机时，起重量不宜大于 20t（柱距为 6m 时，不宜大于 30t)；设置悬挂式桥式起重机时，起重量不宜大于 3t。

第二节 门式刚架轻型房屋钢结构的结构形式与布置

一、门式刚架轻型房屋钢结构的结构形式

门式刚架轻型房屋钢结构的结构形式较多，按构件体系分，有实腹式和格构式；按截面形式分，有等截面式和变截面式；按结构选材分，有高频焊接工字形截面式和热轧 H 型钢截面式。

在门式刚架轻型房屋钢结构体系中，屋盖应采用压型钢板屋面板和冷弯薄壁型钢（或高频焊接轻型 H 型钢）檩条，主刚架采用等截面或变截面实腹刚架，外墙宜采用压型钢板墙面板和冷弯薄壁型钢墙梁，也可采用砌体外墙或底部（窗台以下）为砌体、上部为压型钢板墙面板的外墙。主刚架斜梁下翼缘和刚架柱内翼缘的出平面稳定性，由与檩条或墙梁相连的隅撑来保证。

门式刚架轻型房屋钢结构的柱脚与基础宜采用铰接；当水平荷载较大、檐口标高较高或用于有桥式起重机的工业厂房时，柱脚与基础宜采用刚接。

变截面刚架与等截面刚架相比，变截面刚架可以适应弯矩变化，节省钢材。但在构造连接及加工制造方面不如等截面方便，故变截面刚架仅适用于跨度和高度都较大的房屋中。

门式刚架轻型房屋钢结构房屋屋面坡度宜取 1∶8~1∶20，在雨水较多的地区宜取其中较大值。

二、门式刚架轻型房屋钢结构的结构布置

1. 柱网布置

柱网布置应满足使用要求。对于工业厂房应根据生产工艺流程所需的主要设备、产品尺寸和生产空间来确定厂房的跨度和柱距。单跨房屋的柱网布置如图 20-3 所示。

门式刚架轻型房屋钢结构的温度区段长度与传统建筑结构相比可以放宽，其纵向温度区段长度不应大于 300m，横向温度区段长度不应大于 150m。当需要设置伸缩缝时，可在搭接檩条的螺栓连接处采用长圆孔，并使该处屋面板在构造上允许胀缩，或在伸缩缝处设置双柱。

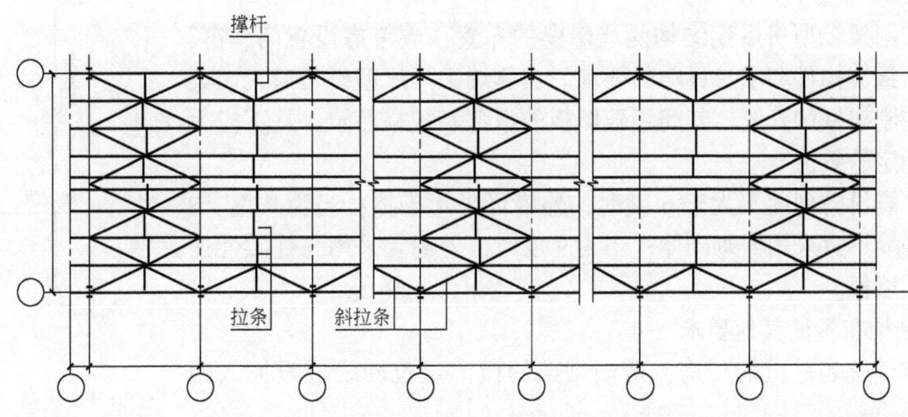

图 20-3 柱网及平面布置

2. 建筑尺寸

门式刚架轻型房屋钢结构的尺寸应符合下列规定：

1）门式刚架的跨度应取横向刚架柱轴线间的距离。跨度宜为 9~36m，一般取 3 的倍数，当边柱宽度不等时，其外侧应对齐。

2）门式刚架的高度应取地坪至柱轴线与斜梁轴线交点的高度。门式刚架的高度应根据使用要求的室内净高确定，有桥式起重机的厂房应根据轨顶标高和桥式起重机净空要求确定。

3）柱的定位轴线可取通过柱下端（较小端）中心的竖向轴线，工业建筑边柱的定位轴线宜取柱外皮；斜梁的定位轴线可取通过变截面梁段最小端中心与斜梁上表面平行的轴线。

4）门式刚架轻型房屋钢结构的檐口高度为地坪至房屋外侧檩条上缘的高度。门式刚架轻型房屋钢结构最大高度为地坪至屋盖顶部檩条上缘的高度；门式刚架轻型房屋钢结构宽度为房屋侧墙墙梁外皮之间的距离；门式刚架轻型房屋钢结构长度为两端山墙墙梁外皮之间的距离。

5）门式刚架轻型房屋钢结构的挑檐长度可根据使用要求确定，宜为 0.5~1.2m，挑檐上翼缘坡度宜与横梁坡度相同。

3. 支撑布置

在每个温度区段或分期建设的区段中，应分别设置能独立构成空间稳定结构的支撑体系(图 20-1)。柱间支撑的间距应根据安装条件确定，一般取 30~45m，不宜大于 60m；当房屋高度较大时，柱间支撑应分层设置。在设置柱间支撑的开间应同时设置屋盖横向水平支撑体系（图 20-3)，以组成几何不变的空间体系。

端部支撑宜设在温度区间端部的第二个开间，并宜在第一开间的相应位置设置刚性系杆。在刚架转折处（柱顶和屋脊）也宜设置刚性系杆。

由支撑斜杆等构件组成的水平桁架，其直腹杆宜按刚性系杆考虑，可由檩条兼作；当刚度和承载力不足时，可在刚架斜梁间设置钢管、H 型钢或其他截面形式的杆件。

门式刚架轻型房屋钢结构的支撑，宜采用张紧的十字交叉圆钢，用特制的连接件与梁、柱腹板连接。连接件应能适应不同的夹角，圆钢端部应有丝扣，待校正定位后将拉条张紧固定。

4. 墙架布置

门式刚架轻型房屋钢结构侧墙墙梁的布置，应考虑设置门、窗、挑檐、雨篷等构件和围护材料的要求。当侧墙采用压型钢板时，墙梁宜布置在刚架柱的外侧，其间距随墙板的板型和规格而定，且不应大于计算确定的数值。

当抗震设防烈度不大于 6 度时，外墙可采用砌体；当为 7 度、8 度时，外墙不宜采用嵌砌砌体；当为 9 度时，外墙宜采用与柱柔性连接的轻质墙板。

5. 结构布置的其他要求

对有桥式起重机的厂房，两端刚架的横向定位轴线应设插入距(图20-4)。

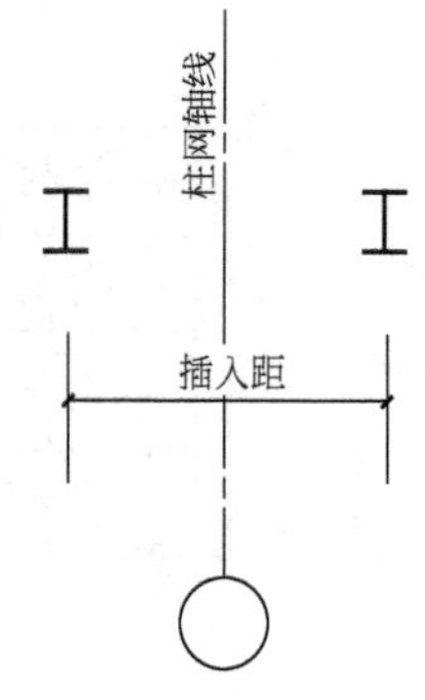

图 20-4 横向定位轴线的插入距

屋面檩条的形式和布置，应考虑天窗、通风口、采光带、屋面材料和檩条供货规格等因素的影响。屋面压型钢板厚度和檩条间距应通过计算确定。

山墙可设置由斜梁、抗风柱和墙梁组成的山墙墙梁（图 20-1)，也可采用门式刚架。

第三节 门式刚架轻型房屋钢结构的计算特点

门式刚架轻型房屋钢结构的梁、柱采用变截面或等截面实腹式焊接工字形截面（或轧制 H 形截面)，其腹板较薄，计算时在某些方面与普通钢结构的梁、柱有所不同，应予以重视。

1）因变截面构件有可能在几个截面同时或接近同时出现塑性铰，故不宜利用塑性铰出现后的应力重分布。同时，变截面门式刚架轻型房屋钢结构构件的腹板通常很薄，截面发展塑性的潜力不大。因此，在计算变截面门式刚架时，应采用弹性分析法确定各种内力。仅在构件全部为等截面时，才容许采用塑性分析法，并按《钢结构设计规范》的规定进行设计。

2）门式刚架轻型房屋钢结构宜按平面结构分析内力，一般不考虑受力蒙皮作用（现场

实测表明，具有可靠连接的压型钢板围护体系的建筑物，其承载能力和刚度均大于按裸骨架算得的值。这种因围护墙体在自身平面内的抗剪能力而加强了结构整体工作性能的效应称为受力蒙皮作用）。当采用不能滑动的连接件连接压型钢板及支撑构件形成屋面和墙体等围护体系时，可在单层房屋设计中考虑受力蒙皮作用，但应同时满足下列要求：

① 应由试验或可靠的分析方法获得蒙皮组合体的强度和刚度参数，对结构进行整体分析和设计。

② 屋脊、檐口和山墙等关键部位的檩条、墙梁、立柱及其连接等，进行承载力验算时，除了考虑直接作用的荷载产生的内力外，还必须考虑由整体分析算得的附加内力。

③ 必须在建成的建筑物的显眼位置设立永久性标牌，标明在使用和维护过程中不得随意拆卸压型钢板，只有设置了临时支撑后方可拆换压型钢板，并在设计文件中加以规定。

3）变截面门式刚架的内力分析可按一般结构力学方法或利用静力计算公式、图表进行；也可采用有限元法（直接刚度法）计算，计算时宜将构件分为若干段，每段的几何特征可视为常量；还可采用楔形单元计算。

4）工字形截面受弯构件中腹板以受剪为主，翼缘以抗弯为主。增大腹板的高度，可使翼缘的抗弯能力充分发挥。然而，在增大腹板高度的同时，如果同时增大腹板的厚度显然是不经济的，因此，在计算工字形截面门式刚架腹板时，应考虑利用板件屈曲后的强度，并按有效宽度计算截面特性。

有关计算规定详见《门式刚架轻型房屋钢结构技术规程》（CECS—102：2002）。

第四节　门式刚架轻型房屋钢结构的节点构造

一、斜梁与柱连接及斜梁拼接节点

斜梁与柱的连接，可采用端板竖放（图 20-5a）、端板斜放（图 20-5b）和端板平放（图 20-5c）三种形式。为避免图 20-5a 中柱顶需采用异型檩条时，可将柱顶做成倾斜的，如图 20-5a 所示中的虚线。斜梁拼接时，宜使端板与构件外缘垂直（图 20-5d）。

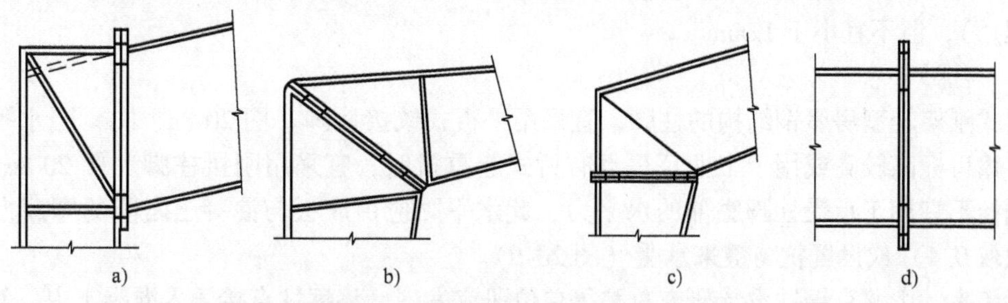

图 20-5　斜梁与柱连接及斜梁拼接

a）端板竖放　b）端板斜放　c）端板平放　d）斜梁拼接

门式刚架轻型房屋钢结构的连接节点应满足下列要求：

1）斜梁拼接（图 20-5d）应按所受最大内力设计。当内力较小时，应按能够承受不小于较小被连接截面承载力的一半设计。

2）主刚架构件的连接应采用高强度螺栓，其直径可根据需要选用，通常采用 M16～

M24 螺栓。檩条和墙梁与刚架的连接通常采用 M12 普通螺栓。

3）端板连接螺栓应成对对称布置（图 20-6）。在受拉翼缘和受压翼缘的内外两侧均应设置，并宜使每个翼缘的螺栓群中心与翼缘的中心重合或接近。为此，应采用将端板伸出截面高度范围以外的外伸式连接。当螺栓群间的力臂足够大（例如在端板斜置时）或受力较小（例如某些斜梁拼接）时，也可将螺栓全部设在构件截面高度范围内的端板平齐式连接。

4）螺栓中心至翼缘板表面的距离，应满足拧紧螺栓时的施工要求，不宜小于 35mm。螺栓端距不应小于 2 倍的螺栓孔径。

5）在门式刚架轻型房屋钢结构中，受压翼缘的螺栓不宜少于两排。当受拉翼缘两侧各设一排螺栓尚不能满足承载力要求时，可在翼缘内侧增设螺栓（图 20-7），其间距可取 75mm，且不小于 3 倍螺栓孔径。

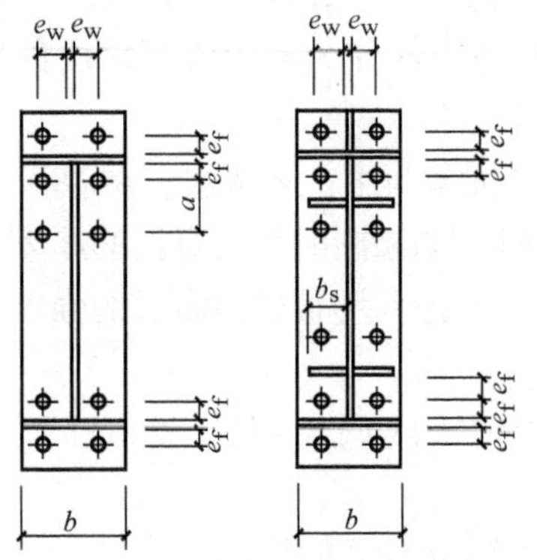

图 20-6　端板螺栓排列

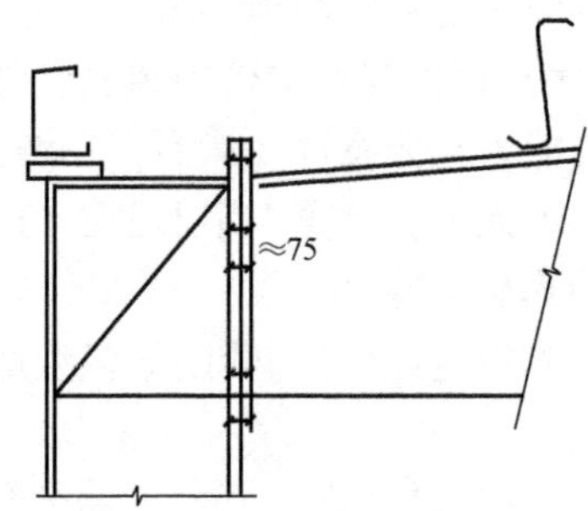

图 20-7　端板竖放时的节点构造

6）与斜梁端板连接的柱翼缘部分应与端板等厚度（图 20-7）。当端板上两对螺栓间的最大距离大于 400mm 时，应在端板中部增设一对螺栓。

7）同时受拉和受剪的螺栓，应验算螺栓在拉剪共同作用下的强度。

8）端板的厚度可根据支撑条件计算确定（计算公式详见《门式刚架轻型房屋钢结构技术规程》），但不宜小于 12mm。

二、柱脚节点

门式刚架轻型房屋钢结构的柱脚，宜采用平板式铰接柱脚（图 20-8a、b）。当水平荷载较大、檐口标高较高或用于工业厂房且有桥式起重机时，宜采用刚接柱脚（图 20-8c、d）。柱脚锚栓不宜用于承受柱脚底部的水平力，此水平力应由底板与混凝土之间的摩擦力（摩擦系数取 0.4）或设置抗剪键来承受（图 20-9）。

近年来，由北京钢铁设计研究总院等单位研究发现，将钢柱直接插入混凝土内，然后用二次浇灌层固定的插入式刚接柱脚，在多项单层厂房中应用效果较好，并不影响安装调整。这种柱脚构造简单、节约钢材、安全可靠，可用于大跨度、有桥式起重机的厂房中。

三、隅撑和牛腿的构造

当实腹式刚架斜梁的下翼缘受压时，必须在受压翼缘的两侧布置隅撑（端部仅布置在一侧）作为斜梁的侧向支承。隅撑的另一端连接在檩条上或焊接于太空轻质大型屋面板的边框上（图 20-10）。

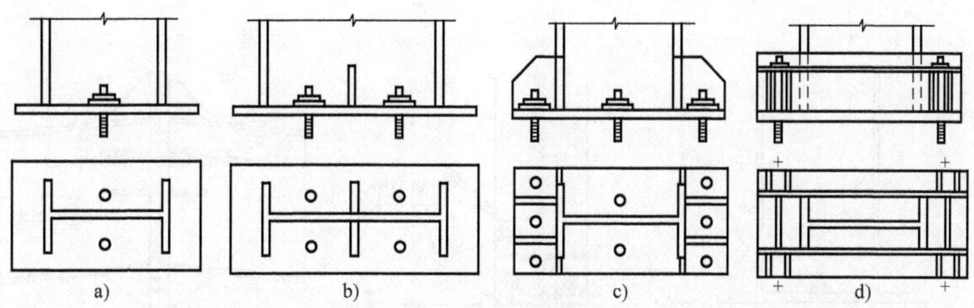

图 20-8　门式刚架轻型房屋钢结构柱脚

a）对锚栓的铰接柱脚　b）两对锚栓的铰接柱脚　c）带加劲肋的刚接柱脚　d）带靴梁的刚接柱脚

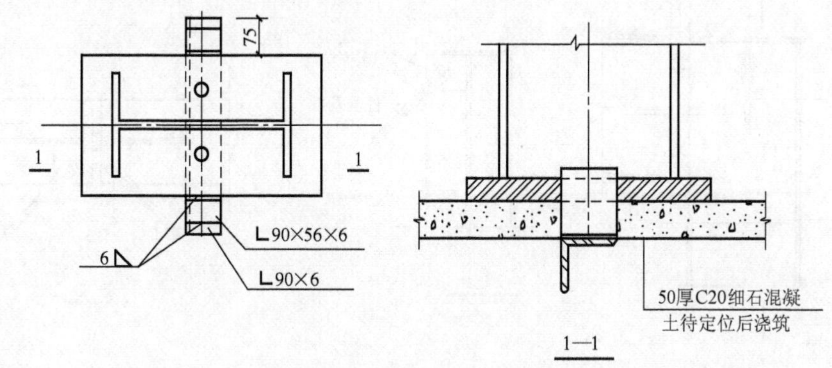

图 20-9　基础顶面抗剪键构造

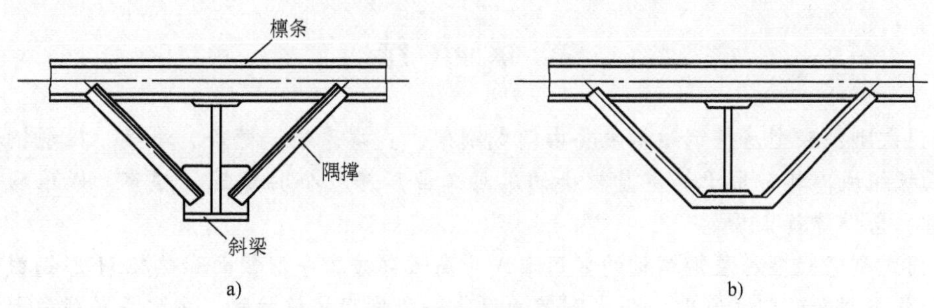

图 20-10　隅撑的连接

刚架柱设置隅撑时，其构造与斜梁的隅撑构造相同。

隅撑宜采用单角钢制作。隅撑可连接在刚架构件下（内）翼缘附近的腹板上（图 20-10a），也可连接在下（内）翼缘上（图 20-10b）。对于图 20-10a 的构造形式，通常采用单个螺栓连接。隅撑与刚架构件腹板的夹角不宜小于 45°。

牛腿的构造如图 20-11 所示。

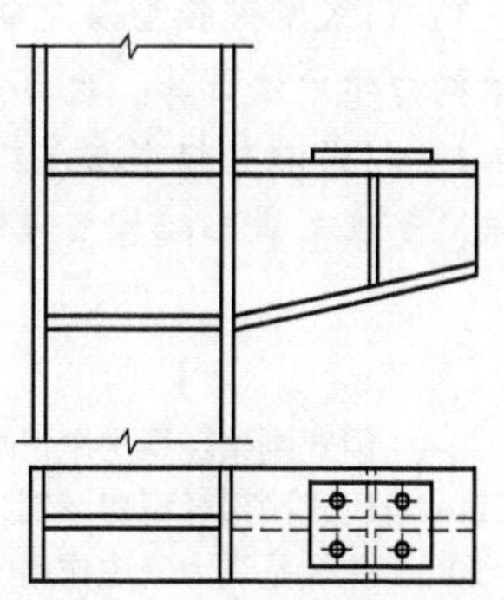

图 20-11　牛腿的构造节点

四、支撑节点构造

门式刚架轻型房屋钢结构的支撑节点构造如图 20-12 所示。

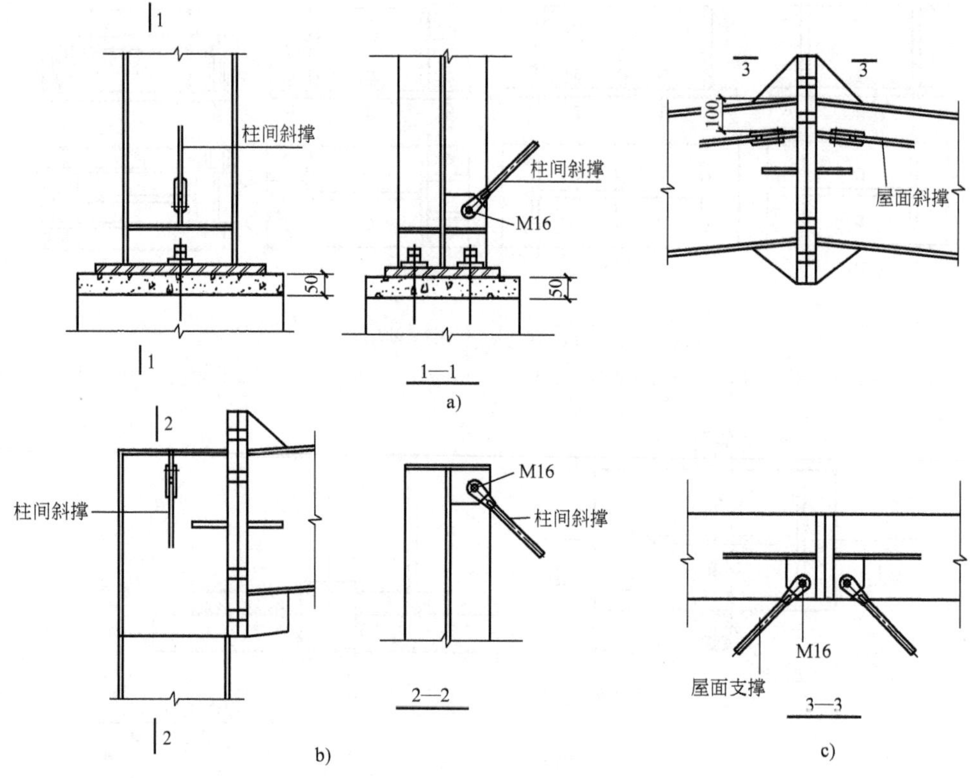

图 20-12　支撑节点构造

本 章 小 结

1）门式刚架轻型房屋钢结构主要由门式刚架、支撑系统、檩条、墙梁、压型钢板屋面板和墙面板组成。其常用于起重量较小的单层工业厂房或公共建筑（超市、娱乐场馆、车站候车室、仓储建筑）中。

2）门式刚架轻型房屋钢结构的常用形式为高频焊接工字形截面和热轧 H 形钢截面组成的等截面或变截面的门式刚架。门式刚架的柱脚一般采用铰接柱脚，当水平荷载较大、檐口标高较高或用于工业厂房且有桥式起重机时，宜采用刚接桩脚。

3）门式刚架轻型房屋钢结构的内力计算宜按平面结构分析（一般不考虑蒙皮效应），按结构力学方法计算，也可采用有限元法利用计算机进行计算。

4）门式刚架轻型房屋钢结构的节点主要有：斜梁与柱连接节点、斜梁拼接节点、柱脚节点、支撑节点和隅撑节点等。

思 考 题

20-1　门式刚架轻型房屋钢结构具有哪些主要优点？

20-2　门式刚架轻型房屋钢结构的柱网及变形缝如何布置？

20-3　什么是受力蒙皮作用？

20-4　试分别画出等截面门式刚架斜梁与柱铰接及铰接柱脚的节点详图。

第二十一章 钢 屋 盖

学习目标：了解钢屋盖的组成，掌握钢屋架的选形与主要尺寸的确定；掌握支撑的布置与连接构造，掌握普通钢屋架的杆件设计和节点设计；熟悉钢屋架施工图的绘制；能设计普通钢屋架，了解轻型钢屋架和网架的节点构造。

第一节 钢屋盖结构的组成

一、钢屋盖的组成及应用

钢屋盖结构一般由屋面板或檩条、屋架、托架、天窗架和屋盖支撑系统等构件组成。根据屋面所用材料的不同和屋盖结构的布置情况，屋盖结构可分为有檩屋盖结构和无檩屋盖结构两种。

有檩屋盖结构（图 21-1a）主要用于跨度较小的中小型厂房，其屋面常采用压型钢板、太空板、石棉水泥波形瓦、瓦楞铁和加气混凝土屋面板等轻型屋面材料，屋面荷载由檩条传给屋架。有檩屋盖的构件种类和数量较多，安装效率低，但其构件自重轻，用料省，运输和安装方便。

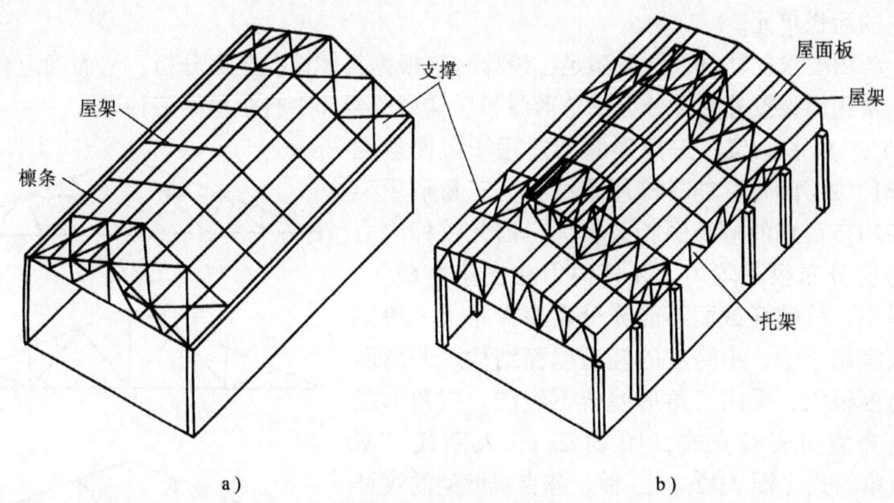

图 21-1 屋盖结构的组成

a）有檩体系 b）无檩体系

无檩屋盖结构（图 21-1b）主要用于跨度较大的大型厂房，其屋面常采用钢筋混凝土大型屋面板（或太空板），屋面荷载由大型屋面板（或太空板）直接传递给屋架。无檩屋盖的构件种类和数量都较少，安装效率高，施工进度快，而且屋盖的整体性好，横向刚度大，耐久性好；但无檩屋盖的屋面板自重大，用料费，运输和安装不便。

屋架的跨度和间距取决于柱网布置，而柱网布置则根据建筑物工艺要求和经济合理等各方面因素而定。有檩屋盖的屋架间距和跨度比较灵活，不受屋面材料的限制。有檩屋盖比较经济的屋架间距为4~6m。无檩屋盖因受大型屋面板尺寸的限制（大型屋面板的尺寸一般为1.5m×6m），屋架跨度一般取3m的倍数，常用的有18m，21m，…，36m等，屋架间距为6m；当柱距超过屋面板长度时，就必须在柱间设置托架，以支承中间屋架（图21-1b）。

在工业厂房中，为了采光和通风换气的需要，一般要设置天窗。天窗的主要结构是天窗架，天窗架一般都直接连接在屋架的上弦节点处。

二、屋架的选形与主要尺寸

1. 屋架的选形

钢屋架的形式很多，一般分为普通钢屋架和轻型钢屋架两种。普通钢屋架是由不小于∟45×4、∟56×36×4的角钢采用节点板焊接而成的屋架。轻型屋架指由包括有小于∟45×4或∟56×36×4的角钢、圆钢和薄壁型钢组成的屋架。屋架的外形选择、弦杆节间的划分和腹杆布置，应根据房屋的使用要求、屋面材料、荷载、跨度、构件的运输条件以及有无天窗或悬挂式起重机等因素，按下列原则综合考虑：

（1）满足使用要求　主要满足排水坡度、建筑净空、天窗、天棚以及悬挂起重机的要求。

（2）受力应合理　应使屋架外形与弯矩图相近似，杆件受力均匀；短杆受压、长杆受拉；荷载尽量布置在节点上，以减少弦杆局部弯矩；屋架中部应有足够的高度，以满足刚度要求。

（3）便于施工　屋架杆件的类型和数量宜少，节点的构造应简单，各杆之间的夹角应控制在30°~60°之间。

（4）满足运输要求　当屋架的跨度或高度超过运输界限尺寸时，应将屋架分为若干个尺寸较小的运送单元。

以上各项要求往往难以同时满足，设计时应根据具体情况全面分析，从而确定合理的结构形式。常用屋架按外形可分为三角形屋架、梯形屋架和平行弦屋架三种形式。

（1）三角形屋架　三角形屋架适用于屋面坡度较大（$i<1:2\sim1:6$）的有檩屋盖结构。三角形屋架的外形与均布荷载的弯矩图相差较大，因此弦杆内力沿屋架跨度分布很不均匀，弦杆内力在支座处最大，在跨中最小，故弦杆截面不能充分发挥作用。一般三角形屋架宜用于中、小跨度的轻型屋面结构。若屋面太重或跨度很大，采用三角形屋架不经济。三角形屋架的腹杆布置可有芬克式（图21-2a）、人字式（图21-2b）、单斜式（图21-2c）三种。芬克式屋架的腹杆受力合理（长腹杆受拉，短腹杆受压），且可分为两小榀屋架制造，使运输方便，故应用较广。人字式的杆件和节点都较少，但受压腹杆较长，只适用于跨度小于18m的屋架。单斜式的腹杆和节点数量都较多，只适用于下弦设置天棚的屋架。

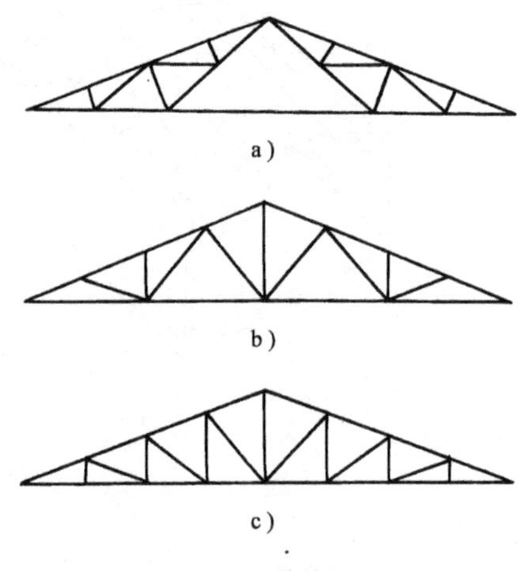

图21-2　三角形屋架
a）芬克式　b）人字式　c）单斜式

（2）梯形屋架　梯形屋架适用于屋面坡度较小（$i<1:3$）的无檩屋盖结构。梯形屋架的外形比较接近于弯矩图，腹杆较短，受力情况较三角形屋架好。梯形屋架上弦节间长度应与屋面板

的尺寸相配合，使荷载作用于节点上，当上弦节间太长时，应采用再分式腹杆形式（图 21-3）。

（3）平行弦屋架　平行弦屋架多用于托架或支撑体系，其上、下弦平行，腹杆长度一致，杆件类型少，符合标准化、工业化制造要求，但其弦杆内力分布不够均匀（图 21-4）。

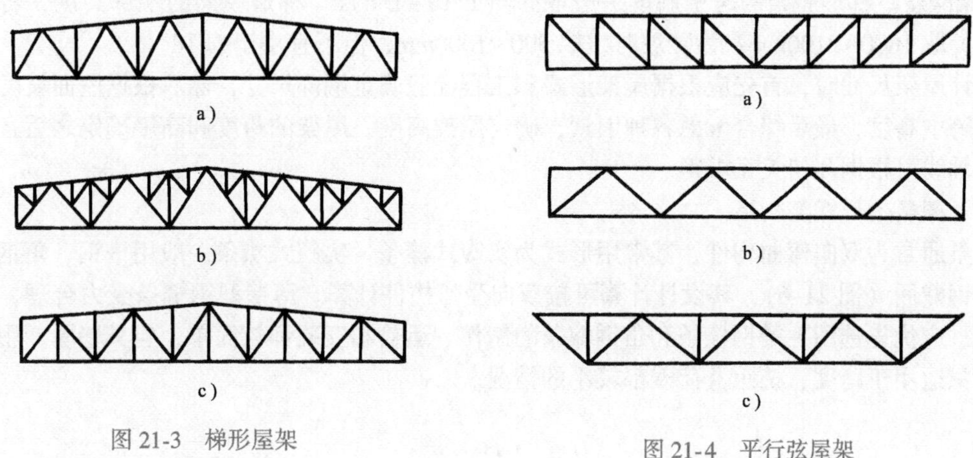

图 21-3　梯形屋架

图 21-4　平行弦屋架

2. 屋架的主要尺寸

屋架的主要尺寸是指屋架的跨度和高度，对梯形屋架尚有端部高度。

（1）屋架的跨度　屋架的跨度应根据生产工艺和建筑使用要求确定，同时应考虑结构布置的经济合理性。常见的屋架跨度（标志跨度）为 18m、21m、24m、27m、30m、36m 等。简支于柱顶上的钢屋架，其计算跨度取决于屋架支座反力间的距离。根据房屋定位轴线及支座构造的不同，屋架计算跨度的取值应作如下考虑：当支座为一般钢筋混凝土排架柱，且定位轴线为封闭结合，屋架简支于柱顶时，其计算跨度一般取房屋标志跨度每端减去 150~200mm（图 21-5a）；当柱的定位轴线与柱顶中轴线重合，且屋架简支于柱顶时，其计算跨度取房屋轴线跨度，即标志跨度（图 21-5b）。

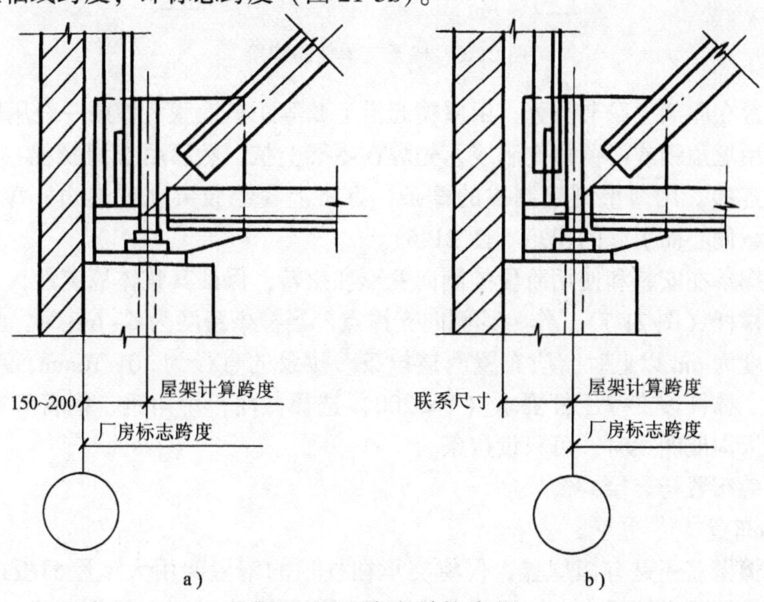

图 21-5　屋架的计算跨度

（2）屋架的高度　屋架的高度取决于建筑要求、屋面坡度、运输界限、刚度条件和经济高度等因素。屋架的最小高度取决于刚度条件，最大高度取决于运输界限，经济高度则根据上、下弦杆及腹杆的重量为最小来确定。三角形屋架的跨中高度一般取 $h=(1/6\sim1/4)L$，L 为屋架跨度。梯形屋架的跨中高度一般取 $h=(1/10\sim1/6)L$。梯形屋架的端部高度，若为平坡时，取 1800~2100mm；为陡坡时，取 500~1000mm，但不宜小于 $L/18$。

设计屋架尺寸时，首先应根据屋架形式和工程经验确定端部尺寸，然后根据屋面坡度确定屋架跨中高度，最后综合考虑各种因素，确定屋架高度。屋架的跨度和高度确定之后，各杆件的轴线可根据几何关系求得。

三、檩条的形式与构造

檩条通常为双向弯曲构件，其常用形式为实腹式檩条。实腹式檩条一般用槽钢、角钢和薄壁型钢截面（图 21-6），其设计计算可按双向受弯构件计算。薄壁型钢檩条受力合理，用钢量少，应优先选用。槽钢檩条和角钢檩条的制作、运输和安装都较简单，但其壁厚，用钢量大，只适用于跨度、檩距及荷载都较小的情况。

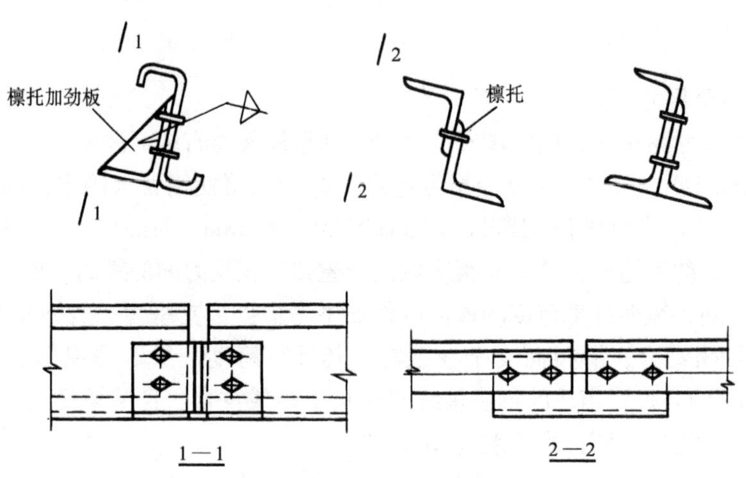

图 21-6　檩条与屋架的连接

檩条宜布置在屋架上弦节点处，由屋檐起沿上弦等距离设置。檩条一般用檩托与屋架上弦相连。檩托用短角钢或薄壁型钢制成，先焊在屋架上弦，然后用 C 级螺栓（不少于 2 个）或焊缝与檩条连接。用薄壁型钢制成的檩条，宜将上翼缘肢尖（或卷边）朝向屋脊方向，以减小屋面荷载偏心而引起的扭矩（图 21-6）。

为了减少檩条在安装和使用阶段的侧向变形和扭转，保证其整体稳定性，一般需在檩条间设置拉条和撑杆（图 21-7），作为其侧向支撑点。当檩条跨度为 4~6m 时，宜设置一道拉条；当檩条跨度为 6m 以上时，应布置两道拉条。拉条的直径为 10~16mm，可根据荷载和檩距大小选用。撑杆按支撑压杆要求（$\lambda\leqslant200$）选择截面，用角钢、钢管和方管制做。当檐口处有承重天沟或圈梁时，可只设拉条。

四、支撑的布置与连接构造

1. 支撑的布置

无论是无檩屋盖还是有檩屋盖，仅将支承在柱顶的钢屋架用大型屋面板或檩条连接起来，它是一种几何可变体系，在水平荷载作用下，屋架可能向侧向倾倒（图 21-8a）。其次，

由于屋架上弦侧向支承点间的距离过大，受压时容易发生侧向失稳现象（如图中曲线所示），其承载能力极低。如果在房屋的两端相邻屋架之间布置上弦横向水平支撑和垂直支撑（图21-8b），则整个屋盖则形成一稳定的空间体系，其受力情况将明显改善。在这种情况下，上弦支撑与屋架上弦组成的平面桁架可传递水平荷载；同时，由于支撑节点可以阻止上弦的侧向位移，使其自由长度大大减小，故上弦的承载能力也可显著提高。因此，必须在屋盖系统中设置支撑，使整个屋盖结构连成整体，形成一个空间稳定体系。

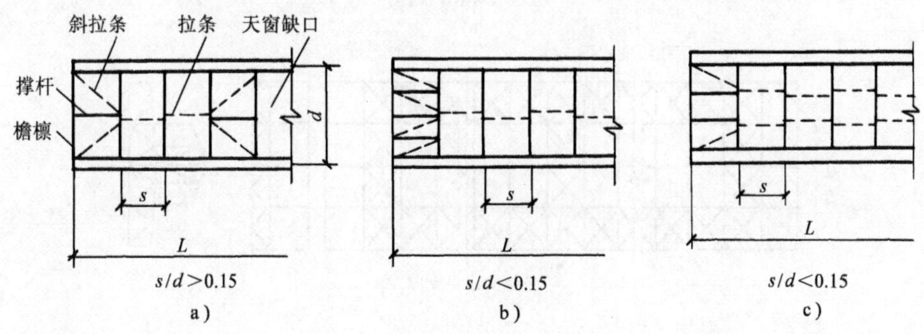

图21-7　拉条和撑杆布置图

L—屋架跨度　d—屋架间距　s—檩距

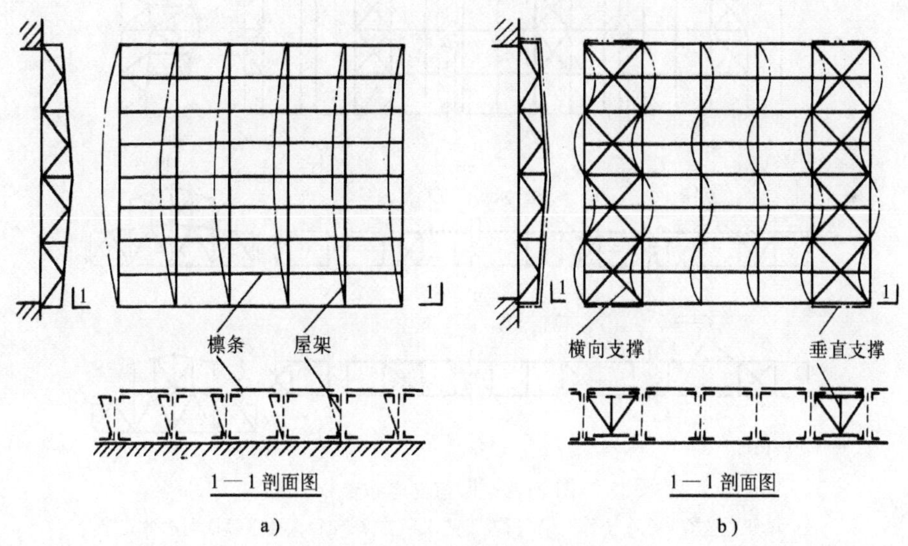

图21-8　屋盖支撑作用示意图

a）无支撑时　b）有支撑时

钢屋盖的支撑分为上弦横向水平支撑、下弦横向水平支撑、下弦纵向水平支撑、垂直支撑和系杆等五种（图21-9）。一般钢屋盖都应设置上、下弦横向水平支撑、垂直支撑和系杆。

上弦横向水平支撑一般布置在屋盖两端的第一柱间和横向伸缩缝区段的两端；当需与第二柱间开始的天窗架上的支撑配合时，也可设在第二柱间，但必须用刚性系杆与端屋架连接（图21-9a）。支撑的间距不宜大于60m，即当温度区段较长时，在区段中间应增设横向水平支撑。

下弦横向水平支撑一般都和上弦横向水平支撑布置在同一柱间，以便组成稳定的空间结构体系。当下弦横向水平支撑布置在第二柱间时，同样应在第一柱间设置刚性系杆（图21-9b）。

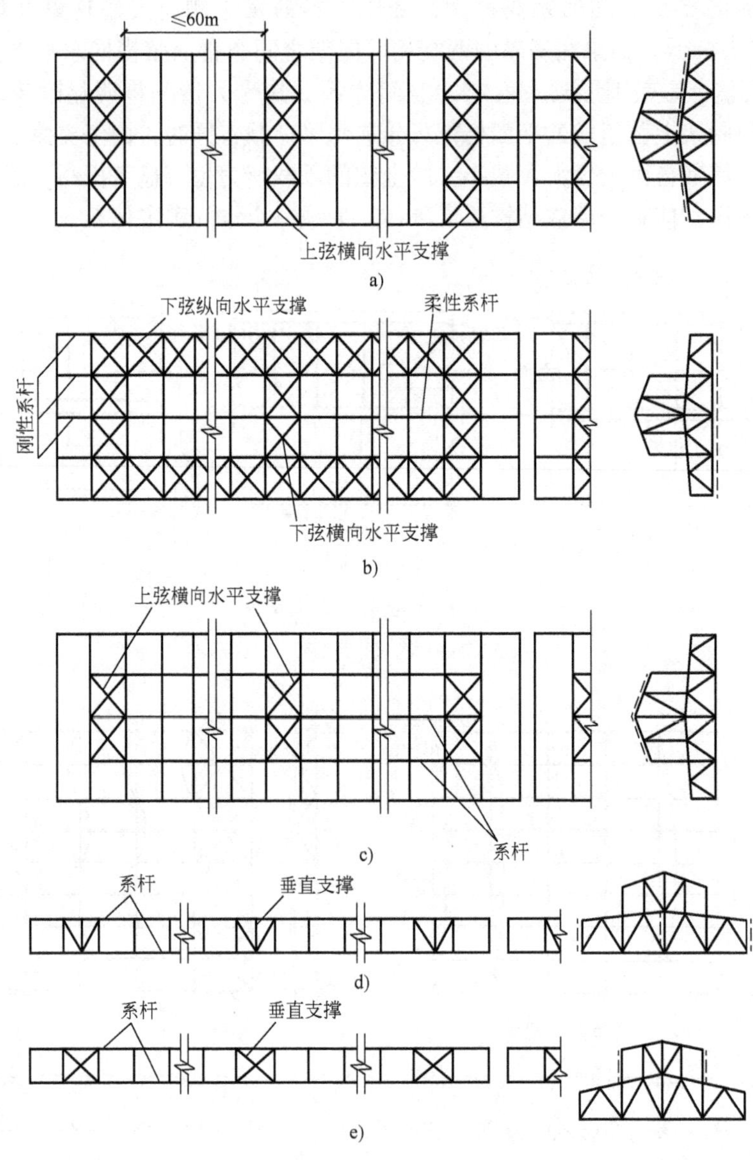

图 21-9 屋盖支撑布置

a）屋架上弦横向水平支撑 b）屋架下弦水平支撑 c）天窗上弦横向水平支撑

d）屋架跨中及支座处的垂直支撑 e）天窗架侧柱垂直支撑

下弦纵向水平支撑一般只在对房屋的整体刚度要求较高时设置。当房屋内设有较大吨位的重级或中级工作制的桥式起重机，或有锻锤等较大振动设备，或有托架和中间屋架时，以及房屋较高、跨度较大时，均应在屋架下弦（三角形屋架可在上弦）端节间平面设置纵向水平支撑，并与下弦横向水平支撑形成封闭的支撑系统。

凡设有横向水平支撑的柱间都要设置垂直支撑（图 21-9d、e）。当采用三角形屋架且跨度小于 24m 时，只在屋架跨度中央布置一道；当跨度大于 24m 时，宜在屋架大约 1/3 的跨度处各设置一道。当采用梯形屋架且跨度小于 30m 时，在屋架两端及跨度中央均应设置垂直支撑；当跨度大于 30m 时，除两端设置外，应在跨中 1/3 处各设置一道。当屋架两端有托架时，可用托架代替。

对于不和横向水平支撑相连的屋架，在垂直支撑平面内的屋架上、下弦节点处，沿房屋的纵向通长设置系杆。系杆分刚性系杆和柔性系杆两种。刚性系杆一般由两个角钢组成，能承受压力。柔性系杆则常由单角钢或圆钢组成，只能承受拉力。刚性系杆设置在第一柱间的上、下弦处，支座节点处和屋脊处，其余的可采用柔性系杆。

当有天窗时，应设置和屋架类似的支撑（图 21-9c、d、e）。当天窗宽度大于 12m 时，应在天窗架中间再加设一道垂直支撑。

2. 支撑的连接构造

屋盖支撑因受力较小一般不进行内力计算，其截面尺寸由杆件容许长细比和构造要求来确定。交叉斜杆一般可按受拉杆件的容许长细比确定，非交叉斜杆、弦杆均按压杆的容许长细比确定。对于跨度较大且承受墙面传来较大风荷载的水平支撑，应按桁架体系计算其内力，并按内力选择截面，同时亦应控制其长细比。

屋盖支撑的连接构造应力求简单，安装方便。支撑与屋架的连接一般采用 M20 螺栓（C 级），支撑与天窗架的连接可采用 M16 螺栓（C 级）。有重级工作制桥式起重机或有较大振动设备的厂房，支撑与屋架的连接宜采用高强度螺栓连接，或用 C 级螺栓再加安装焊缝的连接方法将节点固定。

上弦横向水平支撑的角钢肢尖宜朝下，交叉斜杆与檩条连接处中断（图 21-10a）。如不与檩条相连，则一根斜杆中断，另一根斜杆可不断（图 21-10b）。下弦支撑的交叉斜杆可以肢背靠肢背用螺栓加垫圈连接，杆件无需中断（图 21-10c）。

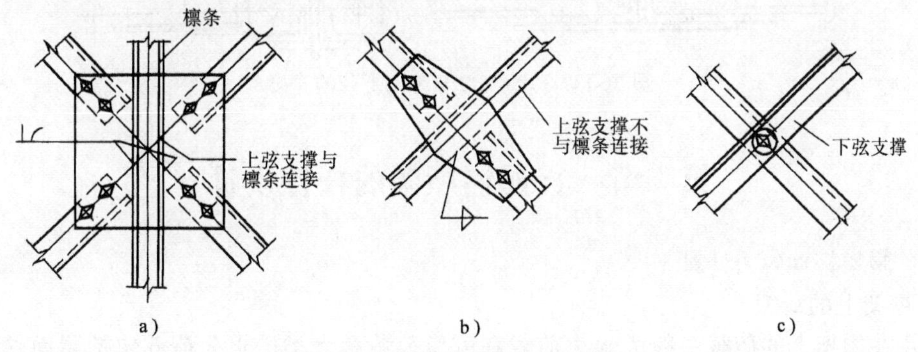

图 21-10　上、下弦支撑交叉点的构造

上弦横向支撑与屋架的连接如图 21-11 所示，连接时应使连接的杆件适当离开屋架节点，以免影响大型屋面板或檩条的安放。

垂直支撑与屋架上弦的连接如图 21-12 所示。图 21-12a 垂直支撑与屋架腹杆相连，构造简单，但传力不够直接，节点较弱，有偏心。图 21-12b 构造复杂，但传力直接，节点较强，适用于跨度较大的屋架。

垂直支撑与屋架下弦的连接如图 21-13 所示。这两种连接传力直接，节点较强，应优先采

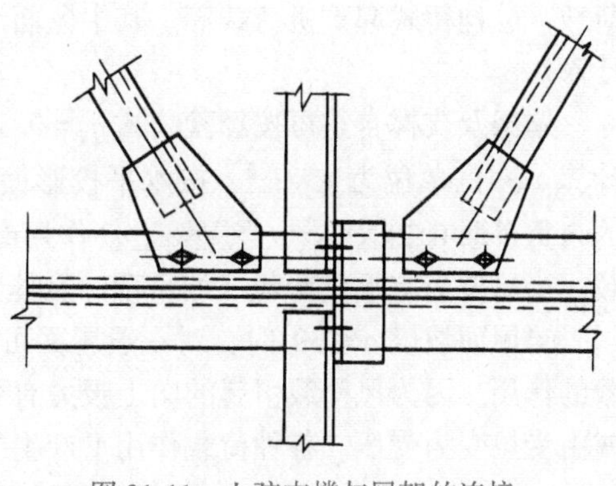
图 21-11　上弦支撑与屋架的连接

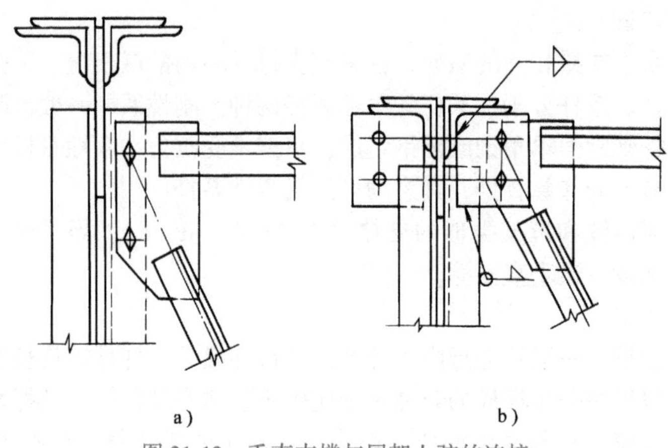

图 21-12　垂直支撑与屋架上弦的连接

用。对屋面荷载较轻或跨度较小的屋架，也可采用类似图 21-12a 的连接方式，将垂直支撑与屋架竖腹杆连接。

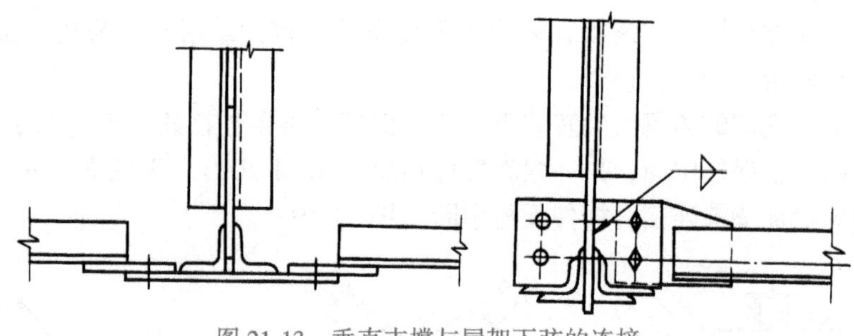

图 21-13　垂直支撑与屋架下弦的连接

第二节　普通钢屋架的杆件设计

一、屋架杆件内力计算

1. 屋架上的荷载

作用在屋架上的荷载一般为永久荷载和可变荷载两大类。永久荷载包括屋面材料、檩条、支撑、天窗架、吊顶等结构的自重。可变荷载包括屋面活荷载、积灰荷载、雪荷载、风荷载、悬挂桥式起重机荷载等。其中屋面活荷载和雪荷载不会同时出现，可取两者中较大值计算。

屋架及支撑自重可按经验公式 $q_k=0.12+0.011L$（L 为屋架跨度的标志尺寸，单位为 m）计算。q_k 的单位为 kN/m^2，按水平投影面积计算。对于有檩轻型屋盖，檩条、屋架及支撑的自重可取 $0.2kN/m^2$。当屋架上仅作用有上弦节点荷载时，将 q_k 全部合并为上弦节点荷载；当屋架尚有下弦荷载（如吊顶、悬挂管道等）时，q_k 按上、下弦平均分配。

当屋面坡度 $\alpha\leqslant30°$时，对一般屋面可不考风荷载的作用，但对轻型屋面应考虑吸风荷载的作用。因为风荷载引起的向上吸力有可能大于向下的荷载，使屋架某些杆件内力增大，或由受拉变为受压。各种荷载作用下产生的节点荷载（图 21-14）按下式计算

$$F_i=\gamma_i q_i sd \tag{21-1}$$

式中　F_i——节点荷载设计值（kN）；

q_i——屋面水平投影面上的荷载标准值（kN/m^2），对于沿屋面坡向作用的荷载标准值 q_α，应换算为水平投影面上的荷载标准值，即 $q_i=q_\alpha/\cos\alpha$，α 为屋面坡度；

γ_i——荷载分项系数；

s——屋架间距（m）；

d——屋架弦杆节间水平长度（m）。

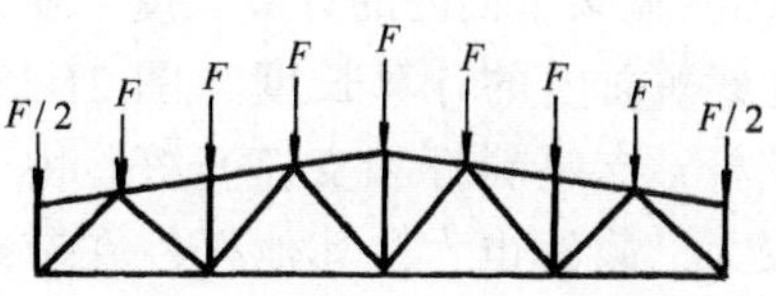

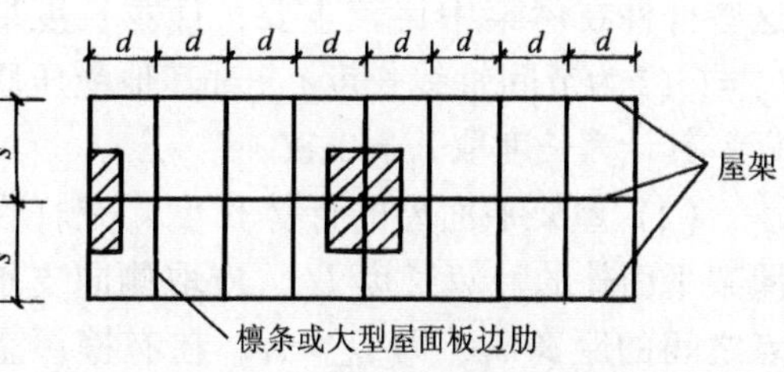

图 21-14　节点荷载汇集简图

2. 杆件内力计算及荷载组合

计算屋架杆件内力时，可采用理想平面桁架假定，即假定屋架所有杆件都位于同一平面内，且杆件重心汇交于节点中心，所有荷载均作用在屋架节点上，各节点均为理想铰接。实际上由于制造的偏差，运输安装的影响，各杆不可能完全汇交于节点中心，屋架杆件将产生次应力。但由于屋架杆件都较细长，次应力对屋架的承载影响较小，故设计时不予考虑。

屋架各杆内力可根据上述假定用数解法或图解法求得。一般屋架（如梯形、三角形）用图解法较为方便。对一些常用形式的屋架，结构设计手册中有单位力作用下的内力系数表，可供设计时采用。

当有上弦节间荷载时，应先将其按比例分配到相邻的右、左节点上，再计算各杆内力。但在计算上弦杆时，应考虑局部弯矩的影响。局部弯矩的计算可采用如下近似计算法：对于端节点按铰接 $M=0$，当其悬挑时，取最大悬臂端弯矩 M_e；对端节点间取正弯矩 $M=0.8M_0$；对其他节点间正弯矩和节点负弯矩均取 $M_1=\pm0.6M_0$，M_0 为跨度等于节间长度的简支梁的最大弯矩。设计钢屋架时，应尽量避免节间荷载的布置。

屋架杆件内力应根据使用和施工过程中可能出现的最不利荷载组合计算。在屋架设计时应考虑以下三种荷载组合：

1）全跨永久荷载+全跨可变荷载。

2）全跨永久荷载+半跨可变荷载。

3）全跨屋架、支撑和天窗架自重+半跨屋面板重+半跨屋面活荷载。

屋架上、下弦杆和靠近支座的腹杆按第一种荷载组合计算；而跨中附近的腹杆在第二、第三种荷载组合下可能内力为最大，且可能变号。一般情况下，屋架杆件截面受第一及第三种荷载组合控制；第二种组合往往因左右半跨的节点荷载相差不大，而且两者都比第一种组合小，不起控制作用。对于屋面坡度较小的轻型屋面，当风荷较大时，还应考虑永久荷载和风荷载的组合。

二、屋架杆件的计算长度与容许长细比

1. 屋架杆件的计算长度

在理想铰接屋架中，受压杆件的计算长度可取节点中心间的距离。但实际上屋架各杆件是通过节点板焊接在一起的，由于节点板本身具有一定刚度，节点上还有受拉杆件的约束作用，故节点不是真正的铰接，而是介于刚接和铰接之间的弹性嵌固。因此，在设计时不能把这种节点视为铰接，而应考虑节点本身的刚度来确定各杆件的计算长度。

（1）屋架平面内的计算长度　屋架各杆在屋架平面内的计算长度（图 21-15a），对于弦杆，支座斜杆和支座竖杆，由于其内力较大，截面也大，其他杆件在节点处对它们的约束作用相对较小，同时考虑到这些杆件在屋架中比较重要，计算长度取 $l_{0x}=l$（l 为节间轴线长度），对其他受压腹杆，其计算长度取 $l_{0x}=0.8l$。

（2）屋架平面外的计算长度　弦杆在屋架平面外的计算长度 l_{0y}，应取侧向支承点之间的距离 l_1，即 $l_{0y}=l_1$。在有檩屋盖中，取横向支撑点间距离或取与支撑连接的檩条及系杆之间的距离（图 21-15b）；在无檩屋盖中，当屋面板与屋架有三点焊牢时，可取两块屋面板的宽度，但应不大于 3.0m；在天窗范围内取与横向支撑连接的系杆间距离。对下弦杆的计算长度应视有无纵向水平支撑确定，一般取纵向水平支撑节点与系杆或系杆与系杆间的距离。弦杆对腹杆在屋架平面外的约束很小，故可视为铰支承，因此腹杆在屋架平面外的计算长度应取 $l_{0y}=l$。

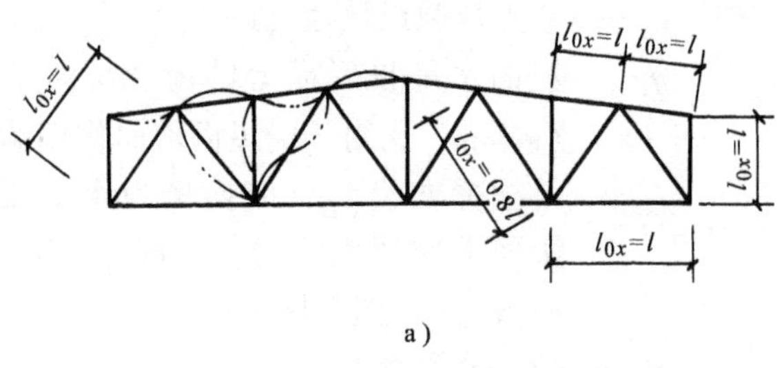

a）

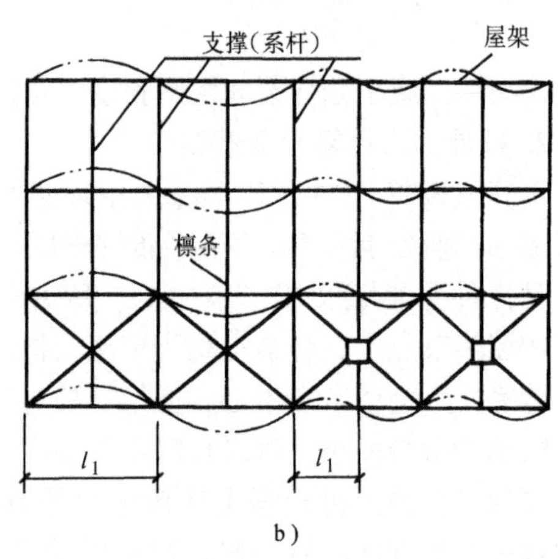

b）

图 21-15　屋架杆件计算长度

当屋架弦杆侧向支承点之间的距离 l_1 为节间长度的两倍（图 21-16），且两节间弦杆内力 N_1 和 N_2 不等时，应取杆件内力较大值 N_1 计算弦杆在屋架平面外的稳定性，其计算长度应按下式确定

$$l_{0y}=l_1\left(0.75+0.25\frac{N_2}{N_1}\right) \tag{21-2}$$

式中　l_{0y}——平面外的计算长度（mm），当 $l_{0y}<0.5l_1$ 时，取 $l_{0y}=0.5l_1$；

N_1——较大的压力（N），计算时取正值；

N_2——较小的压力或拉力（N），计算时压力取正值，拉力取负值。

屋架再分式腹杆体系的受压主斜杆及 K 形腹杆体系的竖杆，在屋架平面外的计算长度也应按式（21-2）确定（受拉主斜杆仍取 l_1）；在屋架平面内的计算长度应取节点中心间的距离（图 21-17）。

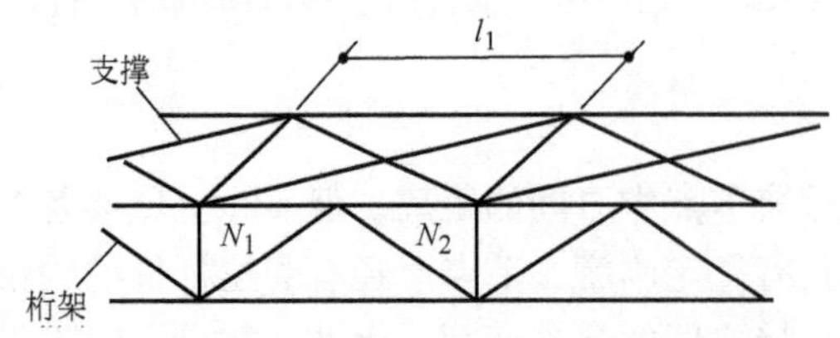

图 21-16　屋架弦杆的计算长度

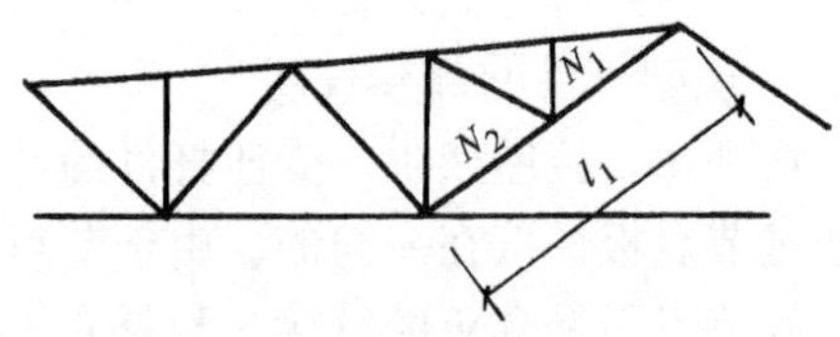

图 21-17　再分式屋架杆件的计算长度

（3）斜平面的计算长度　单面连接的单角钢腹杆及双角钢组成的十字形截面腹杆，因截面的两主轴均不在屋架平面内，当杆件绕最小主轴失稳时，发生在斜平面内。此时，杆件两端节点对其两个方向均有一定的嵌固作用，因此可取腹杆斜平面内的计算长度 $l_0=0.9l$。

桁架弦杆和单系腹杆的计算长度按表 21-1 选用。

表 21-1　桁架弦杆和单系腹杆的计算长度 l_0

项　次	弯曲方向	弦　杆	腹　杆	
			支座斜杆和支座竖杆	其他腹杆
1	在桁架平面内	l	l	$0.8l$
2	在桁架平面外	l_1	l	l
3	斜平面	—	l	$0.9l$

注：1. l 为构件的几何长度（节点中心间距离）；l_1 为桁架弦杆侧向支承之间的距离。
2. 斜平面系指与桁架平面斜交的平面，适用于构件截面两主轴均不在桁架平面内的单角钢腹杆和双角钢十字形截面腹杆。
3. 无节点板的腹杆计算长度在任意平面内均取其等于几何长度 l（钢管结构除外）。

2. 容许长细比

屋架中有些杆件计算内力很小，甚至为零，由此确定的杆件截面较小，长细比较大，在自重荷载作用下会产生过大挠度，运输和安装过程中易产生弯曲，动荷作用下会引起较大的振动。因此在《钢结构设计规范》中对压杆和拉杆都规定了容许长细比，见表 21-2。

对于由双角钢组成的 T 形截面杆件（图 21-18a），其截面的两个主轴分别在屋架平面内和屋架平面外，在这两个方向上杆件的长细比应按下式验算

$$\lambda_x=\frac{l_{0x}}{i_x}\leqslant[\lambda] \tag{21-3}$$

$$\lambda_y=\frac{l_{0y}}{i_y}\leqslant[\lambda] \tag{21-4}$$

表 21-2　桁架杆件的容许长细比

项　次	杆件名称	压杆	拉　杆		
			承受静力荷载或间接承受动力荷载的结构		直接承受动力荷载的结构
			一般建筑结构	有重级工作制桥式起重机的厂房	
1	桁架的杆件	150	350	250	250
2	天窗架杆件	150	—	—	—
3	支　撑	200	400	350	—

注：1. 承受静力荷载的结构，可仅计算受拉构件在竖向平面内的长细比。
2. 在直接或间接承受动力荷载的结构中，计算单角钢受拉、受压构件的长细比时，应采用角钢的最小回转半径，但在计算交叉杆件平面外的长细比时，可采用与角钢肢边平行轴的回转半径。
3. 中、重级工作制桥式起重机桁架下弦杆的长细比不宜超过 200。
4. 在设有夹钳桥式起重机或刚性料耙桥式起重机的厂房中，支撑的长细比不宜超过 300。
5. 受拉构件在永久荷载与风荷载组合作用下受压时，其长细比不宜超过 250。
6. 桁架（包括空间桁架）的受压腹杆，当其内力等于或小于承载能力的 50%时，容许长细比值可取为 200。
7. 张紧的圆钢拉杆的长细比不受限制。
8. 跨度等于或大于 60m 的桁架，其受压弦杆和端压杆的容许长细比值宜取 100，其他受压腹杆可取 150（承受静力荷载）或 120（承受动力荷载）；其受拉弦杆和腹杆的长细比不宜超过 300（承受静力荷载）或 250（承受动力荷载）。
9. 由容许长细比控制截面的杆件，在计算其长细比时，可不考虑扭转效应。

对于单角钢杆件和双角钢组成的十字形截面（图 21-18b、c），应取截面的最小回转半径 $i_{\min}$（i_{y0}）验算杆件在斜平面上的最大长细比，即

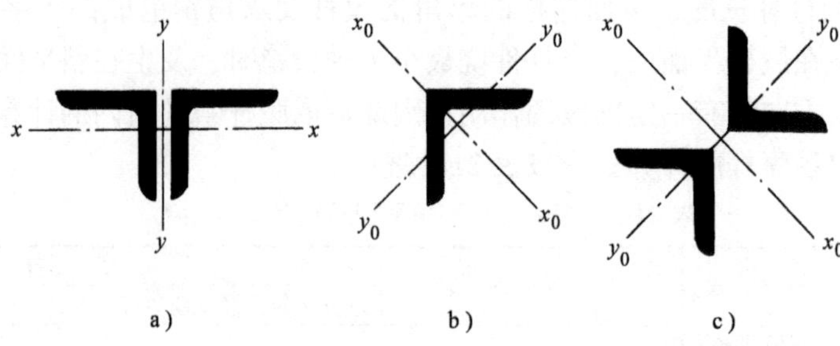

图 21-18 杆件截面的主轴

$$\lambda = \frac{l_0}{i_{\min}} \leqslant [\lambda] \tag{21-5}$$

三、屋架杆件截面选择

1. 屋架杆件截面形式

选择屋架杆件截面形式时，应考虑构造简单、施工方便、取材容易、且易于连接，并尽可能增大屋架的侧向刚度。对轴心受力构件宜使杆件在屋架平面内、外的长细比或稳定性相接近。屋架杆件一般采用双角钢组成的 T 形截或十字形截面，受力较小的次要杆件可采用单角钢截面。表 21-3 所列为各种角钢组合的截面形式及其 i_y/i_x 的近似比值，供设计的参考选用。

表 21-3 普通钢屋架常用杆件的截面形式

序 号	杆件截面的角钢类型	截 面 形 式	回转半径 i_y/i_x 比值
1	两个不等肢角钢短肢相连		2.0~3.0
2	两个不等肢角钢长肢相连		0.8~1.0
3	两个等肢角钢		1.3~1.5
4	两个等肢角钢十字形连接		1.0
5	一个等肢角钢对称于节点板		0.5

屋架上弦杆的计算长度多为 $l_{0y}=2l_{0x}$，为获得接近于 $\lambda_x=\lambda_y$ 的条件，常采用不等边角钢短边相并的 T 形截面。两短边相并的弦杆截面宽度大，有较大的侧向刚度，对运输、吊装

十分有利，且便于放置屋面板或檩条。当有节间荷载时，宜采用不等边角钢长边相并或等边角钢组成的T形截面。

屋架下弦杆，其截面主要由强度控制，但为了满足运输和安装对屋架刚度的要求，仍宜采用不等边角钢短边相并或等边角钢组成的T形截面。

屋架支座腹杆，其 $l_{0x}=l_{0y}=l$，可采用不等边角钢长边相并或等边角钢组成的T形截面；其他腹杆，$l_{0x}=0.8l$，$l_{0y}=l$，常采用等边角钢组成的T形截面；屋架中部竖直腹件，通常要与垂直支撑连接，故采用等边角钢组成的十字形截面；对受力较小的个别腹杆，可采用单角钢对称于节点板的切槽连接（见本章第六节的图21-50）。

2. 填板设置

双角钢T形或十字形截面是组合截面，应隔一定间距在两角钢间放置填板（图21-19），以保证两角钢共同工作。填板宽度一般取40~60mm。填板长度，对于T形截面应伸出角钢肢边10~15mm；对于十字形截面应从角钢肢尖缩进10~15mm，以便施焊。填板的厚度应与节点板厚度相同。填板间距 l_d，对受压杆取 $l_d\leqslant 40i$，对受拉杆取 $l_d\leqslant 80i$，i 为回转半径。对T形截面，i 为一个角钢对平行于填板的自身形心轴的回转半径；对十字形截面，i 为一个角钢的最小回转半径。填板数在受压杆的两个侧向支承点间不应少于两块。

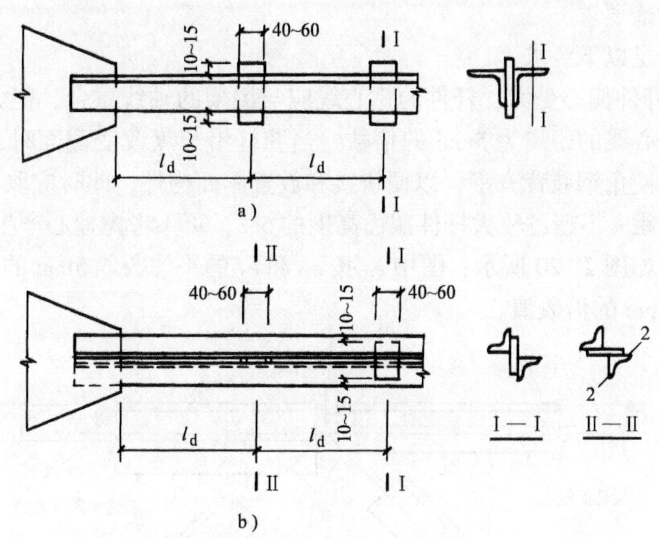

图21-19　屋架杆件中的填板

3. 杆件截面选用的原则

杆件截面选用应满足下列要求：

1）杆件截面尺寸应根据其不同的受力情况按计算确定。当屋架仅受节点荷载作用时，应按轴心受力构件计算选用杆件截面；当上、下弦杆有节间荷载作用时，应按压弯、拉弯构件选用上、下弦截面。屋架所有杆件截面都必须满足表21-2容许长细比的要求。

2）杆件截面计算一般采用验算的方法，即先按设计经验和构造要求选定各杆截面，然后再按受力情况逐一验算，如不满足要求，重新选择截面进行验算，直至合适为止。

3）对受力很小的腹杆或因构造要求设置的杆件（如芬克式屋架跨中央竖杆），其截面按刚度条件确定。

4）应优先选用肢宽壁薄的角钢，以增大回转半径，但肢厚应不小于4mm。

5）在一榀屋架中，应避免选用肢宽相同而厚度不同的角钢，不得已时，厚度相差至少为2mm，以防止制造时出错。

6）对于跨度不大的屋架，其上、下弦杆的截面一般沿长度保持不变，按最大受力节间选择；如果跨度大于24m，应根据弦杆内力的大小，从节点部位开始改变截面，但应改变肢宽而保持厚度不变，以利于拼接构造的处理。如改变弦杆截面，半跨内只能改变一次。

7）为了防止杆件在运输和安装时产生弯扭和损坏，角钢的最小尺寸不应小于∟45×4或∟56×36×4；用于十字形截面的角钢应不小于∟63×5。

8）同一榀屋架中，杆件的截面规格不宜过多，在用钢量增加不多的情况下，宜将杆件截面规格相近的加以统一，即一榀屋架中杆件截面规格不宜超过6~7种。

第三节　普通钢屋架的节点设计

普通钢屋架的杆件一般采用节点板相互连接，各杆件内力通过节点板上的焊缝互相传递而达到平衡。节点设计应做到传力明确、连接可靠、制作简单、节省钢材。

一、节点的构造要求

节点设计应满足以下要求：

1）为了避免杆件偏心受力，杆件的重心线应与屋架的轴线重合，但为了制作方便，通常取角钢肢背至重心线的距离为5mm的倍数。当弦杆沿长度改变截面时，截面改变的位置应设在节点处，并使角钢肢背齐平，以便拼接和放置屋面构件，此时应取两杆件重心线的中线为轴线。如偏心距e不超过较大杆件截面高度的5%，可不考虑偏心产生的附加弯矩影响。节点各杆件的轴线如图21-20所示，图中e_0按e_1和e_2的平均数取5mm的倍数值，e_3、e_4则按角钢重心距取5mm的倍数值。

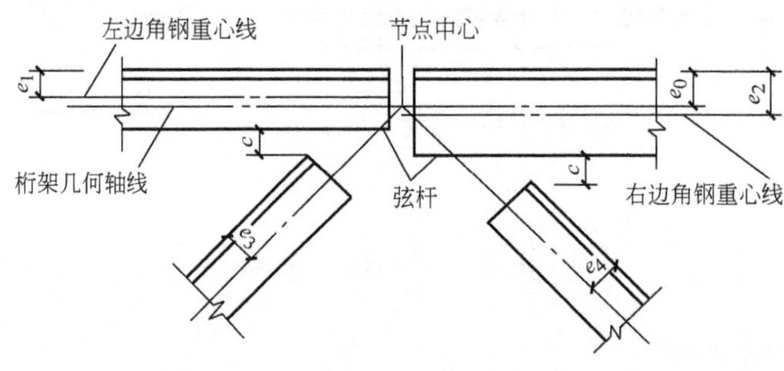

图21-20　节点各杆件的轴线

2）为了施焊方便和避免焊缝过于密集导致节点板材料变脆，腹杆与腹杆、腹杆与弦杆间的最近距离应满足$c \geqslant 20$mm，且相邻角焊缝焊趾间净距不应小于5mm。节点板应伸出弦杆角钢肢背10~15mm，以便于施焊。当屋面板或檩条支承于上弦节点时，也可将节点板缩进肢背5~10mm，用塞焊焊接。

3）角钢的切断面一般应与其轴线垂直，但为使节点紧凑时，可按图21-21b斜切肢尖，不能按图21-21c斜切肢背。

4）节点板的尺寸主要取决于所连杆件的大小和所需焊缝的长短，其形状一般采用有两

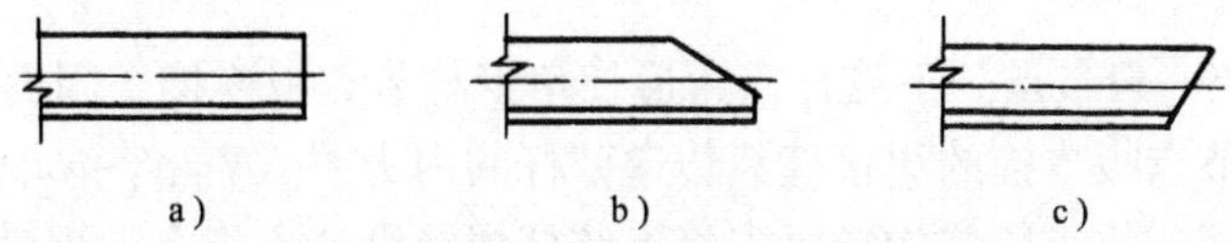

图 21-21　角钢端部的切割

条平行边的四边形，如矩形、梯形或平行四边形。节点板的外形还应考虑传力均匀，以免产生严重的应力集中现象。节点边缘与杆件边缘的夹角不应小于 15°，且节点板的外形应尽量使连接焊缝中心受力，如图 21-22a 所示。图 21-22b 的连接，焊缝受力有偏心，不宜采用。

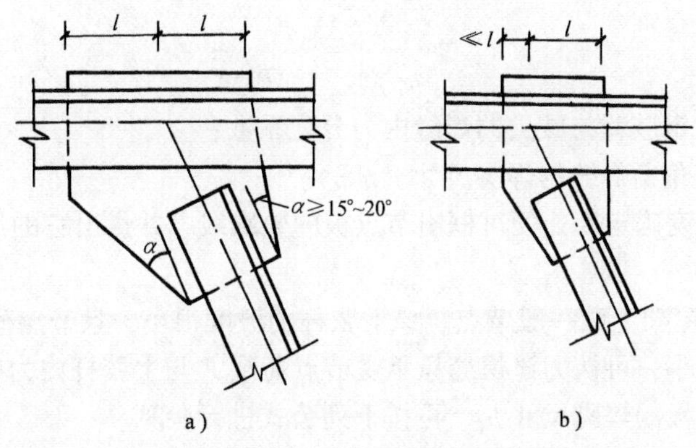

图 21-22　仅有一根腹杆的节点构造

5）节点板应有适当的厚度，以确保节点中各杆内力的安全传递。节点板的受力较为复杂，一般可根据设计经验确定其厚度，然后再验算其强度和稳定性。普通钢屋架节点板的厚度可按表 21-4 选用。

表 21-4　屋架节点板厚度选用表

桁架腹杆内力或三角形屋架弦杆端节间内力 N/kN	≤170	171~290	291~510	511~680	681~910	911~1290	1291~1770	1771~3090
一般节点板厚度 t/mm	6	8	10	12	14	16	18	20

注：1. 本表的适用范围：

（1）适用于焊接桁架的节点板强度验算，节点板钢材为 Q235，焊条 E43。

（2）节点板边缘与腹杆轴线之间的夹角应不小于 30°。

（3）节点与腹杆用侧焊缝连接，当采用围焊时，节点板的厚度应通过计算确定。

（4）对有竖腹杆的节点板，当 $c/t \leqslant 15\sqrt{235/f_y}$ 时，可不验算节点板的稳定；对无竖腹杆的节点板，当 $c/t \leqslant 10\sqrt{235/f_y}$ 时可将受压腹杆的内力乘以增大系数 1.25 后再查表求节点板厚度，此时亦可不验算节点板的稳定；式中 c 为受压腹杆连接肢端面中点沿腹杆轴线方向至弦杆的净距离。

2. 支座节点板的厚度宜较一般节点板增加 2mm。

二、节点设计

节点设计应先按各杆的截面形式确定节点连接的构造形式，再根据杆件的内力确定连接焊缝的焊脚尺寸和长度，然后再根据焊缝长度确定节点板的合理形状和具体尺寸，最后验算弦杆与节点板的连接焊缝。节点设计应和屋架施工图的绘制结合进行。

1. 下弦一般节点

图 21-23 为下弦一般节点。下弦杆采用通长角钢与节点板连接，因此弦杆中的内力主要通过角钢传递，和节点板连接的焊接缝只传递弦杆的内力差 $\Delta N=N_1-N_2$。由于 ΔN 很小，计算所需焊缝长度较短，故一般按构造要求将下弦杆焊缝沿节点板全长焊满即可。腹杆与节点板连接的焊缝长度，可先假定焊脚尺寸 h_f（肢尖处小于肢厚，肢背处约等于肢厚），再计算出一个角钢肢背焊缝计算长度 l_{w1} 和肢尖焊缝计算长度 l_{w2}，即

$$l_{w1} \geqslant \frac{K_1 N/2}{h_e f_f^w} = \frac{K_1 N}{1.4 h_f f_f^w} \tag{21-6}$$

$$l_{w2} \geqslant \frac{K_2 N/2}{h_e f_f^w} = \frac{K_2 N}{1.4 h_f f_f^w} \tag{21-7}$$

式中　K_1、K_2——角钢肢背与肢尖的焊缝内力分配系数；

h_f——直角角焊缝的焊脚尺寸（mm）。

各杆所需焊缝长度确定后，便可框出节点板的轮廓线，并量出它的尺寸。

2. 上弦一般节点

图 21-24 为梯形屋架上弦一般节点。该上弦杆的坡度很小，且节点荷载 F 对上弦杆与节点板间焊缝的偏心较小，可认为该焊缝只承受节点荷载 F 与上弦杆内力差 ΔN 的作用。设计时先确定弦杆与节点板的焊脚尺寸 h_f，再按下列公式进行验算。

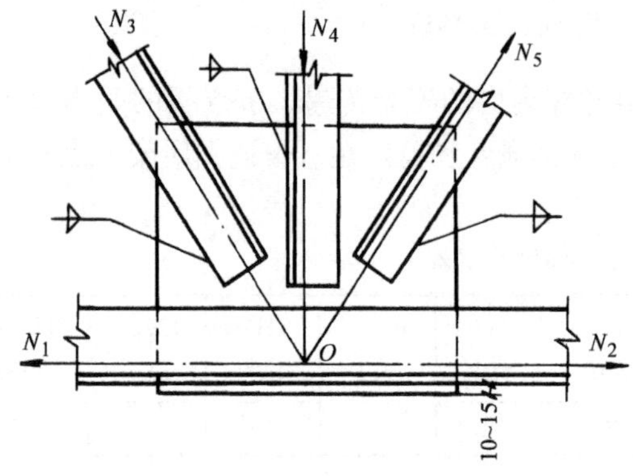

图 21-23　下弦一般节点

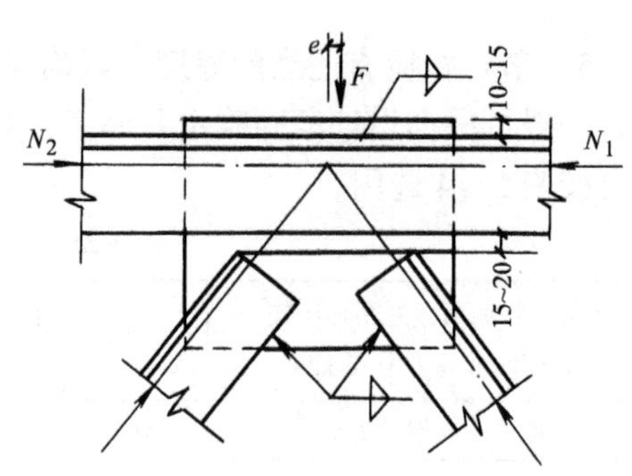

图 21-24　梯型屋架上弦一般节点

在 ΔN 作用下，角钢肢背与节点板间焊缝所受的剪应力为

$$\tau_{\Delta N} = \frac{K_1 \Delta N}{2 \times 0.7 h_f l_w} \tag{21-8}$$

式中　K_1——角钢肢背焊缝内力分配系数；

l_w——每条焊缝的计算长度（mm），取实际长度减去 $2h_f$。

在荷载 F 的作用下，上弦杆与节点板间的四条焊缝平均受力（角钢肢背和肢尖的焊脚尺寸均取 h_f），焊缝应力为

$$\sigma_F = \frac{F}{4 \times 0.7 h_f l_w} \tag{21-9}$$

因肢背焊缝受力最大，且 $\tau_{\Delta N}$ 与 σ_F 间夹角近于直角，故肢背焊缝应满足下式要求

$$\sqrt{\tau_{\Delta N}^2+\left(\frac{\sigma_F}{1.22}\right)^2}\leqslant f_f^w \tag{21-10}$$

图 21-25 为三角形屋架上弦节点。该上弦杆的坡度较大，节点荷载 F 相对于上弦杆焊缝有较大的偏心，因此上弦杆与节点板焊缝除受 F 和 ΔN 作用外，还受偏心弯矩 $M=\Delta Ne'+Fe$ 的作用。考虑到角钢肢背与节点板间的塞焊缝不易保证质量，可采用如下近似方法验算，即假定荷载 F 由塞焊缝“K”承受，而角钢肢尖焊缝“A”承受 ΔN 和弯矩 M 的作用。由于荷载 F 较小，实际设计中，将“K”焊缝沿节点板全长焊满，可不作验算。焊缝“A”的应力分别由 ΔN 在焊缝“A”中产生的平均剪应力和 M 在焊缝“A”中产生的弯曲应力组成，其值可按下式分别计算

$$\tau_{\Delta N}=\frac{\Delta N}{2\times0.7h_f l_w} \tag{21-11}$$

$$\sigma_M=\frac{6M}{2\times0.7h_f l_w^2} \tag{21-12}$$

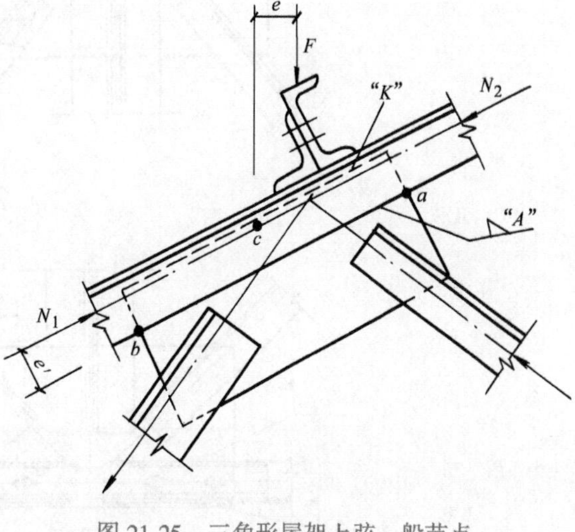

图 21-25　三角形屋架上弦一般节点

焊缝“A”的端点 a，b 受力最大，应按下式验算

$$\sqrt{\tau_{\Delta N}^2+\left(\frac{\sigma_M}{1.22}\right)^2}\leqslant f_f^w \tag{21-13}$$

3. 弦杆的拼接节点

屋架弦杆的拼接分为工厂拼接和工地拼接两种。工厂拼接节点是因为角钢不够长或截面改变时的接头，宜设在弦杆内力较小的节间。工地拼接节点是由于运输条件的限制而设的安装接头，通常设在跨中节点处（图 21-26）。

拼接角钢常采用与弦杆相同的截面，使弦杆在拼接处保持原有的强度和刚度。为了使拼接角钢与弦杆紧密贴合，以及便于在拼接角钢肢尖布置焊缝，应将拼接角钢铲去肢背棱角、切去竖肢 $\Delta=(t+h_f+5)$mm，t 为连接角钢的厚度，h_f 为拼接角钢肢尖的焊脚尺寸。屋脊节点处的拼接角钢，一般用热弯成形。当屋面坡度较大时，可将竖肢切成斜口，再热弯对齐焊牢（图 21-27）。安装接头要设安装螺栓定位、夹紧弦杆，以利于安装焊缝的施焊。

（1）弦杆与拼接角钢连接焊缝的计算按等强度原则计算　一般取弦杆内力的较大值，或偏于安全地取弦杆截面的承载能力（受压弦杆取 $N=\varphi Af$，受拉弦杆取 $N=Af$），并假定其平均分配于拼接角钢肢尖的四条焊缝上，则每条焊缝的长度为

$$l'_w=\frac{N}{4\times0.7h_f f_f^w}+2h_f \tag{21-14}$$

拼接角钢的长度为 $l=2l'_w+a$，a 为空隙尺寸，一般取 $a=10\sim20$mm，对上弦脊节点，应由构造要求确定 a 的具体尺寸。

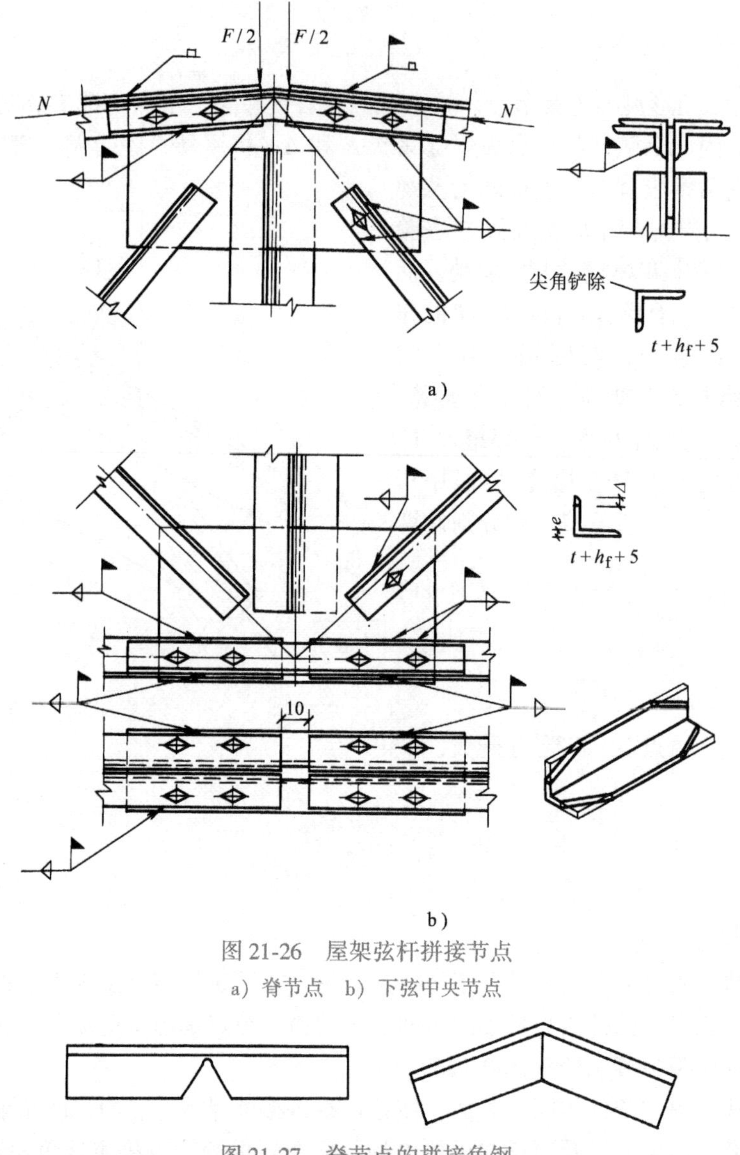

图 21-26　屋架弦杆拼接节点

a）脊节点　b）下弦中央节点

图 21-27　脊节点的拼接角钢

（2）弦杆与节点板连接焊缝的计算　下弦杆与节点板连接焊缝，按相邻弦杆内力差 ΔN 或弦杆内力的 15%计算（两者取较大值）。

上弦杆与节点板的连接焊缝计算有以下两种情况：

1）当上弦杆肢背为塞焊时，假设集中荷载由塞焊缝承担，其强度足够，可不必计算。肢尖处的焊缝按承受 $0.15N_{max}$ 和 $M=0.15N_{max}e$ 的作用，按下式验算

$$\tau=\frac{0.15N_{max}}{2\times0.7h_f l_w} \tag{21-15}$$

$$\sigma=\frac{6M}{2\times0.7h_f l_w^2} \tag{21-16}$$

$$\sqrt{\tau^2+\left(\frac{\sigma}{1.22}\right)^2}\leqslant f_{\mathrm{f}}^{\mathrm{w}} \tag{21-17}$$

2）当节点板伸出上弦肢背时，上弦杆与节点板的连接焊缝受节点两侧弦杆的竖向分力及节点荷载 F 的合力作用，其连接焊缝长度按下式计算

$$l_{\mathrm{w}}'=\frac{F-2N\sin\alpha}{8\times0.7h_{\mathrm{f}}f_{\mathrm{f}}^{\mathrm{w}}}+2h_{\mathrm{f}} \tag{21-18}$$

上弦杆的水平分力，应由连接角钢传递。

4. 支座节点

图 21-28 为三角形和梯形铰接支座节点。支座节点由节点板、加劲肋、支座底板和锚栓等组成。支座底板是为了扩大支座节点与柱顶（或墙体）的接触面积，均匀传递屋架荷载。加劲肋的作用是加强支座底板的刚度，减小底板弯矩，均匀传递支座反力，增强支座节点板的侧向刚度。为了便于施焊，下弦杆与支座底板之间的净空部分应不小于下弦角钢的水平肢宽，且不小于 130mm。锚栓预埋于钢筋混凝土柱顶或混凝土垫块中，直径一般取 20~25mm。底板上的锚栓孔直径一般为锚栓直径的 2~2.5 倍，并开成圆孔或半圆带矩形孔，以便安装和调整就位。屋架调整就位后，加垫板和螺母，并将垫板与底板焊牢。垫板厚度与底板相同，孔径稍大于锚栓直径。

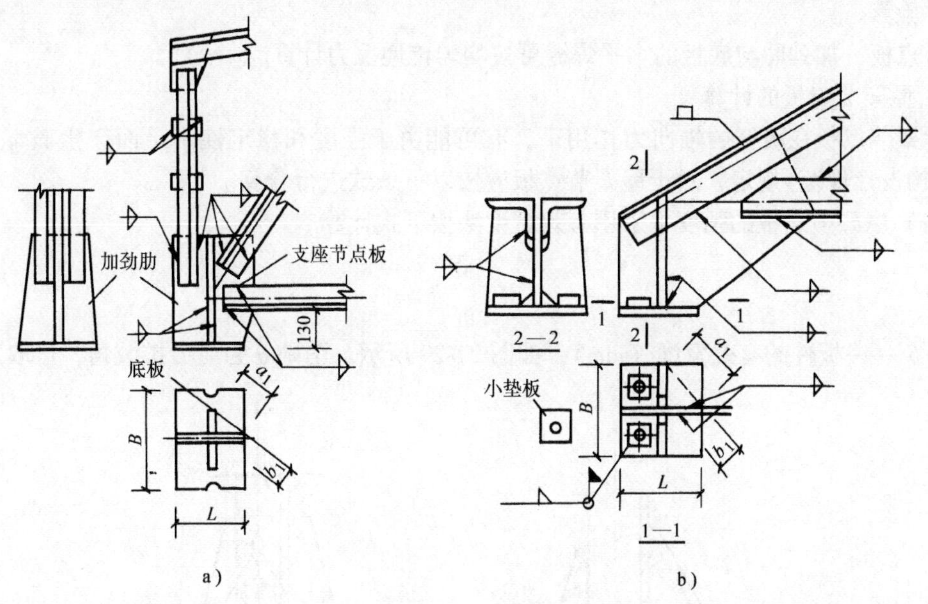

图 21-28　屋架支座节点

a）梯形屋架支座节点　b）三角形屋架支座节点

支座节点的构造和计算与柱脚的构造和计算类似，其计算包括底板计算、加劲肋焊缝计算和底板焊缝计算等。

支座底板所需面积为

$$A=\frac{N}{f_{\mathrm{c}}}+\Delta A \tag{21-19}$$

式中　N——屋架支座反力（N）；

f_c——混凝土轴心抗压强度设计值（MPa）；

ΔA——锚栓孔面积（mm^2）。

一般底板的面积可根据锚栓孔的构造要求确定。如采用矩形，平行于屋架方向的尺寸 L 取 250～300mm，垂直于屋架方向的尺寸 B（短边）取柱宽减去 20～40mm，且不小于 200mm。

底板厚度 t 按下式计算

$$t=\sqrt{\frac{6M}{f}} \tag{21-20}$$

式中 M——两边为直角支承板时，单位板宽的最大弯矩（N/mm），$M=\beta q a_1^2$，其中 q 为底板单位板宽承受的计算线荷载（N/mm）；a_1 为自由边长度（mm），如图 21-28 所示；β 为系数，可由 b_1/a_1 根据表 17-6 查得。

底板不宜过薄，一般不小于 14mm。

加劲肋的厚度可取与节点板相同；加劲肋的高度，对于梯形屋架由节点板尺寸确定，对于三角形屋架应使加劲肋紧靠上弦杆角钢水平肋，并焊牢。每块加劲肋与节点板之间的垂直焊缝，可近似地取支座反力 R 的 1/4 计算，偏心距取支承加劲肋下端 $b/2$ 宽度（b 为加劲肋下端宽度），则每块加劲肋两条垂直焊缝承受的内力为 $V=R/4$、$M=Rb/8$，然后按角焊缝强度条件验算。

节点板、加劲肋与底板的水平焊缝可按均匀传递反力计算。

5. 屋架节点板的计算

屋架节点板在腹杆的轴向力作用下，有可能由于强度和稳定性不足而产生破坏。因此《钢结构设计规范》规定，对于屋架节点板应按以下条款进行验算。

（1）屋架节点板的强度可采用有效宽度法按下式计算

$$\sigma=\frac{N}{b_c t}\leqslant f \tag{21-21}$$

式中 b_c——板件的有效宽度（mm），如图 21-29 所示。图中 θ 为应力扩散角，可取 30°。

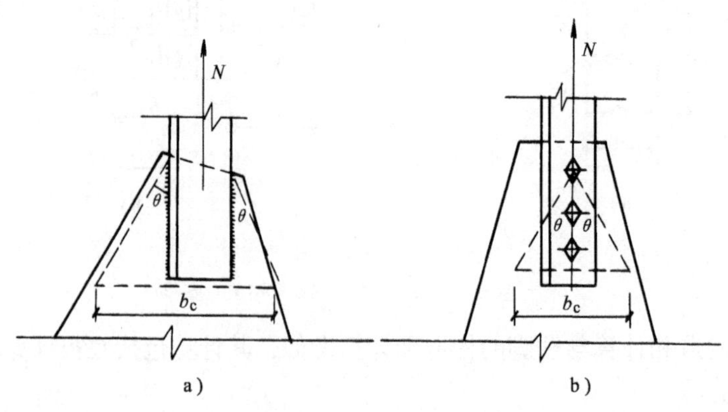

图 21-29 板件的有效宽度

（2）屋架节点板在斜腹杆压力作用下的稳定性可用下列方法进行计算

1）对有竖腹杆的节点板，当 $a/t\leqslant 15\sqrt{235/f_y}$ 时（a 为受压腹杆连接肢端面中点沿腹杆

轴线方向至弦杆的净距离)，可不计算稳定。否则，应按规范要求进行稳定计算，但在任何情况下，a/t 不得大于 $22\sqrt{235/f_y}$。

2）对无竖腹杆的节点板，当 $a/t \leqslant 10\sqrt{235/f_y}$ 时，节点的稳定承载力可取为 $0.8b_c tf$。当 $a/t > 10\sqrt{235/f_y}$ 时，应按规范要求进行稳定计算，但在任何情况下，a/t 不得大于 $17.5\sqrt{235/f_y}$。

(3）当用（1)、(2）条方法计算时，尚应满足下列要求

1）节点板边缘与腹杆轴线之间的夹角应不小于 15°。

2）斜腹杆与弦杆的夹角应在 30°至 60°之间。

3）节点板的自由边长度 l_f 与厚度 t 之比不得大于 $60\sqrt{235/f_y}$，否则应沿自由边设加劲肋予以加强。

第四节　钢屋架施工图

钢屋架施工图是制作钢屋架的主要依据，一般按运输单元绘制，当屋架对称时，可仅绘制半榀屋架。钢屋架施工图见本章第五节钢屋架设计实例的施工图，其内容主要包括屋架正面图，上、下弦杆平面图，各重要部分的侧面图、剖面图、屋架简图、某些特殊零件大样图，以及材料表和说明。

钢屋架施工图的绘制方法和要求如下：

1）首先应根据图纸内容布置好图面，再选择适当的比例绘制。一般轴线用 1：20 或 1：30比例绘制，杆件截面和节点板尺寸用 1：10 或 1：15 比例绘制，零件图可适当放大，以便清楚地表达节点细部尺寸。

2）屋架正面图应绘制在中间，上、下弦平面图分别绘制在屋架正面图的上、下弦杆的上方和下方，侧面图、剖面图、零件大样图分别绘制在屋架正面图的四周。

3）绘制施工图时，先按适当比例画出各杆轴线，再画出杆件轮廓线，使杆件截面重心线与屋架几何轴线重合，并在弦杆与腹杆，腹杆与腹杆之间留出 20mm 以上的间隙，最后根据节点构造和焊缝长度，绘出节点板尺寸。

4）绘制节点板伸出弦杆尺寸和角钢肢厚尺寸时，应以两条线表示清楚，可不按比例绘制。零件间的连接焊缝注明焊脚尺寸和焊缝长度。

5）在图纸的左上角绘制一屋架简图，它的左半跨注明屋架几何尺寸，右半跨注明杆件内力的设计值。梯形屋架跨度大于等于 24m、三角形屋架跨度大于等于 15m 时，应在制造时起拱，拱度约为跨度的 1/500，并标注在屋架简图中。

6）施工图中应注明各杆件和零件的加工尺寸、定位尺寸、安装尺寸和孔洞位置。腹杆应注明杆端至节点中心的距离，节点板应注明上、下两边至弦杆轴线的距离以及左、右两边至通过节点中心的垂线距离。

7）在施工图中，各杆件和零件要详细编号。编号的次序按主次、上下、左右顺序逐一进行。完全相同的零件用同一编号。如果组成杆件的两角钢型号和尺寸相同，仅因孔洞位置或斜切角等原因而成镜面对称时，亦采用同一编号，并在材料表中注明正、反字样，以示区别。有支撑连接的屋架和无支撑连接的屋架可用一张施工图表示，但在图中应注明哪种编号的屋架有连接支撑的螺栓孔。

8）施工图的材料表包括杆件和零件的编号、规格尺寸、数量、重量以及整个屋架的总重量。不规则的节点板重量可按长宽组成的矩形轮廓尺寸计算，不必扣除斜切边。

9）施工图中的文字说明应包括选用的钢号、焊条型号、焊接方法和质量要求，未注明的焊缝尺寸、螺栓直径、螺栓孔径，以及防锈处理、运输、安装和制造要求等内容。

第五节　钢屋架设计实例

一、设计资料

某机械加工单跨单层厂房，跨度 18m，长 90m，柱距 6m。厂房内设有一台中级工作制桥式起重机，屋面材料采用压型钢板。屋架支承于强度等级为 C30 的钢筋混凝土柱上。钢材采用 Q235F，焊条采用 E43××型，手工焊。檩条用 C180×70×2.5 的槽钢。

荷载：不上人屋面活荷载标准值为 0.30kN/m^2，雪荷载标准值为 0.30kN/m^2，无积灰荷载。

二、屋架形式及其几何尺寸

根据建筑要求，采用图 21-30 所示的芬克式三角形屋架，屋面坡度 $i=1:3$。屋面倾角$\alpha=\arctan\frac{1}{3}=18.43°$，$\sin\alpha=0.316$，$\cos\alpha=0.949$。屋架计算跨度 $l_0=(18000-300)\text{mm}=17700\text{mm}$。

屋架各杆件的几何尺寸如图 21-30 所示。

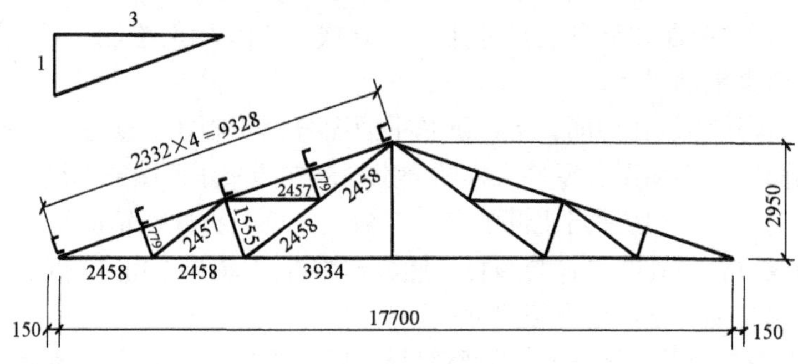

图 21-30　屋架形式及几何尺寸

三、檩条和支撑布置

檩条布置于上弦节点上（图 21-30），檩距为节间长度，檩条跨中设置一道拉条。

考虑厂房总长度大于 60m，跨度为 18m，有中级工作制桥式起重机，以及第一开间尺寸为 5.5m 等因素，在厂房两端的第二开间和中间各设一道上弦横向水平支撑和下弦横向水平支撑，并在同一开间屋架跨中设置垂直支撑。上弦檩条可兼作系杆，故不另设系杆，在屋架下弦跨中设置一道通长柔性系杆，在厂房两端的第一开间下弦各设三道刚性系杆（图 21-31）。

四、节点荷载计算

1. 永久荷载（标准值）

压型钢板（含保温）	0.355kN/m^2
檩条、屋架及支撑	0.20kN/m^2
合计	0.555kN/m^2

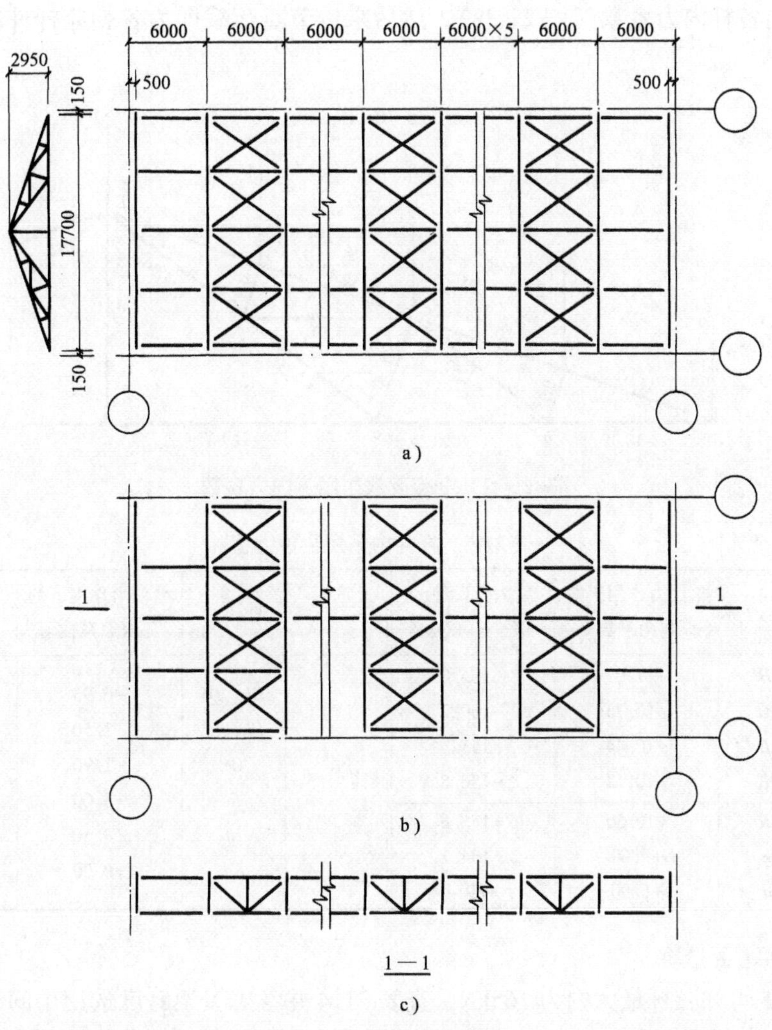

图 21-31　屋架支撑布置

a）上弦横向水平支撑　b）下弦横向水平支撑　c）垂直支撑

2. 可变荷载（标准值）

因为考虑屋面活载和雪活载，故取可变荷载标准值为 0.30kN/m²。

3. 荷载组合

对于压型钢板的轻型屋面应考虑以下三种荷载组合：

（1）全跨永久荷载+全跨可变荷载。

（2）全跨永久荷载+半跨可变荷载。

（3）全跨永久荷载+风荷载。

由于（2）、（3）两种组合各杆内力都比第一种组合小，且无变号现象，因此按第一种组合计算节点荷载，即

$$F=[(0.555\times1.2+0.30\times1.40\times\cos18.43°)\times2.332\times6]\text{kN}=14.9\text{kN}$$

五、杆件内力计算

屋架杆件内力可用图解法或数解法计算。本例屋架为标准屋架，可直接由建筑结构静力

计算手册查出各杆内力系数（图 21-32），然后乘以节点荷载即为各相应杆件的内力，计算结果见表 21-5。

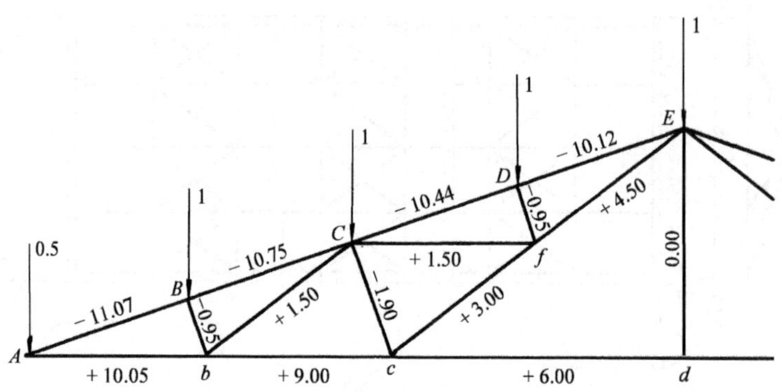

图 21-32　全跨荷载作用下内力系数

表 21-5　杆件内力组合设计值

杆　件		单位力作用下的内力系数	内力设计值 $F=14.9kN$	杆　件		单位力作用下的内力系数	内力设计值 $F=14.9kN$
上弦杆	AB	−11.07	−165.0	腹　杆	Bb、Df	−0.95	−14.2
	BC	−10.75	−160.2		Cb、Cf	+1.50	+22.4
	CD	−10.44	−155.6		Cc	−1.90	−28.3
	DE	−10.12	−150.8		fc	+3.00	+44.7
下弦杆	Ab	+10.50	+156.5		Ef	+4.50	+67.1
	bc	+9.00	+134.1		Ed	+0.00	0.00
	cd	+6.00	+89.4				

六、杆件截面选择

由表 21-5 可知弦杆最大内力 165kN，查表 21-4 并考虑屋架跨度选用中间节点板厚度为 8mm，支座节点板厚度为 10mm。

1. 上弦杆

整个上弦杆采用等截面，按最大内力 165kN 选择截面。$l_{0x}=233.2\text{cm}$，$l_{0y}=466.4\text{cm}$。

选用 2∟80×7 组成的 T 形截面（图 21-33），节点板厚 8mm，查附表 D-3 得 $A=21.72\text{cm}^2$，$i_x=2.46\text{cm}$，$i_y=3.60\text{cm}$。

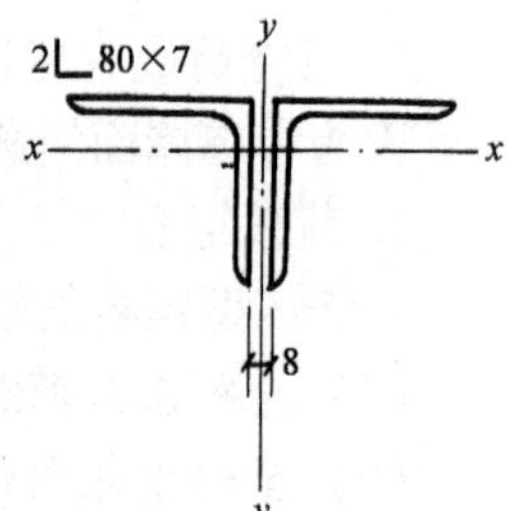

图 21-33　上弦杆截面

$$\lambda_x=\frac{l_{0x}}{i_x}=\frac{233.2}{2.46}=94.8<150$$

因$\frac{b}{t}=\frac{80}{7}=13.33<0.58\frac{l_{0x}}{b}=0.58\times\frac{4664}{80}=33.81$，所以

$$\lambda_{yz}=\lambda_y\left(1+\frac{0.475b^4}{l_{0y}^2t^2}\right)=\frac{466.4}{3.60}\times\left(1+\frac{0.475\times80^4}{4664^2\times7^2}\right)=131.9<150$$

按 b 类截面查附表 B-2，$\varphi=0.378$

$$\frac{N}{\varphi A}=\left(\frac{165\times10^3}{0.378\times21.72\times10^2}\right)\text{N/mm}^2=201\text{N/mm}^2<215\text{N/mm}^2$$

所选截面合适。

2. 下弦杆

整个下弦杆采用等截面，按最大内力 $N_{Ab}=+156.5\text{kN}$ 计算。

屋架平面内计算长度取下弦最大节间 $l_{0x}=l_{cd}=393.4\text{cm}$，屋架平面外计算长度取 $l_{0y}=l_{Ad}=885\text{cm}$。

下弦所需截面面积为

$$A'=\frac{N}{f}=\left(\frac{156.5\times10^3}{215}\right)\text{mm}^2=728\text{mm}^2。$$

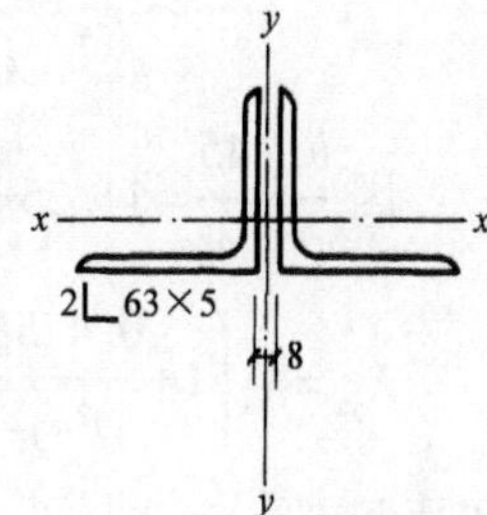

图 21-34　下弦杆截面

考虑下弦杆与支撑及系杆连接，需钻螺栓孔削弱，选用 2∟63×5（图 21-34），$A=12.29\text{cm}^2$，$i_x=1.94\text{cm}$，$i_y=2.89\text{cm}$。

下弦杆与支撑及系杆连接螺栓采用 $d=16\text{mm}$（孔径 17.5mm），则下弦杆净截面面积为：

$$A_n=(12.29-2\times1.75\times0.5)\text{cm}^2=10.54\text{cm}^2$$

下弦杆强度验算

$$\sigma=\frac{N}{A_n}=\left(\frac{156.5\times10^3}{10.54\times10^2}\right)\text{N/mm}^2=148.48\text{N/mm}^2<215\text{N/mm}^2$$

长细比验算

$$\lambda_x=\frac{l_{0x}}{i_x}=\frac{393.4}{1.94}=202.8<350$$

因 $\frac{b}{t}=\frac{63}{5}=12.6<0.58\frac{l_{0y}}{b}=0.58\times\frac{8850}{63}=81.5$，所以

$$\lambda_{yz}=\lambda_y\left(1+\frac{0.475b^4}{l_{0y}^2t^2}\right)=\frac{885}{2.89}\times\left(1+\frac{0.475\times63^4}{8850^2\times5^2}\right)=307.4<350$$

所选截面合适。

3. 腹杆

（1）fc、Ef 杆　fc、Ef 为芬克式桁的主斜杆，两杆采用相同截面，按最大内力 $N_{Ef}=+67.1\text{kN}$计算。$l_{0x}=245.8\text{cm}$，$l_{0y}=491.6\text{cm}$。

选用 2∟50×4（图 21-35）$A_n=7.79\text{cm}^2$，$i_x=1.54\text{cm}$，$i_y=2.35\text{cm}$。

$$\sigma=\frac{N}{A_n}=\left(\frac{67.1\times10^3}{7.79\times10^2}\right)\text{N/mm}^2$$

$$=86.1\text{N/mm}^2<215\text{N/mm}^2$$

$$\lambda_x=\frac{l_{0x}}{i_x}=\frac{245.8}{1.54}=159.6<350$$

因 $\frac{b}{t}=\frac{50}{4}=12.5<0.58\frac{l_{0y}}{b}=0.58\times\frac{491.6}{50}=57.0$，所以

$$\lambda_{yz}=\lambda_y\left(1+\frac{0.475b^4}{l_{0y}^2t^2}\right)=\frac{491.6}{2.35}\times\left(1+\frac{0.475\times50^4}{4916^2\times4^2}\right)=210.8<350$$

所选截面合适。

(2) Cb、Cf杆　Cb、Cf两杆均为拉杆，采用相同截面。内力 $N_{Cb}=N_{Cf}=+22.36\text{kN}$，计算长度 $l_{0x}=0.8\times245.7\text{cm}$，$l_{0y}=245.7\text{cm}$。

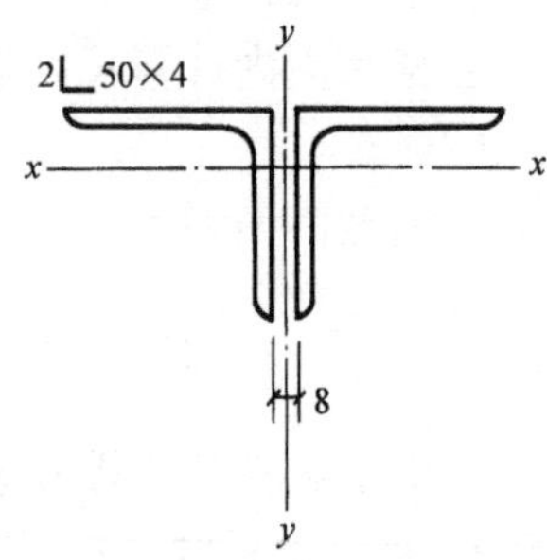

图 21-35　主斜杆 fc、Ef 截面

选用 2∟45×4，$A_n=6.97\text{cm}^2$，$i_x=1.38\text{cm}$，$i_y=2.16\text{cm}$。

$$\sigma=\frac{N}{A_n}=\left(\frac{22.4\times10^3}{6.97\times10^2}\right)\text{N/mm}^2=32.14\text{N/mm}^2<215\text{N/mm}^2$$

$$\lambda_x=\frac{l_{0x}}{i_x}=\frac{0.8\times245.7}{1.38}=142.4<350$$

因 $\frac{b}{t}=\frac{45}{4}=11.25<0.58\frac{l_{0y}}{b}=0.58\times\frac{2457}{45}=31.7$，所以

$$\lambda_{yz}=\lambda_y\left(1+\frac{0.475b^4}{l_{0y}^2t^2}\right)=\frac{245.7}{2.16}\times\left(1+\frac{0.475\times45^4}{2457^2\times4^2}\right)=116<350$$

所选截面合适。

(3) Cc、Bb、Df杆　Cc、Bb、Df三杆均为压杆，采用相同截面，因 Cc 杆内力及杆长都最大，故按 Cc 杆计算。$N_{Cc}=-28.3\text{kN}$，$l_{0x}=0.8\times155.5\text{cm}$，$l_{0y}=155.5\text{cm}$。

选用 2∟45×4，$A=6.97\text{cm}^2$，$i_x=1.38\text{cm}$，$i_y=2.16\text{cm}$。

$$\lambda_x=\frac{l_{0x}}{i_x}=\frac{0.8\times155.5}{1.38}=90.2<150$$

因 $\frac{b}{t}=\frac{45}{4}=11.25<0.58\frac{l_{0y}}{b}=0.58\times\frac{1555}{45}=20$，所以

$$\lambda_{yz}=\lambda_y\left(1+\frac{0.475b^4}{l_{0y}^2t^2}\right)=\frac{155.5}{2.16}\times\left(1+\frac{0.475\times45^4}{1555^2\times4^2}\right)=75.6<150$$

按 b 类查附表 B-2，$\varphi=0.619$

$$\frac{N}{\varphi A}=\left(\frac{28.3\times10^3}{0.619\times6.97\times10^2}\right)\text{N/mm}^2=65.50\text{N/mm}^2<215\text{N/mm}^2$$

所选截面合适。

(4) Ed 杆　Ed 杆为中央竖杆，$N_{Ed}=0$ 此杆应按构造要求选择截面。

因中央竖杆需与竖向支撑以螺栓相连，螺栓直径 $d=16\text{mm}$（孔径 17.5mm），故选用与下弦相同的截面，即 2∟63×5 组成的十字形截面（图 21-36），并按受压支撑验算长细比。

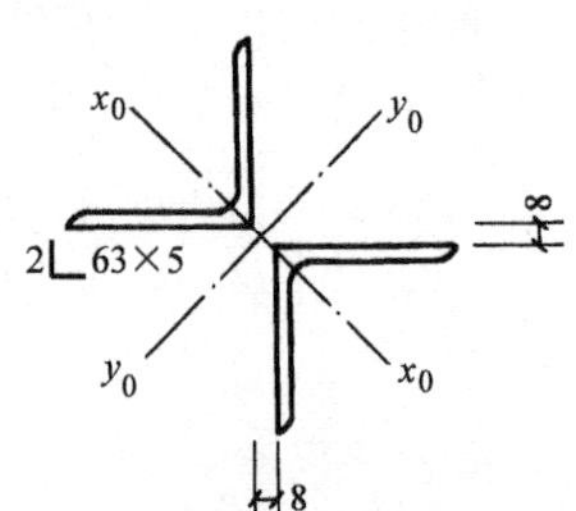

图 21-36　中央竖杆 Ed 截面

$$i_{x0}=2.45\text{cm},\ l_0=(0.9\times295)\text{cm}=265.5\text{cm}$$

$$\lambda=\frac{l_0}{i_{x0}}=\frac{265.5}{2.45}=108.4<200\text{（按压杆考虑）}$$

且满足 $\lambda=108.4>5.07\frac{b}{t}=5.07\times\frac{63}{5}=63.9$。

各杆件计算数据及计算结果列入屋架杆件截面选用表（表21-6）。

为保证两个角钢组成的T形及十字形截面共同工作，需每隔一定距离在两个角钢间设置填板，填板数按间距为 $40i$（压杆），及 $80i$（拉杆）计算，各杆件填板数也列入表21-6中。

屋架中的一般杆件（轴心受压杆及轴心受拉杆）的截面选择，通常可直接列表进行，不必列出计算式。

七、节点设计

1. 脊节点 E（图 21-37）

（1）拼接角钢与上弦杆连接的焊缝　取 $h_f=4\text{mm}$，拼接角钢一侧与上弦杆连接焊缝长度为

$$l'_w=\frac{N_{DE}}{4\times0.7h_f f_f^w}+2h_f=\left(\frac{150.8\times10^3}{4\times0.7\times4\times160}+8\right)\text{mm}=92\text{mm}$$

考虑构造要求，实际一侧采用 110mm。

拼接角钢的长度为（2×110+2×40）mm=300mm。拼接角钢截面同上弦杆，采用 2∟80×7 竖直肢切去 $\Delta=t+h_f+5\text{mm}=(7+4+5)\text{mm}=16\text{mm}$，并将棱角削平。

（2）Ef 杆与节点板的连接焊缝　取 $h_f=4\text{mm}$，焊缝长度为

肢背
$$l'_{w1}=\left(\frac{0.7\times67.1\times10^3}{2\times0.7\times4\times160}+8\right)\text{mm}=60\text{mm}$$

肢尖
$$l'_{w2}=\left(\frac{0.3\times67.1\times10^3}{2\times0.7\times4\times160}+8\right)\text{mm}=31\text{mm}$$

按构造要求取，$l'_{w1}=70\text{mm}$，$l'_{w2}=50\text{mm}$。

（3）中央竖杆 Ed 与节点板连接的焊缝　因 $N_{Ed}=0$，连接焊缝按构造要求取 $h_f=4\text{mm}$，$l'_w=90\text{mm}$。

（4）上弦杆与节点板的连接焊缝　上弦肢背与节点板的连接采用塞焊缝，因其受力较小，而节点板较长，所以焊满即可。同理，上弦肢尖与节点板的焊缝也可按构造焊满，不必计算。

2. 弦中央节点 d（图 21-38）

（1）拼接角钢与下弦杆连接的焊缝　取 $h_f=4\text{mm}$，拼接角钢一侧焊缝长度按弦杆全面积等强度条件计算，即

$$l'_w=\frac{Af}{4\times0.7h_f f_f^w}+2h_f=\left(\frac{12.29\times10^2\times215}{4\times0.7\times4\times160}+8\right)\text{mm}=155\text{mm}$$

取 160mm。

拼接角钢的长度为（2×160+10）mm=330mm。拼接角钢截面与下弦角钢相同，都为 2∟63×5，其竖直肢切去 $\Delta=(t+h_f+5)\text{mm}=(5+4+5)\text{mm}=14\text{mm}$。

（2）下弦杆与节点板连接的焊缝　因有节点拼接角钢传力，故按 $0.15N_{cd}$ 计算

$$\Delta N=0.15N_{cd}=0.15\times89.4\text{kN}=13.41\text{kN}$$

受力很小，焊缝可根据节点板尺寸按构造要求确定。

（3）中央竖杆 Ed 与节点板连接的焊缝　因中央竖杆 $N_{Ed}=0$，取 $h_f=4\text{mm}$，焊缝长度按

表 21-6 屋架杆件截面选用表

杆件		内力设计值/kN	截面规格	几何长度/mm	截面面积/cm^2		计算长度/mm		回转半径/cm		长细比			φ_{min}	$\frac{N}{\varphi A}$/(N/mm^2)	$\frac{N}{A_n}$/(N/mm^2)	f/(N/mm^2)	填板数
名称	编号				A	An	l_{0x}	l_{0y}	i_x	i_y	λ_x	λ_{yz}	[λ]					
上弦杆	AB	−165	2∟80×7	2332	21.72	—	2332	4664	2.46	3.60	94.8	131.9	150	0.378	201	—	215	2
	BC																	2
	CD																	2
	DE																	2
下弦杆	Ab	+156.5	2∟63×5	2458	—	10.54	3934	8850	1.94	2.89	202.8	307.4	350	—	—	148.5	215	1
	bc			2458														1
	cd			3934														1
腹杆	fc	+67.1	2∟50×4	2458	—	7.79	2458	4916	1.54	2.36	159.6	210.8	350	—	—	86.1	215	1
	Ef																	1
	Cb	+22.4	2∟45×4	2457	—	6.97	1996	2457	1.38	2.16	142.4	116	350	—	—	32	215	1
	Cf																	1
	Cc	−28.3	2∟45×4	1555	6.98	—	1244	1555	1.38	2.16	90.2	75.6	150	0.619	65.5	—	215	2
	Bb			779														1
	Df			779														1
	Ed	0	2∟63×5	2655	12.29	10.54	$l_0=2655$		$i_{x0}=2.45$		$\lambda_{x0}=108$		200	—	—	—	—	2

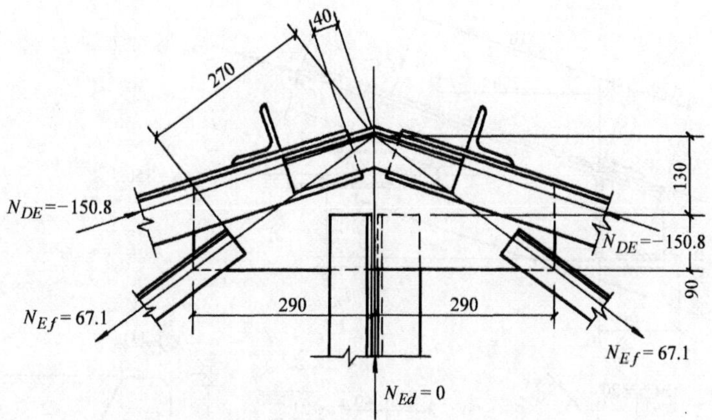

图 21-37　脊节点 E

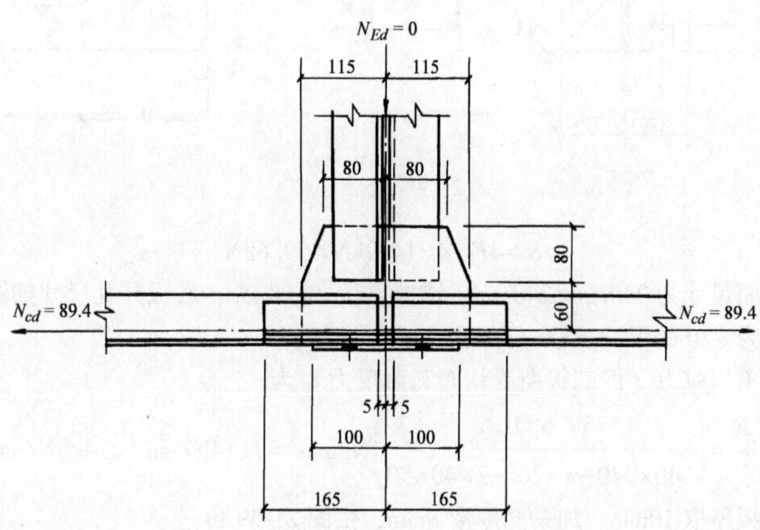

图 21-38　下弦中央节点 d

构造确定。

3. 支座节点 A（图 21-39）

（1）下弦杆与节点板连接的焊缝

$$N_{Ab}=+156.5\text{kN},\text{ 取 } h_f=5\text{mm}$$

肢背
$$l'_{w1}=\left(\frac{0.7\times156.5\times10^3}{2\times0.7\times5\times160}+10\right)\text{mm}=108\text{mm}$$

肢尖
$$l'_{w2}=\left(\frac{0.3\times156.5\times10^3}{2\times0.7\times5\times160}+10\right)\text{mm}=52\text{mm}$$

取肢背为 130mm，肢尖按构造焊满。

（2）上弦杆与节点板连接的焊缝　上弦杆与节点板的焊缝，由于焊缝长度较大，可不必计算，按构造焊满即可。

（3）底板计算　支座反力

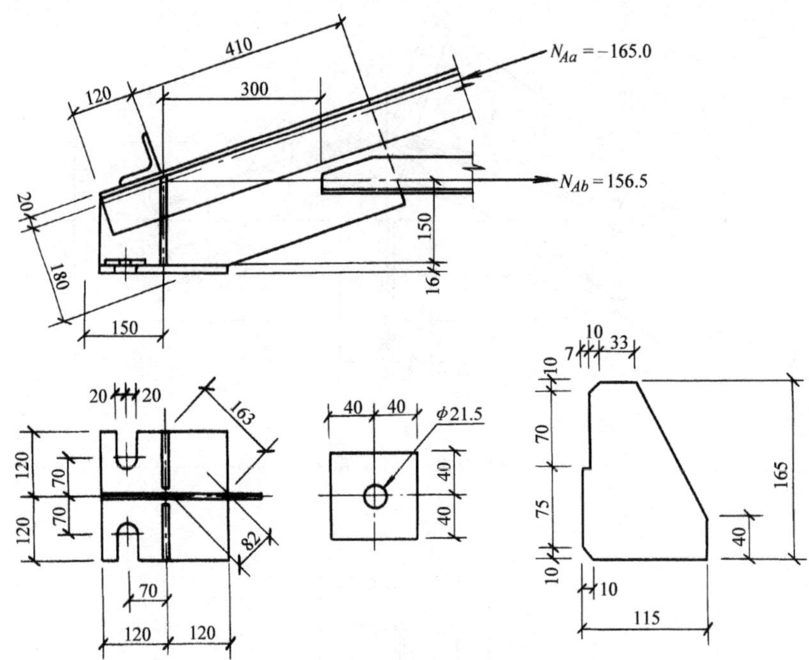

图 21-39　支座节点 A

$$R=4F=4\times14.9\text{kN}=59.6\text{kN}$$

取底板平面尺寸为 240mm×240mm，锚栓直径 $d=20$mm，底板开孔尺寸如图 21-39 所示，采用强度等级为 C30 的混凝土柱（$f_c=14.3\text{kN/mm}^2$）。

柱顶混凝土压应力（即底板所受均布荷载反力）为

$$q=\frac{R}{A_n}=\left(\frac{59.6\times10^3}{240\times240-\pi\times20^2-2\times40\times50}\right)\text{N/mm}^2=1.14\text{N/mm}^2<14.3\text{N/mm}^2$$

支座节点板厚取 10mm，加劲肋厚取 8mm，由图 21-39 得

$$a_1=\sqrt{\left(120-\frac{10}{2}\right)^2+\left(120-\frac{8}{2}\right)^2}\text{mm}=163.3\text{mm}$$

$$b_1=\frac{a_1}{2}=81.7\text{mm}$$

由 $b_1/a_1=0.5$，查表 17-6，得 $\beta=0.058$，则

$$M=\beta qa_1^2=(0.058\times1.14\times163.3^2)\text{N}\cdot\text{mm}=1764\text{N}\cdot\text{mm}$$

所需底板厚度为

$$t=\sqrt{\frac{6M}{f}}=\sqrt{\frac{6\times1764}{215}}\text{mm}=7.0\text{mm}$$

取 $t=16$mm。

（4）加劲肋焊缝计算　加劲肋厚 8mm，取 $h_f=6$mm，焊缝的计算长度 $l_w=(75-12)\text{mm}=63\text{mm}$（不考虑加劲肋与上弦的焊缝）。

$$V=\frac{R}{4}=\frac{59.6}{4}\text{kN}=14.9\text{kN}$$

$$M=Ve=\left(14.9\times\frac{115}{2}\right)\text{kN}\cdot\text{mm}=856.8\text{kN}\cdot\text{mm}$$

$$\sqrt{\left(\frac{6M}{\beta_f\times2\times0.7h_f l_w^2}\right)^2+\left(\frac{V}{2\times0.7h_f l_w}\right)^2}$$

$$=\sqrt{\left(\frac{6\times856.8\times10^3}{1.22\times2\times0.7\times6\times63^2}\right)^2+\left(\frac{14.9\times10^3}{2\times0.7\times6\times63}\right)^2}\text{N/mm}^2$$

$$=129.5\text{N/mm}^2<160\text{N/mm}^2$$

（5）节点板、加劲肋与支座底板的焊缝计算　取加劲肋切口宽为10mm，则底板上6条焊缝的总计算长度为

$$\Sigma l_w=[2\times(240-10)+(120-5-10-10)\times4]\text{mm}=840\text{mm}$$

取$h_f=6$mm，则

$$\sigma_f=\frac{R}{\beta_f\times0.7h_f\Sigma l_w}=\left(\frac{59.6\times10^3}{1.22\times0.7\times6\times840}\right)\text{N/mm}^2=13.85\text{N/mm}^2<160\text{N/mm}^2$$

4. 下弦中间节点 c（图21-40）

各杆与节点板连接焊缝均取$h_f=4$mm。

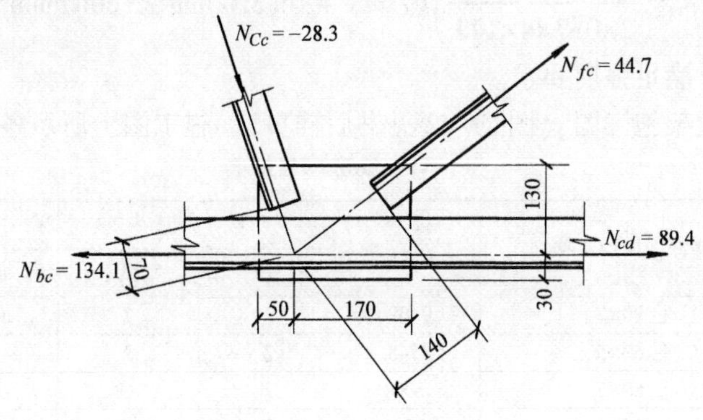

图21-40　下弦中间节点 c

（1）腹杆 Cc 与节点板连接的焊缝

肢背　$$l'_{w1}=\frac{0.7\times28.3\times10^3}{2\times0.7\times4\times160}\text{mm}+8\text{mm}=30\text{mm}$$

取50mm，肢尖也取50mm。

（2）腹杆 fc 与节点板连接的焊缝

肢背　$$l'_{w1}=\left(\frac{0.7\times44.7\times10^3}{2\times0.7\times4\times160}+8\right)\text{mm}=43\text{mm}$$

肢尖　$$l'_{w2}=\left(\frac{0.3\times44.7\times10^3}{2\times0.7\times4\times160}+8\right)\text{mm}=23\text{mm}$$

肢背取70mm，肢尖取50mm。

(3) 下弦杆与节点板连接的焊缝

$$\Delta N=N_{bc}-N_{cd}=(134.1-89.4)\text{kN}=44.7\text{kN}$$

肢背与肢尖焊缝的计算长度为 $l_w=(220-8)\text{mm}=212\text{mm}$。

肢背 $$\tau_{f1}=\frac{0.7\times44.7\times10^3}{2\times0.7\times4\times212}\text{N/mm}^2=26.4\text{N/mm}^2<160\text{N/mm}^2$$

肢尖 $$\tau_{f2}=\frac{0.3\times44.7\times10^3}{2\times0.7\times4\times212}\text{N/mm}^2=11.3\text{N/mm}^2<160\text{N/mm}^2$$

5. 节点 f (图 21-41)

(1) 腹杆 Cf、Df 与节点板连接的焊缝 $N_{Cf}=22.4\text{kN}$,$N_{Df}=-14.2\text{kN}$,与腹杆 fc 相比,内力均甚小,因此可不必计算,均可按构造选取,取 $h_f=4\text{mm}$。

Cf 杆:肢背 $l'_{w1}=50\text{mm}$,肢尖 $l'_{w2}=50\text{mm}$。

Df 杆:肢背 $l'_{w1}=50\text{mm}$,肢尖 $l'_{w2}=50\text{mm}$。

(2) 主斜杆 fc、Ef 与节点板连接的焊缝

$$\Delta N=N_{Ef}-N_{fc}=(67.1-44.7)\text{kN}=22.4\text{kN}$$

焊缝计算长度为 $l_w=(180-8)\text{mm}=172\text{mm}$,厚度 $h_f=4\text{mm}$。

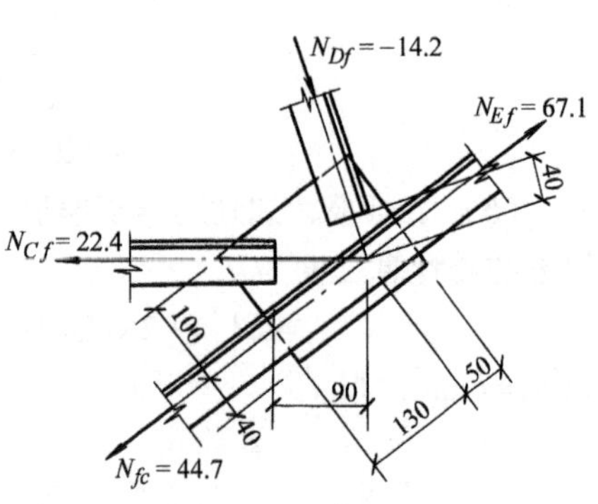

图 21-41 节点 f

肢背 $$\tau_{f1}=\left(\frac{0.7\times22.4\times10^3}{2\times0.7\times4\times172}\right)\text{N/mm}^2=16.3\text{N/mm}^2<160\text{N/mm}^2$$

肢尖不必计算,满足强度要求。

其余节点详见屋架施工图(图 21-42 见书后插页)。施工图上所示各种材料见表 21-7。

表 21-7 钢屋架材料表

零件号	零件截面或规格	长度/mm	数量		质量/kg	
			正	反	每个	共计
1	∟80×7	9408	2	2	80.3	321.2
2	∟63×5	8545	2	2	41.2	164.8
3	∟80×7	300	2	—	2.6	5.2
4	∟63×5	330	2	—	1.6	3.2
5	∟45×4	629	4	—	1.7	6.8
6	∟45×4	2057	4	—	5.6	22.4
7	∟45×4	1405	4	—	3.9	15.6
8	∟45×4	2097	4	—	5.8	23.2
9	∟45×4	659	4	—	1.8	7.2
10	∟50×4	4506	4	—	13.8	55.2
11	∟63×5	2720	1	1	13.1	26.2
12	∟80×7	140	10	—	1.2	12.0
13	—195×10	530	2	—	8.1	16.2
14	—145×8	170	4	—	1.6	6.4
15	—145×8	640	2	—	5.8	11.6
16	—235×8	580	1	—	8.6	8.6
17	—140×8	180	2	—	1.6	3.2
18	—150×8	210	2	—	2.0	4.0

（续）

零件号	零件截面或规格	长度/mm	数量		质量/kg	
			正	反	每个	共计
19	—160×8	220	2	—	2.2	4.4
20	—150×8	230	1	—	2.2	2.2
21	—115×8	165	4	—	1.2	4.8
22	—240×16	240	2	—	7.2	14.4
23	—80×16	80	4	—	0.8	3.2
24	—200×8	330	1	—	4.2	4.2
25	—60×8	100	16	—	0.4	6.4
26	—60×8	65	8	—	0.3	2.4
27	—60×8	70	4	—	0.3	1.2
28	—60×8	130	2	—	0.5	1.0
29	—60×8	85	6	—	0.3	1.8
合计总质量/kg		759.0				

6. 节点板强度和稳定性计算

（1）强度计算　整个屋架节点板所受拉应力较大处为支座节点板（图21-39）和屋背节点板（图21-37），因此应验算其强度。

下弦杆支座处内力 $N_{Ab}=+156.5\text{kN}$，支座节点板的应力为

$$\sigma=\frac{N_{Ab}}{b_c t}=\frac{156.5\times10^3}{(0.5\times63+130\tan30°)\times10}\text{N/mm}^2=146.8\text{N/mm}^2<215\text{N/mm}^2$$

屋脊处主斜杆内力 $N_{Ef}=67.1\text{kN}$，屋脊节点板的应力为

$$\sigma=\frac{N_{Ef}}{b_c t}=\frac{67.1\times10^3}{(50+50\tan30°)\times8}\text{N/mm}^2=106.4\text{N/mm}^2<215\text{N/mm}^2$$

满足强度要求。

（2）稳定性计算　整个屋架节点板所受腹杆压应力较大处为下弦 c 节点（图21-40）。该节点为无竖腹杆节点，$a\approx25\text{mm}$，$t=8\text{mm}$，$\frac{a}{t}=\frac{25}{8}=3.13<10\sqrt{\frac{23}{f_y}}=10$。则节点板的稳定承载力为

$$0.8b_c tf=[0.8\times(45+50\tan18.43°+50\tan30°)\times8\times215]N=124.6\times10^3N$$
$$=124.6\text{kN}>N_{Cc}=28.3\text{kN}$$

满足稳定性要求。

八、施工图说明

1）本屋架钢材采用Q235F，焊条采用E43××型。

2）上弦与节点板采用塞焊，所有未注明的角焊缝厚度为4mm，未注明的焊缝长度一律满焊。

3）所有杆件的填板在节间内等距离布置，并与杆件满焊。

4）支座锚栓为M20；其余未注明螺栓采用M16，孔径为17.5mm。

5）防腐采用二度红丹打底，面漆二遍。

6）图中尺寸单位为mm，杆件内力单位为kN。

第六节　轻型钢屋架

一、概述

轻型钢屋架是指由圆钢、小角钢（小于∟45×4或∟56×36×4）和薄壁型钢组成的屋架，其屋面荷载较轻，因此杆件截面较小、较薄。轻型钢屋架具有自重轻、用料省、造价低、施工和取材方便等优点外，还具有一定的强度、刚度和稳定性。轻型钢屋架的自重约为普通钢屋架的50%~80%，接近在相同条件下钢筋混凝土结构的用钢量，且能节约大量的木材、水泥及其他建筑材料。但由于轻型钢屋架的截面尺寸相对较小，在制作、运输、安装以及防护、隔热等方面必须引起足够的重视。

随着轻型屋面材料的研究和推广应用，轻型钢屋架的应用范围已不局限于“跨度不超过18m，起重量不大于5t的轻、中级工作制桥式起重机房屋”。它已逐渐扩展，可以取代部分普通钢屋架。目前，用压型钢板和太空板作为屋面材料，应用技术较为成熟的轻型钢屋架的跨度可达30m，且容许房屋内的起重吨位为30t。

轻型钢屋架，按所用材料可分为圆钢、小角钢屋架和薄壁型钢屋架，按结构形式可分为三角形屋架、三铰拱屋架和梯形屋架。常用的轻型钢屋架有三角形角钢屋架、三角形方管屋架、三角形圆管屋架、三铰拱屋架、梯形方管屋架和梯形圆管屋架等。上述方管屋架和圆管屋架为薄壁型钢结构，其余为圆钢、小角钢轻型钢结构。

二、圆钢、小角钢轻型钢屋架

1. 圆钢、小角钢轻型钢屋架的形式及其适用范围

圆钢、小角钢轻型钢屋架具有取材方便、能小材大用、用钢量省、制作和安装方便等优点，因此在中小型厂房建设中广泛采用。其结构形式主要与屋面所用材料有关。当屋面材料为瓦材时，宜采用坡度较大的三角形屋架和三铰拱屋架。当屋面材料为压型钢板或太空板时，宜采用坡度较小的梯形屋架。由于梯形角钢屋架的形式和节点构造与普通钢屋架相同，故本节不作介绍。

（1）三角形角钢屋架　当三角形角钢屋架的屋面材料较轻时，其腹杆可采用小角钢或圆钢，故多数为圆钢、小角钢的轻型钢结构。它与普通三角形钢屋架在本质上无多大差异，即普通钢屋架的设计方法对圆钢、小角钢屋架来说原则上都适用，只是轻型钢屋架的杆件截面尺寸较小，连接构造和使用条件等有所不同，其强度设计值的取值稍低。

常用的三角形角钢屋架为芬克式屋架（图21-43），其外形和腹杆体系与普通钢屋架没有区别，只是下弦杆和腹杆可以采用单角钢或圆钢（小跨度时，上弦杆也可采用单角钢）。这种屋架的特点是构造简单、受力明确、长杆受拉、短杆受压，对屋面材料适应性较大，制作方便，易于划分运送单元。

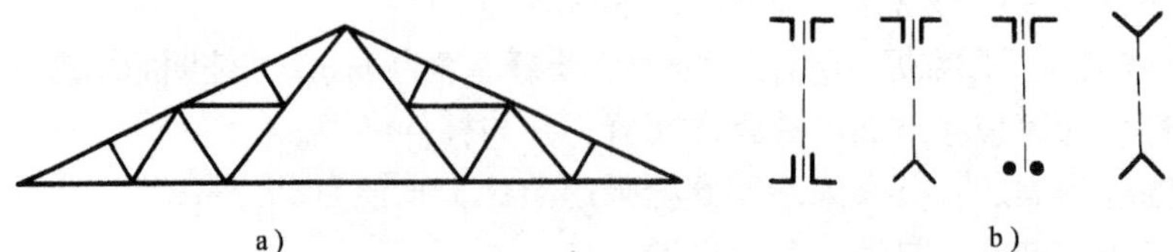

图21-43　芬克式屋架的形式

三角形角钢屋架常用于屋面坡度为 1∶3~1∶2.5 的石棉水泥波形瓦及瓦楞铁屋面。屋架的跨度一般为 9~18m，柱距为 6m，厂房内的桥式起重机吨位一般不超过 5t。

（2）三铰拱屋架　三铰拱屋架由两根斜梁和一根水平拉杆组成（图 21-44a）。斜梁的截面形式可分为平面桁架式和空间桁架式两种（图 21-44b）。这种屋架的特点是杆件受力合理、斜梁腹杆短、取材方便，具有便于拆装运输和安装等特点。斜梁为平面桁架时，杆件较少，制造简单，受力明确，用料较省，但其侧向刚度较差，宜用于跨度较小的屋盖中。斜梁为空间桁架时，杆件较多，制造稍费工，但其侧向刚度较好，便于运输和安装，宜用于跨度较大的屋盖中。

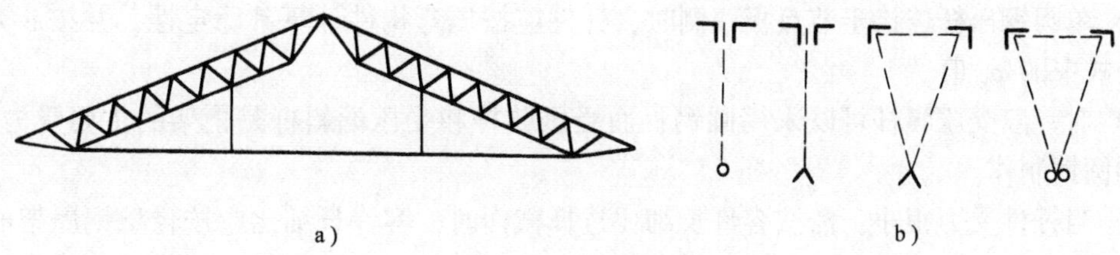

图 21-44　三铰拱屋架形式

三铰拱屋架多用于屋面坡度为 1∶2~1∶3 的波形石棉水泥瓦、黏土瓦或水泥平瓦屋面。由于三铰拱屋架拉杆比较细长，不能承压，并无法设置垂直支撑和下弦水平支撑，整个屋盖结构的刚度较差，故不宜用于有振动荷载以及屋架跨度超过 18m 的工业厂房。

2. 圆钢、小角钢轻型钢屋架的计算特点

由圆钢、小角钢组成的轻型钢屋架仍应按普通钢屋架进行设计，但由于圆钢和小角钢的截面小，截面系数小，对偏心受力较为敏感，因此在设计时应特别注意，并尽量避免偏心受力的不利影响，这是圆钢、小角钢轻型钢屋架不同于普通钢屋架的重要特点。

（1）杆件内力计算方法　对于平面桁架体系的屋架，其内力计算应按平面桁架理论计算，对于空间桁架体系的屋架，其内力有以下两种计算方法：

1）精确法：将空间桁架分解为 A、B、C 三个平面桁架分别计算（图 21-45），即桁架 A 承受荷载 F_1'和 F_2'，桁架 B 承受荷载 F_1''，桁架 C 承受荷载 F_2''，然后各按平面桁架计算其内力。

2）近似法：为了简化计算，可按假想的平面桁架计算（图 21-46）。由于其杆件与竖直面的夹角不大，其计算误差较小，因此计算结果可满足工程要求。

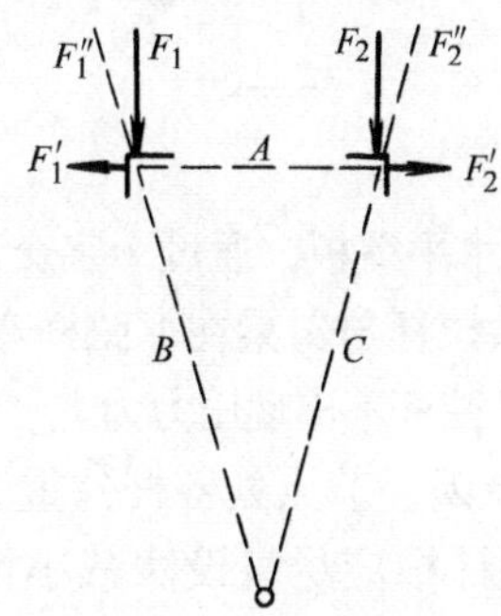

图 21-45　三铰拱斜梁杆件的内力计算简图

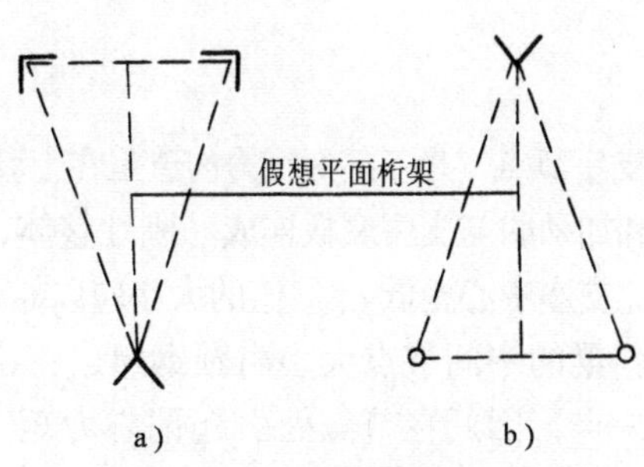

图 21-46　三铰拱斜梁和梭形屋架内力计算简图

(2) 杆件截面选择原则　由圆钢、小角钢组成的轻型钢屋架杆件截面很小，在制造、运输和安装过程中，容易发生弯曲变形，同时由于许多杆件处于偏心受力状态，且节点构造和加工质量比普通钢屋架要差，这些不利因素都会降低结构的承载力。为了保证屋架的安全工作，在设计屋架时应遵循以下原则：

1) 杆件的强度设计值应根据其受力性能、构造和制造等因素，按《钢结构设计规范》要求折减。

2) 单圆钢拉杆连接于节点板一侧时，杆件可按轴心受拉计算，但其强度设计值应降低 15%。

3) 单圆钢压杆连接于节点板一侧时，杆件应按压弯构件计算其稳定性，并按 c 类截面确定公式中的 φ_x 值。

4) 对一般受压腹杆可以采用圆钢；而受压弦杆和受压端斜杆是桁架的主要受力构件，不宜用圆钢制作。

5) 当杆件受力很小，需按容许长细比选择截面时，容许长细比应按轻型钢屋架的限值选用。

6) 屋架所用钢板厚度不宜小于 4mm，圆钢直径，对屋架杆件不宜小于 12mm，对支撑杆件不宜小于 16mm。

3. 圆钢、小角钢轻型钢屋架的节点构造

在圆钢、小角钢轻型屋架中，应尽量使杆件重心线在节点处交于一点，否则不大的节点偏心往往能在杆件中产生较大的弯曲应力。设计时应使节点构造简单，制作和安装方便，受力明确，传力可靠。

(1) 三铰拱屋架的节点构造　屋脊节点（图 21-47）的构造做法是使所有杆件内力都在端面板中平衡，上弦杆两角钢的水平板和竖板焊于端面板上，从而保证屋脊处顶铰节点的刚度。节点左右两斜腹杆的内力通过两端板中间的垫板传递，可使各杆件轴心受力，并能较好地符合三铰拱屋脊节点为铰接的计算简图。

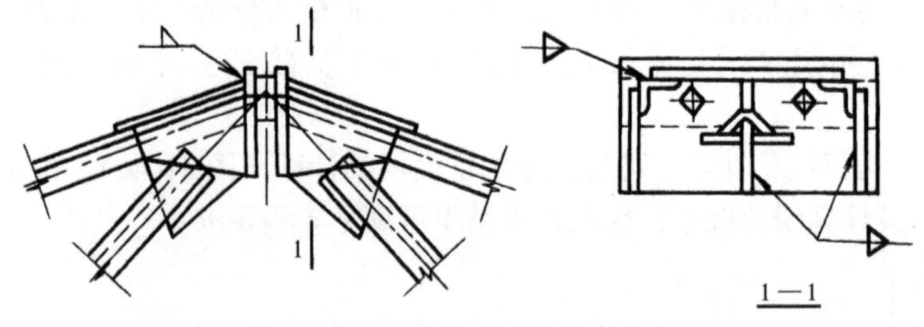

图 21-47　三铰拱屋架的屋脊节点

支座节点（图 21-48）的构造是在上弦杆两角钢间设置一水平盖板，通过十字交叉的支座节点板和加劲肋与支座底板连成一刚性整体，使之传力可靠。拱拉杆与斜梁在下弦杆弯折处连接，位置比支座中心稍低 c，c 值的大小应以靠近连接节点的斜梁下弦杆不出现压力为宜。

斜梁的中间节点大多由圆钢组成，由于设计和构造的原因，节点处各杆件重心线多未汇交于一点，因此在节点处引起偏心力矩（图 21-49）。在设计中应尽量设法减小偏心值，如节点连接焊缝采用围焊，这样不但可以不扣除焊缝的火口长度（$2h_f$，单位 mm），而且还可以减小焊缝在弯折处被撕裂的可能；对于腹杆的弯曲成形则要力求准确。在实际工程中常采

用不进行计算的简化措施，将偏心值 e_1 和 e_2 控制在 10~20mm 以内，并在选择截面时按不同杆件，留适当的应力余量以加大安全储备。

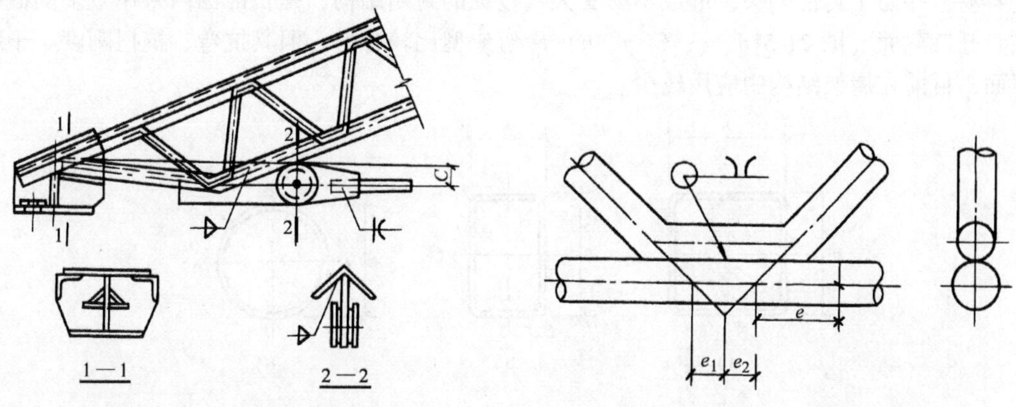

图 21-48　三铰拱屋架的支座节点　　图 21-49　节点有偏心的做法

（2）单角钢杆件的节点构造　当屋架下弦和腹杆采用单角钢时，可采用图 21-50 的节点做法。图 21-50a 的节点做法受力较好，节省节点板，但对腹杆的尺寸和杆端形状要求较严，加工较困难，故采用较少。图 21-50b 的节点做法施工方便，但节点和杆件均有偏心，可在受力较小的次腹杆中采用。图 21-50c、d 两种做法，需将角钢开口，削弱根部截面，并产生应力集中，图 21-50d 的做法，在肢尖处虽有节点板补强，但节点构造复杂，故这两种做法的形式使用不多。

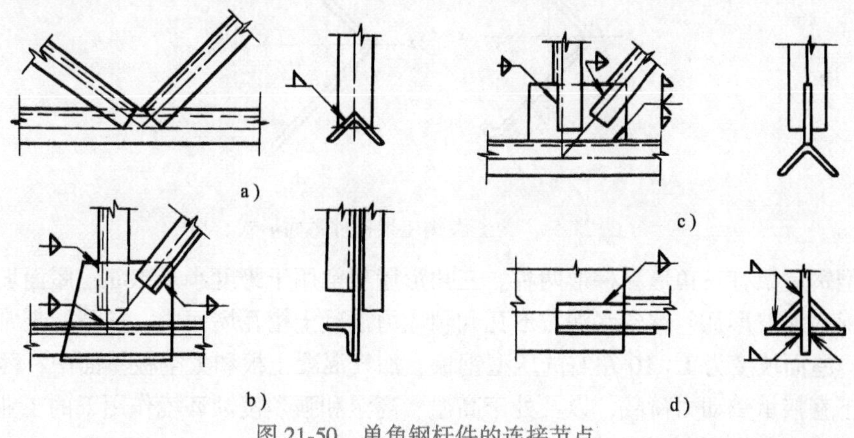

图 21-50　单角钢杆件的连接节点

三、薄壁型钢屋架

1. 薄壁型钢屋架的特点及应用

薄壁型钢结构是近几十年发展起来的轻型钢结构。薄壁型钢具有较好的截面特征，其壁厚为 1.5~5mm，截面较扩展，回转半径和惯性矩都比截面面积相同的普通热轧型钢大得多，因而克服了普通热轧型钢屋架设计中杆件往往由长细比控制、压杆强度不能充分发挥等缺点。薄壁型钢屋架比普通钢屋架节省钢材 40%左右，结构自重约为普通钢结构的 1/3~1/2，为钢筋混凝土结构的 1/10~3/10。由于薄壁型钢壁薄，故应做好防锈处理，目前国内对薄壁型钢防锈处理以酸洗磷化处理为主。

薄壁型钢屋架可采用各种受力合理的薄壁型钢截面形式（图 21-51)。闭口的管形截面(图 21-51a、b、c）可为无缝的或焊成的，其抗弯、抗扭刚度大，受压时承载能力大，节点连接容易，并易于封住端头，形成不易受大气侵蚀的封闭结构，是目前国内采用较多的截面形式。开口截面（图 21-51d、e、f、g、h）冷弯成型比较容易，但其抗弯、抗扭刚度小于闭口截面，目前在屋架结构中应用较少。

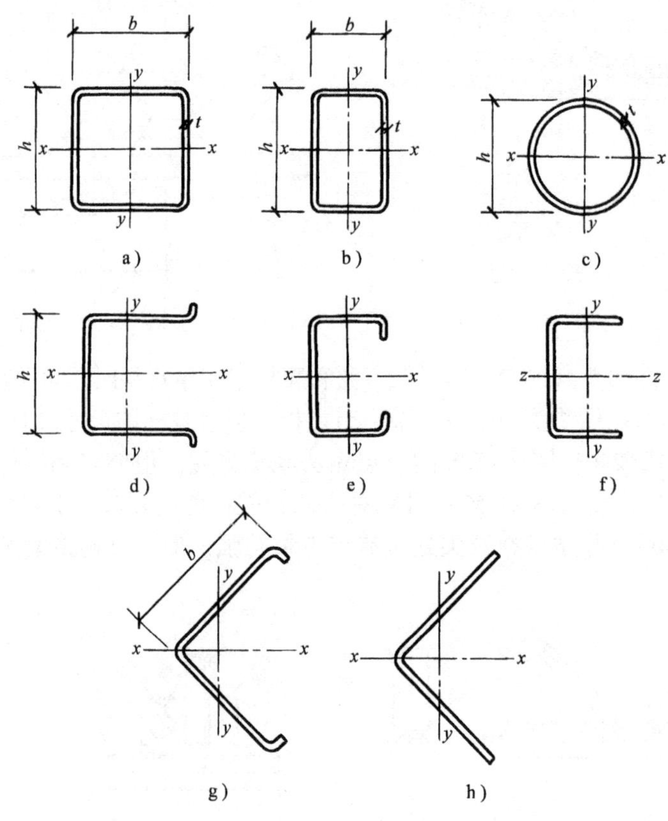

图 21-51　薄壁型钢屋架杆件截面形式

薄壁型钢屋架有三角形和梯形两种。三角形屋架常用于跨度小于 18m；屋面坡度为1∶3左右的石棉水泥波形瓦、钢丝水泥波形瓦和预应力混凝土槽瓦屋面中；梯形屋架常用于跨度大于 18m，屋面坡度为 1∶10 左右的压型钢板、加气混凝土板和太空板屋面中；薄壁型钢屋架不宜用于直接承受动力荷载，以及处于高温、高湿和强烈侵蚀环境作用下的工业厂房。

2. 薄壁型钢屋架的计算特点

薄壁型钢屋架杆件的厚度较小，其设计计算与普通钢屋架有所不同，计算时应注意以下几个方面：

1）由于薄壁型钢屋面材料为轻质材料，对坡度较小的屋架，其荷载组合应考虑由于风吸力作用引起杆件内力变化的不利影响。

2）薄壁型钢截面局部缺陷对其构件比较敏感，加之这种结构的使用年限较短，经验不丰富，其强度设计值要比普通钢结构略低。

3）计算开口截面构件的强度时，若轴心力不通过截面弯心（或不通过 Z 形截面的扇性零点)，则应考虑双力矩的影响。

4）薄壁型钢截面中壁宽与壁厚的比值较大，因此在计算时允许部分材料退出工作（即局部失稳），故在计算受压杆件时必须采用所谓的“有效截面面积（即将毛截面面积扣去一部分失效截面面积）”来计算。

有关计算规定详见《冷弯薄壁型钢结构技术规范》（GB 50018—2002）。

3. 薄壁型钢屋架节点构造

薄壁型钢屋架节点通常不用节点板，其构造与杆件截面形式、壁厚尺寸、有无节点荷载、屋架跨度和屋盖形式等因素有关。设计时应使杆件截面重心线汇交于节点中心，并确保节点具有足够的刚度和强度。图 21-52～图 21-54 分别为屋架支座节点、屋脊节点，中间节点的构造形式。

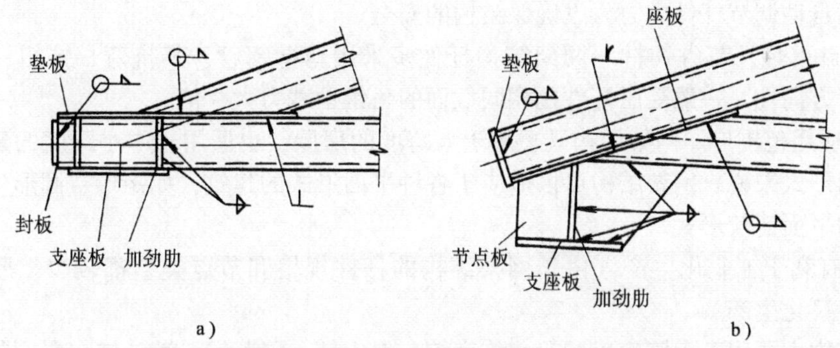

图 21-52　薄壁型钢屋架支座节点

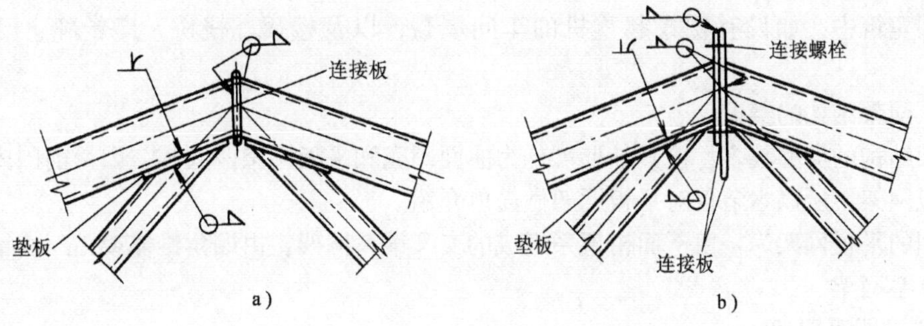

图 21-53　薄壁型钢屋架屋脊节点

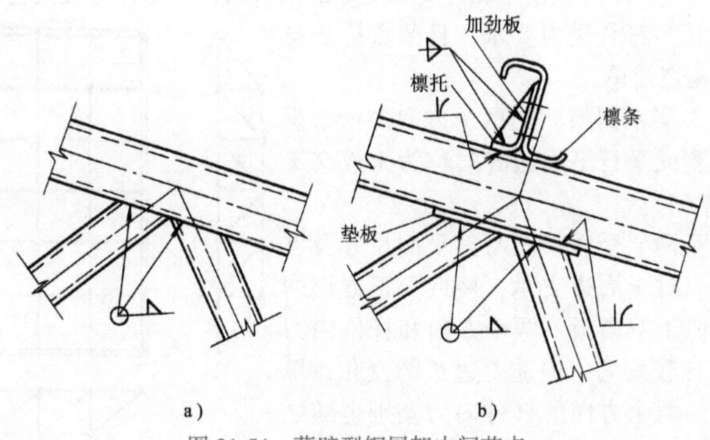

图 21-54　薄壁型钢屋架中间节点

第七节 网架结构

一、网架结构的特点及其应用

网架结构是由许多杆件从若干个方向按一定规律组成的高次超静定空间结构。它改变了一般平面桁架受力体系，能承受来自各个方向的荷载。网架结构与平面桁架结构相比，具有以下特点：

（1）安全可靠　由于杆件之间互相支撑，使其具有刚度大、整体性好、抗震能力强的特点，并且能够承受由于地基不均匀沉降所带来的不利影响，即使在个别杆件受到损伤的情况下，也能自动调节杆件内力，以确保结构的安全。

（2）自重轻，节省钢材　网架结构杆件多采用薄壁钢管，其抗弯、抗扭、抗压性能好，且没有方向性。一般受压杆件比相同截面的角钢承载力大3倍。

（3）适用范围广　网架结构既适用于大跨度的房屋，也适用于中小跨度的建筑，而且从建筑平面形式来说，网架结构可以适应于各种平面形式的建筑，如矩形、圆形、扇形和各种多边形的平面建筑形式。

（4）有利于工业化生产　由于网架结构的杆件规格和节点类型都较少，形状尺寸统一，适宜工厂化生产。

网架结构主要用于大跨度房屋，如体育馆、俱乐部、展览馆、游泳馆、影剧院、车站候车大厅、餐厅、仓库和飞机库等。由于网架结构的优越性，近年来，它也越来越多地用于工业与民用建筑中，如设有桥式起重机的车间屋盖，以及楼面、栈桥、广告牌、门头装饰架等。

二、网架结构的类型

网架结构的类型较多，按其外形可分为曲面网壳和平板网架两大类，因目前国内采用的多为平板网架，所以本节仅对平板网架做简单介绍。

常用的平板网架为：由平面桁架系组成的交叉梁系网架，由四角锥体或由三角锥体组成的角锥体系网架。

1. 交叉梁系网架

交叉梁系网架是由平行弦桁架相互交叉组成的网状结构。这种网架结构一般可设计成斜杆受拉、竖杆受压，符合受力要求，且节点构造与平面桁架相似，构造简单。

（1）正放交叉梁系网架　当两个方向的桁架垂直交叉、弦杆垂直或平行平面边界时称为正放交叉梁系网架（图21-55）。

正放交叉梁系网架受力状况与其平面尺寸及支承情况关系较大。对于周边支承，接近于正方形的网架，其受力类似于双向板，两个方向和杆件内力差别不大，受力比较均匀，但随着边长的变化，单向传力渐趋明显，两个方向的杆件内力差别也随之加大。对于点支承的网架，支承附近的杆件及桁架

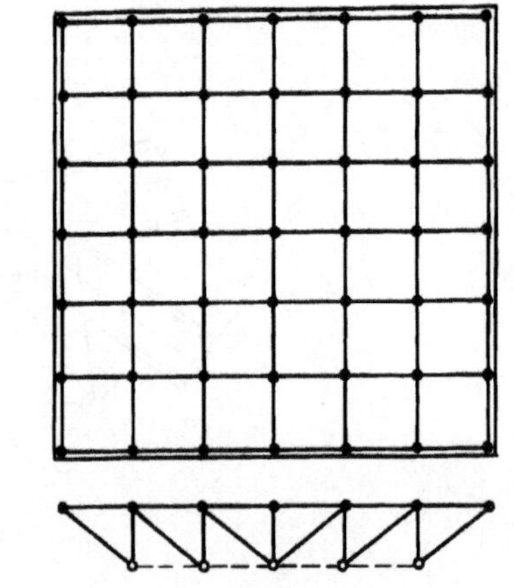

图21-55　正放交叉梁系网架

跨中弦杆的内力最大，其他部位杆件的内力很小，两者差别较大。正放交叉梁系网架多用于建筑平面为矩形的屋面。

（2）斜放交叉梁系网架　当两个方向的桁架垂直交叉、桁架平面与建筑平面边界的夹角为45°时称为斜放交叉梁系网架（图21-56）。

斜放交叉梁系网架的角部短桁架的相对刚度较大，对其垂直的长桁架起弹性支承作用，使长桁架在角部短桁架处产生负弯矩，从而减少其中部的正弯矩，改变了网架的受力状态，在周边支承的情况下，它较正放交叉梁系网架刚度大、用料省。

（3）三向交叉梁系网架　由三个方向的竖向平面桁架按60°夹角相互交叉形成的空间网架称为三向交叉梁系网架（图21-57）。

a)

b)

图21-56　斜放交叉梁系网架

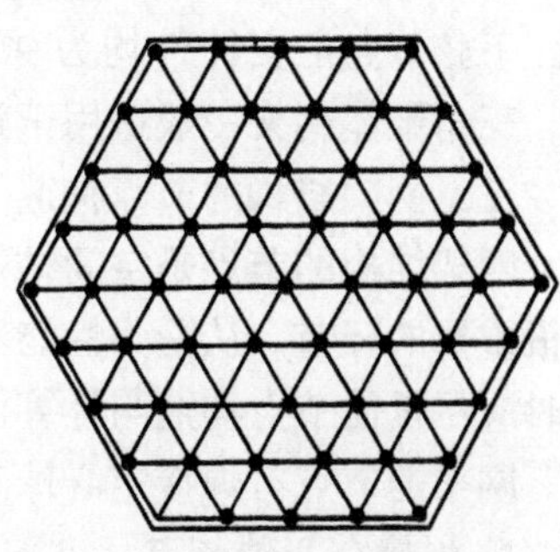

图21-57　三向交叉梁系网架

三向交叉梁系网架的受力性能好，空间刚度大，并能均匀地将荷载传递给支座。但它的杆件较多，汇交于一个节点的杆件可多达13根，节点构造复杂。三向交叉梁系网架适合于大跨度，特别适合于三角形、梯形、多边形或圆形的建筑平面。

2. 角锥体系网架

（1）四角锥体网架　由倒四角锥体为基本组成单元组成的空间网架称为四角锥体网架。常见的四角锥体网架有正放四角锥体网架（图21-58）和正放抽空四角锥体网架（图21-59）两种。

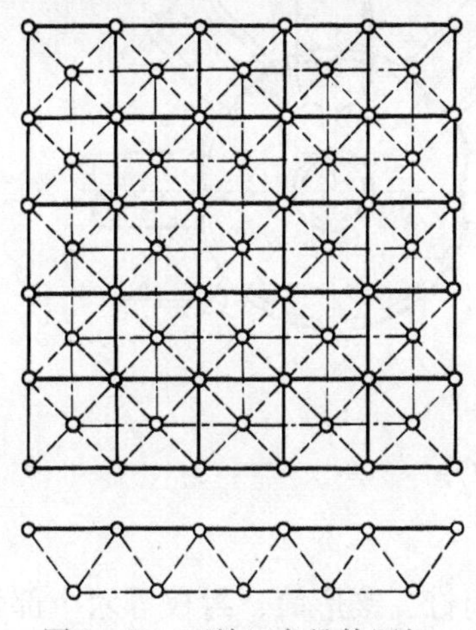

图21-58　正放四角锥体网架

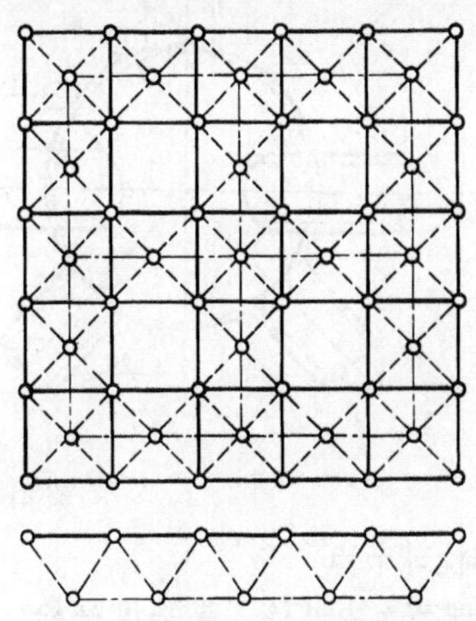

图21-59　正放抽空四角锥体网架

正放四角锥网架的杆件受力比较均匀，空间刚度好，但网架杆件较多，用钢量略大。这种网架适用于建筑平面为方形或接近方形的周边支承情况，也适用于大柱网的点支承、有悬挂桥式起重机的工业厂房和屋面荷载较大的情况。

正放抽空四角锥体网架是在正放四角锥体网架的基础上，适当抽空若干个锥体的腹杆和下弦杆而形成的网架。如将其一列锥体视为一根广义的“梁”，则这种网架如同双向受力的井字梁，同时由于周边的锥体形成闭合状，故网架整体刚度仍然较好。正放抽空四角锥体网架的杆件较少，构造简单，经济效果较好，但其下弦杆内力均匀性较差。

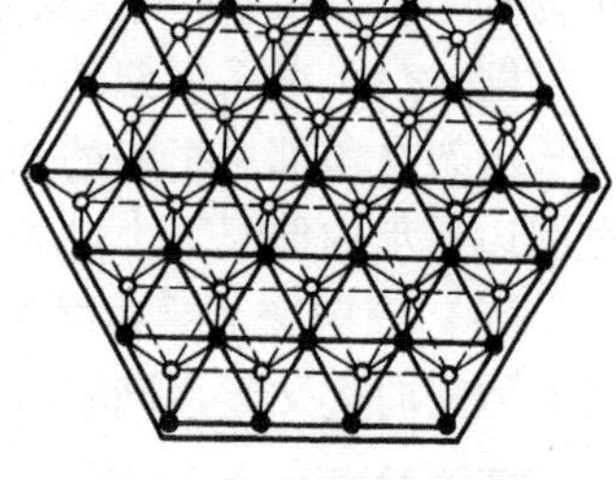
图 21-60　三角锥体网架

(2) 三角锥体网架　由倒三角锥体为基本组成单元组成的空间网架称为三角锥体网架（图 21-60）。

三角锥体网架的杆件受力均匀，整体抗扭、抗弯刚度好，上、下弦节点汇交杆件均为 9 根，节点构造类型统一，便于制作。三角锥体网架一般适用于建筑平面为三角形、六边形和圆形的屋面。

三、网架结构的节点构造

网架结构的节点是空间结构，汇交杆件多，受力复杂，故做好节点设计是网架设计中一个很重要的环节。从受力性能看，节点构造应保证各杆件轴线汇交于节点中心，避免偏心，同时应尽量使节点构造与计算假定相符合。

网架的节点有焊接空心球节点和螺栓球节点两种。

1. 焊接空心球节点

焊接空心球节点是目前国内应用最多的一种节点形式（图 21-61）。其特点是体形小、构造简单、传力明确、造型美观。球体能连接任何方向的杆件，只要杆件与球体是垂直连接的，杆件与球体能自然对中，不会产生偏心。尤其在汇交的杆件较多时，更能显示出其优越性。但球节点的制造费工，钢材利用率低，且焊接工作量大，仰、立焊缝较多，对焊接质量和杆件尺寸的准确度都要求较高。

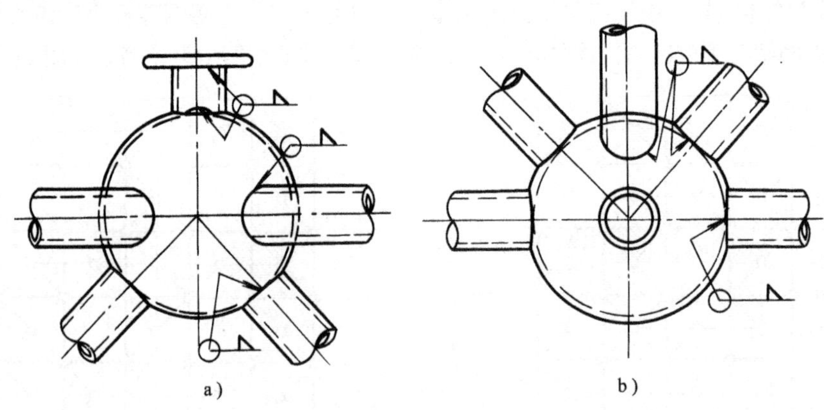

图 21-61　焊接空心球节点

2. 螺栓球节点

螺栓球节点由球体、高强度螺栓、六角形套筒、销钉、锥形筒、封板等六个部件组成（图 21-62）。球体为锻压或铸造的实心钢球，在钢球上按杆件汇交角度钻孔并车出螺纹。在杆件端头焊上锥形套筒，螺栓通过套筒与球相连。螺栓球节点具有安装、拆装方便，便于系列化、标准化生产，球体和杆件可以分类装箱，便于长途运输等优点，因此应用较广泛。但

螺栓球节点的构造复杂，机械加工量大，所需钢材品种多，制造费用较高。

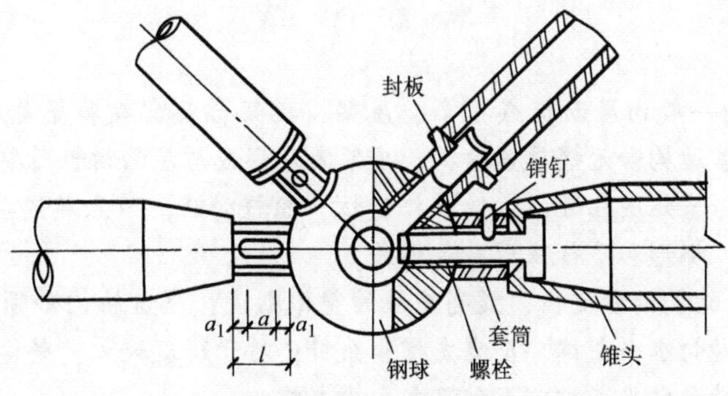

图 21-62 螺栓球节点

3. 支座节点

支座节点应采用传力可靠、构造简单的形式，并应符合计算假定。支座节点的受力比较复杂，它除了要承受拉、压、扭等作用外，还要保证在荷载、温度不断变化的情况下，能在支座处产生不同方向的线位移和角位移，因此网架结构，特别是大跨度网架结构的支座节点，要比普通支座复杂得多。常用的支座节点有：平板压力或拉力支座（图 21-63）、单面弧形压力支座（图 21-64）、双面弧形压力支座（图 21-65）和板式橡胶支座（图21-66）等。

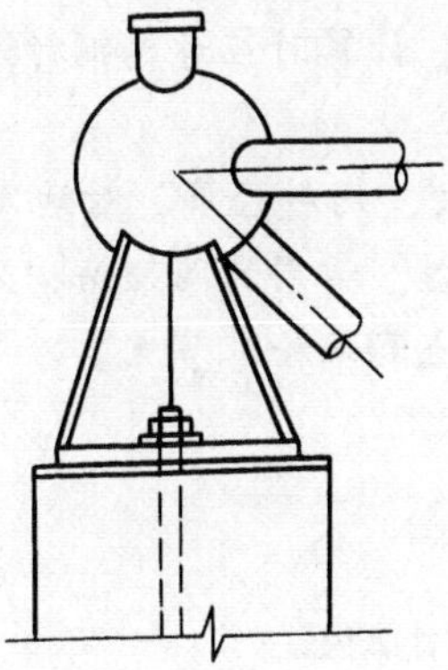

图 21-63 平板压力或拉力支座

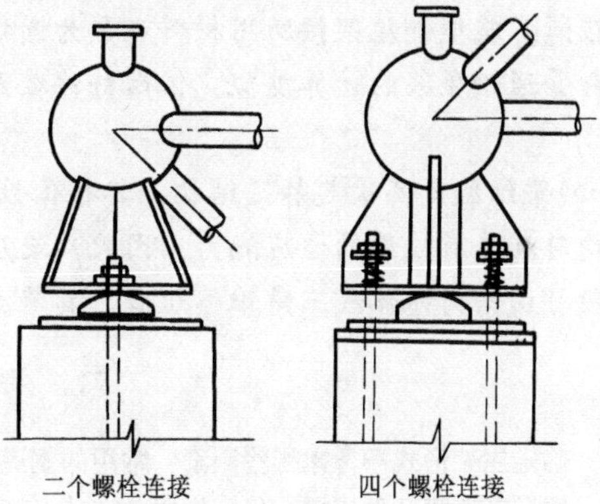

二个螺栓连接

a）

四个螺栓连接

b）

图 21-64 单面弧形压力支座

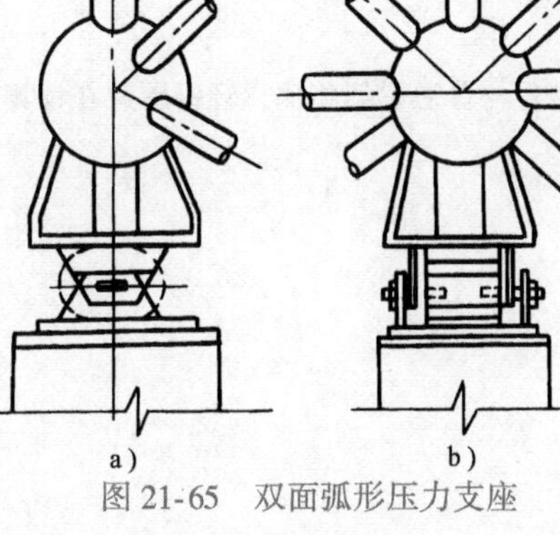

a）

b）

图 21-65 双面弧形压力支座

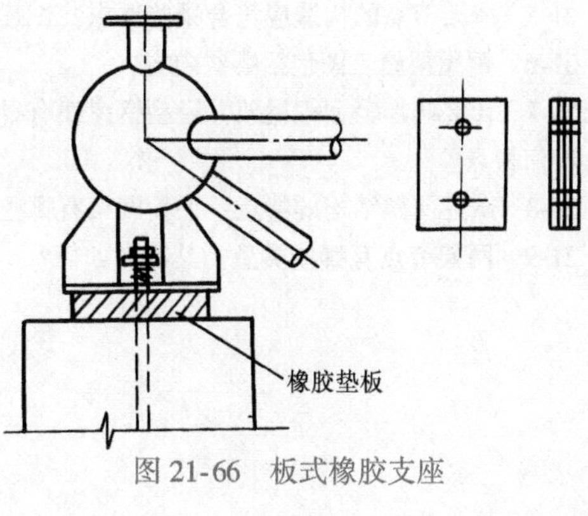

橡胶垫板

图 21-66 板式橡胶支座

本章小结

1）钢屋盖结构一般由屋面板或檩条、屋架、托架、天窗架和屋盖支撑系统等构件组成，分为有檩体屋盖结构和无檩屋盖结构。屋架的外形应与屋面材料所要求的排水坡度相适应，同时要尽可能与弯矩图相近似，使长杆受拉，短杆受压。节点构造要简单、易于制造。常用屋架有三角形、梯形和平行弦形三种形式。

2）为保证屋盖结构的稳定性，提高房屋的整体刚度，屋盖结构必须设置支撑。一般屋盖都应设置：上弦横向水平支撑、垂直支撑和系杆；对于跨度较大，整体刚度要求较高的屋盖，还应设置下弦横向水平支撑、下弦纵向水平支撑。

3）屋架杆件内力计算，应根据荷载最不利组合进行计算。杆件截面常采用两个角钢组成的T形截面，对于中央竖杆采用两个角钢组成的十字形截面。杆件截面面积由强度、刚度和等稳定性条件确定，对于有节间荷载的杆件，在确定截面面积时应考虑局部弯矩的影响。

4）屋架节点的设计应满足节点构造要求，设计计算时，一般先假定焊脚尺寸，再求焊缝长度，根据焊缝长度确定节点板尺寸。节点的设计要和绘制屋架施工图同时进行。

5）轻型钢屋架是由圆钢、小角钢和薄壁型钢组成的屋架，其屋面荷载轻，杆件截面小，壁较薄。轻型钢屋架按所用材料可分为圆钢、小角钢屋架和薄壁型钢屋架。轻型钢屋架的计算和普通钢屋架的计算类似，但因杆件截面较小，壁较薄，计算时应考虑钢材设计值的折减。

6）网架结构是高次超静定结构，其整体性好，空间刚度大，用料经济，对地震作用和地基不均匀沉降有较好的适应能力，因此广泛应用于大跨度屋盖。常用的网架结构为平板网架，一般可由四角锥体或三角锥体组成，其节点常用焊接球节点和螺栓球节点。

思考题

21-1 确定屋架形式需考虑哪些因素？常用的钢屋架形式有几种？

21-2 钢屋盖有哪几种支撑？分别说明各在什么情况下设置，设置在什么位置？

21-3 计算屋架内力时考虑哪几种荷载组合？为什么？当上弦节间作用有集中荷载时，怎样确定其局部弯矩？

21-4 上弦杆、下弦杆和腹杆，各应采用哪种截面形式？其确定的原则是什么？

21-5 屋架节点的构造应符合哪些要求？试述各节点的计算要点？

21-6 钢屋架施工图包括哪些内容？

21-7 什么叫作轻型钢屋架？轻型钢屋架有哪几种常见类型？与普通屋架相比，轻钢屋架在计算和构造上有何特点？

21-8 试述网架结构的特点；平板网架有哪些类型？

21-9 网架节点有哪些类型？其特点如何？

第二十二章　建筑结构抗震概述

学习目标：了解震源、震中、地震波、震级、地震烈度和基本烈度（设防烈度）的概念；掌握地震对建筑物的破坏形式，以及“小震不坏、中震可修、大震不倒”的设防目标；熟悉场地、地基与基础对抗震设防的影响。

第一节　基本概念

地震是一种具有突发性的自然现象。据统计，全世界每年大约发生 500 万次地震，其中绝大多数（约占 99%）地震属于小地震，只有用灵敏的仪器才能测到，而人们能够感觉到的有感地震，仅占地震总数的 1%左右，至于会造成严重破坏性的强烈地震则为数更少。

地震按其成因可分为火山地震、塌陷地震、诱发地震和构造地震等。由于火山爆发，岩浆猛烈喷出地面引起的地面振动叫火山地震；由于地表或地下的岩层如地下溶洞、旧矿坑发生大规模的陷落和崩塌造成小范围的地面振动称做塌陷地震；由于水库蓄水、采矿或核爆炸造成的地面振动称做诱发地震；由于地壳构造运动使岩层发生断裂、错动而引起的地面振动称为构造地震。在上述诸类型地震中，构造地震的破坏性最大，影响面最广，发生次数最多。因此，建筑抗震设计主要进行构造地震作用下建筑物抗震设防。

地球内部构造主要由性质互不相同的三部分组成。最外部的一层地壳，除地表覆盖着一层薄薄的沉积岩、风化土和海水外，主要由花岗岩组成。地壳厚度各处不一，就全球来讲厚度为 5~40km。地壳以下深度约为 2900km 的部分称地幔，有人推测其顶部呈熔融状，而称其为软流层，其下部主要由橄榄岩组成。地球的核心部分是地核，地核是半径约 3500km 的球体。

根据板块学说的理论，可以将地球表面的岩石层分为六大板块，亚欧板块、非洲板块、美洲板块、太平洋板块、印度洋板块和南极洲板块。这些板块由于下面软流层的对流作用而作刚体运动，从而引起板块之间互相挤压和冲撞。在巨大能量作用下，当地壳岩层中积聚的地应力超过薄弱岩层的强度极限时，造成岩层断裂错动，岩层中所积蓄的巨大变形能突然大量释放出来，引起剧烈振动，产生构造地震。

一、震源和震中

地震发生的地方叫震源。构造地震的震源是指地下岩层产生剧烈的相对运动的部位。这个部位不是一个点，而是有一定深度和范围的体。震源正上方的地面位置，或者说震源在地表的投影，叫震中。震中附近地面振动最厉害，也是破坏最严重的地区，叫震中区或极震区。地面某处至震中的水平距离叫做震中距。把地面上破坏程度相近的点连成的曲线叫做等震线。震源至震中的垂直距离叫做震源深度（图 22-1）。

通常把震源深度在 60~70km 以内的地震叫浅源地震，深度在 70~300km 范围的叫中源

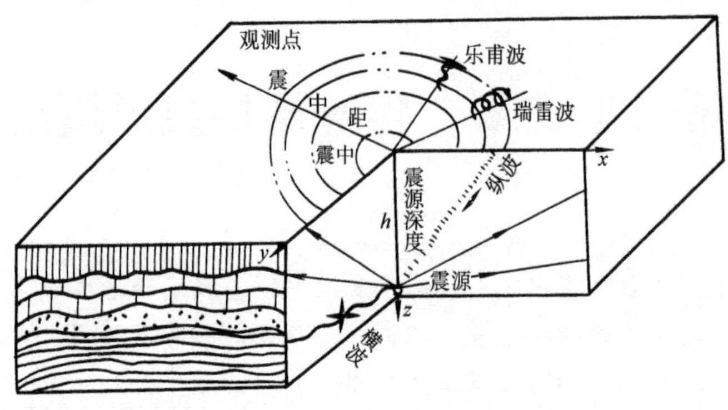

图 22-1　地震波传播示意图

地震，在 300km 以上的叫深源地震。到目前为止，所观测到的最深地震是 700km。世界上绝大部分地震是浅源地震，震源深度集中在 5~20km，中源地震较少，深源地震更少。一般说来，对于同样大小的地震，当震源深度较浅时，则波及的范围较小而破坏的程度较大；当震源深度较大时，波及的范围也较大，而破坏的程度相对较小。例如 1960 年 2 月 29 日摩洛哥艾加迪尔城 5.8 级地震，震源深度为 3km，震中区破坏极为严重，震中烈度竟达 9 度，破坏仅局限在震中附近 8km 范围内；1976 年 7 月 28 日的唐山大地震，震源深度为 11km；1999 年 9 月 21 日的台湾大地震，震源深度仅为 1.1km。

二、地震波

当震源岩层发生断裂、错动时，岩层所积累的变形能突然释放，它以波的形式向四周传播，这种波就称为地震波。

1. 体波

在地球内部传播的波称为体波。体波又分为纵波和横波。

纵波是由震源向四周传播的压缩波，又称为 P 波。介质质点的振动方向与波的传播方向一致。这种波的周期短、振幅小、波速快，在地壳内它的速度一般为 200~1400m/s。纵波引起地面竖直方向的振动。

横波是由震源向四周传播的剪切波，又称 S 波。介质质点的振动方向与波的传播方向垂直。这种波的周期长、振幅大、波速慢，在地壳内它的速度一般为 100~800m/s。横波引起地面水平方向的振动。

2. 面波

在地球表面传播的波称为面波，它包括瑞雷波（R 波）和乐甫波（L 波）。它是体波经地层界面多次反射、折射形成的次生波。其波速较慢，约为横波波速的 0.9 倍。它在体波之后到达地面。这种波的介质质点振动方向复杂，振幅比体波的大，对建筑物的影响也比较大。

综上所述，地震波的传播以纵波最快，横波次之，面波最慢。所以在任意一地震波记录图上（图 22-2），纵波最先到达，横波次之，面波到达最晚，然而就振幅而言，后者最大。从图中还可看出，在这三种波到达之间有一相对稳定区段，稳定区段的时间间隔，随着由观测点至震源之

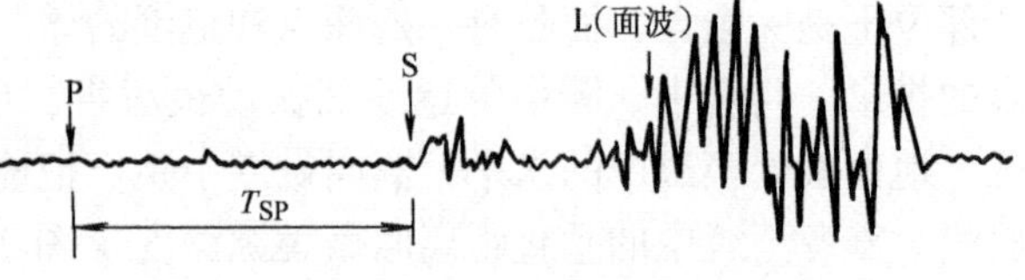

图 22-2　地震波记录图

间距离的减小而缩短。在震中区，鉴于震源机制和地面扰动的复杂性，三种波的波列几乎是难以区分的。

地震现象表明，纵波使建筑物产生上下颠簸，横波使建筑物产生水平方向摇晃，而面波则使建筑物既产生上下颠簸又产生左右摇晃。一般是在横波和面波都到达时振动最为激烈。由于面波的能量比体波要大，所以造成建筑物和地表破坏，以面波为主。

三、震级

地震的震级是衡量一次地震大小的等级，用符号 M 表示。

由于人们所能测到的只是地震时传播到地表的振动，这正是对我们有直接影响的那一部分地震能量所引起的地面振动。因此，也就自然地用地面振动振幅的大小来度量地震的震级。1935 年里希特（Richte）首先提出了震级的定义，震级大小系利用标准地震仪（指固定周期为 0.8s，阻尼系数为 0.8，放大倍数为 2800 的地震仪），在距震中 100km 处的坚硬地面上，记录到的以微米（$1\mu m=10^{-3}mm$）为单位的最大水平地面位移（振幅）A 的常用对数。

$$M=\lg A \tag{22-1}$$

式中　M——地震震级，一般称为里氏震级；

A——标准地震仪记录的最大振幅（μm）。

例如在距震中 100km 处坚硬地面上，用标准地震仪记录到的地震曲线上的最大振幅 $A=10mm$（$10^4\mu m$）。于是，该次地震震级为

$$M=\lg A=\lg 10^4=4$$

实际上，地震时距震中 100km 处不一定恰好有地震台站，而且地震台站也不一定有上述的标准地震仪。因此，对于震中距不是 100km 的地震台站或采用非标准地震仪时，需按修正后的震级计算公式确定震级。

震级与地震释放的能量有下列关系

$$\lg E=1.5M+11.8 \tag{22-2}$$

式中　E——地震释放的能量（尔格）。

由上式可知，震级每相差一级，地面振幅增大约 10 倍，而地震释放的能量就相差 32 倍。一个 6 级地震所释放出的能量为 6.31×10^{20} 尔格，相当于一个两万吨的原子弹释放的能量。

一般说来，$M<2$ 的地震，人们感觉不到，称为微震；$M=2\sim4$ 的地震称为有感地震；$M>5$ 的地震，对建筑物就要引起不同程度的破坏，统称为破坏性地震；$M=7\sim8$ 的地震称为强烈地震或大地震；$M>8$ 的地震称为特大地震。

四、地震烈度、地震烈度表和基本烈度

1. 地震烈度

地震烈度是指地震时，在一定地点地面振动的强弱程度，即受震地区地面及房屋建筑遭受地震影响的程度。烈度的大小不仅取决于每次地震发生时所释放出的能量大小，同时还受到震源深度、受震区距震中的距离、地震波传播的介质性质和受震地区的表土性质及其他地质条件等的影响。因此，在抗震工程中还需用地震烈度（I）来表示地震对地面影响的强弱程度。一般来说，离震中越近，地震影响越大，地震烈度越高；离震中越远，地震影响越小，地震烈度越低。地震烈度 I 和地震震级 M 是两个相互联系，又有区别的概念。两者的

关系可以用炸弹来比喻：地震震级好比是炸弹的装药量，地震烈度则是炸弹爆炸后各处的破坏程度。对于一次地震，只能有一个地震震级，而有多个地震烈度。

2. 地震烈度表

地震烈度表是评定烈度大小的标准和尺度，它是根据地震时人的感觉、建筑物破损程度、器物的反应和地貌变化特征等宏观现象来综合判定划分的。目前，除日本采用从0度到7度的8个等级划分外，我国和世界绝大多数国家采用1度到12度等级划分的地震烈度表。2008年由国家地震局颁布实施的《中国地震烈度表（2008）》，见表22-1。宏观烈度的评定具有综合或平均、粗略、主观判断的特点，缺乏具体的物理指标作为依据。不过，它不仅是区分地震区遭受地震影响的标度，而且对于处理历史地震资料、研究地震活动等方面有重要作用。

表22-1 中国地震烈度表（2008）

地震烈度	人的感觉	房屋震害程度			其他震害现象	水平向地震动参数	
		类型	震害程度	平均震害指数		峰值加速度 m/s^2	峰值速度 m/s
Ⅰ	无感						
Ⅱ	室内个别静止中的人有感觉						
Ⅲ	室内少数静止中的人有感觉		门、窗轻微作响		悬挂物微动		
Ⅳ	室内多数人、室外少数人有感觉，少数人梦中惊醒		门、窗作响		悬挂物明显摆动，器皿作响		
Ⅴ	室内绝大多数、室外多数人有感觉，多数人梦中惊醒		门窗、屋顶、屋架颤动作响，灰土掉落，个别房屋墙体抹灰出现细微裂缝，个别屋顶烟囱掉砖		悬挂物大幅度晃动，不稳定器物摇动或翻倒	0.31 (0.22~0.44)	0.03 (0.02~0.04)
Ⅵ	多数人站立不稳，少数人惊逃户外	A	少数中等破坏，多数轻微破坏和/或基本完好	0.00~0.11	家具和物品移动；河岸和松软土出现裂缝，饱和砂层出现喷砂冒水；个别独立砖烟囱轻度裂缝	0.63 (0.45~0.89)	0.06 (0.05~0.09)
		B	个别中等破坏，少数轻微破坏，多数基本完好				
		C	个别轻微破坏，大多数基本完好	0.00~0.08			
Ⅶ	大多数人惊逃户外，骑自行车的人有感觉，行驶中的汽车驾乘人员有感觉	A	少数毁坏和/或严重破坏，多数中等和/或轻微破坏	0.09~0.31	物体从架子上掉落，河岸出现塌方，饱和砂层常见喷砂冒水，松软土地上地裂缝较多；大多数独立砖烟囱中等破坏	1.25 (0.90~1.77)	0.13 (0.10~0.18)
		B	少数中等破坏，多数轻微破坏和/或基本完好				
		C	多数中等和/或轻微破坏，多数基本完好	0.07~0.22			

（续）

地震烈度	人的感觉	房屋震害程度			其他震害现象	水平向地震动参数	
		类型	震害程度	平均震害指数		峰值加速度 m/s^2	峰值速度 m/s
Ⅷ	多数人摇晃颠簸，行走困难	A	少数毁坏，多数严重和/或中等破坏	0.29~0.51	干硬土上出现裂缝，饱和砂层上绝大多数喷砂冒水；大多数独立砖烟囱严重破坏	2.50 (1.78~3.53)	0.25 (0.19~0.35)
		B	个别毁坏，少数严重破坏，多数中等和/或轻微破坏				
		C	少数严重和/或中等破坏，多数轻微破坏	0.20~0.40			
Ⅸ	行动的人摔倒	A	多数严重破坏或/和毁坏	0.49~0.71	干硬土上多数出现裂缝，可见基岩裂缝、错动，滑坡、塌方常见；独立砖烟囱多数倒塌	5.00 (3.54~7.07)	0.50 (0.36~0.71)
		B	少数毁坏，多数严重和/或中等破坏				
		C	少数毁坏和/或严重破坏，多数中等和/或轻微破坏	0.38~0.60			
Ⅹ	骑自行车的人会摔倒，处不稳状态的人会摔离原地，有抛起感	A	绝大多数破坏	0.69~0.91	山崩和地震断裂出现，基岩上拱桥破坏；大多数独立砖烟囱从根部破坏或倒毁	10.00 (7.08~14.14)	1.00 (0.72~1.41)
		B	大多数毁坏				
		C	多数毁坏和/或严重破坏	0.58~0.80			
Ⅺ		A	绝大多数毁坏	0.89~1.00	地震断裂延续很大，大量山崩滑坡		
		B					
		C		0.78~1.00			
Ⅻ		A	几乎全部毁坏	1.00	地面剧裂变化，山河改观		
		B					
		C					

注：1. 评定地震烈度时，Ⅰ度~Ⅴ度应以地面上以及底层房屋中的人的感觉和其他震害现象为主；Ⅵ度~Ⅹ度应以房屋震害为主，参照其他震害现象；Ⅺ度和Ⅻ度应综合房屋震害和地表震害现象。

2. 用于评定烈度的房屋，包括以下三种类型，A类：木构架和土、石、砖墙建造的旧式房屋；B类：未经抗震设防的单层或多层砖砌体房屋；C类：按照Ⅶ抗震设防的单层或多层砌体房屋。

3. 表中数量词："个别"为10%以下；"少数"为10%~45%；"大多数"为60%~90%；"绝大多数"为80%以上。

4. 房屋破坏等级及其对应的震害指数

1）基本完好：承重和非承重构件完好，或个别非承重构件轻微损坏，不加修理可继续使用，对应的震害指数范围为$0.00 \leqslant d < 0.10$。

2）轻微破坏：个别承重构件出现可见裂缝，非承重构件有明显裂缝，不需要修理或稍加修理即可继续使用。对应的震害指数范围为$0.10 \leqslant d < 0.30$。

3）中等破坏：多数承重构件出现轻微裂缝，部分有明显裂缝，个别非承重构件破坏严重，需要一般修理后可使用。对应的震害指数范围为$0.30 \leqslant d < 0.55$。

4）严重破坏：多数承重构件破坏较严重，非承重构件局部倒塌，房屋修复困难。对应的震害指数为$0.55 \leqslant d < 0.85$。

5）毁坏：多数承重构件严重破坏，房屋结构濒于崩溃或已倒毁，已无修复可能。对应的震害指数为$0.85 \leqslant d < 1.00$。

5. 以下三种情况的地震烈度评定结果，应作适当调整：

1）当采用高楼上人的感觉和器物反应评定地震烈度时，适当降低评定值。

2）当采用低于或高于Ⅶ度抗震设计房屋的震害程度和平均震害指数评定地震烈度时，适当降低或提高评定值。

3）当采用建筑质量特别差或特别好房屋的震害程度和平均震害指数评定地震烈度时，适当降低或提高评定值。

6. 农村可按自然村，城镇可按街区为单位进行地震烈度评定，面积以$1km^2$为宜。

7. 当有自由场地强震动记录时，水平向地震动峰值加速度和峰值速度可作为综合评定地震烈度的参考指标。

8. 表中给出的"峰值加速度"和"峰值速度"是参考值，括弧内给的是变动范围。

3. 基本烈度（设防烈度）

强烈地震是一种破坏作用很大的自然灾害，它的发生具有很大的随机性。而抗震设防的首要问题就是要明确设计的建筑物能抵抗多大的地震。因此，采用概率方法来预测某地区，在未来一定时间内可能遭遇的最大烈度是具有实际工程意义的。为此，提出了基本烈度的概念。

一个地区的地震基本烈度是指该地区在设计基准期 50 年内，一般场地条件下，可能遭遇超越概率为 10% 的地震烈度值，即现行《中国地震动参数区划图》（GB 18306—2015）中规定的烈度。上述一般场地条件是指该地区内普遍分布的地基土质条件及一般地形、地貌和地质构造条件。

国家地震局于 2015 年 5 月颁布了现行的《中国地震动参数区划图》（GB 18306—2015），区划图给出了全国各省（自治区、直辖市）乡镇人民政府所在地、县级以上城市的Ⅱ类场地基本地震动峰值加速度和基本地震动加速度反应谱特征周期，给出了各类场地地震动峰值加速度调整方法、调整系数和各类场地条件下地震动加速度反应谱特征周期调整值，以及各类场的划分指标，供一般建设工程抗震设防和相关规划编制使用。

当地震烈度用于工程抗震设防时，根据《中国地震动参数区划图》（GB 18306—2015）确定Ⅱ类场地地震动峰值加速度 $\alpha_{max\,Ⅱ}$，按表 22-2 确定地震烈度。

表 22-2　Ⅱ类场地地震动峰值加速度与地震烈度对照表

Ⅱ类场地 地震动峰值加速度	$0.04g \leq \alpha_{max\,Ⅱ}$ $<0.09g$	$0.09g \leq \alpha_{max\,Ⅱ}$ $<0.19g$	$0.19g \leq \alpha_{max\,Ⅱ}$ $<0.38g$	$0.38g \leq \alpha_{max\,Ⅱ}$ $<0.75g$	$\alpha_{max\,Ⅱ} \geq 0.75g$
地震烈度	Ⅵ	Ⅶ	Ⅷ	Ⅸ	≥Ⅹ

第二节　地震震害

中国处在世界上两个最活跃的地震带之间，东濒环太平洋地震带，西部和西南部是欧亚地震带所经过的地区，是世界上多地震国家之一。20 世纪的前 80 多年里，共发生破坏性地震 2600 余次，其中 6 级以上破坏性地震 500 余次，平均每年 5.4 次，8 级以上地震 9 次。同时，地震活动分布范围广，按现行的地震动参数区划图，全国范围内取消了不设防区，7 度和 7 度以上的地震区面积占全国面积的 58%，8 度和 8 度以上的地震区占全国面积的 18%。在历史上，全国除个别省（如贵州省）外，都发生过 6 级以上地震。有不少地区现代地震活动还相当强烈，台湾地区大地震最多，新疆、西藏次之，西南、西北、华北和东南沿海地区也是破坏性地震较多的地区。因此，中国是世界上地震灾害最严重的国家之一，地震造成的人员伤亡居世界首位，造成的经济损失也十分巨大。新中国成立以来至 2014 年，在大陆地区发生 7 级及 7 级以上强震共 19 次，造成的人员伤亡及经济损失见表22-3。

表 22-3　1950~2014 年中国 7 级以上地震的灾害

序号	地震	地震时间	震级 M	基本烈度	震中烈度	受灾面积/km²	死亡人数/人	伤残人数/人	直接经济损失/亿元
1	康定	1955.04.14	7.5	10	9	5000	84	224	

（续）

序号	地震	地震时间	震级 M	基本烈度	震中烈度	受灾面积/km²	死亡人数/人	伤残人数/人	直接经济损失/亿元
2	乌恰	1955. 04. 15	7. 0	9	9	16000	18		
3	邢台	1966. 03. 22	7. 2	6	10	23000	7938	8613	10. 0
4	渤海	1969. 07. 18	7. 4				9	300	
5	通海	1970. 01. 05	7. 7	9	10	1777	15621	26783	3. 0
6	炉霍	1973. 02. 06	7. 9	9	10	6000	2199	2743	
7	永善	1974. 05. 11	7. 1	8	9	2300	1641	1600	0. 9
8	海城	1975. 02. 04	7. 3	6	9	920	1328	4292	4. 0
9	龙陵	1976. 05. 29	7. 6	8	9		73	279	1. 4
10	唐山	1976. 07. 28	7. 8	6	11	32000	242769	164851	近 100
11	松潘	1976. 08. 16	7. 2	6~9	8	5000	38	34	
12	乌恰	1985. 08. 23	7. 4	9	9	526	70	200	1. 0
13	澜沧	1988. 11. 06	7. 6	8	9	91732	748	7751	20. 5
14	孟连	1995. 7. 12	7. 3	8	7(国内)	10000	11	136	3
15	丽江	1996. 2. 3	7. 0	8	10	18720	309	17057	40 多
16	汶川	2008. 5. 12	8. 0	9	11	130000	69197	374643	8450
17	玉树	2010. 4. 14	7. 1	7	9	20000	2698	12135	228
18	芦山	2013. 4. 20	7. 0	7	9	12500	196	11470	500
19	和田	2014. 2. 12	7. 3	7	9	128310	0	0	10. 8

注：空白格处表示缺少统计数据。

地震灾害主要表现在三个方面：地表破坏、建筑物破坏以及各种次生灾害。

一、地表的破坏现象

1. 地裂缝

在强烈地震作用下，常常在地面产生裂缝。根据裂缝产生的机理不同，地裂缝分为重力地裂缝和构造地裂缝两种。重力地裂缝是由于在强烈地震作用下，地面作剧烈振动引起的惯性力超过了土的抗剪能力所致。这种裂缝长度可由几米到几十米，断续总长度可达几公里，但一般都不深，多为 1~2m。图 22-3 为唐山地震中的重力地裂缝情形。构造地裂缝是地壳深部断层错动延伸至地面的裂缝。美国旧金山大地震圣安德烈斯断层的巨大水平位移，就是现代可见断层形成的构造地裂缝。

图 22-3 唐山地震中的重力地裂缝

2. 喷砂冒水

地下水位较高、砂层或粉土层埋深较浅的平原地区，地震时由于地震波的强烈振动使地下水压力急剧增高，地下水夹带砂土或粉土经地裂缝或土质松软的地方冒出地面，形成喷砂冒水现象（图 22-4）。喷砂冒水现象一般要持续很长时间，严重的地方可造成房屋不均匀下沉或上部结构开裂。

3. 地面下沉（震陷）

在强烈地震作用下，地面往往发生震陷，使建筑物破坏，图 22-5 所示为 1976 年唐山地震时因地陷引起房屋破坏的情形。

图 22-4　唐山地震中喷砂冒水

图 22-5　唐山地震中因地陷使房屋破坏

4. 河岸、陡坡滑坡

在强烈地震作用下，常引起河岸、陡坡滑坡，有时规模很大，造成公路堵塞、岸边建筑物破坏。

二、建筑的破坏

在强烈地震作用下，各类建筑物遭到严重破坏，按其破坏形态及直接原因，可分以下几类：

（1）主要承重结构强度不足造成的破坏　任何承重结构的构件都有它的特定功能，适于承受一定的外力。对于设计时没有考虑地震影响或设防不足的结构，在地震作用下，不仅构件承受的内力突然增大许多倍，而且往往还要改变其受力方式，致使构件因强度不足而破坏。例如承重砖墙，当地震作用使其主拉应力超过砌体抗主拉应力强度时，墙面就产生交叉裂缝，钢筋混凝土框架柱，在地震作用下出现被剪断、压酥等现象，就属于因主要承重结构强度不够而造成的破坏。如图 22-6 为某建筑物在强烈地震作用下因强度不足破坏的情形。

（2）因连接、支撑薄弱而丧失结构整体性的破坏　房屋建筑或其他构筑物都是由许多不同的构件所组成的，其结构整体性的好坏是能否保证房屋在地震作用下不致发生倒塌的关键。

一般构件间连接薄弱、支撑数量不足的建筑，在地震作用下各部分的承重构件和主要承重结构并不一定破坏，却往往由于局部的节点强度不足、延性不好或连接太差，使结构因丧失整体性而破坏，最后导致整个房屋倒塌。

（3）地基失效引起的破坏　在地震的强烈作用下，地基承载力可能下降，或完全丧失。

1964 年日本新泻地震时，因地基液化而造成建筑物下沉和倾斜，就是典型的地基失效破坏的实例（图 22-7）。地基也可能由于地基饱和砂层液化造成建筑物沉陷、倾倒或破坏。这种破坏不可能只靠加强上部结构的办法来解决，还需要采取必要的地基抗震措施，加强建筑物地基的抗震稳定性。

图 22-6　某厂房在地震中屋架塌落

图 22-7　土液化造成的震害

三、次生灾害

地震的次生灾害是指地震间接产生的灾害，如地震诱发的火灾、水灾、有毒物质污染、海啸、泥石流等。由次生灾害造成的损失有时比地震直接产生的灾害造成的损失还要大，尤其是在大城市、大工业区。例如 1923 年日本东京大地震，引发了火灾，震倒房屋 13 万幢，而烧毁的房屋则达 45 万幢，死亡人数 10 万余人，其中房屋倒塌压死者不过数千人，其余都是死于火灾。1960 年智利沿海发生大地震，海浪在海湾外高达 20～30m，并以 640km/h 的速度横扫太平洋，22h 后，海啸袭击了 17000km 以外的日本本州和北海道的太平洋沿岸地区，浪高 3～4m，冲毁了海港设施、码头和沿岸建筑物，有些大渔轮也被海浪抛出码头达 40 多米远。1970 年秘鲁大地震，瓦斯卡兰山北峰泥石流从 3750m 高度泻下，流速达320km/h，摧毁、淹没了村镇、建筑物，使地形改观，死亡达 25000 人。

第三节　建筑物抗震设防

一、抗震设防目标

抗震设防是指对建筑物进行抗震设计，包括地震作用、抗震承载力计算和采取抗震措施，以达到抗震的效果。

在现阶段，国际上抗震设防目标的总趋势是：在建筑物使用寿命期间，对不同频度和强度的地震，要求建筑物应具有不同的抵抗能力。即对一般较小的地震，由于其发生的可能性大，因此要求遭遇到这种多遇地震时，结构不受损坏，这在技术上是可行的，经济上也是合理的；对于罕遇的强烈地震，由于其发生的可能性小，当遭遇到这种强烈地震时，要求做到结构完全不损坏，这在经济上是不合理的，因此比较合理的做法是：应允许损坏，但在任何情况下，都不应导致建筑倒塌。

基于国际上的这一趋势，结合我国经济能力，《建筑抗震设计规范》(GB 50011—2010)(以下简称《抗震规范》)提出了“三水准”的抗震设防目标。

(1) 第一水准　当遭受低于本地区设防烈度的多遇地震(简称“小震”)影响时，建筑一般不受损坏或不需修理仍可继续使用。

(2) 第二水准　当遭受本地区设防烈度(基本烈度)的地震影响时，建筑可能有一定的损坏，经一般修理或不经修理仍可继续使用。本水准的设防要求主要通过概念设计和构造措施来实现。

(3) 第三水准　当遭受高于本地区设防烈度的预估的罕遇地震(简称“大震”)影响时，建筑不致倒塌或发生危及生命的严重破坏。

上述抗震设防目标实质就采用了三个烈度水准，即多遇烈度、基本烈度和罕遇烈度。它反映了遵照规范设计出的建筑，在多遇的“小震”作用下，建筑物基本处于弹性阶段，一般不会损坏，能正常使用；在相应基本烈度的地震(即中震)作用下，建筑物将进入弹塑性状态，但不至于发生严重破坏；在罕遇的“大震”作用下，建筑物产生严重破坏，可有较大的非弹性变形，但不至于倒塌，虽然没有修理价值，但可以避免人员和设备的严重损失。上述设防目标亦可概括为“小震不坏、中震可修、大震不倒”。

在进行建筑抗震设计时，原则上应满足“三水准”抗震设防目标的要求，在具体做法上，《抗震规范》采取了二阶段设计法，即第一阶段设计：在多遇地震烈度的地震作用下，通过验算构件截面抗震承载力和弹性变形，以保证小震不坏和中震可修的要求；第二阶段设计：在罕遇地震烈度的地震作用下，通过验算结构薄弱部位弹塑性变形，并采取相应的构造措施保证大震不倒。

二、小震和大震

在按三水准、两阶段进行抗震设计时，首先遇到的是如何定义小震和大震，以及各基本烈度区小震和大震的烈度如何取值。

从概率统计上说，小震发生机会较多，因此，可将小震定义为烈度概率密度曲线上的峰值所对应的烈度，即众值烈度或称多遇烈度时的地震，如图 22-8 所示。根据我国华北、西北和西南地区地震发生概率的统计分析，我国地震烈度的概率分布符合极值Ⅲ型，当设计基准期为 50 年时，则 50 年内多遇烈度的超越概率为 63.2%，这就是第一水准的烈度。各地的基本烈度，即第二水准的烈度，也就是全国地震动参数区划图所规定的烈度，它在 50 年内的超越概率大体为 10%。大震是罕遇的地震，它的对应的烈度在 50 年内的超越概率约为 2%~3%，这个烈度又可称为罕遇烈度，作为第三水准的烈度。

基本烈度是抗震设防的依据。因此，多遇烈度和罕遇烈度应与基本烈度相联系。由烈度概率分布的分析可知，基本烈度与多遇烈度的平均差值为 1.55 度，而罕遇烈度比基本烈度高 1 度左右(图 22-8)。例如对于基本烈度为 8 度的地区，其多遇烈度，即小震烈度可取 6.45 度。相应于基本烈度为 6、7、8、9 度的罕遇烈度即大震烈度分别约为 7 度强、8 度强、9 度弱、9 度强。

三、建筑抗震设防分类和设防标准

1. 建筑抗震设防分类

《抗震规范》根据建筑使用功能的重要性，将建筑抗震设防类别分为以下四类：

甲类建筑——属于地震时有特殊设施、涉及公共安全的重大建筑和可能发生严重次生灾

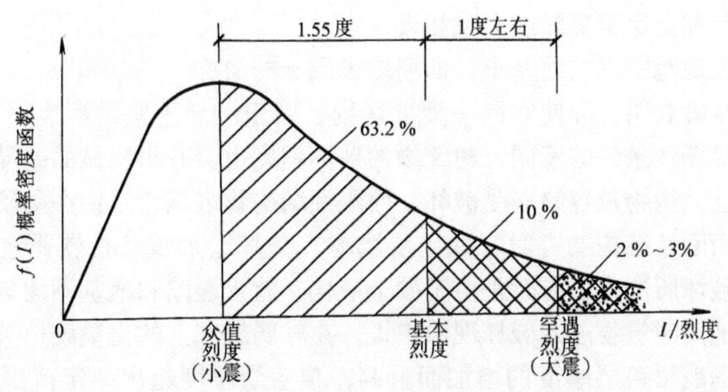

图 22-8　三种烈度关系示意图

害的建筑。

乙类建筑——属于地震时使用功能不能中断或需尽快恢复的生命线建筑，以及可能导致大量人员伤亡等重大灾害的建筑。

丙类建筑——属于甲、乙、丁类建筑以外的一般建筑。

丁类建筑——属于地震时人员较少，且震损不致产生次生灾害，允许在一定条件下适度降低要求的建筑。

2. 建筑抗震设防标准

建筑抗震设防标准是衡量建筑抗震设防要求的尺度。由抗震设防烈度和建筑使用功能的重要性确定。抗震设防烈度是指按国家规定的权限批准作为一个地区抗震设防依据的地震烈度。一般情况下，抗震设防烈度应采用中国地震动参数区划图的地震基本烈度，或采用与《抗震规范》设计基本地震加速度对应的地震烈度。对已编制抗震设防区划的城市，也可采用批准的抗震设防烈度。

各抗震设防类别建筑的设防标准，应符合下列要求：

（1）甲类建筑　地震作用应高于本地区抗震设防烈度的要求，其值应按批准的地震安全性评价结果确定；抗震措施，当抗震设防烈度为6~8度时，应符合本地区抗震设防烈度提高一度的要求，当为9度时，应符合比9度抗震设防更高的要求。

（2）乙类建筑　地震作用应符合本地区抗震设防烈度的要求；抗震措施，一般情况下，当抗震设防烈度为6~8度时，应符合本地区抗震设防烈度提高一度的要求，当为9度时，应符合比9度抗震设防更高的要求。对较小的乙类建筑，当其结构改用抗震性能较好的结构类型时，应允许仍按本地区抗震设防烈度的要求采取抗震措施。

（3）丙类建筑　地震作用和抗震措施均应符合本地区抗震设防烈度的要求。

（4）丁类建筑　一般情况下，地震作用仍应符合本地区抗震设防烈度的要求；抗震措施应允许比本地区抗震设防烈度的要求适当降低，但抗震设防烈度为6度时不应降低。

抗震设防烈度为6度时，除《抗震规范》有具体规定外，对乙、丙、丁类建筑可不进行地震作用计算。

第四节　场地、地基与基础

一、场地

1. 概述

场地即指建筑物所在地，在平面上大体相当于厂区、居民点或自然村的区域范围。在此范围内，岩土性状和土层覆盖厚度大致相近。

场地土是指场地范围内的地基土，即场地表层土的简称。

多次地震的震害表明，即使在同一烈度区内，由于场地土坚硬程度（即刚性大小）和场地覆盖层厚度等场地条件的不同，建筑物的破坏程度也会有很明显的差异。一般说来，在软弱地基上，柔性结构物较容易遭受破坏，而刚性结构物表现较好；在坚硬地基上，柔性结构物震害较轻，而刚性结构物有时（如土层浅薄）破坏会加重。在软弱地基上，建筑物的破坏有时是结构破坏所造成，有时是由于砂土液化、软土震陷和地基不均匀沉降等造成的地基失效所致。就地面建筑物总的破坏现象来说，在软弱地基上的比坚硬地基上的要严重。房屋的破坏率随着场地覆盖层厚度的增加而升高，覆盖层厚度超出一定范围后破坏率变化不大。1976 年唐山地震时，市区西南部基岩深度达 500~800m，房屋倒塌率近 100%；而市区东北部大城山一带，则因覆盖土层较薄，多数厂房虽然也位于极震区，但房屋倒塌率仅 50%；在基岩上，各类房屋的破坏普遍较轻。

一般通过合理选择场地或进行地基处理，就能防止地基失效，有效地减轻震害。而在地基不失效条件下要能反映出不同场地的地震作用效应，就有必要将建筑场地按其对建筑物的地震作用的强弱和特征进行分类，以便根据不同的建筑场地类别采用相应的设计参数，进行建筑物的抗震设计。《抗震规范》把场地上土层等效剪切波速和场地覆盖层厚度作为场地地震效应的工程评定指标，并据此划分场地类别。

2. 场地土的等效剪切波速

场地土对建筑物震害的影响，主要取决于土的坚硬程度（刚性），土的刚性一般用土的剪切波速来表示。土层的等效剪切波速，应按下列公式计算

$$v_{se}=\frac{d_0}{t} \tag{22-3}$$

$$t=\sum_{i=1}^{n}\frac{d_i}{v_{si}} \tag{22-4}$$

式中 v_{se}——土层等效剪切波速（m/s）；

d_0——场地评定用的计算深度（m），取覆盖层厚度和 20m 两者的较小值；

t——剪切波在地表与计算深度之间传播的时间（s）；

n——计算深度范围内土层的分层数；

v_{si}——计算深度范围内第 i 土层的剪切波速（m/s）。

等效剪切波速 v_{se} 是根据地震波通过计算深度范围内多层土层的时间等于该波通过计算深度范围内单一土层所需时间的条件求得的。

设场地土计算深度范围内有 n 层性质不同的土层组成（图 22-9），地震波通过它们的波速分别为 v_{s1}，v_{s2}，…，v_{sn}，它们的厚度分别为 d_1，d_2，…，d_n，并设计算深度为

$$d_0=\sum_{i=1}^{n}d_i$$

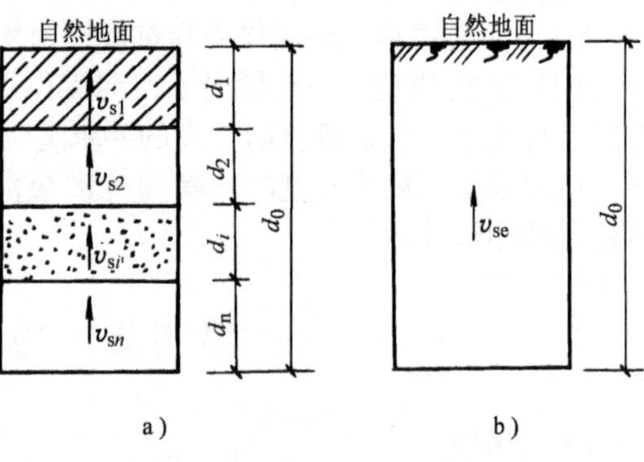

图 22-9 多层土地震波速的计算
a）多层土 b）单一土层

于是
$$\sum_{i=1}^{n}\frac{d_i}{v_{si}}=\frac{d_0}{v_{se}}$$

经整理后即得式（22-3）。

对丁类建筑及丙类建筑中层数不超过 10 层且高度不超过 24m 的多层建筑，当无实测剪切波速时，可根据岩土名称和性状，按表 22-4 划分土的类型，再利用当地经验在表 22-4 的剪切波速范围内估计各土层的剪切波速，最后按式（22-4）确定场地计算深度范围内土层剪切波速。

表 22-4　土的类型划分和剪切波速范围

土的类型	岩土名称和性状	土层剪切波速范围/(m/s)
岩石	坚硬、较硬且完整的岩石	$v_s>800$
坚硬土或软质岩石	破碎和较破碎的岩石或软和较软的岩石，密实的碎石土	$800\geqslant v_s>500$
中硬土	中密、稍密的碎石土，密实、中密的砾、粗、中砂，$f_{ak}>150$ 的黏性土和粉土，坚硬黄土	$500\geqslant v_s>250$
中软土	稍密的砾、粗、中砂，除松散外的细、粉砂，$f_{ak}\leqslant150$ 的黏性土和粉土，$f_{ak}>130$ 的填土，可塑新黄土	$250\geqslant v_s>150$
软弱土	淤泥和淤泥质土，松散的砂；新近沉积的黏性土和粉土，$f_{ak}\leqslant$ 130 的填土，流塑黄土	$v_s\leqslant150$

注：f_{ak} 为由载荷试验等方法得到的地基承载力特征值（kPa）；v_s 为岩土剪切波速。

3. 场地覆盖层厚度

由前所述，震害一般随场地覆盖层厚度的增加而加重。从理论上讲，当下层波速比上层波速大得多时，下层可以当作基岩。这时从地表反射回来的地震波到达岩土界面时将向上反射，只有很小一部分能量向下透射，这个分界面的埋深就是所谓覆盖层厚度或土层厚度。但是实际地层的刚度往往是逐渐变化的，如果要求岩土波速比很大时才能当做基岩，覆盖层厚度势必定得很大，这对一般工程是难以行得通的。另一方面，由于对建筑物破坏作用最大的主要是地震波中的中短周期成分，而深层介质对这些成分的影响并不很显著。基于这些考虑，《抗震规范》规定建筑场地覆盖层厚度，应符合下列要求：

1）一般情况下，应按地面至剪切波速大于 500m/s 且其下卧各层岩石上的剪切波速均不小于 500m/s 的土层顶面的距离确定。

2）当地面 5m 以下存在剪切波速大于相邻上层土剪切波速 2.5 倍的土层，且其下卧岩土的剪切波速均不小于 400m/s 时，可取地面至该土层顶面的距离作为覆盖层厚度。

3）剪切波速大于 500m/s 的孤石、透镜体，应视同周围土层。

4）土层中的火山岩硬夹层，应视为刚体，其厚度应从覆盖土层中扣除。

4. 建筑场地类别

场地条件对地震的影响已为多次大地震震害现象、理论分析结果和强震观测资料所证实。但是，限于当今认识水平，世界各国对场地类别的划分却并不一致。通过总结国内外对场地划分的经验及对震害的总结、理论分析和实际勘察资料，《抗震规范》提出，建筑的场地类别应根据场地上等效剪切波速和场地覆盖层厚度划分为Ⅰ、Ⅱ、Ⅲ、Ⅳ四类，其中Ⅰ类又分I_0、I_1两个亚类，见表 22-5。

表 22-5 各类建筑场地的覆盖层厚度 （单位：m）

岩石的剪切波速或土的等效剪切波速/（m/s）	场地类别				
	I_0	I_1	Ⅱ	Ⅲ	Ⅳ
$v_s>800$	0				
$800\geqslant v_s>500$		0			
$500\geqslant v_{se}>250$		<5	≥5		
$250\geqslant v_{se}>150$		<3	3~50	>50	
$v_{se}\leqslant 150$		<3	3~15	15~80	>80

注：表中 v_s 系岩石的剪切波速。

5. 建筑场地评价及有关规定

建筑场地范围内存在地震断裂时，应对断裂的工程影响进行评价，当符合下列条件之一的情况，可忽略地震断裂错动对地面建筑的影响。

1）抗震设防烈度小于 8 度。

2）非全新世活动断裂。

3）抗震设防烈度为 8 度和 9 度时，隐伏断裂的土层覆盖厚度分别大于 60m 和 90m。

当不符合上述规定的情况，应避开主断裂带。其避让距离不宜小于表 22-6 对发震断裂最小避让距离的规定。

表 22-6 发震断裂的最小避让距离 （单位：m）

烈　度	建筑抗震设防类别			
	甲	乙	丙	丁
8	专门研究	200	100	—
9	专门研究	400	200	—

如前所述，当选择建筑场地时，应避开对建筑抗震不利地段，当需要在条状的突出山嘴、高耸孤立的山丘、非岩石的陡坡、河岸和边坡边缘等不利地段建造丙类及丙类以上建筑时，除保证其在地震作用下的稳定性外，尚应估计不利地段对设计地震动参数可能产生的放大作用，其水平地震影响系数最大值应乘以增大系数。其值可根据不利地段的具体情况确定，在 1.1~1.6 范围内采用。

场地岩土工程勘察，应根据实际需要划分对建筑有利、不利和危险地段，提供建筑的场地类别和岩土地震的稳定性（如滑坡、崩塌、液化和震陷特性等）评价，对需要采用时程分析法补充计算的建筑，尚应根据设计要求提供土层剖面、场地覆盖厚度和有关动力参数。

二、天然地基与基础

1. 地基基础抗震设计的一般要求

地基在地震作用下的稳定性对基础及至上部结构的内力分布是比较敏感的，因此确保地震时地基基础能够承受上部结构传下来的竖向和水平地震作用以及倾覆力矩而不发生过大变形和不均匀沉降是地基基础抗震设计的基本要求。因此地基基础的抗震设计首先应通过选择合理的地基基础体系来确保其抗震承载能力，即：

1）同一结构单元不宜设置在性质截然不同的地基土层上。

2）同一结构单元不宜部分采用天然地基而另外部分采用桩基。

3）地基有软弱黏性土、可液化土、新近填土或严重不均匀层时，宜加强基础的整体性和刚性。

4）根据具体情况，选择对抗震有利的基础类型，在抗震验算时就尽量考虑结构、基础和地基的相互作用影响，使之能反映地基基础在不同阶段上的工作状态。

2. 可不进行地基基础抗震验算的范围

从我国多次强地震中遭受破坏的建筑来看，只有少数房屋是因为地基的原因而导致上部结构破坏的。而这类地基大多数是液化地基、易产生震陷的软土地基和严重不均匀地基，大量的一般性地基都具有较好的抗震性能，极少发现地基承载力不足而产生震害。基于这种情况，我国抗震设计规范对于量大面广的一般地基，地基和基础都不做抗震验算，而对于容易产生地基基础震害的液化地基、软土地基和严重不均匀地基，则规定了相应的抗震措施，以避免或减轻震害。

《抗震规范》规定，下列建筑可不进行天然地基及基础的抗震承载力验算：

1）砌体房屋。

2）地基主要受力层范围内不存在软弱黏性土层的一般单层厂房、单层空旷房屋和不超过 8 层且高度在 24m 以下的一般民用框架房屋及其基础荷载相当的多层框架厂房。

3）本规范规定可不进行上部结构抗震验算的建筑。

3. 天然地基在地震荷载作用下的承载力验算

（1）地基土抗震承载力的确定　世界上大多数国家抗震规范在验算地基土的抗震强度时，抗震允许承载力都采用在静力设计承载力的基础上乘以一个系数的方法加以调整。考虑调整的出发点是：①地震是偶发事件，是特殊荷载，因而地基抗震承载力安全系数可比静载时降低。②地震是有限次数不等幅的随机荷载，其等效循环荷载不超过十几到几十次，而多数土在有限次数的动载下强度较静载下稍高。基于这方面原因，《抗震规范》延续采用抗震承载力与静力允许承载力的比值作为地基承载力调整系数，其值也可近似地通过动静强度之比求得。

《抗震规范》规定，在对天然地基基础抗震验算时，地基抗震承载力应按下式计算

$$f_{aE}=\zeta_a f_a \tag{22-5}$$

式中　f_{aE}——调整后的地基抗震承载力设计值（MPa）；

ζ_a——地基抗震承载力调整系数，应按表 22-7 采用；

f_a——深宽修正后的地基承载力特征值（kN/m²），应按现行国家标准《建筑地基基础设计规范》（GB 50007）采用。

表 22-7　地基抗震承载力调整系数

岩土名称和性状	ζ_a
岩石、密实的碎石土、密实的砾、粗、中砂，$f_{ak}\geqslant 300\text{kN/m}^2$ 的黏性土和粉土	1.5
中密、稍密的碎石土，中密和稍密的砾、粗、中砂，密实的中密的细、粉砂，$150\text{kN/m}^2\leqslant f_{ak}<300\text{kN/m}^2$ 的黏性土和粉土，坚硬黄土	1.3
稍密的细、粉砂，$100\text{kN/m}^2\leqslant f_{ak}<150\text{kN/m}^2$ 的黏性土和粉土，可塑黄土	1.1
淤泥，淤泥质土，松散的砂，杂填土，新近沉积的黏性土和粉土，流塑黄土	1.0

（2）天然地基抗震承载力验算　地基和基础的抗震验算，一般采用“拟静力法”。此法假定地震作用如同静力，然后在这种条件下验算地基和基础的承载力和稳定性。一般只考虑

水平方向的地震作用，但有时也要计算竖直方向的地震作用。承载力的验算方法与静力状态下的相似，即计算的基底压力应不超过容许承载力的设计值。因此，当需要验算天然地基竖向承载力时，应采用与荷载标准值相应的地震作用效应组合，《建筑抗震设计规范》规定，基础底面平均压力和边缘最大压力应符合下式要求。

$$p \leqslant f_{aE} \tag{22-6}$$

$$p_{max} \leqslant 1.2 f_{aE} \tag{22-7}$$

式中 p——基础底面平均压力（kN/m^2）；

p_{max}——基础底面边缘最大压力（kN/m^2）；

f_{aE}——按式（22-5）求出的地基土抗震容许承载力（MPa）。

高宽比大于 4 的高层建筑，在地震作用下基础底面不宜出现脱离区（零应力区），其他建筑基础，底面与地基上之间的脱离区（零应力区）面积不应大于基础底面面积的 15%。

三、地基土的液化

1. 液化的概念

地震时，饱和砂土和饱和粉土的颗粒在强烈振动下发生相对位移，颗粒结构有压密趋势，如其本身渗透系数较小，短时间内孔隙水来不及排泄而受到挤压，孔隙水压力将急剧增加，使原先由土颗粒通过其接触点传递的压力（亦称有效压力）减小。当有效压力完全消失时，则砂土和粉土颗粒处于悬浮状态。此时，土体抗剪强度等于零，形成有如“液体”的现象，即称为“液化”。

液化可引起地面喷水冒砂、地基不均匀沉陷、地裂或土体滑移，从而造成建筑物破坏。如 1964 年美国阿拉斯加地震及 1964 年日本新泻地震，都曾由于饱和砂土地基液化而失效，造成大量建筑物不均匀下沉及倾斜甚至翻倒。其中最典型的是新泻某公寓住宅群普遍倾斜，最严重的倾角竟达 80°之多，该建筑是在地震后 4min 开始倾斜，至倾斜结束共历时 1min。类似震害在我国海城地震和唐山地震中也都有发生。

2. 影响地基土液化的因素

震害调查表明，影响地基土液化的因素主要有：

（1）土层的地质年代　地质年代的新老表征土层沉积时间的长短。地质年代越古老的土层，其固结度、密实度和结构性也就越好，抵抗液化能力就越强。反之，地质年代越新，则其抵抗液化能力就越差。

（2）土的组成　一般说来，细砂较粗砂容易液化，颗粒均匀单一的较颗粒级配良好的容易液化。细砂容易液化的主要原因是其透水性差，地震时易产生孔隙水超压作用。

（3）相对密度　松砂较密砂容易液化。1964 年新泻地震现场资料分析表明，相对密度为 50%的地方普遍可见液化现象，而相对密度大于 70%的地方就没有发生液化。

（4）土层的埋深　砂土层埋深越大，即其上有效覆盖压力越大，则土的侧限压力也就越大，就越不容易液化。地震时，液化砂土层的深度一般在 10m 以内，很少超过 15m。

（5）地下水位　地下水位浅时较地下水位深时容易发生液化。对于砂土，一般地下水位小于 4m（对于粉土，7 度、8 度、9 度分别为 1.5m、2.5m、6m）时易液化，超过此深度后一般不发生液化。

（6）地震烈度和地震持续时间　一般地震烈度 7 度及以上地区，地震烈度越高（地面运动就越强烈）和地震持续的时间越长，就越容易发生液化。而一般在 6 度地区，很少看

到液化现象。

3. 地基的抗液化措施

抗液化措施及对液化地基的综合治理，应根据建筑的重要性、地基的液化等级，并结合具体情况综合确定。当液化土层较为平坦且均匀时，可按表22-8选用抗液化措施。不宜将未经过处理的液化土层作为天然地基持力层。

表22-8　抗液化措施

建筑类别	地基的液化等级		
	轻　微	中　等	严　重
乙类	部分消除液化沉陷，或对基础和上部结构处理	全部消除液化沉陷，或部分消除液化沉陷且对基础和上部结构处理	全部消除液化沉陷
丙类	对基础和上部结构处理，亦可不采取措施	对基础和上部结构处理，或更高要求的措施	全部消除液化沉陷，或部分消除液化沉陷且对基础和上部结构处理
丁类	可不采取措施	可不采取措施	基础和上部结构处理，或其他经济的措施

全部消除地基液化沉陷措施，应符合下列要求：

1）采用桩基时，桩端伸入液化深度以下稳定土中的长度（不包括桩尖部分），应按计算确定，且对碎石土，砾，粗、中砂，坚硬黏性土和密实粉土尚不应小于0.8m，对其他非岩石土尚不宜小于1.5m。

2）采用深基础时，基础底面应埋入液化深度以下稳定土层中，其深度不应小于0.5m。

3）采用加密法（如振冲、振动加密、挤密碎石桩、强夯等）加固时，应处理至液化深度下界，振冲或挤密碎石桩加固后，桩间土的标准贯入锤击数不宜小于液化判别标准贯入锤击数临界值。

4）用非液化土替换全部液化土层，或增加上覆非液化土层的厚度。

5）采用加密法或换土法处理时，在基础边缘以外的处理宽度，应超过基础底面下处理深度的1/2且不小于基础宽度的1/5。

部分消除地基液化沉陷措施，应符合下列要求：

1）处理深度应使处理后的地基液化指数减少，大面积筏基、箱基的中心区域，处理后的液化指数可比上述规定降低1；其值不宜大于5；对独立基础和条形基础，尚不应小于基础底面下液化土特征深度和基础宽度的较大值。

2）采用振冲或挤密碎石桩加固后，桩间土的标准贯入锤击数不宜小于液化判别标准贯入锤击数临界值。

3）基础边缘以外的处理宽度，应超过基础底面下处理深度的1/2且小于基础宽度的1/5。

第五节　建筑抗震设计的基本要求

在强烈地震作用下，建筑物的破坏过程是十分复杂的，目前对它还没有充分的认识。因此，要进行精确的抗震计算是困难的。20世纪70年代以来，人们在总结大地震灾害经验中提出了“概念设计”，并认为它比数值计算更为重要，结构的抗震性能在更大程度上取决于良好的“概念设计”。建筑结构的概念设计是指在进行结构抗震设计时，从概念上，特别是从结构总体上考虑抗震的工程决策，即正确地解决总体方案、材料使用和细部构造，以达到合理抗震设计的目的。

正确进行概念设计，将有助于明确抗震设计思想，灵活、恰当地运用抗震设计原则，使人们不致陷于盲目的计算工作，做到合理设计，保证结构具有足够的抗震可靠度。

应当指出，强调抗震概念设计重要，并非不重视数值设计。这正是为了给抗震计算创造有利条件，使计算分析结果更能反映地震时结构反应的实际情况。

根据概念设计原理，在进行抗震设计时，要考虑以下方面：场地条件和场地土的稳定性；建筑平、立面布置及外形尺寸；抗震结构体系的选择、抗侧力构件布置及结构质量的分布；非承重结构构件与主体结构的关系；材料与施工等，并且应遵守下列要求：

1）选择对抗震有利的建筑场地，做好地基基础的抗震设计。具体来说，设计建筑物时，要选择对抗震有利的地段，避开对建筑不利的地段，当无法避开时，应采取有效的抗震措施，不应在危险地段建造各类工业与民用建筑。对于可液化地基，一般应避免采用未经加固处理的可液化土层作为天然地基的持力层，根据液化等级，结合具体情况选用适当的抗震措施。

2）建筑及其抗侧力结构的平面布置宜规则、对称，并应具有良好的整体性；建筑的立面和竖向剖面宜规则，结构的侧向刚度宜均匀变化，竖向抗侧力构件的截面尺寸和材料强度宜自下而上逐渐减小，避免抗侧力结构的侧向刚度和承载力突变；楼层不宜错层。地震灾害表明，简单、对称的建筑在地震时不容易破坏。从结构设计的角度来看，简单、对称结构的地震反应也容易估计，抗震构造措施的细部设计也容易处理。当由于建筑物的体形复杂需要设置防震缝时，应将建筑分成规则的结构单元，结构的计算模型应能反映这种实际情况。

3）抗震结构体系要综合考虑采用经济而合理的类型。对抗震结构体系的要求有：①具有明确的计算简图和合理的地震作用传递途径。②具有多道抗震防线，避免因部分结构或构件破坏而导致整个体系丧失抗震能力或对重力荷载的承载力。③具备必要的强度、良好的变形能力和耗能能力。④具有合理的刚度和强度分布，避免因局部削弱或突变形成薄弱部位，产生过大的应力集中或塑性变形集中。⑤结构在两个主轴方向的动力特性宜相近。⑥抗震结构的各类构件应具有必要的强度和变形能力。⑦各类构件之间应具有可靠的连接，支撑系统应能保证地震时结构稳定。

4）要选择符合结构实际受力特性的力学模型，对结构进行内力和变形的抗震计算分析，包括弹性分析和弹塑性分析。当利用计算机进行结构抗震分析时，应符合下列要求：①计算模型的建立、必要的简化计算与处理，应符合结构的实际工作状况。②计算软件的技术条件应符合《抗震规范》及有关技术标准的规定，并应明确其特殊处理的内容和依据。③复杂结构进行多遇地震作用下的内力和变形分析时，应采用不少于两个不同的力学模型和计算软件，并对其计算结果进行分析对比。④所有计算机计算结果，应经分析判断确认其合理、有效后方可用于工程设计。

5）应考虑非结构构件对抗震结构的不利或有利影响，避免不合理设置而导致主体结构构件的破坏。非结构构件，包括建筑非结构构件和建筑附属机电设备。非结构构件自身及其与结构主体的连接，应进行抗震设计。建筑非结构构件一般指下列三类：①附属结构构件，如女儿墙、高低跨封墙、雨篷等。②装饰物，如贴面、顶棚、悬吊重物等。③围护墙和隔

墙。处理好非结构构件和主体结构的关系，可防止附加灾害，减少地震损失。

6）对材料与施工的要求，包括对结构材料性能指标的最低要求，材料代用方面的特殊要求以及对施工程序的要求。主要目的是减少材料的脆性，避免形成新的薄弱部位以及加强结构的整体性等。

上述的基本要求将在本书的后续章节中结合不同的结构体系予以详细说明。很明显，对于不同的结构体系，将有不同的抗震设计要求。

本章小结

1）构造地震是指地壳构造运动使岩层发生断裂、错动而引起的地面振动，其影响面大，破坏性强，发生频率高，故在建筑抗震设计中仅限讨论构造地震的设防问题。

2）震级是衡量一次地震释放能量大小的等级，一次地震只有一个震级。烈度是指地震时某一地点振动的程度，烈度的大小不仅取决于震级的大小，同时还受震源深度、震区距震中的距离、地震波传播介质的性质等因素的影响。基本烈度（设防烈度）是指某地区在设计基准期50年内，一般场地条件下可能遭遇超越概率为10%的地震烈度值。

3）地震灾害主要表现在三个方面：地表破坏（地裂缝、喷砂冒水、地面下沉、滑坡）、建筑物破坏以及各种次生灾害（地震诱发的火灾、水灾、有毒物质污染、海啸、泥石流等。）

4）建筑物的抗震设防，应根据“三水准”的抗震设防目标和二阶段设计法进行设计计算。“三水准”的设防目标可概括为：“小震不坏、中震可修、大震不倒”。二阶段设计法，即：第一阶段设计为在多遇地震烈度下，通过验算构件截面抗震承载力和弹性变形，以保证小震不坏和中震可修；第二阶段设计为在罕遇地震烈度下，通过验算结构薄弱部位弹塑性变形，并采取相应的构造措施确保大震不倒。

5）在软弱地基上，柔性结构比刚性结构震害严重，且软弱地基在地震作用下，易产生地基不均匀沉降和液化，因此在地基基础抗震设计时，首先应根据上部结构选择合理的场地，其次应对不均匀场地土、液化土进行处理，或采用合理的基础形式消除（或减小）场地土对上部结构的影响。

思考题

22-1　地震的分类及构造地震的特点是什么？

22-2　什么是震源、震中、震中距？

22-3　什么是基本烈度、设防烈度？如何区分？

22-4　什么是多遇地震和罕遇地震？

22-5　建筑按其重要性分几类？其设防标准是什么？

22-6　什么是“三水准”和“两阶段”设计？

22-7　什么叫概念设计？它包括几方面内容？

22-8　场地土分哪几类？它们是如何划分的？

22-9　什么是场地？怎样划分建筑场地的类别？

22-10　简述地基基础抗震验算的原则。哪些建筑不用进行天然地基和基础的抗震承载力验算？为什么？

22-11　什么是土的液化现象？并简述抗液化措施。

第二十三章　结构地震反应分析与抗震验算

学习目标：了解单质点弹性体系运动方程的建立及其解的形式；掌握地震系数、动力系数和地震影响系数的概念；掌握底部剪力法求解多质点弹性体系在多遇地震作用下各层地震剪力的方法。

第一节　概　　述

地震时，地面振动引起结构上部振动，结构各部分质量因受到加速度而产生惯性力，通常将其理解为地震荷载。由于它不同于一般直接作用在结构上的荷载（如楼面荷载），故将其称为地震作用。在地震作用下，结构中产生的内力、变形、位移以及结构运动速度与加速度等统称结构地震反应。

地震作用是一种随机脉冲力作用，它不仅与地震烈度的大小、震中距、场地条件以及结构本身的动力特性（如自振频率、阻尼）等有关，还与时间历程有关，因此确定地震作用是一个比较复杂的结构动力学问题。

我国《抗震规范》采用加速度反应谱来确定地震作用。所谓加速度反应谱是指结构自振周期与结构质点体系最大反应加速度之间的关系曲线。如果已知体系的自振周期，那么利用反应谱曲线就可很方便地确定体系的加速度反应，从而求出地震作用。

在工程中，除采用反应谱理论计算结构地震外，对高层建筑和特别不规则建筑，还应采用时程分析法进行多遇地震下的补充计算。这种方法是先选定地面运动加速度曲线，然后通过数值积分求解运动方程，计算出每一时间分段处的结构位移、速度和加速度反应。

本章只介绍反应谱法。

第二节　单质点弹性体系的地震反应分析

一、计算简图

在进行结构地震反应分析时，为简化计算，常采用集中质量的方法确定结构动力计算简图。这种方法是将结构各区域主要质量的质心作为质量集中位置，将该区域主要质量集中在该点上，忽略其他次要质量或将次要质量合并到相邻主要质量的质点上。如等高单层厂房和水塔（图 23-1），因其质量大部分都集中在单层厂房的屋盖和水塔的水箱处，故在进行结构动力计算时，可将结构中参与振动的所有质量都集中到屋盖的质心处和水箱的质心处，而将墙、柱视为一无质量的弹性杆，从而形成一个单质点弹性体系。

二、运动方程

图 23-2a 表示单质点弹性体系在地震作用下的计算简图。在地面运动 $x_g(t)$ 作用下，结

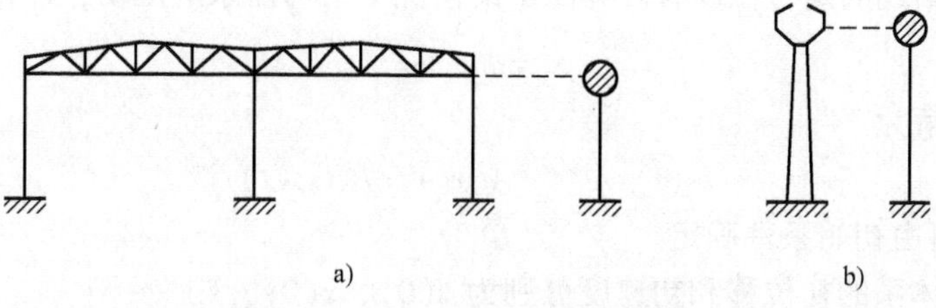

图 23-1　单质点弹性体系计算简图

构发生振动，产生相对地面的位移 $x(t)$、速度 $\dot{x}(t)$ 和加速度 $\ddot{x}(t)$。若取质点 m 为隔离体（图 23-2b），作用在质点 m 上的力有：

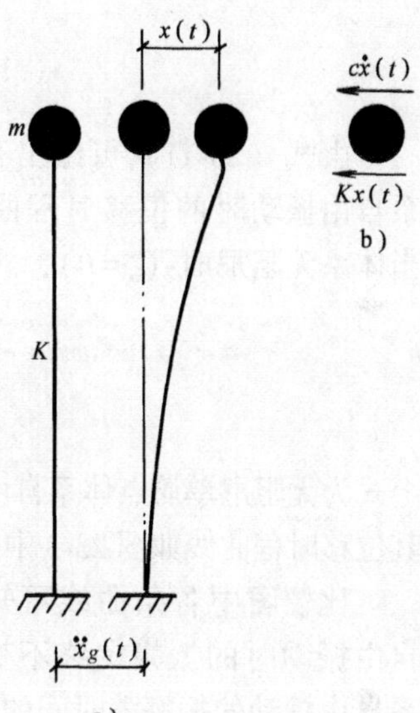

图 23-2　单质点体系在地震作用下的变形与受力

（1）弹性恢复力 S　弹性恢复力是使质点 m 从振动位置恢复到平衡位置的力，由结构弹性变形产生。该力的大小与质点偏离平衡位置的位移成正比，但方向相反，即

$$S=-Kx(t) \tag{23-1}$$

式中　K——体系刚度系数，即质点产生单位位移时，需在质点上施加的力。

（2）阻尼力 R　阻尼力是由结构内摩擦及结构周围介质（如空气、水）对结构运动的阻碍产生的。其大小与结构运动速度成正比，其方向与质点运动速度相反，即

$$R=-c\,\dot{x}(t) \tag{23-2}$$

式中　c——阻尼系数。

根据牛顿第二定律，质点的运动方程为

$$m[\ddot{x}_g(t)+\ddot{x}(t)]=-Kx(t)-c\dot{x}(t) \tag{23-3}$$

整理后为

$$\ddot{x}(t)+\frac{c}{m}\dot{x}(t)+\frac{K}{m}x(t)=-\ddot{x}_g(t) \tag{23-4}$$

令

$$\omega=\sqrt{\frac{K}{m}} \tag{23-5}$$

$$\zeta=\frac{c}{2m\omega} \tag{23-6}$$

则式（23-4）可写成

$$\ddot{x}(t)+2\zeta\omega\dot{x}(t)+\omega^2x(t)=-\ddot{x}_g(t) \tag{23-7}$$

式（23-7）就是要建立的单质点弹性体系在水平地震作用下的运动微分方程。

三、运动方程的解

式（23-7）为一个二阶常系数线性非齐次微分方程。其解包括两部分：一个是对应于齐次微分方程的通解，另一个是对应于非齐次微分方程的特解。

1. 齐次微分方程的通解

式（23-7）对应的齐次微分方程为

$$\ddot{x}(t)+2\zeta\omega\dot{x}(t)+\omega^2x(t)=0 \tag{23-8}$$

式（23-8）描述的是，在没有外界激励的情况下结构体系的运动，即自由振动。若令

$$\omega'=\omega\sqrt{1-\zeta^2} \tag{23-9}$$

则式（23-8）的解为

$$x(t)=\mathrm{e}^{-\zeta\omega t}(A\cos\omega' t+B\sin\omega' t) \tag{23-10}$$

任意常数 A、B 可由初始条件确定。

若 $t=0$ 时，体系的初位移和初速度分别为 $x(0)$、$\dot{x}(0)$，则

$$A=x(0),\ B=\frac{\dot{x}(0)+\zeta\omega x(0)}{\omega'}$$

式（23-10）可写为

$$x(t)=\mathrm{e}^{-\zeta\omega t}\left[x(0)\cos\omega' t+\frac{\dot{x}(0)+\zeta\omega x(0)}{\omega'}\sin\omega' t\right] \tag{23-11}$$

由式（23-11）可绘出有阻尼单质点体系自由振动时的位移时程曲线（图 23-3）。当体系无阻尼时（$\zeta=0$），式（23-11）为

$$x(t)=x(0)\cos wt+\frac{\dot{x}(0)}{\omega}\sin wt \tag{23-12}$$

上式为无阻尼单质点体系自由振动曲线方程，其位移时程曲线如图 23-3 中的实线所示。

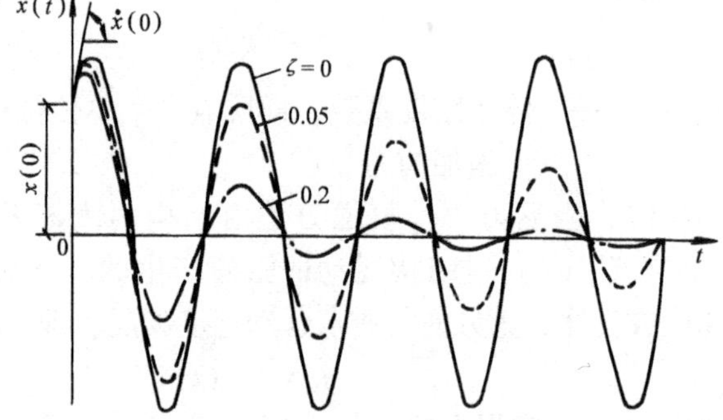

图 23-3　单质点体系自由振动曲线

比较图中各条曲线可知，无阻尼体系自由振动时的振幅始终不变，而有阻尼体系自由振动的振幅随时间的增加而减小，并且体系的阻尼越大，其振幅衰减的越快。

式（23-12）中 ω 为无阻尼自振频率，由于其只与系统的刚度和质量有关，故称为体系的圆频率，表示质点在时间 2π 秒内的振动次数。式（23-11）中的 ω' 称为有阻尼的自振频率，其随阻尼的增大而减小。当阻尼系数 c 达到某一数值 c_r 时，即

$$c=c_r=2m\omega=2\sqrt{Km} \tag{23-13}$$

则 $\zeta=1$，$\omega'=0$，结构将不发生振动。此时的阻尼系数 c_r 称为临界阻尼系数。由式（23-6）可得

$$\zeta=\frac{c}{2\omega m}=\frac{c}{c_r}$$

表示结构的阻尼系数 c 与临界阻尼系数之比，因此 ζ 称为临界阻尼比。

在实际结构中，阻尼比 ζ 的数值一般都很小，大约在 0.01～0.1 之间，因此有阻尼频率 ω' 与无阻尼频率 ω 相差不大，在实际计算中可近似地取 $\omega'=\omega$。

2. 非齐次微分方程的特解

由振动理论可知，式（23-7）为单质点弹性体系在 $m\ddot{x}_g(t)$ 作用下的强迫振动，由杜哈梅积分可得

$$x(t)=-\frac{1}{\omega'}\int_0^t \ddot{x}_g(\tau)\mathrm{e}^{-\zeta\omega(t-\tau)}\sin\omega'(t-\tau)\mathrm{d}\tau \tag{23-14}$$

该式与式（23-11）之和为式（23-7）的全解。由于结构阻尼的作用，体系的自由振动项会很快衰减，因此单质点弹性体系的地震位移反应可按式（23-14）计算。

第三节　单质点弹性体系水平地震作用计算

一、水平地震作用的基本公式

作用在质点上的惯性力 $F(t)$ 等于质量 m 乘以它的绝对加速度，方向与绝对加速度的方向相反，即

$$F(t)=-m[\ddot{x}_g(t)+\ddot{x}(t)] \tag{23-15}$$

将式（23-3）代入上式，并考虑到一般结构的 $c\dot{x}(t)\ll Kx(t)$，可忽略不计，则有

$$F(t)=Kx(t)=m\omega^2x(t) \tag{23-16}$$

考虑到实际工程中 ω' 和 ω 相差不大，取 $\omega'=\omega$，将式（23-14）代入上式得

$$F(t)=-m\omega\int_0^t\ddot{x}_g(\tau)\mathrm{e}^{-\zeta\omega(t-\tau)}\sin\omega(t-\tau)\mathrm{d}\tau \tag{23-17}$$

可见，水平地震作用 $F(t)$ 是时间 t 的函数，它的大小和方向随时间 t 变化。在结构抗震设计中，并不需要计算出每一时刻的地震作用数值，而只需求出水平地震作用的最大绝对值 F。由上式可得

$$F=m\omega\left|\int_0^t\ddot{x}(\tau)\mathrm{e}^{-\zeta\omega(t-\tau)}\sin\omega(t-\tau)\mathrm{d}\tau\right|_{\max} \tag{23-18}$$

或写成

$$F=mS_a \tag{23-19}$$

其中

$$S_a=\omega\left|\int_0^t\ddot{x}_g(\tau)\mathrm{e}^{-\zeta\omega(t-\tau)}\sin\omega(t-\tau)\mathrm{d}\tau\right|_{\max} \tag{23-20}$$

称作加速度最大值。

令

$$S_a=\beta\left|\ddot{x}_g\right|_{\max} \tag{23-21}$$

$$\left|\ddot{x}_g\right|_{\max}=kg \tag{23-22}$$

并将上式代入式（23-19），同时以 F_{Ek} 代替 F，则计算水平地震作用的基本公式为

$$F_{\mathrm{Ek}}=m\beta kg=k\beta G \tag{23-23}$$

式中　F_{Ek}——水平地震作用标准值（N）；

k——地震系数；

β——动力系数；

G——建筑的重力荷载代表值（N），应取结构和构配件自重标准值和各可变荷载组合值之和，各可变荷载的组合值系数应按表 23-1 采用。

由式（23-23）可看出，求作用在质点上的水平地震作用，关键在于求出地震系数 k 和动力系数 β 值。

表 23-1　可变荷载的组合值系数

<table>
<tr><th colspan="2">可变荷载种类</th><th>组合值系数</th></tr>
<tr><td colspan="2">雪荷载</td><td>0.5</td></tr>
<tr><td colspan="2">屋面积灰荷载</td><td>0.5</td></tr>
<tr><td colspan="2">屋面活荷载</td><td>不计入</td></tr>
<tr><td colspan="2">按实际情况计算的楼面活荷载</td><td>1.0</td></tr>
<tr><td rowspan="2">按等效均布荷载计算的楼面活荷载</td><td>藏书库、档案库</td><td>0.8</td></tr>
<tr><td>其他民用建筑</td><td>0.5</td></tr>
<tr><td rowspan="2">起重机悬吊物重力</td><td>硬钩桥式起重机</td><td>0.3</td></tr>
<tr><td>软钩桥式起重机</td><td>不计入</td></tr>
</table>

注：硬钩桥式起重机的吊重较大时，组合值系数应按实际情况采用。

二、地震系数 k

由式（23-22）可得

$$k=\frac{\left|\ddot{x}_g\right|_{max}}{g} \tag{23-24}$$

其表示地面运动加速度的最大值与重力加速度的比值。显然，地面加速度越大，地震的影响就越强烈。因此，地震系数与地震烈度有关，都是表示地震强烈程度的参数。经统计分析，地震烈度每增加 1 度，地震系数约增加 1 倍。

三、动力系数 β

由式（23-21）可得

$$\beta=\frac{S_a}{\left|\ddot{x}_g\right|_{max}} \tag{23-25}$$

其表示单质点弹性体系质点最大加速度与地面运动最大加速度的比值，反映的是结构将地面运动加速度最大值放大的倍数。若结构是完全刚性的，即质点与地面同步同幅度运动，则 $\beta=1.0$；若结构的抗侧移刚度为零，即绝对柔性，类似于质点与地面无联系，则 $\beta=0$；一般情况下，β 将大于 1.0，即结构对地面运动有放大作用。

将式（23-20）代入式（23-25），并用自振周期 T 表示自振频率 ω，即 $\omega=2\pi/T$，则有

$$\beta=\frac{2\pi}{T}\frac{1}{\left|\ddot{x}_g\right|_{max}}\left|\int_0^t \ddot{x}_g(\tau)e^{-\zeta\frac{2\pi}{T}(t-\tau)}\sin\frac{2\pi}{T}(t-\tau)d\tau\right|_{max} \tag{23-26}$$

根据上式，对于每一个给定的地面加速度记录 $\ddot{x}_g(t)$、结构阻尼比 ζ，就可根据不同结构体系的自振周期 T 值算出动力系数 β，从而得出一条 β—T 曲线。这条曲线就称为动力系数反应谱曲线，即最大加速度反应谱曲线。

图 23-4 为不同阻尼比时的 β 反应谱。当阻尼比较小时，β 峰值较大，且其峰值随着阻尼比的增大而减小。β 反应谱在短周期范围内波动剧烈且幅值较大，当体系自振周期较长时，反应谱值逐渐衰减且渐趋平缓。

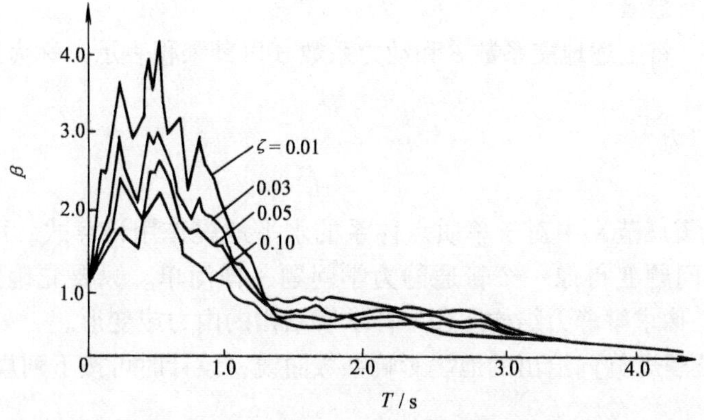

图 23-4　阻尼比对地震反应谱的影响

图 23-5 为不同场地时的 β 反应谱。当结构的自振周期 T 小于某一数值时，β 反应谱曲线随 T 的增加急剧上升，并达到最大值，随后曲线波动下降。反应谱曲线中的最大值所对应的结构自振周期，与该结构所在地点场地的自振周期（卓越周期）相一致。也就是说，结构的自振周期与场地的卓越周期接近时，结构的地震反应最大。这个结论与结构在动荷载作用下的共振现象类似。因此在结构抗震设计时，应使结构的自振周期远离场地的卓越周期，以免发生上述的类似共振现象。此外，β 峰值的大小，随着场地土的软硬程度不同而变化，对松软土质场地，其峰值点偏于较长周期，而对坚硬土质场地，其峰值点则偏于较短周期。

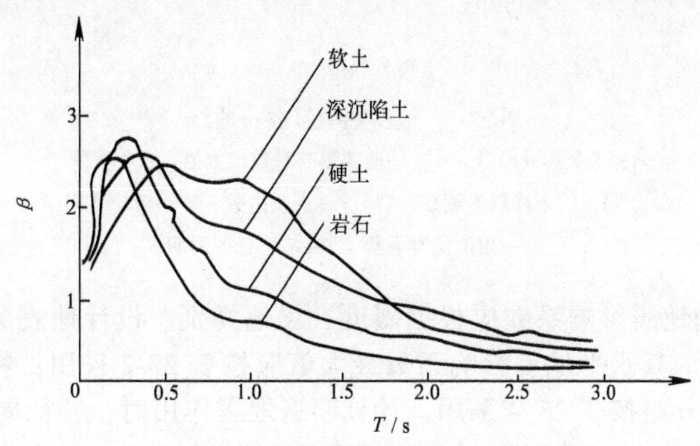

图 23-5　场地条件对地震反应谱的影响

图 23-6 为不同震中距时的加速度反应谱。由图可看出，震级和震中距对反应谱曲线有一定的影响。一般情况下，当烈度基本相同时，震中距远时加速度反应谱的峰值点偏于较长的周期，近时则偏于较短的周期。因此，在离大地震震中较远的地方，高柔结构因其周期较长所受到的地震破坏，将比在同等烈度下较小或中等地震的震中区所受到的破坏更严重，而刚度较大的刚性结构，其地震破坏情况则相反。

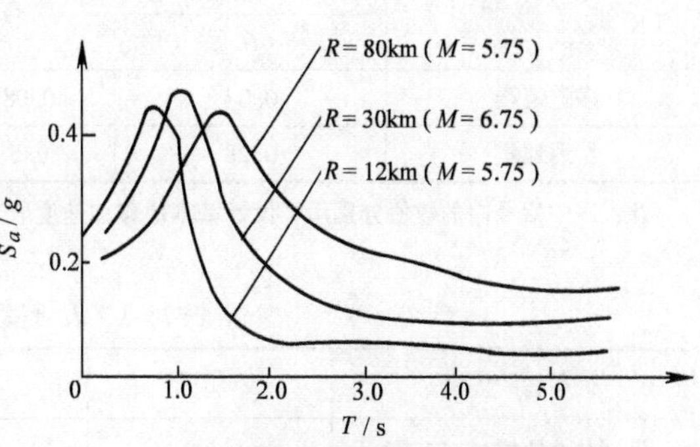

图 23-6　震中距对加速度曲线的影响

R—震中距　M—震级

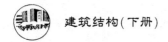

四、地震影响系数 α

为了简化计算，将上述地震系数 k 和动力系数 β 以其乘积表示，称为地震影响系数，即

$$\alpha = k\beta \tag{23-27}$$

则式（23-23）可写为

$$F_{\mathrm{Ek}} = \alpha G \tag{23-28}$$

上式即为《抗震规范》中对于单质点体系的水平地震作用计算式。可见，反应谱法使一个复杂的动力学问题变得像一个普通静力学问题一样简单。只要先确定了 F_{Ek}，则可将 F_{Ek}作用在结构上，像求解静力结构问题一样求解结构的内力或变形。

图 23-7 为《抗震规范》给出的地震影响系数曲线，设计时可按下列规定采用：

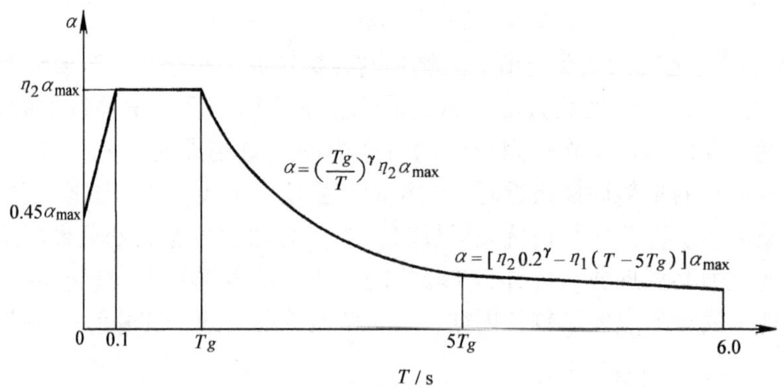

图 23-7　地震影响系数 α 曲线

α—地震影响系数　$\alpha_{\max}$—地震影响系数最大值　η_1—直线下降段的下降斜率调整系数　γ—衰减指数　T_g—特征周期　η_2—阻尼调整系数　T—结构自振周期

1）建筑结构的地震影响系数应根据烈度、场地类别、设计地震分组和结构自振周期以及阻尼比确定。其水平地震影响系数最大值应按表 23-2 采用；特征周期应根据场地类别和设计地震分组按表 23-4 采用，计算罕遇地震作用时，特征周期应增加 0.05s。

表 23-2　水平地震影响系数最大值 $\alpha_{\max}$

地震影响	烈度			
	6	7	8	9
多遇地震	0.04	0.08（0.12）	0.16（0.24）	0.32
罕遇地震	0.28	0.5（0.72）	0.90（1.20）	1.40

注：表中括号内的数值分别用于设计基本地震加速度取表 23-3 中 0.15g 和 0.30g 的地区。

表 23-3　设计基本地震加速度值

抗震设防烈度	6	7	8	9
设计基本地震加速度值	0.05g	0.10(0.15)g	0.20(0.30)g	0.40g

表 23-4　特征周期值 T_g　（单位：s）

设计地震分组	场地类别				
	I_0	I_1	Ⅱ	Ⅲ	Ⅳ
第一组	0.20	0.25	0.35	0.45	0.65
第二组	0.25	0.30	0.40	0.55	0.75
第三组	0.30	0.35	0.45	0.65	0.90

2）除有专门规定外，建筑结构的阻尼比取 $\zeta=0.05$，地震影响系数 α 曲线的阻尼调整系数 η_2 应按 1.0 采用，其形状参数应符合下列规定：

① 直线上升，周期 T 小于 0.1s 的区段，则

$$\alpha=(0.45+5.5T)\alpha_{\max} \tag{23-29}$$

② 水平段，周期 T 自 0.1s 至特征周期（T_g）区段，应取最大值 $\alpha_{\max}$，则

$$\alpha=\alpha_{\max} \tag{23-30}$$

③ 曲线下降段，周期 T 自特征周期（T_g）至 5 倍特征周期（T_g）区段，衰减指数应取 $\gamma=0.9$，则

$$\alpha=\left(\frac{T_g}{T}\right)^{\gamma}\alpha_{\max}=\left(\frac{T_g}{T}\right)^{0.9}\alpha_{\max} \tag{23-31}$$

④ 直线下降段，自 5 倍特征周期（T_g）至 6s 区段，下降斜率调整系数 η_1 应取 0.02，则

$$\alpha=[0.2^{0.9}-0.02(T-5T_g)]\alpha_{\max} \tag{23-32}$$

3）当建筑结构的阻尼比 ζ 按有关规定不等于 0.05 时，地震影响系数曲线仍按图 23-7 确定，但阻尼调整系数和形状参数应符合下列规定：

① 曲线下降段的衰减指数应按下式确定

$$\gamma=0.9+\frac{0.05-\zeta}{0.3+6\zeta} \tag{23-33}$$

式中　γ——曲线下降段的衰减指数；

ζ——阻尼比。

② 直线下降段的下降斜率调整系数应按下式确定

$$\eta_1=0.02+\frac{0.05-\zeta}{4+32\zeta} \tag{23-34}$$

式中　η_1——直线下降段的下降斜率调整系数，小于 0 时取 0。

③ 阻尼调整系数应按下式确定

$$\eta_2=1+\frac{0.05-\zeta}{0.08+1.6\zeta} \tag{23-35}$$

式中　η_2——阻尼调整系数，当小于 0.55 时应取 0.55。

例 23-1　某单层钢筋混凝土框架计算简图如 23-8a 所示。集中在屋盖处的重力荷载代表值 $G=1200\text{kN}$（图 23-8b），横梁刚度 $EI=\infty$，柱的截面尺寸 $bh=350\text{mm}\times350\text{mm}$，采用 C30 混凝土，其弹性模量 $E_c=30.0\text{kN/mm}^2$。抗震设防烈度为 7 度，Ⅲ类场地，设计分组为第一组，设计基本加速度值为 $0.10g$。试计算多遇地震时的水平地震作用标准值。

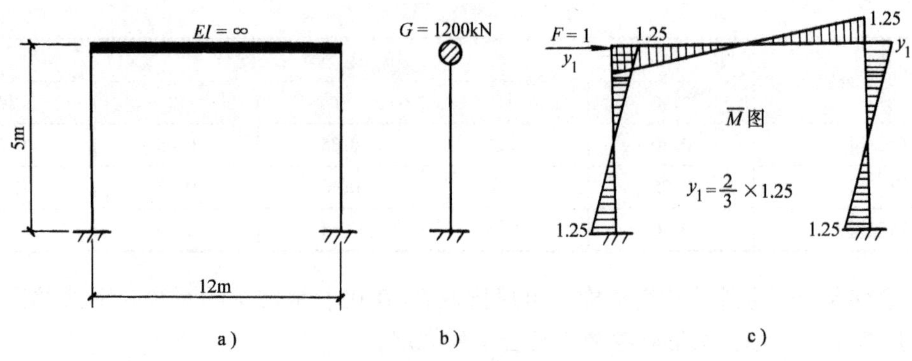

图 23-8 例 23-1 图

解：(1) 求体系刚度系数 K 柱的截面惯性矩

$$I=\frac{1}{12}bh^3=\left(\frac{1}{12}\times 0.35\times 0.35^3\right)\text{m}^4=1.25\times 10^{-3}\text{m}^4$$

由结构力学可绘出单位力作用下的弯矩图（图 23-8c），结构柔度系数 δ 为

$$\begin{aligned}\delta &= \frac{1}{E_cI}\int M^2\text{d}x=\frac{4\omega_1 y_1}{E_cI}\\ &=\left(\frac{4}{30.0\times 10^6\times 1.25\times 10^{-3}}\times\frac{1}{2}\times 1.25\times 2.5\times\frac{2}{3}\times 1.25\right)\text{m}\\ &=1.4\times 10^{-4}\text{m}\end{aligned}$$

则
$$K=\frac{1}{\delta}=7.14\times 10^3\text{kN/m}$$

(2) 求结构的自振周期 T

$$T=2\pi\sqrt{\frac{m}{K}}=2\pi\sqrt{\frac{G\delta}{g}}=2\pi\sqrt{\frac{1200\times 1.4\times 10^{-4}}{9.8}}\text{s}=0.82\text{s}$$

(3) 计算水平地震作用标准值 F_{Ek} 结构阻尼比取 $\zeta=0.05$，地震影响系数 α 曲线的阻尼调整系数 η_2 按 1.0 采用。

查表 23-2，多遇地震时 $\alpha_{\max}=0.08$。

查表 23-4，Ⅲ类场地，第一组 $T_g=0.45\text{s}$。

因为 $T_g<T<5T_g$，所以应按式（23-31）计算地震影响系数，即

$$\alpha=\left(\frac{T_g}{T}\right)^{0.9}\alpha_{\max}=\left(\frac{0.45}{0.82}\right)^{0.9}\times 0.08=0.047$$

由式（23-28）得

$$F_{\text{Ek}}=\alpha G=(0.047\times 1200)\text{kN}=56.4\text{kN}$$

第四节 多质点弹性体系水平地震作用计算

一、计算简图

对于质量分散的结构，为了能比较真实的反映其动力性能可将其简化为多质点体系，并

按多质点体系进行结构的地震反应分析。例如对于楼盖为刚性的多层房屋，可将其质量集中在每一层楼盖处（图 23-9a）；对于多跨不等高单层厂房，可将其质量集中到各自屋盖处（图 23-9b）；而对于烟囱这种质量较均匀且连续的结构，则可根据计算要求将其分为若干段，然后将各段折算成质点进行分析（图 23-9c）。

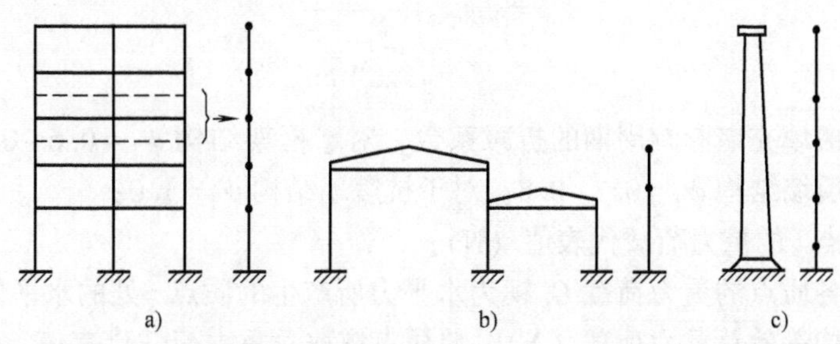

图 23-9　多质点体系动力计算简图

对于一个多质点体系，当体系只作单向振动时，则体系有多少个质点就有多少个自由度。由动力学分析可知：多质点弹性体系在水平地震作用下的振动有多个振型（图 23-10），每个振型都有自己的自振周期 T_i 或自振频率 ω_i；其中最长的自振周期称为基本周期，用 T_1 表示，对应的振型称为第一主振型（简称第一振型），体系有多少个自由度就有多少个振型。

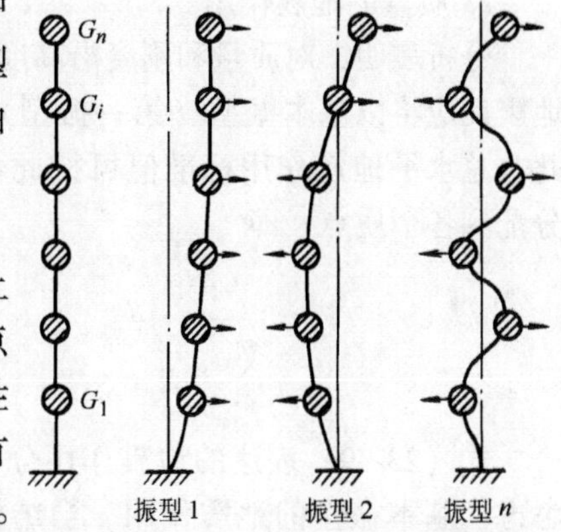

图 23-10　多质点弹性体系的振型

二、底部剪力法

多质点体系在水平地震作用下，每个振型在各质点上都要产生相应的惯性力和位移，若能将各个振型的各质点惯性力计算出来，利用叠加原理即可确定各质点的惯性力。对于计算多质点弹性体系最大地震反应的方法一般有两种：一种是振型分解反应谱法，另一种是底部剪力法。前者的理论基础是地震反应分析的振型分解法及地震反应谱概念，而后者则是振型分解反应谱法的一种简化。

采用振型分解反应谱法计算结构最大地震反应精度较高，一般情况下无法采用手算，必须通过计算机计算，且计算量非常大。为了简化计算，《抗震规范》规定：对高度不超过 40m、以剪切变形为主且质量和刚度沿高度分布比较均匀的结构，以及近似于单质点体系的结构，可采用底部剪力法计算。此法是先计算出作用于结构的总水平地震作用，也就是作用于结构底部的剪力，然后将此总水平地震作用按一定的规律再分配给各个质点。

1. 结构总水平地震作用标准值

多质点体系在水平地震作用下的底部剪力，可根据底部剪力相等的原则，把多质点体系用一个与基本周期相同的单质点体系来等代。这样底部剪力就可以简单地用单质点体系的公式来计算，即

$$F_{\mathrm{Ek}}=\alpha_1 G_{\mathrm{eq}} \tag{23-36}$$

式中　F_{Ek}——结构总水平地震作用标准值（N）；

α_1——相应于结构基本自振周期 T_1 的水平地震影响系数，按图 23-7 采用，对多层

砌体房屋、底部框架和砌体房屋，宜取水平地震影响系数最大值；

T_1——结构基本自振周期，可近似按下式计算

$$T_1 = 2\psi_T \sqrt{\frac{\sum_{i=1}^{n} G_i u_i^2}{\sum_{i=1}^{n} G_i u_i}} \tag{23-37}$$

ψ_T——考虑填充墙影响周期的折减系数，对于框架结构 $\psi_T = 0.6 \sim 0.7$；对于框架—抗震墙结构 $\psi_T = 0.7 \sim 0.8$；对于抗震墙结构 $\psi_T = 1.0$；

G_i——质点 i 的重力荷载代表值（N）；

u_i——将各质点的重力荷载 G_i 视为水平力所产生的质点 i 处的水平位移（m）；

G_{eq}——结构等效总重力荷载（N），单质点应取总重力荷载代表值，多质点可取总重力荷载代表值的 85%，即

$$G_{eq} = 0.85 \sum_{i=1}^{n} G_i \tag{23-38}$$

2. 质点的地震作用

分析表明，对质量和刚度沿高度分布比较均匀、高度不大并以剪切变形为主的结构，其地震反应将以基本振型（第一振型）为主，而其基本振型近于倒三角形（图 23-11b）。因此，总水平地震作用标准值可按此假定将其分配到各个质点，即

$$F_i = \frac{G_i H_i}{\sum_{j=1}^{n} G_j H_j} F_{Ek} \tag{23-39}$$

式（23-39）表达的地震作用分布实际仅考虑了基本振型的地震作用。当结构基本周期较长时，结构的高阶振型对结构的上部地震作用影响较大，若按式（23-39）计算，则结构顶部的地震剪力偏小，故需进行调整。调整的方法是将结构总地震作用的一部分作为集中力，作用于结构顶部（图 23-11c），再将余下的部分按倒三角形分配给各质点。因此，各质点水平地震作用可按下列公式计算

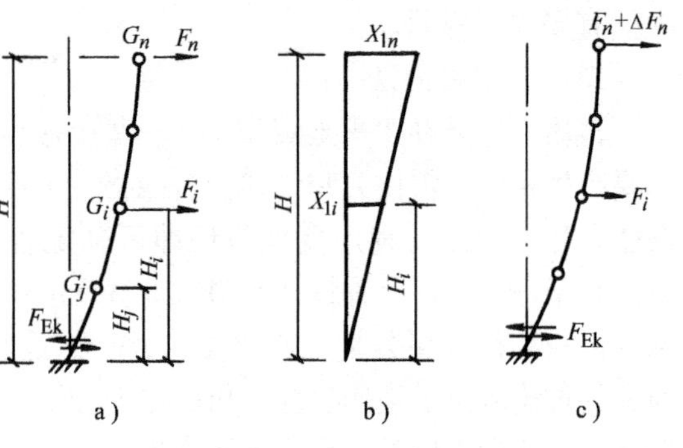

图 23-11　底部剪力法

$$F_i = \frac{G_i H_i}{\sum_{j=1}^{n} G_j H_j}(1-\delta_n) F_{Ek} \quad (i=1,\ 2,\ \cdots,\ n) \tag{23-40}$$

$$\Delta F_n = \delta_n F_{Ek} \tag{23-41}$$

式中　F_i——质点 i 的水平地震作用标准值（N）；

G_i、G_j——分别为集中于质点 i、j 的重力荷载代表值（N）；

H_i、H_j——分别为质点 i、j 的计算高度（m）；

δ_n——顶部附加地震作用系数，多层钢筋混凝土结构和钢结构房屋可按表 23-5 采用，其他房屋可采用 0.0；

ΔF_n——顶部附加水平地震作用（N）。

表 23-5　顶部附加地震作用系数 δ_n

T_g/s	$T_1>1.4T_g$	$T_1\leqslant 1.4T_g$
≤0.35	$0.08T_1+0.07$	0
0.35~0.55	$0.08T_1+0.01$	
>0.55	$0.08T_1-0.02$	

注：T_1 为结构基本周期。

3. 鞭梢效应

采用底部剪力法时，突出屋面的屋顶间、女儿墙、烟囱等，由于刚度的突变和质量的突变，将产生“鞭梢效应”，即地震反应剧烈增大（图 23-12）。因此《抗震规范》规定：采用底部剪力法时，突出屋面的屋顶间、女儿墙、烟囱等的地震作用效应，宜乘以增大系数 3，此增大部分不应往下传递，但与该突出部分相连的构件应予计入。

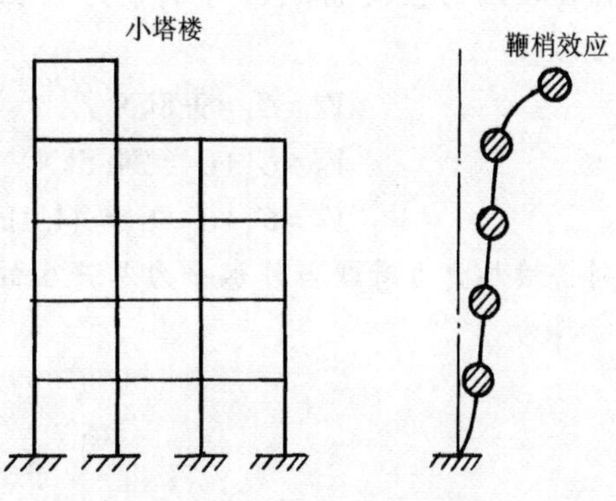

图 23-12　鞭梢效应现象

三、楼层最小水平地震剪力限值

求出各楼层质点处的水平地震作用 F_i 后，则可求出任意一楼层 i 的水平地震剪力 $V_{\mathrm{E}ki}$

$$V_{\mathrm{E}ki}=\sum_{j=i}^{n}F_j \tag{23-42}$$

由于地震影响系数在长周期段下降较快（图 23-7），对于基本周期大于 3.5s 的结构，由此计算所得水平地震作用的结构效应可能太小。而对于长周期结构，地震动态作用中的地面运动速度和位移可能对结构的破坏具有更大影响，但是《抗震规范》所采用的振型分解反应谱法尚无法对此做出估计。为安全起见，《抗震规范》规定，抗震验算时，结构任意一楼层的水平地震剪力应符合下式要求

$$V_{\mathrm{E}ki}>\lambda\sum_{j=i}^{n}G_j \tag{23-43}$$

式中　$V_{\mathrm{E}ki}$——第 i 层对应于水平地震作用标准值的楼层剪力（N）；

λ——剪力系数，不应小于表 23-6 规定的楼层最小地震剪力系数值，对竖向不规则结构的薄弱层，尚应乘以 1.15 的增大系数；

G_j——第 j 层的重力荷载代表值（N）。

表 23-6　楼层地震剪力系数值 λ

类　别	6 度	7 度	8 度	9 度
扭转效应明显或基本周期小于 3.5s 的结构	0.008	0.016(0.024)	0.032（0.048）	0.064
基本周期大于 5.0s 的结构	0.006	0.012（0.018）	0.024（0.036）	0.048

注：1. 基本周期介于 3.5s 和 5.0s 之间的结构，可插入取值；

2. 括号内数值分别用于设计基本地震加速度为 0.15g 和 0.30g 的地区。

例 23-2 某三层钢筋混凝土框架结构如图 23-13 所示，建造在 8 度区（地震加速度为 0.20g）的Ⅰ类场地土上，设计地震分组为第一组，阻尼比为 0.05，设梁的刚度（相对柱而言）无限大。试采用底部剪力法求结构在多遇地震下作用在结构上的地震作用。

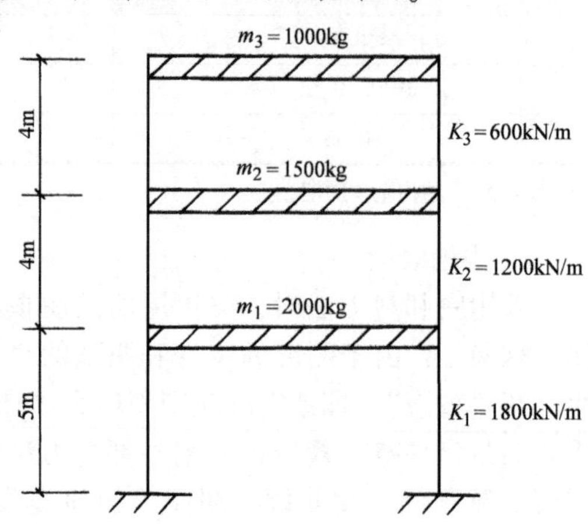

图 23-13 例 23-2 图

解：(1) 求结构基本周期 各楼层的重力荷载为

$$G_3=(1\times9.8)\text{kN}=9.8\text{kN}$$
$$G_2=(1.5\times9.8)\text{kN}=14.7\text{kN}$$
$$G_1=(2\times9.8)\text{kN}=19.6\text{kN}$$

将各楼层的重力荷载当作水平力产生的楼层剪力为

$$V_3'=G_3=9.8\text{kN}$$
$$V_2'=G_3+G_2=24.5\text{kN}$$
$$V_1'=G_3+G_2+G_1=44.1\text{kN}$$

则将楼层重力荷载当作水平力所产生的楼层水平位移为

$$u_1=\frac{V_1'}{K_1}=\left(\frac{44.1}{1800}\right)\text{m}=0.0245\text{m}$$
$$u_2=\frac{V_2'}{K_2}+u_1=\left(\frac{24.5}{1200}+0.0245\right)\text{m}=0.0449\text{m}$$
$$u_3=\frac{V_3'}{K_3}+u_2=\left(\frac{9.8}{600}+0.0449\right)\text{m}=0.0613\text{m}$$

由式（23-37）求基本周期，取 $\psi_T=0.7$

$$T_1=2\psi_T\sqrt{\frac{\sum_{i=1}^{n}G_iu_i^2}{\sum_{i=1}^{n}G_iu_i}}=2\times0.7\sqrt{\frac{19.6\times0.0245^2+14.7\times0.0449^2+9.8\times0.0613^2}{19.6\times0.0245+14.7\times0.0449+9.8\times0.0613}}\text{s}$$
$$=0.297\text{s}$$

(2) 求总水平地震作用标准值（即底部剪力） 由表 23-2 查得 $\alpha_{\max}=0.16$；由表 23-4 查得 $T_g=0.25$s。按式（23-31）计算地震影响系数

$$\alpha_1=\left(\frac{T_g}{T_1}\right)^{0.9}\alpha_{\max}=\left(\frac{0.25}{0.297}\right)^{0.9}\times0.16=0.137$$

$$F_{\text{Ek}}=\alpha_1G_{\text{eq}}=0.85\alpha_1\sum_{i=1}^{n}G_i=[0.85\times0.137\times(1.0+1.5+2.0)\times9.8]\text{kN}$$
$$=5.135\text{kN}$$

(3) 求作用各质点上的水平地震作用 查表 23-5，当 $T_g=0.25$s 时，$T_1=0.297\text{s}<1.4T_g=(1.4\times0.25)\text{s}=0.35\text{s}$ 时，$\delta_n=0$，$\Delta F_n=0$

$$\sum_{j=1}^{n}G_iH_j=[(2\times5+1.5\times9+1\times13)\times9.8]\text{kN}=357.7\text{kN}$$

作用在结构各质点上的水平地震作用为

$$F_1=\frac{G_1H_1}{\sum_{j=1}^{n}G_jH_j}(1-\delta_n)F_{Ek}=\left[\frac{2\times 9.8\times 5}{357.7}\times(1-0)\times 5.135\right]\text{kN}$$
$$=1.407\text{kN}$$

$$F_2=\left[\frac{1.5\times 9.8\times 9}{357.7}\times(1-0)\times 5.135\right]\text{kN}=1.899\text{kN}$$

$$F_3=\left[\frac{1.0\times 9.8\times 13}{357.7}\times(1-0)\times 5.135\right]\text{kN}=1.830\text{kN}$$

(4) 求各楼层剪力标准值

$$V_3=F_3+\Delta F_n=1.830\text{kN}$$
$$V_2=F_2+F_3+\Delta F_n=(1.899+1.830)\text{kN}=3.729\text{kN}$$
$$V_1=F_1+F_2+F_3+\Delta F_n=(1.407+1.899+1.830)\text{kN}=5.136\text{kN}$$

第五节　竖向地震作用

震害调查表明，在烈度较高的震中区，竖向地震作用对建筑结构，尤其是对高层建筑、高耸结构及大跨度结构影响明显。烟囱等高耸结构和高层建筑的上部结构在竖向地震的作用下，因上下振动会出现受拉破坏。对大跨度结构，竖向地震引起的结构上下振动惯性力，相当于增加了结构的上下荷载作用。因此《抗震规范》规定：设防烈度为 8 度和 9 度区的大跨度屋盖结构、长悬臂结构、烟囱及类似高耸结构和设防烈度为 9 度区的高层建筑，应考虑竖向地震作用。

一、高耸结构及高层建筑

计算高耸结构及高层建筑的竖向地震作用，可采用类似于水平地震作用的底部剪力法。即先确定结构底部总竖向地震作用，再计算作用在结构各质点上的竖向地震作用（图 23-14）。竖向地震作用标准值可按下列公式计算

$$F_{Evk}=\alpha_{vmax}G_{eq} \tag{23-44}$$

$$F_{vi}=\frac{G_iH_i}{\sum_{j=1}^{n}G_jH_j}F_{Evk} \tag{23-45}$$

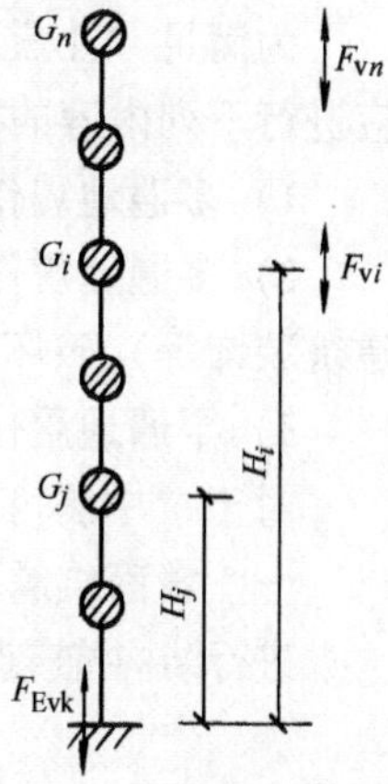

式中　F_{Evk}——结构总竖向地震作用标准值（N）；

F_{vi}——质点 i 的竖向地震作用标准值（N）；

α_{vmax}——竖向地震影响系数的最大值，可取水平地震影响系数最大值的 65%；

G_{eq}——结构等效总重力荷载（N），可取其重力荷载代表值的 75%。

图 23-14　结构竖向地震作用计算简图

计算竖向地震作用效应时，可按各构件承受的重力荷载代表值的比例分配，并乘以 1.5

的竖向地震动力效应增大系数。

二、大跨度结构

大量分析表明，对平板型网架、大跨度屋盖、长悬臂结构的大跨度结构的各主要构件，竖向地震作用内力与重力荷载的内力比值彼此相差一般不大，因而可以认为竖向地震作用的分布与重力荷载的分布相同，其大小可按下式计算

$$F_v = \zeta_v G \tag{23-46}$$

式中 F_v——竖向地震作用标准值（N）；

G——重力荷载标准值（N）；

ζ_v——竖向地震作用系数。对于平板型网架和跨度大于 24m 的屋架、屋盖横及托架按表 23-7 采用；对于长悬臂和其他大跨度结构，8 度时取 0.1，9 度时取 0.2，设计基本地震加速度为 0.30g 时，取 0.15。

表 23-7 竖向地震作用系数 ζ_v

结构类别	烈度	场地类别		
		Ⅰ	Ⅱ	Ⅲ、Ⅳ
平板型网架、钢屋架	8	不考虑(0.10)	0.08（0.12）	0.10（0.15）
	9	0.15	0.15	0.20
钢筋混凝土屋架	8	0.10（0.15）	0.13（0.19）	0.13（0.19）
	9	0.20	0.25	0.25

注：括号中数值用于设计基本地震加速度为 0.30g 的地区。

第六节 结构抗震验算

为满足“小震不坏、中震可修、大震不倒”的抗震要求，《抗震规范》规定对建筑结构应进行下列内容的抗震验算：

1）多遇地震作用下，结构构件的截面抗震验算，以防止结构构件破坏。

2）多遇地震作用下，结构的允许弹塑性变形验算，以防止非结构构件（隔墙、幕墙、建筑装饰等）破坏。

3）罕遇地震作用下，结构薄弱层的弹塑性变形验算，以防止结构倒塌。

对于“中震可修”，可通过构造措施加以保证。

一、截面抗震验算

进行结构抗震设计时，结构构件的地震作用效应和其他荷载效应的基本组合，应按下式计算

$$S = \gamma_G S_{GE} + \gamma_{Eh} S_{Ehk} + \gamma_{Ev} S_{Evk} + \psi_w \gamma_w S_{wk} \tag{23-47}$$

式中 S——结构构件内力组合的设计值，包括组合弯矩、轴向力和剪力设计值；

γ_G——重力荷载分项系数，一般情况应采用 1.2，当重力荷载效应对结构构件承载能力有利时，不应大于 1.0；

γ_{Eh}、γ_{Ev}——分别为水平、竖向地震作用分项系数，应按表 23-8 采用；

γ_w——风荷载分项系数，应采用 1.4；

S_{GE}——重力荷载代表值的效应，对重力荷载代表值，当有桥式起重机时，应包括悬

吊物重力标准值的效应；

S_{Ehk}——水平地震作用标准值的效应，尚应乘以相应的增大系数或调整系数；

S_{Evk}——竖向地震作用标准值的效应，尚应乘以相应的增大系数或调整系数；

S_{wk}——风荷载标准值的效应；

ψ_w——风荷载组合值系数，一般结构取 0.0，风荷载起控制作用的高层建筑可采用 0.2。

表 23-8　地震作用分项系数

地 震 作 用	γ_{Eh}	γ_{Ev}
仅计算水平地震作用	1.3	0.0
仅计算竖向地震作用	0.0	1.3
同时计算水平和竖向地震作用（水平地震为主）	1.3	0.5
同时计算水平和竖向地震作用（竖向地震为主）	0.5	1.3

结构构件的截面抗震验算，应采用下列设计表达式

$$S \leqslant \frac{R}{\gamma_{RE}} \tag{23-48}$$

式中　γ_{RE}——承载力抗震调整系数，除另有规定外，应按表 23-9 采用；

R——结构构件承载力设计值（N/mm^2）。

表 23-9　承载力抗震调整系数

材　　料	结 构 构 件	受力状态	γ_{RE}
钢	柱，梁，支撑，节点板件，螺栓， 焊缝柱、支撑	强度 稳定	0.75 0.80
砌体	两端均有构造柱、芯柱的抗震墙 其他抗震墙	受剪 受剪	0.9 1.0
混凝土	梁 轴压比小于 0.15 的柱 轴压比不小于 0.15 的柱 抗震墙 各类构件	受弯 偏压 偏压 偏压 受剪、偏拉	0.75 0.75 0.80 0.85 0.85

当仅计算竖向地震作用时，各类结构构件承载力抗震调整系数均宜采用 1.0。

对于抗震设防烈度为 6 度时的建筑（不规则建筑及建造于Ⅳ类场地上较高的高层建筑除外），以及《抗震规范》各章规定不验算的结构，可不进行截面抗震验算，但应符合有关的抗震措施要求。

二、抗震变形验算

1. 多遇地震作用下弹性变形验算

因砌体结构刚度大、变形小，以及厂房对非结构构件要求低，故可不验算砌体结构和厂房结构的允许弹性变形，而只对表 23-10 所列各类结构进行抗震变形验算，其楼层内最大弹性层间位移应满足下式要求

$$\Delta u_e \leqslant [\theta_e] h \tag{23-49}$$

式中 Δu_e——多遇地震作用标准值产生的楼层最大的弹性层间位移（mm），计算时，除以弯曲变形为主的高层建筑外可不扣除结构整体弯曲变形，应计入扭转变形，各作用分项系数均应采用 1.0，钢筋混凝土结构构件的截面刚度可采用弹性刚度；

$[\theta_e]$——弹性层间位移角限值，宜按表 23-10 采用；

h——计算楼层层高（mm）。

表 23-10 弹性层间位移角限值

结构类型	$[\theta_e]$
钢筋混凝土框架	1/550
钢筋混凝土框架—抗震墙、板柱—抗震墙、框架—核心筒	1/800
钢筋混凝土抗震墙、筒中筒	1/1000
钢筋混凝土框支层	1/1000
多、高层钢结构	1/250

2. 罕遇地震作用下薄弱层的弹塑性变形验算

在罕遇地震作用下，结构薄弱层（部位）的层间弹塑性位移应满足下式要求

$$\Delta u_p \leqslant [\theta_p] h \tag{23-50}$$

式中 Δu_p——弹塑性层间位移（mm）；

$[\theta_p]$——弹塑性层间位移角限值，可按表 23-11 采用，对钢筋混凝土框架结构，当轴压比小于 0.4 时，可提高 10%，当柱子全高箍筋构造比规定的最小含箍特征值大 30%时，可提高 20%，但累计不超过 25%；

h——薄弱层楼层高度或单层厂房上柱高度（mm）。

表 23-11 弹塑性层间位移角限值

结构类型	$[\theta_p]$
单层钢筋混凝土柱排架	1/30
钢筋混凝土框架	1/50
底部框架砖体房屋中的框架—抗震墙	1/100
钢筋混凝土框架—抗震墙、板柱—抗震墙、框架—核心筒	1/100
钢筋混凝土抗震墙，筒中筒	1/120
多、高层钢结构	1/50

弹塑性变形 Δu_p 的计算方法有简化计算方法、静力弹塑性计算方法和弹塑性时程分析方法等。

简化计算方法适用于层数不超过 12 层且层刚度无突变的钢筋混凝土框架结构、单层钢筋混凝土柱厂房。采用该方法时，宜符合下列要求。

(1) 结构薄弱层（部位）的位置可按下列情况确定：

1) 楼层屈服强度系数沿高度分布均匀的结构，可取底层。

2) 楼层屈服强度系数沿高度分布不均匀的结构，可取该系数最小的楼层（部位）和相

对较小的楼层，一般不超过 2~3 处。

3）单层厂房，可取上柱。

（2）弹塑性层间位移可按下列公式计算

$$\Delta u_p = \eta_p \Delta u_e \tag{23-51}$$

$$\Delta u_p = \mu \Delta u_y = \frac{\eta_p}{\xi_y} \Delta u_y \tag{23-52}$$

式中　Δu_y——层间屈服位移（mm）；

μ——楼层延性系数；

Δu_e——罕遇地震作用下按弹性分析的层间位移（mm）；

η_p——弹塑性位移增大系数。当薄弱层（部位）的屈服强度系数不小于相邻层（部位）该系数平均值的 0.8 时，可按表 23-12 采用，当不大于该系数平均值的 0.5 时，可按表内相应数值的 1.5 倍采用，其他情况可采用内插法取值；

ξ_y——楼层屈服强度系数，其为按构件实际配筋和材料强度标准值计算的楼层受剪承载力和按罕遇地震作用标准值计算的楼层弹性地震剪力的比值，对排架柱，指按实际配筋面积、材料强度标准值和轴向力计算的正截面受弯承载力与罕遇地震作用计算的弹性地震弯矩的比值。

表 23-12　弹塑性位移增大系数 η_p

结构类型	总层数 n 或部位	ξ_y		
		0.5	0.4	0.3
多层均匀框架结构	2~4	1.30	1.40	1.60
	5~7	1.50	1.65	1.80
	8~12	1.80	2.00	2.20
单层厂房	上柱	1.30	1.60	2.00

本章小结

1）房屋结构抗震验算，对于单层房屋可简化为单质点弹性体系进行分析，对于多层房屋可简化为多质点弹性体系进行分析。

2）单质点弹性体系水平地震作用的计算步骤为：

① 确定集中在屋盖处重力荷载代表值 G；

② 计算结构的自振周期 T；

③ 计算地震影响系数 α；

④ 计算水平地震作用标准值 F_{EK}。

3）按底部剪力法求解多质点弹性体系水平地震作用的步骤为：

① 确定集中在楼盖、屋盖处重力荷载代表值 G；

② 计算结构的自振周期 T;

③ 计算地震影响系数 α;

④ 计算水平地震作用标准值 F_{Ek};

⑤ 计算作用于各质点上的水平地震作用标准值 F_i;

⑥ 计算各楼层剪力标准值 V_i。

4)《建筑抗震设计规范》规定:设防烈度为8度和9度区的大跨度屋盖结构、长悬臂结构、烟囱及类似高耸结构和设防烈度为9度区的高层建筑,应考虑竖向地震作用。

5)结构抗震验算包括构件截面承载力抗震验算和抗震变形验算(多遇地震作用下弹性变形验算和罕遇地震作用下薄弱层的弹塑性变形验算)。

思考题

23-1 什么是地震作用?什么是地震反应?

23-2 什么是单质点弹性体系?它是如何简化的?

23-3 什么是地震系数和地震影响系数?它们有何关系?

23-4 什么是地震影响系数曲线?并说明该曲线的特征。

23-5 什么是等效重力荷载?怎样确定?

23-6 什么是结构的自振周期?什么是结构的基本周期?

23-7 底部剪力法的基本原理及适用范围是什么?

23-8 一般结构应进行哪些抗震验算?以达到什么目的?

23-9 哪些结构需考虑竖向地震作用?

习题

23-1 单质点体系,结构自振周期为0.5s,质点重量 $G=200$kN,位于8度区,设计基本地震加速度值为0.20g,Ⅱ类场地,设计分组为第一组。试计算结构在多遇地震作用时的水平地震作用。

23-2 单层钢筋混凝土排架计算简图如图23-15所示,集中在屋盖标高处的重力荷载代表值 $G=600$kN,柱的截面尺寸为350mm×350mm,混凝土采用C30,位于8度区,设计基本地震加速度值为0.20g,Ⅲ类场地,设计分组为第二组。试计算其在多遇地震作用时的水平地震作用。

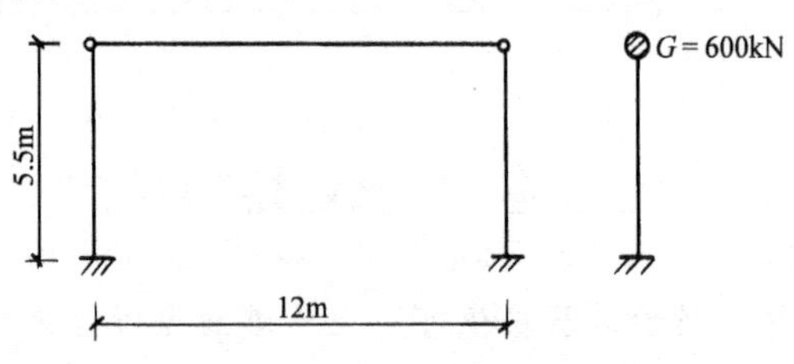

图23-15 习题23-2图

23-3 某二层钢筋混凝土框架如图23-16所示,集中于楼盖,屋盖标高处的重力荷载代表值分别为 $G_1=600$kN 和 $G_2=500$kN,柱的截面尺寸为400mm×400mm,采用C30混凝土,梁的抗弯刚度 $EI=\infty$,位于7度区,设计基本地震加速度值为0.10g,Ⅱ类场地,设计分组为第一组。试计算其在多遇地震作用时的水平地震作用。

23-4 试用底部剪力法计算图23-17所示三质点体系在多遇地震作用下的各层地震剪力。已知设计基本地震加速度为0.20g,Ⅲ类场地,设计分组为第一组。$m_1=116.62\times10^3$kg,$m_2=110.85\times10^3$kg,$m_3=59.45\times10^3$kg,$T_1=0.716$s,$\delta_n=0.0673$。

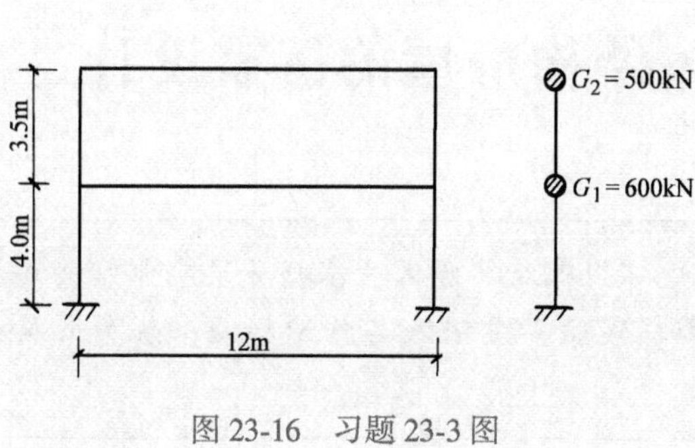

图 23-16　习题 23-3 图

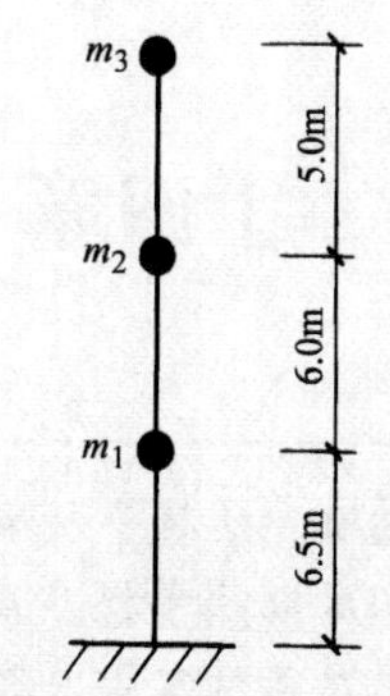

图 23-17　习题 23-4 图

第二十四章　多层砌体结构房屋的抗震设计

学习目标：了解多层砌体结构房屋地震破坏规律及其原因；掌握多层砌体结构房屋布置的基本原则；掌握多层砌体结构房屋的抗震验算方法及其构造措施；熟悉底层框架—抗震墙房屋抗震构造措施。

砌体结构在我国建筑工程中，特别是在住宅、办公楼、学校、医院、商店等建筑中，获得了广泛应用。由于砌体结构材料的脆性性质，其抗剪、抗拉和抗弯强度很低，所以砌体房屋的抗震能力较差。据对唐山地震中烈度为 10 度及 11 度区 123 幢 2~8 层的砖混结构房屋的调查，倒塌率为 63.2%，严重破坏的为 23.6%，尚可修复使用的为 4.2%，实际破坏率高达 91.0%。另外根据调查，该次唐山地震 9 度区的汉沽和宁河，住宅的破坏率分别为 93.8%和 83.5%，8 度区的天津区及塘沽区，仅市房管局管理的住宅中，受到不同程度损坏的占 62.5%，6~7 度区的北京，砖混结构也遭到不同程度的损坏。

造成砖混结构震害严重的原因是多方面的，除砌体材料本身抗剪能力较弱外，还由于过去对一些地区的地震烈度估计过低，许多砖房未经抗震设防设计或未采取抗震构造措施，对旧有砖混结构未采取加固措施，对高烈度区的这类结构的抗震设防缺乏研究等。

历次震害宏观调查发现，即使在 9 度区，砖混结构房屋也有震害较轻或基本完好的例证。此后进行的大量研究所取得的成果以及《抗震规范》的修订，对提高多层砌体房屋的抗震性能具有积极的指导作用。在一定时期内，此类结构仍将在我国广大地区广泛采用，故掌握和研究此类结构的抗震设计尤为重要。

第一节　震害及其分析

在强烈地震作用下，多层砌体房屋的破坏部位，主要是墙身和构件间的连接处，楼盖、屋盖结构本身的破坏较少。

下面根据历次地震宏观调查结果，对多层砖房的破坏规律及其原因作一简要说明。

一、墙体的破坏

在砌体房屋中，与水平地震作用方向平行的墙体是主要承担地震作用的构件。这类墙体往往因为主拉应力强度不足而引起斜裂缝破坏。由于水平地震反复作用，两个方向的斜裂缝组成交叉形裂缝。这种裂缝在多层砌体房屋中一般规律是下重上轻。这是因多层房屋墙体下部地震剪力较上部大的缘故（图 24-1）。

二、墙体转角处的破坏

由于墙角位于房屋尽端，房屋对它的约束作用减弱，使该处抗震能力相对降低，因此较易破坏。此外，在地震过程中当房屋发生扭转时，墙角处位移反应较房屋其他部位大，这也是造成墙角破坏的一个原因（图 24-2）。

图 24-1　墙体的震害

图 24-2　墙体转角处的震害

三、楼梯间墙体的破坏

楼梯间除顶层外，一般层墙体计算高度较房屋其他部位墙体小，其刚度较大，因而该处分配的地震剪力大，故容易造成震害。而顶层墙体的计算高度又较其他部位的大，其稳定性差，所以也易发生破坏。

四、内外墙连接处的破坏

内外墙连接处是房屋的薄弱部位，特别是有些建筑内外墙分别砌筑，以直槎或马牙槎连接，这些部位在地震中极易拉开，造成外纵墙和山墙外闪、倒塌等现象(图 24-3)。

图 24-3　内外墙连接处震害

五、屋盖的破坏

在强烈地震作用下，坡屋顶的木屋盖常因屋盖支撑系统不完善，或采用硬山搁檩而山尖未采取抗震措施，造成屋盖丧失稳定性。

六、突出屋面的屋顶间等附属结构的破坏

房屋的附属结构是指：女儿墙、出屋面烟囱、附墙烟囱或垃圾道、突出屋面的屋顶间等。这类出屋面的房屋附属物，地震时由于受到鞭梢效应的影响，地震反应强烈，破坏率极高。6 度区，高出屋面的塔楼、楼梯间、水箱间的墙面上出现交叉裂缝，屋面小烟囱、女儿墙的根部出现水平裂缝、错动，甚至倒塌。7~8 度区几乎全部损坏或倒塌。

第二节　结构布置的基本原则

一、房屋的总高度和层数不应超过规定限值

大量震害表明，地震时多层砖房的破坏程度随层数的增加而加重，倒塌百分率与房屋的层数成正比，四、五层砖房的震害明显比二、三层砖房重，六层砖房的震害程度就更重，因此，对房屋的总高度和层数必须加以限制。《建筑抗震设计规范》规定砌体房屋的总高度和层数不应超过表 24-1 限值。

表 24-1　房屋的层数和总高度限值　(单位：m)

房屋类别		最小抗震墙厚度/mm	烈度和设计基本地震加速度											
			6		7				8				9	
			0.05g		0.10g		0.15g		0.20g		0.30g		0.40g	
			高度	层数	高度	层数	高度	层数	高度	层数	高度	层数	高度	层数
多层砌体房屋	普通砖	240	21	7	21	7	21	7	18	6	15	5	12	4
	多孔砖	240	21	7	21	7	18	6	18	6	15	5	9	3
	多孔砖	190	21	7	18	6	15	5	15	5	12	4	—	—
	小砌块	190	21	7	21	7	18	6	18	6	15	5	9	3
底部框架—抗震墙砌体房屋	普通砖 多孔砖	240	22	7	22	7	19	6	16	5	—	—	—	—
	多孔砖	190	22	7	19	6	16	5	13	4	—	—	—	—
	小砌块	190	22	7	22	7	19	6	16	5	—	—	—	—

注：1. 房屋的总高度指室外地面到主要屋面板板顶或檐口的高度，半地下室从地下室室内地面算起，全地下室和嵌固条件好的半地下室应允许从室外地面算起，对带阁楼的坡屋面应算到山尖墙的 1/2 高度处；

2. 室内外高差大于 0.6m 时，房屋总高度应允许比表中的数据适当增加，但增加量应少于 1.0m；

3. 乙类的多层砌体房屋仍按本地区设防烈度查表，其层数应减少一层有总高度应降低 3m；不应采用底部框架-抗震墙砌体房屋；

4. 本表小砌块砌体房屋不包括配筋混凝土小型空心砌块砌体房屋。

对医院、教学楼等及横墙较少的多层砌体房屋，总高度应比表 24-1 的规定降低 3m，层数相应减少一层，各层横墙很少的多层砌体房屋，还应再减少一层。

多层砌体承重房屋的层高，不应超过 3.6m，底部框架—抗震墙砌体房屋的底部，层高不应超过 4.5m；当底层采用约束砌体抗震墙时，底层的层高不应超过 4.2m。

二、房屋的最大高宽比限制

《抗震规范》对多层砌体房屋不要求作整体弯曲的承载力验算，但多层砌体房屋整体弯曲破坏的震害是存在的。为了使多层砌体房屋有足够的稳定性和整体抗弯能力，对房屋的高宽比应满足表 24-2 的要求。

表 24-2　房屋最大高宽比

烈　度	6	7	8	9
最大高宽比	2.5	2.5	2.0	1.5

注：1. 单面走廊房屋总宽度不包括走廊宽度。

2. 建筑平面接近正方形时，其高宽比宜适当减小。

在计算房屋高宽比时，房屋宽度是就房屋的总体宽度而言，局部突出或凹进不受影响，横墙部分不连续或不对齐不受影响。具有外走廊或单面走廊的房屋宽度不包括走廊宽度，但有的因此而不能满足高宽比限值时可适当放宽。

三、房屋的结构体系

多层砌体房屋的承重墙体是地震中承受和传递水平地震作用的构件。层间的水平地震作

用，依靠楼盖水平面内的刚性向下层墙体传递。采用横墙承重结构方案时，如横墙间距过大而楼盖刚性较差时，水平地震作用不能就近有效地向横墙传递，而只能传向纵墙，使纵墙发生平面外的弯曲，这是十分危险的。为了满足楼盖对传递水平地震作用所需刚度的要求，《抗震规范》按多层砌体房屋的结构类型、烈度大小和楼盖刚性的不同，规定了抗震横墙最大间距，见表24-3。纵墙承重时的横墙也应满足表24-3的要求。此外，根据我国地震宏观调查统计，纵墙承重的结构布置方案，因横墙支承较少，纵墙较易受弯曲破坏而导致倒塌。因此，《抗震规范》规定应优先采用横墙承重或纵横墙共同承重的方案。墙体的平面布置宜均匀对称，沿平面内宜拉通对齐，在沿结构高度方向，墙体应上下连续，以加强结构的空间整体性且使各墙垛的受力基本相同，避免造成薄弱部位而过早破坏。

表24-3　房屋抗震横墙最大间距（单位：m）

房屋类别		烈度			
		6	7	8	9
多层砌体房屋	现浇或装配整体式钢筋混凝土楼、屋盖	15	15	11	7
	装配式钢筋混凝土楼、屋盖	11	11	9	4
	木屋盖	9	9	4	—
底部框架—抗震墙砌体房屋	上部各层	同多层砌体房屋			—
	底层或底部两层	18	15	11	—

注：1. 多层砌体房屋的顶层，除木屋盖外的最大横墙间距应允许适当放宽，但应采取相应加强措施；

2. 多孔砖抗震横墙厚度为190mm时，最大横墙间距应比表中数值减少3m。

楼梯间在多层砌体房屋中，一般震害较其他部位重。因为这里墙体高而空旷，缺少各层楼板的侧向支承，有时还因为楼梯踏步入墙而削弱墙体。特别是当楼梯间处于房屋尽端和转角处时，由于地震作用下的墙体应力集中，就更容易造成这些薄弱部位的破坏。《抗震规范》规定楼梯间不宜设置在房屋尽端和转角处，否则应采取特殊措施。

墙体内设置烟道、风道、垃圾道等洞口，大多因留洞而减薄了墙体厚度，由于墙体刚度变化和应力集中，一旦遇到地震作用则首先破坏。因此，《抗震规范》规定设置上述通道时不应削弱墙体，当墙体削弱时，应采取加强措施，不宜采用无竖筋的附墙烟囱及出屋面的烟囱。

四、房屋局部尺寸的限制

在强烈地震作用下，房屋首先在薄弱部位破坏。这些薄弱部位一般是窗间墙、尽端墙段、突出屋顶的女儿墙等。因此，对窗间墙、尽端墙段、女儿墙等尺寸应加以限制。

《抗震规范》规定，多层砌体房屋的局部尺寸限值，应符合表24-4的要求。

表24-4　房屋局部尺寸限值（单位：m）

部位	烈度			
	6	7	8	9
承重窗间墙最小宽度	1.0	1.0	1.2	1.5
承重外墙尽端至门窗洞边的最小距离	1.0	1.0	1.2	1.5
非承重外墙尽端至门窗洞边的最小距离	1.0	1.0	1.0	1.0
内墙阳角至门窗洞边的最小距离	1.0	1.0	1.5	2.0
无锚固女儿墙(非出入口处)的最大高度	0.5	0.5	0.5	0.0

注：1. 局部尺寸不足时应采取局部加强措施弥补，且最小宽度不宜小于1/4层高和表列数据的80%。

2. 出入口处的女儿墙应有锚固。

五、防震缝的设置

多层砌体房屋的各个单元，常由于使用上的要求，出现不同的总高度，层高的不等产生错层，各单元采用各自的结构类型，承受不同的使用荷载等状况，造成了房屋各单元刚度、质量的差异。这样，在水平地震作用下，由于对单元间地震反应的不协调，房屋各单元相互碰撞，致使震害加重。因此《建筑抗震设计规范》规定，房屋有下列情况之一时宜设置防震缝：

1）房屋立面高差在6m以上。

2）房屋有错层且楼板高差大于层高的1/4。

3）各部分结构刚度、质量截然不同。

缝两侧均应设置墙体，缝宽应根据烈度和房屋高度确定，可采用50~100mm。

第三节　多层砌体结构房屋的抗震验算

由于对砌体房屋变形验算还缺乏数据资料，因此《抗震规范》规定，对多层砌体房屋，仅进行水平地震作用下墙体的抗震承载力验算，竖向地震作用可不考虑。至于为了防止在罕遇地震下房屋倒塌，则通过采取抗震措施予以保证。

一、水平地震作用的计算

（一）计算简图

按《抗震规范》要求，在水平地震作用下，可沿房屋两个主轴方向分别进行验算。当作用方向与横墙方向一致时，地震作用主要由横墙承担。当作用方向与纵墙方向一致时，地震作用主要由纵墙承担。

《抗震规范》对多层砖房的高度、高宽比及横墙间距等都有一定的规定与限制，且房屋高度较低，其整体刚度较大，在地震作用下，房屋的侧移曲线中整体弯曲变形所占的比重很小，因此多层砖房主要以剪切变形为主。

房屋各层楼盖、屋盖水平刚度无限大，在地震作用下，仅做平移运动而不转动。计算简图可取如图24-4b。计算地震作用时，假定各层的重量为本层楼盖、屋盖的自重、活荷载以及上、下各半层墙重之和，它集中在该层楼盖、屋盖标高处。因此，多层砖房动力分析的计算简图为一多质点弹性悬臂杆。

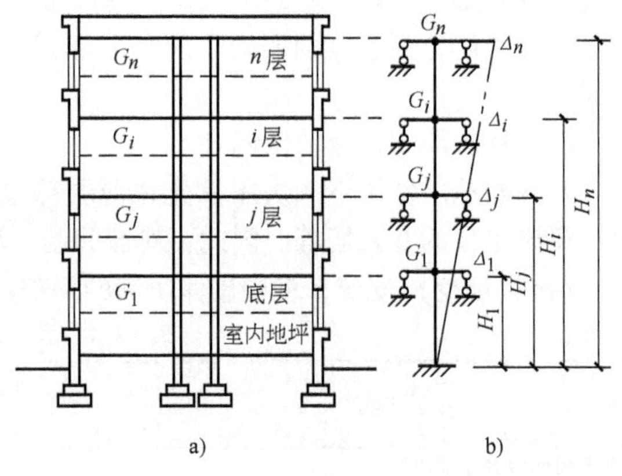

图24-4　多层砌体结构房屋计算简图

（二）水平地震作用的计算

因为多层砖房的质量和刚度沿高度分布均匀，且以剪切变形为主，故可按底部剪力法来确定其地震作用。

结构底部总水平地震作用的标准值F_{Ek}为

$$F_{Ek}=a_1G_{eq} \tag{24-1}$$

考虑到多层砖房墙体多、刚度大，其基本周期较短，一般在0.2~0.3s左右，故《抗震规范》规定，对多层砌体房屋、底层框架房屋可偏于安全地取$a_1 = a_{max}$。

质点i的水平地震作用标准值F_i，可按式（23-40）计算。考虑到多层砖房的刚度大、自振周期短，地震反应只考虑基本振型，其振型曲线接近直线，故采用倒三角形分布（图24-5）。其顶部误差不大，故取附加地震作用系数$\delta_n = 0$，则由式（23-40）得

$$F_i = \frac{G_i H_i}{\sum_{j=1}^{n} G_j H_j} F_{Ek} \quad (i = 1,2,\cdots,n) \qquad (24\text{-}2)$$

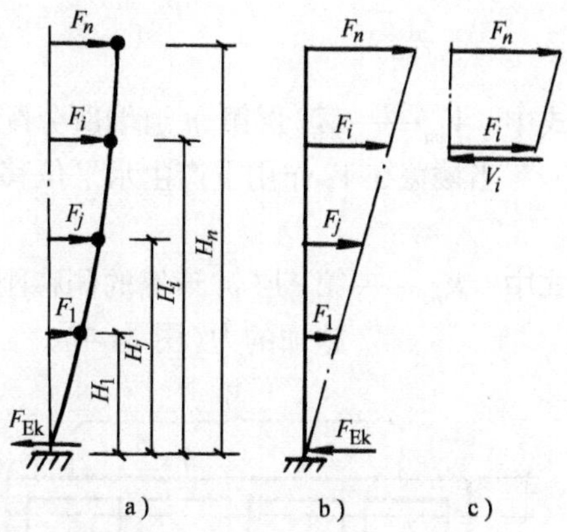

图24-5　水平地震作用计算简图

在计算各层离地面高度时，结构底部截面位置的确定方法是：当无地下室时为室外地坪下0.5m处；当设有整体刚度很大的全地下室时，为地下室顶板上皮；当地下室墙体刚度较小时，应取至地下室室内地坪处。

作用在第i层的地震剪力V_i为i层以上各层地震作用之和(图24-5)，即

$$V_i = \sum_{i=i}^{n} F_i = \sum_{i=i}^{n} \left(G_i H_i \Big/ \sum_{j=1}^{n} G_j H_j \right) F_{Ek} \qquad (24\text{-}3)$$

二、楼层地震剪力在墙体间的分配

楼层地震剪力V_i是作用在整个房屋某一楼层上的剪力。首先，要把它分配到同一楼层的各道墙上，然后再把每道墙上的地震剪力分配到同一道墙上的某一墙段上。这样，当某一道墙或某一段墙的地震剪力已知后，才可能按砌体结构的计算方法对墙体的抗震承载力进行验算。

楼层的地震剪力V_i假定由各层与V_i方向一致的各抗震墙体共同承担。因此，在抗震设计中，当抗震横墙间距符合表24-3规定的限值时，横向水平地震作用全部由横向抗震墙承担，而不考虑纵向抗震墙的作用。同样，纵向水平地震作用全部由纵向抗震墙承担，而不考虑横墙的作用。这是因为墙体在其平面内的侧移刚度很大，而其平面外的侧移刚度很小，所以一个方向的水平地震作用由相同方向的墙体承担。

楼层地震剪力V_i在同一层各抗震墙体间的分配，主要取决于楼盖、屋盖的水平刚度及各抗震墙体的侧移刚度。而楼盖、屋盖的水平刚度取决于楼板结构的类型与楼盖、屋盖长宽比的尺寸，对于不同类型的楼盖、屋盖，其楼层地震剪力在各抗震墙体间的分配原则是不同的。

（一）横向楼层地震剪力的分配

1. 刚性楼盖房屋

对于现浇及装配整体式钢筋混凝土楼盖房屋，由于楼板结构的整体性好、水平刚度大，当支承楼板的抗震横墙间距符合表24-3的规定时，可以认为楼盖在其自身平面内抗弯刚度为无限大，楼层地震剪力V_i只使楼盖发生整体平移。因此，可把楼盖在其平面内视为绝对刚性的连续梁，而将各抗震横墙看作是该梁的弹性支座(图24-6)。当结构、荷载都对称时，各横墙的水平位移Δ将相等。此时，作用于刚性梁上的地震作用所引起的支座反力，即为抗震墙所承受的地震剪力，它与支座的弹性刚度成正比，即各墙所承受的地震剪力是按各墙

的侧移刚度比例进行分配的。

第 i 层各抗震横墙所分担的地震剪力之和即为该楼层总地震剪力 V_i，即

$$\sum_{m=1}^{s} V_{im} = V_i \tag{24-4}$$

式中 V_{im}——第 i 层第 m 道墙所分配的地震剪力(N)。

当楼盖在 V_i 作用下产生水平位移 Δ 时，该层第 m 道墙所分担的地震剪力 V_{im} 为

$$V_{im} = \Delta K_{im} \tag{24-5}$$

式中 K_{im}——第 i 层 m 道墙的侧移刚度(N/m)，侧移刚度是使构件顶端产生单位侧移所需施加的力(图 24-7)。

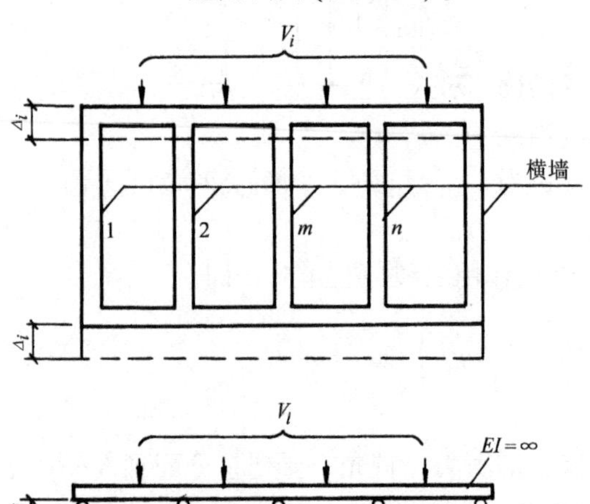

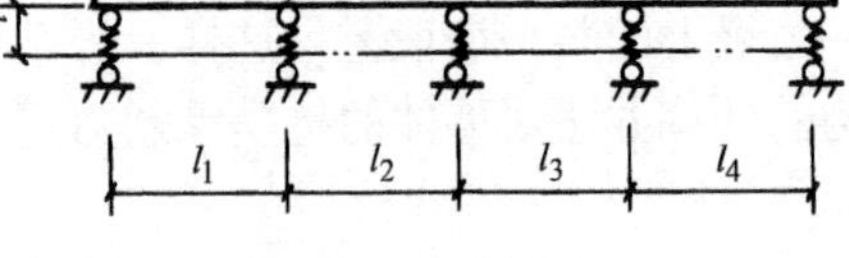

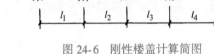

图 24-6 刚性楼盖计算简图

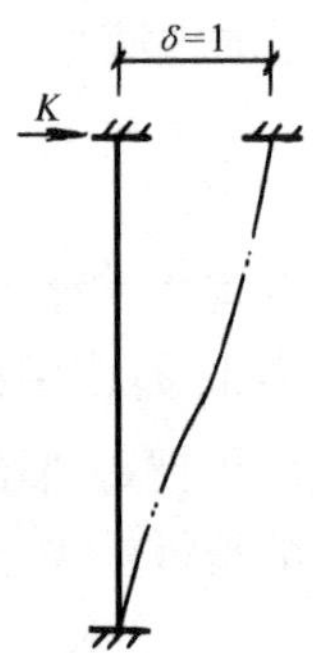

图 24-7 构件顶端产生单位侧移示意图

$$\sum_{m=1}^{s} \Delta K_{im} = V_i \tag{24-6}$$

$$\Delta = \frac{V_i}{\sum_{m=1}^{s} K_{im}} \tag{24-7}$$

将式 (24-7) 代入式 (24-5)，则

$$V_{im} = \frac{K_{im}}{\sum_{m=1}^{s} K_{im}} V_i \tag{24-8}$$

当计算墙体在其平面内的侧移刚度 K_{im} 时，因其弯曲变形小，故一般只考虑剪切变形的影响，即

$$K_{im} = \frac{A_{im} G_{im}}{\xi h_{im}} \tag{24-9}$$

式中 G_{im}——第 i 层第 m 道墙砌体的剪切模量(MPa)；

A_{im}——第 i 层第 m 道墙净横截面面积(m^2)；

ξ——截面切应力分布不均匀系数，对矩形截面 $\xi=1.2$；

h_{im}——第 i 层第 m 道墙的高度(m)。

若各墙的高度 h_{im} 相同，材料相同，从而 G_{im} 相同，则

$$V_{im}=\frac{A_{im}}{\sum_{m=1}^{s}A_{im}}V_i \tag{24-10}$$

式中　$\sum_{m=1}^{s}A_{im}$——第 i 层各抗震横墙净截面面积之和（m^2）。

上式说明，对刚性楼盖，当各抗震墙高度、材料相同时，其楼层水平地震剪力可按抗震墙的横截面面积比例进行分配。

2. 柔性楼盖房屋

对于木楼盖等柔性楼盖房屋，由于楼盖的本身刚度小，在横向水平地震作用下，楼盖除平移外，在其自身平面内将产生弯曲变形，因此楼盖在各处的水平位移不相等，在各支承处（即各横墙处），楼盖的变形曲线并不连续，因而可近似假定楼盖如同一多跨简支梁，它分段铰支于各片横墙上（图 24-8）。故各横墙所承担的地震作用，为该墙两侧相邻横墙之间一半面积上重力荷载所产生的地震作用。因此，各横墙所承担的地震剪力即按该墙两侧相邻墙体之间一半面积上的重力荷载比例进行分配，即

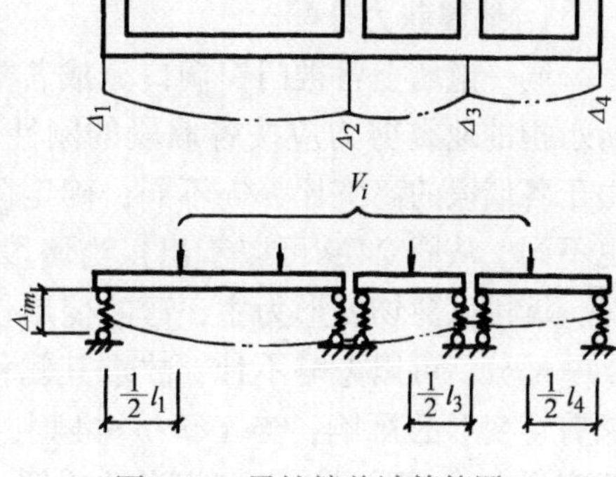

图 24-8　柔性楼盖计算简图

$$V_{im}=\frac{G_{im}}{G_i}V_i \tag{24-11}$$

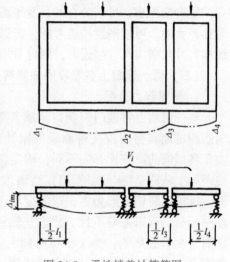

式中　G_{im}——第 i 层楼盖（屋盖）上，第 m 道墙与左右两侧相邻横墙之间各一半楼盖（屋盖）面积上所承担的重力荷载之和（N）；

G_i——第 i 层楼盖（屋盖）上所承担的总重力荷载（N）。

当楼盖（屋盖）上重力荷载均匀分布时，各横墙所承担的地震剪力可换算为按该墙与两侧相邻横墙之间各一半楼盖面积比例进行分配，即

$$V_{im}=\frac{A'_{im}}{A'_i}V_i \tag{24-12}$$

式中　A'_{im}——第 i 层楼盖（屋盖）上，第 m 道墙与左右两侧相邻横墙之间各一半楼盖（屋盖）面积之和（m^2）；

A'_i——第 i 层楼盖（屋盖）的总面积（m^2）。

3. 中等刚性楼盖房屋

对于装配式钢筋混凝土楼盖、屋盖房屋，其整体性不如现浇的及装配整体式的楼盖、屋盖房屋，其刚度尚受板缝混凝土施工质量的影响。在横向水平地震作用下，装配式钢筋混凝土楼盖、屋盖本身将产生一定的变形，其刚度介于刚性与柔性楼盖、屋盖之间，即不能把它假定为绝对刚性水平连续梁，也不能假定为多跨简支梁。对这种楼盖、屋盖房屋中抗震横墙

所承担剪力的计算多采用简化法，即假定取上述两种方法的平均值，即

$$V_{im}=\frac{1}{2}\left(\frac{K_{im}}{\sum_{m=1}^{s}K_{im}}+\frac{G_{im}}{G_i}\right)V_i \tag{24-13}$$

当墙高 h_{im} 相同，所用材料相同，楼盖（屋盖）上重力荷载均匀分布时，V_{im} 也可按下式计算

$$V_{im}=\frac{1}{2}\left(\frac{A_{im}}{A_i}+\frac{A'_{im}}{A'_i}\right)V_i \tag{24-14}$$

同一幢建筑物，各层采用不同类型楼盖时，应按不同楼盖类型分别进行计算。

（二）纵向楼层地震剪力的分配

一般房屋的纵向尺寸比横向大很多，纵墙的间距也是比较小的。当纵向地震作用时，楼盖的纵向变形小，可认为在其自身平面内无变形。因此，不论哪种楼盖在房屋的纵向刚度都是比较大的，可按刚性楼盖考虑，即纵向地震剪力可按纵墙的刚度比例进行分配。当房屋的纵向尺寸与横向尺寸接近时，则可采用与横向相同的方法分配纵向楼层的地震剪力。

（三）同一道墙上各墙段间地震剪力的分配

1. 地震剪力分配

同一道墙上常被门窗洞口分成若干墙段，各墙段所承担的地震剪力应按各墙段的刚性比例进行分配。由于各墙段的高宽比 h/b 不同，确定侧移刚度的方法也不同。从图 24-9 可以看出，当墙段高宽比 $h/b\leqslant 1$ 时，墙段以剪切变形为主，弯曲变形仅占总变形的很小一部分，可以忽略不计，故求其侧移刚度时，仅考虑剪切变形的影响；当 $1<h/b\leqslant 4$ 时，弯曲变形与剪切变形在总变形中均占有相当的比例，故求其侧移刚度时，需同时考虑弯曲变形和剪切变形的影响；当 $h/b>4$时，剪切变形所占比例很小，可忽略不计，主要以弯曲变形为主。因 $h/b>4$ 的墙段或砖柱侧移刚度很小，故可不计其刚度，不分配地震剪力。根据上述分析，同一道墙上各墙段地震剪力可按下述原则分配：

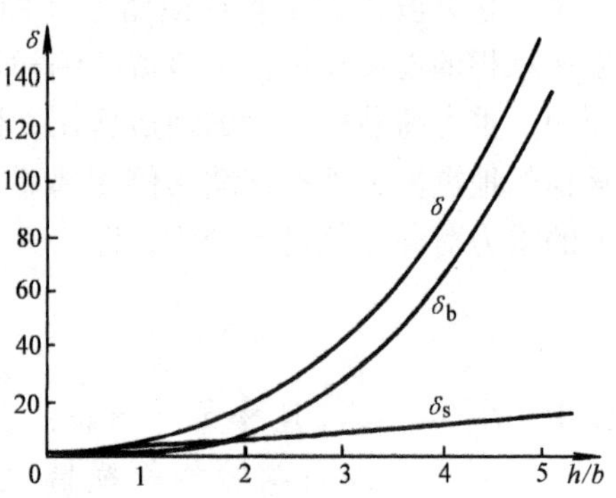

图 24-9　剪切变形 δ_s 与弯曲变形 δ_b 在总变形 δ 中的比例关系

1）若各墙段的高宽比 h/b 均小于 1，则计算各墙段的侧移刚度时仅考虑剪切变形的影响，此时，第 r 段墙的抗剪刚度为

$$K_{imr}=\frac{G_{imr}A_{imr}}{\zeta h_{imr}} \tag{24-15}$$

r 墙段所分配的地震剪力为

$$V_{imr}=\frac{K_{imr}}{\sum_{r=1}^{s}K_{imr}}V_{im} \tag{24-16}$$

当各墙段的材料、高度相同时，各墙段的地震剪力分配可按各墙段的横截面积比例进行，即第 r 墙段所分配的地震剪力为

$$V_{imr}=\frac{A_{imr}}{A_{im}}V_{im} \tag{24-17}$$

式中　K_{imr}、A_{imr}、h_{imr}、G_{imr}——第 i 层第 m 道墙第 r 墙段的侧移刚度（N/m）、横截面积（m^2）、墙段高度（m）、墙段剪切模量（MPa）；

V_{imr}——第 i 层第 m 道墙第 r 墙段分配的地震剪力（N）；

其他符号同前。

2）当各墙段高宽比相差甚大，求各墙段侧移刚度时，有的墙段需考虑弯曲变形及剪切变形的影响，有的墙段仅需考虑剪切变形的影响，故各墙段的地震剪力应按墙段的侧移刚度比例进行分配。

对于需同时考虑剪切、弯曲变形影响的墙段的剪力

$$V_{imb}=\frac{K_{bs}}{\sum K_{bs}+\sum K_{s}}V_{im} \tag{24-18}$$

对于仅考虑剪切变形影响的墙段的剪力

$$V_{ims}=\frac{K_{s}}{\sum K_{bs}+\sum K_{s}}V_{im} \tag{24-19}$$

式中　V_{imb}——需同时考虑剪切变形和弯曲变形影响墙段所分配的地震剪力(N)；

V_{ims}——仅考虑剪切变形影响墙段所分配的地震剪力（N）；

K_{bs}——同时考虑剪切变形和弯曲变形影响墙段的侧移刚度（N/m）；

K_{s}——仅考虑剪切变形影响墙段的侧移刚度（N/m）；

V_{im}——按式（24-8）、式（24-11）、式（24-13）求得的第 i 层第 m 道墙所分配的地震剪力（N）。

2. 墙体侧移刚度

在多层混合结构抗震分析中，对各层墙体或开洞墙中的窗间墙、门间墙均认为是上、下端固定的构件。构件在单位水平力作用下的变形一般由两部分组成（图 24-10）。

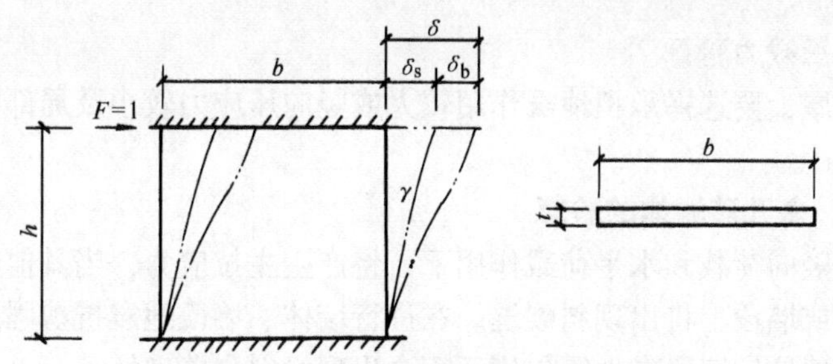

图 24-10　单位力作用下墙体的侧移

弯曲变形

$$\delta_{b}=\frac{h^3}{12EI}=\frac{1}{Et}\left(\frac{h}{b}\right)^3 \tag{24-20}$$

剪切变形

$$\delta_{s}=\gamma h=\frac{\tau}{G}h=\frac{\xi h}{AG}=\frac{3h}{Etb} \tag{24-21}$$

式中　h——墙段高度（m），窗间墙取窗洞高，门间墙取门洞高，门窗之间的墙取窗洞高，

尽端墙取其紧靠尽端的门洞或窗洞高（图 24-11）；

b——墙段宽度（m）；

A——墙段、门间墙、窗间墙的水平截面积（m^2），$A=bt$；

t——墙厚（m）；

I——墙段、门间墙、窗间墙的水平截面惯性矩（m^4），$I=\frac{1}{12}b^3t$；

ξ——截面切应力分布不均匀系数，矩形截面取 $\xi=1.2$；

E——砌体受压弹性模量（MPa）；

G——砌体剪切弹性模量（MPa），取 $G=0.4E$。

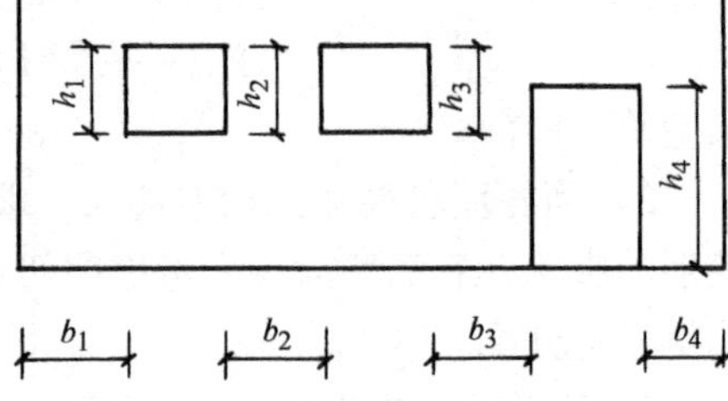

图 24-11　墙体的开洞

单位水平力作用下的总变形为

$$\delta=\delta_b+\delta_s=\frac{1}{Et}\left(\frac{h}{b}\right)^3+\frac{3h}{Etb}=\frac{1}{Et}\frac{h}{b}\left[\left(\frac{h}{b}\right)^2+3\right] \tag{24-22}$$

需同时考虑弯曲变形和剪切变形影响的墙段的侧移刚度 K_{bs} 为

$$K_{bs}=\frac{1}{\delta}=\frac{Et}{(h/b)\;[\;(h/b)^2+3]} \tag{24-23}$$

仅需考虑剪切变形影响的墙段的侧移刚度 K_s 为

$$K_s=\frac{1}{\delta_s}=\frac{Et}{3h/b} \tag{24-24}$$

同一道墙中各墙段的 E 及 t 都相同的情况下，式（24-23）、式（24-24）可简化为

$$K'_{bs}=\frac{1}{(h/b)\;[\;(h/b)^2+3]} \tag{24-25}$$

$$K'_s=\frac{b}{3h} \tag{24-26}$$

三、墙体抗震承载力验算

对多层砌体房屋，要选择承担地震作用较大或竖向压应力较小及局部截面较小的墙段进行截面抗剪验算。

（一）普通砖、多孔砖墙体的验算

墙体或墙段在竖向荷载和水平荷载作用下，将产生主拉应力，当其值超过砌体的抗主拉应力强度时，墙体或墙段上将出现斜裂缝。在进行墙体、墙段地震抗剪强度验算时，如果满足下式，则可认为墙体、墙段在地震作用下不会出现沿斜裂缝破坏

$$V\leqslant\frac{f_{vE}A}{\gamma_{RE}} \tag{24-27}$$

式中　V——墙体地震剪力设计值（N），为地震剪力标准值的 1.3 倍；

A——墙体横截面面积，多孔砖取毛截面面积（mm^2）；

γ_{RE}——承载力抗震调整系数，承重墙按表 23-9 采用，自承重墙按 0.75 采用；

f_{vE}——砌体沿阶梯形截面破坏的抗震抗剪强度设计值（MPa），按式(24-28)确定；

$$f_{vE}=\zeta_N f_v \tag{24-28}$$

f_v——非抗震设计的砌体抗剪强度设计值（MPa），按表14-12采用；

ζ_N——砌体抗震抗剪强度的正应力影响系数，按表24-5采用。

表24-5　砌体强度的正应力影响系数ζ_N

砌体类别	σ_0/f_v							
	0.0	1.0	3.0	5.0	7.0	10.0	12.0	≥16.0
普通砖，多孔砖	0.80	0.99	1.25	1.47	1.65	1.90	2.05	—
小砌块	—	1.23	1.69	2.15	2.57	3.02	3.32	3.92

注：σ_0为对应于重力荷载代表值的砌体截面平均压应力。

对水平配筋的普通砖、多孔砖墙体的截面抗震承载力，应按下式验算：

$$V \leqslant \frac{1}{\gamma_{RE}}(f_{vE}A+\zeta_s f_{yh}A_{sh}) \tag{24-29}$$

式中　f_{yh}——水平钢筋抗拉强度设计值；

A_{sh}——层间墙体竖向截面的总水平钢筋面积，其配筋率应不小于0.07%且不大于0.17%；

ζ_s——钢筋参与工作系数，可按表24-6采用。

表24-6　钢筋参与工作系数

墙体高宽比	0.4	0.6	0.8	1.0	1.2
ζ_s	0.10	0.12	0.14	0.15	0.12

当按式（24-27）、式（24-29）验算不满足要求时，尚可采用在墙段中部增设构造柱的方法，计入设置于墙段中部、截面不小于240mm×240mm（墙厚190mm时为240mm×190mm），且间距不大于4m时的构造柱对承载力的提高作用，按下式简化方法验算：

$$V \leqslant \frac{1}{\gamma_{RE}}[\eta_c f_{vE}(A-A_c)+\zeta_c f_t A_c+0.08f_{yc}A_{sc}+\zeta_s f_{yh}A_{sh}] \tag{24-30}$$

式中　A_c——中部构造柱的截面总面积（对横墙和内纵墙，$A_c>0.15A$时，取0.15A；对于外纵墙，$A_c>0.25A$时，取0.25A）；

f_t——中部构造柱的混凝土轴心抗拉强度设计值；

A_{sc}——中部构造柱的纵向钢筋截面总面积（配筋率不小于0.6%，大于1.4%时取1.4%）；

f_{yh}、f_{yc}——分别为墙体水平钢筋、构造柱钢筋抗拉强度设计值；

ζ_c——中部构造柱参与工作系数；居中设一根时取0.5，多于一根时取0.4；

η_c——墙体约束修正系数，一般情况取1.0，构造柱间距不大于3.0m时取1.1；

A_{sh}——层间墙体竖向截面的总水平钢筋面积，无水平钢筋时取0.0。

（二）混凝土小砌块墙体的验算

混凝土小砌块墙体的截面抗震承载力，应按下式验算

$$V \leqslant \frac{1}{\gamma_{RE}}[f_{vE}A+(0.3f_tA_c+0.05f_yA_s)\zeta_c] \tag{24-31}$$

式中　f_t——芯柱混凝土轴心抗拉强度设计值（MPa）；

A_c——芯柱截面总面积（mm^2）；

A_s——芯柱钢筋截面总面积（mm^2）；

f_y——芯柱钢筋抗拉强度设计值（MPa）；

ζ_c——芯柱参与工作系数，可按表24-7采用

当同时设置芯柱和构造柱时，构造柱截面可作为芯柱截面，构造柱钢筋可作为芯柱钢筋。

表24-7　芯柱参与工作系数

填孔率 ρ	$\rho<0.15$	$0.15\leqslant\rho<0.25$	$0.25\leqslant\rho<0.5$	$\rho\geqslant0.5$
ζ_c	0	1.0	1.10	1.15

注：填孔率是指芯柱根数（含构造和填实孔洞数量）与孔洞总数之比。

四、计算实例

某五层办公楼，平面、剖面尺寸如图24-12、图24-13、图24-14所示。设防烈度为7度，设计基本地震加速度值为0.10g。采用装配式梁板结构，梁截面尺寸为200mm×500mm，横墙承重，楼梯间上设屋顶间，一层内外墙厚均为370mm，二层以上墙厚均为240mm，墙均为双面粉刷。砖的强度等级为MU10，砂浆强度等级为M5。在①、③、⑤、⑧、⑨、⑫、⑭、⑯轴线的内外墙交接处及内纵墙与山墙交接处设钢筋混凝土构造柱。试验算该办公楼的抗震承载能力。

（一）荷载资料

1. 屋面荷载

SBS防水层	$350N/m^2$
20mm水泥砂浆找平层	$400N/m^2$
50mm泡沫混凝土	$250N/m^2$
120mm空心楼板	$2200N/m^2$
顶棚抹灰	$340N/m^2$
屋面恒载	$3540N/m^2$
屋面雪荷载	$300N/m^2$

屋面重力荷载代表值取恒载和雪荷载组合，雪荷载组合系数为0.5(表23-1)，则屋面重力荷载代表值为

$$(3540+300\times0.5)N/m^2=3690N/m^2$$

2. 楼面荷载

水泥砂浆地面	$400N/m^2$
120mm空心楼板	$2200N/m^2$
顶棚抹灰	$340N/m^2$
楼面恒载	$2940N/m^2$
楼面活载	$2000N/m^2$

楼面活荷载组合值系数为0.5(见表23-1)，则楼面重力荷载代表值为

$$(2940+2000\times0.5)N/m^2=3940N/m^2$$

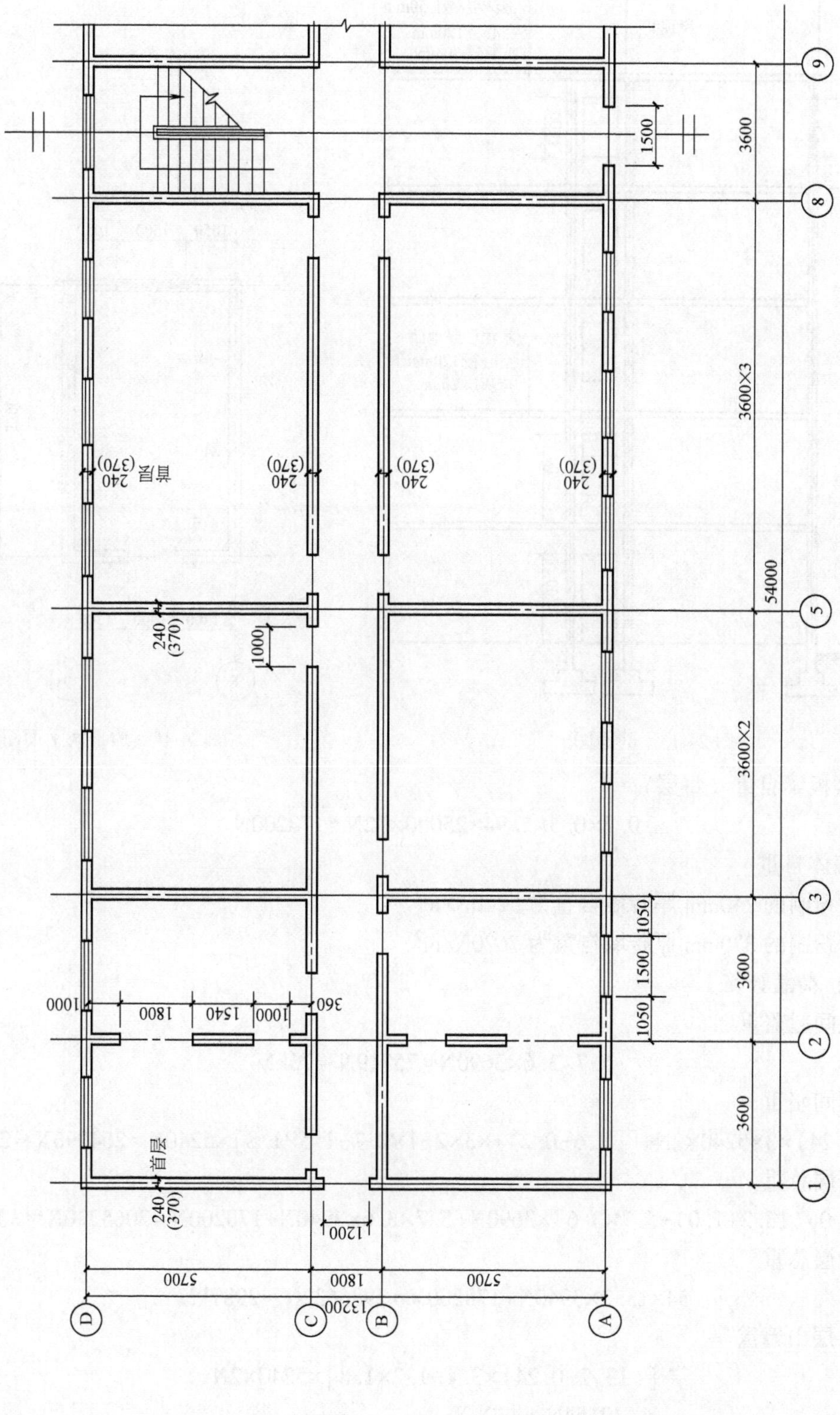

图 24-12　办公楼平面图

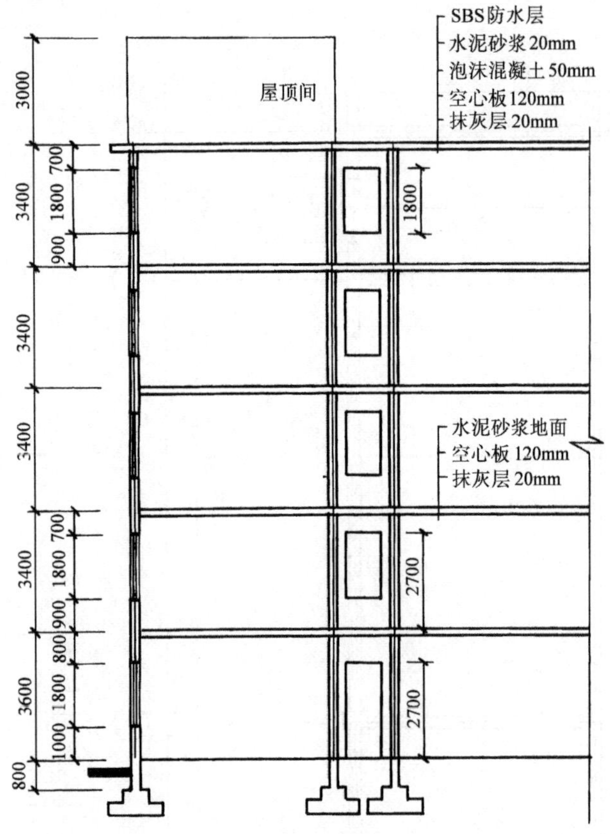

图 24-13　剖面图

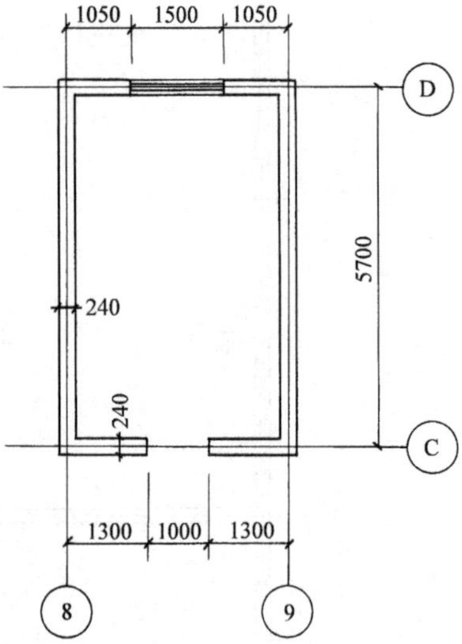

图 24-14　屋顶间平面图

3. 楼板梁自重（每层）

$$0.2\times0.5\times5.94\times25000\times12\text{N}=178200\text{N}$$

4. 墙体自重

双面粉刷的 240mm 厚砖墙自重为 5240N/m^2

双面粉刷的 370mm 厚砖墙自重为 7620N/m^2

（二）荷载计算

屋顶间屋盖重

$$5.7\times3.6\times3690\text{N}=75719\text{N}\approx76\text{kN}$$

屋顶间墙重

$$(5.7+0.24)\times3\times5240\times2\text{N}+[(3.6-0.24)\times3\times2-1\times2.7-1.5\times1.8]\times5240\text{N}=264096\text{N}\approx264\text{kN}$$

屋面层总重

$$[(54+1.0)(13.2+1.0)-5.7\times3.6]\times3690\text{N}+5.7\times3.6\times3940\text{N}+178200\text{N}=3065220\text{N}\approx3065\text{kN}$$

楼盖层总重

$$54\times13.2\times3940\text{N}+178200\text{N}=2986632\text{N}\approx2987\text{kN}$$

2~5 层山墙重

$$[(13.2-0.24)\times3.4-1.2\times1.8]\times5240\times2\text{N}$$
$$=439154\text{N}\approx439\text{kN}$$

2~5 层横墙重

$$[(5.7-0.24)\times3.4\times16-(1\times2.7+1.2\times1.8)\times4]\times5240\text{N}$$
$$=1454540\text{N}\approx1455\text{kN}$$

2~5 层外纵墙重

$$[(54+0.24)\times3.4-1.5\times1.8\times15]\times5240\times2\text{N}$$
$$=1508239\text{N}\approx1508\text{kN}$$

2~5 层内纵墙重

$$[(54.0+0.24)\times3.4-1\times2.7\times8-3.36\times3.4]\times5240\times2\text{N}$$
$$=1569485\text{N}\approx1569\text{kN}$$

1 层山墙重

$$[(5.7-0.5)\times4.4-1.2\times2.7]\times7620\times2\text{N}$$
$$=802233\text{N}\approx802\text{kN}$$

1 层横墙重

$$[(5.7-0.5)\times4.4\times16-(1\times2.7+1.2\times1.8)\times4]\times7620\text{N}$$
$$=2641396\text{N}\approx2641\text{kN}$$

1 层外纵墙重

$$[(54.6+0.24)\times4.4-1.5\times1.8\times14-1.5\times2.7]\times7620\times2\text{N}$$
$$=2999323\text{N}\approx2999\text{kN}$$

1 层内纵墙重

$$[(54.6+0.5)\times4.4-8\times1.0\times2.7-3.23\times4.4]\times7620\times2\text{N}$$
$$=3041721\text{N}\approx3042\text{kN}$$

各楼层重力荷载代表值 G_i，取各楼（屋）面荷载总重加上、下层墙体重量的一半：
屋顶间重力荷载代表值 G_6

$$G_6=76\text{kN}+\frac{1}{2}\times264\text{kN}=208\text{kN}$$

各楼层重力荷载代表值

$$G_5=\left[3065+\frac{1}{2}\times264+\frac{1}{2}(439+1455+1508+1569)\right]\text{kN}$$
$$=(3065+132+2486)\ \text{kN}=5683\text{kN}$$
$$G_4=G_3=G_2=(2987+4971)\text{kN}=7958\text{kN}$$
$$G_1=\left[2987+\frac{1}{2}\times4971+\frac{1}{2}\times(802+2641+2999+3042)\right]\text{kN}$$
$$=10215\text{kN}$$

总重力荷载代表值

$$G=\sum G_i=(10215+3\times7958+5683+208)\ \text{kN}=39980\text{kN}$$

（三）水平地震作用

底部总剪力的标准值　$F_{\text{Ek}}=\alpha_1 G_{\text{eq}}=\alpha_1\ (0.85\sum G_i)$

对于多层砌体房屋，α_1 取水平地震影响系数最大值，由表 23-2 查得 α_1 为 0.08，则

$$F_{Ek}=0.08\times0.85\times39980\text{kN}=2719\text{kN}$$

各楼层的水平地震作用和各楼层地震剪力的标准值可按下式计算

$$F_i=\frac{H_iG_i}{\sum_{j=1}^{n}H_jG_j}F_{Ek}\qquad V_{ik}=\sum_{i=1}^{n}F_i$$

计算过程及结果见表 24-8。

表 24-8 楼层地震剪力计算表

分项 / 层次	G_i	H_i	G_iH_i	$\frac{H_jG_j}{\sum_{j=1}^{n}H_jG_j}$	$F_i=\frac{H_jG_j}{\sum_{j=1}^{n}H_jG_j}F_{Ek}$	$V_{ik}=\sum_{i=i}^{n}F_i$
屋顶间	208	21.0	4368	0.0104	28	28×3=84
5	5683	18.0	102294	0.244	663	691
4	7958	14.6	116187	0.278	756	1447
3	7958	11.2	89130	0.213	579	2026
2	7958	7.8	62072	0.148	402	2428
1	10215	4.4	44946	0.107	291	2719
Σ	39980		418997		2719	

注：局部突出的屋顶间，其地震作用效应宜增大 3 倍。

各层水平地震作用、楼层标准剪力图如图 24-15 所示。

(四) 抗震承载力验算

地震剪力标准值 V_{ik} 乘以作用分项系数 γ_{Eh} 是作用于楼层的剪力设计值 V_i，求得 V_i 后即可进行楼层各道墙体地震剪力设计值的分配，并按 $V\leqslant\frac{f_{vE}A}{\gamma_{RE}}$ 进行墙体截面抗剪能力的验算。

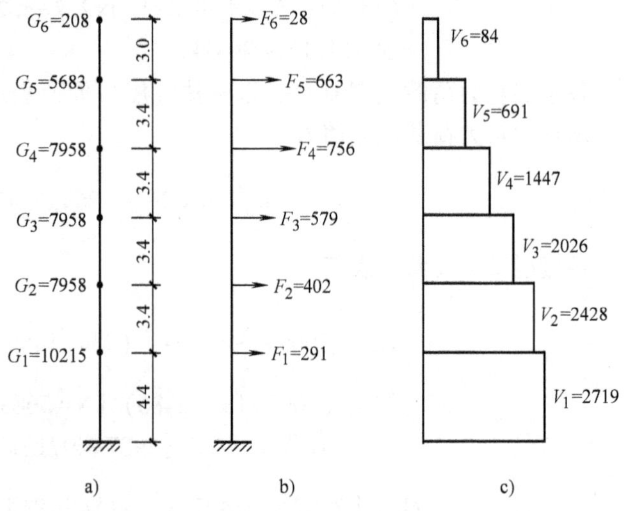

图 24-15 水平地震作用与楼层剪力示意图

1. 屋顶间墙体强度验算

屋顶间是地震作用反应较强烈的部位，应首先验算屋顶间的墙体。

屋顶间的水平地震作用效应为

$$V_6=1.3\times84\text{kN}=109\text{kN}$$

从屋顶间的平面布置图(图 24-14)可以看出，如果Ⓒ、Ⓓ轴线墙能满足抗剪要求，则⑧、⑨轴线墙一定满足，因此只验算Ⓒ、Ⓓ轴线墙体。

屋顶间是由小块楼板组成的，属于中等刚度，剪力分配按下式计算

$$V_{6C}=\frac{1}{2}\left(\frac{A_{6C}}{A_6}+\frac{1}{2}\right)V_6$$

$$V_{6D}=\frac{1}{2}\left(\frac{A_{6D}}{A_6}+\frac{1}{2}\right)V_6$$

式中

$$A_{6C}=(3.6+0.24-1.0)\times0.24\text{m}^2=0.68\text{m}^2$$

$$A_{6D}=(3.6+0.24-1.5)\times0.24\text{m}^2=0.56\text{m}^2$$

$$A_6=(0.68+0.56)\text{m}^2=1.24\text{m}^2$$

代入 V_{6C}、V_{6D} 计算式中，得

$$V_{6C}=\frac{1}{2}\times\left(\frac{0.68}{1.24}+\frac{1}{2}\right)\times109\text{kN}=57\text{kN}$$

$$V_{6D}=\frac{1}{2}\times\left(\frac{0.56}{1.24}+\frac{1}{2}\right)\times109\text{kN}=52\text{kN}$$

由于Ⓒ、Ⓓ轴线墙上开洞位置对称，Ⓒ、Ⓓ轴线墙段上的剪力可不再进行分配，而取整道墙验算。

图 24-16 给出了Ⓓ轴线墙的立面图，由于该墙为自承重墙，在层高半高处的平均压应力 σ_0 仅由墙自重引起，即

$$\sigma_0=\frac{(3.82\times1.5-1.0\times0.9)\times5240}{(3.82-1.0)\times0.24\times10^6}\text{N/mm}^2=0.037\text{N/mm}^2$$

同理可算得Ⓒ轴线墙体的平均压应力为

$$\sigma_0=0.043\text{N/mm}^2$$

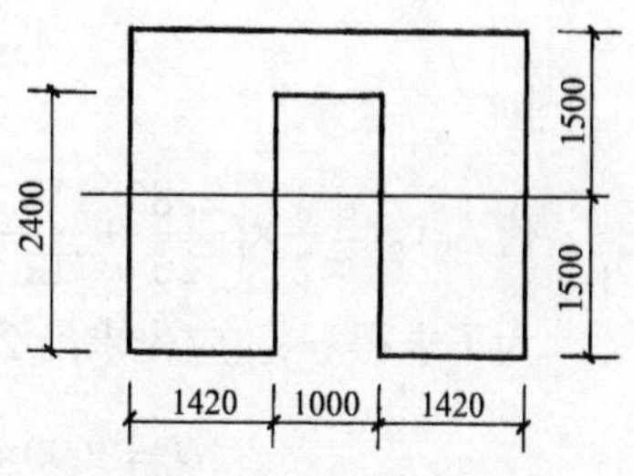

图 24-16　Ⓒ轴线墙立面图

由表 14-12 查得砂浆强度等级为 M5 的砖砌体抗抗剪设计强度 $f_v=0.11\text{N/mm}^2$。

$f_{vE}=\xi_N f_v$，需从表 24-5 查出 ξ_N，为此需先求出 σ_0/f_v；

Ⓒ轴线墙，$\sigma_0/f_v=\dfrac{0.037}{0.11}=0.336$　　$\xi_N=0.80+0.2\times\dfrac{0.336}{0.99}=0.87$

Ⓓ轴线墙，$\sigma_0/f_v=\dfrac{0.043}{0.11}=0.39$　　$\xi_N=0.80+0.2\times\dfrac{0.39}{0.99}=0.88$

Ⓒ轴线墙的 $f_{vE}=0.87\times0.11\text{N/mm}^2=0.0957\text{N/mm}^2$

Ⓓ轴线墙的 $f_{vE}=0.88\times0.11\text{N/mm}^2=0.0968\text{N/mm}^2$

Ⓒ、Ⓓ两轴线都是自承重墙，抗震调整系数 $\gamma_{RE}=0.75$，Ⓒ轴墙体的剪切抗力为

$$\frac{f_{vE}A}{\gamma_{RE}}=\frac{0.0957\times10^3\times0.68}{0.75}\text{kN}=86.76\text{kN}>V_{6C}=57\text{kN}$$

满足强度要求。

Ⓓ轴墙体的剪切抗力为

$$\frac{f_{vE}A}{\gamma_{RE}}=\frac{0.0968\times10^3\times0.56}{0.75}\text{kN}=72.27\text{kN}>V_{6D}=52\text{kN}$$

满足强度要求。

2. 第二层墙体强度验算

由于 1 层墙厚 370mm。2 层墙厚 240mm，它们的面积比是 1.5：1，而 1 层设计剪力 $V_1=1.3\times2719\text{kN}=3535\text{kN}$，2 层设计剪力 $V_2=1.3\times2428\text{kN}=3156\text{kN}$，相应比例是 1.12：1，因此

可以断定，如2层达到抗震强度要求，1层一定能达到。一般说来墙厚不变时，1层较危险，通常1层危害也较重。

（1）横墙的验算　楼层设计剪力在各道横墙上分配，在中等刚性楼盖条件下，由 $V_{im}=\frac{1}{2}\left(\frac{A_{im}}{A_i}+\frac{A'_{im}}{A'_i}\right)V_i$ 决定，从公式可以看出，如果各道横墙截面大体相同，则 A'_{im} 最大的从属横墙分担的剪力也最大，该道横墙就是危险墙体，在本例中⑤轴线承担的荷载面积最大，它是首先要验算的墙，②轴线由于开洞较多，截面削弱较多，也要验算，而且需验算②轴线墙的各墙段。

首先算⑤轴线墙

$$A_{25}=(5.7+0.24)\times0.24\times2\text{m}^2=2.85\text{m}^2$$

$$\begin{aligned}A_2&=[2.85\times6+(13.44-1.2)\times0.24\times2+\\&\quad(5.94-1.0-1.8)\times0.24\times4]\ \text{m}^2\\&=(17.1+5.88+3.01)\text{m}^2=26\text{m}^2\end{aligned}$$

$$A'_{25}=13.2\times3.6\times(1+1.5)\ \text{m}^2=118.8\text{m}^2$$

$$A'_2=13.2\times54.0\text{m}^2=712.8\text{m}^2$$

代入 $V_{25}=\frac{1}{2}\times\left(\frac{2.85}{26}+\frac{118.8}{712.8}\right)\times3156\text{kN}=436\text{kN}$

为了求得 σ_0，应先求出2层⑤轴线横墙中间高度上每米长度的竖向荷载

$$\begin{aligned}N&=3690\times3.6\text{N}+3940\times3.6\times3\text{N}+5240\times3.4\times\left(3+\frac{1}{2}\right)\text{N}\\&=118192\text{N}\end{aligned}$$

则

$$\sigma_0=\frac{118192}{0.24\times1.0\times10^6}\text{N/mm}^2=0.492\text{N/mm}^2$$

$$\sigma_0/f_{\text{v}}=\frac{0.492}{0.11}=4.47$$

查表24-5得 $\xi_{\text{N}}=1.25+0.22\times\frac{1.47}{2}=1.44$

$$f_{\text{vE}}=1.41\times0.11\text{N/mm}^2=0.155\text{N/mm}^2$$

由于走廊一侧墙段只有一端有构造柱，抗震调整系数 γ_{RE} 仍为1.0，则该墙段的抗力

$$\frac{0.155\times10^3\times2.85}{1.0}\text{kN}=442\text{kN}>436\text{kN}$$

满足要求。

② 轴线墙在走廊两侧是一样的，故可以只计算走廊一侧的墙，图24-17给出了②轴线走廊一侧墙的立面图，门窗把墙分成了 a、b、c 三段，根据墙段计取高度的规定，各段墙高宽比分别是：

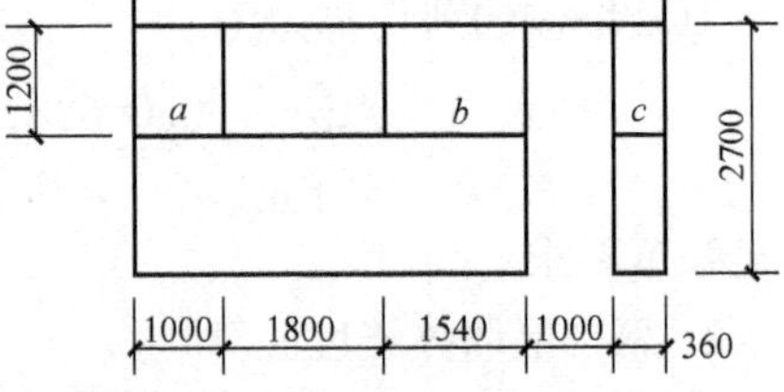

a 段 $\frac{h}{b}=\frac{1.2}{1.0}=1.2$，大于1，小于4，属于剪弯型；

图24-17　墙体开洞示意图（单位：mm）

b 段$\dfrac{h}{b}=\dfrac{1.2}{1.54}=0.78$，小于 1，属于剪切型；

c 段$\dfrac{h}{b}=\dfrac{2.7}{0.36}=7.5$，大于 4，属于弯曲型；不考虑它的刚度。

利用式（24-23）和式（24-24）求出 a、b 两段的刚度

$$K_{22a}=\frac{Et}{1.2(1.2^2+3)}=0.187Et$$

$$K_{22b}=\frac{Et}{3\times 0.78}=0.427Et$$

②轴线走廊一侧墙分配到的设计剪力计算如下

$$A_{22}=(5.94-1.0-1.8)\times 0.24\times 2\text{m}^2=1.51\text{m}^2$$

$$A_2=26\text{m}^2$$

$$A'_{22}=13.2\times 3.6\text{m}^2=47.52\text{m}^2$$

$$A'_2=712.8\text{m}^2$$

$$V_{22}=\frac{1}{2}\times\left(\frac{1.51}{26}+\frac{47.52}{712.8}\right)\times 3156\times\frac{1}{2}\text{kN}=98.4\text{kN}$$

利用式（24-18）和式（24-19）求得

$$V_{22a}=\frac{0.187Et}{0.187Et+0.427Et}\times 98.4\text{kN}=30.0\text{kN}$$

$$V_{22b}=\frac{0.427Et}{0.187Et+0.427Et}\times 98.4\text{kN}=68.4\text{kN}$$

a 段墙体的 σ_0 除担负自身 1m 宽的竖向荷载外，还要担负门窗洞口部分各一半的竖向荷载

$$N=\Big[3690\times 3.6+3940\times 3.6\times 3+5240\times(3.4\times 5.94-1.2\times 1.8-1.0\times 2.7)/5.94\times\left(3+\frac{1}{2}\right)\Big]\text{N}$$

$$=103187\text{N}=103.2\text{kN}$$

$$\sigma_{0a}=\frac{103200}{0.24\times 1.0\times 10^6}\times\frac{1+0.9}{1.0}\text{N/mm}^2=0.82\text{N/mm}^2$$

同样可得

$$\sigma_{0b}=\frac{103200}{0.24\times 10^6}\times\frac{1.54+0.9+0.5}{1.54}\text{N/mm}^2=0.82\text{N/mm}^2$$

于是 a、b 两段墙的$\dfrac{\sigma_0}{f_\text{v}}=\dfrac{0.82}{0.11}=7.45$，由表 24-5 得

$$\xi_\text{N}=1.65+\frac{0.45}{3}\times 0.25=1.69$$

于是

$$f_\text{vE}=1.69\times 0.11\text{N/mm}^2=0.186\text{MPa}$$

代入剪切抗力公式，得

a 段墙

$$\frac{0.186\times10^3\times1.0\times0.24}{1.0}\text{kN}=44.64\text{kN}>30.0\text{kN}$$

满足强度要求。

b 段墙

$$\frac{0.186\times10^3\times1.54\times0.24}{1.0}\text{kN}=68.75\text{kN}>68.4\text{kN}$$

满足强度要求

(2) 二层纵墙强度验算　由于内、外纵墙厚度都是240mm，而外墙开洞较多，Ⓐ、Ⓓ两道外纵墙开洞相同，所以可只验算Ⓐ轴线墙；

$$A_{2\text{A}}=(54.24-1.5\times15)\times0.24\text{m}^2=7.62\text{m}^2$$

$$A_2=7.62\times2\text{m}^2+(54.24-1.0\times8-3.36)\times0.24\times2\text{m}^2=35.82\text{m}^2$$

由于楼板在纵向刚度很大，一般都按刚性楼盖考虑，墙间剪力按 $V_{im}=\frac{A_{im}}{\sum A_{im}}V_i$ 分配，考虑作用分项系数，得

$$V_{2a\text{Ⓐ}}=\frac{7.62}{35.82}\times3156\text{kN}=671\text{kN}$$

Ⓐ轴线有些墙段承重，有些墙段不承重，取各段竖向压应力的平均值。

$$N=\Big[(54.24\times3.4-15\times1.5\times1.8)\times5240\times\left(3+\frac{1}{2}\right)+$$

$$3.6\times5.7\times3690\times\frac{1}{2}\times6+3.6\times5.7\times3940\times\frac{1}{2}\times6\times3+$$

$$178200\times\frac{1}{4}\times4\Big]\text{N}=3772415\text{N}=3772\text{kN}$$

$$\sigma_0=\frac{3772}{7.62\times10^3}\text{N/mm}^2=0.495\text{N/mm}^2$$

$\sigma_0/f_{\text{v}}=\frac{0.495}{0.11}=4.45$，查表24-5得

$$\xi_{\text{N}}=1.25+\frac{1.45}{2}\times0.22=1.41$$

于是

$$f_{\text{vE}}=1.41\times0.11\text{MPa}=0.155\text{MPa}$$

代入剪切抗力公式得

$$\frac{0.155\times10^3\times7.62}{0.9}\text{kN}=1312\text{kN}>671\text{kN}=V_{2a\text{A}}$$

该道纵墙满足强度要求（式中分母的0.9是因外墙两端有构造柱)。

Ⓑ、Ⓒ墙段的有效截面都比Ⓐ轴线大，显然满足强度要求。

第四节　多层砌体结构房屋的抗震构造措施

一、多层砖房抗震构造措施

(一) 设置现浇钢筋混凝土构造柱

震害分析和试验表明，在多层砖房中的适当部位设置钢筋混凝土构造柱（以下简称构

造柱）并与圈梁连接形成约束墙体的封闭框，可以明显增强砌体结构的变形能力，提高砌体结构的抗侧力能力。设构造柱的墙体在严重开裂后不致倒塌，可防止或延缓房屋在地震作用下发生突然倒塌，或者减轻房屋的损坏程度，同时，构造柱还能将砌体的抗剪强度提高10%~30%左右。因此，在砌体结构中设置构造柱是较有效而经济的一种防止房屋倒塌的抗震构造措施。

各类多层砖砌体房屋的构造柱设置，应符合下列要求。

1. 构造柱设置部位和要求（图 24-18）。

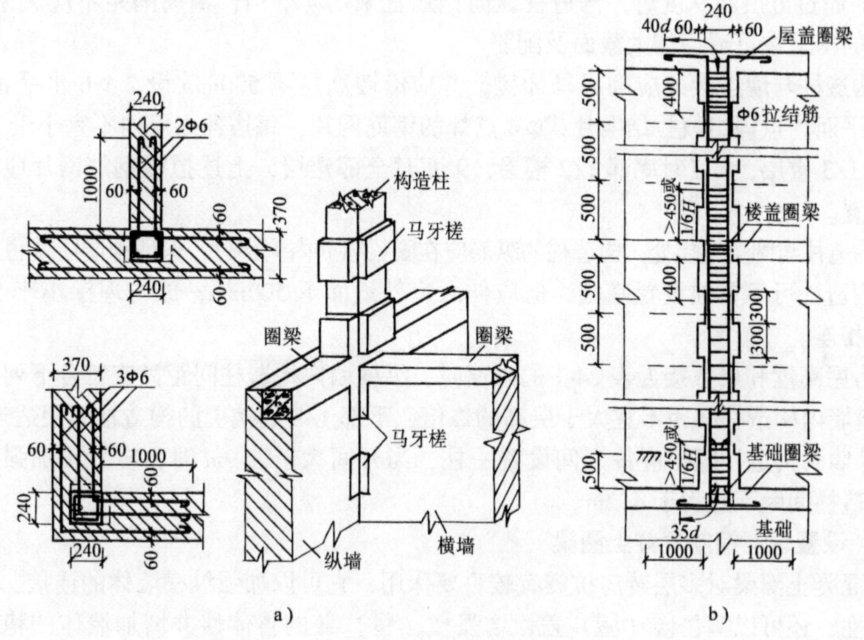

图 24-18　构造柱示意图

1）构造柱设置部位，一般情况下应符合表 24-9 的要求。

表 24-9　多层砖砌体房屋构造柱设置要求

房屋层数				设置部位	
6度	7度	8度	9度		
四、五	三、四	二、三		楼、电梯间四角，楼梯斜梯段上下端对应的墙体处；外墙四角和对应转角；错层部位横墙与外纵墙交接处；大房间内外墙交接处；较大洞口两侧	隔 12m 或单元横墙与外纵墙交接处；楼梯间对应的另一侧内横墙与外纵墙交接处
六	五	四	二		隔开间横墙（轴线）与外墙交接处；山墙与内纵墙交接处
七	≥六	≥五	≥三		内墙（轴线）与外墙交接处；内墙的局部较小墙垛处；内纵墙与横墙（轴线）交接处

注：较大洞口，内墙指不小于 2.1m 的洞口；外墙在内外墙交接处已设置构造柱时应允许适当放宽，但洞侧墙体应加强。

2）外廊式和单面走廊式的多层房屋，应根据房屋增加一层后的层数，按表 24-9 要求设置构造柱，且单面走廊两侧的纵墙均应按外墙处理。

3）教学楼、医院等横墙较少的房屋，应根据房屋增加一层后的层数，按表 24-9 的要求设置构造柱；当教学楼、医院等横墙较小的房屋为外廊式或单面走廊式时，应按2）条中要求设置构造柱，但6度不超过四层、7度不超过三层和8度不超过二层时，应按增加二层后的层数考虑。

4）各层横墙很少的房屋，应按增加二层的层数对待。

2. 多层砖砌体房屋构造柱截面尺寸、配筋和连接的要求

1）构造柱最小截面可采用240mm×180mm（墙厚190mm时为190mm×180mm），纵向钢筋宜采用4ф12。箍筋间距不宜大于250mm，且在柱上下端宜适当加密；6、7度时超过六层、8度时超过五层和9度时，构造柱纵向钢筋宜采用4ф14，箍筋间距不应大于200mm；房屋四角的构造柱可适当加大截面及配筋。

2）构造柱与墙连接处应砌成马牙槎，并应沿墙高每隔500mm设2ф6水平钢筋和ф4分布短筋平面内点焊组成拉结网片或ф4点焊的钢筋网片，每边伸入墙内不宜小于1m。6、7度时底部1/3楼层，8度时底部1/2楼层，9度时全部楼层，上述拉结钢筋网片应沿墙体水平通长设置。

3）构造柱与圈梁连接处，构造柱的纵筋应在圈梁纵筋内侧穿过，保证构造柱纵筋上下贯通。

4）构造柱可不单独设置基础，但应伸入室外地面下500mm，或与埋深小于500mm的基础圈梁相连。

5）房屋高度和层数接近表24-1的限值时，纵横墙内构造柱间距尚应符合下列要求：

① 横墙内构造柱间距不宜大于层高的二倍，下部1/3的楼层的构造柱间距适当减小。

② 外墙的构造柱间距应每开间设置一柱，当开间大于3.9m时，应另设加强措施。内纵墙的构造柱间距不宜大于4.2m。

（二）设置现浇钢筋混凝土圈梁

钢筋混凝土圈梁对多层砖房抗震有较重要作用，它可以加强纵横墙体的连接，以增强房屋的整体性，还可以箍住楼（屋）盖，增强楼（屋）盖的整体性并增加墙体的稳定性，也可以约束墙体的裂缝开展，抵抗由于地震或其他原因引起的地基不均匀沉降对房屋造成的破坏。此外，圈梁还是减小构造柱计算长度，使构造柱充分发挥抗震作用不可缺少的连接构件。因此，设置钢筋混凝土圈梁是砌体房屋中广泛应用的有效抗震措施。

多层砖砌体房屋的现浇钢筋混凝土圈梁设置，应符合下列要求。

1. 设置部位及构造要求

1）装配式钢筋混凝土楼盖、屋盖或木屋盖的砖房，横墙承重时应按表24-10的要求设置圈梁，纵墙承重时抗震横墙上的圈梁间距应比表内要求适当加密。

表24-10　多层砖砌体房屋现浇钢筋混凝土圈梁设置要求

墙　类	烈　度		
	6、7	8	9
外墙和内纵墙	屋盖处及每层楼盖处	屋盖处及每层楼盖处	屋盖处及每层楼盖处
内横墙	同上； 屋盖处间距不应大于4.5m； 楼盖处间距不应大于7.2m； 构造柱对应部位	同上； 各层所有横墙，且间距不应大于4.5m； 构造柱对应部位	同上； 各层所有横墙

2）现浇或装配整体式钢筋混凝土楼盖、屋盖与墙体可靠连接的房屋可不另设圈梁，但

楼板沿抗震墙体周边均应加强配筋，并应与相应的构造柱钢筋可靠连接。

3）圈梁应闭合，遇有洞口应上下搭接，圈梁宜与预制板设在同一标高处或紧靠板底（图 24-19）。

4）圈梁在表 24-10 要求的间距内无横墙时，应利用梁或板缝中配筋替代圈梁（图 24-20）。

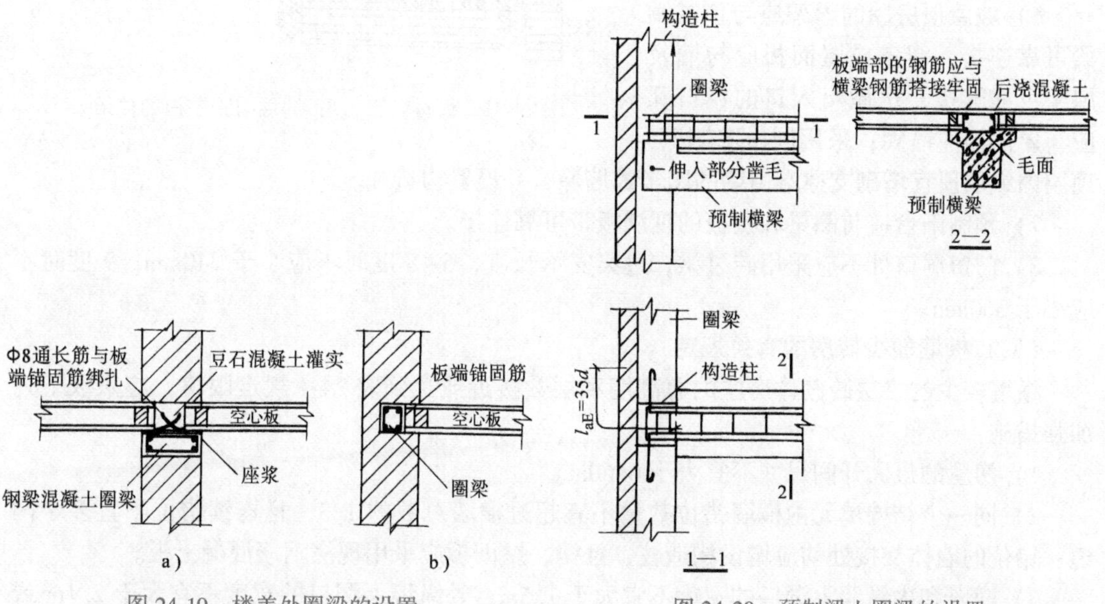

图 24-19　楼盖处圈梁的设置

图 24-20　预制梁上圈梁的设置

2. 圈梁截面尺寸及配筋

圈梁的截面高度不应小于 120mm，配筋应符合表 24-11 的要求。但在软弱黏性土、液化土、新近填土或严重不均匀土层上的砌体房屋的基础圈梁，截面高度不应小于 180mm，配筋不应少于 4Φ12。

表 24-11　圈梁配筋要求

配　筋	烈　度		
	6、7	8	9
最小纵筋	4Φ10	4Φ12	4Φ14
最大箍筋间距/mm	250	200	150

（三）楼盖、屋盖构件搭接长度和连接

楼盖、屋盖构件搭接长度和连接应符合下列要求：

1）现浇钢筋混凝土楼板或屋面板伸进纵、横墙内的长度，均不宜小于 120mm。

2）装配式钢筋混凝土楼板或屋面板，当圈梁未设在板的同一标高时，板端伸进外墙的长度不应小于 120mm，伸进内墙的长度不应小于 100mm，在梁上不应小于 80mm，或采用硬架支模连接。

3）当板的跨度大于 4.8m 并与外墙平行时，靠外墙的预制板侧边应与墙或圈梁拉结（图 24-21）。

4）房屋端部大房间的楼盖，6 度时房屋的屋盖和 7~9 度时房屋的楼盖、屋盖，当圈梁设在板底时，钢筋混凝土预制板应相互拉结，并应与梁、墙或圈梁拉结。

5）楼、屋盖的钢筋混凝土梁或屋架，应与墙、柱（包括构造柱）或圈梁可靠连接；不得采用独立砖柱。跨度不小于6m大梁的支承构件应采用组合砌体等加强措施，并满足承载力要求。

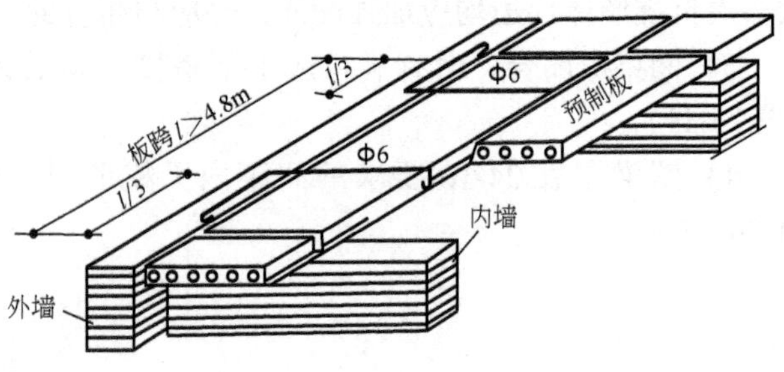

图 24-21　板跨大于 4.8m 时墙与预制板的拉结

6）坡屋顶房屋的屋架应与顶层圈梁可靠连接，檩条或屋面板应与墙及屋架可靠连接，房屋出入口的檐口瓦应与屋面构件锚固；采用硬山墙搁檩，顶层内纵墙顶宜增砌支撑端山墙的踏步式墙垛，并设置构造柱。

7）预制阳台应与圈梁和楼板的现浇板带可靠连接。

8）门窗洞口处不应采用砖过梁，过梁支承长度，6~8度时不应小于240mm；9度时不应小于360mm。

（四）横墙较少砖房的有关规定

横墙较少的多层砖砌体房屋的总高度和层数接近或达到表24-1规定限值，应采取下列加强措施：

1）房屋的最大开间尺寸不宜大于6.60m。

2）同一个结构单元内横墙错位数量不宜超过横墙总数的1/3，且连续错位不宜多于两道；错位的墙体交接处均应增设构造柱，且楼、屋面板应采用现浇钢筋混凝土板。

3）横墙和内纵墙上洞口的宽度不宜大于1.5m；外纵墙上洞口的宽度不宜大于2.1m或开间尺寸的一半；内外墙上洞口位置不应影响内外纵墙和横墙的整体连接。

4）所有纵横墙均应在楼、屋盖标高处设置加强的现浇钢筋混凝土圈梁，圈梁的截面高度不小于150mm，上下纵筋各不应少于3Φ10，箍筋不小于Φ6，间距不大于300mm。

5）所有纵横墙交接处及横墙的中部，均应设构造柱；该构造柱在纵、横墙内的柱距不宜大于3m，最小截面尺寸不宜小于240mm×240mm（墙厚190mm时为240mm×190mm），配筋宜符合表24-12的要求。

表 24-12　增设构造柱的纵筋和箍筋的设置要求

位置	纵向钢筋			箍　筋		
	最大配筋率（%）	最小配筋率（%）	最小直径/mm	加密区范围/mm	加密区间距/mm	最小直径/mm
角柱	1.8	0.8	14	全高	100	6
边柱	1.8	0.8	14	上端700		
中柱	1.4	0.6	12	下端500		

6）同一结构单元的楼、屋面板应设在同一标高处。

7）房屋的底层和顶层，在窗台标高处宜设置沿纵横墙通长的水平现浇钢筋混凝土带，其截面高度不小于60mm，宽度不小于墙厚，纵向钢筋不少于2Φ10，横向分布筋的直径不小于Φ6，且其间距不大于200mm。

（五）墙体之间的连接

墙体之间的连接应符合下列要求：

1）6、7度时长度大于7.2m的大房间及8度和9度时，外墙转角及内外墙交接处，应

沿墙高每隔500mm配置2Φ6的通长钢筋和Φ4分布短筋平面内点焊组成的拉结网片或Φ4点焊网片。

2）后砌的非承重砌体隔墙应沿墙高每隔500mm配置2Φ6钢筋与承重墙或柱拉结，并每边伸入墙内不应小于500mm，8度和9度时长度大于5.0m的后砌非承重砌体隔墙的墙顶，尚应与楼板或梁拉结。

（六）楼梯间的抗震构造措施

楼梯间应符合下列要求：

1）顶层楼梯间横墙和外墙应沿墙高每隔500mm设2Φ6的通长钢筋和Φ4分布短筋平面内点焊组成的拉结网片或Φ4点焊网片；7~9度时其他各层楼梯间墙体应在休息平台或楼层半高处设置60mm厚、纵向钢筋不应少于2Φ10的钢筋混凝土带或配筋砖带，配筋砖带不少于3皮，每皮的配筋不少于2Φ6，砂浆强度等级不应低于M7.5且不低于同层墙体的砂浆强度等级。

2）8度和9度，楼梯间及门厅内墙阳角处的大梁支承长度不应小于500mm，并应与圈梁连接。

3）装配式楼梯段应与平台板的梁可靠连接，不应采用墙中悬挑式踏步或踏步竖肋插入墙体的楼梯，不应采用无筋砖砌栏板。

4）突出屋顶的楼、电梯间，构造柱应伸到顶部，并与顶部圈梁连接，所有墙体应沿墙高每隔500mm设2Φ6的通长钢筋和Φ4分布短筋平面内点焊组成的拉结网片或Φ4点焊网片。

（七）基础类型的要求

同一结构单元的基础（或桩承台），宜采用同一类型的基础，底面宜埋置在同一标高上，否则应增设基础圈梁并应按1∶2的台阶逐步放坡。

二、多层砌块房屋构造措施

（一）设置钢筋混凝土芯柱

为了增加混凝土小砌块房屋的整体性和延性，提高其抗震能力，可结合空心砌块的特点，在墙体的适当部位将砌块竖孔浇筑成钢筋混凝土芯柱。

1. 芯柱设置部位及数量

混凝土小砌块房屋应按表24-13要求设置钢筋混凝土芯柱；对医院、教学楼等横墙较少的房屋，应根据房屋增加一层后的层数按表24-13要求设置芯柱。

表24-13　多层小砌块房屋芯柱设置要求

<table>
<tr><th colspan="4">房屋层数</th><th rowspan="2">设置部位</th><th rowspan="2">设置数量</th></tr>
<tr><th>6度</th><th>7度</th><th>8度</th><th>9度</th></tr>
<tr><td>四、五</td><td>三、四</td><td>二、三</td><td></td><td>外墙转角，楼、电梯间四角，楼梯斜梯段上下端对应的墙体处；
大房间内外墙交接处；
错层部位横墙与外纵墙交接处；
隔12m或单元横墙与外纵墙交接处</td><td rowspan="2">外墙转角，灌实3个孔；
内外墙交接处，灌实4个孔；
楼梯斜段上下端对应的墙体处，灌实2个孔</td></tr>
<tr><td>六</td><td>五</td><td>四</td><td></td><td>同上；
隔开间横墙（轴线）与外纵墙交接处</td></tr>
<tr><td>七</td><td>六</td><td>五</td><td>二</td><td>同上；
各内墙（轴线）与外纵墙交接处；
内纵墙与横墙（轴线）交接处和洞口两侧</td><td>外墙转角，灌实5个孔；
内外墙交接处，灌实4个孔；
内墙交接处，灌实4~5个孔；
洞口两侧各灌实1个孔</td></tr>
</table>

(续)

房屋层数				设置部位	设置数量
6度	7度	8度	9度		
	七	≥六	≥三	同上; 横墙内芯柱间距不大于2m	外墙转角,灌实7个孔; 内外墙交接处,灌实5个孔; 内墙交接处,灌实4~5个孔; 洞口两侧各灌实1个孔

注:外墙转角、内外墙交接处、楼电梯间四角等部位,应允许采用钢筋混凝土构造柱替代部分芯柱。

2. 芯柱截面尺寸、混凝土强度等级和配筋

1)混凝土小砌块房屋芯柱截面尺寸不宜小于120mm×120mm。

2)芯柱混凝土强度等级,不应低于C620。

3)芯柱竖向钢筋应贯通墙身且与圈梁连接,插筋不应小于1Φ12,6、7度时超过五层、8度时超过四层和9度时,插筋不应小于1Φ14。

4)芯柱应伸入室外地面下500mm,或与埋深小于500mm的基础圈梁相连。

5)为提高墙体抗震受剪承载力而设置的芯柱,宜在墙体内均匀布置,最大净距不宜大于2.0m。

(二)砌块房屋中替代芯柱的钢筋混凝土构造柱的要求

1)构造柱最小截面可采用190mm×190mm,纵向钢筋宜采用4Φ12,箍筋间距不宜大于250mm,且在柱上下端宜适当加密;6、7度时超过五层、8度时超过四层和9度时,构造柱纵向钢筋宜采用4Φ14,箍筋间距不应大于200mm;外墙转角的构造柱可适当加大截面及配筋。

2)构造柱与砌块墙连接处应砌成马牙槎,与构造柱相邻的砌块孔洞,6度时宜填实,7度时应填实,8、9度时应填实并插筋;沿墙高每隔600mm设置Φ4点焊拉结钢筋网片,并应沿墙体水平通长设置。6、7度时底部1/3楼层、8层底部1/2楼层、9度全部楼层,上述拉结钢筋网片沿墙高间距不大于400mm。

3)构造柱与圈梁连接处,构造柱的纵筋应在圈梁纵筋内侧穿过,保证构造柱纵筋上下贯通。

4)构造柱可不单独设置基础,但应伸入室外地面下500mm,或与埋深小于500mm的基础圈梁相连。

(三)设置钢筋混凝土圈梁

多层砌块房屋均应设置现浇钢筋混凝土圈梁,其设置的位置应按多层砖砌体房屋圈梁的要求确定。圈梁宽度不应小于190mm,配筋不应小于4Φ12,箍筋间距不应大于200mm。

(四)设置钢筋混凝土带

多层小砌块房屋的层数,6度时超过五层、7度时超过四层、8度时超过三层和9度时,在底层和顶层的窗台标高处,沿纵横墙应设置通长的水平现浇钢筋混凝土带。其截面高度不小于60mm,纵筋不少于2Φ10,并应有分布拉结筋,其混凝土强度等级不低于C20。

(五)其他构造措施

多层小砌块房屋其他构造措施,如楼板和屋面板伸入墙内长度、增设钢筋混凝土加强柱

的设置、以及加强楼梯间的整体性等，与多层砖砌体房屋相应要求相同。

第五节　底层框架—抗震墙房屋抗震构造措施

一、概述

底层框架房屋主要指底层采用框架的多层房屋。这种建筑多用于底层为商店、餐厅或邮局等生活设施而上面几层为住宅、办公室等的临街房屋，底层因使用上需要大空间而采用框架，上面几层为纵横墙较多的砌体承重结构（图 24-22）。

历次大地震都表明，底层框架房屋在地震中的破坏是相当严重的。破坏都是发生在底层框架部位，特别是柱顶和柱底。例如在唐山大地震中的 10 度区，这类房屋少数遭受严重破坏，大多数倒塌，个别房屋由于底层框架柱的破坏，使上面几层原地坐落，造成房屋全部倒塌。

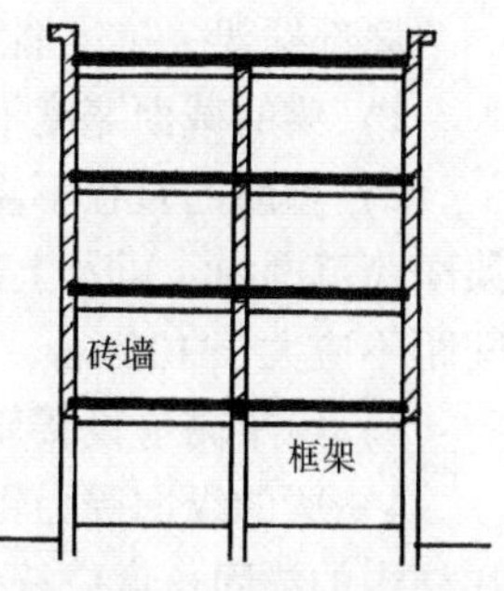

图 24-22　底部框架—抗震墙房屋

底层框架房屋震害加重的原因是：上部各层纵横墙较密，它不仅重量大，而且侧移刚度也大，而房屋底层承重结构为钢筋混凝土柔性框架，其侧移刚度比上层小得多，这样，就形成了“底层柔，上层刚”的结构体系。这种刚度急剧变化，使房屋在地震作用下的侧向位移集中发生在相对薄弱的底层，而上部各层间相对底层的侧移很小。当房屋某个部位的变形超过该部位构件的极限变形值，就发生破坏，超过得愈多，破坏就愈严重。底层框架房屋的地震位移反应相对集中于底层，从而引起底层的严重破坏，危及整个房屋的安全。

二、抗震构造措施

1. 钢筋混凝土构造柱或芯柱的设置

底部框架—抗震墙房屋的上部应设置钢筋混凝土构造柱或芯柱，并应符合下列要求：

1）钢筋混凝土构造柱或芯柱的设置部位应根据房屋总层数按多层砖砌体、多层砌块砌体房屋要求设置。过渡层（指底部框架—抗震墙结构上面相邻的砌体结构楼层）尚应在底部框架柱对应位置处设置构造柱。

2）构造柱的截面，不宜小于 240mm×240mm（墙厚 190mm 时为 240mm×190mm）。

3）构造柱纵向钢筋不宜少于 4Φ14，箍筋间距不宜大于 200mm；芯柱每孔插筋不应小于 1Φ14，芯柱之间沿墙高应每隔 400mm 设Φ4 焊接钢筋网片。

4）过渡层构造柱的纵向钢筋，6、7 度时不宜少于 4Φ16，8 度时不宜少于 4Φ18。过渡层芯柱的纵向钢筋，6、7 度时不宜少于每孔 1Φ16，8 度时不宜少于每孔 1Φ18。一般情况下，纵向钢筋应锚入下部的框架柱内；当纵向钢筋锚固在框架梁内时，托墙梁的相应位置应加强。

5）构造柱、芯柱应与每层圈梁连接，或与现浇楼板可靠拉结。

2. 上部的抗震墙与底部的框架梁、抗震墙以及构造柱与框架柱的相互关系

上部的抗震墙的中心线宜同底部的框架梁、抗震墙的轴线相重合；构造柱宜与框架柱上下贯通。

3. 楼盖的要求

底部框架—抗震墙房屋的楼盖应符合下列要求：

1）过渡层的底板应采用现浇钢筋混凝土楼板。板厚不应小于120mm；并应少开洞、开小洞，当洞口尺寸大于800mm时，洞口周边应设置边梁。

2）其他楼板，采用装配式钢筋混凝土楼板时均应设现浇圈梁，采用现浇钢筋混凝土楼板时应允许不另设圈梁，但楼板沿抗震墙体周边均应加强配筋并应与相应的构造柱可靠连接。

4. 钢筋混凝土托梁的要求

底部框架—抗震墙房屋的钢筋混凝土托梁，其截面和构造应符合下列要求：

1）梁的截面宽度不应小于300mm，梁的截面高度不应小于跨度的1/10。

2）箍筋的直径不应小于8mm，间距不应大于200mm；梁端在1.5倍梁高且不小于1/5梁净跨范围内，以及上部墙体的洞口处和洞口两侧各500mm且不小于梁高范围内，箍筋的间距不应大于100mm。

3）沿梁高应设腰筋，数量不小于2Φ14，间距不应大于200mm。

4）梁的纵向受力钢筋和腰筋应按受拉钢筋的要求锚固在柱内，且支座上部的纵向钢筋在柱内的锚固长度应符合钢筋混凝土框支梁的有关要求。

5. 钢筋混凝土抗震墙的截面和构造的要求

钢筋混凝土抗震墙，其截面和构造应符合下列要求：

1）抗震墙周边应设置梁（或暗柱）和边框柱（或框架柱）组成的边框。边框梁的截面宽度不宜小于墙板厚度的1.5倍，截面高度不宜小于墙板厚度的2.5倍；边框柱截面高度不宜小于墙板厚度的2倍。

2）抗震墙墙板厚度不宜小于160mm，且不应小于墙板净高的1/20；抗震墙宜开设洞口形成若干墙段，各墙段的高宽比不宜小于2。

3）抗震墙的竖向和横向分布钢筋配筋率均不应小于0.30%，并应采用双排布置；双排分布钢筋间拉筋的间距不应大于600mm，直径不应小于6mm。

4）抗震墙的边缘构件应按《建筑抗震设计规范》中抗震墙结构关于一般部位的规定设置。

6. 砖抗震墙的构造要求

当6度设防的底部框架—抗震墙砖房的底层采用约束砖抗震墙时，其构造应符合下列要求：

1）墙厚不应小于240mm，砌筑砂浆强度等级不应低于M10，应先砌墙后浇框架。

2）沿框架柱每隔300mm隔置2Φ8水平钢筋和Φ4分布短筋平面内点焊组成的拉结网片，并沿砖墙水平通长设置；在墙体半高处尚应设置与框架柱相连的网筋混凝土水平系梁。墙长大于4m时和洞口两侧，应在墙内增设钢筋混凝土构造柱。

7. 材料强度等级的要求

底部框架—抗震墙房屋的材料强度等级，应符合下列要求：

1）框架柱、抗震墙和托墙梁的混凝土强度等级，不应低于C30。

2）过渡层砌体块材的强度等级不应低于MU10，砖砌体的砂浆强度等级不应低于M10，砌块砌体的砂浆强度等级不低于Mb10。

本章小结

1）多层砌体结构房屋抗震设计应满足以下规定：

① 房屋的层数和总高度限制。

② 房屋最大高宽比限制。

③ 房屋抗震横墙最大间距限制。

④ 房屋局部尺寸限制。

⑤ 防震缝的设置要求。

2）多层砌体结构房屋的抗震验算的步骤为：

① 计算各楼层及总重力荷载代表值。

② 计算房屋底部地震剪力及各楼层地震剪力的标准值。

③ 墙体抗震承载力验算。首先应确定房屋的薄弱层，即地震作用危险层，然后求出作用于该层的剪力设计值 V_i，进行楼层各道墙体地震剪力设计值的分配，并按 $V \leqslant \frac{f_{vE}A}{\gamma_{RE}}$ 进行墙体截面抗剪能力的验算。

3）多层砌体结构房屋的抗震构造措施主要有：

① 设置钢筋混凝土构造柱。

② 设置钢筋混凝土圈梁。

③ 楼盖、屋盖构件要有足够的搭接长度和可靠的连接。

④ 墙体之间要有可靠的连接。

⑤ 加强楼梯间的整体性。

⑥ 采用同一类型的基础。

思考题

24-1　为什么要限制多层砌体房屋的总高度和层数？为什么要控制房屋最大高宽比的数值？

24-2　多层砌体房屋的结构体系应符合哪些要求？

24-3　为什么要限制多层砌体房屋抗震墙的间距？

24-4　多层砌体房屋的局部尺寸有哪些要求？

24-5　怎样进行多层砌体房屋的抗震验算？

24-6　多层砖砌体房屋的现浇钢筋混凝土构造柱和圈梁应符合哪些要求？

24-7　在建筑抗震设计中为什么要重视构造措施？

24-8　何谓底框架房屋，它有哪些抗震构造措施？

习　题

某四层砖混结构办公楼，平面、立面如图 24-23 所示。楼盖与屋盖采用预制钢筋混凝土空心板，横墙承重。窗洞尺寸为 1.5m×1.8m，房间门洞尺寸为 1.0m×2.5m，走道门洞尺寸为 1.5m×2.5m，墙的厚度均为 240mm。窗下墙高度 1.00m，窗上墙高度为 0.80m。楼面永久荷载 3.10kN/m^2，可变荷载 1.5kN/m^2，屋面永久荷载 5.35kN/m^2，雪荷载 0.3kN/m^2。砖的强度等级为 MU10，砌筑砂浆强度等级：首层、二层 M7.5，三、四为 M5。设防烈度 8 度，设计基本地震加速度为 0.20g，Ⅱ类场地，设计分组为第一组。试求楼层地震剪力及验算首层纵、横墙不利墙段截面抗震承载力。

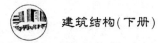

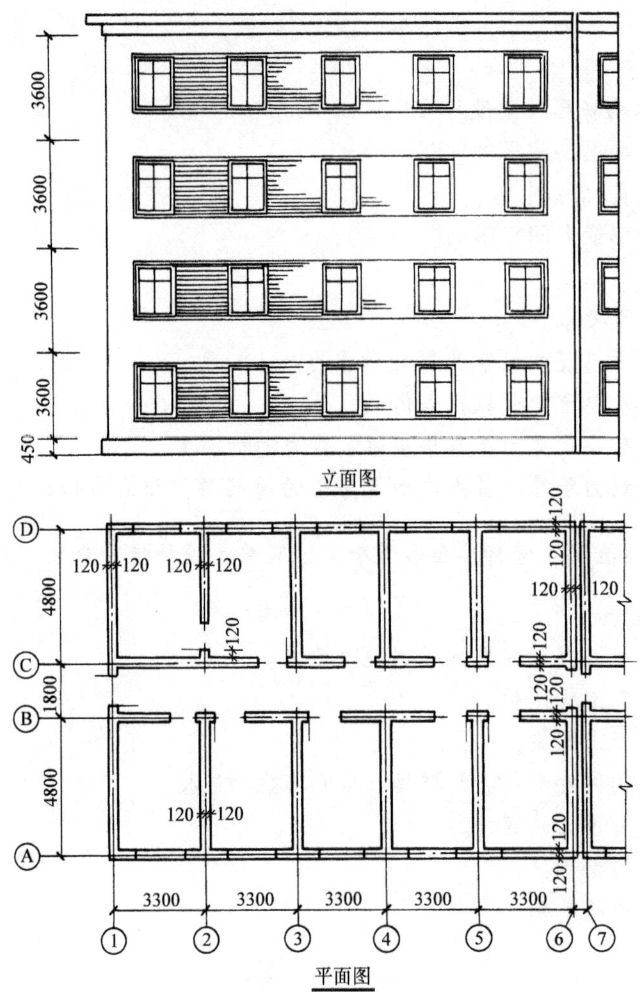

图 24-23　习题附图

第二十五章　多层框架结构抗震设计一般要求

学习目标：熟悉多层框架结构抗震设计的一般规定；掌握“强柱弱梁、强剪弱弯、强节点弱构件”的设计理念；掌握多层框架结构抗震构造的一般措施。

钢筋混凝土框架房屋是指由钢筋混凝土纵梁、横梁和柱等构件所组成的承重体系房屋，以下简称框架房屋（图 25-1）。

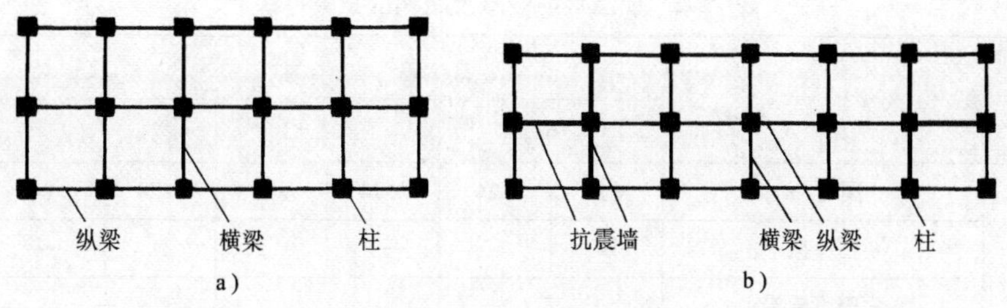

图 25-1　钢筋混凝土房屋

a）框架房屋体系　b）框架—抗震墙房屋体系

框架房屋建筑平面布置灵活，可任意分割房间，容易满足生产工艺和使用要求。它既可用于大空间的商场、工业生产车间、礼堂，也可用于住宅、办公楼、医院和学校建筑。因此，框架房屋在单层和多层工业与民用建筑中应用较为广泛。

框架房屋超过一定高度后，其侧向刚度将显著减小，在地震作用或风荷载作用下其侧向位移较大。因此，框架房屋一般多用于 10 层以下的建筑，个别有超过 10 层的，如北京长城饭店采用的就是 18 层钢筋混凝土框架结构。

第一节　抗震设计的一般规定

一、多层现浇框架结构适用的最大高度

不同的结构体系具有不同的抗震性能、使用效果和经济指标，其适用范围也就不同，《抗震规范》在考虑了地震烈度、场地土、抗震性能、使用要求及经济效果等因素和总结地震经验的基础上，规定了地震区多层现浇框架结构适用的最大高度，见表 25-1。应当指出，表中数值并非是房屋高度的限值，而只是我国规范适用的高度范围，即按规范规定设计可以满足抗震要求的高度限值；当超过表中限值时，必须进行专门研究，应有可靠的理论和试验依据并采取有效加强措施。

表 25-1　现浇框架结构适用的房屋最大高度　　（单位：m）

结构类型	烈度				
	6	7	8（0.2g）	8（0.3g）	9
框架结构	60	50	40	35	24

注：1. 房屋高度指室外地面到主要屋面板板顶的高度（不包括局部突出屋顶部分）。

2. 乙类建筑可按本地区抗震设防烈度确定适用的最大高度。

3. 表中框架不包括异形柱框架。

二、框架结构抗震等级的划分

《建筑抗震设计规范》规定：钢筋混凝土房屋应根据设防类别、烈度、结构类型和房屋高度采用不同的抗震等级，并应符合相应的计算和构造措施要求，丙类建筑的抗震等级按表25-2确定。这样，可以对同一设防烈度的不同高度的房屋采用不同抗震等级设计，同一建筑物中不同结构部分也可以采用不同抗震等级设计。

表 25-2　现浇钢筋混凝土结构的抗震等级

<table>
<tr><th colspan="2" rowspan="2">结构类型</th><th colspan="7">烈度</th></tr>
<tr><th colspan="2">6</th><th colspan="2">7</th><th colspan="2">8</th><th>9</th></tr>
<tr><td rowspan="3">框架结构</td><td>高度/m</td><td>≤24</td><td>>24</td><td>≤24</td><td>>24</td><td>≤24</td><td>>24</td><td>≤24</td></tr>
<tr><td>框架</td><td>四</td><td>三</td><td>三</td><td>二</td><td>二</td><td>一</td><td>一</td></tr>
<tr><td>大跨度框架</td><td colspan="2">三</td><td colspan="2">二</td><td colspan="2">一</td><td>一</td></tr>
</table>

三、建筑结构布置规则

由于地震作用的复杂性，建筑结构的地震反应还不能完全通过计算分析了解清楚，因此建筑结构的合理布置能起到重要的作用。近年来提出的“规则建筑”的概念包括了建筑的平、立面形状和结构刚度、屈服强度分布等方面的综合要求。

1. 建筑的平面

为了减小地震作用对建筑结构的整体和局部的不利影响，如扭转和应力集中效应，建筑平面形状宜规整，避免过大的外伸或内收。《抗震规范》规定房屋平面的凹角和凸角不大于该方向总长度的30%时，可以认为建筑外形是规则的（图25-2），否则认为是凹凸不规则建筑。

2. 沿房屋高度的层间刚度和层间屈服强度的分布宜均匀

水平地震作用下，结构处于弹性阶段时，其层间弹性位移分布主要取决于层间刚度分布；在弹塑性阶段，层间刚度分布同样有影响，但层间弹塑性位移分布主要取决于层间屈服强度相对值，即层间屈服强度系数 ξ_y。ξ_y 分布越不均匀，ξ_y 的最小值越小，层间弹塑性变形集中现象越严重。

根据大量地震反映分析统计，结构的层间刚度不小于其相邻上层刚度的70%，且不小于其上部相邻三层刚度平均值的80%（图25-3），层间屈服系数不小于其相邻屈服强度系数平均值的80%（图25-4），可认为是较均匀的结构。

为了减轻薄弱层的变形集中现象，框架结构抗震设计应注意以下问题：

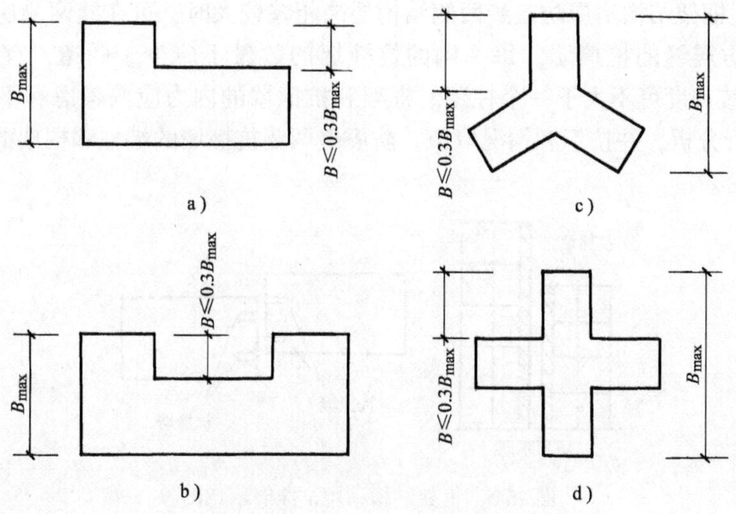

图 25-2　平面凹角或凸角的规则建筑

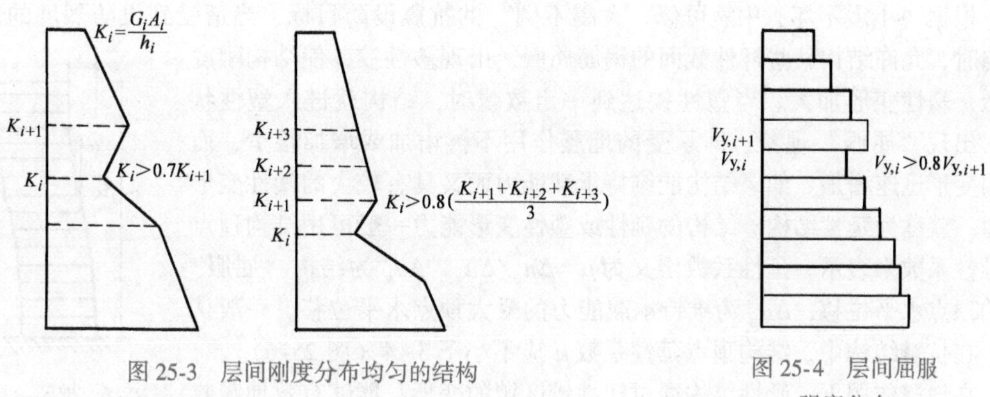

图 25-3　层间刚度分布均匀的结构

图 25-4　层间屈服强度分布

1）框架结构的各楼层中砌体填充墙应尽量相同。

2）主要抗侧力竖向构件，特别是框架柱，其截面尺寸、混凝土强度等级和配筋量的改变不宜集中在同一楼层内。

3）应纠正“增加构件强度总是有利无害”的非抗震设计概念，在设计和施工中不宜盲目改变混凝土强度等级和钢筋级别及配筋量。

四、防震缝和抗撞墙

体形复杂、平立面特别不规则的建筑结构，可按实际需要在适当部位设置防震缝，形成多个较规则的抗侧力结构单元。

防震缝应根据抗震设防烈度、结构材料种类、结构类型、结构单元的高度和高差以及可能的地震扭转效应的情况，留有足够的宽度，其两侧上部结构应完全分开。

当设置伸缩缝和沉降缝时，其宽度应符合防震缝的要求。

《抗震规范》规定，防震缝最小宽度应符合下列要求：

1）框架结构房屋的防震缝宽度，当高度不超过 15m 时不应小于 100mm；超过 15m 时，6 度、7 度、8 度和 9 度相应每增加高度 5m、4m、3m、2m，宜加宽 20mm。

2）防震缝两侧结构体系不同时，防震缝宽度按不利体系考虑，并按低的房屋高度计算缝宽。

3）8、9 度框架结构房屋防震缝两侧结构层高相差较大时，可在缝两侧房屋的尽端沿全高设置垂直于防震缝的抗撞墙。每一侧的抗撞墙的数量不应少于两道，宜分别对称布置（图 25-5），墙肢长度可不大于一个柱距。框架和抗撞墙的内力应按考虑和不考虑抗撞墙两种情况分别进行分析，并按不利情况取值。防震缝两侧抗撞墙的端柱和框架的边柱，箍筋应沿房屋全高加密。

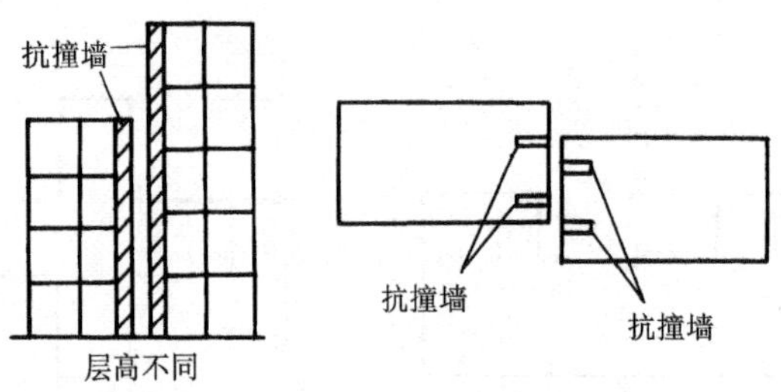

图 25-5　框架结构采用抗撞墙示意图

五、梁、柱与节点抗震设计的一般原则

根据“小震不坏、中震可修、大震不倒”的抗震设防目标，当遭受到设防烈度的地震影响时，允许结构某些杆件截面的钢筋屈服，出现塑性铰，使结构刚度降低，塑性变形加大。当塑性铰达到一定数量时，结构就进入塑性状态，出现“屈服”现象，即承受的地震作用不再增加或增加很少，而结构变形迅速增加。如果结构能维持承载能力而又具有较大的塑性变形能力，就称为延性结构。结构的延性或塑性变形能力一般可用结构顶点的延性系数来表示。延性系数定义为$\mu=\Delta u_p/\Delta u_y$，$\Delta u_y$为结构“屈服”时的顶点水平位移，$\Delta u_p$为维持承载能力的最大顶点水平位移。一般认为，在抗震结构中，结构顶点延性系数μ应不小于 3~4（图 25-6）。

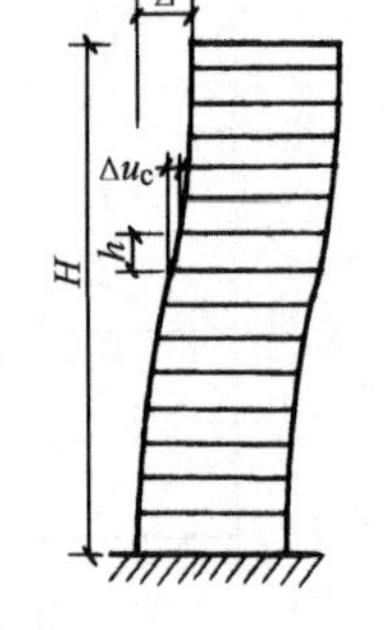

图 25-6　框架—抗震墙结构的侧移

在地震作用下，延性结构通过塑性铰区域的变形，能够有效地吸收和耗散地震能量。同时，这种变形降低了结构的刚度，致使结构在地震作用下的反应减小，也就是使地震对结构的作用力减小。因此，延性结构具有较强的抗震能力。为了防止钢筋混凝土房屋当遭受到高于本地区设防烈度的罕遇地震影响时，不致倒塌或发生危及生命的严重破坏，应设计成延性框架结构。

框架结构的顶点水平位移是由各层梁、柱的变形引起的层间位移积累产生的，因此，要求结构具有一定的延性就必须保证梁、柱有足够大的延性。而梁、柱的延性是以其截面塑性铰的转动能力来度量的。因此，在进行结构抗震设计时，应注意梁、柱塑性铰的设计，使框架结构成为具有较大延性的“延性框架结构”。

根据震害分析，以及近年来国内外试验研究资料，梁、柱塑性铰设计应遵循下述原则：

（1）强柱弱梁　要控制梁、柱的相对强度，使塑性铰首先在梁中出现（图 25-7a），尽量避免或减少塑性铰在柱中出现。因为塑性铰在柱中出现，很容易形成几何可变体系而倒塌（图 25-7b）。

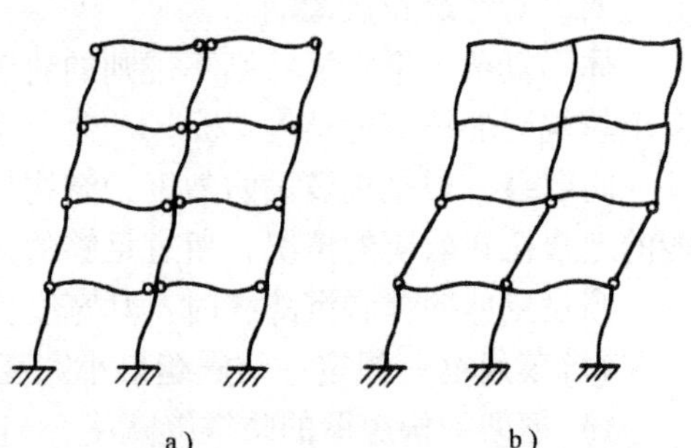

图 25-7　框架结构的塑性铰
a）框架梁产生塑性铰　b）框架柱产生塑性铰

（2）强剪弱弯　对于梁、柱构件而言，要保证构件出现塑性铰，而不过早地发生剪切破坏，要求构件的抗剪承载力大于塑性铰的抗弯承载力，形成“强剪弱弯”结构。

（3）强节点、强锚固　为了确保结构为延性结构，在梁的塑性铰充分发挥作用前，框架节点、钢筋的锚固不应过早地破坏。

第二节　抗震构造措施

一、梁、柱及节点核芯区箍筋的配置（图 25-8）

震害调查和理论分析表明，在地震作用下，梁、柱端部剪力最大，该处极易产生剪切破坏。因此《抗震规范》规定，在梁、柱端部一定长度范围内，箍筋间距应适当加密，一般称梁、柱端部这一范围为箍筋加密区。

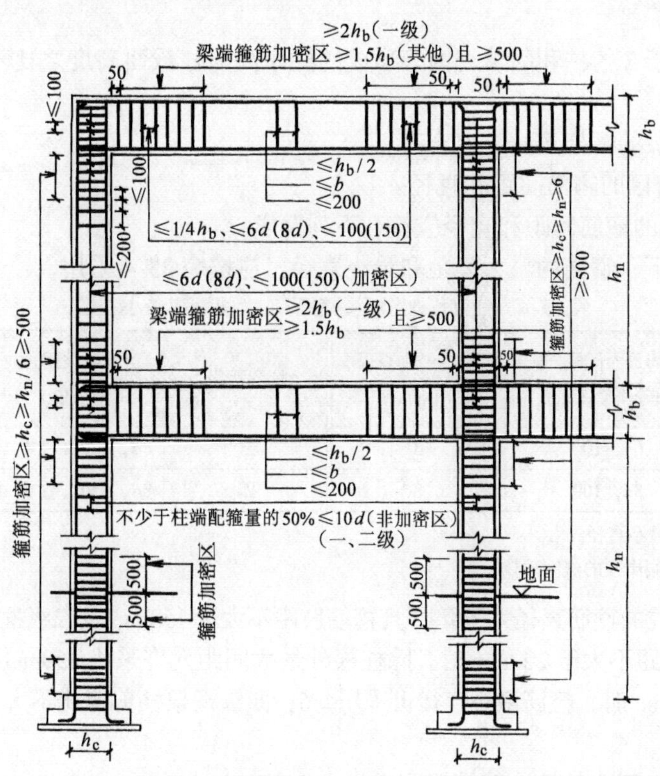

图 25-8　梁柱端部及节点核芯区箍筋配置

1. 梁端加密区的箍筋配置

梁端加密区的箍筋配置，应符合下列要求：

1）加密区的长度、箍筋最大间距和最小直径应按表 25-3 采用。当梁端纵向受拉钢筋配筋率大于 2%时，表中箍筋最小直径数值应增大 2mm。

2）梁端加密区箍筋肢距，一级不宜大于 200mm 和 20 倍箍筋直径的较大值，二、三级不宜大于 250mm 和 20 倍箍筋直径的较大值，四级不宜大于 300mm。

2. 柱的箍筋加密范围

表 25-3 梁端箍筋加密区的长度、箍筋最大间距和最小直径

抗震等级	加密区长(采用较大值)/mm	箍筋最大间距(采用较小值)/mm	箍筋最小直径/mm
一	$2h_b$, 500	$h_b/4$, $6d$, 100	10
二	$1.5h_b$, 500	$h_b/4$, $8d$, 100	8
三	$1.5h_b$, 500	$h_b/4$, $8d$, 150	8
四	$1.5h_b$, 500	$h_b/4$, $8d$, 150	6

注：d 为纵向钢筋直径，h_b 为梁高。

柱的箍筋加密范围应符合下列要求：

1）柱端，取截面高度（圆柱直径），柱净高的 1/6 和 500mm 三者的较大值。

2）底层柱，柱根不小于柱净高的 1/3，当有刚性地面时，除柱端外尚应取刚性地面上下各 500mm。

3）剪跨比大于 2 的柱和因填充墙等形成的柱净高与柱截面高度之比不大于 4 的柱，取全高。

4）一级、二级的框架角柱，取全高。

3. 柱箍筋加密区的箍筋间距和直径

柱箍筋加密区的箍筋间距和直径应符合下列要求：

1）一般情况下，箍筋的最大间距和最小直径，应按表 25-4 采用。

表 25-4 柱箍筋加密区的箍筋最大间距和最小直径

抗震等级	箍筋最大间距(采用较小值)/mm	箍筋最小直径/mm	抗震等级	箍筋最大间距(采用较小值)/mm	箍筋最小直径/mm
一	$6d$, 100	10	三	$8d$, 150（柱根 100）	8
二	$8d$, 100	8	四	$8d$, 150（柱根 100）	6（柱根 8）

注：1. d 为柱纵筋最小直径。

2. 柱根指框架底层柱的嵌固部位。

2）一级框架柱的箍筋直径大于Φ 12 且箍筋肢距不大于 150mm 及二级框架柱的箍筋直径不小于Φ 10 且箍筋肢距不大于 200mm 时，除柱根外最大间距允许采用 150mm；三级框架柱的截面尺寸不大于 400mm 时，箍筋最小直径可采用Φ 6；四级框架柱剪跨比不大于 2 时，箍筋直径不应小于Φ 8。

3）剪跨比不大于 2 的柱，箍筋间距不应大于 100mm。

4. 柱箍筋加密区箍筋肢距

柱箍筋加密区箍筋肢距一级不宜大于 200mm，二、三级不宜大于 250mm，四级不宜大于 300mm，至少每隔一根纵向钢筋宜在两个方向有箍筋或拉筋约束；采用拉筋复合箍时，拉筋宜紧靠纵向钢筋并勾住箍筋。

5. 柱箍筋加密区的体积配筋率

柱箍筋加密区的体积配筋率应符合下列要求

$$\rho_v = \frac{\lambda_v f_c}{f_{yv}} \tag{25-1}$$

式中　ρ_v——柱箍筋加密区的体积配筋率，一、二、三、四级分别不应小于0.8%、0.6%、0.4%和0.4%，计算复合螺旋箍筋的体积配箍率时，其非螺旋箍筋体积应乘以折减系数0.80；

f_c——混凝土轴心抗压强度设计值（MPa），强度等级低于C35时，应按C35计算；

f_{yv}——箍筋抗拉强度设计值（MPa），超过360MPa时，应取360MPa计算；

λ_v——最小配箍特征值，宜按表25-5采用。

表25-5　柱箍筋加密区的箍筋最小配箍特征值

抗震等级	箍筋形式	柱轴压比								
		≤0.3	0.4	0.5	0.6	0.7	0.8	0.9	1.0	1.05
一	普通箍、复合箍	0.10	0.11	0.13	0.15	0.17	0.20	0.23		
	螺旋箍、复合或连续复合矩形螺旋箍	0.08	0.09	0.11	0.13	0.15	0.18	0.21		
二	普通箍、复合箍	0.08	0.09	0.11	0.13	0.15	0.17	0.19	0.22	0.24
	螺旋箍、复合或连续复合矩形螺旋箍	0.06	0.07	0.09	0.11	0.13	0.15	0.17	0.20	0.22
三	普通箍、复合箍	0.06	0.07	0.09	0.11	0.13	0.15	0.17	0.20	0.22
	螺旋箍、复合或连续复合矩形螺旋箍	0.05	0.06	0.07	0.09	0.11	0.13	0.15	0.18	0.20

注：1. 普通箍指单个矩形箍和单个圆形箍；复合箍指由矩形、多边形、圆形箍或拉筋组成的箍筋；复合螺旋箍指由螺旋箍与矩形、多边形、圆形箍或拉筋组成的箍筋；连续复合矩形螺旋箍指全部螺旋箍为同一根钢筋加工而成的箍。

2. 剪跨比不大于2的柱宜采用复合螺旋箍或井字复合箍，其体积配箍率不应小于1.2%，9度时不应小于是1.5%。

6. 柱箍筋非加密区的体积配箍率

柱箍筋非加密区的体积配箍率不宜小于加密区的50%；箍筋间距，一、二级框架柱不应大于10倍纵向钢筋直径，三、四级框架柱不应大于15倍纵向钢筋直径。

7. 框架节点核芯区箍筋的最大间距和最小直径

框架节点核芯区箍筋的最大间距和最小直径，宜按柱箍筋加密区的要求采用。一、二、三级框架节点核芯区配箍特征值分别不宜小于0.12、0.10、0.08且体积配箍率分别不宜小于0.6%、0.5%、0.4%。柱剪跨比不大于2的框架节点核芯区配箍特征值不宜小于核芯区上、下柱端的较大配箍特征值。

二、钢筋锚固与接头

为了保证纵向钢筋和箍筋可靠的工作，钢筋锚固与接头除应符合现行的国家标准《混凝土结构工程施工质量验收规范》（GB 50204—2015）的要求外，尚应符合下列要求。

1）纵向钢筋的最小锚固长度应按下列公式计算。

一、二级
$$l_{aE}=1.15l_a \tag{25-2a}$$

三级
$$l_{aE}=1.05l_a \tag{25-2b}$$

四级
$$l_{aE}=1.0l_a \tag{25-2c}$$

式中　l_a——纵向钢筋的锚固长度（mm），按《混凝土结构设计规范》确定。

2）钢筋接头位置宜避开梁端、柱端箍筋加密区，但如有可靠依据及措施时，也可将接头布置在加密区。

3）当采用搭接接头时，其搭接接头长度不应小于 ζl_{aE}。ζ 为纵向受拉钢筋搭接长度修正系数，其值按表 25-6 采用。

表 25-6　纵向受拉钢筋搭接长度修正系数 ζ

纵向钢筋搭接接头面积百分率（%）	≤25	50	100
ζ	1.2	1.4	1.6

注：纵向钢筋搭接接头面积百分率按《混凝土结构设计规范》第 8.4.4 条的规定取为在同一连接范围内有搭接接头的受力钢筋与全部受力钢筋面积之比。

4）对于钢筋混凝土框架结构梁、柱的纵向受力钢筋接头方法应遵守以下规定：

① 框架梁。一级抗震等级，宜选用机械接头，也可采用搭接接头或焊接接头；二、三、四级抗震等级，可采用搭接接头或焊接接头。

② 框架柱。一级抗震等级，宜选用机械接头；二、三、四级抗震等级，宜选用机械接头，也可采用搭接接头或焊接接头。

5）框架梁柱纵向钢筋在框架节点核芯区锚固和搭接应符合下列要求：

① 框架梁在框架中间层的中间节点内的上部纵向钢筋应贯穿中间节点，对一、二级梁的下部纵向钢筋伸入中间节点的锚固长度不应小于 l_{aE}，且伸过中心线不应小于 $5d$（图 25-9a）。梁内贯穿中柱的每根纵向钢筋直径，对于一、二、三级抗震等级，不宜大于柱在该方向截面尺寸的 1/20。对于圆柱截面，梁最外侧贯穿节点的钢筋直径，不宜大于纵向钢筋所在位置柱截面弦长的 1/20。

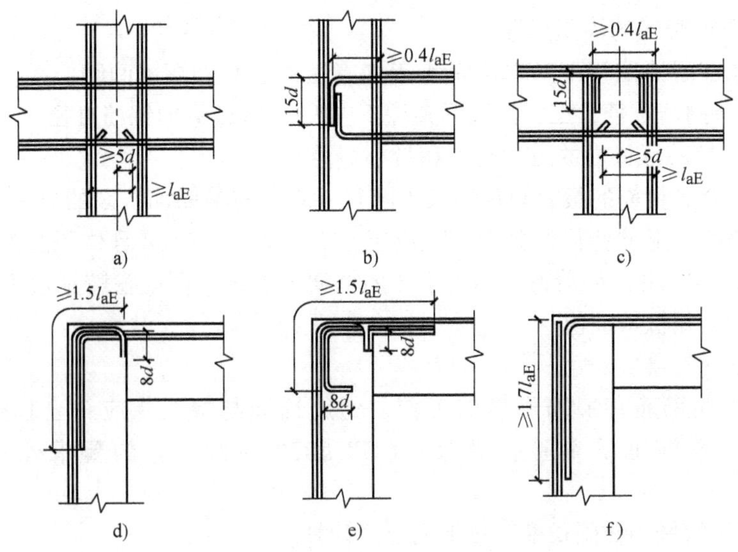

图 25-9　框架梁柱纵向钢筋在节点的锚固和搭接

a）中间层中节点　b）中间层端节点　c）顶层中节点

d）顶层端节点　e）顶层端节点　f）顶层端节点

② 中间层端节点内的上部纵向钢筋锚固长度除应符合式（25-2）的规定外，并应伸过

节点中心线不小于 $5d$。当纵向钢筋在端节点内的水平锚固长度不够时，沿柱节点外边向下弯折，经弯折后的水平投影长度，不应小于 $0.4l_{aE}$，垂直投影长度取 $15d$（图 25-9b）。梁下部纵向钢筋在中间层端节点中的锚固措施与梁上的相同，但竖直段应向上弯入节点。

③ 框架梁在框架顶层的中间节点内的上部纵向钢筋的配置。对一级抗震等级，上部纵向钢筋应穿过柱轴线，伸至柱对边向下弯折，经弯折后的垂直投影长度取 $15d$（图 25-9c）；对二、三级抗震等级，上部纵向钢筋可贯穿中间节点。对矩形截面柱节点，纵向钢筋直径不宜大于柱在该方向截面尺寸的 1/25；对圆柱节点，不宜大于纵向钢筋所在位置柱截面弦长的 1/25。顶层中间节点下部纵向钢筋，在节点中的锚固要求与中间层节点处相同。

在顶层中间节点内的框架柱的纵向钢筋锚固长度除应满足 l_{aE} 要求外，并应伸到柱顶。当柱纵向钢筋在节点内的竖向锚固长度不够时，应伸至柱顶后向内或外水平弯折，弯折前的锚固段竖向投影长度不应小于 $0.5l_{aE}$，弯折后的水平投影长度取 $12d$，当柱筋向外弯折时，伸出柱边的长度不宜小于 250mm。

④ 在框架顶层端节点中，梁上部纵向钢筋与柱外侧纵向钢筋搭接应符合以下规定：对一、二、三级抗震等级，搭接接头可采用沿节点上边及柱外边布置（图 25-9d）或沿节点外边及梁上边布置（图 25-9e）两种方案，搭接长度均不应小于 $1.5l_{aE}$，在后一方案中，伸入梁的柱纵向钢筋应不小于柱外侧计算需要的柱纵向钢筋的 2/3；对二、三级抗震等级，当梁、柱配筋率较高时，可采用搭接接头沿柱外边布置方案（图 25-9f）。搭接长度不应小于 $1.7l_{aE}$，且搭接时，搭接接头和纵向钢筋一次截断的配筋百分率不宜大于 1%，超过部分应分批截断，每批配筋百分率不宜大于 1%，每批截断点的距离不应小于 $20d$。

6）箍筋的末端应做成 135 度弯钩，弯钩端头平直段长度不应小于 $10d$（d 为箍筋直径）。

本章小结

1）多层现浇框架结构房屋的最大高度应满足表 25-1 的要求，建筑结构的平面布置应规则，沿房屋高度的层间刚度和层间屈服强度的分布宜均匀。对于体形复杂、平立面特别不规则的建筑结构，应设防震缝或抗撞墙，梁、柱与节点的抗震设计应符合“强柱弱梁、强剪弱弯、强节点弱构件”的设计理念。

2）框架结构抗震的构造措施主要包括：

① 在梁、柱端部一定长度范围内将箍筋间距加密。

② 框架节点核心区箍筋的最大间距和最小直径，宜按柱箍筋加密区的要求采用。

③ 钢筋锚固与接头应符合相关规范的要求。

思考题

25-1　框架结构的抗震等级是根据什么原则划分的？

25-2　规则结构应符合哪些要求？

25-3　采用什么方法才能把框架结构设计成延性结构？

25-4　何谓“强柱弱梁”和“强剪弱弯”，在抗震设计中如何体现？

25-5　框架结构构造措施有哪些方面的要求？是如何规定的？

附　录

附录 A　影响系数 φ

表 A-1　影响系数 φ（砂浆强度等级≥M5）

β	$\frac{e}{h}$或$\frac{e}{h_T}$						
	0	0.025	0.05	0.075	0.1	0.125	0.15
≤3	1	0.99	0.97	0.94	0.89	0.84	0.79
4	0.98	0.95	0.90	0.85	0.80	0.74	0.69
6	0.95	0.91	0.86	0.81	0.75	0.69	0.64
8	0.91	0.86	0.81	0.76	0.70	0.64	0.59
10	0.87	0.82	0.76	0.71	0.65	0.60	0.55
12	0.82	0.77	0.71	0.66	0.60	0.55	0.51
14	0.77	0.72	0.66	0.61	0.56	0.51	0.47
16	0.72	0.67	0.61	0.56	0.52	0.47	0.44
18	0.67	0.62	0.57	0.52	0.48	0.44	0.40
20	0.62	0.57	0.53	0.48	0.44	0.40	0.37
22	0.58	0.53	0.49	0.45	0.41	0.38	0.35
24	0.54	0.49	0.45	0.41	0.38	0.35	0.32
26	0.50	0.46	0.42	0.38	0.35	0.33	0.30
28	0.46	0.42	0.39	0.36	0.33	0.30	0.28
30	0.42	0.39	0.36	0.33	0.31	0.28	0.26

β	$\frac{e}{h}$或$\frac{e}{h_T}$					
	0.175	0.2	0.225	0.25	0.275	0.3
≤3	0.73	0.68	0.62	0.57	0.52	0.48
4	0.64	0.58	0.53	0.49	0.45	0.41
6	0.59	0.54	0.49	0.45	0.42	0.38
8	0.54	0.50	0.46	0.42	0.39	0.36
10	0.50	0.46	0.42	0.39	0.36	0.33
12	0.47	0.43	0.39	0.36	0.33	0.31
14	0.43	0.40	0.36	0.34	0.31	0.29
16	0.40	0.37	0.34	0.31	0.29	0.27
18	0.37	0.34	0.31	0.29	0.27	0.25
20	0.34	0.32	0.29	0.27	0.25	0.23
22	0.32	0.30	0.27	0.25	0.24	0.22
24	0.30	0.28	0.26	0.24	0.22	0.21
26	0.28	0.26	0.24	0.22	0.21	0.19
28	0.26	0.24	0.22	0.21	0.19	0.18
30	0.24	0.22	0.21	0.20	0.18	0.17

表 A-2　影响系数 φ（砂浆强度等级 M2.5）

β	$\frac{e}{h}$或$\frac{e}{h_T}$						
	0	0.025	0.05	0.075	0.1	0.125	0.15
≤3	1	0.99	0.97	0.94	0.89	0.84	0.79
4	0.97	0.94	0.89	0.84	0.78	0.73	0.67
6	0.93	0.89	0.84	0.78	0.73	0.67	0.62
8	0.89	0.84	0.78	0.72	0.67	0.62	0.57
10	0.83	0.78	0.72	0.67	0.61	0.56	0.52
12	0.78	0.72	0.67	0.61	0.56	0.52	0.47
14	0.72	0.66	0.61	0.56	0.51	0.47	0.43
16	0.66	0.61	0.56	0.51	0.47	0.43	0.40
18	0.61	0.56	0.51	0.47	0.43	0.40	0.36
20	0.56	0.51	0.47	0.43	0.39	0.36	0.33
22	0.51	0.47	0.43	0.39	0.36	0.33	0.31
24	0.46	0.43	0.39	0.36	0.33	0.31	0.28
26	0.42	0.39	0.36	0.33	0.31	0.28	0.26
28	0.39	0.36	0.33	0.30	0.28	0.26	0.24
30	0.36	0.33	0.30	0.28	0.26	0.24	0.22

β	$\frac{e}{h}$或$\frac{e}{h_T}$					
	0.175	0.2	0.225	0.25	0.275	0.3
≤3	0.73	0.68	0.62	0.57	0.52	0.48
4	0.62	0.57	0.52	0.48	0.44	0.40
6	0.57	0.52	0.48	0.44	0.40	0.37
8	0.52	0.48	0.44	0.40	0.37	0.34
10	0.47	0.43	0.40	0.37	0.34	0.31
12	0.43	0.40	0.37	0.34	0.31	0.29
14	0.40	0.36	0.34	0.31	0.29	0.27
16	0.36	0.34	0.31	0.29	0.26	0.25
18	0.33	0.31	0.29	0.26	0.24	0.23
20	0.31	0.28	0.26	0.24	0.23	0.21
22	0.28	0.26	0.24	0.23	0.21	0.20
24	0.26	0.24	0.23	0.21	0.20	0.18
26	0.24	0.22	0.21	0.20	0.18	0.17
28	0.22	0.21	0.20	0.18	0.17	0.16
30	0.21	0.20	0.18	0.17	0.16	0.15

表 A-3　影响系数 φ（砂浆强度等级 0）

β	$\frac{e}{h}$或$\frac{e}{h_T}$						
	0	0.025	0.05	0.075	0.1	0.125	0.15
≤3	1	0.99	0.97	0.94	0.89	0.84	0.79
4	0.87	0.82	0.77	0.71	0.66	0.60	0.55
6	0.76	0.70	0.65	0.59	0.54	0.50	0.46
8	0.63	0.58	0.54	0.49	0.45	0.41	0.38
10	0.53	0.48	0.44	0.41	0.37	0.34	0.32

(续)

β	$\frac{e}{h}$或$\frac{e}{h_T}$						
	0	0.025	0.05	0.075	0.1	0.125	0.15
12	0.44	0.40	0.37	0.34	0.31	0.29	0.27
14	0.36	0.33	0.31	0.28	0.26	0.24	0.23
16	0.30	0.28	0.26	0.24	0.22	0.21	0.19
18	0.26	0.24	0.22	0.21	0.19	0.18	0.17
20	0.22	0.20	0.19	0.18	0.17	0.16	0.15
22	0.19	0.18	0.16	0.15	0.14	0.14	0.13
24	0.16	0.15	0.14	0.13	0.13	0.12	0.11
26	0.14	0.13	0.13	0.12	0.11	0.11	0.10
28	0.12	0.12	0.11	0.11	0.10	0.10	0.09
30	0.11	0.10	0.10	0.09	0.09	0.09	0.08

β	$\frac{e}{h}$或$\frac{e}{h_T}$					
	0.175	0.2	0.225	0.25	0.275	0.3
≤3	0.73	0.68	0.62	0.57	0.52	0.48
4	0.51	0.46	0.43	0.39	0.36	0.33
6	0.42	0.39	0.36	0.33	0.30	0.28
8	0.35	0.32	0.30	0.28	0.25	0.24
10	0.29	0.27	0.25	0.23	0.22	0.20
12	0.25	0.23	0.21	0.20	0.19	0.17
14	0.21	0.20	0.18	0.17	0.16	0.15
16	0.18	0.17	0.16	0.15	0.14	0.13
18	0.16	0.15	0.14	0.13	0.12	0.12
20	0.14	0.13	0.12	0.12	0.11	0.10
22	0.12	0.12	0.11	0.10	0.10	0.09
24	0.11	0.10	0.10	0.09	0.09	0.08
26	0.10	0.09	0.09	0.08	0.08	0.07
28	0.09	0.08	0.08	0.08	0.07	0.07
30	0.08	0.07	0.07	0.07	0.07	0.06

附录B　轴心受压构件稳定系数

表B-1　a类截面轴心受压构件稳定系数φ

$\lambda\sqrt{\frac{f_y}{235}}$	0	1	2	3	4	5	6	7	8	9
0	1.000	1.000	1.000	1.000	0.999	0.999	0.998	0.998	0.997	0.996
10	0.995	0.994	0.993	0.992	0.991	0.989	0.988	0.986	0.985	0.983
20	0.981	0.979	0.977	0.976	0.974	0.972	0.970	0.968	0.966	0.964
30	0.963	0.961	0.959	0.957	0.955	0.952	0.950	0.948	0.946	0.944
40	0.941	0.939	0.937	0.934	0.932	0.929	0.927	0.924	0.921	0.919
50	0.916	0.913	0.910	0.907	0.904	0.900	0.897	0.894	0.890	0.886
60	0.883	0.879	0.875	0.871	0.867	0.863	0.858	0.854	0.849	0.844
70	0.839	0.834	0.829	0.824	0.818	0.813	0.807	0.801	0.795	0.789

（续）

$\lambda\sqrt{\frac{f_y}{235}}$	0	1	2	3	4	5	6	7	8	9
80	0.783	0.776	0.770	0.763	0.757	0.750	0.743	0.736	0.728	0.721
90	0.714	0.706	0.699	0.691	0.684	0.676	0.668	0.661	0.653	0.645
100	0.638	0.630	0.622	0.615	0.607	0.600	0.592	0.585	0.577	0.570
110	0.563	0.555	0.548	0.541	0.534	0.527	0.520	0.514	0.507	0.500
120	0.494	0.488	0.481	0.475	0.469	0.463	0.457	0.451	0.445	0.440
130	0.434	0.429	0.423	0.418	0.412	0.407	0.402	0.397	0.392	0.387
140	0.383	0.378	0.373	0.369	0.364	0.360	0.356	0.351	0.347	0.343
150	0.339	0.335	0.331	0.327	0.323	0.320	0.316	0.312	0.309	0.305
160	0.302	0.298	0.295	0.292	0.289	0.285	0.282	0.279	0.276	0.273
170	0.270	0.267	0.264	0.262	0.259	0.256	0.253	0.251	0.248	0.246
180	0.243	0.241	0.238	0.236	0.233	0.231	0.229	0.226	0.224	0.222
190	0.220	0.218	0.215	0.213	0.211	0.209	0.207	0.205	0.203	0.201
200	0.199	0.198	0.196	0.194	0.192	0.190	0.189	0.187	0.185	0.183
210	0.182	0.180	0.179	0.177	0.175	0.174	0.172	0.171	0.169	0.168
220	0.166	0.165	0.164	0.162	0.161	0.159	0.158	0.157	0.155	0.154
230	0.153	0.152	0.150	0.149	0.148	0.147	0.146	0.144	0.143	0.142
240	0.141	0.140	0.139	0.138	0.136	0.135	0.134	0.133	0.132	0.131
250	0.130									

表 B-2　*b* 类截面轴心受压构件稳定系数 φ

$\lambda\sqrt{\frac{f_y}{235}}$	0	1	2	3	4	5	6	7	8	9
0	1.000	1.000	1.000	0.999	0.999	0.998	0.997	0.996	0.995	0.994
10	0.992	0.991	0.989	0.987	0.985	0.983	0.981	0.978	0.976	0.973
20	0.970	0.967	0.963	0.960	0.957	0.953	0.95	0.946	0.943	0.939
30	0.936	0.932	0.929	0.925	0.922	0.918	0.914	0.910	0.906	0.903
40	0.899	0.895	0.891	0.887	0.882	0.878	0.874	0.870	0.865	0.861
50	0.856	0.852	0.847	0.842	0.838	0.833	0.828	0.823	0.818	0.813
60	0.807	0.802	0.797	0.791	0.786	0.780	0.774	0.769	0.763	0.757
70	0.751	0.745	0.739	0.732	0.726	0.720	0.714	0.707	0.701	0.694
80	0.688	0.681	0.675	0.668	0.661	0.655	0.648	0.641	0.635	0.628
90	0.621	0.614	0.608	0.601	0.594	0.588	0.581	0.575	0.568	0.561
100	0.555	0.549	0.542	0.536	0.529	0.523	0.517	0.511	0.505	0.499
110	0.493	0.487	0.481	0.475	0.470	0.464	0.458	0.453	0.447	0.442
120	0.437	0.432	0.426	0.421	0.416	0.411	0.406	0.402	0.397	0.392
130	0.387	0.383	0.378	0.374	0.370	0.365	0.361	0.357	0.353	0.349
140	0.345	0.341	0.337	0.333	0.329	0.326	0.322	0.318	0.315	0.311
150	0.308	0.304	0.301	0.298	0.295	0.291	0.288	0.285	0.282	0.279
160	0.276	0.273	0.270	0.267	0.265	0.262	0.259	0.256	0.254	0.251
170	0.249	0.246	0.244	0.241	0.239	0.236	0.234	0.232	0.229	0.227
180	0.225	0.223	0.220	0.218	0.216	0.214	0.212	0.210	0.208	0.206
190	0.204	0.202	0.200	0.198	0.197	0.195	0.193	0.191	0.190	0.188
200	0.186	0.184	0.183	0.181	0.180	0.178	0.176	0.175	0.173	0.172
210	0.170	0.169	0.167	0.166	0.165	0.163	0.162	0.160	0.159	0.158
220	0.156	0.155	0.154	0.153	0.151	0.150	0.149	0.148	0.146	0.145
230	0.144	0.143	0.142	0.141	0.140	0.138	0.137	0.136	0.135	0.134
240	0.133	0.132	0.131	0.130	0.129	0.128	0.127	0.126	0.125	0.124
250	0.123									

表 B-3　c 类截面轴心受压构件稳定系数 φ

$\lambda\sqrt{\frac{f_y}{235}}$	0	1	2	3	4	5	6	7	8	9
0	1.000	1.000	1.000	0.999	0.999	0.998	0.997	0.996	0.995	0.993
10	0.992	0.990	0.988	0.986	0.983	0.981	0.978	0.976	0.973	0.970
20	0.966	0.959	0.953	0.947	0.940	0.934	0.928	0.921	0.915	0.909
30	0.902	0.896	0.890	0.884	0.877	0.871	0.865	0.858	0.852	0.846
40	0.839	0.833	0.826	0.820	0.814	0.807	0.801	0.794	0.788	0.781
50	0.775	0.768	0.762	0.755	0.748	0.742	0.735	0.729	0.722	0.715
60	0.709	0.702	0.695	0.689	0.682	0.676	0.669	0.662	0.656	0.649
70	0.643	0.636	0.629	0.623	0.616	0.610	0.604	0.597	0.591	0.584
80	0.578	0.572	0.566	0.559	0.553	0.547	0.541	0.535	0.529	0.523
90	0.517	0.511	0.505	0.500	0.494	0.488	0.483	0.477	0.472	0.467
100	0.463	0.458	0.454	0.449	0.445	0.441	0.436	0.432	0.428	0.423
110	0.419	0.415	0.411	0.407	0.403	0.399	0.395	0.391	0.387	0.383
120	0.379	0.375	0.371	0.367	0.364	0.360	0.356	0.353	0.349	0.346
130	0.342	0.339	0.335	0.332	0.328	0.325	0.322	0.319	0.315	0.312
140	0.309	0.306	0.303	0.300	0.297	0.294	0.291	0.288	0.285	0.282
150	0.280	0.277	0.274	0.271	0.269	0.266	0.264	0.261	0.258	0.256
160	0.254	0.251	0.249	0.246	0.244	0.242	0.239	0.237	0.235	0.233
170	0.230	0.228	0.226	0.224	0.222	0.220	0.218	0.216	0.214	0.212
180	0.210	0.208	0.206	0.205	0.203	0.201	0.199	0.197	0.196	0.194
190	0.192	0.190	0.189	0.187	0.186	0.184	0.182	0.181	0.179	0.178
200	0.176	0.175	0.173	0.172	0.170	0.169	0.168	0.166	0.165	0.163
210	0.162	0.161	0.159	0.158	0.157	0.156	0.154	0.153	0.152	0.151
220	0.150	0.148	0.147	0.146	0.145	0.144	0.143	0.142	0.140	0.139
230	0.138	0.137	0.136	0.135	0.134	0.133	0.132	0.131	0.130	0.129
240	0.128	0.127	0.126	0.125	0.124	0.124	0.123	0.122	0.121	0.120
250	0.119									

表 B-4　d 类截面轴心受压构件稳定系数 φ

$\lambda\sqrt{\frac{f_y}{235}}$	0	1	2	3	4	5	6	7	8	9
0	1.000	1.000	0.999	0.999	0.998	0.996	0.994	0.992	0.990	0.987
10	0.984	0.981	0.978	0.974	0.969	0.965	0.960	0.955	0.949	0.944
20	0.937	0.927	0.918	0.909	0.900	0.891	0.883	0.874	0.865	0.857
30	0.848	0.840	0.831	0.823	0.815	0.807	0.799	0.790	0.782	0.774
40	0.766	0.759	0.751	0.743	0.735	0.728	0.720	0.712	0.705	0.697
50	0.690	0.683	0.675	0.668	0.661	0.654	0.646	0.639	0.632	0.625
60	0.618	0.612	0.605	0.598	0.591	0.585	0.578	0.572	0.565	0.559
70	0.552	0.546	0.540	0.534	0.528	0.522	0.516	0.510	0.504	0.498
80	0.493	0.487	0.481	0.476	0.470	0.465	0.460	0.454	0.449	0.444
90	0.439	0.434	0.429	0.424	0.419	0.414	0.410	0.405	0.401	0.397
100	0.394	0.390	0.387	0.383	0.380	0.376	0.373	0.370	0.366	0.363
110	0.359	0.356	0.353	0.350	0.346	0.343	0.340	0.337	0.334	0.331
120	0.328	0.325	0.322	0.319	0.316	0.313	0.310	0.307	0.304	0.301
130	0.299	0.296	0.293	0.290	0.288	0.285	0.282	0.280	0.277	0.275
140	0.272	0.270	0.267	0.265	0.262	0.260	0.258	0.255	0.253	0.251
150	0.248	0.246	0.244	0.242	0.240	0.237	0.235	0.233	0.231	0.229
160	0.227	0.225	0.223	0.221	0.219	0.217	0.215	0.213	0.212	0.210
170	0.208	0.206	0.204	0.203	0.201	0.199	0.197	0.196	0.194	0.192
180	0.191	0.189	0.188	0.186	0.184	0.183	0.181	0.180	0.178	0.177
190	0.176	0.174	0.173	0.171	0.170	0.168	0.167	0.166	0.164	0.163
200	0.162									

附录C　各种截面回转半径的近似值

$i_x=0.30h$ $i_y=0.30b$ $i_z=0.195h$	$i_x=0.40h$ $i_y=0.21b$	$i_x=0.38h$ $i_y=0.60b$	$i_x=0.41h$ $i_y=0.22b$
$i_x=0.32h$ $i_y=0.28b$ $i_z=0.18\frac{h+b}{2}$	$i_x=0.45h$ $i_y=0.235b$	$i_x=0.38h$ $i_y=0.44b$	$i_x=0.32h$ $i_y=0.49b$
$i_x=0.30h$ $i_y=0.215b$	$i_x=0.44h$ $i_y=0.28b$	$i_x=0.32h$ $i_y=0.58b$	$i_x=0.29h$ $i_y=0.50b$
$i_x=0.32h$ $i_y=0.20b$	$i_x=0.43h$ $i_y=0.43b$	$i_x=0.32h$ $i_y=0.40b$	$i_x=0.29h$ $i_y=0.45b$
$i_x=0.28h$ $i_y=0.24b$	$i_x=0.39h$ $i_y=0.20b$	$i_x=0.32h$ $i_y=0.12b$	$i_x=0.29h$ $i_y=0.29b$

(续)

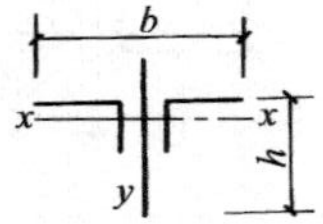 $i_x=0.30h$ $i_y=0.17b$	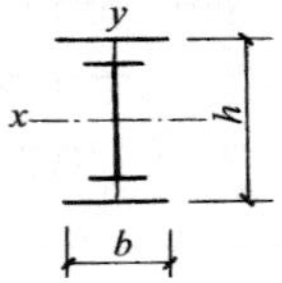 $i_x=0.42h$ $i_y=0.22b$	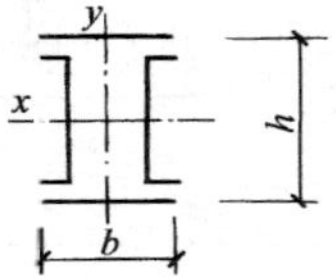 $i_x=0.44h$ $i_y=0.32b$	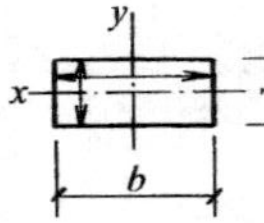 $i_x=0.24h_{平}$ $i_y=0.41b_{平}$
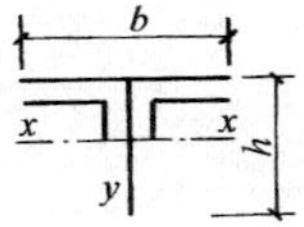 $i_x=0.28h$ $i_y=0.21b$	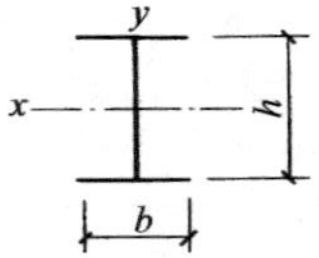 $i_x=0.43h$ $i_y=0.24b$	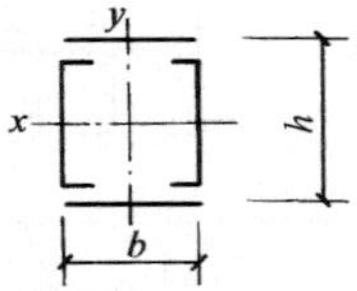 $i_x=0.44h$ $i_y=0.38b$	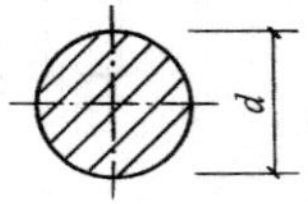 $i=0.25h$
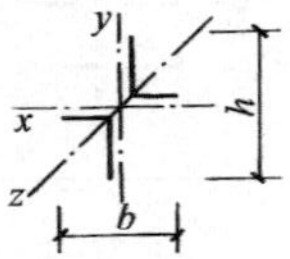 $i_x=0.21h$ $i_y=0.21b$ $i_z=0.185h$	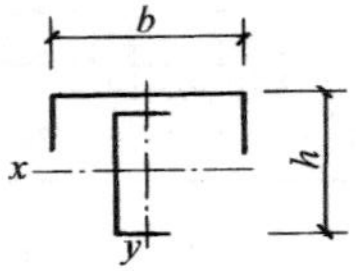 $i_x=0.365h$ $i_y=0.275b$	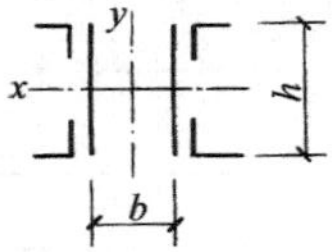 $i_x=0.37h$ $i_y=0.54b$	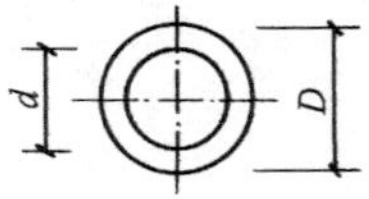 $i=0.35d_{平}$
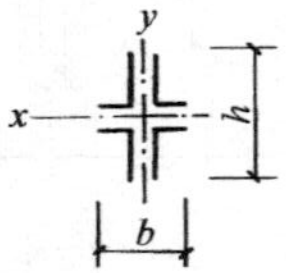 $i_x=0.21h$ $i_y=0.21b$	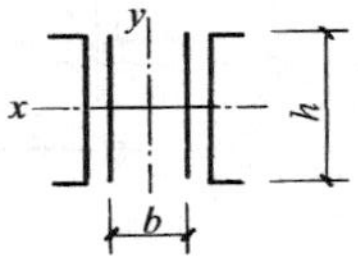 $i_x=0.35h$ $i_y=0.56b$	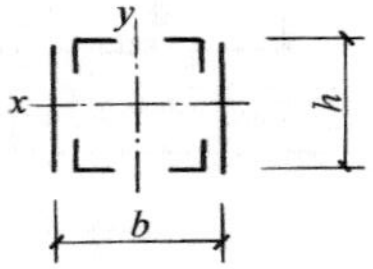 $i_x=0.37h$ $i_y=0.45b$	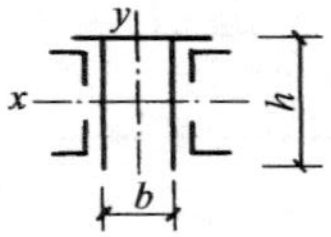 $i_x=0.39h$ $i_y=0.53b$
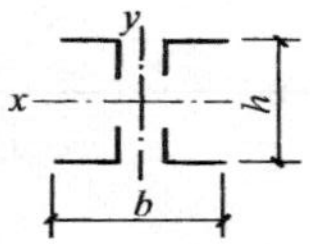 $i_x=0.45h$ $i_y=0.24b$	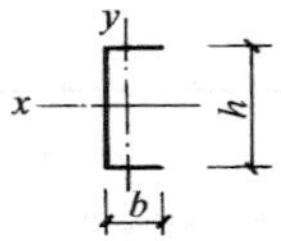 $i_x=0.39h$ $i_y=0.29b$	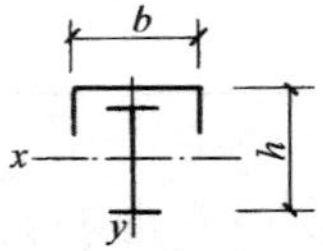 $i_x=0.40h$ $i_y=0.24b$	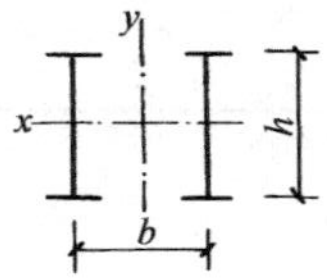 $i_x=0.40h$ $i_y=0.50b$

附录D 型钢规格

表D-1 工字钢截面尺寸、截面面积、理论重量及截面特性

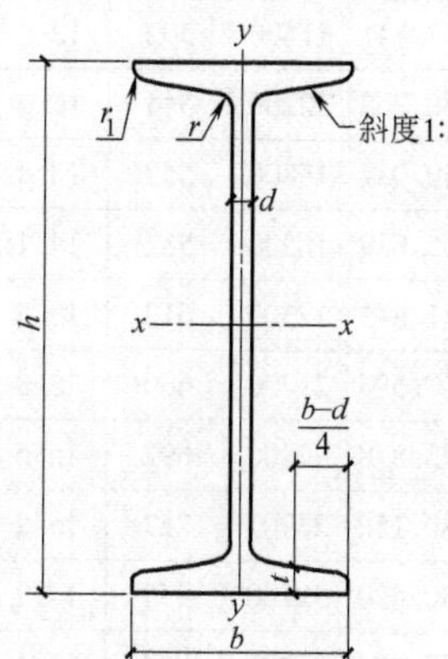

h—高度；
b—腿宽度；
d—腰厚度；
t—平均腿厚度；
r—内圆弧半径；
r_1—腿端圆弧半径。

型号	截面尺寸/mm						截面面积/cm²	理论重量/(kg/m)	惯性矩/cm⁴		惯性半径/cm		截面模数/cm³	
	h	b	d	t	r	r_1			I_x	I_y	i_x	i_y	W_x	W_y
10	100	68	4.5	7.6	6.5	3.3	14.345	11.261	245	33.0	4.14	1.52	49.0	9.72
12	120	74	5.0	8.4	7.0	3.5	17.818	13.987	436	46.9	4.95	1.62	72.7	12.7
12.6	126	74	5.0	8.4	7.0	3.5	18.118	14.223	488	46.9	5.20	1.61	77.5	12.7
14	140	80	5.5	9.1	7.5	3.8	21.516	16.890	712	64.4	5.76	1.73	102	16.1
16	160	88	6.0	9.9	8.0	4.0	26.131	20.513	1130	93.1	6.58	1.89	141	21.2
18	180	94	6.5	10.7	8.5	4.3	30.756	24.143	1660	122	7.36	2.00	185	26.0
20a	200	100	7.0	11.4	9.0	4.5	35.578	27.929	2370	158	8.15	2.12	237	31.5
20b		102	9.0				39.578	31.069	2500	169	7.96	2.06	250	33.1
22a	220	110	7.5	12.3	9.5	4.8	42.128	33.070	3400	225	8.99	2.31	309	40.9
22b		112	9.5				46.528	36.524	3570	239	8.78	2.27	325	42.7
24a	240	116	8.0	13.0	10.0	5.0	47.741	37.477	4570	280	9.77	2.42	381	48.4
24b		118	10.0				52.541	41.245	4800	297	9.57	2.38	400	50.4
25a	250	116	8.0				48.541	38.105	5020	280	10.2	2.40	402	48.3
25b		118	10.0				53.541	42.030	5280	309	9.94	2.40	423	52.4
27a	270	122	8.5	13.7	10.5	5.3	54.554	42.825	6550	345	10.9	2.51	485	56.6
27b		124	10.5				59.954	47.064	6870	366	10.7	2.47	509	58.9
28a	280	122	8.5				55.404	43.492	7110	345	11.3	2.50	508	56.6
28b		124	10.5				61.004	47.888	7480	379	11.1	2.49	534	61.2
30a	300	126	9.0	14.4	11.0	5.5	61.254	48.084	8950	400	12.1	2.55	597	63.5
30b		128	11.0				67.254	52.794	9400	422	11.8	2.50	627	65.9
30c		130	13.0				73.254	57.504	9850	445	11.6	2.46	657	68.5

(续)

型号	截面尺寸/mm						截面面积/cm²	理论重量/(kg/m)	惯性矩/cm⁴		惯性半径/cm		截面模数/cm³	
	h	b	d	t	r	r_1			I_x	I_y	i_x	i_y	W_x	W_y
32a	320	130	9.5	15.0	11.5	5.8	67.156	52.717	11100	460	12.8	2.62	692	70.8
32b		132	11.5				73.556	57.741	11600	502	12.6	2.61	726	76.0
32c		134	13.5				79.956	62.765	12200	544	12.3	2.61	760	81.2
36a	360	136	10.0	15.8	12.0	6.0	76.480	60.037	15800	552	14.4	2.69	875	81.2
36b		138	12.0				83.680	65.689	16500	582	14.1	2.64	919	84.3
36c		140	14.0				90.880	71.341	17300	612	13.8	2.60	962	87.4
40a	400	142	10.5	16.5	12.5	6.3	86.112	67.598	21700	660	15.9	2.77	1090	93.2
40b		144	12.5				94.112	73.878	22800	692	15.6	2.71	1140	96.2
40c		146	14.5				102.112	80.158	23900	727	15.2	2.65	1190	99.6
45a	450	150	11.5	18.0	13.5	6.8	102.446	80.420	32200	855	17.7	2.89	1430	114
45b		152	13.5				111.446	87.485	33800	894	17.4	2.84	1500	118
45c		154	15.5				120.446	94.550	35300	938	17.1	2.79	1570	122
50a	500	158	12.0	20.0	14.0	7.0	119.304	93.654	46500	1120	19.7	3.07	1860	142
50b		160	14.0				129.304	101.504	48600	1170	19.4	3.01	1940	146
50c		162	16.0				139.304	109.354	50600	1220	19.0	2.96	2080	151
55a	550	166	12.5	21.0	14.5	7.3	134.185	105.335	62900	1370	21.6	3.19	2290	164
55b		168	14.5				145.185	113.970	65600	1420	21.2	3.14	2390	170
55c		170	16.5				156.185	122.605	68400	1480	20.9	3.08	2490	175
56a	560	166	12.5				135.435	106.316	65600	1370	22.0	3.18	2340	165
56b		168	14.5				146.635	115.108	68500	1490	21.6	3.16	2450	174
56c		170	16.5				157.835	123.900	71400	1560	21.3	3.16	2550	183
63a	630	176	13.0	22.0	15.0	7.5	154.658	121.407	93900	1700	24.5	3.31	2980	193
63b		178	15.0				167.258	131.298	98100	1810	24.2	3.29	3160	204
63c		180	17.0				179.858	141.189	102000	1920	23.8	3.27	3300	214

注：表中 r、r_1 的数据用于孔型设计，不做交货条件。

表 D-2 槽钢截面尺寸、截面面积、理论重量及截面特性

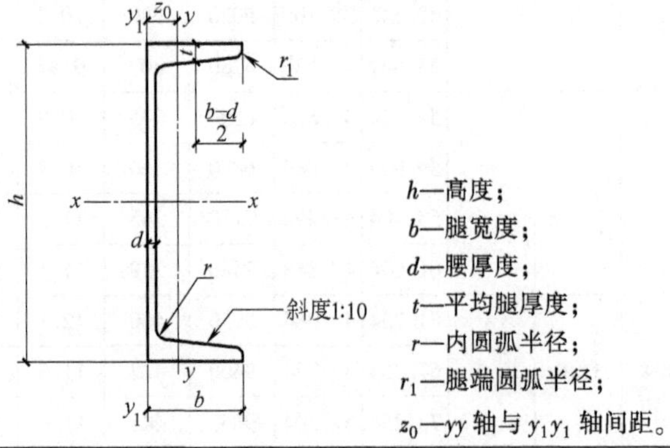

（续）

型号	截面尺寸/mm						截面面积/cm²	理论重量/(kg/m)	惯性矩/cm⁴			惯性半径/cm		截面模数/cm³		重心距离/cm
	h	b	d	t	r	r_1			I_x	I_y	I_{y1}	i_x	i_y	W_x	W_y	z_0
5	50	37	4.5	7.0	7.0	3.5	6.928	5.438	26.0	8.30	20.9	1.94	1.10	10.4	3.55	1.35
6.3	63	40	4.8	7.5	7.5	3.8	8.451	6.634	50.8	11.9	28.4	2.45	1.19	16.1	4.50	1.36
6.5	65	40	4.3	7.5	7.5	3.8	8.547	6.709	55.2	12.0	28.3	2.54	1.19	17.0	4.59	1.38
8	80	43	5.0	8.0	8.0	4.0	10.248	8.045	101	16.6	37.4	3.15	1.27	25.3	5.79	1.43
10	100	48	5.3	8.5	8.5	4.2	12.748	10.007	198	25.6	54.9	3.95	1.41	39.7	7.80	1.52
12	120	53	5.5	9.0	9.0	4.5	15.362	12.059	346	37.4	77.7	4.75	1.56	57.7	10.2	1.62
12.6	126	53	5.5	9.0	9.0	4.5	15.692	12.318	391	38.0	77.1	4.95	1.57	62.1	10.2	1.59
14a	140	58	6.0	9.5	9.5	4.8	18.516	14.535	564	53.2	107	5.52	1.70	80.5	13.0	1.71
14b		60	8.0				21.316	16.733	609	61.1	121	5.35	1.69	87.1	14.1	1.67
16a	160	63	6.5	10.0	10.0	5.0	21.962	17.24	866	73.3	144	6.28	1.83	108	16.3	1.80
16b		65	8.5				25.162	19.752	935	83.4	161	6.10	1.82	117	17.6	1.75
18a	180	68	7.0	10.5	10.5	5.2	25.699	20.174	1270	98.6	190	7.04	1.96	141	20.0	1.88
18b		70	9.0				29.299	23.000	1370	111	210	6.84	1.95	152	21.5	1.84
20a	200	73	7.0	11.0	11.0	5.5	28.837	22.637	1780	128	244	7.86	2.11	178	24.2	2.01
20b		75	9.0				32.837	25.777	1910	144	268	7.64	2.09	191	25.9	1.95
22a	220	77	7.0	11.5	11.5	5.8	31.846	24.999	2390	158	298	8.67	2.23	218	28.2	2.10
22b		79	9.0				36.246	28.453	2570	176	326	8.42	2.21	234	30.1	2.03
24a	240	78	7.0	12.0	12.0	6.0	34.217	26.860	3050	174	325	9.45	2.25	254	30.5	2.10
24b		80	9.0				39.017	30.628	3280	194	355	9.17	2.23	274	32.5	2.03
24c		82	11.0				43.817	34.396	3510	213	388	8.96	2.21	293	34.4	2.00
25a	250	78	7.0				34.917	27.410	3370	176	322	9.82	2.24	270	30.6	2.07
25b		80	9.0				39.917	31.335	3530	196	353	9.41	2.22	282	32.7	1.98
25c		82	11.0				44.917	35.260	3690	218	384	9.07	2.21	295	35.9	1.92
27a	270	82	7.5	12.5	12.5	6.5	39.284	30.838	4360	216	393	10.5	2.34	323	35.5	2.13
27b		84	9.5				44.684	35.077	4690	239	428	10.3	2.31	347	37.7	2.06
27c		86	11.5				50.084	39.316	5020	261	467	10.1	2.28	372	39.8	2.03
28a	280	82	7.5				40.034	31.427	4760	218	388	10.9	2.33	340	35.7	2.10
28b		84	9.5				45.634	35.823	5130	242	428	10.6	2.30	366	37.9	2.02
28c		86	11.5				51.234	40.219	5500	268	463	10.4	2.29	393	40.3	1.95
30a	300	85	7.5	13.5	13.5	6.8	43.902	34.463	6050	260	467	11.7	2.43	403	41.1	2.17
30b		87	9.5				49.902	39.173	6500	289	515	11.4	2.41	433	44.0	2.13
30c		89	11.5				55.902	43.883	6950	316	560	11.2	2.38	463	46.4	2.09
32a	320	88	8.0	14.0	14.0	7.0	48.513	38.083	7600	305	552	12.5	2.50	475	46.5	2.24
32b		90	10.0				54.913	43.107	8140	336	593	12.2	2.47	509	49.2	2.16
32c		92	12.0				61.313	48.131	8690	374	643	11.9	2.47	543	52.6	2.09

（续）

型号	截面尺寸/mm						截面面积/cm²	理论重量/(kg/m)	惯性矩/cm⁴			惯性半径/cm		截面模数/cm³		重心距离/cm
	h	b	d	t	r	r_1			I_x	I_y	I_{y1}	i_x	i_y	W_x	W_y	z_0
36a	360	96	9.0	16.0	16.0	8.0	60.910	47.814	11900	455	818	14.0	2.73	660	63.5	2.44
36b		98	11.0				68.110	53.466	12700	497	880	13.6	2.70	703	66.9	2.37
36c		100	13.0				75.310	59.118	13400	536	948	13.4	2.67	746	70.0	2.34
40a	400	100	10.5	18.0	18.0	9.0	75.068	58.928	17600	592	1070	15.3	2.81	879	78.8	2.49
40b		102	12.5				83.068	65.208	18600	640	1140	15.0	2.78	932	82.5	2.44
40c		104	14.5				91.068	71.488	19700	688	1220	14.7	2.75	986	86.2	2.42

注：表中 r、r_1 的数据用于孔型设计，不做交货条件。

表 D-3　等边角钢截面尺寸、截面面积、理论重量及截面特性

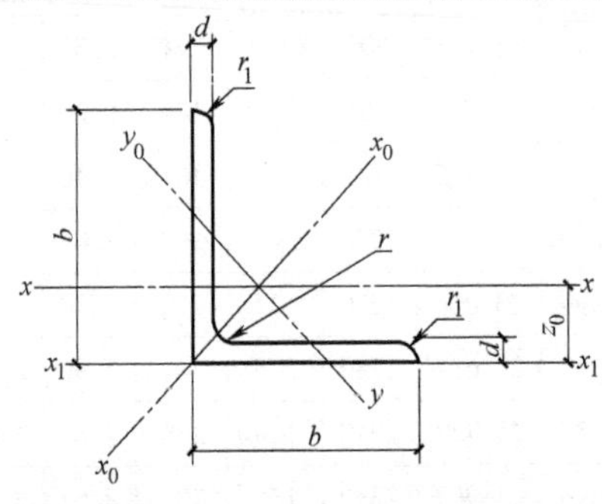

b—边高度；
d—边厚度；
r—内圆弧半径；
r_1—边端圆弧半径；
z_0—重心距离。

型号	截面尺寸/mm			截面面积/cm²	理论重量/(kg/m)	外表面积/(m²/m)	惯性矩/cm⁴				惯性半径/cm			截面模数/cm³			重心距离/cm
	b	d	r				I_x	I_{x1}	I_{x0}	I_{y0}	i_x	i_{x0}	i_{y0}	W_x	W_{x0}	W_{y0}	z_0
2	20	3	3.5	1.132	0.889	0.078	0.40	0.81	0.63	0.17	0.59	0.75	0.39	0.29	0.45	0.20	0.60
		4		1.459	1.145	0.077	0.50	1.09	0.78	0.22	0.58	0.73	0.38	0.36	0.55	0.24	0.64
2.5	25	3		1.432	1.124	0.098	0.82	1.57	1.29	0.34	0.76	0.95	0.49	0.46	0.73	0.33	0.73
		4		1.859	1.459	0.097	1.03	2.11	1.62	0.43	0.74	0.93	0.48	0.59	0.92	0.40	0.76
3.0	30	3	4.5	1.749	1.373	0.117	1.46	2.71	2.31	0.61	0.91	1.15	0.59	0.68	1.09	0.51	0.85
		4		2.276	1.786	0.117	1.84	3.63	2.92	0.77	0.90	1.13	0.58	0.87	1.37	0.62	0.89
3.6	36	3		2.109	1.656	0.141	2.58	4.68	4.09	1.07	1.11	1.39	0.71	0.99	1.61	0.76	1.00
		4		2.756	2.163	0.141	3.29	6.25	5.22	1.37	1.09	1.38	0.70	1.28	2.05	0.93	1.04
		5		3.382	2.654	0.141	3.95	7.84	6.24	1.65	1.08	1.36	0.70	1.56	2.45	1.00	1.07
4	40	3	5	2.359	1.852	0.157	3.59	6.41	5.69	1.49	1.23	1.55	0.79	1.23	2.01	0.96	1.09
		4		3.086	2.422	0.157	4.60	8.56	7.29	1.91	1.22	1.54	0.79	1.60	2.58	1.19	1.13
		5		3.791	2.976	0.156	5.53	10.74	8.76	2.30	1.21	1.52	0.78	1.96	3.10	1.39	1.17
4.5	45	3		2.659	2.088	0.177	5.17	9.12	8.20	2.14	1.40	1.76	0.89	1.58	2.58	1.24	1.22
		4		3.486	2.736	0.177	6.65	12.18	10.56	2.75	1.38	1.74	0.89	2.05	3.32	1.54	1.26
		5		4.292	3.369	0.176	8.04	15.2	12.74	3.33	1.37	1.72	0.88	2.51	4.00	1.81	1.30
		6		5.076	3.985	0.176	9.33	18.36	14.76	3.89	1.36	1.70	0.8	2.95	4.64	2.06	1.33

（续）

型号	截面尺寸/mm			截面面积/cm²	理论重量/(kg/m)	外表面积/(m²/m)	惯性矩/cm⁴				惯性半径/cm			截面模数/cm³			重心距离/cm
	b	d	r				I_x	I_{x1}	I_{x0}	I_{y0}	i_x	i_{x0}	i_{y0}	W_x	W_{x0}	W_{y0}	z_0
5	50	3	5.5	2.971	2.332	0.197	7.18	12.5	11.37	2.98	1.55	1.96	1.00	1.96	3.22	1.57	1.34
		4		3.897	3.059	0.197	9.26	16.69	14.70	3.82	1.54	1.94	0.99	2.56	4.16	1.96	1.38
		5		4.803	3.770	0.196	11.21	20.90	17.79	4.64	1.53	1.92	0.98	3.13	5.03	2.31	1.42
		6		5.688	4.465	0.196	13.05	25.14	20.68	5.42	1.52	1.91	0.98	3.68	5.85	2.63	1.46
5.6	56	3	6	3.343	2.624	0.221	10.19	17.56	16.14	4.24	1.75	2.20	1.13	2.48	4.08	2.02	1.48
		4		4.390	3.446	0.220	13.18	23.43	20.92	5.46	1.73	2.18	1.11	3.24	5.28	2.52	1.53
		5		5.415	4.251	0.220	16.02	29.33	25.42	6.61	1.72	2.17	1.10	3.97	6.42	2.98	1.57
		6		6.420	5.040	0.220	18.69	35.26	29.66	7.73	1.71	2.15	1.10	4.68	7.49	3.40	1.61
		7		7.404	5.812	0.219	21.23	41.23	33.63	8.82	1.69	2.13	1.09	5.36	8.49	3.80	1.64
		8		8.367	6.568	0.219	23.63	47.24	37.37	9.89	1.68	2.11	1.09	6.03	9.44	4.16	1.68
6	60	5	6.5	5.829	4.576	0.236	19.89	36.05	31.57	8.21	1.85	2.33	1.19	4.59	7.44	3.48	1.67
		6		6.914	5.427	0.235	23.25	43.33	36.89	9.60	1.83	2.31	1.18	5.41	8.70	3.98	1.70
		7		7.977	6.262	0.235	26.44	50.65	41.92	10.96	1.82	2.29	1.17	6.21	9.88	4.45	1.74
		8		9.020	7.081	0.235	29.47	58.02	46.66	12.28	1.81	2.27	1.17	6.98	11.00	4.88	1.78
6.3	63	4	7	4.978	3.907	0.248	19.03	33.35	30.17	7.89	1.96	2.46	1.26	4.13	6.78	3.29	1.70
		5		6.143	4.822	0.248	23.17	41.73	36.77	9.57	1.94	2.45	1.25	5.08	8.25	3.90	1.74
		6		7.288	5.721	0.247	27.12	50.14	43.03	11.20	1.93	2.43	1.24	6.00	9.66	4.46	1.78
		7		8.412	6.603	0.247	30.87	58.60	48.96	12.79	1.92	2.41	1.23	5.88	10.99	4.98	1.82
		8		9.515	7.469	0.247	34.46	67.11	54.56	14.33	1.90	2.40	1.23	7.75	12.25	5.47	1.85
		10		11.657	9.151	0.246	41.09	84.31	64.85	17.33	1.88	2.36	1.22	9.39	14.56	6.36	1.93
7	70	4	8	5.570	4.372	0.275	26.39	45.74	41.80	10.99	2.18	2.74	1.40	5.14	8.44	4.17	1.86
		5		6.875	5.397	0.275	32.21	57.21	51.08	13.31	2.16	2.73	1.39	6.32	10.32	4.95	1.91
		6		8.160	6.406	0.275	37.77	68.73	59.93	15.61	2.15	2.71	1.38	7.48	12.11	5.67	1.95
		7		9.424	7.398	0.275	43.09	80.29	68.35	17.82	2.14	2.69	1.38	8.59	13.81	6.34	1.99
		8		10.667	8.373	0.274	48.17	91.92	76.37	19.98	2.12	2.68	1.37	9.68	15.43	6.98	2.03
7.5	75	5	9	7.412	5.818	0.295	39.97	70.56	63.30	16.63	2.33	2.92	1.50	7.32	11.94	5.77	2.04
		6		8.797	6.905	0.294	46.95	84.55	74.38	19.51	2.31	2.90	1.49	8.64	14.02	6.67	2.07
		7		10.160	7.976	0.294	53.57	98.71	84.96	22.18	2.30	2.89	1.48	9.93	16.02	7.44	2.11
		8		11.503	9.030	0.294	59.96	112.97	95.07	24.86	2.28	2.88	1.47	11.20	17.93	8.19	2.15
		9		12.825	10.068	0.294	66.10	127.30	104.71	27.48	2.27	2.86	1.46	12.43	19.75	8.89	2.18
		10		14.126	11.089	0.293	71.98	141.71	113.92	30.05	2.26	2.84	1.46	13.64	21.48	9.56	2.22
8	80	5		7.912	6.211	0.315	48.79	85.36	77.33	20.25	2.48	3.13	1.60	8.34	13.67	6.66	2.15
		6		9.397	7.376	0.314	57.35	102.50	90.98	23.72	2.47	3.11	1.59	9.87	16.08	7.65	2.19
		7		10.860	8.525	0.314	65.58	119.70	104.07	27.09	2.46	3.10	1.58	11.37	18.40	8.58	2.23

（续）

型号	截面尺寸/mm			截面面积/cm²	理论重量/(kg/m)	外表面积/(m²/m)	惯性矩/cm⁴				惯性半径/cm			截面模数/cm³			重心距离/cm
	b	d	r				I_x	I_{x1}	I_{x0}	I_{y0}	i_x	i_{x0}	i_{y0}	W_x	W_{x0}	W_{y0}	z_0
8	80	8	9	12.303	9.658	0.314	73.49	136.97	116.60	30.39	2.44	3.08	1.57	12.83	20.61	9.46	2.27
		9		13.725	10.774	0.314	81.11	154.31	128.60	33.61	2.43	3.06	1.56	14.25	22.73	10.29	2.31
		10		15.126	11.874	0.313	88.43	171.74	140.09	36.77	2.42	3.04	1.56	15.64	24.76	11.08	2.35
9	90	6	10	10.637	8.350	0.354	82.77	145.87	131.26	34.28	2.79	3.51	1.80	12.61	20.63	9.95	2.44
		7		12.301	9.656	0.354	94.83	170.30	150.47	39.18	2.78	3.50	1.78	14.54	23.64	11.19	2.48
		8		13.944	10.946	0.353	106.47	194.80	168.97	43.97	2.76	3.48	1.78	16.42	26.55	12.35	2.52
		9		15.566	12.219	0.353	117.72	219.39	186.77	48.66	2.75	3.46	1.77	18.27	29.35	13.46	2.56
		10		17.167	13.476	0.353	128.58	244.07	203.90	53.26	2.74	3.45	1.76	20.07	32.04	14.52	2.59
		12		20.306	15.940	0.352	149.22	293.76	236.21	62.22	2.71	3.41	1.75	23.57	37.12	16.49	2.67
10	100	6	12	11.932	9.366	0.393	114.95	200.07	181.98	47.92	3.10	3.90	2.00	15.68	25.74	12.69	2.67
		7		13.796	10.830	0.393	131.86	233.54	208.97	54.74	3.09	3.89	1.99	18.10	29.55	14.26	2.71
		8		15.638	12.276	0.393	148.24	267.09	235.07	61.41	3.08	3.88	1.98	20.47	33.24	15.75	2.76
		9		17.462	13.708	0.392	164.12	300.73	260.30	67.95	3.07	3.86	1.97	22.79	36.81	17.18	2.80
		10		19.261	15.120	0.392	179.51	334.48	284.68	74.35	3.05	3.84	1.96	25.06	40.26	18.54	2.84
		12		22.800	17.898	0.391	208.90	402.34	330.95	86.84	3.03	3.81	1.95	29.48	46.80	21.08	2.91
		14		26.256	20.611	0.391	236.53	470.75	374.06	99.00	3.00	3.77	1.94	33.73	52.90	23.44	2.99
		16		29.627	23.257	0.390	262.53	539.80	414.16	110.89	2.98	3.74	1.94	37.82	58.57	25.63	3.06
11	110	7	12	15.196	11.928	0.433	177.16	310.64	280.94	73.38	3.41	4.30	2.20	22.05	36.12	17.51	2.96
		8		17.238	13.535	0.433	199.46	355.20	316.49	82.42	3.40	4.28	2.19	24.95	40.69	19.39	3.01
		10		21.261	16.690	0.432	242.19	444.65	384.39	99.98	3.38	4.25	2.17	30.60	49.42	22.91	3.09
		12		25.200	19.782	0.431	282.55	534.60	448.17	116.93	3.35	4.22	2.15	36.05	57.62	26.15	3.16
		14		29.056	22.809	0.431	320.71	625.16	508.01	133.40	3.32	4.18	2.14	41.31	65.31	29.14	3.24
12.5	125	8	14	19.750	15.504	0.492	297.03	521.01	470.89	123.16	3.88	4.88	2.50	32.52	53.28	25.86	3.37
		10		24.373	19.133	0.491	361.67	651.93	573.89	149.46	3.85	4.85	2.48	39.97	64.93	30.62	3.45
		12		28.912	22.696	0.491	423.16	783.42	671.44	174.88	3.83	4.82	2.46	41.17	75.96	35.03	3.53
		14		33.367	26.193	0.490	481.65	915.61	763.73	199.57	3.80	4.78	2.45	54.16	86.41	39.13	3.61
		16		37.739	29.625	0.489	537.31	1048.62	850.98	223.65	3.77	4.75	2.43	60.93	96.28	42.96	3.68
14	140	10		27.373	21.488	0.551	514.65	915.11	817.27	212.04	4.34	5.46	2.78	50.58	82.56	39.20	3.82
		12		32.512	25.522	0.551	603.68	1099.28	958.79	248.57	4.31	5.43	2.76	59.80	96.85	45.02	3.90
		14		37.567	29.490	0.550	688.81	1284.22	1093.56	284.06	4.28	5.40	2.75	68.75	110.47	50.45	3.98
		16		42.539	33.393	0.549	770.24	1470.07	1221.81	318.67	4.26	5.36	2.74	77.46	123.42	55.55	4.06
15	150	8		23.750	18.644	0.592	521.37	899.55	827.49	215.25	4.69	5.90	3.01	47.36	78.02	38.14	3.99
		10		29.373	23.058	0.591	637.50	1125.09	1012.79	262.21	4.66	5.87	2.99	58.35	95.49	45.51	4.08
		12		34.912	27.406	0.591	748.85	1351.26	1189.97	307.73	4.63	5.84	2.97	69.04	112.19	52.38	4.15

（续）

型号	截面尺寸/mm			截面面积/cm^2	理论重量/(kg/m)	外表面积/(m^2/m)	惯性矩/cm^4				惯性半径/cm			截面模数/cm^3			重心距离/cm
	b	d	r				I_x	I_{x1}	I_{x0}	I_{y0}	i_x	i_{x0}	i_{y0}	W_x	W_{x0}	W_{y0}	z_0
15	150	14	14	40.367	31.688	0.590	855.64	1578.25	1359.30	351.98	4.60	5.80	2.95	79.45	128.16	58.83	4.23
		15		43.063	33.804	0.590	907.39	1692.10	1441.09	373.69	4.59	5.78	2.95	84.56	135.87	61.90	4.27
		16		45.739	35.905	0.589	958.08	1806.21	1521.02	395.14	4.58	5.77	2.94	89.59	143.40	64.89	4.31
16	160	10	16	31.502	24.729	0.630	779.53	1365.33	1237.30	321.76	4.98	6.27	3.20	66.70	109.36	52.76	4.31
		12		37.441	29.391	0.630	916.58	1639.57	1455.68	377.49	4.95	6.24	3.18	78.98	128.67	60.74	4.39
		14		43.296	33.987	0.629	1048.36	1914.68	1665.02	431.70	4.92	6.20	3.16	90.95	147.17	68.24	4.47
		16		49.067	38.518	0.629	1175.08	2190.82	1865.57	484.59	4.89	6.17	3.14	102.63	164.89	75.31	4.55
18	180	12		42.241	33.159	0.710	1321.35	2332.80	2100.10	542.61	5.59	7.05	3.58	100.82	165.00	78.41	4.89
		14		48.896	38.383	0.709	1514.48	2723.48	2407.42	621.53	5.56	7.02	3.56	116.25	189.14	88.38	4.97
		16		55.467	43.542	0.709	1700.99	3115.29	2703.37	698.60	5.54	6.98	3.55	131.13	212.40	97.83	5.05
		18		61.065	48.634	0.708	1875.12	3502.43	2988.24	762.01	5.50	6.94	3.51	145.64	234.78	105.14	5.13
20	200	14	18	54.642	42.894	0.788	2103.55	3734.10	3343.26	863.83	6.20	7.82	3.98	144.70	236.40	111.82	5.46
		16		62.013	48.680	0.788	2366.15	4270.39	3760.89	971.41	6.18	7.79	3.96	163.65	265.93	123.96	5.54
		18		69.301	54.401	0.787	2620.64	4808.13	4164.54	1076.74	6.15	7.75	3.94	182.22	294.48	135.52	5.62
		20		76.505	60.056	0.787	2867.30	5347.51	4554.55	1180.04	6.12	7.72	3.93	200.42	322.06	146.55	5.69
		24		90.661	71.168	0.785	3338.25	6457.16	5294.97	1381.53	6.07	7.64	3.90	236.17	374.41	166.65	5.87
22	220	16	21	68.664	53.901	0.866	3187.36	5681.62	5063.73	1310.99	6.81	8.59	4.37	199.55	325.51	153.81	6.03
		18		76.752	60.250	0.866	3534.30	6395.93	5615.32	1453.27	6.79	8.55	4.35	222.37	360.97	168.29	6.11
		20		84.756	66.533	0.865	3871.49	7112.04	6150.08	1592.90	6.76	8.52	4.34	244.77	395.34	187.16	6.18
		22		92.676	72.751	0.865	4199.23	7830.19	6668.37	1730.10	6.73	8.48	4.32	266.78	428.66	195.45	6.26
		24		100.512	78.902	0.864	4517.83	8550.57	7170.55	1865.11	6.70	8.45	4.31	288.39	460.94	208.21	6.33
		26		108.264	84.987	0.864	4827.58	9273.39	7656.98	1998.17	6.68	8.41	4.30	309.62	492.21	220.49	6.41
25	250	18	24	87.842	68.956	0.985	5268.22	9379.11	8369.04	2167.41	7.74	9.76	4.97	290.12	473.42	224.03	6.84
		20		97.045	76.180	0.984	5779.34	10426.97	9181.94	2376.74	7.72	9.73	4.95	319.66	519.41	242.85	6.92
		24		115.201	90.433	0.983	6763.93	12529.74	10742.67	2785.19	7.66	9.66	4.92	377.34	607.70	278.38	7.07
		26		124.154	97.461	0.982	7238.08	13585.18	11491.33	2984.84	7.63	9.62	4.90	406.50	650.05	295.19	7.15
		28		133.022	104.422	0.982	7700.60	14643.62	12219.39	3181.81	7.61	9.58	4.89	433.22	691.23	311.42	7.22
		30		141.807	111318	0.981	8151.80	15705.30	12927.26	3376.34	7.58	9.55	4.88	460.51	731.28	327.12	7.30
		32		150.508	118.149	0.981	8592.01	16770.41	13615.32	3568.71	7.56	9.51	4.87	487.39	770.20	342.33	7.37
		35		163.402	128.271	0.980	9232.44	18374.95	14611.16	3853.72	7.52	9.46	4.86	526.97	826.53	364.30	7.48

注：截面图中的 $r_1=1/3d$ 及表中 r 的数据用于孔型设计，不做交货条件。

表 D-4 不等边角钢截面尺寸、截面面积、理论重量及截面特性

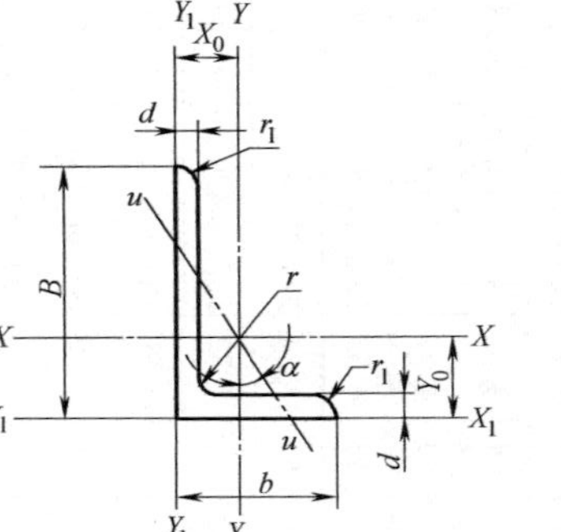

B—长边宽度；
b—短边宽度；
d—边厚度；
r—内圆弧半径；
r_1—边端圆弧半径；
X_0—重心距离；
Y_0—重心距离。

型号	截面尺寸/mm				截面面积/cm²	理论重量/(kg/m)	外表面积/(m²/m)	惯性矩/cm⁴					惯性半径/cm			截面模数/cm³			tanα	重心距离/cm	
	B	b	d	r				I_x	I_{x1}	I_y	I_{y1}	I_u	i_x	i_y	i_u	W_x	W_y	W_u		x_0	y_0
2.5/1.6	25	16	3	3.5	1.162	0.912	0.080	0.70	1.56	0.22	0.43	0.14	0.78	0.44	0.34	0.43	0.19	0.16	0.392	0.42	0.86
			4		1.499	1.176	0.079	0.88	2.09	0.27	0.59	0.17	0.77	0.43	0.34	0.55	0.24	0.20	0.381	0.46	1.86
3.2/2	32	20	3		1.492	1.171	0.102	1.53	3.27	0.46	0.82	0.28	1.01	0.55	0.43	0.72	0.30	0.25	0.382	0.49	0.90
			4		1.939	1.522	0.101	1.93	4.37	0.57	1.12	0.35	1.00	0.54	0.42	0.93	0.39	0.32	0.374	0.53	1.08
4/2.5	40	25	3	4	1.890	1.484	0.127	3.08	5.39	0.93	1.59	0.56	1.28	0.70	0.54	1.15	0.49	0.40	0.385	0.59	1.12
			4		2.467	1.936	0.127	3.93	8.53	1.18	2.14	0.71	1.36	0.69	0.54	1.49	0.63	0.52	0.381	0.63	1.32
4.5/2.8	45	28	3	5	2.149	1.687	0.143	445	9.10	1.34	2.23	0.80	1.44	0.79	0.61	1.47	0.62	0.51	0.383	0.64	1.37
			4		2.806	2.203	0.143	5.69	12.13	1.70	3.00	1.02	1.42	0.78	0.60	1.91	0.80	0.66	0.380	0.68	1.47
5/3.2	50	32	3	5.5	2.431	1.908	0.161	6.24	12.49	2.02	3.31	1.20	1.60	0.91	0.70	1.84	0.82	0.68	0.404	0.73	1.51
			4		3.177	2.494	0.160	8.02	16.65	2.58	4.45	1.53	1.59	0.90	0.69	2.39	1.06	0.87	0.402	0.77	1.60
5.6/3.6	56	36	3	6	2.743	2.153	0.181	8.88	17.54	2.92	4.70	1.73	1.80	1.03	0.79	2.32	1.05	0.87	0.408	0.80	1.65
			4		3.590	2.818	0.180	11.45	23.39	3.76	6.33	2.23	1.79	1.02	0.79	3.03	1.37	1.13	0.408	0.85	1.78
			5		4.415	3.466	0.180	13.86	29.25	4.49	7.94	2.67	1.77	1.01	0.78	3.71	1.65	1.36	0.404	0.88	1.82

（续）

6. 3/4	63	40	4	7	4. 058	3. 185	0. 202	16. 49	33. 30	5. 23	8. 63	3. 12	2. 02	1. 14	0. 88	3. 87	1. 70	1. 40	0. 398	0. 92	1. 87
			5		4. 993	3. 920	0. 202	20. 02	41. 63	6. 31	10. 86	3. 76	2. 00	1. 12	0. 87	4. 74	2. 07	1. 71	0. 396	0. 95	2. 04
			6		5. 908	4. 638	0. 201	23. 36	49. 98	7. 29	13. 12	4. 34	1. 96	1. 11	0. 86	5. 59	2. 43	1. 99	0. 393	0. 99	2. 08
			7		6. 802	5. 339	0. 201	26. 53	58. 07	8. 24	15. 47	4. 97	1. 98	1. 10	0. 86	6. 40	2. 78	2. 29	0. 389	1. 03	2. 12
7/4. 5	70	45	4	7. 5	4. 547	3. 570	0. 226	23. 17	45. 92	7. 55	12. 26	4. 40	2. 26	1. 29	0. 98	4. 86	2. 17	1. 77	0. 410	1. 02	2. 15
			5		5. 609	4. 403	0. 225	27. 95	57. 10	9. 13	15. 39	5. 40	2. 23	1. 28	0. 98	5. 92	2. 65	2. 19	0. 407	1. 06	2. 24
			6		6. 647	5. 218	0. 225	32. 54	68. 35	10. 62	18. 58	6. 35	2. 21	1. 26	0. 98	6. 95	3. 12	2. 59	0. 404	1. 09	2. 28
			7		7. 657	6. 011	0. 225	37. 22	79. 99	12. 01	21. 84	7. 16	2. 20	1. 25	0. 97	8. 03	3. 57	2. 94	0. 402	1. 13	2. 32
7. 5/5	75	50	5	8	6. 125	4. 808	0. 245	34. 86	70. 00	12. 61	21. 04	7. 41	2. 39	1. 44	1. 10	6. 83	3. 30	2. 74	0. 435	1. 17	2. 36
			6		7. 260	5. 699	0. 245	41. 12	84. 30	14. 70	25. 37	8. 54	2. 38	1. 42	1. 08	8. 12	3. 88	3. 19	0. 435	1. 21	2. 40
			8		9. 467	7. 431	0. 244	52. 39	112. 50	18. 53	34. 23	10. 87	2. 35	1. 40	1. 07	10. 52	4. 99	4. 10	0. 429	1. 29	2. 44
			10		11. 590	9. 098	0. 244	62. 71	140. 80	21. 96	43. 43	13. 10	2. 33	1. 38	1. 06	12. 79	6. 04	4. 99	0. 423	1. 36	2. 52
8/5	80	50	5		6. 375	5. 005	0. 255	41. 96	85. 21	12. 82	21. 06	7. 66	2. 56	1. 42	1. 10	7. 78	3. 32	2. 74	0. 388	1. 14	2. 60
			6		7. 560	5. 935	0. 255	49. 49	102. 53	14. 95	25. 41	8. 85	2. 56	1. 41	1. 08	9. 25	3. 91	3. 20	0. 387	1. 18	2. 65
			7		8. 724	6. 848	0. 255	56. 16	119. 33	46. 96	29. 82	10. 18	2. 54	1. 39	1. 08	10. 58	4. 48	3. 70	0. 384	1. 21	2. 69
			8		9. 867	7. 745	0. 254	62. 83	136. 41	18. 85	34. 32	11. 38	2. 52	1. 38	1. 07	11. 92	5. 03	4. 16	0. 381	1. 25	2. 73
9/5. 6	90	56	5	9	7. 212	5. 661	0. 287	60. 45	121. 32	18. 32	29. 53	10. 98	2. 90	1. 59	1. 23	9. 92	4. 21	3. 49	0. 385	1. 25	2. 91
			6		8. 557	6. 717	0. 286	71. 03	145. 59	21. 42	35. 58	12. 90	2. 88	1. 58	1. 23	11. 74	4. 96	4. 13	0. 384	1. 29	2. 95
			7		9. 880	7. 756	0. 285	81. 01	169. 60	24. 36	41. 71	14. 67	2. 86	1. 57	1. 22	13. 49	5. 70	4. 72	0. 382	1. 33	3. 00
			8		11. 183	8. 779	0. 286	91. 03	194. 17	27. 15	47. 93	16. 34	2. 85	1. 56	1. 21	15. 27	6. 41	5. 29	0. 380	1. 36	3. 04
10/6. 3	100	63	6	10	9. 617	7. 550	0. 320	99. 06	199. 71	30. 94	50. 50	18. 42	3. 21	1. 79	1. 38	14. 64	6. 35	5. 25	0. 394	1. 43	3. 24
			7		11. 111	8. 722	0. 320	113. 45	233. 00	35. 26	59. 14	21. 00	3. 20	1. 78	1. 38	16188	7. 29	6. 02	0. 394	1. 47	3. 28
			8		12. 534	9. 878	0. 319	127. 37	266. 32	39. 39	67. 88.	23. 50	3. 18	1. 77	1. 37	19. 08	8. 21	6. 78	0. 391	1. 50	3. 32
			10		15. 467	12. 142	0. 319	153. 81	333. 06	47. 12	85. 73	28. 33	3. 15	1. 74	1. 35	23. 32	9. 98	8. 24	0. 387	1. 58	3. 40
10/8	100	80	6		10. 637	8. 350	0. 354	107. 04	199. 83	61. 24	102. 68	31. 65	3. 17	2. 40	1. 72	15. 19	10. 16	8. 37	0. 627	1. 97	2. 95
			7		12. 301	9. 656	0. 354	122. 73	233. 20	70. 08	119. 98	36. 17	3. 16	2. 39	1. 72	17. 52	11. 71	9. 60	0. 626	2. 01	3. 0
			8		13. 944	10. 946	0. 353	137. 92	266. 61	78. 58	137. 37	40. 58	3. 14	2. 37	1. 71	19. 81	13. 21	10. 80	0. 625	2. 05	3. 04
			10		17. 167	13. 476	0. 353	166. 87	333. 63	94. 65	172. 48	49. 10	3. 12	2. 35	1. 69	24. 24	16. 12	13. 12	0. 622	2. 13	3. 12
11/7	110	70	6		10. 637	8. 350	0. 354	133. 37	265. 78	42. 92	69. 08	25. 36	3. 54	2. 01	1. 54	17. 85	7. 90	6. 53	0. 403	1. 57	3. 53
			7		12. 301	9. 656	0. 354	153. 00	310. 07	49. 01	80. 82	28. 95	3. 53	2. 00	1. 53	20. 60	9. 09	7. 50	0. 402	1. 61	3. 57
			8		13. 944	10. 946	0. 353	172. 04	354. 39	54. 87	92. 70	32. 45	3. 51	1. 98	1. 53	23. 30	10. 25	8. 45	0. 401	1. 65	3. 62
			10		17. 167	13. 476	0. 353	208. 39	443. 13	65. 88	116. 83	39. 20	3. 48	1. 96	1. 51	28. 54	12. 48	10. 29	0. 397	1. 72	3. 70

(续)

型号	截面尺寸/mm				截面面积/cm^2	理论重量/(kg/m)	外表面积/(m^2/m)	惯性矩/cm^4					惯性半径/cm			截面模数/cm^3			tanα	重心距离/cm	
	B	b	d	r				I_x	I_{x1}	I_y	I_{y1}	I_u	i_x	i_y	i_u	W_x	W_y	W_u		x_0	y_0
12.5/8	125	80	7	11	14.096	11.066	0.403	227.98	454.99	74.42	120.32	43.81	4.02	2.30	1.76	26.86	12.01	9.92	0.408	1.80	4.01
			8		15.989	12.551	0.403	256.77	519.99	83.49	137.85	49.15	4.01	2.28	1.75	30.41	13.56	11.18	0.407	1.84	4.06
			10		19.712	15.474	0.402	312.04	650.09	100.67	173.40	59.45	3.98	2.26	1.74	37.33	16.56	13.64	0.404	1.92	4.14
			12		23.351	18.330	0.402	364.41	780.39	116.67	209.67	69.35	3.95	2.24	1.72	44.01	19.43	16.01	0.400	2.00	4.22
14/9	140	90	8	12	18.038	14.160	0.453	365.64	730.53	120.69	195.79	70.83	4.50	2.59	1.98	38.48	17.34	14.31	0.411	2.04	4.50
			10		22.261	17.475	0.452	445.50	913.20	140.03	245.92	85.82	4.47	2.56	1.96	47.31	21.22	17.48	0.409	2.12	4.58
			12		26.400	20.724	0.451	521.59	1096.09	169.79	296.89	100.21	4.44	2.54	1.95	55.87	24.95	20.54	0.406	2.19	4.66
			14		30.456	23.908	0.451	594.10	1279.26	192.10	348.82	114.13	4.42	2.51	1.94	64.18	28.54	23.52	0.403	2.27	4.74
15/9	150	90	8		18.839	14.788	0.473	442.05	898.35	122.80	195.96	74.14	4.84	2.55	1.98	43.86	17.47	14.48	0.364	1.97	4.92
			10		23.261	18.260	0.472	539.24	1122.85	148.62	246.26	89.86	4.81	2.53	1.97	53.97	21.38	17.69	0.362	2.05	5.01
			12		27.600	21.666	0.471	632.08	1347.50	172.85	297.46	104.95	4.79	2.50	1.95	63.79	25.14	20.80	0.359	2.12	5.09
			14		31.856	25.007	0.471	720.77	1572.38	195.62	349.74	119.53	4.76	2.48	1.94	73.33	28.77	23.84	0.356	2.20	5.17
			15		33.952	26.652	0.471	763.62	1684.93	206.50	376.33	126.67	4.74	2.47	1.93	77.99	30.53	25.33	0.354	2.24	5.21
			16		36.027	28.281	0.470	805.51	1797.55	217.07	403.24	133.72	4.73	2.45	1.93	82.60	32.27	26.82	0.352	2.27	5.25
16/10	160	100	10	13	25.315	19.872	0.512	668.69	1362.89	205.03	336.59	121.74	5.14	2.85	2.19	62.13	26.56	21.92	0.390	2.28	5.24
			12		30.054	23.592	0.511	784.91	1635.56	239.06	405.94	142.33	5.11	2.82	2.17	73.49	31.28	25.79	0.388	2.36	5.32
			14		34.709	27.247	0.510	896.30	1908.50	271.20	476.42	162.23	5.08	2.80	2.16	84.56	35.83	29.56	0.385	0.43	5.40
			16		29.281	30.835	0.510	1003.04	2181.79	301.60	548.22	182.57	5.05	2.77	2.16	95.33	40.24	33.44	0.382	2.51	5.48
18/11	180	110	10	14	28.373	22.273	0.571	956.25	1940.40	278.11	447.22	166.50	5.80	3.13	2.42	78.96	32.49	26.88	0.376	2.44	5.89
			12		33.712	26.440	0.571	1124.72	2328.38	325.03	538.94	194.87	5.78	3.10	2.40	93.53	38.32	31.66	0.374	2.52	5.98
			14		38.967	30.589	0.570	1286.91	2716.60	369.55	631.95	222.30	5.75	3.08	2.39	107.76	43.97	36.32	0.372	2.59	6.06
			16		44.139	34.649	0.569	1443.06	3105.15	411.85	726.46	248.94	5.72	3.06	2.38	121.64	49.44	40.87	0.369	2.67	6.14
20/12.5	200	125	12		37.912	29.761	0.641	1570.90	3193.85	483.16	787.74	285.79	6.44	3.57	2.74	116.73	49.99	41.23	0.392	2.83	6.54
			14		43.687	34.436	0.640	1800.97	3726.17	550.83	922.47	326.58	6.41	3.54	2.73	134.65	57.44	47.34	0.390	2.91	6.62
			16		49.739	39.045	0.639	2023.35	4258.88	615.44	1058.86	366.21	6.38	3.52	2.71	152.18	64.89	53.32	0.388	2.99	6.70
			18		55.526	43.588	0.639	2238.30	4792.00	677.19	1197.13	404.83	6.35	3.49	2.70	169.33	71.74	59.18	0.385	3.06	6.78

注：截面图中的 $r_1=1/3d$ 及表中 r 的数据用于孔型设计，不做交货条件。

表 D-5 ∟型钢截面尺寸、截面面积、理论重量及截面特性

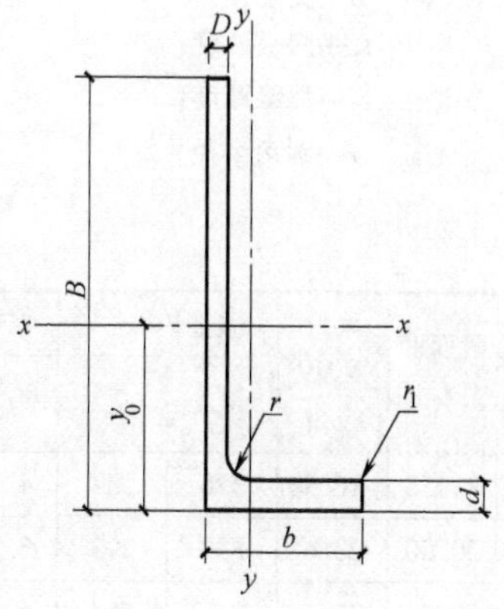

B—长边宽度；
b—短边宽度；
D—长边厚度；
d—宽边厚度；
r—内圆弧半径；
r_1—边端圆弧半径；
y_0—重心距离。

型号	截面尺寸 /mm						截面面积 /cm²	理论重量 /kg/m	惯性矩 I_x /cm⁴	重心距离 y_0/cm
	B	b	D	d	r	r_1				
∟250×90×9×13	250	90	9	13	15	7.5	33.4	26.2	2190	8.64
∟250×90×10.5×15			10.5	15			38.5	30.3	2510	8.76
∟250×90×11.5×16			11.5	16			41.7	32.7	2710	8.90
∟300×100×10.5×15	300	100	10.5	15			45.3	35.6	4290	10.6
∟300×100×11.5×16			11.5	16			49.0	38.5	4630	10.7
∟350×120×10.5×16	350	120	10.5	16	20	10	54.9	43.1	7110	12.0
∟350×120×11.5×18			11.5	18			60.4	47.4	7780	12.0
∟400×120×11.5×23	400	120	11.5	23			71.6	56.2	11900	13.3
∟450×120×11.5×25	450	120	11.5	25			79.5	62.4	16800	15.1
∟500×120×12.5×33	500	120	12.5	33			98.6	77.4	25500	16.5
∟500×120×13.5×35			13.5	35			105.0	82.8	27100	16.6

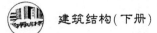

表 D-6　H 型钢截面尺寸、截面面积、理论重量及截面特性

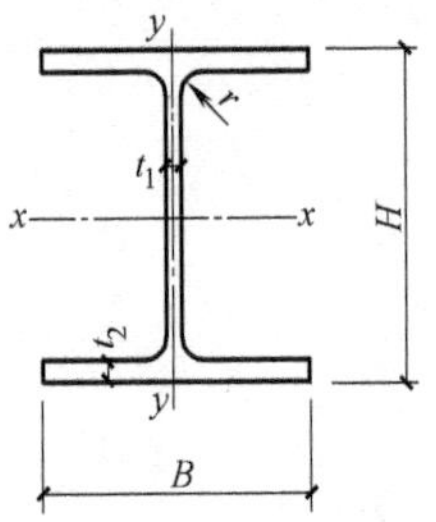

H—高度；
B—宽度；
t_1—腹板厚度；
t_2—翼缘厚度；
r—圆角半径。

类别	型号（高度×宽度）/（mm×mm）	截面尺寸/mm					截面面积/cm²	理论重量/(kg/m)	惯性矩/cm⁴		惯性半径/cm		截面模数/cm³	
		H	B	t_1	t_2	r			I_x	I_y	i_x	i_y	W_x	W_y
HW	100×100	100	100	6	8	8	21.58	16.9	378	134	4.18	2.48	75.6	26.7
	125×125	125	125	6.5	9	8	30.00	23.6	839	293	5.28	3.12	134	46.9
	150×150	150	150	7	10	8	39.64	31.1	1620	563	6.39	3.76	216	75.1
	175×175	175	175	7.5	11	13	51.42	40.4	2900	984	7.50	4.37	331	112
	200×200	200	200	8	12	13	63.53	49.9	4720	1600	8.61	5.02	472	160
		*200	204	12	12	13	71.53	56.2	4980	1700	8.34	4.87	498	167
	250×250	*244	252	11	11	13	81.31	63.8	8700	2940	10.3	6.01	713	233
		250	250	9	14	13	91.43	71.8	10700	3650	10.8	6.31	860	292
		*250	255	14	14	13	103.9	81.6	11400	3880	10.5	6.10	912	304
	300×300	*294	302	12	12	13	106.3	83.5	16600	5510	12.5	7.20	1130	365
		300	300	10	15	13	118.5	93.0	20200	6750	13.1	7.55	1350	450
		*300	305	15	15	13	133.5	105	21300	7100	12.6	7.29	1420	466
	350×350	*338	351	13	13	13	133.3	105	27700	9380	14.4	8.38	1640	534
		*344	348	10	16	13	144.0	113	32800	11200	15.1	8.83	1910	646
		*344	354	16	16	13	164.7	129	34900	11800	14.6	8.48	2030	669
		350	350	12	19	13	171.9	135	39800	13600	15.2	8.88	2280	776
		*350	357	19	19	13	196.4	154	42300	14400	14.7	8.57	2420	808
	400×400	*388	402	15	15	22	178.5	140	49000	16300	16.6	9.54	2520	809
		*394	398	11	18	22	186.8	147	56100	18900	17.3	10.1	2850	951
		*394	405	18	18	22	214.4	168	59700	20000	16.7	9.64	3030	985
		400	400	13	21	22	218.7	172	66600	22400	17.5	10.1	3330	1120
		*400	408	21	21	22	250.7	197	70900	23800	16.8	9.74	3540	1170
		*414	405	18	28	22	295.4	232	92800	31000	17.7	10.2	4480	1530
		*428	407	20	35	22	360.7	283	119000	39400	18.2	10.4	5570	1930
		*458	417	30	50	22	528.6	415	187000	60500	18.8	10.7	8170	2900
		*498	432	45	70	22	770.1	604	298000	94400	19.7	11.1	12000	4370
	500×500	*492	465	15	20	22	258.0	202	117000	33500	21.3	11.4	4770	1440
		*502	465	15	25	22	304.5	239	146000	41900	21.9	11.7	5810	1800
		*502	470	20	25	22	329.6	259	151000	43300	21.4	11.5	6020	1840

（续）

类别	型号（高度×宽度）/（mm×mm）	截面尺寸/mm					截面面积/cm²	理论重量/（kg/m）	惯性矩/cm⁴		惯性半径/cm		截面模数/cm³	
		H	B	t_1	t_2	r			I_x	I_y	i_x	i_y	W_x	W_y
HM	150×100	148	100	6	9	8	26.34	20.7	1000	150	6.16	2.38	135	30.1
	200×150	194	150	6	9	8	38.10	29.9	2630	507	8.30	3.64	271	67.6
	250×175	244	175	7	11	13	55.49	43.6	6040	984	10.4	4.21	495	112
	300×200	294	200	8	12	13	71.05	55.8	11100	1600	12.5	4.74	756	160
		*298	201	9	14	13	82.03	64.4	13100	1900	12.6	4.80	878	189
	350×250	340	250	9	14	13	99.53	78.1	21200	3650	14.6	6.05	1250	292
	400×300	390	300	10	16	13	133.3	105	37900	7200	16.9	7.35	1940	480
	450×300	440	300	11	18	13	153.9	121	54700	8110	18.9	7.25	2490	540
	500×300	*482	800	11	15	13	141.2	111	58300	6760	20.3	6.91	2420	450
		488	300	11	18	13	159.2	125	68900	8110	20.8	7.13	2820	540
	550×300	*544	300	11	15	13	148.0	116	76400	6760	22.7	6.75	2810	450
		*550	300	11	18	13	166.0	130	89800	8110	23.3	6.98	3270	540
	600×300	*582	300	12	17	13	169.2	133	98900	7660	24.2	6.72	3400	511
		588	300	12	20	13	187.2	147	114000	9010	24.7	6.93	3890	601
		*594	302	14	23	13	217.1	170	134000	10600	24.8	6.97	4500	700
HN	*100×50	100	50	5	7	8	11.84	9.30	187	14.8	3.97	1.11	37.5	5.91
	*125×60	125	60	6	8	8	16.68	13.1	409	29.1	4.95	1.32	65.4	9.71
	150×75	150	75	5	7	8	17.84	14.0	666	49.5	6.10	1.66	88.8	13.2
	175×90	175	90	5	8	8	22.89	18.0	1210	97.5	7.25	2.06	138	21.7
	200×100	*198	99	4.5	7	8	22.68	17.8	1540	113	8.24	2.23	156	22.9
		200	100	5.5	8	8	26.66	20.9	1810	134	8.22	2.23	181	26.7
	250×125	*248	124	5	8	8	31.98	25.1	3450	255	10.4	2.82	278	41.1
		250	125	6	9	8	36.96	29.0	3960	294	10.4	2.81	317	47.0
	300×150	*298	149	5.5	8	13	40.80	32.0	6320	442	12.4	3.29	424	59.3
		300	150	6.5	9	13	46.78	36.7	7210	508	12.4	3.29	481	67.7
	350×175	*346	174	6	9	13	52.45	41.2	11000	791	14.5	3.88	638	91.0
		350	175	7	11	13	62.91	49.4	13500	984	14.6	3.95	771	112
	400×150	400	150	8	13	13	70.37	55.2	18600	734	16.3	3.22	929	97.8
	400×200	*396	199	7	11	13	71.41	56.1	19800	1450	16.6	4.50	999	145
		400	200	8	13	13	83.37	65.4	23500	1740	16.8	4.56	1170	174
	450×150	*446	150	7	12	13	66.99	52.6	22000	677	18.1	3.17	985	90.3
		450	151	8	14	13	77.49	60.8	25700	806	18.2	3.22	1140	107
	450×200	*446	199	8	12	13	82.97	65.1	28100	1580	18.4	4.36	1260	159
		450	200	9	14	13	95.43	74.9	32900	1870	18.6	4.42	1460	187

(续)

类别	型号(高度×宽度)/(mm×mm)	截面尺寸/mm					截面面积/cm^2	理论重量/(kg/m)	惯性矩/cm^4		惯性半径/cm		截面模数/cm^3	
		H	B	t_1	t_2	r			I_x	I_y	i_x	i_y	W_x	W_y
HN	475×150	*470	150	7	13	13	71.53	56.2	26200	733	19.1	3.20	1110	97.8
		*475	151.5	8.5	15.5	13	86.15	67.6	31700	901	19.2	3.23	1330	119
		482	153.5	10.5	19	13	106.4	83.5	39600	1150	19.3	3.28	1640	150
	500×150	*492	150	7	12	13	70.21	55.1	27500	677	19.8	3.10	1120	90.3
		*500	152	9	16	13	92.21	72.4	37000	940	20.0	3.19	1480	124
		504	153	10	18	13	103.3	81.1	41900	1080	20.1	3.23	1660	141
	500×200	*496	199	9	14	13	99.29	77.9	40800	1840	20.3	4.30	1650	185
		500	200	10	16	13	112.3	88.1	46800	2140	20.4	4.36	1870	214
		*506	201	11	19	13	129.3	102	55500	2580	20.7	4.46	2190	257
	500×200	*546	199	9	14	13	103.8	81.5	50800	1840	22.1	4.21	1860	185
		550	200	10	16	13	117.3	92.0	58200	2140	22.3	4.27	2120	214
	600×200	*596	199	10	15	13	117.8	92.4	66600	1980	23.8	4.09	2240	199
		600	200	11	17	13	131.7	103	75600	2270	24.0	4.15	2520	227
		*606	201	12	20	13	149.8	118	88300	2720	24.3	4.25	2910	270
	625×200	*625	198.5	13.5	17.5	13	150.6	118	88500	2300	24.2	3.90	2830	231
		630	200	15	20	13	170.0	133	101000	2690	24.4	3.97	3220	268
		*638	202	17	24	13	198.7	156	122000	3320	24.8	4.09	3820	329
	650×300	*646	299	10	15	13	152.8	120	110000	6690	26.9	6.61	3410	447
		*650	300	11	17	13	171.2	134	125000	7660	27.0	6.68	3850	511
		*656	301	12	20	13	195.8	154	147000	9100	27.4	6.81	4470	605
	700×300	*692	300	13	20	18	207.5	163	168000	9020	28.5	6.59	4870	601
		700	300	13	24	18	231.5	182	197000	10800	29.2	6.83	5640	721
	750×300	*734	299	12	16	18	182.7	143	161000	7140	29.7	6.25	4390	478
		*742	300	13	20	18	214.0	168	197000	9020	30.4	6.49	5320	601
		*750	300	13	24	18	238.0	187	231000	10800	31.1	6.74	6150	721
		*758	303	16	28	18	284.8	224	276000	13000	31.1	6.75	7270	859
	800×300	*792	300	14	22	18	239.4	188	248000	9920	32.2	6.43	6270	661
		800	300	14	26	18	263.5	207	286000	11700	33.0	6.66	7160	781
	850×300	*834	298	14	19	18	227.5	179	251000	8400	33.2	6.07	6020	564
		*842	299	15	23	18	259.7	204	298000	10300	33.9	6.28	7080	687
		*850	300	16	27	18	292.1	229	346000	12200	34.4	6.45	8140	812
		*858	301	17	31	18	324.7	255	395000	14100	34.9	6.59	9210	939
	900×300	*890	299	15	23	18	266.9	210	339000	10300	35.6	6.20	7610	687
		900	300	16	28	18	305.8	240	404000	12600	36.4	6.42	8990	842
		*912	302	18	34	18	360.1	283	491000	15700	36.9	6.59	10800	1040

（续）

类别	型号（高度×宽度）/（mm×mm）	截面尺寸/mm					截面面积/cm^2	理论重量/（kg/m）	惯性矩/cm^4		惯性半径/cm		截面模数/cm^3	
		H	B	t_1	t_2	r			I_x	I_y	i_x	i_y	W_x	W_y
HN	1000×300	*970	297	16	21	18	276.0	217	393000	9210	37.8	5.77	8110	620
		*980	298	17	26	18	315.5	248	472000	11500	38.7	6.04	9630	772
		*990	298	17	31	18	345.3	271	544000	13700	39.7	6.30	11000	921
		*1000	300	19	36	18	395.1	310	634000	16300	40.1	6.41	12700	1080
		*1008	302	21	40	18	439.3	345	712000	18400	40.3	6.47	14100	1220
HT	100×50	95	48	3.2	4.5	8	7.620	5.98	115	8.39	3.88	1.04	24.2	3.49
		97	49	4	5.5	8	9.370	7.36	143	10.9	3.91	1.07	29.6	4.45
	100×100	96	99	4.5	6	8	16.20	12.7	272	97.2	4.09	2.44	56.7	19.6
	125×60	118	58	3.2	4.5	8	9.250	7.26	218	14.7	4.85	1.26	37.0	5.08
		120	59	4	5.5	8	11.39	8.94	271	19.0	4.87	1.29	45.2	6.43
	125×125	119	123	4.5	6	8	20.12	15.8	532	186	5.14	3.04	89.5	30.3
	150×75	145	73	3.2	4.5	8	11.47	9.00	416	29.3	6.01	1.59	57.3	8.02
		147	74	4	5.5	8	14.12	11.1	516	37.3	6.04	1.62	70.2	10.1
	150×100	139	97	3.2	4.5	8	13.43	10.6	476	68.6	5.94	2.25	68.4	14.1
		142	99	4.5	6	8	18.27	14.3	654	97.2	5.98	2.30	92.1	19.6
	150×150	144	148	5	7	8	27.76	21.8	1090	378	6.25	3.69	151	51.1
		147	149	6	8.5	8	33.67	26.4	1350	469	6.32	3.73	183	63.0
	175×90	168	88	3.2	4.5	8	13.55	10.6	670	51.2	7.02	1.94	79.7	11.6
		171	89	4	6	8	17.58	13.8	894	70.7	7.13	2.00	105	15.9
	175×175	167	173	5	7	13	33.32	26.2	1780	605	7.30	4.26	213	69.9
		172	175	6.5	9.5	13	44.64	35.0	2470	850	7.43	4.36	287	97.1
	200×100	193	98	3.2	4.5	8	15.25	12.0	994	70.7	8.07	2.15	103	14.4
		196	99	4	6	8	19.78	15.5	1320	97.2	8.18	2.21	135	19.6
	200×150	188	149	4.5	6	8	26.34	20.7	1730	331	8.09	3.54	184	44.4
	200×200	192	198	6	8	13	43.69	34.3	3060	1040	8.37	4.86	319	105
	250×125	244	124	4.5	6	8	25.86	20.3	2650	191	10.1	2.71	217	30.8
	250×175	238	173	4.5	8	13	39.12	30.7	4240	691	10.4	4.20	356	79.9
	300×150	294	148	4.5	6	13	31.90	25.0	4800	325	12.3	3.19	327	43.9
	300×200	286	198	6	8	13	49.33	38.7	7360	1040	12.2	4.58	515	105
	350×175	340	173	4.5	6	13	36.97	29.0	7490	518	14.2	3.74	441	59.9
	400×150	390	148	6	8	13	47.57	37.3	11700	434	15.7	3.01	602	58.6
	400×200	390	198	6	8	13	55.57	43.6	14700	1040	16.2	4.31	752	105

注：1. 表中同一型号的产品，其内侧尺寸高度一致。

2. 表中截面面积计算公式为：“$t_1(H-2t_2)+2Bt_2+0.858r^2$”。

3. 表中“*”表示的规格为市场非常用规格。

参考文献

[1] 施楚贤. 砌体结构 [M]. 北京：中国建筑工业出版社，1997.
[2] 王庆霖. 砌体结构 [M]. 北京：地震出版社，1999.
[3] 唐岱新. 砌体结构 [M]. 北京：高等教育出版社，2003.
[4] 钟善桐. 钢结构 [M]. 武汉：武汉大学出版社，2001.
[5] 魏明钟. 钢结构 [M]. 武汉：武汉工业大学出版社，2002.
[6] 周绥平. 钢结构 [M]. 2 版. 武汉：武汉理工大学出版社，2003.
[7] 董卫华. 钢结构 [M]. 北京：高等教育出版社，2003.
[8] 郭继武. 建筑抗震设计 [M]. 北京：中国建筑工业出版社，2002.
[9] 丰定国，王社良. 抗震结构设计 [M]. 武汉：武汉工业大学出版社，2001.
[10] 李国强，李杰，苏小卒. 建筑结构抗震设计 [M]. 北京：中国建筑工业出版社，2002.